Blockhäuser & Hütten

selbst gebaut

HolzWerken

Impressum

© 1976, überarbeitete Ausgabe 2013
„Från stock till stuga"
bei Sven-Gunnar Håkansson
und Forma Books AB, Stockholm, Schweden
Die (im Buch gezeigten Haus-) Modelle dürfen nicht für kommerzielle Zwecke verwendet werden.
Die Zeichnungen auf den Seiten 84–85 wurden freundlicherweise von Anticimex zur Verfügung gestellt. Die übrigen Fotografien und Zeichnungen stammen vom Verfasser, sofern nicht anders angegeben.

Deutsche Ausgabe:
© 2014/2022 Vincentz Network GmbH & Co. KG, Hannover
„Blockhäuser & Hütten"
6. Auflage 2022

Übersetzung: Eka Håkansson
Die Übersetzung der ersten deutschen Ausgabe 2003 erfolgte durch Gustav Adolf Petersson.

Produktion: PrintMediaNetwork, Oldenburg
Printed in Europe

ISBN 978-3-86630-966-1
Best.-Nr. 9115

HolzWerken
Ein Imprint von Vincentz Network GmbH & Co. KG, Plathnerstr. 4c, 30175 Hannover
www.holzwerken.net

Einige Anleitungen und Darlegungen in diesem Buch spiegeln die besonderen Gegebenheiten in Schweden wider und müssen auf deutsche Verhältnisse übertragen werden. Auch lassen sich einige Begriffe nicht gleichwertig übersetzen und sind deshalb schwedisch belassen worden. Das völlig andere Baurecht ist ebenfalls zu beachten; in Deutschland müssen Sie grundsätzlich von einer Genehmigungspflicht für Bauvorhaben ausgehen. Vgl. Fußnote auf S. 209.

Inhalt

Kleine Hütte (s. S. 216 ff.), gezimmert in Lycksele von einem Studienzirkel der Erwachsenenbildung.

„Manch einer malt ein Kalb wie eine Sonne
und wird als reines Genie angesehen.
Doch der, welcher einen anständigen Stuhl schreinern möchte,
kann keine Abkürzungen nehmen.

Manch einer dichtet mit nebligen Wörtern
und die Menge sagt: wunderbar.
Doch der, welcher einen dauerhaften Tisch zimmern möchte
ist gezwungen, klar zu denken.

Die Verträumtheit des Gehirns ist grenzenlos
und das Auge sieht, was es will.
Doch die angeborene Intelligenz der Hand
kann niemand verkünsteln."

Alf Henrikson, „Handen" aus Samlade dikter. D. 1.

Vorwort

In unserem modernen Leben, in welchem alles auf die schnellst mögliche Weise geschehen soll, kann es gut tun, ein etwas zeitaufwendigeres Handwerk auszuüben. Ein Handwerk, das Hand und Gehirn gleichermaßen fordert, spricht den ganzen Menschen an. Mit angenehmer Müdigkeit im Körper sieht man am Abend ein konkretes Resultat der Arbeit des Tages. Wir, die normalerweise einer Bürotätigkeit mit wenig physischer Aktivität nachgehen, schätzen vielleicht ein Handwerk wie das Zimmern und Sägen in kleinem Rahmen besonders. Reine Gedankenarbeit schafft eine Sehnsucht danach, in der Freizeit die Muskeln anwenden zu können.

Früher war die Blockbauweise die gewöhnlichste Art, ein Wohn- oder Vorratshaus zu errichten. Der Blockhausbau ist ein Handwerk, das große Ansprüche an den Ausübenden stellt. Man kann es nur erlernen, indem man einige Blockhäuser baut. Mit diesem Buch möchte ich etwas vom Berufskönnen der alten schwedischen Zimmerleute vermitteln. Die hier gezeigten Beispiele von Eckverbänden und Haustypen sind für Sie gewählt, die Sie die ersten Schritte auf dem Pfad der Kunst des Blockhausbaus unternehmen. Das Buch kann vielleicht auch denen, die ein eigenes Blockhaus oder einen Schuppen bauen wollen, einige Ideen zur Ausformung und Planlösung geben. Beachten Sie jedoch bitte die Bautraditionen der Gegend, in welcher das Blockhaus stehen soll. Wenn Sie Planlösung, Eckverband, Dachwinkel und Farbe nach lokalen Traditionen wählen, wird Ihr Blockhaus sich schön in die Landschaft einpassen.

Die hier vorgestellten Häuser sind eine Auswahl. Der Schwerpunkt liegt auf solchen Häusern, die zum Bau während der Freizeit geeignet sind. Doch auch die Leser, die ein größeres Blockhaus von einem Berufszimmermann bauen lassen möchten, können in diesem Buch Hinweise finden, die zu kennen es sich bei der Bestellung lohnt.

Ich selbst begann mich für die Blockbauweise zu interessieren, als ich Bergwander- und Naturfreundegruppen leitete. Auf unseren Wandertouren durch entlegene Gebiete trafen wir auf alles, von der Schirmhütte, der Lappenkote und dem Häuschen als Basislager bis zu Rasthütten entlang von Fernwanderwegen. Meine eigene Erfahrung hat gezeigt, dass alle, die eine Axt schwingen können, auch einen Eckverband zustande bringen. Die Ansprüche an Winddichte und Präzision sollten dem Zweck des Gebäudes angepasst sein. Das Wichtigste ist, dass jeder das Glück erleben darf, mit einer Axt in den eigenen Händen ein Blockhaus zu zimmern.

Ich möchte allen Lesern vorheriger Auflagen für ihr Interesse und für alle Fragen danken. Ich hoffe, dass diese überarbeitete Auflage Ihnen Inspirationen dazu gibt, sich auch an größere Blockhausbauten zu wagen.

Werkzeuge für den Blockhausbau

„Ist die Axt stumpf und die Schneide bleibt ungeschliffen, muss man desto mehr Kraft aufwenden. Mit Weisheit vorzugehen ist ein Gewinn."

Prediger, 10:10

Die Mindest-Werkzeugausrüstung

Forstaxt
In Deutschland hergestellte Qualitätsäxte sind mit dem „Dreipilzzeichen" für die Stahlqualität und dem „Eichelzeichen" (mit den Buchstaben FPA für Forsttechnischer Prüfungsausschuss) gekennzeichnet.

Wasserwaage

Universalmesser

Spaten
(Schaufel, Grabspaten)

Handbohrer,
Ø 35–45 mm

Eisenfeile, einhiebig, zum Schärfen von Werkzeugen

Bügelsäge

Arbeitshandschuhe
aus kräftigem Leder

Zollstock

Wetzstein

So berichtet Vilhelm Moberg in „Die Einwanderer":
(nach Dietrich Lutze, deutsche Ausgabe der Büchergilde Gutenberg)

Und die Axt des Ansiedlers hieb in Baumwurzeln und Äste, in Kantholz und Bretter, in Knaggen und Zweige, in Stämme und Sparren, in Fußhölzer und Balken, in Stangenholz und Zaunpfähle. Sie hieb zurecht, rodete und spaltete. Es war die Fällaxt mit dem langen Holm und dem dünnen Blatt, die tief in den Baumstamm ging und den Stubben oben glatt hieb. Es war die Behauaxt mit dem kurzen Holm und dem breiten Blatt, unter der die Späne von Stamm und Stangenholz abflogen, und es war die Bundaxt mit dem schweren Nacken und dem dicken Blatt, die sich mit ihrer stumpfen Nase in das Holz hineinzwängte und Klötze und Latten spaltete. Und es war die leichte, kurzholmige Handaxt, die mit einer Hand geschwungen wurde und durch Büsche und Reisig und Gestrüpp den Weg bahnte. Es waren breite Haueisen und schmale, dünne und dicke, leichte und schwere. Und das Echo der Axtschläge, die vom Ufer des Sees Ki-Chi-Saga vom frühen Morgen bis zum späten Abend zu hören waren, war der neue friedliche Laut, der in das wilde Land eingedrungen war. Mit der Axt als wichtigstem Werkzeug, vor allen Dingen mit der Axt, wurde das neue Heim errichtet.

Das Schärfen schneidender Werkzeuge

Das Schärfen schneidender Werkzeuge ist sehr wichtig. Die Schneide ist empfindlich, sie wird schnell stumpf und schartig, wenn sie mit Sandkörnern und Steinchen in Berührung kommt. Bearbeitet man Holz, das auf dem Boden gelegen hat, kann die Schneide leicht durch Schmutz zerkratzt und dadurch stumpf werden. Eine stumpfe und deshalb abrutschende Schneide bedeutet sogleich eine erhöhte Unfallgefahr. Seien Sie achtsam bei der Arbeit auf einem Betonboden. Es passiert so leicht, dass schneidende Werkzeuge auf den Boden fallen und dabei grobe Schäden bekommen.

Die Äxte werden je nach Anwendungsbereich verschieden geschärft (siehe Zeichnung unten).

a) Ballige Schneide, für hartes Holz und für das Hauen mit dem Behaubeil/Beschlagbeil.
b) Schlanke Schneide, für Weichholz und für das Schneiden mit dem Behaubeil/Beschlagbeil.
c) Keilförmige Schneide und bogenförmige Schneidlinie, für das Spalten. Bei einem Keilwinkel von 25–30° ist die keilförmige Schneide für das Zurichten der Eckverbände und für das Glätten der Balken geeignet.
d) Falsch geschliffene Schneide mit Hohlschliff, die leicht ausbricht!

Das Schärfen erfolgt immer in Richtung gegen die Schneide, gleichgültig, ob mit Feile, Schleifstein oder Wetzstein geschärft wird. So werden Gratbildungen und Unebenheiten vermieden. Es empfiehlt sich, das zu schärfende Werkzeug fest einzuspannen.

Beachten Sie folgende Regeln:

- Äxte und Schäleisen dürfen nur dann mit der Feile geschärft werden, wenn kein Schleifstein verfügbar ist.
- Schleifsteine werden für das Schärfen großer Schäden und großer Flächen angewendet, beispielsweise, um von Zeit zu Zeit die „Wangen“ der Axt nachzuschleifen. Während des Schleifens muss der Stein immer reichlich mit Wasser benetzt werden. Es hält den Stein sauber und kühlt den Stahl.
- Nach dem Schleifen auf dem Schleifstein wird die Schneide immer mit dem Wetzstein „abgezogen“.
- Beim Schärfen mit der Schleifscheibe ist die Gefahr, dass der Stahl überhitzt wird, sehr groß. Die Härtung der Schneide kann dabei zerstört werden.
- Die Schneide wird im Hinblick auf die Härte des Holzes und die Art der anstehenden Arbeit mehr oder weniger „ballig“ geformt.
- Die Schneide darf nie einen Hohlschliff bekommen!
- Bei der Arbeit mit Beilaxt oder Haubeil nehme ich gerne eine Ausführung mit bogenförmiger Schneidlinie für das Behauen, und eine mit gerader Schneidlinie für schneidende Arbeiten. Dies muss jeder selbst ausprobieren. Berufszimmerleute verleihen ihre Äxte nicht.
- Benutzen Sie immer einen Schneidenschutz beim Transport von Äxten und anderen schneidenden Werkzeugen.

In Schweden gibt es eine Serie handgeschmiedeter Äxte von Gränsfors Bruk, die ich für das Zimmern als geeignet befunden habe. Das Tischlerbeil (snickaryxa) mit gerader Schneide ist passend für die Arbeit in den Eckverbänden, und das Behaubeil/Beschlagbeil (bilyxa) mit kurzem bzw. langem Schaft eignet sich gut um Rundholz längsseitig zu Blockbalken zu behauen. Das kleine Axt-Handbuch, das jeder Axt beigegeben ist, beinhaltet beachtenswerte Informationen über Äxte und deren Pflege.

In Deutschland werden geeignete Äxte u. a. von den Firmen Grube und Dictum angeboten.

Weitere Informationen über Werkzeug für das Zimmern sind in Schweden von Gränsfors Bruk, in 820 70 Bergsjö zu erhalten.

Auskünfte über Literatur für die Werkzeugpflege bei der Waldarbeit bekommen Sie in Deutschland bei Dienststellen der Forstverwaltung.

Die Waldarbeit erfolgte früher in Handarbeit, weswegen man der richtigen Pflege der Werkzeuge großes Gewicht beimaß. Folgende Sätze für die Werkzeugpflege der Waldarbeiter gelten auch für das Zimmererhandwerk:

Gutes und gepflegtes Werkzeug bedeutet:

- behaglicheres Arbeiten
- geringere Unfallgefahr
- längere Haltbarkeit des Werkzeuges
- geringeren Kraftaufwand.

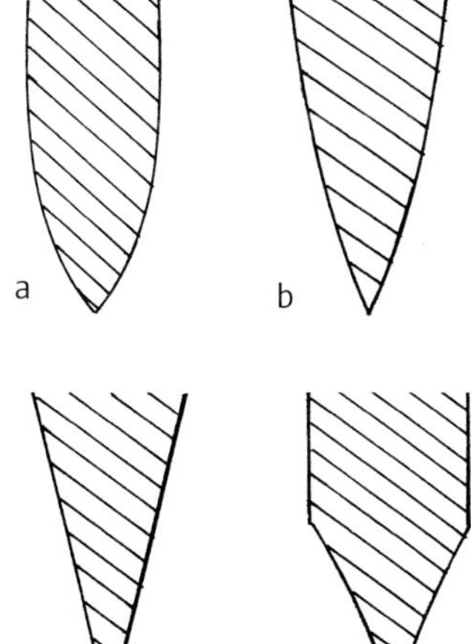

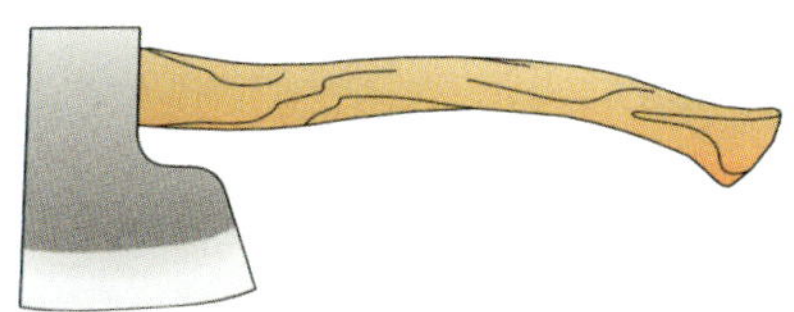

Beilaxt mit gerader Schneidlinie und kurzem Schaft für schneidende Arbeiten

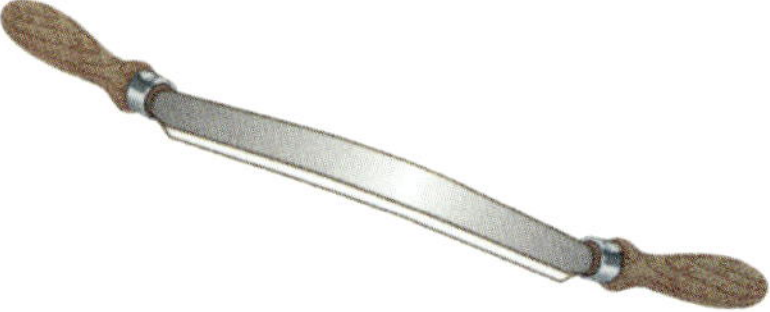

Ziehmesser mit geraden Handgriffen. Die Arbeit damit belastet die Handgelenke weniger als die Arbeit mit Ziehmessern, deren Handgriffe rechtwinklig angeordnet sind.

Weitere für den Blockhausbau empfehlenswerte Werkzeuge

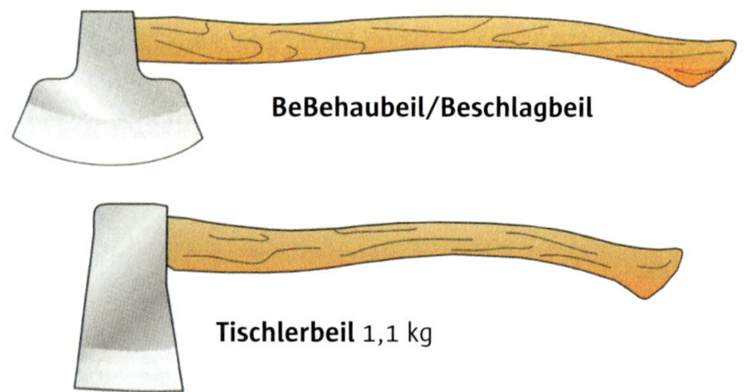

Das Tischlerbeil mit gerader Schneide ist für das Bearbeiten der Eckverbände geeignet, das BeBehaubeil/ Beschlagbeil mit kurzem oder langem Schaft eignet sich zum Bearbeiten der Holzoberfläche.

Stemmeisen

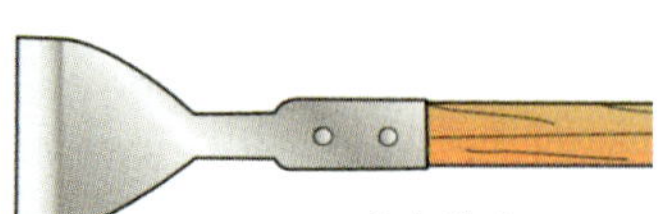

Schäleisen

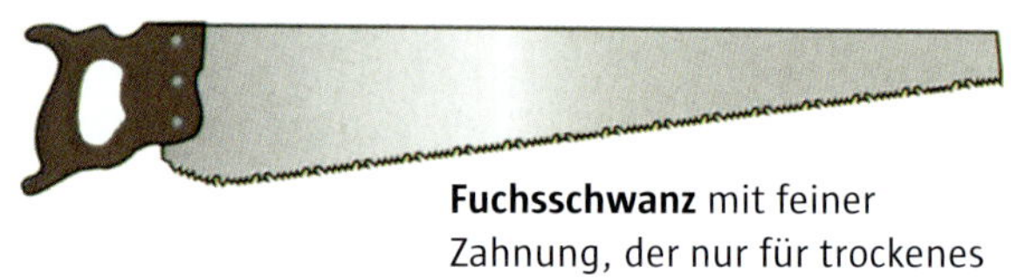

Fuchsschwanz mit feiner Zahnung, der nur für trockenes Holz brauchbar ist

Blockbau-Zirkel
Ein „Blockbau-Zirkel" für Zimmermannsbleistifte.
Legen Sie den unteren Schenkel an die Oberfläche des unteren Blockbalkens und behalten Sie während des gesamten Striches denselben Winkel bei. Ein kleiner Zirkel für Bleistifte eignet sich ebenfalls als Blockbau-Zirkel.
In Schweden ist dieses Werkzeug preiswert als „dragpassare" zu erstehen.
Aufwendige „Kopierzirkel" oder „Blockhauszirkel" werden in Deutschland u. a. von den Firmen Dictum und Grube (s. Bezugsquellen) angeboten. Man kann sie sowohl als Blockbau-Zirkel, als auch als „Zugmaß" (s. rechts) einsetzen.

Bauklammer
Ein Hilfsmittel, das man selbst anfertigen kann. Schmieden Sie an ein Rundeisen zwei Spitzen, entsprechend der Abbildung. Sie sollen rechtwinklig gegeneinander gebogen sein. Mit der Bauklammer wird der zu bearbeitende Blockbalken auf dem darunterliegenden Stamm oder auf der Arbeitsbank festgehalten. Schlagen Sie die Klammer längs der Faserrichtung ein.

Kuhfuß (Brecheisen)

Der Kuhfuß ist ein vielseitig anwendbares Werkzeug, besonders beim Zimmern von Eckverbänden mit gerade geschnittener Verschränkung. Die Blockbalken saugen sich unweigerlich in den Ecken fest, und der Kuhfuß ist dann unentbehrlich, um den Verband wieder zu trennen. Benutzen Sie kleine Holzklötze als Unterlage, wenn Sie die Blockbalken anheben. Achten Sie auf Ihre Finger – man klemmt sich leicht, besonders dann, wenn man zu zweit an einem Blockbalken arbeitet.

Zusätzliche hilfreiche Werkzeuge

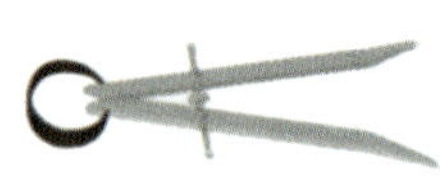

Zugmaß
Eine Art „Zugmaß" wird z. B. von der Fa. Dictum (s. Bezugsquellen) als „Spitzzirkel" mit und ohne Bleistifthalter angeboten.
Eine einfachere, nicht arretierbare Version dieses Werkzeuges ist ein „Innentaster". Auf Seite 58 ist beschrieben, wie man ein Zugmaß selbst anfertigen kann und welchem Zweck es dient. Suchen Sie nach einem Muster für dieses alte Werkzeug, z. B. in einem Heimatmuseum.

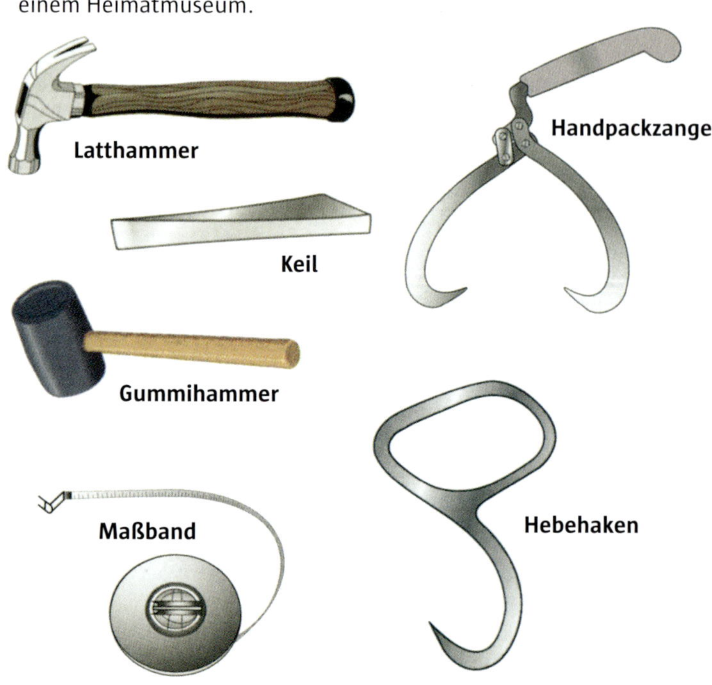

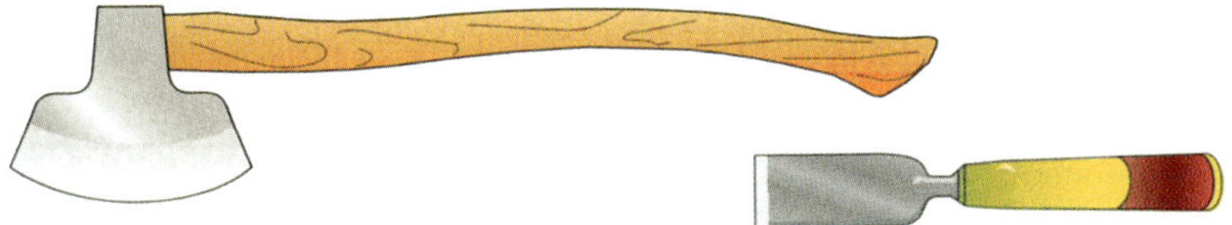

Schneidende Werkzeuge des Fachmannes: Svante Djärv Hantverk AB, in 774 92 Avesta (Schweden), schmiedet schneidende Werkzeuge für den anspruchsvollen Zimmernden. Das Zimmermann-Stemmeisen hat einen stabilen Schlagschaft aus Spezialmaterial. Das Behaubeil/Beschlagbeil gibt es mit geradem sowie nach links oder nach rechts gebogenem Schaft (sodass die Möglichkeit geringer ist, sich die Knöchel am Balken aufzuschürfen).

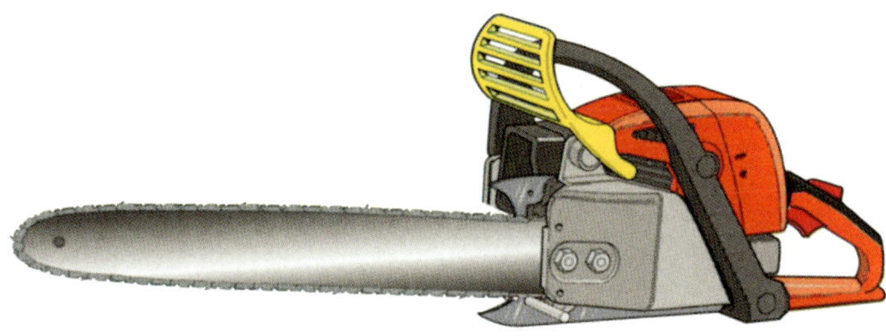

Achtung!

Der Einsatz einer Motorsäge beim Blockhausbau setzt voraus, dass Sie bereits Erfahrung haben. Das Tragen von Helm mit Gehörschutz und Visier sowie von Schutzhandschuhen und Schutzhose ist ein Muss. Sägeschutzstiefel oder -schuhe bieten weitere Sicherheit. Informieren Sie sich über die geltenden Vorschriften zur Schutzkleidung. Oft ist man gezwungen, an schwierigen Stellen zu sägen. Sofern Sie nicht sehr erfahren sind, sollten Sie das Aussägen der Dachschräge und der Nut für die Pfostenbohlen nicht selbst machen.

In Deutschland ist der sogenannte „Kettensägeschein" Voraussetzung, um im Wald Brennholz „machen" zu dürfen. Diese Mini-Ausbildung ist auch zu empfehlen, wenn man die Säge nur auf dem eigenen Grundstück benutzen will. Man kann diesen Schein bei Forstämtern, Feuerwehren oder dem Technischen Hilfswerk (THW) machen.

Die **Motorsäge** ist im Blockhausbau sehr nützlich. Verwenden Sie eine leichte Säge mit hoher Umdrehungszahl. Kettensägen mit Elektromotor haben oft eine zu niedrige Umdrehungszahl. In trockenem Holz kann das zum „Hacken" der langsam laufenden Kette führen.

Niedertourige Elektrobohrmaschine: Wählen Sie eine Bohrmaschine mit kräftigem Motor, Untersetzungsgetriebe und Drehrichtungsumkehr. Seien Sie vorsichtig bei der Anwendung kräftiger Bohrmaschinen. Es braucht eine Zeit, bis man sich an ihre Handhabung gewöhnt hat. Achten Sie bei der Arbeit auf einen festen Stand, und arbeiten Sie als Anfänger nicht zu hoch über der Erde.

Ziehen Sie den Bohrer während des Bohrens von Zeit zu Zeit hoch, um das Bohrloch von Spänen zu säubern. Lässt sich die Drehrichtung ändern, besteht weniger Gefahr, dass der Bohrer sich festfährt. (Sitzt der Bohrer fest und hat keine Drehrichtungsumkehr können Sie ihn mithilfe einer Rohrzange herausziehen).

Eine **Bohrmaschine** mit Zweihandgriff vom Typ Makita 6013BR, 620W, 550 rpm, hat sich als längerlebig erwiesen als andere Bohrmaschinen. Bei festsitzendem Bohrer und laufendem Motor kann es jedoch passieren, dass die Maschine in Brand gerät, vor allem, wenn Sie in feuchtem oder von Bläuepilzen befallenem, verblautem Splintholz bohren: Darin ist der Spanauswurf erschwert und der Bohrer frisst sich leichter fest.

Das Bohren von Dübellöchern oder das Vorbohren der Nut im Hirnholz ist eine ermüdende Routinearbeit. Wenn Sie an der Baustelle Stromanschluss haben, empfehle ich die Anschaffung einer Elektro-Bohrmaschine. Läuft das Bauen des ersten Blockhauses gut, werden Sie vielleicht weitere Häuser zimmern und können diese Bohrmaschine auch in Zukunft zum Einsatz bringen.

Auch die **elektrische Kreissäge** und der **Elektrohobel** können zur Anwendung kommen. Besonders beim Zimmern von Blockhäusern nach der Bauweise, wie man sie im Gebiet des Siljansees findet.

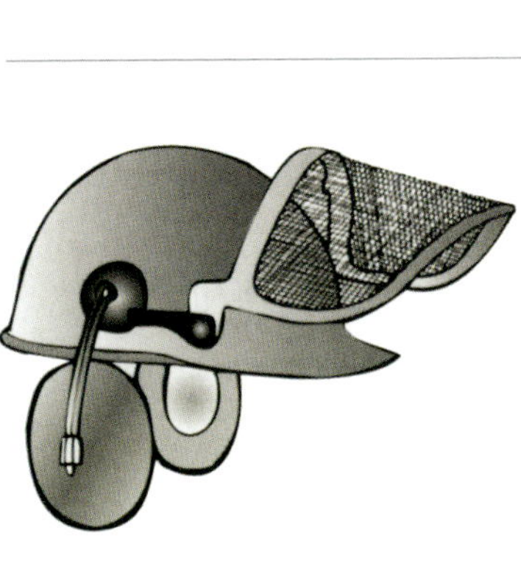

Bei der Arbeit mit motorgetriebenen Geräten muss man **Gehör- und Augenschutz** tragen. Kaufen Sie einen Schutzhelm für Waldarbeiter, an dem obige Schutzvorrichtungen montiert sind. Es hat grausige Unfälle gegeben, unter anderem beim Abreißen alter Blockhäuser, die ein Helm mit Gesichtsschutz hätte verhindern können.

Die Schneideinrichtung der Motorsäge

Bei allen Arbeitsschritten während des Blockhausbaus wird eine Motorsäge angewendet. Da viele vorher noch nicht mit einer solchen gearbeitet haben, möchte ich darauf hinweisen, wie wichtig es ist, die Sägekette immer scharf zu halten. Wenn Sie Anfänger in Bezug auf das Motorsägen sind, empfehle ich, an einem Einführungskurs zur sicheren Handhabung einer Motorsäge teilzunehmen (s. Kasten S. 9).

Die Schneideinrichtung einer Motorsäge besteht aus Sägekette, Führungsschiene (auch Blatt oder Schwert) und Kettenrad. Alle drei sind gleich wichtig für eine verlässliche Schneidefunktion. Als Schmiermittel zwischen den beweglichen Teilen und der Schiene dient Kettenöl, welches von bester Qualität sein muss, wenn alles so funktionieren soll, wie gedacht. Diese Ausrüstung ist der Kern des Sägens. Wenn man diesen nicht warten kann, funktioniert er nicht, und die Sägearbeit wird ein Misserfolg. Ab und zu kamen mir Kommentare zu Ohren, dass eine Motorsäge nicht funktioniert habe, und man machte Mängel in der Konstruktion dafür verantwortlich. In diesem Zusammenhang wage ich zu behaupten, dass es sich in den meisten Fällen um Mängel in der Wartung der Schneideinrichtung gehandelt haben wird. Man hat in erster Linie versucht, mit ungeschärften Ketten zu sägen. Das kann nur missglücken. Eine Sägekette lässt sich nicht durch einen Balken drücken. Die Sägekette soll sich durch das Holz schneiden, und man fühlt und hört ob die Kette gut schneidet. Versucht man hingegen mit erhöhter Gaszufuhr eine stumpfe Kette durch das Holz zu zwingen, so entwickelt sich direkt eine solche Hitze, dass dichter blauer Rauch hervor quillt und Kette und Schiene zerstört werden.

Die Sägekette

Motorsägen wurden um 1915 in Nordamerika entwickelt. Ende der 30er Jahre war die Technik an sich fertig, und in Schweden hat man sie vor allem in der Waldwirtschaft angewandt, um Bäume und Stämme auf Länge, also quer zur Längsrichtung eines Stammes, zu sägen.

Eine erste serienmäßig hergestellte, benzinbetriebene Motorsäge wurde 1927 von dem Hamburger Unternehmen Dolmar auf den Markt gebracht. Diese Säge konnte nur senkrechte Schnitte sägen, und musste von zwei Personen bedient werden.

Bereits 1926 baute die Firma Stihl die erste Motorsäge mit Elektromotor, die für den Einsatz auf Ablängplätzen gedacht war.

Motorsägen zum Auftrennen von Bauholz anzuwenden, wobei man in Längsrichtung des Stammes sägt, begann man in Nordamerika, und nach Schweden kam die Technik in den 80er Jahren.

Verschiedene Sägeketten-Typen

Im Laufe der Zeit wurde die Sägekette weiterentwickelt. Heute werden Hobelzahnketten verwendet. Eine solche Kette besteht aus Verbindungsgliedern, Treibgliedern, sowie rechten bzw. linken Schneidezähnen.

Eine Sägekette ist im Vergleich mit einem Kreissägeblatt sehr aggressiv. Um Selbstvorschub zu vermeiden, hat man die Schneidezähne mit einem Tiefenbegrenzer versehen. Dieser Tiefenbegrenzer bestimmt, wie tief die Schneide der Zahnschaufel in das Holz eindringt.

Um die Schneidlinie der Zähne von Hand zu feilen, wird meistens eine Rundfeile angewendet. Es gibt auch Schleifmaschinen für Sägeketten, die diese Arbeit erleichtern. Es ist ungemein wichtig, dass die Schneide der Zähne rasierklingenscharf gehalten wird. Es reicht nicht, dass sie scharf ist.

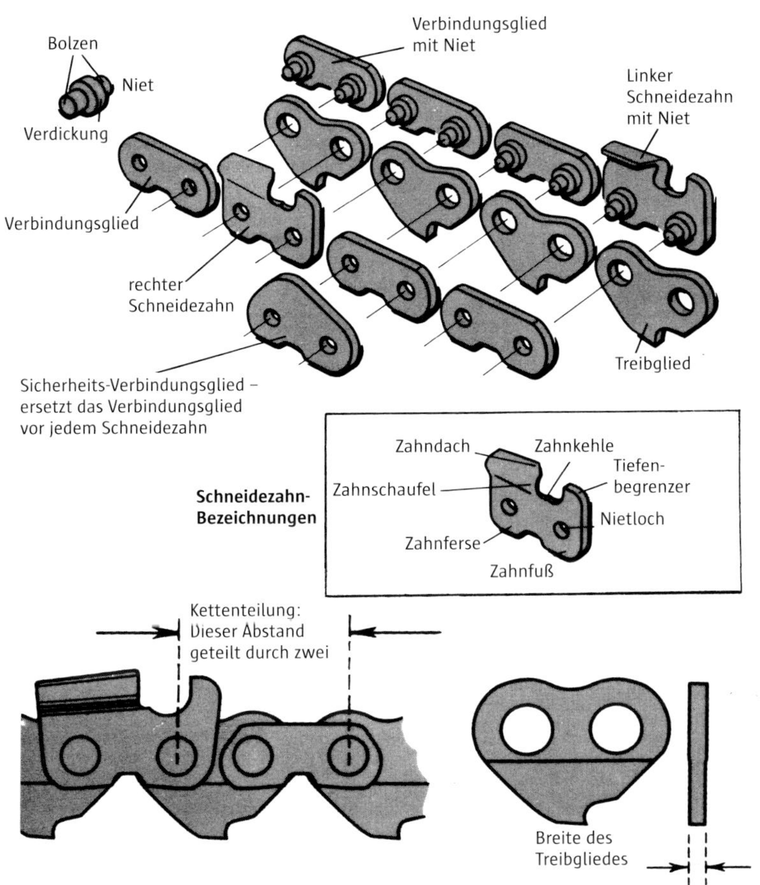

Die Größe einer Sägekette wird aufgrund ihrer Kettenteilung in Zoll angegeben (da die Sägeketten in Nordamerika entwickelt wurden). Die Kettenteilung wird als der halbe Abstand zwischen drei nebeneinander liegenden Nieten definiert, wie in der Abbildung gezeigt. Sicherheits-Verbindungsglieder mindern das Unfallrisiko bei der Arbeit mit der Motorsäge.

Aus dem Servicehandbuch für Oregon Sägeketten.

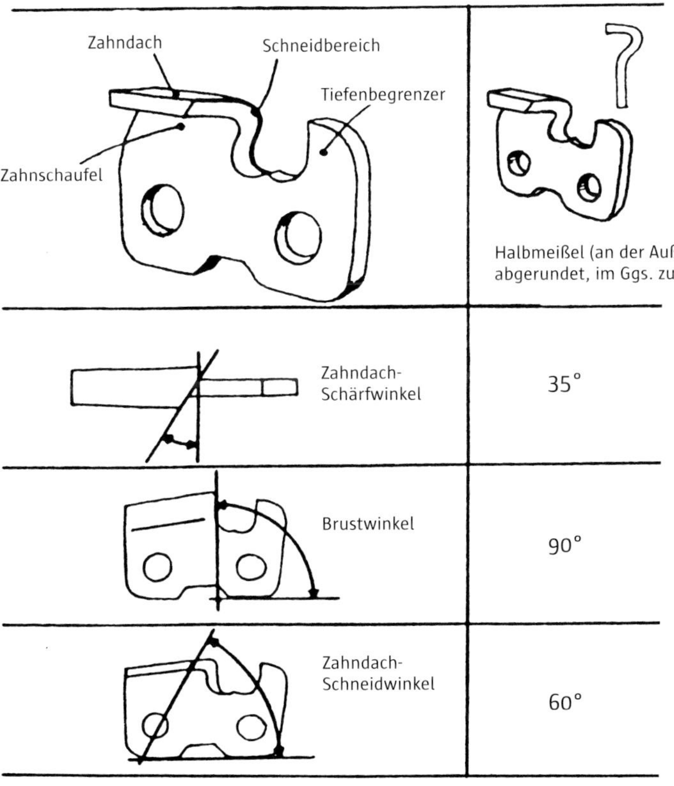

Ausformung des Schneidezahnes und Schneidewinkel mit typischen Werten für eine Hobelzahnkette.
Für den Schneidezahn einer normalen Kette (auch Querschnitt-Kette), der rechtwinklig zur Holzfaser schneiden soll, gilt ein Zahndach-Schärfwinkel von 35°. Für eine Längsschnittkette beträgt der Zahndach-Schärfwinkel 10°. Ihre Schneidezähne sollen das Holz längs mit der Faser schneiden. Dies ist der Fall, wenn man mit einem Kettensägewerk sägt.

Ref. Träbearbetning, Anders Grönlund, Träteknikcentrum 1986.

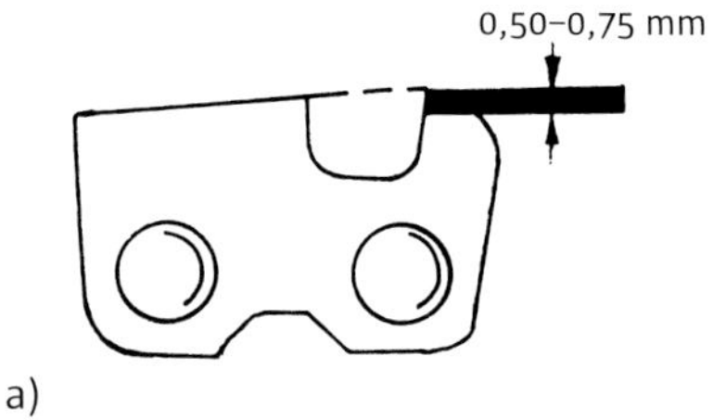

a)

Tiefenbegrenzer, der die Tiefe des Sägeschnittes bestimmt. Die Größe des Tiefenbegrenzer-Abstandes hängt vom Sägekettentyp ab.

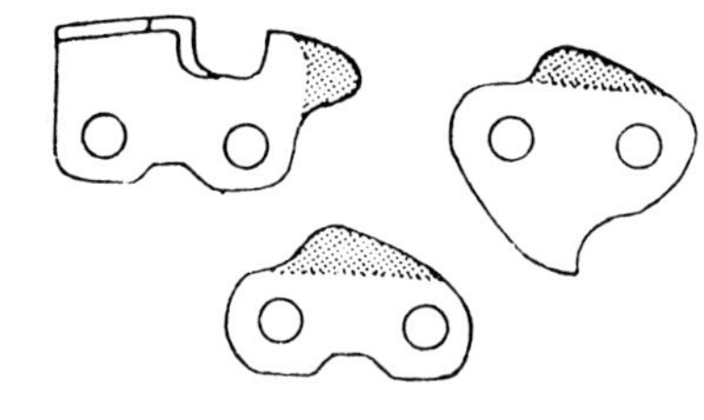

b)

Verschiedene Typen von Sicherheits-Verbindungsgliedern

Aus: Träbearbetning, Anders Grönlund, Träteknikcentrum 1986.

Feilen des Schneidezahnes

Feilt man konsequent, bevor die Kette stumpf wird, nutzt sich die Kette mindestmöglich ab. Ich mache zwei bis drei leichte Züge mit der Feile, sodass der Zahn wieder scharf ist.

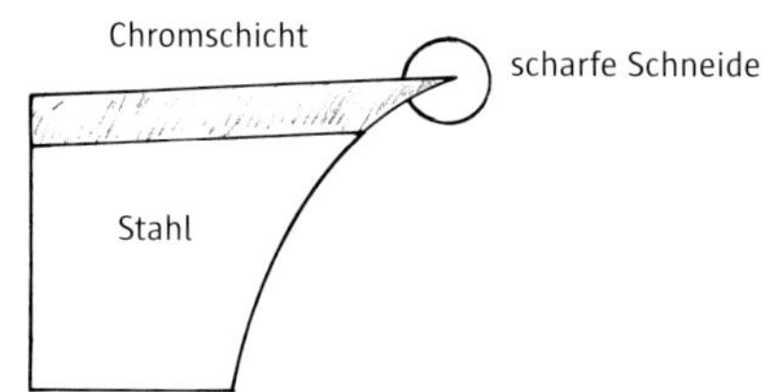

1. Der Schneidezahn ist mit einer ganz dünnen Chromschicht belegt. Diese Schicht ergibt eine scharfe und dauerhafte Schneide. So lange die Schneide in der Chromschicht liegt, hat die Sägekette eine perfekte Schärfe.

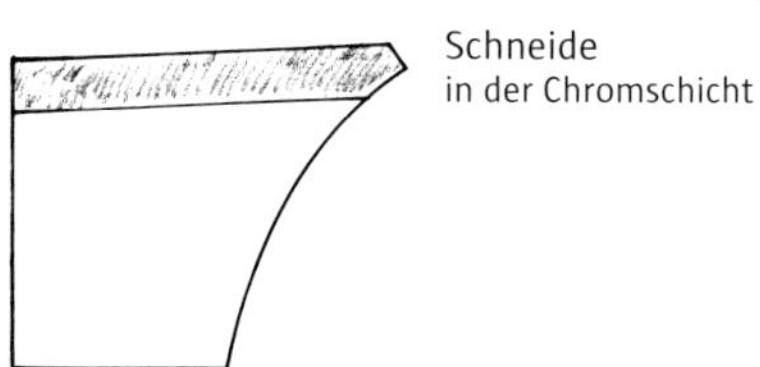

2. Nach einigen Sägeschnitten wird die Schneide in der Chromschicht stumpf. Das Sägen geht langsamer vor sich, die Schiene wird heißer und der Vorschubdruck erhöht sich. Es wird Zeit, die Kette zu feilen.

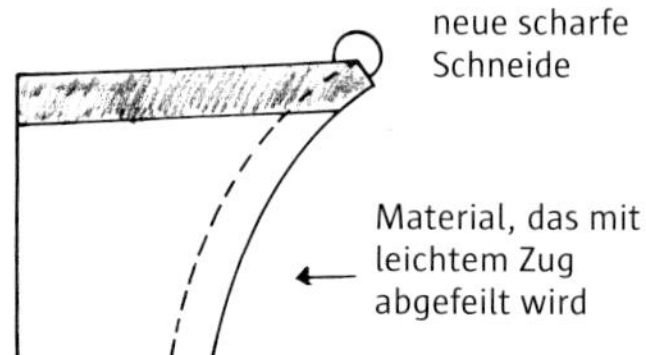

3. Wenn man feilt, sobald sich die Kette nicht mehr rasiermesserscharf anfühlt, braucht es nur ein paar leichte Züge mit der Feile, bis die Kette wieder perfekt geschärft ist. Wenn man immer feilt, bevor die Kette stumpf wird, ist die Abnutzung von Kette und Schiene minimal.

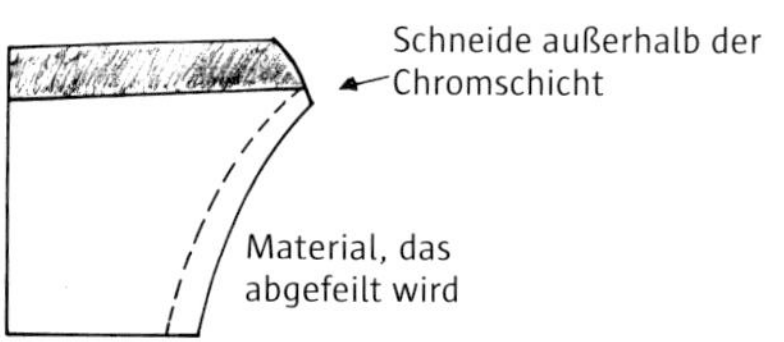

4. Setzt man das Sägen noch ein paar Schnitte fort, nachdem die Schneide schon außerhalb der Chromschicht liegt, besteht die große Gefahr, dass die Chromschicht stark deformiert wird. Beim Feilen kommt man dann vielleicht nicht bis in die Chromschicht zurück. Die Sägegeschwindigkeit wird niedrig, der Vorschubdruck hoch, Schiene und Kette werden rasch überhitzt und es bildet sich blauer Rauch um den Sägeschnitt. Die Schneideausrüstung wird schnell überbeansprucht und havariert, wenn man das Sägen jetzt nicht unmittelbar abbricht.

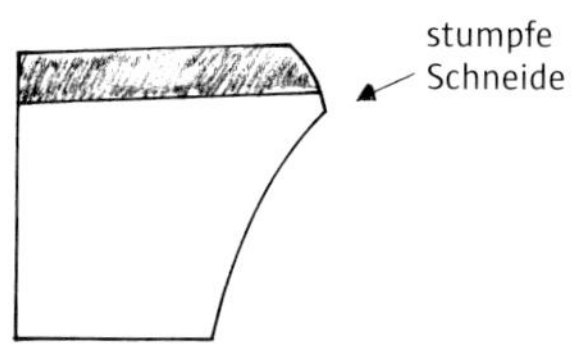

5. Man feilt den unter der Chromschicht befindlichen Stahl und die Schneide kann wieder scharf werden. Diese Schärfe ist jedoch nicht von Dauer, da die neue Schneide nicht in der Chromschicht liegt. Für dauerhafte Schärfe muss der Schneidezahn so weit herunter gefeilt werden, bis man die Chromschicht erreicht. Wenn man also nicht rechtzeitig feilt, muss man später mehr vom Zahn abfeilen, um ihn scharf zu machen. Die Lebensdauer der Kette wird dadurch kurz. Wenn ein Großteil des Sägens mit stumpfer Kette durchgeführt wird, ist höherer Vorschubdruck erforderlich. Dadurch wiederum nutzt sich die Schiene schneller ab und es besteht erhöhte Gefahr für einen Kettenbruch.

Einige praktische Hinweise

Die folgenden Hinweise stammen vom Kettensägewerkhersteller Logosol AB, ergänzt durch meine eigenen Erfahrungen.

Neue Ausrüstung

Neue Schienen und Ketten müssen vor dem ersten Einsatz geschmiert werden. Legen Sie ein wenig Schmierfett in die Kettenspur (auch Nut), sodass die Kette von der ersten Umdrehung an geschmiert ist. Die gleiche Vorgehensweise gilt, wenn man eine neue Kette auf eine alte Schiene auflegt. Früher haben die Kettenhersteller empfohlen, eine neue Kette über Nacht in ein Ölbad zu legen, sodass sie richtig eingeölt wurde. Heutzutage sind die Ketten vor der Lieferung geölt, doch ziehe ich weiterhin vor, sie vor der ersten Anwendung in ein Ölbad zu legen. Man lässt Schiene und Kette 30 Sekunden laufen und spannt danach die Kette, bevor man vorsichtig den ersten Schnitt sägt. Anschließend kann man mit normalem Vorschubdruck sägen, doch sollten Sie die Kettenspannung während der ersten Stämme extra kontrollieren. Eine neue Kette dehnt sich recht stark und am Anfang kann es erforderlich sein, sie nach jedem Schnitt nachzuspannen.

Beginnen Sie das Sägen mit vier neuen Ketten und einem neuem Kettenrad. Wechseln Sie zwischen diesen Ketten, und tauschen Sie das Kettenrad aus, wenn Sie diese vier ersten Ketten durch einen neuen Satz ersetzen.

Seien Sie aufmerksam

Die Wartung der Schneideinrichtung wirkt sich auf Sägeresultat, Haltbarkeit von Ketten und Schiene sowie Geschwindigkeit des Sägens aus.

Beim Auftrennen im Sägewerk wird die Ausrüstung extremer Beanspruchung ausgesetzt. Sowohl die Motorbelastung als auch der Vorschubdruck sind um ein Vielfaches höher als bei der Waldarbeit. Gleichzeitig sind auch die Sägeintervalle deutlich länger. Diese Faktoren stellen hohe Ansprüche an den Sägenden. Wenn man hartes, trockenes oder grobes Holz sägt, ist es besonders wichtig, dass man die Schneideinrichtung in gutem Zustand hält.

Erscheint einem irgendetwas merkwürdig, muss man das Sägen abbrechen. Hören Sie sofort auf zu sägen, wenn:

- Sie den Vorschubdruck erhöhen müssen.
- die Späne feiner als normal werden.
- die Schneideinrichtung heiß läuft und sich blauer Rauch zeigt.
- die Ausrüstung schief sägt.

Normalerweise beruhen Betriebsstörungen darauf, dass die Kette gefeilt werden muss, doch können auch andere Fehler auftreten, die behoben werden müssen.

Sägt man von Hand oder kurbelt man eine eingespannte Motorsäge von Hand, hat man den Sägeverlauf gut unter Kontrolle und fühlt direkt, ob das Sägen nicht funktioniert. Ist die Säge eingespannt und wird automatisch vorwärts bewegt, fühlt man nicht so einfach, ob die Kette zu schwer läuft, und es passiert leicht, dass man zu hart vorschiebt. Man kann am veränderten Sägelaut erkennen ob es schwer- oder leichtgängiger geht, und man muss auf sichtbare Problem-Anzeichen wie veränderten Spanflug, blauen Rauch und Schiefsägen achten.

Rechtzeitig feilen

Wie oft man feilen muss, hängt davon ab, wie grob die Stämme sind, und wie viele Einschnitte man in jedem Stamm sägt. Wenn normales Fichten- oder Kiefernholz gesägt wird, reicht es, zwischen jedem dritten oder vierten Stamm nachzufeilen. Es ist in erster Linie der Einschnitt in die Borke, welcher die Kettenzähne abnutzt. Bäume, die in der Nähe eines staubigen Schotterweges gestanden haben, nahe eines Weges gelagert wurden, oder aus anderen Gründen schmutzig sind, führen zu starker Abnutzung. Bestimmte Holzarten können schwergängig zu sägen sein, und trockenes Holz macht die Kette schneller stumpf als frisches. Ist das Holz absolut sauber, ist es auf Schnee gefällt oder sind die Stämme entrindet worden, kann man länger sägen, bevor die Kette gefeilt werden muss.

Prüfen Sie die Klingenschärfe

„Sehen Sie nach, ob die Motorsäge durch das Feilen scharf geworden ist! Man kann nicht, wie bei einem Messer, fühlen, ob die Kette scharf ist. Winkeln Sie stattdessen die Säge so auf, dass das Licht in die Kette einfällt, und schauen Sie, ob das Feilen geglückt ist. Eine scharfe Kette hat keine weiße Kante auf der Schneidlinie, erklärt Motorsägeninstrukteur Bertil Thyr.“

Aus der Zeitung Skogen (Der Wald).

Bei schwergängigem Sägen wechsle ich die Kette, wenn 70–80 Prozent des Kettenöles im Behälter verbraucht worden sind. So besteht keine Gefahr, dass man ohne Kettenöl sägt, und das Schärfen der Kette ist mit ein paar Feilzügen an den Schneidezähnen getan. Wie lange man sägen kann, muss man kontinuierlich während des Betriebes selbst einschätzen. Unter extremen Verhältnissen kann man gezwungen sein, nach jedem Sägeschnitt zu feilen.

Das Wichtigste bei der Kette ist: Rechte und linke Schneidezähne müssen gleich stark abgefeilt sein. Eine ungleich gefeilte Kette kann die Sägeschiene schräg steuern und die Abnutzung der Schiene erhöhen. Die Tiefenbegrenzer müssen auf dem richtigen Niveau gehalten werden, und vor allem darf die Kette nie stumpf werden.

Bequem feilen

In einem Feilbock kann man per Einspannen fünf Zähne auf einmal feilen. Ein Feilbock, der die Kette festspannt, ermöglicht es, die Schärflehre mit beiden Händen zu hantieren. Hat man eine Elektrosäge, muss man einen Feilbock anwenden.

Bei der Motorsäge kann man die Kette feilen, während sie auf der Schiene montiert ist. Es ist schwierig ein gutes Resultat zu erzielen, wenn man nur mit einer Hand feilen kann, weil die andere Schiene und Kette halten muss. Spannt man stattdessen die Motorsägenschiene in einen Schraubstock oder eine Sägezwinge ein, kann man die Feile mit beiden Händen führen.

Die Schneidezähne werden von innen nach außen und mit ca. 10° Feilungswinkel zur Klinge gefeilt. Halten Sie die Feile gerade über die Schiene (90° zur Plattseite der Schiene). Feilen Sie zuerst die Zähne der einen, dann der anderen Seite. Markieren Sie zwei Schneidezähne mit einem Marker-Stift, sodass Sie sehen, wann alle Zähne

Das Kettenschärfen ist viel einfacher, wenn man einen richtigen Arbeitsplatz, mit Feilbock in bequemer Höhe und mit gutem Licht, hat.

PFERD® Kettensägefeile an einer in einen Feilbock eingespannten Sägekette. Diese Doppelfeile mit Rundfeile für die Schneidezähne und Plattfeile für die Tiefenbegrenzer ergibt beim Feilen von Hand ein besseres Resultat.

Kleine Kettenschleifmaschine, bei welcher man die Kette manuell weiterdreht. Manuelles Feilen kann mit dem Erlernen des Fahrradfahrens verglichen werden: Hat man einmal gelernt, eine Sägekette zu feilen, so geht es in Fleisch und Blut über. Derjenige, der das Schleifen vereinfachen möchte, kann eine Schleifmaschine kaufen. Es gibt verschiedene Modelle, von denen die teureren mehrere Kettentypen schleifen können.
Das Risiko beim maschinellen Schleifen ist, dass man zu hart einfährt, sodass die Klingen der Schneidezähne blau anlaufen. Passiert dies, so hält das Schleifen nicht lange vor und die Kette wird schnell wieder stumpf.

einer Seite gefeilt sind. Ich pflege einen roten Stift zu nehmen, den man deutlich sieht. Die Feile muss in ihrer ganzen Länge mit gleichmäßigem Druck den Zahn entlang geführt werden, und man muss sehen, dass sich Feilspäne bilden. Drücken Sie nicht so hart, dass die Feile sich biegt. Achten Sie darauf, dass die Zähne auf beiden Seiten der Kette gleich stark gefeilt werden.

Verwenden Sie die Rundfeile nicht zu lange. Sie ist ein Verbrauchsgegenstand. Will man die Sägekette rasierklingenscharf halten, muss die Feile genauso scharf sein. Eine abgenutzte Feile nimmt keine Unebenheiten, sondern ‚poliert' den Sägezahn nur. Man muss sehen und fühlen, dass kleine Feilspäne von den Schneidezähnen abgefeilt werden, wenn man sicher sein möchte, dass die Feile greift.

Ich beende jeden Arbeitstag damit, die Sägeketten zu feilen, die ich während des Tages gewechselt habe. Dies braucht nur ein paar Minuten. Auf die Motorsäge montiere ich eine frischgefeilte Kette, sodass ich am nächsten Morgen direkt mit dem Sägen beginnen kann.

Tiefenbegrenzer

Die Oberseite der Schneidezähne ist schwach nach hinten geneigt. Dadurch rückt die Klinge bei jedem Feilen ein kleines Stück weiter herunter. Der Tiefenbegrenzer bestimmt, wie viel Holz der Schneidezahn frisst, und muss deshalb in gleichem Maße abgefeilt werden wie dieser.

Wenn man die Tiefenbegrenzer ungefeilt lässt, muss, damit die Kette sägen kann, der Vorschubdruck erhöht werden, und die Schiene wird zerstört. Die Tiefenbegrenzer sollen mit ihrer Oberkante ca. 0,6–0,7 mm unter den Klingen der Schneidezähne liegen. Es gibt spezielle Tiefenbegrenzerlehren die zu den Sägeketten passen, und wenn man eine PFERD® Schärflehre anwendet, wird der Tiefenbegrenzer-Unterstand bei jedem Feilen justiert. Wendet man eine lose Lehre an, so sollte man den Tiefenbegrenzer-Unterstand möglichst bei jedem dritten Sägekettenschärfen mithilfe der Lehre und einer Flachfeile justieren.

Bitte beachten Sie folgendes: Sie dürfen niemals die Spitzen der Sicherheitstreibglieder oder -verbindungsglieder verändern.

Kettenspannung

Die Kettenspannung muss so justiert werden, dass sie genau richtig ist. Eine zu hart gespannte Kette kann dem Sternrad an der Schienenspitze schaden, während eine zu schlaffe Kette zur Abnutzung der Schiene gleich hinter der Schienenspitze führt. Neue Ketten dehnen sich aus und müssen in den ersten Minuten nach Inbetriebnahme regelmäßig nachgespannt werden. Dazu stellt man den Motor ab, lässt die Kette abkühlen, und spannt erst dann nach. Sie dürfen die Kette nie direkt nach dem Schneiden nachspannen. Die noch heiße Kette zieht sich zusammen, und die Spannung wird dann zu hoch. Lesen Sie hierzu, wie auch zu allen anderen Fragen rund um die Motorsäge und Kette, das entsprechende Wartungshandbuch Ihres Herstellers.

Die Kette soll so gespannt werden, dass man sie mit Daumen und Zeigefinger aus der Nut der Schiene ziehen kann, und dass sie in ihre ursprüngliche Lage, in der sie fest an der Unterseite der Schiene anliegt, zurück schnappt, sobald man sie loslässt.

Kettenöl

Ohne ein hochwertiges Kettenöl kann die Schneideinrichtung nicht funktionieren. Das Kettenöl bildet zwischen Kette und Schiene einen Ölfilm. Solange wie der Ölfilm besteht, ist die Abnutzung minimal. Wenn der Ölfilm wegen zu starkem Vorschubdruck, mangelnder Ölqualität oder zu kleiner Ölmenge zerreißt, reibt Stahl auf Stahl und die Schiene wird sehr rasch abgenutzt. Sogar die Kettenunterseite wird dann abgenutzt, was zum Kettenbruch führen kann.

Kettenöle gibt es in unterschiedlichen Qualitäten. Kaufen Sie kein billiges Öl aus einem Großhandel. In einem Kettensägewerk ist die Belastung von Sägekette und Schiene maximal, weshalb die bestmögliche Qualität verwendet werden sollte. Die besten vegetabilischen Öle haben gleich gute Schmiereigenschaften, wie Mineralöl. Eine starke Abnutzung der Schiene beruht oft darauf, dass man ein Öl verwendet hat, welches nicht zäh genug ist. Ein zähes Kettenöl folgt mit um die Schienenspitze herum und schmiert die Schiene auf ganzer Länge.

Soll die Säge eine längere Zeit nicht zur Anwendung kommen, muss vorher Mineralöl durch die Ölpumpe gefahren werden. Das vegetabilische Öl kann nach ein paar Monaten verhärten. Ich selbst hatte dieses Problem mit meiner älteren ‚solosåg' (Säge der Fa. Solo) mit Motorsäge, bei welcher ein kleines Plastiktriebteilchen ausgetauscht werden musste, nachdem das vegetabilische Öl sich verhärtet hatte.

Sauber halten

Halten Sie Schienenhalterung, Schienenbefestigung und Ölkanal der Säge sauber von Spänen und Farbflocken die den Ölfluss einschränken können. Säubern Sie Obiges bei jedem Kettenwechsel. Die Schiene wird beim Kettenwechsel abgenommen und gewendet, sodass sie sich gleichmäßig abnutzt. Späne und Farbreste können sogar ein Ölleck verursachen, und damit einhergehend schlechteres Schmieren, wenn nämlich die Führungs- oder Kettenschutzbleche nicht dicht um die Schiene schließen können.

Warnung vor hohem Vorschubdruck

Sägt man mit stumpfer Kette oder sind die Tiefenbegrenzer zu hoch, kann der Druck auf den Ölfilm so hoch werden, dass dieser zerreißt. Die Kette funktioniert dann wie eine Feile an den Laufflächen und die Schiene wird innerhalb kürzester Zeit abgenutzt. Schon eine einzige Riefe kann sichtbare Schäden ergeben.

Beim Besäumen von Bauholz wird die Schiene hohen Belastungen ausgesetzt. Der gesamte Vorschubdruck wird von einem geringen Teil der Schiene entgegengenommen. Schon einige wenige Bretter, die mit höchster Geschwindigkeit abgekantet werden, können eine Grube in den Laufflächen verursachen. Geben Sie beim Besäumen nicht zu viel Druck auf die Schiene.

Die Schiene

Die Aufgabe der Kettensägeschiene ist es, die Sägekette zu stützen und zu lenken. Die Schiene ist deshalb rundherum mit einer Nut versehen, in welcher die Treibglieder der Kette laufen. In der Spitze der Schiene sitzt ein Sternrad, welches unnormale Abnutzung am Bruchpunkt, an welchem die Kette die Laufrichtung ändert, verhindern soll.

Die Schiene ist großer Belastung ausgesetzt, und ihre Lebensdauer ist von allen Bedingungen abhängig, die während des Sägens herrschen. Stumpfe Ketten verursachen die meisten Probleme mit einer Kettensäge, aber auch Fehler der Schiene können manchmal die Ursache für die Probleme sein. Die korrekte Wartung der Sägeschiene ist eine Voraussetzung für sicheres Sägen mit gutem Resultat.

Kontrollieren Sie die Schiene regelmäßig, sodass Sie bemerken, ob Unebenheiten oder Sprünge entstanden sind.

Gerade Laufflächen!

Laufflächen feilen

Kontrollieren Sie bei jedem Kettenwechsel, ob die Laufflächen der Schiene gerade und plan sind. Die UKF Kantenfeile ist ein Spezialwerkzeug zum Feilen der Laufflächen, doch geht es genauso gut mit einer gewöhnlichen Plattfeile oder einer Schleifscheibe mit Winkeleinstellung. Die Schiene muss auf einer planen Unterlage senkrecht auf den Laufflächen stehen können.

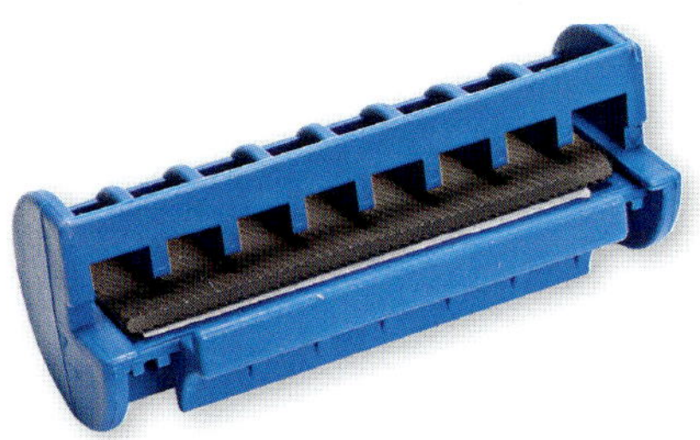

UKF Kantenfeile Foto: Logosol AB

Spannen Sie die Schiene in einen Schraubstock ein. Wenn die Laufflächen soweit herunter gefeilt sind, dass die Treibglieder auf dem Boden der Nut laufen, hat die Schiene ausgedient. Die Sägekette wird dann schräg sägen und man kann eine leichte Abnutzung an der untersten Spitze der Treibglieder erkennen.

Nutweite/Spurweite

Für das Längsteilen von Stämmen verwendet man eine Ausrüstung mit schmaler 1,3-mm-Kette. So wird der Holzverlust in der Schnittspur so gering wie möglich gehalten. Die Nut (der Abstand zwischen den Laufflächen) soll bei einer 1,3-mm-Kette 1,40–1,45 mm betragen. Normale Ketten haben 1,6 mm Treibgliedstärke. Ist die Nut bei Verwendung einer 1,3 mm-Kette breiter als oben angegeben, besteht das Risiko, dass die Treibglieder in der Nut hin und her kippen. Dadurch wird die Schiene schneller abgenutzt, und die Oberfläche des Sägeschnittes fällt schlechter aus. Der Versuch, eine 1,3-mm-Kette auf einer Schiene für normale Ketten zu fahren, ergibt einen deutlich schiefen Sägeschnitt. Es ist wichtig, dass Schiene und Kette zusammenpassen.

Wasserkühlung schont Schiene und Kette

Selbst wenn alles funktioniert, kann die Schiene überhitzt werden, wenn man in trockenem oder hartem Holz sägt. Zu hohe Temperatur in der Schneideinrichtung führt dazu, dass sich die Eigenschaften des Öles verschlechtern. Dies wiederum lässt die Kette schneller stumpf werden. Seit einigen Jahren gibt es Wasserkühlungen als Zubehör. Unter erschwerten Sägeverhältnissen kann das eine Lösung sein.

Unterhalt

Die Kettenspur sowie das Loch für das Kettenöl in der Schiene, sollten bei jedem Kettenwechsel gereinigt werden. Schmieren Sie das Sternrad mit dem richtigen Fett. Wenden Sie außerdem bei jedem Kettenwechsel die Schiene, sodass sie gleichmäßig abgenutzt wird. Feilen Sie nach außen stehende Grate an den Laufflächen ab, damit Sie keine Stahlsplitter in die Finger bekommen.

Kettenrad

Kontrollieren Sie das Kettenrad bei jedem Kettenwechsel. Tauschen Sie das Kettenrad spätestens dann aus, wenn Sie einen Satz Ketten ausmustern und einen neuen Satz anzuwenden beginnen. Fahren Sie keine abgenutzte Kette auf einem neuen Kettenrad oder andersherum.

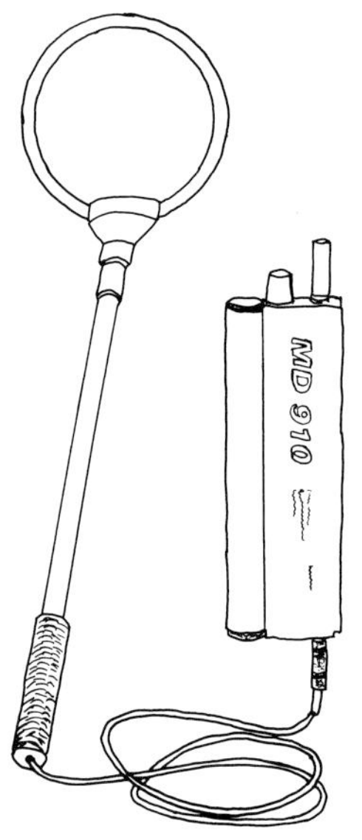

Terko MD 910, Nagel- und Metallsuchgerät für kleine Sägewerke (Finnischer Hersteller).

Nagel- und Metallsucher

Ein Vorteil mit einem Kettensägewerk ist die Möglichkeit, Bäume sägen zu können, die in der Nähe von Bebauung gestanden haben. Oft stecken in solchen Bäumen Nägel, und herkömmliche Sägewerke lehnen es ab, solches Holz zum Sägen entgegenzunehmen. Mit einem Kettensägewerk ist es keine größere Katastrophe, falls man in einen Nagel sägt. Die Kette ist schnell wieder gefeilt, und schlimmstenfalls muss man sie entsorgen, was keine allzu großen Kosten mit sich bringt. Hat man viel Holz mit Verdacht auf Nägel oder Metall zu sägen, kann es sich lohnen, in einen Nagelsucher zu investieren. Mit einem solchen Gerät kann man Nägel, Stacheldraht und andere Metallreste im Sägeholz finden.

Das Bauholz

Das Bauholz, in Schweden für gewöhnlich Kiefernholz, sollte „reif" sein und einen engringigen, kräftigen Kern haben. Schnell gewachsenes Holz ist weniger geeignet. Wenn Sie die Balkenköpfe des Eckverbandes nicht rund belassen sondern anders formen möchten, muss der Zopfdurchmesser mindestens bei 15 cm liegen. Um Rundholz zu 15 cm starken Blockbalken behauen oder sägen zu können, muss der Zopfdurchmesser mindestens 20 cm betragen. Die Schwellenbalken sollten 5–8 cm stärker sein.

Gut geeignet sind mittelstarke Stämme, bei denen der Unterschied zwischen Fuß- und Zopfdurchmesser so gering wie möglich ist. Gleichmäßig starke Stämme sind in dichten Beständen gewachsen. Solche Bäume haben schmalere Jahresringe, sind älter und gerader gewachsen als gleichstarke Bäume aus lichteren Beständen. Auch die Verkernung ist besser, was entscheidend vor Fäulnisbefall schützt. Feinastiges Holz und Holz ohne Beulen, unter denen überwallte Aststümpfe stecken, erleichtert das spätere Einpassen der Blockbalken zueinander. In erster Linie sollte man versuchen, „reife" Bäume zu verwenden. Ihr Wachstum ist bereits schwächer, mit engeren Jahresringen und größerem Kernholz als Folge. „Reife" Kiefern haben eine abgerundete, hoch sitzende Krone und einen langen, astreinen Schaft. Wenn sie nicht auf armem Sandboden wachsen, sind reife Kiefern in Deutschland oft schon zu stark für den Blockhausbau. Jüngere Kiefern mit geeigneten Dimensionen sind dagegen noch nicht ausreichend verkernt. Daher wird in Deutschland meist Fichte als Bauholz gewählt. Auch die Krone der Fichte soll hoch sitzen. Freistehende Fichten, mit tiefsitzenden, grünen Ästen von Bodennähe aufwärts, sind ungeeignet, da sie meistens „abholzig", weitringig und grobastig sind.

Im unteren Bereich der Wände, sowie über Fenstern und Türen, sollte man ganze Stammlängen anwenden. Der letzte durchgehende Blockbalken wird an der Längsseite als „Rähm", an der Giebelseite als „Giebelmutter" bezeichnet. Bei niedrigeren Häusern sind es die Rähme und die Giebelmütter, zusammen der Rahmenkranz, die das Haus zusammenhalten. Sie dürfen deshalb nicht angesetzt, „gestoßen" werden.

Es ist relativ einfach, Balkenlängen bis zu 8 m zu beschaffen. Das Bauholz wird im Wald anhand einer vorher angefertigten Skizze, Zeichnung oder Liste ausgewählt. Vergessen Sie nicht, die beiden Rähme länger als die übrigen Blockbalken der Längsseiten zu planen. Vermutlich sollen sie später einen Dachüberstand an den Giebelseiten tragen, der die Eckverbände überragt.

Auch Fichte eignet sich als Bauholz. Sie ist leichter und ein besserer Wärmeisolator. Oft ist sie auch gerader gewachsen als Kiefer. Hingegen ist ihre Beständigkeit gegen Wind und Wetter schlechter. Man sollte jedoch am besten Kiefer wählen. Kiefer ist leichter zu bearbeiten, da sie weniger Äste hat und das Holz fetter ist. Die Holzzellen der Fichte werden beim Austrocknen härter, was zusammen mit der Astanzahl die Werkzeuge stärker beansprucht und abnutzt. Eine Wand aus Kiefernbalken bekommt im Laufe der Jahre einen goldbraunen Ton. Wetterausgesetzte, unbehandelte Fichtenbalken haben bereits nach wenigen Jahren eine grau gebleichte Oberfläche.

Es ist gut, wenn die Stämme gerade und nicht zu „abholzig" sind (nicht zu rasch an Durchmesser verlieren). Sie können eine gerade Stange verwenden, um zu überprüfen, ob der Baum gerade ist. Versuchen Sie, drehwüchsige Blockbalken zu vermeiden, da sie sich aus einer Wand herausdrehen können, wenn sie beim Einbau noch zu frisch sind. Gekrümmte und drehwüchsige Balken kann man ablängen und neben Tür- und Fensteröffnungen einbauen. Oft werden dort nur kurze Balken gebraucht.

Wenn Sie ein Blockhaus aus maschinenbereiteten Blockbalken kaufen, achten Sie darauf, dass das Holz vor dem Zimmern ausgetrocknet war und dass sich keine drehwüchsigen Stämme eingeschlichen haben. Oft sind die Wände maschinengezimmerter Häuser nur 10–12 cm stark. Ein drehwüchsiger Balken kann sich leicht aus einer solchen Wand herausdrehen. Das wäre als Fabrikationsfehler zu betrachten. Drehwüchsige Balken sind vom Hersteller auszuwechseln.

„Die Bäume sollen auf mageren Böden wachsen, wodurch sie nur langsam an Umfang gewinnen und das Holz engringig wird. Kiefer kann z. B. gerne auf feinsandigem Boden gewachsen sein. An mehreren Stellen ist zu lesen, dass Kiefer auf Höhenzügen und steinigen Erhebungen wachsen solle, Fichte hingegen z. B. am Rande von Mooren oder in Senken.

Die Bäume sollen in dichten Beständen wachsen, was dazu beiträgt, dass das Holz engringig und astfrei wird.

Auch Wachstumsplätze an Nordhängen begünstigen gerades und engringiges Holz.

Der Baum soll ‚reif' sein. Dies ist ein sehr komplexer Begriff, aber eine wichtige Bedeutung ist, dass das Wachstum des Baumes so gut wie beendet sein soll, d.h., die Jahrestriebe so klein wie möglich sein sollen.

Der Baum soll gerade sein, glatt, und so wenige Äste wie möglich haben. Für Holz für den Hausbau ist diese Voraussetzung wichtig.

Der Baum darf nicht gedreht sein. Dies ist sowohl für den Blockhausbau, als auch für das Schreinern wichtig.

Baumkrone und Borke müssen ein spezielles Aussehen haben. An ihnen u. a. lässt sich abschätzen, ob das Holz engringig ist.

Der Baum sollte einen hohen Kernholzanteil haben.

Insekten- oder Pilzbefall darf nicht vorkommen.“

Riksantikvarieämbetet och Nordiska museet (Schwed. Zentralamt für Denkmalpflege und Nordisches Museum): Var virket bättre förr?, 1982.

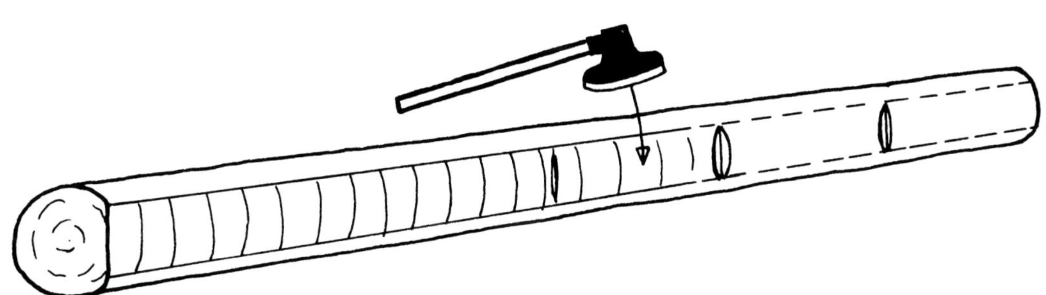

Das Behauen eines Stammes

Das Bauholz wurde früher schon im Wald behauen, wenn man behauene Balken für den Hausbau haben wollte. Mithilfe einer straff gespannten „Schlagschnur“, die mit Kreide oder Holzkohle gefärbt wurde, werden die Linien für das Behauen markiert. Die Schlagschnur wird gespannt, angehoben und losgelassen, wobei sie einen „Schnurschlag“, eine schnurgerade Linie, auf dem Stamm hinterlässt. Mit dem Behaubeil/Beschlagbeil wird in regelmäßigen Abständen bis an die so geschlagenen Linien eingekerbt, um das Bebeilen zu erleichtern. Siehe Zeichnung.

Bauholz zu bebeilen kostet viel Zeit, und darum werden die Blockbalken heute im Sägewerk – in Schweden gibt es mancherorts auch noch Kleinsägen in den Dörfern – zweiseitig zu Blöcken gesägt. Bei unentrindetem, frischem Bauholz wird dadurch das Trocknen beschleunigt und es treten weniger Risse auf, wenn sich das Holz während des Trocknens zusammenzieht.

Den Kernriss zu vermeiden ist jedoch fast unmöglich. Allerdings kann man seine Lage durch einen Spaltschnitt mit der Motorsäge selbst bestimmen. Die beiden noch runden Seiten werden entrindet.

Rundholz reißt stärker ein als ein behauener oder gesägter Stamm. Beim Zimmern werden die gesägten Flächen der Blockbalken zusätzlich mit dem Behaubeil/Beschlagbeil behauen. Dabei muss gerade von oben nach unten geschlagen werden. Durch das Behauen erhalten die Blockbalken eine glatte, feine Oberfläche, die weniger Feuchtigkeit aufsaugt und die Balken dauerhafter macht, als eine gesägte. Außerdem sieht eine behauene Blockhauswand im Vergleich mit einer gesägten schöner und lebendiger aus.

Sara Lidman schreibt in ihrem Buch „Den underbare mannen“ (Der wunderbare Mann) über das Behauen von Holz das Folgende:

„Obwohl es Sägen gab, zogen alle Zimmerleute für Holz, das Regen und Schnee ausgesetzt sein würde, das Beil vor.

Das Beil ist nur auf der einen Seite der Beilschneide geschliffen (wie der Schenkel einer Schere). Diese scharfe Seite hält der Mann gegen den Stamm, über dem er breitbeinig steht und mit ein paar leichten Schlägen den Verlauf der Holzfasern erkundet: mit der Faser oder gegen die Faser; nur ein Anfänger versucht, sein Beil gegen die Faser durch das Holz zu treiben. Der Erfahrene findet schnell seinen abbalgenden Rhythmus, mit der Faser, durch die Seite oder längs der Seite des Stammes; Borke und äußeres Holz sammeln sich an wie Schneewehen. Der Anfänger muss an jedem Ende des Stammes eine Schnur festhaken, um gerade zu arbeiten, die Stammoberfläche zu ebnen (auf zwei Seiten); der Erfahrene kann sich auf sein Augenmuß verlassen.

Ein geschickter Handwerker hantiert das Haubeil so betäubend geschwind, dass die Oberfläche geglättet, dicht und streichglatt wird während die Säge das Holz in Angst und Schrecken versetzt, das Harz sich zurückzieht, Feuchtigkeit zwischen die schaudernden Fibern dringt und solange von Fäulnis flüstert, bis das Holz verblaut.“

Bäume, die durch schiefes Wachstum einseitig belastet werden, bilden „Druck- und Zugholz“ aus. Die Jahresringe können auf einer Seite breiter sein, der Stammquerschnitt kann oval, die Markröhre nicht in der Mitte sein. Ein Blockbalken aus solch einem Baum kann sich während des Trocknens verdrehen. Ist ein Balken im Querschnitt zu unregelmäßig, sollte man ihn aussortieren.

Bauholz für den Blockhausbau sollte so einheitlich durchgetrocknet sein, wie möglich. Die beste Trockenperiode ist im Frühjahr und Frühsommer. Eine günstige Zeit zum Fällen des Bauholzes beginnt nach dem ersten starken Frost, da die Gefahr für Insekten- und Pilzbefall dann gering ist.

Im Herbst wandern die energiereichen, baumeigenen Stoffe für das Zellwachstum – die in der Vegetationszeit durch Kohlenstoffassimilation erzeugt wurden – aus den Nadeln und der Bastschicht des Baumes in das Holz, wo sie über Winter in besonderen Zellen gespeichert werden. Dort stehen sie im Frühjahr dem Baum als Energiereserve für das Wiederaustreiben zur Verfügung. Der höhere Zuckergehalt der Rinde im Sommerhalbjahr, vor allem aber die höheren Temperaturen, begünstigen den Pilz- und Insektenbefall, weil sie die Lebensbedingungen von Insekten und Pilzen begünstigen und weil sie den „Nährboden Holz“ für den Befall durch Schädlinge geeigneter machen. Früher wurde Bauholz in Schweden im Februar und März gefällt, bevor der Baum danach wieder „im Saft steht“. Auch der Stärke- bzw. Zuckergehalt dürfte in den genannten Wintermonaten am niedrigsten sein.

Im Winter gefällte Bäume trocknen am gleichmäßigsten. Fällt man Bauholz im Frühling, so trocknet es so umgehend, dass eine Menge kleiner Trockenrisse auftreten.

Das Behauen von Balken in der Wand

In früheren Zeiten wurden die Blockbalken mitunter erst in der Wand behauen. Das schlechtere, gerissene Außenholz wurde dabei weggehauen. An der Innenseite der Wand konnten die Blockbalken rund bleiben. So findet man es oft in einfacheren Bauten wie Scheunen und Ställen. Das Behaubeil/Beschlagbeil hatte einen besonderen, seitlich gebogenen Schaft, damit man sich die Knöchel nicht an den Balken aufschlug. Die Beilschneide war nur einseitig geschliffen.

Wendet man den Stamm beim Behauen so, dass die spätere Unterseite nach oben weist, entstehen durch das Behauen keine „Taschen“, in denen sich nachher an der Wand Wasser sammeln könnte.

Denken Sie daran, das Bauholz zu entrinden. Es wird sonst von Insekten und Blaufäulepilzen befallen.

„Holz aus Sommer- und Winterfällung wird unterschiedlich stark durch Pilzbefall geschädigt. Früher ging man davon aus, dass die Ursache dafür in einer chemischen Ungleichheit zu suchen wäre. Man vermutete, das Vorhandensein von Stärke und Zucker würde sommergefälltes Holz für Insekten und Pilze interessanter machen als der höhere Fettanteil von Holz aus Winterfällung.

Inzwischen ist man von dieser Annahme abgekommen. Obwohl es in der Zusammensetzung der Nährstoffe gewisse Unterschiede gibt, spricht doch alles dafür, dass die unterschiedlich hohe Versorgung mit Wasser und Sauerstoff sowie der unterschiedliche Trockenheitsgrad entscheidend sind. Holz aus Winterfällung trocknet langsam, ohne große Risse. Holz aus Sommerfällung hingegen trocknet innerhalb weniger Wochen und stark oberflächlich, wobei tiefe Risse auftreten, durch welche der Pilzbefall bis in die Tiefe vordringen kann. Die gefährlichste Zeit sind die oft heiß-schwülen Hundstage (23. Juli bis 23. August). Holz aus Winterfällung oder Winterbearbeitung ist dann bereits getrocknet, während das im Sommer gefällte oder gesägte Holz ausgerechnet dann den für Pilzbefall günstigsten Feuchtigkeitsgehalt hat. Die Sommerfällung des Bauholzes für ein ganzes Blockhaus ist nur als Notlösung zu sehen. In Südschweden – und in Deutschland – sollte der Holzeinschlag nicht vor November-Dezember begonnen werden. Weiter nördlich ist ein Beginn möglich, sobald die Temperaturen tief genug sind.“

Bertil Thunell, Trä – dess byggnad och felaktigheter, Byggstandardiseringen (Holz, sein Bau und seine Fehler, Baustandardisierung), Stockholm 1952.

In der Saftzeit gefälltes Bauholz hat den Vorteil, dass es sich leicht entrinden lässt. Zimmert man einfachere Bauwerke, wie Rasthütten oder Schirmhütten aus Rundholz, sollte man nicht zögern, das Bauholz dann zu entrinden, wenn es am leichtesten von der Hand geht. Das Entrinden ist eine schwere Arbeit und nimmt Zeit in Anspruch, und die Qualitätsminderung, die im Saft gefälltes Bauholz aufweisen kann, wird von den Vorteilen beim Entrinden frischen Holzes aufgewogen.

Beim Bau eines Blockhauses muss man immer mit einberechnen, dass sich die Wände im Laufe der Zeit „setzen". Je trockener das Holz ist, desto weniger setzen sie sich. Fällt man Bauholz im Winter und lässt es bis Ende Juli gut trocknen, geht man von 3 cm Absinken je Meter Wandhöhe aus. Gesägte oder behauene Blockbalken setzen sich etwas weniger als Rundholz, da sie schneller trocknen und von daher beim Einzimmern schon trockener sind. Alle stehenden Konstruktionen, wie die Pfostenbohlen von Türen und Fenstern, sowie Ständerhölzer, müssen ein Schrumpfmaß von mindestens 3 cm je Meter Wandhöhe haben. Eine Blockwand setzt sich noch lange Jahre nach ihrem Bau. Eine Außenverschalung wird daher frühestens nach fünf Jahren aufgenagelt.

Zu guter Letzt: Ein Stamm, der im Walde kerzengerade aussah, erweist sich oft als merkwürdig krumm, wenn er zum Einzimmern auf die Wand hinauf gerollt wird.

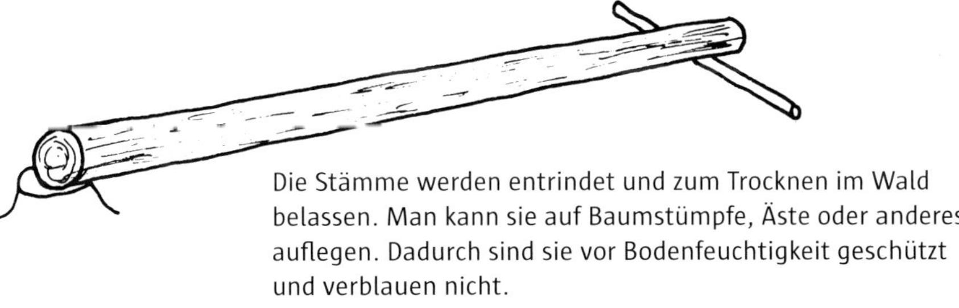

Die Stämme werden entrindet und zum Trocknen im Wald belassen. Man kann sie auf Baumstümpfe, Äste oder anderes auflegen. Dadurch sind sie vor Bodenfeuchtigkeit geschützt und verblauen nicht.

Trocknung und Lagerung des Holzes

Das meiste Holz, das heutzutage im Blockhausbau verwendet wird, kommt zurecht gesägt aus dem Sägewerk oder wird mit einem mobilen Kleinsägewerk vorbereitet. Es braucht drei Jahre, bis entrindete und zu Blöcken gesägte Balken durchgetrocknet sind, vorausgesetzt, dass sie vor Niederschlag geschützt gelagert wurden. Rundholz braucht noch länger zum Trocknen. Nach 2–3 Jahren wird das Holz ziemlich große Trockenrisse haben.

Um die Rissbildung zu steuern, kann man den Hinweisen des norwegischen Zimmermannes Ola Steen folgen:

„Das Bauholz wird vor Weihnachten gefällt.

Im Februar–März werden zwei Streifen entlang des Stammes entrindet, wo später die Auflage und die ‚Längsnut' hinkommen, 10–12 cm breit, ober- und unterhalb der Biegung des Stammes (Stämme werden immer mit einer eventuellen Krümmung nach oben in die Wand eingebaut). Es wird bis zum reinen Holz entrindet. Die Stämme werden zum Trocknen auf Unterlagen gelegt und durch ein Dach geschützt.

Nach 12–15 Monaten schlägt man trockene Keile in die Trockenrisse und entfernt die restliche Borke.

Rundholz kann nach 2–3 Jahren Trockenzeit zu Blockbalken gesägt werden. Aufgrund der Risse können die Stammenden und Schwartenbretter zu nichts anderem als Brennholz angewendet werden.

Alternativ kann Rundholz vor Weihnachten gefällt werden. Die Stämme werden dann im April–Mai abwechselnd 1,5 m lang entrindet, 1,5 m unentrindet belassen, und auf Unterlagen gelegt. Im Juli–August entrindet man die restlichen Felder. Die Stämme bleiben fertig entrindet bis September–Oktober liegen. Sie sind dann so trocken, dass man sie als Rundbalken einzimmern kann. Das Holz wird etwas blaufleckig, aber das ist unbedeutend."

Ola Steen, Hytter i tømmer/bindingsverk, Landbruksforlaget 1996.

H. Vreim schreibt in seinem Buch Laftehus (Blockhäuser), Oslo 1948:

„Sie fällten das Holz im Herbst, entrindeten es bis zum Frühjahr an zwei Seiten, ließen es den ganzen Sommer bis zum Herbst luftig gestapelt liegen und austrocknen, zimmerten dann das Haus und legten das Dach auf. So steht das Haus, über den Winter von Schnee beschwert, bis zum nächsten Sommer. Dann setzten sie Türen und Fenster ein und stellten das Haus auch anderweitig für den Einzug fertig ... In mehreren Gebieten Norwegens herrscht die Auffassung, dass im Saft geschlagenes Holz, wenn es langsam trocknen und währenddessen gut vor Sonne geschützt werden konnte, wenig riss und sich gut hielt. Genauer gesagt: es entstanden keine großen Risse, sondern viele kleine, die gleichmäßig um den Stamm herum verteilt waren. Sie füllten sich mit Harz, wodurch solches Holz in gewissen Fällen gut und haltbar wurde, solange man es verwendete wie es war, ohne, dass die Oberfläche beschädigt oder bearbeitet wurde. Im Saft geschlagenes und sogleich bearbeitetes Bauholz sieht man als schlecht an."

Wird durchgetrocknetes Rundholz zu Blockbalken gesägt, verschwindet ein Großteil der kleinen Trockenrisse, die während des langsamen Trocknens entstanden sind.

Das für den Blockhausbau vorgesehene Holz sollte mindestens 40–50 cm über dem Boden gelagert werden. Gute Belüftung ist wichtig; die Stämme dürfen nicht zu dicht nebeneinander, die Stammlagen nicht zu dicht übereinander liegen. Stapeln Sie das Holz nicht zu sehr in die Breite. Es ist besser, in die Höhe aufzulegen, sodass der Wind durch den Stapel blasen kann. Rundholz muss gesichert werden, damit es nicht, z. B. durch spielende Kinder, abrollen kann. Nageln Sie einen kräftigen Rahmen aus Brettern auf alle vier Seiten des Stapels. Mindestens zwei solche Rahmen werden um den Stapel herum angebracht. Stapel aus längeren Rundhölzern brauchen eventuell mehrere Rahmen. Möchte man den Stapel mit einem Dach versehen, werden die Oberkanten des Rahmens mit einer zweckdienlichen Neigung angenagelt. Mithilfe von Querlatten und Blechen baut man eine reelle Abdeckung, unter welcher das Bauholz einige Jahre in Erwartung des Zimmerns liegen kann.

Plastik als Abdeckung direkt auf dem Bauholz steht nicht zur Diskussion, da das entstehende Schwitzwasser die Schimmelbildung begünstigt. Wenn man jedoch zuerst ein tragendes Holzgerüst auflegt, kann man Plastikfolie oder eine Persenning verwenden. Das Holzgerüst muss mit ausreichender Neigung und gut unterlüftet über dem Stapel liegen. Einen Stapel aus besäumten Stämmen pflege ich mit Schwartenbrettern abzudecken. Legt man sie mit den Flachseiten und mit ausreichender Schräge aufeinander, bilden sie ein luftiges Dach, das einige Jahre hält. Für längere Lagerung empfehle ich ein gut unterlüftetes Blechdach. Der Boden unter einem Holzstapel sollte gut drainiert, am besten geschottert, sein; der Standort so gewählt, dass der Wind ihn frei umspielen kann.

Rotfäule und Bläuepilzen kann man vorbeugen, indem das Bauholz nach dem Fällen ausreichend getrocknet und anschließend so gelagert wird, dass es nicht erneut Feuchtigkeit über den Fasersättigungspunkt hinaus aufnimmt.

Es ist jedoch nicht immer leicht, Bauholz schnell genug zu trocknen. Bei größeren Dimensionen kann man nicht einmal durch vollständiges Entrinden und die luftigste Lagerung das Risiko des Pilzbefalls vermeiden. **Es ist von höchster Bedeutung die Bäume für das spätere Bauholz in der richtigen Jahreszeit zu fällen.**

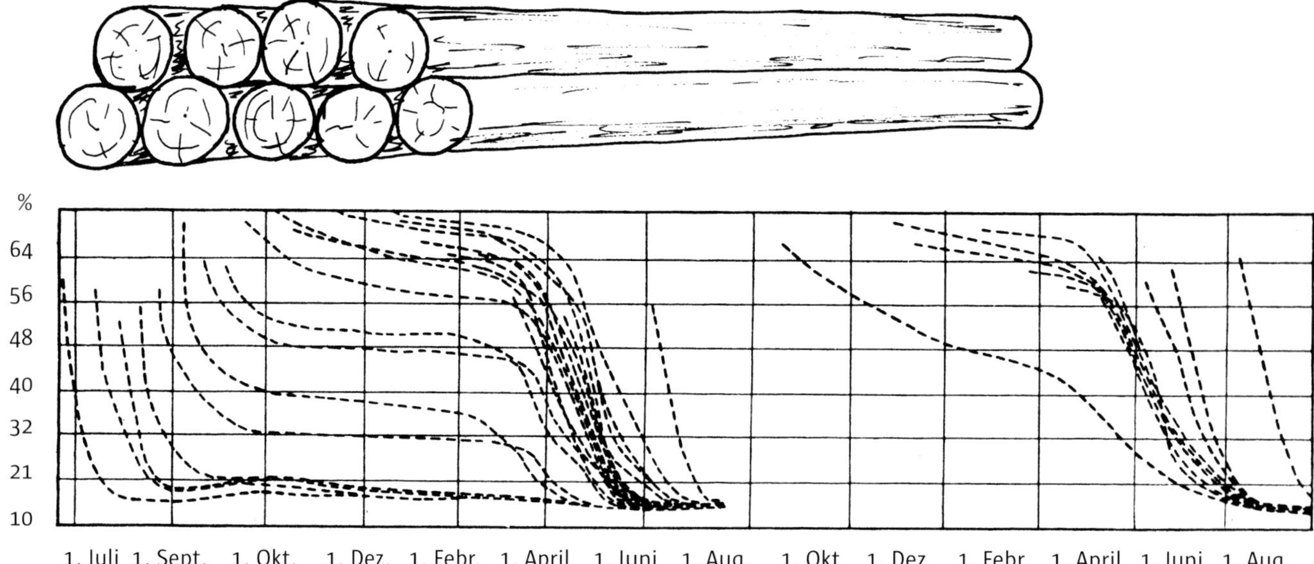

Trocknungskurven für ungetrocknetes Schnittholz von 19 x 76 %, zu verschiedenen Jahreszeiten. (Nach Björkman). Zwischen 1. April und 1. Juni ist die stärkste Austrocknung zu beobachten: die Feuchtigkeitsquote des Holzes sinkt unter 24 %. Unter diesen Umständen ist das Blaufäulerisiko gering. Holz aus Sommerfällung hingegen erreicht Feuchtigkeiten unter 24 % erst im Herbst: es bietet also optimale Voraussetzungen für Pilzbefall während der schlimmsten Pilzzeit.

Ref. Bertil Thunell, Trä – dess byggnad och felaktigheter, Byggstandardiseringen (Holz, sein Bau und seine Fehler, Baustandardisierung), Stockholm 1952.

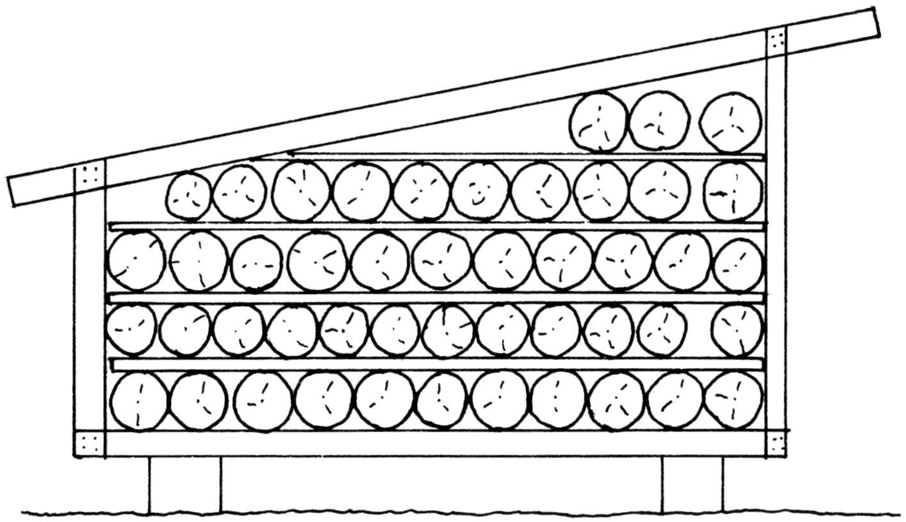

Luftig gestapelt und mit reellem Dach versehen: so können Rundhölzer einige Jahre bis zum Baubeginn liegen.

Das Schwinden und Reißen des Holzes

Die Feuchtigkeistquote u (Holzfeuchtigkeit) wird als Prozentsatz der Feuchtigkeit, bezogen auf die Darrmasse (= Holzmasse ohne Feuchtigkeit), angegeben. Sie beschreibt den Wasseranteil einer Holzprobe in Relation zum Gehalt an Trockensubstanz, siehe nachstehende Formel:

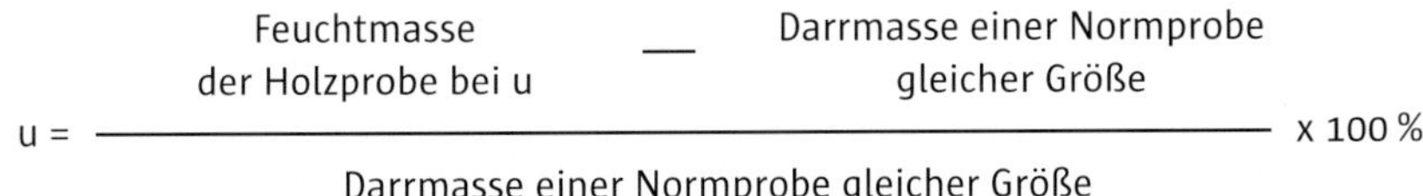

$$u = \frac{\text{Feuchtmasse der Holzprobe bei u} - \text{Darrmasse einer Normprobe gleicher Größe}}{\text{Darrmasse einer Normprobe gleicher Größe}} \times 100\,\%$$

(Quelle: Wikipedia, Stichwort Holzfeuchte)

Frischgefälltes Kiefernholz hat eine Feuchtigkeitsquote von etwa 160 % im Splintholz und 40–50 % im Kernholz. Die Feuchtigkeitsquote wird in Prozent anhand des absoluten Trockengewichtes des Holzes errechnet. Holz, welches an der frischen Luft, aber vor Niederschlag geschützt gelagert wird, hat eine Feuchtigkeitsquote von 14–18 %. Bläuepilze wachsen am besten bei einer Feuchtigkeitsquote von 30–70 % und Lufttemperaturen zwischen 20 und 30 °C.

In groben Stämmen kann die Feuchtigkeitsverteilung auch nach sorgfältiger Trocknung noch recht unterschiedlich sein. In einer Kiefernbohle von 75 x 200 mm, sah es nach sechs Monaten Trockenzeit in Innenräumen folgendermaßen aus: 10 % Feuchtigkeit in den Endpartien und im Außenbereich, und über 20 % in den zentralen Teilen in der Mitte der Bohle. Berücksichtigt man die wesentlich größeren Dimensionen von Blockbalken, sieht man ein, dass es eine lange Zeit dauert, bevor ein Blockhaus getrocknet ist.

Während des Trockenprozesses behält Bauholz sein Volumen solange unverändert bei, bis der Fasersättigungspunkt erreicht ist. Dieser liegt bei einer Feuchtigkeistquote zwischen 25 – 30 %. Das dann noch vorhandene Wasser ist nur noch in den Zellwänden gebunden. Ein weiteres Absinken der Holzfeuchte führt zur Freisetzung dieses Wassers, wodurch die Zellwände an Volumen verlieren und das Holz zu schwinden beginnt.

Eine Voraussetzung für normales Trocknen ist, dass die Außenpartien trockener als das Holzinnere sind. Nur dann ist eine Feuchtigkeitswanderung möglich. Dies bedeutet, dass das Schwinden zwischen äußerem und innerem Holz unterschiedlich verläuft und Spannungen sowie Rissbildungen auftreten. Ein langsamerer Trocknungsverlauf reduziert diese Spannungen. Besonders groß werden sie, wenn die Markröhre im Querschnitt mit eingeschlossen ist. Bei den hier behandelten Wandblockbalken ist das der Fall. Radiale Risse sind aus diesen Gründen nahezu unmöglich zu vermeiden.

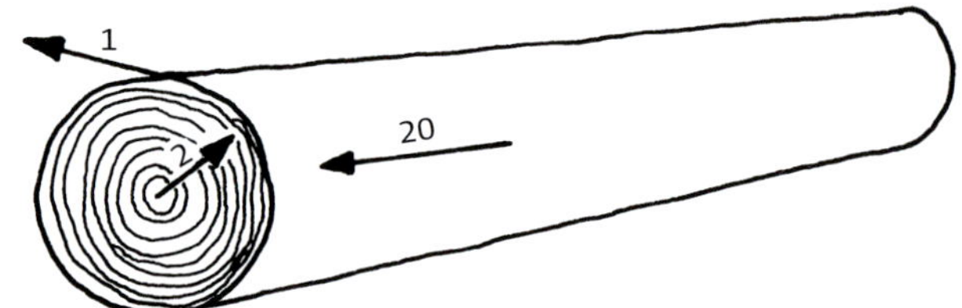

Zeichnung rechts: Die Austrocknungsgeschwindigkeit des Holzes ist nicht überall gleich: am höchsten in Faserrichtung, niedriger in radialer und am geringsten in tangentialer Richtung. Das Verhältnis zwischen den drei Richtungen ist etwa 20:2:1. Aus diesem Grund trocknen kurze Stämme schneller als lange, und Stämme mit vielen Ästen schneller als astfreie. Borke ist nahezu undurchlässig für Wasser und verlangsamt das Trocknen. Bast dagegen verzögert das Austrocknen in keinem größeren Ausmaß. Von Bläuepilzen angegriffenes Holz trocknet langsamer als frisches.
Kiefernholz saugt Wasser ebenso schnell auf, wie es trocknet. Dies bringt mit sich, dass man jegliches Hirnholz soweit wie möglich vor Wasser schützen sollte.
Mit allen ihren Schnitten quer gegen die Fiber sind Eckverbände besonders ausgesetzt. Früher war es deshalb üblich, den Vorstoß durch eine Bretterverschalung, einen „Vorstoßkasten", vor Wind und Wetter zu schützen.

Da man heutzutage maschinelle Hilfsmittel hat, um eine „Längsnut" zu sägen, sind Äste beim Zimmern kein größeres Problem. Blockbalken mit vielen groben, frischen Ästen bekommen nicht so viele und nicht so große Risse. Die Äste „armieren" das Holz. Risse bleiben klein an Zahl und enden bei den Ästen.

Durch Sägen oder Bebeilen zweiseitig zu Blöcken bearbeitete Balken bekommen oft einen tiefen Trockenriss, auf einer bearbeiteten Seite einen „Kernriss". Sofern man es bastfrei (bis auf das Holz) entrindet hat, trocknet Rundholz gleichmäßiger, mit Rissen, die über den Stamm verstreut sind.

Bei Kiefer kann der Harzgehalt im Kernholz bei bis zu 15 % liegen, gegenüber nur 4 % im Splintholz. Das Harz im Kernholz der Kiefer besteht aus pilztötenden Phenolen. Dieses Faktum, sowie der niedrigere Wassergehalt und die ebenfalls niedrigere Feuchtigkeitsaufnahme, bilden im Kern schlechtere Voraussetzungen für Pilz- und Insektenbefall als im Splintholz. Das helle Kernholz (Reifholz) der Fichte hat einen niedrigeren Phenolgehalt und ist von daher weniger dauerhaft als das rötliche Kernholz der Kiefer (die Kiefer ist ein echter Kernholzbaum).

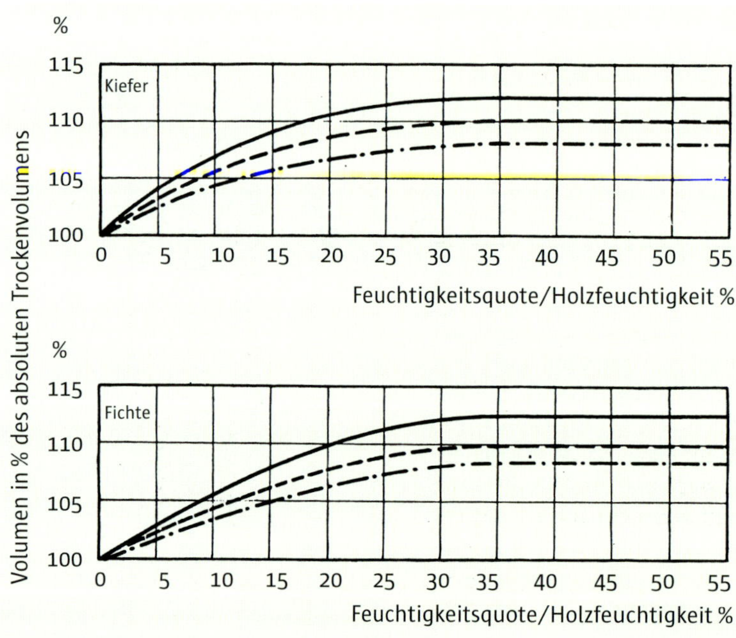

Volumenveränderung von Kiefern- und Fichtenholz bei verschiedenen Feuchtigkeitsquoten.

Ref. Bertil Thunell, Trä – dess byggnad och felaktigheter, Byggstandardiseringen (Holz, sein Bau und seine Fehler, Baustandardisierung), Stockholm 1952.

durchgezogene Linie = maximale Volumenveränderung

gestrichelte Linie = Mittelwert

gestrichelte Linie mit Punkten = minimale Veränderung

Aus der obigen Figur geht hervor, dass die Formveränderung bei Feuchtigkeitsquoten zwischen 10 und 20 % nahezu linear verläuft. Zwischen 0 und 30 % Feuchtigkeitsquote verändert sich das Volumen insgesamt um 10 %. Im Intervall zwischen 10 und 20 % Feuchtigkeitsquote sind es ca. 3 % Volumenveränderung. Vorgetrocknetes Bauholz für den Blockhausbau sollte beim Kauf im Durchschnitt höchstens eine Feuchtigkeitsquote von 20 % haben.

Wird zum Blockhausbau Holz mit einer durchschnittlichen Feuchtigkeitsquote von 20 % verwendet, muss man mit 2–3 % Schwund rechnen. Außen- und Innenwände verhalten sich dabei unterschiedlich. Eine Außenwand hat im Verlaufe eines Jahres eine durchschnittliche Feuchtigkeitsquote von ca. 13–14 %, wobei die Werte einer Sonnenwand niedriger als die einer Schattenwand ausfallen. Eine Innenwand kann sich sogar „möbeltrocken" annähern, hinunter auf 8 % im Spätwinter. Daraus folgt mit anderen Worten, dass man keine langen Balken mit deutlich gedrehten Trockenrissen in eine Blockhauswand einbauen sollte. Die in einem Blockhausbalken beim Trocknen entstandene Verdrehung kann man zwar beim Einzimmern in die Wand kompensieren. Das Problem ist jedoch, nach obiger Kurve, dass sich der Stock auch in der Wand noch weiter drehen wird.

Selbstverständlich ist das Problem mit sich in der Wand verdrehenden Balken noch größer, wenn man mit frischem Holz zimmert. Bei einem frischen Stamm sieht man nicht, wie stark er innerlich verdreht ist, da er noch keine Trockenrisse bekommen hat. Falls man einen stark drehwüchsigen Stamm mit Eckverband und Dübeln in der Wand fixieren konnte, werden sich beim Trocknen sehr unschöne, breite Trockenrisse auftun. Sie ziehen sich schräg über die Oberfläche und sind unerwünscht, da sie das Holz witterungsanfälliger machen.

Grobe Äste haben oft einen hohen Kernholzanteil und sind somit sehr dauerhaft. Man kann dies gut im Wald an altem Windbruch beobachten: die Äste stehen wie Rippen aus dem bereits vermodernden Baumstamm heraus. Um diese Eigenschaft auszunutzen, wurden Schwellenrahmen früher gerne aus grobästigem Holz gezimmert. Da man in den Schwellenbalken keine Längsnut zimmert, macht es nichts aus, wenn sie astreich sind.

Holz von abgestorbenen Bäumen, die stehend getrocknet sind, sodass die fließenden Harze oxidieren und fest werden konnten, nimmt weniger Wasser auf, als anderes Holz, und ist sehr lange haltbar. Einige Blockhaushersteller haben sich auf „stammtrockenes" Kiefernholz spezialisiert. Im nördlichen Finnland gibt es immer noch große Gebiete mit ungefällten stammtrockenen Kiefern, doch wird es immer schwieriger, an solches Holz zu kommen.

Für die Widerstandskraft des Holzes gegen Fäulnis ist das physiologische Alter eines Baumes von Bedeutung. Außer einem großen Kernholzanteil weist ein „reifer", sterbender Baum sowohl physiologische als auch chemische Veränderungen des Holzes auf. Das Holz stirbt mehr und mehr ab, und ein immer kleinerer Anteil wird von den Lebensaktivitäten erreicht. Letzten Endes hören diese ganz auf.

Möchte man stammtrockenes Holz anfertigen, kann man die Spitze eines Baumes fällen und einige Streifen Rinde, bis auf das Holz, abschälen. Drei bis vier Zweige lässt man übrig, damit der Saft des Baumes auch weiter steigt. Die Kernbildung funktioniert am besten, wenn man die Krone um 70 % reduziert und dies mit Streifen-Entrindung kombiniert. Nach ungefähr zwei Jahren ist der Baum vollständig durchharzt und man bekommt einen dichten, fetten und dauerhaften „Kienholz"-Stamm. Der Baum ist dann ganz abgestorben. Man sollte am besten so lange mit dem Fällen warten. Von norwegischen Zimmerleuten wurde diese Methode über Jahrhunderte angewandt. Unter den klimatischen Verhältnissen in Deutschland würde das allerdings dazu führen, dass der absterbende Baum von rindenbrütenden Borkenkäfern und holzbrütenden Bockkäfern befallen wird. Man würde dadurch nicht nur den Wald schädigen, sondern auch das künstlich stammtrocken gemachte Holz entwerten.

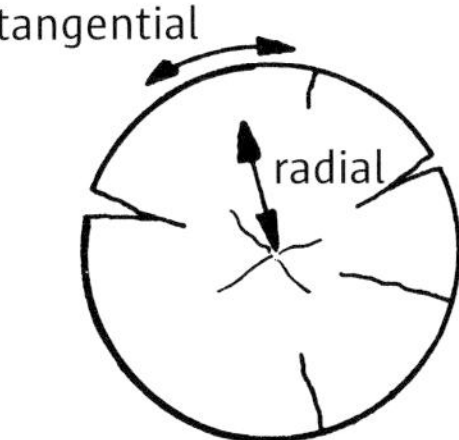

Beim Austrocknen ist das Schwinden in tangentialer Richtung tk (längs mit den Jahresringen) größer als in radialer Richtung rk (quer zu den Jahresringen). Deshalb lassen sich Risse im Bauholz nicht vermeiden. Rundholz springt mehr auf als Schnittholz, bei dem die tangentialen Spannungen längs der Jahresringe durch das Behauen oder Längssägen gebrochen sind.

Kontrollierter Markriss

Trockenrisse treten oft am Grunde der Längsnut auf, wo man sie nicht sieht. Durch einen nachträglichen Riss kann sich die Längsnut weiten: Der Kontakt der Nutkanten mit dem unterliegenden Balken wird schlechter, die Wand undicht. Besser ist es, einen Markriss kontrolliert herbeizuführen. Man sägt dazu einen so tiefen Längsschnitt in den rohen Stamm, dass der Weg von der Markröhre bis zum Grunde des Sägeschnittes kürzer ist, als hinaus zu den Außenseiten des Stammes. Daraus folgt, dass man in ein- oder zweiseitig geschnittene Stämme eine tiefere Spur sägen muss, als in Rundholz. In die Spur schlägt man anschließend Holzkeile ein, sodass das Holz zum Mark hin aufspringt. Die Keile werden vorsichtig so weit in den Stamm getrieben, bis man hört, dass er zu reißen beginnt (schwaches Reißen). Man kann dem Bauholz keine kontrollierten Markrisse mehr beifügen, nachdem die Längsnut bereits gesägt wurde.

Der Sägeschnitt wird auf der Oberseite des Stammes ausgeführt und etwa einen halben Meter von den Stirnseiten entfernt beendet. Der Stamm soll immer mit einer eventuellen Krümmung nach oben liegen. Die beiden scharfen Kanten der Längsnut drücken auf beiden Seiten der Sägespur so an die Balkenauflage an, wie in nebenstehender Figur gezeigt. Mit vorgesägten, gut getrockneten Balken hat man gute Aussichten, die Rissbildung begrenzt zu halten. Einen Markriss kann man jedoch nicht ganz vermeiden, sofern man ihn nicht nach vorstehendem Beispiel herbeiführt. Rundhölzer und Balken für den Blockhausbau sollten mit einem Markriss versehen werden, bevor sie zu stark getrocknet sind, und am besten, bevor sie zum Trocknen gelegt werden. Siehe auch die Seiten 39 und 109.

Rissbildung. Bei Rundholz kann man auf oben gezeigte Weise vorgehen, um die Rissbildung zu steuern. Man treibt trockene Holzkeile auf der Oberseite in das Rundholz, wo man kommende Risse nicht sieht, und wo sie nicht dem Regenwasser ausgesetzt sein werden. Auf diese Weise drückt man die äußeren Holzschichten seitlich auseinander, und das Rundholz wird glatt und schön.

Die Struktur des Holzes

Das Holz eines Baumes besteht aus einer Anzahl Jahresringe, die wie Zylinder mit steigendem Durchmesser übereinander sitzen. Der hellere Teil eines Jahresringes ist das schnell gewachsene „Frühholz", der dunklere Teil das schwerere, dichtere „Spätholz". Der mit „Nährsalzen" angereicherte aufsteigende Saftstrom steigt von der Wurzel durch das Frühholz im äußeren Splint des Baumes in die Zweige der Krone und bis in die einzelnen Nadeln auf. Die bei der Kohlenstoffassimilation in den Nadeln erzeugten, energiereichen, baumeigenen Stoffe für das Zellwachstum fließen dagegen mit dem absteigenden Saftstrom im Bast zu allen Wachstumszonen des Baumes bis hinab in die Wurzel. Vor allem im Herbst und im Frühjahr werden diese Assimilate durch die radialen „Markstrahlen" zwischen der Rinde und den Speicherzellen im Holz – dem Parenchym – transportiert. Der Baum lagert sie im Herbst dort ein, um sie zu Beginn der Vegetationszeit wieder zu aktivieren.

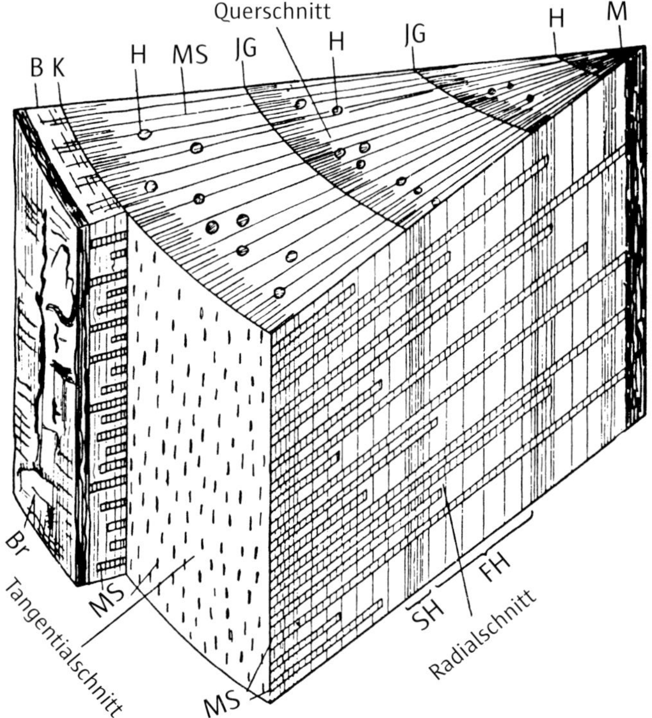

Teil eines vierjährigen Kiefernstammes nach Strasburger.

B = Bast
Br = Borke
H = Harzkanal
SH = Spätholz
K = Kambium
M = Markröhre
MS = Markstrahlen
FH = Frühholz
JG = Jahresringsgrenze

Die Krone erhält ihre Nährstoffe aus dem äußeren Holz. Von Süden besonnte Bäume bilden eine Krone aus, die auf der Südseite am größten ist. Es sind auf dieser Seite des Stammes sowohl die Nährstofftransporte am größten, als auch die Jahresringe breiter. Der Querschnitt des Baumes wird oval. Das gleichmäßigste Holz stammt von Bäumen, die in geschlossenen Beständen an der Nordseite eines Hanges gewachsen sind. Radiale „Markstrahlen" transportieren die flüssigen Assimilate auf horizontaler Ebene im Holz.

Sind bei gleichem Stammdurchmesser die Jahresringe dünner, ist der Anteil des Spätholzes größer und das Holz ist härter und dauerhafter. Dank eines besseren Klimas haben in Südschweden gewachsene Kiefern einen größeren Anteil an Spätholz in den Jahresringen, als Bäume aus dem nördlichen Schweden. Das Holz der südlicher gewachsenen Kiefern kann so harzreich sein, dass es sich nur schwer hobeln lässt. Seine Dauerhaftigkeit ist jedoch sehr hoch, vorausgesetzt, dass es dichte Jahresringe hat. Vorsichtig durchforstete Waldbestände, in denen die Bäume recht dicht stehen, bieten diese Voraussetzungen.

Die Festigkeit von Holz ist im Verhältnis zu seinem Gewicht gut. Holz besteht aus einer in Längsrichtung orientierten Röhrenkonstruktion, durch welche die Zugfestigkeit zweimal so groß ist, wie die Druckfestigkeit. Die Bohlen, Balken und Pfetten, die einseitiger Belastung ausgesetzt werden, sollten so eingebaut werden, dass Äste und andere Störungen in der Druckzone liegen: nach oben gerichtet. Äste enthalten einen hohen Anteil Spätholz und halten Druckkräfte gut aus. Auf die Unterseite kommt so das ungestörte Holz mit seiner hohen Zugfestigkeit.

Holz ist ein „lebendes" Material mit verschiedenen Eigenschaften, die in unterschiedliche Richtungen wirken. Zwei Holzstücke haben niemals identische Eigenschaften. Holz ist variabel und hygroskopisch. Holzgewebe hat eine riesige „innere Oberfläche", die in einem einzigen Gramm Holz mehrere 100 Quadratmeter betragen kann. Dies führt zu einem steten Feuchtigkeitsaustausch mit der Umgebung, sobald ein Feuchtigkeitsunterschied auftritt. Holz passt seinen Feuchtigkeitsgehalt der umgebenden Temperatur und Luftfeuchtigkeit an, sodass jedwedem Luftzustand eine bestimmte Holzfeuchte/Feuchtigkeitsquote entspricht.

Bretter und Bohlen

Der gezimmerte Teil aus Balkenwänden ist nur ein Teil eines fertigen Blockhauses. Deshalb ist es mir ein Anliegen, hier auch etwas zu Holz in der Form von Brettern für isolierte Balkenlagen, Fußboden, Innenpaneel, Außen- und Innendach zu sagen sowie für die Außenverschalung bei Häusern in Ständertechnik.

Ursprünglich hat man Bretter für Fußböden und Paneele durch Spalten eines Stammes, wie auf Seite 69 beschrieben, gewonnen: Ein Stamm wurde durch die Markröhre gespalten, sodass man beiderseits je eine Bohle erhielt. Als man mithilfe von Wasserkraft in „Sägemühlen" zu sägen begann, behielt man es bei, zunächst gerade durch den Stamm, symmetrisch zur Markröhre, zu sägen. Oft nahm man zwei Bretter auf jeder Seite aus, oder insgesamt vier mit höchstmöglichem Anteil von stehenden Jahresringen. Sie hatten stehende Jahresringe in großem Winkel zur flachen Oberfläche – obere Figur. Als die Kreissäge aufkam, änderte sich das Sägen dahingehend, dass man in der Mitte einen Block ausnahm, der in zwei Balken oder Bohlen aufgetrennt wurde. Der Rest des Stammes wurde zu Brettern gesägt, die aus Splintholz bestanden. Da sie liegende Jahresringe haben, splittern Splintholz-Bretter leicht – untere Figur. Solche Bretter, wie sie uns auch heutzutage angeboten werden, eignen sich sehr schlecht als Verschalung für Außenwände und Dach.

Will man Holz nach seinen besten Eigenschaften aussägen, sollte man Planken und Riegel aus Seitenholz sägen, da es das zäheste und biegefesteste Holz hat – mittlere Figur. Eine eventuelle „Waldkante" hat für die Haltfestigkeit keine große Bedeutung und ist bei Holz, das zum Aufriegeln von Zwischenwänden verwendet wird, auch nicht sichtbar. Bretter sägt man am besten aus dem inneren Teil eines Stammes, wo der Kernholz-Anteil groß ist und die Jahresringe stehen. Solche Bretter sind formstabil und dicht und können ausgezeichnet außen am Haus oder als Dachholz verwendet werden. Breit stehende Bretter, bei welchen abwechselnd ein Brett Unter- und ein Brett Oberbrett ist, nennt sich „Boden-Deckel-Schalung". Im Norwegischen bezeichnet man es auch als Zimmermannspaneel.

Bretter mit stehenden Jahresringen, die aus der Mitte eines Stammes kommen, „werfen" sich mit der Zeit am wenigsten. Die Äste strahlen federförmig von der Mitte aus. Sie sind längs angeschnitten und haben hartes, haltbares Holz. Das Holz ist dicht, weil die Feuchtigkeit zum Großteil in tangentialer Richtung transportiert wird. Je weiter vom Mark entfernt man ein Brett sägt, desto mehr Splintholz und damit liegende Jahresringe hat es. Beim Trocknen wirft es sich stark. Bretter mit hohem Anteil stehender Jahresringe halten sich besser trotz Abnutzung durch Schneetreiben und Sturm. Harte Wetterlagen haben mehr Einfluss auf die Lebenslänge des Brettes, als der Befall durch Fäulnis. Schauen Sie sich bei Gelegenheit die Bretter einer dem Wetter ausgesetzten Berghütte an, dann werden Sie das bestätigt finden.

Bretter aus Seitenholz haben quer durchgesägte Äste. Sofern es physiologisch lebende „Grünäste" sind, saugt ihr Hirnholz Wasser an. Das Holz wird nicht dicht. Die Markstrahlen verlaufen quer durch das Holz, wodurch noch mehr Wassertransport stattfindet.

Nach den norwegischen Studien, auf die sich Jon Bojer Godal bezieht, hat man gefunden, dass Bretter mit der Kernseite (Markseite) nach außen angebracht wurde. Dies galt bei den alten Häusern, die in die Studie eingingen sowohl für Unter- als auch Oberbretter. Hier sehen wir eine Abweichung von heutzutage geltenden Instruktionen, nach denen das untere Brett mit der Markseite nach innen angebracht werden soll. Die Bretter sollen sich gegeneinander wölben, was beim Trocknen auch der Fall ist: Sie werfen sich entgegen der Markseite. Bei feuchtem Wetter richten sie

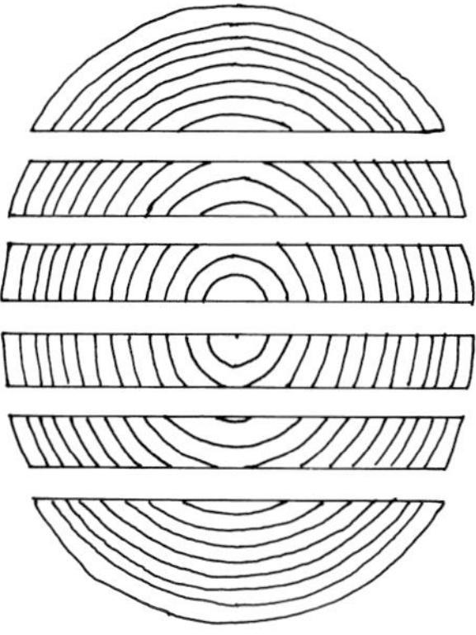

Durch den Stamm gesägte Bretter mit stehenden Jahresringen (Kantholz) und größtmöglichem Kernholz. Sie eignen sich für Außenverschalungen und Dachholz.

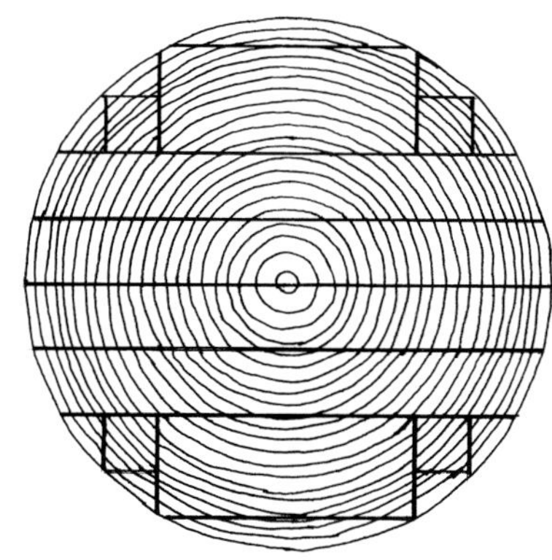

Aufteilung um die besten Holzeigenschaften für Bretter und Riegel auszunutzen.

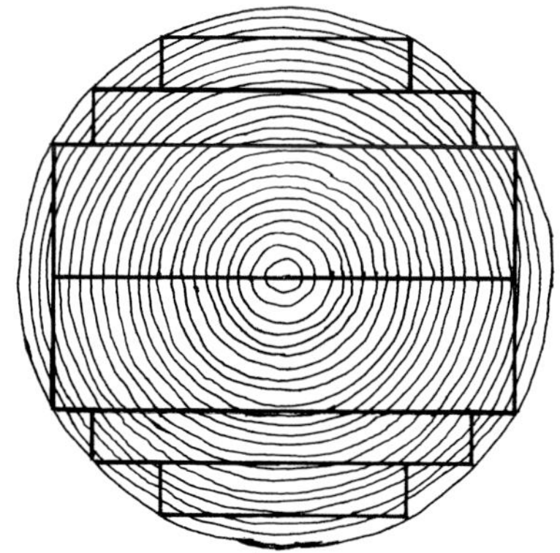

Traditionelle Aufteilung. Sie ergibt niedrigwertige Bretter, die für Außenverschalung und Dachholz ungeeignet sind.

Seitenbretter (aus dem Splintholz, mit liegenden Jahresringen) werfen sich mehr und reißen stärker.

Bretter aus der Mittpartie eines Stammes (dem Kernholz, mit stehenden Jahresringen) werfen sich weniger und reißen weniger.

sich wieder, wodurch sich zwischen Ober- und Unterbrett ein Spalt öffnet, durch den Regen hinter die Verschalung getrieben werden kann. Das Unterbrett reißt gerne ein, wenn das Oberbrett zu hart genagelt wurde.

Werden sowohl Unter- als auch Oberbretter mit der Kernseite nach außen angebracht, wird soviel Kernholz wie möglich dem Wetter ausgesetzt, und das Unterbrett ruht stabil auf seinen beiden Außenkanten, die sich beim Trocknen gegen die Nagelung werfen, wobei sich das Brett leicht wölbt.

Weiteres Trocknen lässt die Bretter noch stabiler anliegen. Feuchtigkeit von außen hat dasselbe Resultat. Die Tendenz zur Rissbildung im Unterbrett ist gering. Verwendet man unbesäumte Bretter muss das Oberbrett notwendigerweise mit der Außenseite nach außen aufliegen, wobei es nicht dicht mit dem Unterbrett schließt. Besonders, wenn ein Stamm wie in der untersten Figur auf Seite 27 aufgesägt wurde und die Verschalung nur aus solcherart Seitenbrettern besteht, bilden sich hässliche Lücken.

Möchten Sie unbesäumte Bretter verwenden, empfehle ich, dass Sie ein paar Stämme dafür opfern und die Oberbretter aus inneren, marknahen Bereichen der Stämme zusägen. So erhalten Sie Holz mit stehenden Jahresringen, das sich verhältnismäßig wenig wirft.

Weiter entfernt vom Mark können Riegel und Sparren gesägt werden, die auf dem Bau ebenfalls benötigt werden.

Wird ein Stamm von Seite zu Seite in „Scheiben" gesägt, erhält man breite Bretter, die dem abnehmenden Stammdurchmesser entsprechend zum Zopfende hin schmaler werden. Die Holzmenge wird maximal ausgenutzt. Möchte man die Bretter besäumen, muss man auf beiden Seiten nur eine schmale, dreiecksförmige Leiste entfernen. Eine Verschalung aus solchen, unterschiedlich breiten und deutlich keilförmigen Brettern, macht einen mächtigen Eindruck.

Eine so hergestellte Verschalung eignet sich ausgezeichnet für Kombinationen aus Blockbau – und Ständerbauweise. Dabei wird der Schwellenrahmen in Blockbauweise mit Eckverbänden gezimmert. Stehende, kräftige Pfosten werden an den Ecken als „Ständer" aufgerichtet. Auf diesen Ständern ruht dann der obere Rahmenkranz der Wände, bei dem Rähm und Giebelmutter wieder aus Blockbalken mit Eckverbindungen gezimmert werden. Vom Rahmenkranz an aufwärts werden die Giebel gezimmert. Sie können natürlich auch wie herkömmliche Dachstühle oder mit tragenden Ständern unter Pfetten und Firstpfette errichtet werden. Boden-Deckelschalung füllt die Felder zwischen Schwellenrahmen und oberem Rahmenkranz aus. Siehe ausführliche Beschreibung auf S. 352.

Achten Sie beim Nageln von Verschalungen darauf, dass Sie nicht zu nah am Ende der Bretter nageln. Falls Sie näher als 10 cm vom Brettende nageln müssen, sollten Sie Löcher vorbohren, um das Risiko der Rissbildung zu mindern.

Wetterwände

Häuser in ausgesetzten Lagen hatten oft eine „Wetterwand" in der vorherrschenden, Regen mit sich führenden Windrichtung. Auch heutzutage kann man sich wie folgt behelfen: Der Giebel des Hauses wird in die vorherrschende Windrichtung gewendet, und die Wand mit Brettern oder Holzschindeln bekleidet (in Norwegen sogar mit Reisig, das in Längsfächern in einer besonderen Umfassungswand, einem Reiswerk, gestapelt wird). Überdachte Galerien im Obergeschoss zweistöckiger Blockhäuser, von denen aus die zellenartigen Räume des Obergeschosses zu erreichen waren, hatten ebenfalls die Funktion von Wetterwänden und haben Wind und Regendruck auf die Wände des Blockhauses vermindert.

„Wir bekommen also ein Zusammenspiel aller Faktoren in positiver Richtung wenn wir Bretter so abkanten und mit der Kernseite nach außen legen, wie es die Alten taten. Dann widersteht das Brett am besten der Fäulnis, es bleibt wasserdicht, es bleibt dauerhaft, und es liegt am besten auf dem Dach/den Wänden."

Jon Bojer Godal, Tre till teckning og kledning, Landbruksförlaget 1994.

Holzarten für Außenverschalungen

Fichte, mit viel stehenden Jahresringen gesägt, ist sehr dicht. Wenn die Holzzellen im Fichtenholz, die Wasser transportieren, einmal eingetrocknet sind, können sie sich auch bei erneuter Feuchtigkeit nicht wieder öffnen. Dank dieser Eigenschaft ist Fichte in gewissen Zusammenhängen unglaublich widerstandskräftig gegen Fäulnis und Verwitterung. Fichtenbäume sollten am besten dicht gestanden haben und

langsam gewachsen sein. Schnell gewachsene Fichte kommt für Außenverschalungen nicht in Frage.
Meistens verwendet man Kiefer: engringige, mit hohem Kernholz-Anteil, mit stehendem Jahresring. Auch Espe wurde in Schweden für Schalbretter verwendet. Das Holz ist sehr dauerhaft, Bretter werfen sich allerdings stark beim Trocknen.

Die Bretter sollen beim Trocknen mit der Kernseite nach oben im Bretterstapel liegen. Weist die Kernseite nach unten, reißen die Bretter leichter auf.

Im Wesentlichen gilt: Schalbretter sollten so nah wie möglich am Mark gesägt werden. Der Baum soll „reif", mit einem hohen Kernholzanteil und dichten Jahresringen sein. Eventuelle Äste sollen noch benadelt, also physiologisch funktionstüchtig, sein, was den Vorteil von „Grünästen" mit sich bringt.

Die Beschaffung des Bauholzes

Hat man die Möglichkeit, sollte man die Bäume für das Bauholz selbst auswählen. Dabei ist folgendes zu beachten:

Man muss vorab bestimmen, welchen Durchmesserbereich die Balken des Blockhauses haben sollen. Es ist fast unmöglich, einen starken und einen schwachen Blockbalken so zusammen zu zimmern, dass sich auch die nächste Balkenlage einpassen lässt.

Die Bäume müssen gerade und „vollholzig" sein, ihr Durchmesser darf also zum Zopfende hin je Balkenlänge nur wenig abnehmen. Sie sollen keine starken Wurzelanläufe haben (dies sind leistenartige Verdickungen am Stammfuß, welche sich im Boden als starke Wurzeln fortsetzen), und sie dürfen nicht grobastig sein, denn dann sind sie auch weitringig. Versuchen Sie, eine möglichst große Anzahl von Blockbalken aus einem Baum zu schneiden. Dafür sind vollholzige Bäume von Vorteil. Passen Sie möglichst die Balken für die lange und für die kurze Wand des Hauses aus demselben Baum ein. Wenn man nur die Erdstämme als Balken verwendet, kann man aus den oberen Stammteilen Riegel und Paneelbretter schneiden.

Wenn man die Blockwände aus mittelstarkem Holz (18–30 cm Zopfdurchmesser) zimmert, erreicht man eine ausreichende Dachhöhe mit etwa 12 Balkenlagen. Für ein kleineres Häuschen, ohne Zwischenwände, braucht man etwa 50–60 Balken, einschließlich der Fußbodenbalken und der Pfetten. Die kürzeren Wandbalken an den Tür- und Fensteröffnungen kann man oft aus gekrümmten oder gedrehten Stammteilen herausschneiden. Wenn Sie von vornherein 10 % mehr Balken auf Lager legen, als für den Bau berechnet, haben Sie ein gutes Marginal, falls sich einige Balken als derart gedreht erweisen, dass sie nicht eingezimmert werden können. Überbleibende Balken kann man später zum Beispiel zu Dachsparren sägen.

Wie beschafft man sich das Bauholz? Wenn man selbst Wald besitzt oder Bäume auf seinem Sommerhaus-Grundstück fällen kann, ist die Frage schon beantwortet. Die meisten haben wahrscheinlich keinen Wald. Sie haben folgende Möglichkeiten:

a) Fragen Sie bei einem Waldbesitzer, ob Sie Bäume auf dem Stock kaufen können. Sie müssen das Holz dann durch einen Fachmann selbst fällen und abtransportieren lassen. Das hat den Vorteil, dass Sie nur geeignete Stämme zu fällen brauchen. (Sie bezahlen dann in Deutschland für dieses Holz aus „Selbstwerbung" nur den reinen Holzpreis.)

b) Eine andere Möglichkeit ist es, gefälltes und an den Weg gerücktes Holz im Wald zu kaufen. Man bezahlt dann den Rundholzpreis, den auch der Sägewerker oder der Holzhandel zahlt. Man muss ein „Los" auswählen, das nach Längen, Stärken und Holzbeschaffenheit für den Blockhausbau geeignet ist. Vergessen Sie nicht, dass Sie ein ausreichendes Übermaß der Stammlänge brauchen, damit evtl. Risse, die beim Fällen oder Einschneiden entstanden sind, nicht in die Balkenköpfe kommen. Die Balkenköpfe sind ohnehin der Rissbildung ausgesetzt. Kalkulieren Sie mindestens 20 cm Übermaß ein, damit Sie auf der sicheren Seite sind. Wenn möglich, bitten Sie den Maschinenfahrer, der die Stämme ablängt, mit besonderer Rücksicht auf das Risiko der Rissbildung zu arbeiten.

Holzraummaße

In der Holzwirtschaft gibt es einige verschiedene Raummaße für 1 m³ Bauholz, Brennholz oder Holz für die Herstellung von Zellstoff. Man kann folgende Tabelle für Überschlagsberechnungen anwenden:

	Schütt-raummeter	Raum-meter	Festmeter
Schütt-raummeter	1	0,6–0,7	0,43–0,5
Raummeter	1,4–1,65	1	ca. 0,7
Festmeter	ca. 2	ca. 1,4	1

(Quelle: Wikipedia, Stichwort Raummeter)

Die gängige Einheit ist in Deutschland der Festmeter. Darunter versteht man 1 m³ Holz ohne Zwischenräume. Er entspricht also einem Kubikmeter Holzmasse.

Der Raummeter dagegen beinhaltet auch die (Luft-)Zwischenräume, ein Raummeter ist daher aufgestapeltes Holz, wenn der Stapel jeweils 1m hoch, breit und tief ist.

Bei kleineren Holzeinheiten, z. B. Brennholz oder Hackschnitzel, wird nicht gestapelt, sondern das Holz in Behälter geschüttet. Ein Schüttraummeter bezeichnet dann das Holzvolumen, welches sich in einem Behälter der Kantenlänge 1 m befindet.

Die obige Tabelle lesen Sie folgendermaßen: ein Festmeter entspricht etwa 2 Schüttraummetern oder etwa 1,4 Raummetern.

Es ist wichtig, die richtigen Volumenbezeichnungen anzuwenden, sodass man für das richtige Volumen bezahlt oder bezahlt bekommt.

In Festmeter wird das exakte Stammvolumen nach der Baumfällung aufgemessen. Gesägtes Holz wird in Deutschland nach Kubikmeter verkauft – dem exakten Volumen der Bretter, Bohlen und Kanthölzer. Aus einem Festmeter Rundholz erhält man nach Wegfall des Sägemehls und der Schwarten ca. 0,7 Kubikmeter gesägtes Holz.

c) Möchte man ein nach Länge, Stärke und Güteklasse sortiertes Los bestellen, tritt man am einfachsten an die Waldbesitzervereinigung heran. Vor dem Einschlag muss man die gewünschten Güteanforderungen und Dimensionen angeben. (In Deutschland bestellt man einen solchen „Sortimentshieb" beim Forstamt oder der Revierförsterei bzw. einem Privatwaldbesitzer.)

d) Nach Sturmkatastrophen brechen die Holzpreise ein, weil der Markt das Überangebot nicht aufnehmen kann. Man kann dann geeignetes Holz billig kaufen, muss aber darauf achten, dass man nur in ganzer Länge geworfene Stämme bekommt. Das Holz windgebrochener Stämme kann im Inneren gerissen sein. Die Aufarbeitung von Sturmholz ist sehr gefährlich, da die Stämme oft unter Spannung stehen, und darf nur von erfahrenen Waldarbeitern ausgeführt werden.

e) Im waldreichen, dünn besiedelten Schweden erlauben es manche Waldbesitzer vielleicht, Bäume für den Bau einer Schutzhütte zu fällen, wenn man mit einer Jugendgruppe unterwegs ist. Die Einstellung zu solcherlei Freizeitaktivitäten ist normalerweise positiv.

f) Sie können im Sägewerk oder Holzhandel gehobelte Balken mit eingefräster Längsnut kaufen, die Ihnen das Zimmern erleichtern. Solches Holz ist unter Umständen nicht viel stärker gehalten als eine Bohle. Viele kleinere Sägewerke haben Bauholz für den Blockhausbau in ihre Produktion aufgenommen. Man bekommt dann oft seitlich zum Block gesägte Stämme, mit eingefräster Nut an Ober- und Unterseite, die alle die gleichen Maße haben. Die natürliche Variation von unterschiedlichen Zopf- und Fußenden geht dabei verloren.

g) Ergreifen Sie die Gelegenheit, wenn jemand ein altes Blockhaus abreißt. Mitunter kann man dabei wirklich trockenes, gutes Bauholz günstig erwerben. Oft werden (in Schweden) alte, gute Blockhausbalken einfach verbrannt. In Deutschland dürfte diese Möglichkeit eher unwarscheinlich sein, einfach weil hier im Bestand nur recht wenig Blockhäuser existieren.

h) Noch eine Möglichkeit ist es, sich an einen auf Blockhaus-Bauholz spezialisierten Hersteller zu wenden. Dort werden getrocknete Blockbalken in festen Längen verkauft. Mehr dazu auf S. 46.

Das Sägen von Holz für den Blockhausbau, Planken und Brettern

Als ich meine Almhütte zimmerte, was auf den S. 361–370 beschrieben wird, wurden die Stämme für die Wandbalken und Ständer längsseits mit einem mobilien Kleinsägewerk zugesägt, das ein Arbeitskollege besaß.

Sägen von Wandbalken. Zu krumme Stämme wurden in der Mitte gekappt und zu zwei 200 x 200 mm Rohlingen für Ständer zugesägt.

Die Blockbalken wurden luftig aufgestapelt. Die beim Zusägen der Balken angefallenen Schwartenbretter bilden das Dach.

Bauholz, in der örtlichen Dorfsäge gesägt. Nach dem Heimtransport steht noch viel Arbeit an. Das Bauholz muss luftig aufgestapelt und überdeckt werden. Wenn das gesägte Holz so liegen bleibt, wie nebenstehend gezeigt, ist es dem Regen ausgesetzt und wird rasch von Bläuepilzen befallen.

Ich sah ein, dass weiteres Zimmern und Bauen mit Holz sich wesentlich durch ein eigenes Kettensägewerk vereinfachen würde. So wurde 1995 in Orsa eine ältere Solo-Sägebank mit einer Motorsäge von Stihl gebraucht gekauft. Seit die Solo-Sägebank 1988 auf den Markt kam, wurden über 13 000 Sägen hergestellt, und ein großer Teil davon in Schweden verkauft.

Da ein Kleinsägewerk in Schweden in der Wald- und Landwirtschaft als Maschineninvestition betrachtet wird, sind sicherlich viele Sägen als gewerbliche Investition gekauft und beim Jahresabschluß von den Kosten abgesetzt worden. Man kann annehmen, dass viele dieser Kettensägewerke nicht übermäßig genutzt worden sind, und es sollte eigentlich gut erhaltene Sägewerke aus zweiter Hand geben. Die Firma Logosol tauscht sogar ältere Sägewerke wieder ein um sie anschließend fabriksrenoviert wieder zu verkaufen.

Für die Berghütte kaufte ich eine Anzahl Stämme zur Ergänzung der Außen- und Innenverbretterung sowie gesägte, 37 mm starke, naturgemäß keilförmige Fußbodenbretter. Es wurde ein herrlicher Fußboden mit 200–300 mm breiten Brettern. Sie wurden mit losen Federn, die in eine Nut in den Seiten der Bretter eingepasst wurden, zusammengefügt. Die Nut wurde mit Handkreissäge und Stemmeisen ausgearbeitet. Eine Oberfräse mit 10 mm Fräser hätte diese Arbeit natürlich erleichtert. Ein Elektrohobel diente zum Hobeln der Bretter. Möchte man Kantenspuren durch das Hobelmesser vermeiden, kann das Hobelmesser zu den Außenecken hin abgerundet werden.

Viel Nacharbeit in Form von Entrinden der Waldkanten und Stapeln des Bauholzes ist vonnöten. Diese Arbeit brauchte gut die gleiche Zeit, wie das Sägen mit der Kreissäge selbst.

Sägt man die Fußbodenbretter nahe am Mark eines Stammes, wo er am stärksten ist, haben sie vornehmlich stehende Jahresringe und werfen sich weniger beim Trocknen. Mit leichtem Aufwölben muss man allerdings rechnen. Legt man die Bretter mit der Kernseite nach oben, ruhen sie stabil auf den Fußbodenbalken und das Hobeln der Oberfläche mit dem elektrischen Handhobel wird vereinfacht.

Im Spätwinter 1996 habe ich mit meinem Kettensägewerk 10 Festmeter Blockhaus-Bauholz gesägt. Das Bauholz ging unter anderem in den Bau einer Garage ein, beschrieben auf S. 357–360, sowie eines Häuschens neben der Berghütte, S. 209–212.

Im Frühjahr 1996 ließ ich mir die volle Ladung eines Holztransporters, etwa 42 Festmeter, liefern. Zur Aufarbeitung gab ich das Holz in die Dorfsäge, die eine aus der Stadt Säter (Schweden) stammende, alte Lindqvist-Sägebank mit großem Kreissägeblatt hat. Das Sägen brauchte vier Tage.

Meine Beurteilung damals war, dass sich mit der Solo-Sägebank ein besseres Resultat erzielen ließ, als mit der Kreissäge. Der Zeitaufwand allerdings war an der Solo-Sägebank größer. Für die Arbeit an der Dorf-Kreissäge wiederum muss man sich eine Mannschaft zusammensuchen, und mit Vor- und Nachsäger samt Auslaster sind mindestens drei Personen eingebunden. Das Sägen erfordert zügiges Arbeiten, das keine langen Zeiten für Überlegungen zulässt, zu welchen Dimensionen welcher Stamm aufgesägt werden soll. Es wird leicht ein bisschen hektisch und man schafft es nicht, Spezialmaße zu schneiden.

Drei Mann arbeiteten vier Tage mit dem Zusägen des Bauholzes. Total also zwölf Tagewerke (Mann-Tage). Hinzu kam das Aufräumen an der Säge, der Transport des erst ungesägten und später gesägten Bauholzes, das Entrinden der Waldkanten, das Stapeln und Überdecken des Bauholzes: schätzungsweise sechs bis sieben Arbeitstage. Insgesamt erforderte dieses Sägen achtzehn bis neunzehn Tagewerke. Die Balkenmaße glichen ungefähr denjenigen, die ich im Jahr 2007 beim Sägen einer etwas größeren Menge geschnitten habe.

Das Sägen von 135 Stämmen

Um meine Erfahrungen im Sägen mit einem Kettensägewerk zu erweitern, sägte ich im Frühjahr 2007 ein Volumen von 53 Festmeter. Arbeitsbeginn war am 19. April, Arbeitsende, mit Aufräumen des Sägeplatzes, am 30. Mai. Insgesamt waren es 30 Arbeitstage von drei bis zehn Stunden Länge. Die Säge lief an 24 von diesen Tagen. Dabei wurden 135 Stämme, im Durchschnitt zwischen fünf und sechs pro Tag, gesägt. Zwei der übrigen Arbeitstage dienten zur Montage einer neuen Solo-Sägebank mit Elektrosäge und separatem Vorschub. Das Fräsen von neun Blockbalken für den Blockhausbau brauchte einen Nachmittag, und die restlichen Arbeitstage waren mit Holzhantierung, Überdecken der Bauholzstapel und Aufräumen des Sägeplatzes ausgefüllt. Aus einem Vergleich mit dem Sägen von 42 Festmeter mit einer Dorf-

Kreissäge geht hervor, dass das Sägen mit dem Kettensägewerk etwas länger dauerte. Rechnet man ohne die Montagezeit für die neue Solo-Sägebank und ohne das Fräsen der Blockbalken, dauerte das Sägen per Kettensägewerk etwa 20 % länger als mit dem Kreissägewerk. Anders ausgedrückt: 1,9 Festmeter pro Tagewerk gegenüber 2,2 Festmeter pro Tagewerk. Die Arbeitstage an der Solo-Sägebank waren jedoch flexibler, da nur ich selbst sägte und jederzeit für andere Aktivitäten abbrechen konnte.

Für alle, die mit Holz, und in erster Linie mit Stämmen direkt aus dem Wald arbeiten wollen, kann ich die Investition in ein Kettensägewerk nur wärmstens empfehlen. Ein gebrauchtes, von der Motorsäge getriebenes Kettensägewerk kann eine geeignete erste Investition sein, um herauszufinden, ob einem diese Technik liegt. Sie können ein paar Jahre testen, wie sich Stämme in die von Ihnen gewünschten Dimensionen und Qualitäten aufsägen lassen. Danach kann es aktuell werden, das Sägewerk mit einer Elektromotorsäge und automatischem Vorschub aufzuwerten.

Das Sägen planen

Ich vergleiche mit dem Zeitaufwand für das Zimmern eines kleineren Hauses. Dabei kann die Planung bei zwei Balken pro Arbeitstag liegen, wenn man den „Dalaknut" mit schräg geschnittenen Seiten an Rundhölzern erstellt, die seitlich nicht gerade gefräst sind. Verwendet man gerade gefräste Balken und die gerade, zweiseitig geschnittene Verschränkung, lässt sich das Tempo auf vier bis sechs Balken pro Tag erhöhen. Viele unterschätzen den Zeitaufwand. Deshalb sieht man – in Schweden auf den Dörfern – oft von Wind und Wetter grau gebleichte Anfänge von Blockhäusern, mit fünf bis sechs gezimmerten Balkenlagen stehen.

Beim Sägen mit einem Kettensägewerk ist der Zeitaufwand verständlicherweise davon abhängig, wie oft man ein Rundholz teilt. Je mehr Schnitte man macht, desto längere Zeit braucht es, jedes Rundholz zu sägen. Ich habe viele grobe Balken und Ständer in den Dimensionen 150 x 200 mm, 200 x 200 mm und 220 x 220 mm hergestellt. Für diese groben Maße ist ein Kettensägewerk bestens geeignet. Als Abschluss des Sägens habe ich einige Balken für den Hausbau gefräst. Eine Anzahl Rundhölzer wurden jedoch zu Brettern für Außenverschalungen gesägt, und alle Waldkanten der Seitenware wurden fortlaufend entrindet, während sie noch auf der Sägebank lagen. Beim Entrinden mithilfe eines Ziehmessers hatte ich so eine angenehme Arbeitshaltung, und vor allem wurde eine eintönige Arbeit nicht auf später verschoben.

Wie aus meiner Schilderung des Zeitaufwandes hervorgeht, sägte ich im Durchschnitt etwa fünf Stämme pro Tag. In meinem Tagebuch ist alles zwischen einem und neun Stämmen pro Tag notiert. Von insgesamt 24 Sägetagen gab es elf Tage mit sieben Stämmen oder mehr. Wie schon erwähnt, gab es an den Arbeitstagen oft auch Möglichkeiten für andere Aktivitäten.

Schlussfolgerung

Lassen Sie sich keine rohen Stämme liefern, wenn Sie nicht ausreichend Zeit haben, sie zu sägen. Es tut im „Holzherzen" weh, schönes Holz auf dem Sägeplatz liegen und verblauen zu sehen. Frische Stämme sollten am besten vor Ostern aufgearbeitet sein, und es ist von Vorteil, sie zu fällen, solange noch Bodenfrost herrscht. Die Bäume enthalten dann am wenigsten Wasser und die Sägesaison kann sich anschließend von März bis Mitte Mai ausdehnen, ohne denjenigen, der die Stämme zusägt, in Zeitnot zu bringen. Nach Pfingsten verschlechtern sich die Bedingungen für das Lufttrocknen gesägten Bauholzes, da die relative Luftfeuchtigkeit zu hoch wird. Bauholz, das nach diesem Datum gesägt wird, trocknet langsam, und die Gefahr für den Angriff durch Blaufäulepilze ist dann sehr hoch.

Meine Holzlieferung

Ich habe die Stämme von Holmen Skog, Region Örnsköldsvik, gekauft. Die Lieferung bestand zu 70–80 % aus Erdstämmen, die 5,5–6,0 m lang waren und Zopfdurchmesser von 23–27 cm hatten. Im südlichen Lappland sind die Bäume relativ kurzwüchsig. Um meinem Wunsch nach den bestellten Längen und Zopfdurchmessern zu entsprechen, bekam ich deshalb vornehmlich Erdstämme geliefert. Sie hatten starke Wurzelanläufe und waren die letzten 1–1,5 Meter vor dem Fußende aufgrund der Faserstörungen nahe der Wurzel spürbar schwieriger zu sägen.

Vergleich mit dem Sägen auf einer Kreissäge

Vergleiche ich das Sägen mithilfe von Kreissäge oder Kettensägewerk, ist mein Eindruck, dass die im Text erwähnten 20 % eine vergleichsweise kleiner zusätzlicher Zeitaufwand sind. Stellt man die Investitionskosten von 35–47.000 Euro ohne MwSt. für eine feste Sägebank und 3–4.700 Euro für ein Kettensägewerk einander gegenüber, erscheint die Erhöhung der Arbeitszeit um 20 % durchaus annehmbar. Für das Sägen von kleineren Volumen und Spezial-Abmessungen eignet sich ein Kettensägewerk vorzüglich. Auch für diejenigen, die weder Wald- noch Landwirtschaft besitzen und die Kosten nicht absetzen können, machen die relativ niedrigen Investitionskosten vielleicht dennoch einen Kauf aktuell.

Es war ein markanter Unterschied, den zweiten Balken aus einem solchen Stamm zu sägen. Die Sägekette schnitt gleichmäßig, und Fuß- und Zopfende unterschieden sich weniger in ihrem Durchmesser, was die Materialausbeute begünstigte. Bei großen Durchmesser-Unterschieden zwischen Fuß- und Zopfende sinkt die Materialausbeute und es ergeben sich grobe Schwarten nahe der Wurzel. In solchen Fällen kann man die Schwarten nochmals zu kürzerer Seitenware teilen.

Es ist allerdings beschwerlicher und man verliert Sägezeit an ein eher mageres Ergebnis. Oft sind solche Seitenbretter jedoch ganz astfrei.

Die Baumstämme in Lappland sind nicht so lang, dass man durchgehend auch den zweiten Stammabschnitt mit Schwarzästen nutzen und damit einen niedrigeren Holzpreis aushandeln könnte. Der Preis per Festmeter lag deshalb für mein Holz, das überwiegend aus Erdstämmen bestand, relativ hoch. Ein Teil der Stämme war stark krummschäftig. Diese kappte ich auf drei Meter Länge aus und machte daraus Ständer-Kanthölzer.

Hantieren des Bauholzes

Bevor Sie ihr Holz geliefert bekommen, sollten Sie überlegen, wie es gestapelt werden soll. Einmal abgelegt, können Sie einen Stapel Stämme kaum noch ohne maschinelle Hilfe umsetzen. Einzelne Stämme zu rollen ist hingegen möglich. Sie sollten das Sägewerk so aufstellen, dass es in einem geeigneten Abstand zum Rundholz-Stapel steht. Haben Sie das Sägewerk an einer Stelle fest installiert, können Sie daneben Ablagen aus Stämmen oder zurechtgesägten Balken vorbereiten, auf welche die Stämme der Lieferung direkt abgeladen werden. Achten Sie nur darauf, dass kein schwerer Stamm auf die Sägebank zurollen kann: Sorgen Sie für eine stabile Sicherung, einen „Stopper“, beispielsweise in Form einer Planke.

Mein Bruder Bo hilft mir, die Stämme vor dem Sägen auf „Stamm-Bänke“ umzulasten. Ich nehme für gewöhnlich vorhandene Stämme für derlei Ablagen. Hier sieht man deutlich den einen, in den Schnee eingedrückten Unterlegstamm, und darauf zwei Stämme im rechten Winkel dazu. Diese beiden Stämme bilden die Ablage für das restliche Holz. Legen Sie diese Ablage-Stämme nicht zu weit voneinander entfernt. Hier haben sie etwa drei Meter Abstand. Durch Hebeln und Rollen kann man dann die darauf liegenden Stämme vor dem Sägen in die gewünschte Position bringen.

Die Stamm-Bank, als das Sägen mit der alten Sägebank sich dem Ende näherte. Sichern Sie die quer liegenden Stämme mit Keilen, damit sie nicht wegrollen. Falls Sie die Keile festnageln, vergessen Sie nicht, die Nägel zu entfernen, bevor auch diese Stämme gesägt werden. Es ist sonst schnell passiert, dass man in einen Nagel sägt. Die Unterlegstämme werden mit einem Greiflaster auf die nächste Bank in Abteilung 2 gehoben.

Erster Einschnitt in einen Stamm. Man sieht an der geringen Menge Sägespäne, dass das Sägen in dieser Abteilung gerade erst begonnen worden ist. Zu einem späteren Zeitpunkt musste ich jeden Abend die Späne beiseite schaufeln, um die lotrechten Schienen für die Höheneinstellung der Sägebank frei justieren zu können.

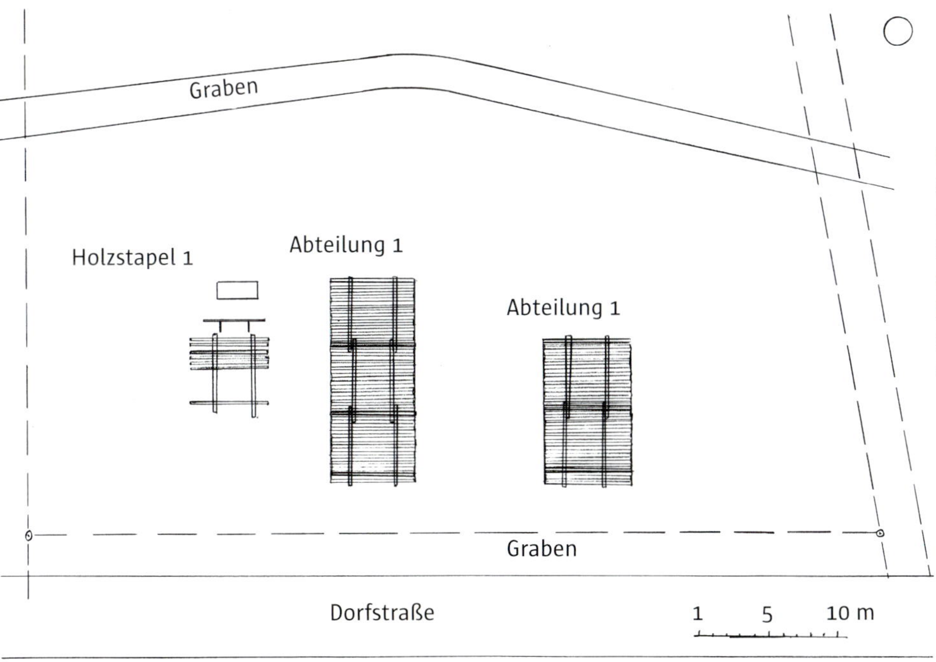

Nach dem Umlasten liegen fast alle Stämme in zwei Abteilungen auf Stamm-Bänken. Abteilung 1 besteht aus 44 Stämmen auf zwei Bänken hintereinander, Abteilung 2 aus 81 Stämmen auf drei Banklängen. Die übrigen Stämme werden auf der älteren Sägebank gesägt, welche vor Holzstapel 1 steht.

Überdecken der Holzstapel

Das gesamte gesägte Bauholz sollte, immer mit Abstandhölzern zwischen den Lagen, in luftige, gut überdachte Stapel gelegt werden. Macht man das nicht, wird das frischgesägte Holz von der Witterung zerstört und die viele Arbeit von Holzeinkauf bis Sägen ist umsonst.

Die Holzstapel haben großzügigen Abstand zum Boden. Die beiden Stapel beinhalten das gesamte Bauholz aus 44 Stämmen. Die Seitenware in Form von unbesäumten Brettern liegt mit der Kernseite nach oben zuoberst auf dem vorderen Stapel. Die Schwartenbretter nehme ich zum Überdecken der Bauholz-Stapel. Die gröberen Schwarten bilden eine untere Lage, sie werden Kante an Kante, mit der flachen Seite nach oben, gelegt. Auf den entstehenden Spalt werden die schmaleren Schwarten, mit der flachen Seite nach unten, platziert. Falls es an einer Stelle zu dünn aussieht, lege ich noch ein paar extra Schwarten obenauf. Möchte man es ganz wasserdicht haben, kann man eine Plastikfolie zwischen die beiden Schwartenlagen legen.

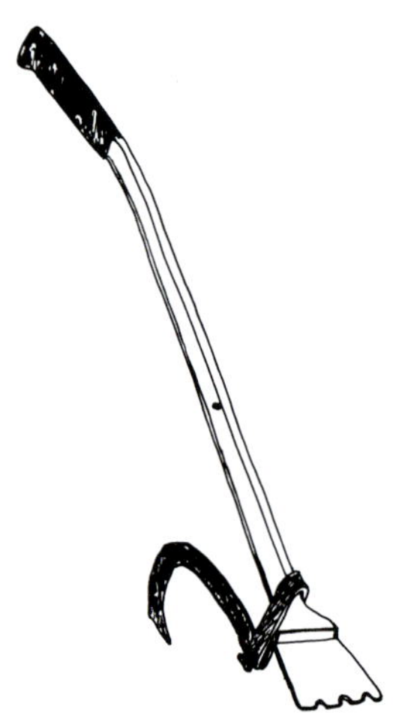

Mit einem Fällheber mit Wendehaken können grobe Stämme auf Stamm-Bänken und Sägebank bewegt werden. Wenn man einen Stamm zum Block sägt und ihn wenden möchte, ist ein Fällheber eine Notwendigkeit für sicheres Arbeiten. Der Fällheber auf der Zeichnung hat eine passende Größe für das Hantieren von ganzen Stämmen.

Damit das Bauholz auch an den Stirnseiten der Stapel geschützt wird, hat das Dach hier einen Überstand. Die zwei Stützen verhindern, dass das Bauholz zu stark belastet wird. Bauholz-Stapel auf einem Acker aufzustellen, so wie hier, ist nicht optimal für das Trocknen. Frisch gesägtes Holz sollte am besten auf einem gut drainierten Schotterplatz, noch besser auf einer Asphaltfläche, gestapelt werden: 40 cm über dem Boden, mit freiem Spielraum für vorherrschenden Wind. Leider hatte ich nicht die Möglichkeit für diese Voraussetzungen. Ackerboden, mit 20–30 cm Humusschicht, hat selbst nach 20 Jahren ohne Düngung noch viel Wachstumskraft.

Die Schwerkraft überwinden

Das Bewegen von Stämmen und groben Balken läuft darauf hinaus, die Schwerkraft zu überwinden. Wenn man sie nur erst auf die Stamm-Bank hinauf bekommt, kann man die Stämme durch Hebeln und Rollen bewegen. Die Fahrer der alten Pferdeschlitten, die alle Baumstämme von Hand bewegten, waren Meister darin, sie durch Rollen und Hebeln von der Stelle zu bewegen.

Mein Sägeplatz liegt offen für Wind aus allen Richtungen, und in jenem Frühjahr war es ungewöhnlich windig. Das brachte ein Problem mit dem Spanflug von der Säge mit sich. Die alte Ausrüstung war besonders ungünstig, da der Vorschub dort manuell mit einer Kurbel nahe an der Säge geschieht. Man steht mitten in den fliegenden Spänen, und bei starkem Wind wirbeln einem feine Späne in die Augen. Eine gewöhnliche Schutzbrille war keine große Hilfe: Ich griff zu einer dicht schließenden Schneescooter-Brille. Kondensat in der Brille ist allerdings kaum zu vermeiden, wenn man mit schweren Stämmen arbeitet und ins Schwitzen gerät. Beim Sägen mit Friktions-Vorschub steht man, wie aus dem Bild unten hervorgeht, am Schaltpult und schickt die Säge den Stamm entlang. Das Problem mit dem Spanflug wird dadurch geringer, doch wirbeln die feinen Späne bei gewissen Windverhältnissen 10–15 Meter weit. Aus diesem Grunde habe ich die dicht schließende Brille während des gesamten Sägens getragen.

„Nicht einmal um die Jahrhundertwende, als die Kiefern, die gefällt wurden, viel größer waren als heute, ist es geschehen, dass der Kutscher einen Baumstamm deshalb liegen ließ, weil es ihm nicht glückte, ihn auf den Schlitten zu legen. Hebel und Brechstange und Kette ist alles was man braucht, um schwedische Baumstämme zu lasten. Und es braucht einen Kutscher, der die Werkzeuge bis zum Äußersten hantieren und ausnutzen kann. Man braucht keine Bärenkräfte um Baumstämme zu lasten, jeder gesunde, geübte Mann schafft das.“

Aus Timmerhästens bok (Das Buch des Rückepferdes), Yngve Ryd 1991.

Hier sieht man eine Stihl Solo Sägebank. Sie hat 7,5 Meter Sägelänge und ist mit einer Elektrosäge vom Typ E6000 Auto ausgerüstet. Ich habe sie für die restlichen Stämme angewendet. Die erste Abteilung mit 44 Stämmen wird gesägt. Im hinteren Bauholz-Stapel liegen 220 x 220 mm Pfetten, im vorderen Rahmen-Kanthölzer mit 150 x 200 mm.

Im Vordergrund sieht man ein einfaches Gestell aus einigen Brettern auf zwei Böcken. Es steht schräg hinter der Säge, hat eine bequeme Arbeitshöhe, und dient als Abstellfläche für Werkzeuge, Kettenöl usw. Hinter dem Sägewerk, im rechten Winkel zu diesem, werden alle Schwarten abgelegt. Sie werden später als Überdachung für die Bauholz-Stapel genutzt.

Es ist sehr wichtig, dass man die Waldkanten der Seitenware entrindet. Es befinden sich bereits Insekten in der Borke, deren gefressene Gänge jede Woche um einige Millimeter wachsen. Das Entrinden ist relativ leicht, solange die Borke frisch ist.

Aus Rollenböcken stellt man eine Rollbahn auf und kann dann auch Stämme mit gröberen Dimensionen an die gewünschte Stelle bewegen.

Das Sägen von Brettern wurde begonnen. Der Bauholz-Stapel hat eine Unterlage aus 220 x 220 mm Ständer-Kanthölzern, bei denen ein Markeinschnitt vorgenommen wurde. Über den Kanthölzern stapele ich alle gesägten Bretter für die Außenverschalung auf. Unter der Lage mit Kanthölzern liegen drei zwei Meter lange Ständer-Hölzer von 200 x 200 mm. Sie wiederum liegen auf Holzklötzen von 200 x 200 mm, wodurch der ganze Stapel mindestens 400 mm vom Boden entfernt ist. Die kurzen Ständer-Hölzer, die bis auf Stapel 1 und 7 auch unter allen anderen Stapeln liegen, sind zum Bau von verschiedenen Schirmhütten vorgesehen. Sie sollen zu einem späteren Zeitpunkt an schönen Plätzen im zum Dorf gehörenden Waldgebiet aufgestellt werden.

Es ist sehr wichtig, das Sägeresultat fortlaufend zu messen. Die Skala an der Säge kann man als Richtwert beim Einstellen der Säge nehmen, aber um zu sehen, wie man tatsächlich gesägt hat, muss man mit einem Zollstock messen. Man wird leicht dazu verleitet, zu glauben, das Sägeresultat müsse so werden, wie die Einstellung es zeigt. Meine Erfahrung ist, dass man das faktische Ergebnis unter Kontrolle haben und die Einstellungen anhand dessen justieren muss. Man kann nicht an etwas anderes denken, als an das, womit man gerade arbeitet. Gedanke und Handlung müssen Eins sein, was der Arbeitsweise ähnlich ist, die man beim Zimmern haben muss. Wahrscheinlich ist es ein Teil des Reizes bei einem Handwerk, dass Hand und Gedanke zusammenwirken müssen. Wenn wir normalerweise vornehmlich theoretischer Arbeit nachgehen, müssen wir die Freude fühlen dürfen, die handwerkliches Arbeiten, bei dem Körper und Gehirn an der Lösung einer Aufgabe beteiligt sind, mit sich bringt. Die Zeit vergeht erstaunlich schnell, wenn der ganze Mensch in einer Aufgabe engagiert ist.

Bei der Wahl, entweder die Stämme oder das Sägewerk anderswohin zu legen bzw. zu stellen, erfordert Ersteres, dass man Fahrzeuge zur Hilfe hat. Wenn man Bauholz von Hand sägt, ist das eher unwahrscheinlich. Im vorliegenden Fall hatte ich Hilfe beim Ablasten der Stämme auf die Ablagen, doch danach folgte Handarbeit. Vorteilhafterweise war der Acker leicht abschüssig. Dadurch ließen sich die Stämme gut auf den Ablagen rollen. Achten Sie darauf, dass Ihnen die Stämme nicht mit zu viel Schwung zur Sägebank hin rollen. Um das zu verhindern, nagelte ich kurz vor der Sägebank eine Planke quer über die Ablage-Stämme.

Gezielter Markriss an einem Ständer-Kantholz

Alle Ständer-Kanthölzer werden auf der Seite mit einem Markriss versehen, wo sie am meisten Waldkante haben. Ein vierkantiges Holzprofil wird von sich aus irgendwo aufreißen, da das Schwinden des Holzes beim Trocknen in tangentialer Richtung (mit den Jahresringen) größer ist, als in radialer Richtung (quer zu den Jahresringen). Deshalb lassen sich Risse im Bauholz nicht vermeiden. Rundholz reißt stärker als zum Block bearbeitetes Holz. Beim seitlichen Bearbeiten eines Stammes bricht man die tangentialen Spannungen längs der Jahresringe. Ein Riss nimmt den kürzesten Weg vom Mark zur Oberfläche, weshalb ein Profilholz von 150 x 200 mm mitten auf der 200 mm breiten Seite einreißt.

1. In einem vierkantigen Ständer-Kantholz kann man die Rissbildung mit einem gezielten Schnitt, mit der Motorsäge gesägt, steuern. Im Bild zeichne ich an, wo der Schnitt gesägt werden soll. Es ist vorteilhaft, an einer angezeichneten Linie entlang sägen zu können. Ohne Linie wird es gerne ein bisschen schief und der Schnitt schlingert von der einen Seite zur anderen.

2. Der Reiß-Schnitt wird so gesägt, dass der Abstand vom Mark zum Grund des Schnittes kürzer ist, als vom Mark zu einer der Außenflächen.

3. In regelmäßigen Abständen werden Holzkeile in den Schnitt gesetzt.

4. Um richtig sicher zu sein, dass man die Rissbildung steuert, treibt man die Holzkeile so tief in den Schnitt hinein, bis man deutlich hört, wie der Balken bis ins Mark reißt. Das erfordert etwas Zeit. Zu einem späteren Zeitpunkt, beim erneuten Erstellen von Ständer-Kanthölzern, habe ich diesen Arbeitsschritt deshalb ausgelassen. Beachten Sie, dass ich auf der Stirnseite des Balkens deutlich vermerkt habe, welche Länge (300 cm) und Dimension (200 x 200 mm) er hat. Es ist von Vorteil, seine Balken deutlich zu markieren. So findet man sie später, wenn man bestimmte Maße braucht, in den Holzstapeln leichter wieder.

Siehe auch S. 25 und 109.

Nachtruhe. Elektrosäge und Vorschub-Ausrüstung werden jeden Abend mithilfe von Plastiksäcken, die mit Schnüren festgebunden werden, geschützt. Der Balken für den kommenden Morgen liegt schon für den ersten Sägeschnitt bereit. Die montierte Sägekette ist frisch gefeilt, und die Schiene gewendet. Alles ist vorbereitet, um gleich am Morgen mit dem Sägen beginnen zu können.

Die Schärfe der Sägekette bestimmt das Sägeresultat

Alles, was am Vormittag gesägt werden kann, ist Gold wert. In der Regel sägte ich zwei Stämme vor jeder Pause. Hatte ich einen guten Arbeitsfluss, wurden es vier bis fünf Stämme am Vormittag und vier am Nachmittag. Gegen 17.00–17.30 Uhr versuchte ich, mit dem Sägen fertig zu sein und schärfte im Anschluss die morgens noch frischgeschärften, tagsüber stumpfgesägten Ketten. Der höchste Tagesaustausch waren drei neugefeilte Ketten. Ich sägte, bis ich etwa 75 % des Öls im Öltank der Säge verbraucht hatte, bevor ich eine neu gefeilte Kette aufzog. Beim Tausch der Kette wurde der Öltank bis zum Rand aufgefüllt.

Die Kettenölpumpe steht auf maximalem Schmiereffekt. Ich hatte fünf Ketten in Rotation, und alle fünf waren am Ende, als das Sägen der 135 Stämme abgeschlossen war, in gutem Zustand. Ich verwendete eine PFERD® Schärflehre mit 4,8 mm Rundfeile für die Schneidezähne und Plattfeile für die Tiefenbegrenzer. Beim Feilen zog ich zwei bis drei Feilzüge per Zahn. Dabei war die Kette in einen Feilbock eingespannt. Nach 105 Stämmen gab das Sternrad in der Spitze der Schiene auf, weshalb eine neue Schiene montiert wurde. Im Vergleich zur Motorsäge ist die Belastung der Schiene bei der Elektrosäge höher. Man kann die Schiene als Verbrauchsgegenstand betrachten, der regelmäßig erneuert werden muss.

Da ich so viele Ständer-Hölzer und Balken zugesägt habe, spielte sich ein Großteil des Sägens in der Borkenschicht der Stämme ab. Dies nutzt die Ketten ab. Es erfordert kürzere Intervalle zwischen dem Wechseln der frischgefeilten Ketten. Man hört es direkt am Sägegeräusch, wenn die Kette mühsam läuft. Als ich Balken zu Brettern aufsägte und die Sägekette nur in Holz, ohne Borke, schnitt, war es ein markanter Unterschied.

Den Kettenherstellern nach kann eine Sägekette, die in reinem Holz läuft, eine sehr lange Sägedauer haben, bevor sie wegen Stumpfwerdens getauscht werden muss. Wir müssen aber in Betracht ziehen, dass das trennende Sägen von Stämmen, worum es hier geht, sehr große Sägeschnitte mit sich bringt. Besonders, wenn man, wie hier, lange Hölzer von meistens 6,0 Meter Länge sägt, die noch dazu im Fußbereich aufgrund der Wurzelanläufe besonders breite Sägeschnitte erforderten. Die Anforderung an die Sägekette ist markant höher, als an eine kappende Kette, welche die Holzfibern immer ungefähr im rechten Winkel trifft. Die Studien der Kettenhersteller gelten vornehmlich für Kapp-Verläufe mit Maschienenketten an Harvester-Fahrzeugen. Dort ist schnelles Auslängen extrem wichtig, da der Baumstamm derweil ganz frei hängt. Wird ein Baumstamm nicht schnell genug gekappt, bilden sich Kapp-Risse, die die Ausbeute aus einem Baumstamm zerstören.

„Wir raten denen, die Bauholz für den Blockhausbau fräsen wollen, die Balken anfangs mit Übermaß zu sägen. Eine dünne Schwarte wird auf beiden Längsseiten abgesägt und Ober- und Unterseite entrindet. Die Balken werden auf hohe Stapel gestapelt, wobei die Abstände zwischen den Balkenlagen der Höhe der Balken entsprechen sollen. Die Stapel werden gut überdeckt, und das Holz kann darin solange trocknen, bis die Holzfeuchtigkeit auf etwa 20 % gesunken ist. Vor dem Zimmern wird der Balken auf die für den Bau gewünschte Dimension zugesägt. Eventuelle Verdrehungen können dabei justiert, und zu stark gedrehte Balken aussortiert werden. Nach dem Sägen kann man dem Balken eine abgerundete Ober- und Unterseite, sowie eine Längsnut fräsen.“

Bengt-Olov Byström,
Gründer der Firma Logosol.

Meine Schlussfolgerung, nach dem Sägen mit sowohl Motorsäge als auch Elektrosäge, ist, dass die Schärfe der Sägekette für ein gutes Sägeresultat ausschlaggebend ist. Die Ketten der Motorsäge habe ich mit einer 4 mm Feile in einer einfacheren Schärflehre direkt an der Schiene gefeilt. Ich feilte sie bis zurück zur minimal zugelassenen Länge der Zahndächer (siehe Sicherheits-Bestimmungen der Hersteller), bevor sie als „total verbraucht" eingestuft und entsorgt wurden. Einzige Ausnahme war eine Kette, die beim Sägen eines Nagels untauglich und eher entsorgt wurde. Dies ist ein Vorteil von Kettensägewerken: Holz aus hausnahen Beständen, in dem oft Nägel stecken, kann ohne größere wirtschaftliche Konsequenzen gesägt werden. Gewöhnliche Sägewerke nehmen solches Holz gar nicht erst an, da die Havarie einer Sägeklinge oder eines Sägebandes zu teuer ausfällt.

Die Erklärung, weshalb die Ketten für die Elektrosäge mit einer 4,8 mm Feile geschärft werden sollten, besteht darin, dass sie mit der dünneren 4,0 mm Feile zu aggressiv schneidend werden. Die Elektrosäge hat im Vergleich zur Motorsäge ein so hohes Drehmoment und darausfolgend so hohe Ziehkraft an der Kette, dass die Fa. Logosol es für besser befand, eine größere Feile zu verwenden, die einen stumpferen Schneidewinkel am Zahn erstellt. Nach den 135 Stämmen mit zumeist mühsam sägbaren Erdstämmen, kann ich nur konstatieren, dass es gut funktioniert hat. Desweiteren wurden die Sägeschnitte so eben, dass die Sägefläche nach einigen Zügen mit einem Bandschleifer als Innenverbretterung mit guter Farbhaftung für Innenfarbe dienen können sollte. Die Wandbalken der auf den beschriebenen Berghütte, konnten im großen Raum so bleiben, wie sie waren. Direkt auf das mit der Motorsäge gesägte Holz wurde mit annehmbarem Resultat Innenfarbe aufgebracht. Möglicherweise hätte ich zwischen den Anstrichen die Oberfläche ein wenig mit Sandpapier schleifen können, um die Fasern zu entfernen, die sich beim Malen einer rohen Oberfläche aufrichten. Das ist jedoch nichts, was mich in den über 15 Jahren, in denen ich die Berghütte nun saisonal bewohnt habe, gestört hätte.

Zum Abschluss möchte ich betonen: feilen-feilen-feilen! – Für ein gutes Endergebnis. Die Schneide des Sägezahnes macht die Arbeit, und muss deshalb rasiermesserscharf sein. Die Chromschicht ist ihr schneidender Teil, und sobald der darunter liegende Stahl frei ist, geht die rasiermesserscharfe Klinge verloren. Kann man sie nicht mehr auf volle Schärfe feilen, ist es höchste Zeit, die Sägekette durch eine frisch gefeilte auszuwechseln. Wenn es an der Sägekette zu qualmen beginnt und sie heiß läuft, kann sie blau anlaufen und ihre Härtung verlieren.

Endlich liegt nur noch eine Lage Rundholz auf den Stamm-Bänken. Bei dieser Schwerarbeit braucht man Ausdauer. Hier habe ich jeden achten Stamm markiert, um ein bisschen Überblick darüber zu bekommen, wie viele volle Sägetage noch anstehen, bevor die Stamm-Bänke leer sind.

Die Platzwahl für die Bauholz-Stapel war davon abhängig, wie die Stämme vorher auf den Stamm-Bänken lagen. Mithilfe von Rollenböcken wurden die schweren Balken zu den verschiedenen Stapeln bewegt.

1. 200 × 200, 220 × 220
2. 220 × 220, 150 × 200
3. 150 × 200, 25 × 200
4. 150 × 200, 200 × 200
5. 220 × 220, 28 × 200
6. 60 × 200, 28 × 200
7. 150 × 220, 25 × 220
8. Schwartenbretter
9. Werkzeugtisch

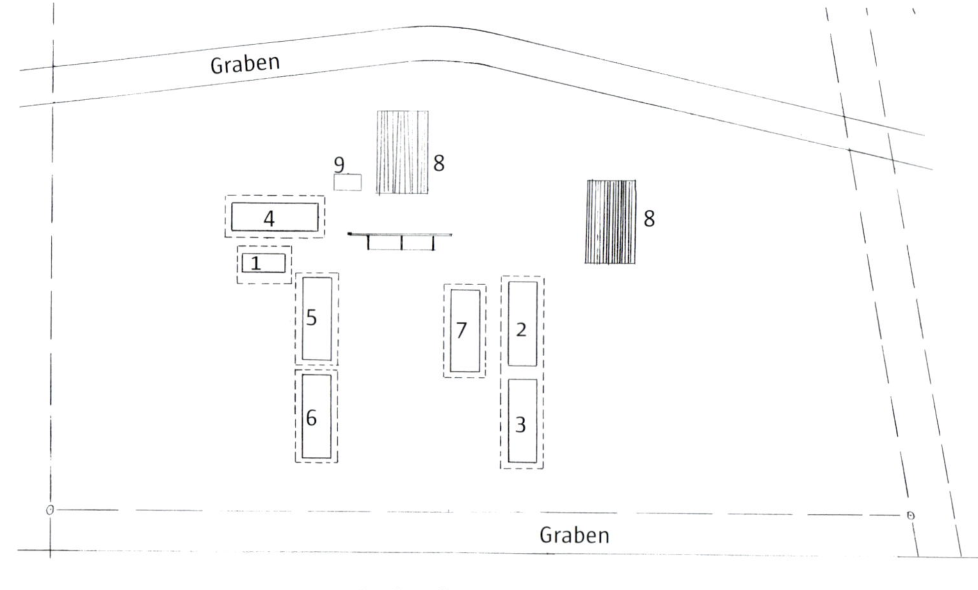

Nur noch wenige Stämme auf den Stamm-Bänken. Die drei letzten Rundhölzer werden zu Balken gesägt. Einerseits zu zwei 3 m langen Ständer-Kanthölzern von 200 x 200 mm, andererseits zu zwei 6 m langen von 150 x 200 mm. Sie dienen anschließend als letzte Stamm-Bank, auf welche die verbliebenen Unterlegstämme (die vorher Stamm-Bank waren) mithilfe eines Traktors mit Greifarm aufgelegt werden. Zwischen Stamm-Bänken und Stapeln mit fertigem Bauholz sollte man genug Abstand haben, um mit einem Rückewagen rangieren zu können.

Auf dem Bild sieht man alle Unterlegstämme auf einer Stamm-Bank aus oben beschriebenen, frisch gesägten Balken liegen. Sie wurden mithilfe eines Rückewagens umgelastet. Von Hand wäre diese Arbeit eine reine Plackerei gewesen.

Danach kann es unmöglich geworden sein, die Kette wieder auf Rasiermesserschärfe zu feilen. Man kann feilen, „bis einem graue Haare wachsen", ohne dass das Sägeresultat so wird, wie man es haben möchte.

Das Sägen nähert sich dem Ende

Der im Bild unten zu sehende Bauholz-Stapel (aus d. Bild S. 42 unten) ist nun überdacht; die letzten Schwarten kamen während eines Platzregens an Ort und Stelle. Es ist immer ein gewisser Zeitdruck, einen angefangenen Bauholz-Stapel zu beenden, bevor Regen aufzieht. Solange die Stämme noch nicht gesägt sind, sind sie für Niederschläge unempfindlich. Doch sobald man einen Stamm geteilt hat, wir das Holz zu Frischware. Damit ist es allen luftausgebreiteten Bläuepilz-Sporen ausgesetzt und sollte im Prinzip nicht vom Regen benetzt werden. Während einer etwas längeren Arbeitspause habe ich einen begonnenen Bauholz-Stapel mit einer Persenning überdeckt. Allerdings sehe ich dies im Zusammenhang mit Holz als eine sehr zweifelhafte Lösung, da eine Persenning oft wie ein feuchtwarmer Umschlag über einem Bauholz-Stapel liegt und ein reines Treibhausmilieu für Bläuepilze schafft.

Das Bauholz kann schon innerhalb weniger Tage verblauen.

Hier werden die Blockwandbalken gesägt. Beachten Sie, dass die Abstandleisten in dem Bauholz-Stapel im Bildhintergrund sorgfältig übereinander plaziert wurden. Sie so exakt anzuordnen ist wichtig, da die Bretter sonst deformiert und krumm werden können.

Alle zehn Unterlegstämme außer einem, der deutlichen Drehwuchs aufwies, wurden zu exakt 150 mm dicken Blockhausbalken gesägt. Bei sorgfältiger Messung des Säge-Ergebnisses funktioniert das recht gut, und es ergeben sich zwei kräftige, unbesäumte Seitenbretter auf jeder Seite.

Das Fräsen von Blockbalken

Im nächsten Schritt werde ich die Blockbalken auf der Ober- und Unterseite mit einer Stammfräse bearbeiten. Bei krummen Balken geht etwas an Höhe verloren, bevor man sie fräsen kann. Natürlich sind gerade Blockbalken beim Zimmern von Vorteil, doch muss man diesen Sachverhalt, wenn man den Holzbedarf für ein Blockhaus berechnet, berücksichtigen: Gefräste gegenüber ungefrästen Blockbalken können einen Höhenunterschied von mehreren Balkenlagen pro Stockwerk ausmachen. Wollen Sie mit gefrästen Balken zimmern, müssen Sie mindestens zwei extra Balkenlagen einkalkulieren. Falls am Ende ein paar Stämme übrig sind, ist das nur gut. Da man nie weiß, wie viel drehwüchsiges Holz sich in einer Lieferung befindet, sollte man immer mindestens 10 % mehr Holzverbrauch einplanen. Wenn die Blockbalken dann eine Weile trocknen konnten, sieht man die drehwüchsigen Blockhausbalken deutlich, und diejenigen, die man nicht als Kurzstücke neben Fenster- und Türöffnungen verwenden kann, können zu Riegeln gesägt werden. Die Kunst des Zimmerns besteht zum großen Teil darin, drehwüchsiges Bauholz zu meistern. Ich bin skeptisch, wenn es darum geht, fällfrisches Holz einzuzimmern, da man mit kräftig drehwüchsigen Langbalken große Probleme bekommen kann, wenn sie mitten in der Wand liegen. Vermeiden Sie, drehwüchsige Balken in ein Blockhaus einzufügen. Es sind unbedeutende Mehrkosten, einen verdrehten Blockbalken auszusortieren, und die Qualität eines Blockhauses wird ohne derlei Balken beträchtlich erhöht.

Ein anderer Aspekt von gefrästen gegenüber ungefrästen Blockbalken ist, dass die gefrästen Balken eine „stummere“ Wand ergeben. Dies ist eher eine ästhetische Frage. Man spart eine Menge Arbeit, wenn ein Balken gefräst wird. Findet man, dass der Fräser Schlagspuren hinterlässt, die man im Gegenlicht sieht, kann man die Balken an den wenigen Zentimetern, die von der gefrästen Fläche an der zukünftigen Außenseite sichtbar sein werden, mit dem Ziehmesser abziehen.

Das Fräsen der Blockbalken wurde begonnen. Sägen Sie den Blockbalken erst einmal gerade. Dabei fällt ein dünnes Schwartenbrett an und die meiste Borke wird entfernt. Sie können ein wenig Waldkante stehen lassen, doch gerne selbst diese entrinden. Verunreinigungen, die das Fräsmesser zerstören können, befinden sich in der Borke. Ein bisschen Mehrarbeit durch ein paar Züge mit dem Ziehmesser zahlt sich durch einen unbeschädigten Fräser aus.
Die Fräse hat denselben Stromanschluss wie die Elektrosäge. Aus diesem Grund ziehe ich es vor, erst alle Balken zurechtzusägen, und sie anschließend zu fräsen.

Die auf Ober- und Unterseite gefrästen Blockbalken liegen mit Streuleisten im Bauholz-Stapel. Ich habe auf der jeweiligen Seite sehr vorsichtig gefräst und mittig etwa einen 50–60 mm breiten Streifen ungefräst belassen, um nicht zu viel Höhe zu verlieren. Die spätere Längsnut wird vornehmlich in diesem Streifen liegen. Falls ich während des Zimmerns etwas an den bereits gefrästen Blockbalken korrigieren muss, gibt es dafür Spielraum. Mit dem Ausarbeiten der Längsnut sollte man warten, bis der Balken eingezimmert werden soll. Eine eventuelle Verdrehung des Balkens kann man dann kompensieren. Einige Blockhaushersteller sägen Balken mit Übermaß vor, lassen sie durchtrocknen, und sägen sie erst danach, vor dem Fräsen und Zimmern, auf das rechte Maß um.

Ich bin immer wieder beeindruckt, welchen Schliff die Balken haben, nachdem sie gefräst wurden. Man mag kaum die Handpackzange an den Balken setzten und ihm durch die Spitzen der Haken Macken zufügen.

Sägearbeit beendet. Alle sieben Bauholz-Stapel in der Morgensonne.

Selbst greife ich zum Elektrohobel, um ungefräste Balken zu ebnen, und um dessen Schlagspuren kümmere ich mich nicht. Wenn man auf reine Handarbeit Wert legt und Ober- und Unterseite des Blockbalkens mit dem Ziehmesser entrinden möchte, soll man das selbstverständlich machen. Gedenkt man ein solches, mit mehr Handarbeit erstelltes Blockhaus, zu verkaufen, sollte man einen Interessenten finden, der bereit ist, den höheren Arbeitsaufwand mit entsprechend höherer Bezahlung zu würdigen.

Wände aus ungefrästen, und Wände aus gefrästen Blockbalken haben dieselben technischen Eigenschaften. Auch das Vermögen der Blockhauswand, Wärme zu speichern und abzugeben, sowie als Klima-Hülle zu fungieren, bleibt bei beiden Alternativen erhalten. Für beide Fälle setzte ich voraus, dass die Kanten der Längsnut sich dicht an die Oberseite des Unterbalkens anpressen. Eher ist die Feuchtigkeit des Holzes zum Zeitpunkt des Zimmerns eine Frage. Zu frisches Holz bringt die Problematik mit sich, dass man nur schwierig kontrollieren kann, ob Balken aus ursprünglich drehwüchisgen Stämmen eingebaut werden.

Es zeigt sich erst später, während des Trocknens in der Wand, ob sich solcherlei Balken verwinden. Ist das der Fall, passiert es leicht, dass die Kanten der Längsnut den Kontakt mit dem Unterbalken verlieren. Hat der Balken hingegen eine Zeit trocknen können, entstehen Trockenrisse, die deutlich bezeugen, ob der Balken aus einem geradschäftigen oder drehwüchsigen Stamm gesägt wurde.

Nachdem ich 135 Stämme von meistens 6 m Länge, und noch dazu vornehmlich Erdstämme, gesägt habe, befinde ich, dass diese Arbeit zu schwerfällig ist. Für Freizeitzwecke sollte man mit wesentlich kürzeren Stammlängen auskommen, beispielsweise mit einer Standardlänge von 4 m. Hausbauprojekte müssen dem Bauholz angepasst werden, das man sägen kann. Was das Zimmern betrifft, so muss man einige sichtbare Balkenstöße akzeptieren, sie bedeuten nicht die Welt. Als Freizeitzimmerer sollte man zu große Hausbauprojekte vermeiden. Die großen Blockhäuser kann man den Blockhausherstellern überlassen, da sie die maschinellen Hilfsmittel zur Handhabung großer Stämme haben. Des Weiteren kaufen sie meistens Blockbalken von darauf spezialisierten Firmen, welche Balken liefern können, die auf 20 % Holzfeuchtigkeit herunter getrocknet wurden.

Stammlängen von 4 m und gerne die zweiten Stammabschnitte von Bäumen, mit einem Zopfdurchmesser von 23,0–25,0 cm, ergeben Blockbalken, deren Hantierung zumutbarer ist, als meine 135 Stämme es waren. Von diesen brachte ein jeder einen „Ringkampf“ mit dem Fällheber mit sich, wobei das Risiko für Personenschäden groß ist.

Der Kauf von Bauholz für den Blockhausbau

Der Weg vom stehenden Wald, über das Zusägen und Trocknen hin zum fertigen Blockbalken, ist von Schwerarbeit gesäumt, beschwerlich und zeitaufwändig. Zimmert man in seiner Freizeit und besitzt keinen eigenen Wald, wäre eine Alternative, vorgetrocknete Blockbalken zu kaufen. Für den Blockhaushersteller sollte es von noch größerem Interesse sein, vorgetrocknetes Holz zu verwenden. Statt in Sägeausrüstung und Holzlager, könnte in eine Arbeitshalle investiert werden, in welcher wettergeschützt gezimmert werden kann.

In den letzten Jahren sind – in Schweden – mehrere Firmen gegründet worden, die vorgetrocknetes Bauholz für Blockhausbauten herstellen und verkaufen. Eine dieser Firmen habe ich untersucht, und möchte hier zeigen, mit welchem Konzept Hustimmer i Dalarna (Blockhausbauholz in Dalarna) arbeitet. Ähnliche Firmen finden sich auch in anderen Regionen Schwedens.

Die Rohware

Der Bauholzverbrauch beläuft sich auf etwa 4000 m³ pro Jahr (2007). Davon stammen 2000 m³ aus Älvdalens Besparingsskog, einem aus waldwirtschaftlicher Sicht historisch besonderen Waldgebiet der Verwaltungseinheit Älvdalen.

Der Inhaber der Firma, Björn Henriksson, kontrolliert die Posten selbst und zieht Qualität 2 und 4 vor, damit der Preis des Bauholzes nicht zu hoch wird. Stämme werden in Modulen von Halbmeter-Intervallen abgelängt, von 4,1 m bis zu 9,0 m.

Björn hätte gerne Kontakte zu weiteren Holzlieferanten, um nicht von einem einzigen abhängig zu sein. Es wurden andere, größere Holzlieferanten kontaktiert, doch war das Interesse relativ lau. Bauholz für Blockhäuser ist ein Spezialsortiment, das in den großen Holzfluten der Waldwirtschaftsriesen schwierig zu hantieren ist.

Das Sägen

Nach dem Entrinden mit einer Cambio Entrindungsmaschine wird auf einer älteren Gattersäge gesägt. Das Sägen und anschließende Hantieren der gesägten Balken und Seitenbretter (ein Brett auf jeder Seite) wird von einer separaten Firma, die sich im Besitz zweier Brüder befindet, erledigt.

Die Gattersäge sägt alles Holz, außer extra langen und übergroben Stämmen. Einzelne grobe Stämme für Spezialbestellungen werden auf der Kettensägebank gesägt. So vermeidet man, dass die Gattersäge für Einzelstämme umgestellt werden muss.

Die Entrindungsmaschine entfernt verhältnismäßig viele Oberflächenschäden an den abgerundeten Seiten der Blockbalken. Dadurch fallen die Greifabdrücke der Ernteaggregate nicht mehr sosehr ins Auge.

Björn Henriksson, Inhaber und Firmenleiter, steht hier vor einem Stapel mit Seitenware, die über den lokalen Baumarkt verkauft wird. Mein Enkel Timothy Jarl-Håkansson begleitete mich auf dem Besuch.

Verwahrung von Blockbalken und Brettern

Sowohl vor als auch nach dem Trocknen wird das Bauholz, mit Stapelleisten aufgestapelt, im Freien mit Blech-Überdeckung bzw. in einem Holzlager unter Dach verwahrt.

Das Trocknen

Die Blockbalken werden auf eine Holzfeuchtigkeit von 20 % herunter getrocknet. Dieser Prozess ist sehr energieaufwendig. Alles in allem verbraucht die Firma im Jahr Strom für umgerechnet über 58 000 Euro. Eine neue Kondenstrocknung mit einer Kapazität für Pakete von 8,0 m Länge wurde gebaut. Über ein Ölaggregat ist Zusatzwärme installiert, da die Stromstärke der Kraftleitungen, die in diese Gegend führen, bei maximalem Kraftverbrauch zu schwach war.

Das Trocknen von Holz ist ein schwieriges Feld. Besonders, wenn man es mit so starken Balken wie hier zu tun hat. Eine computergesteuerte Trocknung ist beinahe Voraussetzung für ein gutes Endergebnis.

Das Sägegebäude mit der älteren Gattersäge.

Sägen von langen und übergroßen Stämmen mit einer Kettensäge TS-500. Dieses übergroße Rundholz soll zu großen, 60 mm starken Fußbodenbrettern für eine Almhütte werden.

Der Neubau der computergesteuerten Holztrocknung.

Die Bauholz-Stapel sind mit Wellblech überdeckt.

Das Bauholz wird auf einem gut drainierten Schotterplatz gelagert. Unlängst wurde eine Lagerhalle mit drei Seitenwänden und nach Süden gerichteter Öffnung gebaut.

„Außer den Feuchtigkeitsvariationen in der Kammer gibt es einen Feuchtigkeitsgradienten zwischen der Holzoberfläche und dem Inneren des Holzes. Eine gewisse Außentrockenheit lässt sich nicht vermeiden; sie treibt den Feuchtigkeitstransport im Holz an. Starke Außentrockenheit führt jedoch zu Dehnungen und Rissbildungen im Außenholz. Die Verdunstung von der Oberfläche sollte deshalb nicht höher sein, als der interne Feuchtigkeitstransport. Dies ist besonders bei Blockbalken schwierig, da die Dimensionen groß sind und die äußeren Bereiche aus Splintholz bestehen, welches Feuchtigkeit gut leitet, die inneren hingegen aus Kernholz, worin der Feuchtigkeitstransport begrenzt ist.“... „Die Alternative, die Trocknung manuell zu steuern, ist im Prinzip möglich, jedoch arbeitsaufwendig.

Während des Trockenprozesses wäre man an die Anlage gebunden, was bei Holzdimensionen für den Blockhausbau eine längere Zeitspanne umfasst.“

Zitat aus dem Rapport Torkning av blockat timmer (Das Trocknen von zu Balken gesägten Stämme) von Bengt Persson,
Hochschule Dalarna, 2002, FST EU-Ziel 2 Projekt.

Verkauf von Blockbalken und Seitenware

Der Verkauf von Blockbalken und starkem Fußbodenholz geht direkt an verschiedene Blockhaushersteller, doch auch an private Bauherren.

Je stärker und länger die Balken sind, desto höher ist der Preis per Laufmeter. Die Spannweite reicht von 150 mm starken, kurzen Blockbalken, bis zu 200 mm starken, 7 bis 9 m langen.

Geschätzte Rohware-Kosten* für ein Blockhaus von 45 m² im Jahr 2007 (schwedische Preisangaben)

Für ein kleineres Haus von 45 m² braucht man 500 Laufmeter Wandbalken (von etwa 200 mm Balkenhöhe). Für Balken mit Dimensionen von 150 mm und Längen von etwa 5 bis 6 m liegt der Preis inklusive MwSt. bei etwa 13 Euro/Laufmeter. Daraus errechnen sich Holzkosten von etwa 6500 Euro plus 500–600 Euro Fracht. Für etwa 7000 Euro kann man das Material für ein Sommerhaus bekommen: vorgetrocknet und fertig für das Einzimmern in die Blockhauswände.

* 1 Kubikmeter Kiefernholz mittlerer Qualität kostet aktuell in Norddeutschland 60–70 Euro (stehender Baum). Dazu kommen ca. 15,– Euro/m³ für Fällung und ca. 10,– Euro/m³ für das Rücken an den Wegrand.

Meines Erachtens sind dies verhältnismäßig annehmbare Kosten, wenn man sich anschaut, was des fertige Haus letztendlich gekostet haben wird. Niedrig gerechnet, werden die Kosten sich auf mindestens 1200 Euro/m² oder insgesamt 47 000 Euro belaufen. Vorausgesetzt, man zimmert selbst.* Man tut sich keinen Gefallen, wenn man ein paar hundert Euro an der Balken-Qualität spart. Der Anteil des Gesparten an den Gesamtkosten ist viel zu gering. Die Rohware-Kosten für das Blockhaus liegen in diesem Fall bei etwa 15 % der Kosten für das fertige Haus. Das ist relativ normal.

Hat man vorgetrocknete Blockhausbalken gekauft, gilt es, sie während des Zimmerns vor Niederschlägen zu schützen. Durchdenken Sie die logistische Seite der Arbeit, das Hantieren der Balken, und bereiten Sie zum Beispiel alte Dachbleche für das provisorische Überdecken der Bauholz-Stapel vor. Ich habe bereits meine Zweifel an der Verwendung von Plastik-Persenningen geäußert und kann es gerne nochmals wiederholen: Oft schließt eine Persenning zu dicht gegen den Boden ab, die Bodenfeuchtigkeit kriecht in die vorgetrockneten Blockbalken hinauf und zerstört die schöne Rohware für das Blockhaus.

Abschließend möchte ich noch allgemein etwas über das Bauholz für ein Blockhaus sagen. Viele Leser melden sich bei mir mit Fragen zu Blockhäusern, und allzu oft entsteht bei mir der Eindruck, dass man vorhat, mit minderwertigen Balken zu zimmern. Denkt man an den großen Arbeitseinsatz, den das Zimmern eines Hauses bedeutet, sollten Sie sich die bestmögliche Rohware gönnen. Anderenfalls lässt das Endergebnis sogar dann zu wünschen übrig, wenn das Zimmern an sich hochklassig ist.

Björn zeigt uns die Kondensationstrocknung. Es können Bauholz-Pakete von bis zu 8 m Länge quer eingefahren werden. Es gibt auch eine ältere Frischluft-Trockenanlage, in welche Balken von mehr als 8 m der Länge nach eingefahren werden können. Diese Anlage zieht deutlich mehr Strom, als die neu gebaute Kondensationstrocknung. Die Frischluft-Trockenanlage ist nicht computergesteuert.

Björn assistiert einem Zimmermann, der eine Hütte aus von der Firma gekauften Blockbalken fertigt. Hier im Bild fräsen sie einen Balken mit der „Dalafräse“. Sie wird von zwei Mann gehandhabt und fräst Blockbalken so, dass eine eventuelle Wölbung bewahrt bleibt. Diese Art des Fräsens unterscheidet sich vom geraden Fräsen, wobei die Fräse auf einer geraden Bahn läuft und der Balken plan gefräst wird. Unterschiedliche Zopf- und Fußdurchmesser können hingegen beim geraden Fräsen beibehalten werden.

* Die Differenz zu den Holzkosten von ca. 7.000,– Euro ergeben sich durch den Einkauf von Elektrik, Rohrverlegungen, Feuerstelle usw.

Die Technik des Blockhausbaues

„Wurde ein Blockhaus gebaut, traf man verschiedene Vorkehrungen, um sich vor allerlei Übel und Ungemach zu schützen. Frauen durften zum Beispiel nicht auf dem Bauplatz erscheinen, während die Männer dort arbeiteten.

Die Zimmerleute ließen sich nie die Gelegenheit für einen guten Schluck entgehen. Bei jedem wichtigeren Ereignis im Baufortschritt wurde ‚eine Kanne geleert'. Wenn der Fenstersturz in der Wand erreicht war, wurde die ‚Fensterkanne' angeboten. Andernorts gab es ein kleines Fest, wenn die Wände so hoch waren, dass man ein Mädchen noch bequem hinaufheben und darauf abstellen konnte.

War der Rahmenkranz eingebaut (die oberste Balkenlage aus Rähm und Giebelmutter), leerte man darauf eine ‚Rähmkanne' oder ‚Knutkanne'. Lag die Firstpfette an ihrem Platz, gab es ein Richtfest, das man wiederholen konnte, wenn das Dach fertig war. In Westdalarna gab es sogar eine ‚Schornsteinkanne', wenn der Schornstein fertig gemauert war."

Frei nach Sigurd Erixon, in Svenska kulturbilder, 1931.

Der Blockhausbau hat in Schweden eine lange und starke Tradition. Bis zum Ende des 19. Jahrhunderts war er auf dem Lande die gebräuchlichste Bauweise. Blockhäuser haben ein gesundes Raumklima, da sie einen natürlichen Feuchtigkeitsaustausch ermöglichen. Je nach Klima gibt eine Blockhauswand Feuchtigkeit ab, oder nimmt sie auf.

Für Blockhäuser werden starke Stämme in ihren gewachsenen Stärken und mit dem wertvollen Kern in der Stammitte verwendet. Die Balken für ein Wohnhaus sollten 150–200 mm Durchmesser haben. In Schweden hat man meistens mit 150 mm (6") Balken gezimmert, in Norwegen gar mit bis zu Durchmessern von 200 mm (8"). An stärkeren Balken kann die Längsnut breiter gerabeitet werden. Gleichzeitig erhöht sich durch dickere Balken das Wärmespeicherungsvermögen der Wände, was für die Energiebilanz eines Hauses von Bedeutung ist. Je schwerer ein Blockhausrohbau ist, desto niedriger ist der Wärmebedarf – desto weniger muss man heizen.

Die Bearbeitung der Blockbalken findet in erster Linie an der Holzoberfläche statt und dient dazu, die Balkenlagen fugenlos miteinander zu verbinden. In einem Blockhaus liegt eine Balkenlage dicht auf der anderen, und der beim Trocknen auftretende Schwund wirkt sich nur auf die Höhe der Wände aus.

Blockhauswände werden nicht undicht, da jede Fuge von dem beachtlichen Gewicht der darüberliegenden Wand und des Daches zusammengepresst wird.

Schwere Dächer, wie zum Beispiel Gras-, Schiefer- oder Betonziegeldächer, sind für die Blockbauweise rein technisch gut geeignet. Man muss sich allerdings sicher sein, dass die Dachkonstruktion für ein schweres Dach berechnet wurde, bevor man es auflegt. Sobald die Wände fertig sind, wird das Dach gedeckt. So werden die Außenwände sogleich belastet und beim Trocknen des Holzes gleichmäßig zusammengedrückt.

Nadelholz ist relativ weich, und diese Eigenschaft macht man sich beim Blockhausbau zunutze. Es ist wichtig, dass das Holz beim Trocknen ungehindert schwinden kann. Das Haus muss überall „zusammensinken" können. Richtig gezimmert, „setzt sich" ein Blockhaus mit den Jahren und wird immer dichter.

Die Planung eines Blockhauses ist einfach: alle Wände – ausser einfachen, aufgeriegelten Zwischenwänden – werden gezimmert. Stämme werden in fallenden Längen, ohne allzu viele „Stöße", verwendet. Es gibt nur wenige und gleichmäßig verteilte Öffnungen in den Wänden. Die Fenster sind gerne langgestreckt und niedrig, damit sich das „Setzen" nicht zu stark bemerkbar macht. Das Dach wird für gewöhnlich von Pfetten getragen, welche die Dachlast gleichmäßig auf die Wände verteilen und die Giebel stabilisieren.

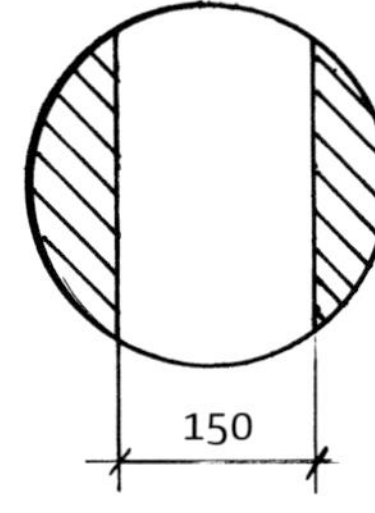

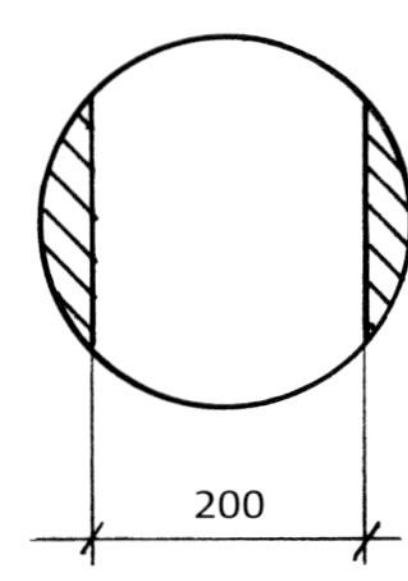

Rundholz von 280 mm Durchmesser, zu 150 mm bzw. 200 mm starken Blockbalken behauen oder gesägt. Beim gesägten 150-mm-Blockbalken fällt an jeder Seite ein Seitenbrett an. Bretter aus diesen Seitenbrettern eignen sich nur für den Innenausbau. Seitenware mit trockenen „Schwarzästen" wird für isolierte Fußboden-Balkenlagen – an der Unterseite der Balkenlage – verwendet.

Blockhauswände sind dauerhaft, da das Holz gut belüftet wird. Durch die klimatischen Einflüsse verwittert die Außenseite mit der Zeit. Dieser Prozess geschieht jedoch langsam, und wenn Dach und Hausgrund unbeschädigt sind, ohne, dass das Holz von Hausfäule angegriffen würde. Auf der Innenseite kann man die Oberfläche oft unbehandelt und auch ohne Vertäfelung belassen. Ordentliche Ventile in jedem Raum, auf Fußbodenhöhe und ganz oben unter dem Dach angebracht, sorgen für ein gesundes Innenklima. Sie sollen immer, selbst wenn man sich längere Zeit nicht im Haus aufhält, offen stehen. Möchte man isolieren, kann man eine Verschalung mit Isolierung dahinter anbringen. Je nachdem, wo die Blockhauswände sichtbar sein sollen, auf der Außen- oder Innenseite.

Das gute Wärmespeichervermögen des Holzes wird am besten ausgenutzt, wenn man die Blockwand auf der Raumseite sichtbar lässt. Sie kann dann als ein natürlicher Wärmespeicher fungieren, der die Sonnenwärme für die kühlere Nacht bewahrt. Im Sommer verhält es sich andersherum, da wird die Nachtkühle von den Blockbalken gelagert und hält das Haus an heißen Sommertagen angenehm kühl. Sind die arbeitsreichen und wertvollen Blockhauswände fertig, hat man die meiste Arbeit hinter sich.

Der schlimmste Feind eines Blockhauses ist die Hausfäule. Man vermeidet sie unter anderem durch ein weit vorspringendes, schadfreies Dach, gegen den Erdboden isolierte Schwellenbalken, und Tropfleisten in einwandfreiem Zustand. Das Fundament soll hoch sein, sodass die Luft frei unter dem Fußboden hindurchstreichen kann. Wählen Sie gerne einen natürlich drainierten Bauplatz, mit vom Fundament an abfallendem Gelände auf allen Seiten.

Blockhäuser lassen sich auf viele Weisen bauen, und es gibt oft starke lokale Traditionen. Welche Eckverbindung man wählt, auf Schwedisch: welchen „Knut", hängt davon ab, wo das Haus stehen soll, und wie weit Sie schon auf der Zimmermannsbahn vorangeschritten sind. Ausformung und Ausschmückung werden nur von Ihrer Phantasie begrenzt.

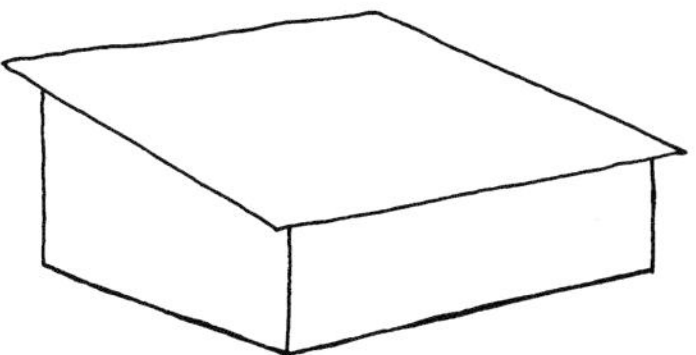

Pultdach, die gebräuchlichste Dachform für eine Schirmhütte.

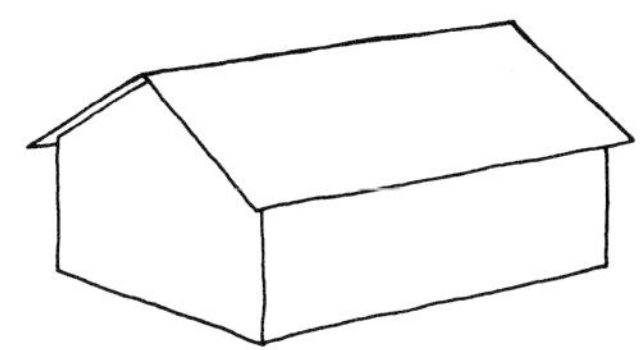

Satteldach, die häufigste Dachform für Blockhäuser. Dachneigung zwischen 22 und 33°.

Die Blockbalkenwände

Aus der Zeichnung sind die Fachausdrücke für die verschiedenen Elemente eines Blockhauses ersichtlich.

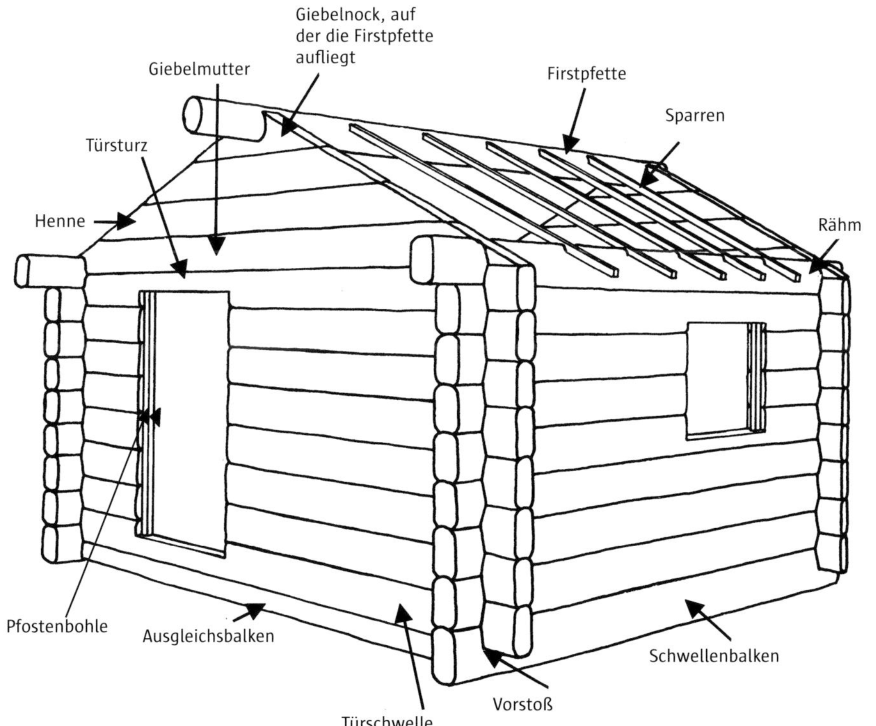

Henne – unterster nicht verzimmerter Balken des Giebels.
Giebelmutter – oberster verzimmerter Balken der Giebelwand, bildet mit den „Rähmen" und der anderen Giebelmutter den Rahmenkranz der Blockwand
Firstpfette – obere Auflage der Sparren
Sparren – tragen die Dachhaut
Rähm – Zusammen mit den Giebelmüttern bilden die Rähme den oberen Rahmenkranz der Blockwand, hier zugleich Fußpfette.
Schwellenbalken. Die Schwellenbalken bilden zusammen mit den Ausgleichsbalken den unteren Rahmenkranz der Wand, auf dem das Bauwerk aufliegt.
Vorstoß – die überstehenden Balkenköpfe der Eckverbände.
Türschwelle – unterster Blockbalken der Giebelwand.
Ausgleichsbalken – halber Balken unter der Türschwelle – falls man rundherum eine Grundmauer haben möchte. Zum Höhenausgleich zwischen Tür – bzw. Giebelschwelle und den Schwellen der Längswand.
Pfostenbohle für den Tür- oder Fensterpfosten. Sie greift in eine Nut im Hirnholz der Blockbalken ein.

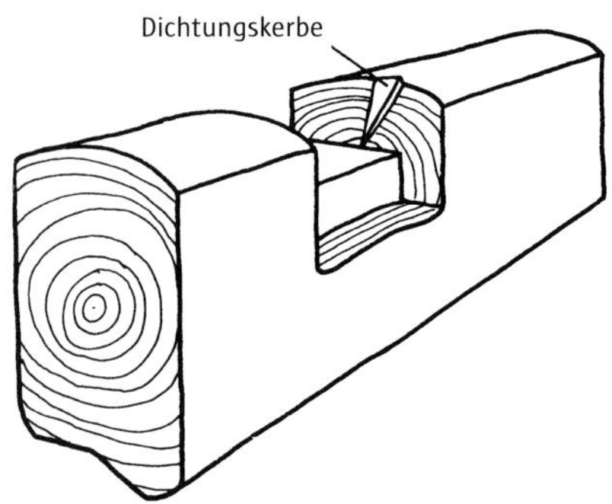

Um den Eckverband, den „Knut", besser abdichten zu können, haut man eine Dichtungskerbe in die Innenseite des Oberhakens. Diese Kerbe ist leicht auszuhauen. Füllt man sie mit Flachs oder ähnlichem, gewinnt man einen guten Schutz gegen Zugluft. Außerdem ist diese Kerbe unentbehrlich, wenn man den Verband mithilfe eines Brecheisens wieder auseinander nehmen muss. Einen gut gearbeiteten „Knut" kann man per Hand nicht auseinander nehmen. Das gilt weniger für einseitig und schräg geschnittene Verkämmungen, sondern speziell für die beidseitig gerade geschnittenen Verschränkungen, bei denen die senkrechten Seiten sich fest aneinander saugen. Die Dichtungskerbe ist V-förmig und an der oberen Kante etwa 3 cm tief.

Verschiedene Eckverbindungen

Die Blockhausbau hat, wie bereits erwähnt, eine lange und starke Tradition. Die verschiedenen Eckverbände wurden in über tausend Jahren entwickelt. Jede Zeit und in gewissem Umfang auch jede Gegend hatte ihren speziellen „Knut". Oft lässt sich aus der Ausformung eines Eckverbandes (s. Glossar) auf das Alter eines Blockhauses schließen.

Die Entwicklung der Eckverbände führte von runden Balkenköpfen zu sechskantigen, weiter zu senkrecht geschnittenen Balkenköpfen und schließlich Verbänden ohne überstehende Balkenköpfe.

Die Konstruktion der Eckverbände zeigt an, für welchen Verwendungszweck ein Haus vorgesehen war. Je höher die Ansprüche an Dichtigkeit und Wärmeisolierungsvermögen, desto kompliziertere Eckverbände mit Zapfen im Oberhaken. Es braucht eine lange Zeit, bis ein Blockhaus getrocknet ist und sich „gesetzt" hat. Während dieser 10–15 Jahre schwindet das Holz und das Haus passt sich den entstehenden Kräften nach an. Die Eckverbindungen müssen die in unterschiedliche Richtungen strebenden Bewegungen der Balken aufnehmen, ohne dabei undicht zu werden.

Nicht nur das Arbeiten des Holzes beim Schwinden belastet den Blockbau. Auch Windkräfte und eventuelle Senkungen im Baugrund üben Zug und Druck auf die Wände aus. Von den Ecksteinen, auf denen der Schwellenrahmen aufliegt, geht ein starker, vertikaler Druck auf die Eckverbände aus. Drehwüchsige Balken verwinden sich und belasten die Eckverbände mit ihrer Torsionsspannung.

Der Wind greift die Blockwände, besonders den nicht verschränkten Giebel, mit erheblichen Kräften an. Auch kann er Regenwasser in die Eckverbände hineinpressen, und dagegen sollen die Zapfen im Oberhaken als Feuchtigkeitssperre wirken. Vorzugsweise sollte der Zapfen deshalb nur auf der Seite eine Ausfasung haben, die zum Hausinneren zeigt.

Ist zwischen den Balkenköpfen kein Spielraum für das Setzen vorhanden, können vertikale Kräfte im „Vorstoß" die Balkenköpfe zerstören. Halten die Balkenköpfe stand, öffnet sich stattdessen ein Spalt zwischen den Blockbalken. Zimmert man ohne Spielraum zwischen den Balkenköpfen, kann man sich auf Probleme gefasst machen. Wird ein Balkenkopf in einem Regensturm durchtränkt, saugt er das Wasser mit seinem Hirnholz umgehend auf. Er beginnt, mit großer Kraft zu schwellen, und reißt dabei, wenn er zwischen den angrenzenden Balkenköpfen eingeklemmt ist.

Der Abstand zwischen den Balkenköpfen sollte mindestens 1 cm betragen. Nach dem Setzen der Wand sollten noch gut 0,5 cm Abstand vorhanden sein. Vergessen Sie nicht, den Balkenkopf zu seinem Ende hin abzufasen, sodass Wasser abgeleitet wird.

Bezeichnung der einzelnen Teile des Eckverbandes

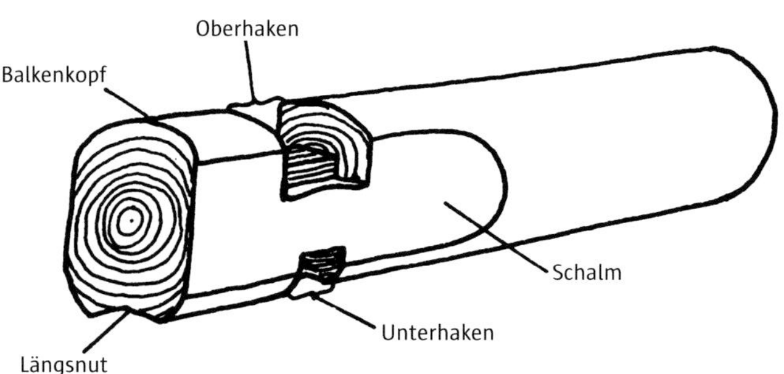

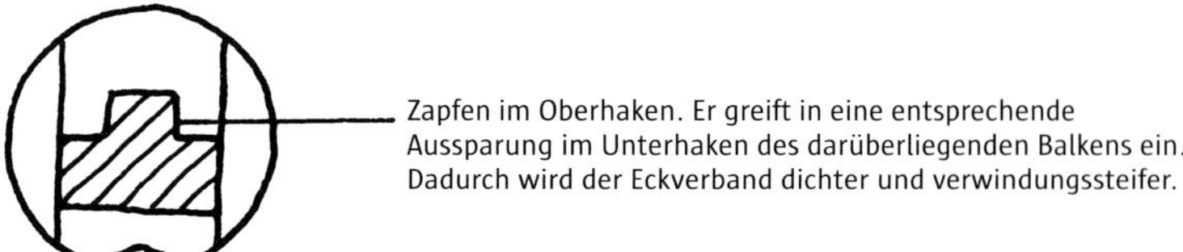

Zapfen im Oberhaken. Er greift in eine entsprechende Aussparung im Unterhaken des darüberliegenden Balkens ein. Dadurch wird der Eckverband dichter und verwindungssteifer.

Verwindungen können im Eckverband aufgefangen werden, wenn Schalm und Oberhaken der Verschränkung gut ineinander passen. Schräg geschnittene Verkämmungen mit schalenförmigen Schnitten verbinden Blockbalken dichter, als Verschränkungen mit senkrechten Schnitten, die beim Trocknen etwas undicht werden. Verschränkungen mit senkrechten Schnitten sollen daher in möglichst trockenem Holz gezimmert werden. Der Zapfen im Oberhaken der Verschränkung verbessert die Verwindungssteifigkeit erheblich, weil damit der Oberbalken in den Unterbalken „eingeschossen“ ist.

„Die Eckverbände sind so konstruiert, dass sie vier Forderungen erfüllen:

1 Sie sollen die Balkenlagen in den Ecken gegen Bewegung blockieren.

2. Sie sollen dicht sein (gegen Wasser und Wind).

3. Sie sollen der Alterung widerstehen (Verwitterung, Hausfäule und Setzen).

4. Sie sollen schnell anzufertigen sein.“

Peter Sjömar, Byggnadsteknik och timmermanskonst, 1988.

Die einseitige Verkämmung, „Rännknut“

Dies ist der älteste und einfachste Eckverband. Er wird bis zum heutigen Tag angewendet, in jüngerer Zeit aber nur noch für einfachere Gebäude, wie Heuschober oder ähnliches. Er eignet sich gut für einen einfachen Windschutz, bei dem man keine höheren Anforderungen an das Aussehen, die Dichtigkeit oder Festigkeit stellt. Dieser Eckverband, der in Schweden „Rännknut“ genannt wird, wurde von Jugendgruppen ausgeführt, die an schwedischen Wildmarklagern oder Freiluftskursen teinahmen. Auch wer früher nie eine Axt in den Händen hatte, konnte ein einfaches, zufriedenstellendes Blockhaus zimmern. In derlei Zusammenhängen ist es gut, einen Eckverband zu wählen, den die Mehrzahl erlernen kann.

Dieser Eckverband kann an relativ dünnen Stämmen angefertigt werden.

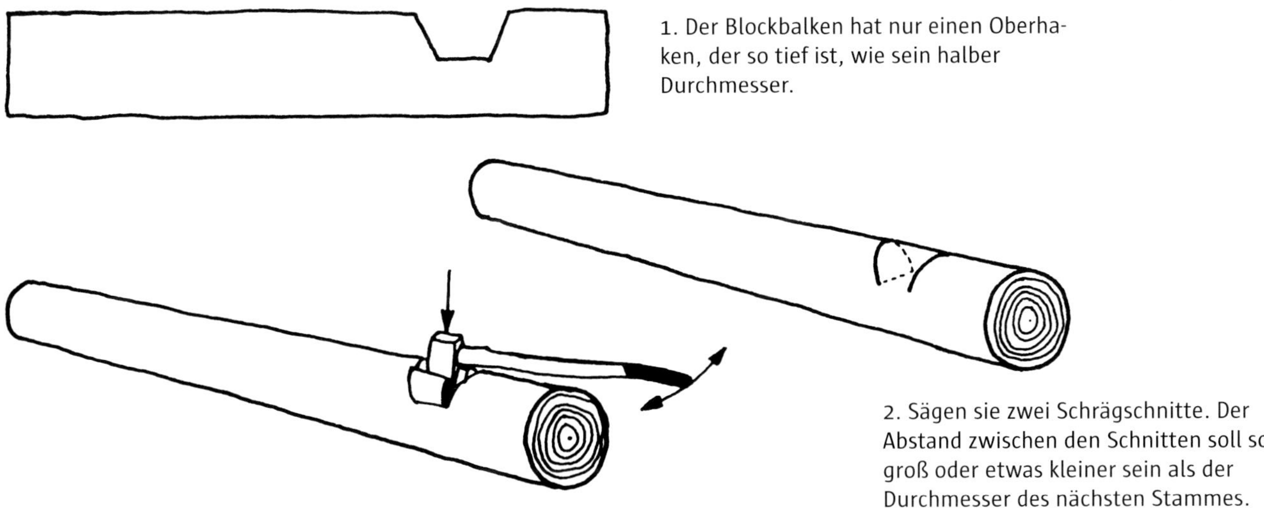

1. Der Blockbalken hat nur einen Oberhaken, der so tief ist, wie sein halber Durchmesser.

2. Sägen sie zwei Schrägschnitte. Der Abstand zwischen den Schnitten soll so groß oder etwas kleiner sein als der Durchmesser des nächsten Stammes.

3. Kerben Sie den Haken zwischen den beiden Schnitten aus, indem Sie mit einer gewöhnlichen Axt in der Längsrichtung mitten in den Balken hauen. Trifft man mit der Axt genau richtig, ist dieser Schritt sehr leicht. Als würde man ein Buch aufschlagen. Bei stärkeren Blockbalken muss man den Balken manchmal um 90° drehen, und rechtwinklig zur Längsachse in die Kerbe hauen. Achten Sie darauf, dass Sie den Balkenkopf nicht abspalten. Das passiert schneller, als gedacht!

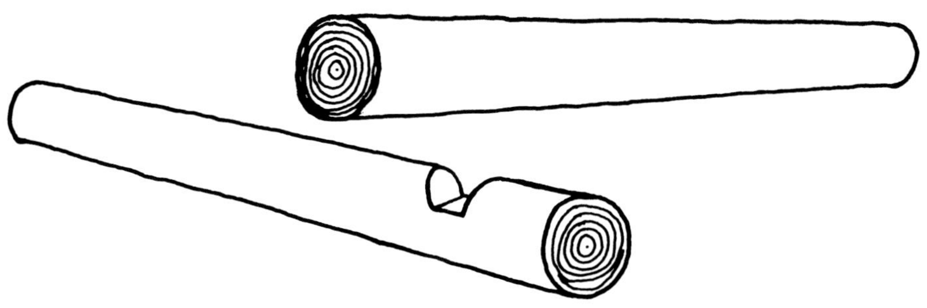

4. Legen Sie den nächsten Stamm, den Oberbalken, in den Ausschnitt, der aus dem Unterbalken heraus gehauen wurde. Der Oberbalken darf nicht auf dem Grund des Ausschnittes aufliegen. Markieren Sie, wo man anschalmen muss, und schalmen Sie den Oberbalken soweit an, dass er gut zwischen die glatten Schnitte im Ausschnitt des Unterbalkens hineinpasst. Nach dem Anschalmen soll der Oberbalken auf dem Grund des Ausschnittes aufliegen.

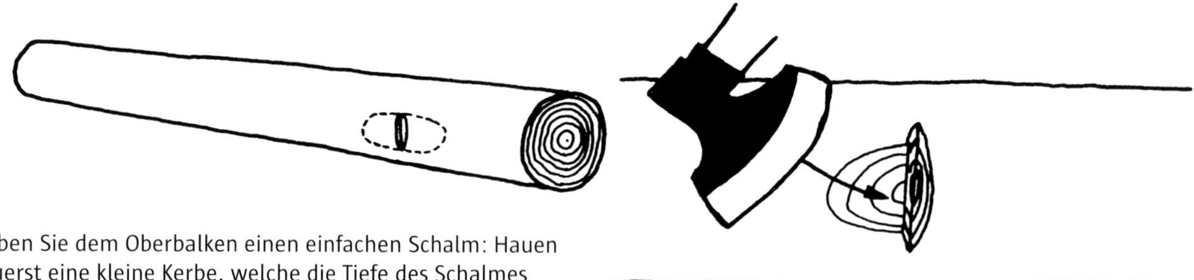

5. Geben Sie dem Oberbalken einen einfachen Schalm: Hauen Sie zuerst eine kleine Kerbe, welche die Tiefe des Schalmes angibt. Danach beilen Sie von beiden Seiten gegen diese Kerbe. So erhält man einen glatten und gleichmäßigen Schalm.

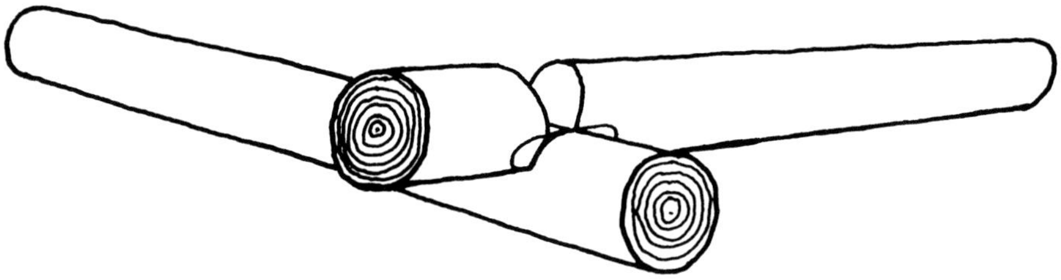

6. Der Eckverband ist fertig, der Stamm in die Verkämmung eingepasst. Der Oberbalken, der in der kommenden Balkenlage Unterbalken sein wird, wird nun bis auf die obere Kante des jetzigen Unterbalkens eingekerbt, wie unter 3. beschrieben.

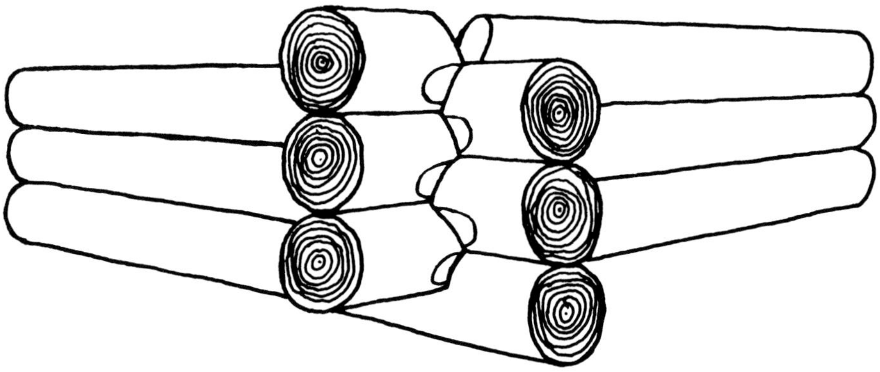

7. Das Zimmern geht seinen Lauf. Trotz der einfachen Ausführung wird es ein schöner Eckverband.

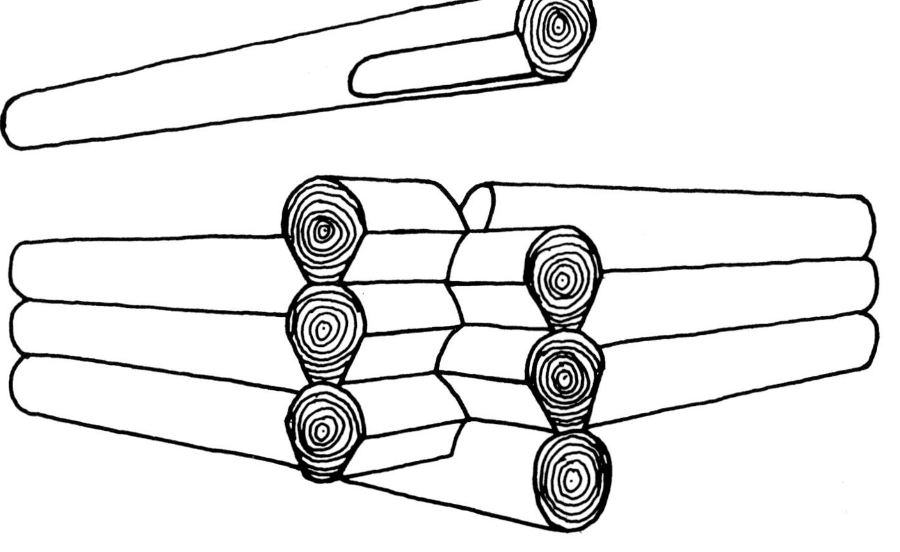

8. Baut man ein anspruchsvolleres Haus mit dieser einfachen Verkämmung, möchte man wahrscheinlich im Eckverband und in der Längsnut eine bessere Dichtung haben. Man kann dann den Schalm bis zum Balkenkopf verlängern. Wie man stärkeres Rundholz schräg anschalmt wird auf S. 130 gezeigt. Bei stärkeren, rund belassenen Blockbalken bekommt man so einen sehr dekorativen Vorstoß.

Gerade, doppelt geschnittene Verschränkung

Dieser Eckverband wird vor allem bei behauenen oder gesägten Blockbalken angewandt. Er ist relativ einfach auszuführen. Bis zum Beginn des 20. Jahrhunderts galt er als die normale Bauweise. Wenn die Stämme auf einheitliche Stärke behauen oder gesägt sind, braucht man sie beim Einpassen nicht zu schalmen, und man kann die Haken mit der Motorsäge schneiden. Dieser Eckverband gilt als weniger dicht und mehr durch Fäulnis gefährdet, als Verbände mit schrägen Schnitten, wie der „Rännknut“. Ich habe eine Anzahl Häuser abgerissen, die mit gerader, doppelt geschnittener Verschränkung gebaut waren – allerdings mit Zapfen im Oberhaken – und dabei selten Schäden an den Eckverbänden festgestellt. Meistens sind die Schäden an älteren Blockwänden durch schadhafte Dächer oder durch zu geringen Dachüberstand verursacht worden.

Dieser Eckverband kann sehr dicht sein, wenn die Verschränkung sorgfältig gearbeitet wird. Da die Blockwand erst allmählich trocknet, muss man einen Sinkspalt zwischen Ober- und Unterhaken frei lassen, sodass die Balken erst in trocknenem Zustand dicht aufeinander liegen (siehe auch Bild 6, S. 256). Diesen erforderlichen Spalt kann man mit Mineralwolle, Moos oder Dämmstoffzöpfen aus Flachs abdichten. Wegen der senkrechten Seitenschnitte können beim Austrocknen jedoch Spalten im Eckverband entstehen.

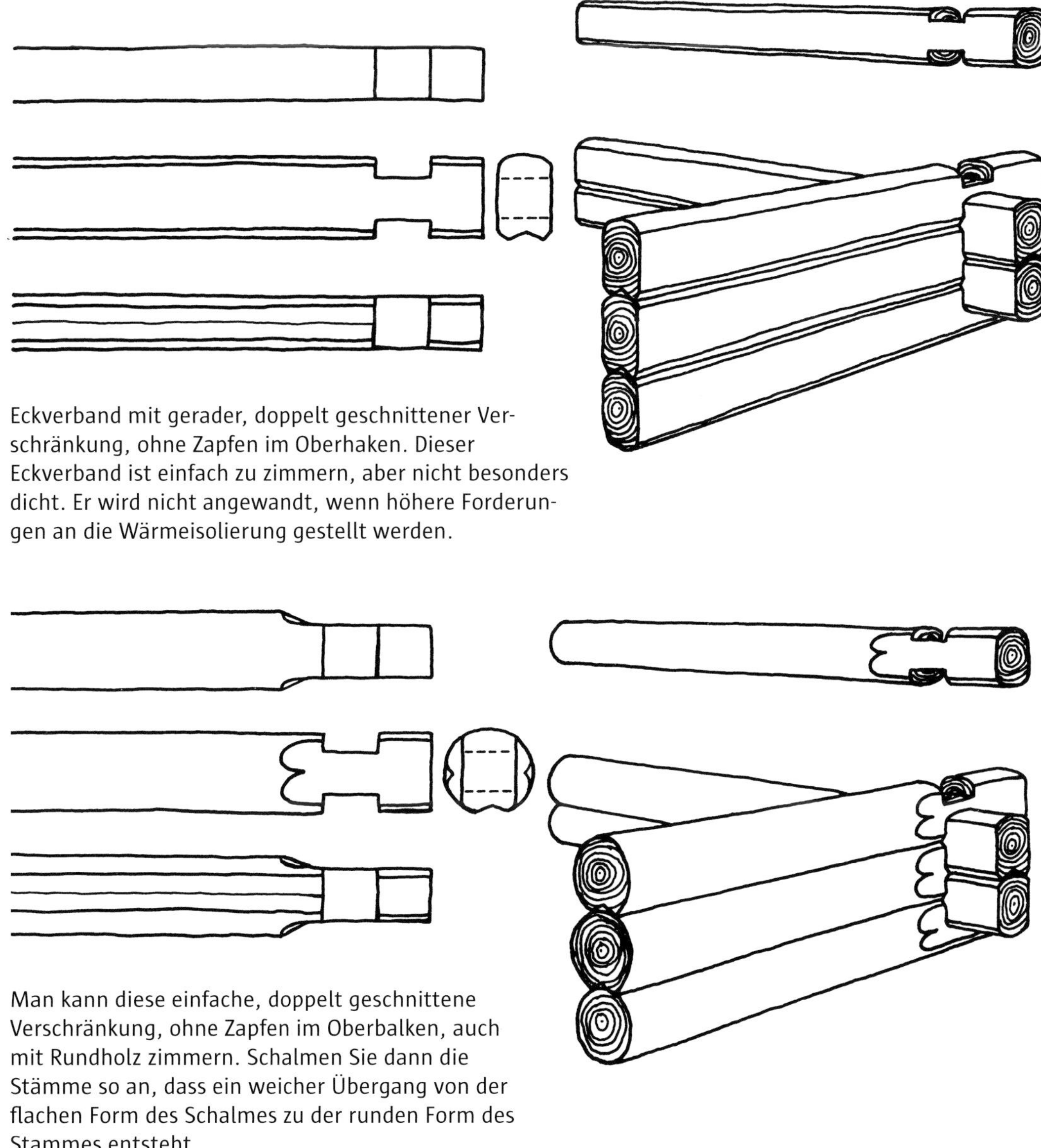

Eckverband mit gerader, doppelt geschnittener Verschränkung, ohne Zapfen im Oberhaken. Dieser Eckverband ist einfach zu zimmern, aber nicht besonders dicht. Er wird nicht angewandt, wenn höhere Forderungen an die Wärmeisolierung gestellt werden.

Man kann diese einfache, doppelt geschnittene Verschränkung, ohne Zapfen im Oberbalken, auch mit Rundholz zimmern. Schalmen Sie dann die Stämme so an, dass ein weicher Übergang von der flachen Form des Schalmes zu der runden Form des Stammes entsteht.

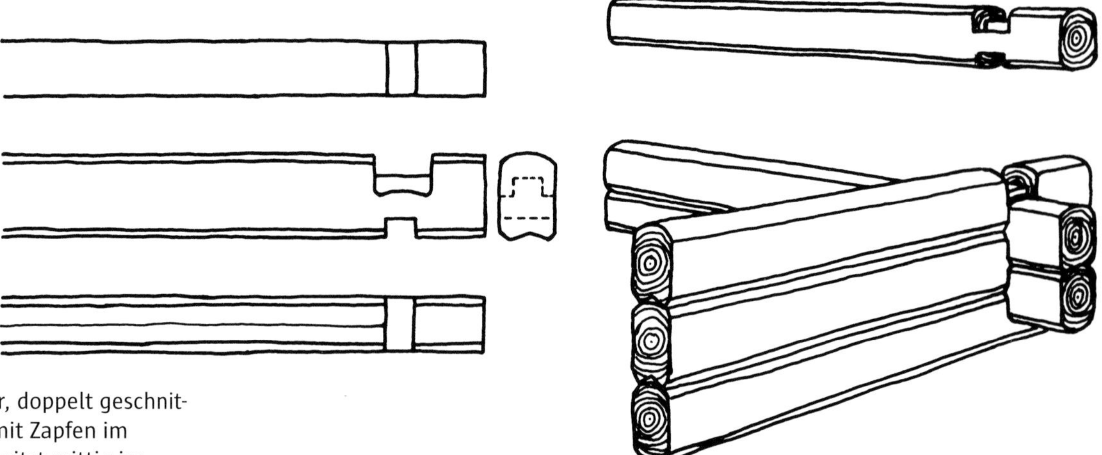

Eckverband mit gerader, doppelt geschnittener Verschränkung, mit Zapfen im Oberhaken. Der Zapfen sitzt mittig im Haken. Man bekommt damit einen dichteren und verwindungssteiferen Eckverband. Hauen Sie die Ausfasungen an beiden Seiten des Zapfens mit einer scharfen Axt mit gerader Schneidlinie. Man kann auch das Stemmeisen anwenden, aber das ist zeitraubender.

In Norwegen, wo die Zimmermannskunst hoch entwickelt war, sagt man noch heutzutage, dass „ein geübter und flinker Zimmermann kein anderes schneidendes Werkzeug benutzt als nur die Axt, wenn er ein kleineres Blockhaus baut."

Den Zapfen im Oberhaken kann man auch einseitig anbringen. Gewöhnlich legt man dann die Ausfasung nach innen. So vermeidet man Taschen an der Außenseite, in denen sich Wasser sammeln könnte.

Die Arbeitsschritte für die gerade, doppelt geschnittene Verschränkung ohne Zapfen

Dieser Eckverband ist einfach zu erlernen. Beim Zimmern von einfacheren Blockhäusern führt er zu einem zufrieden stellenden Ergebnis. Die folgenden Zeichnungen zeigen die einzelnen Arbeitsschritte.

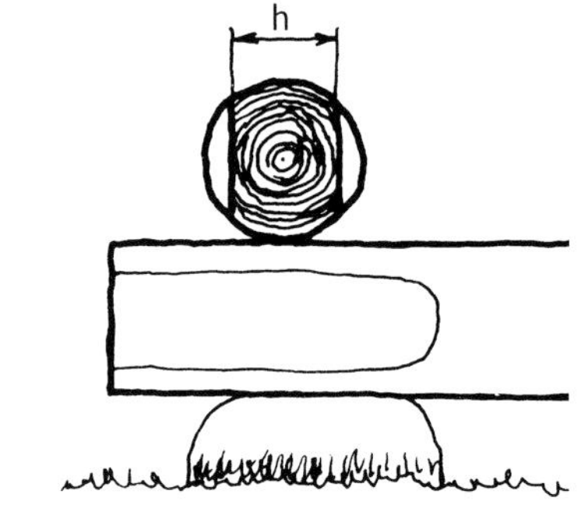

a) Schalmen Sie die Stämme vorsichtig an. Versuchen Sie, die vier Schalme an einem Stamm in ihrer Fläche ungewölbt zu arbeiten. Lassen Sie zu, dass die Schalme an den untersten, stärkeren Stämmen der Wand etwas breiter werden.

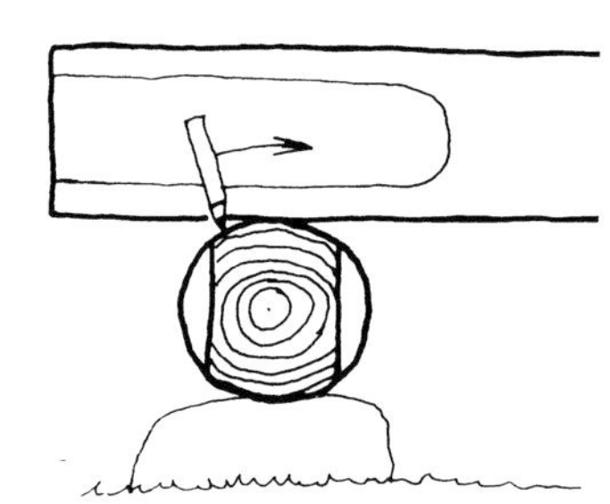

b) Zeichnen Sie am Unterbalken die Breite h des Schalmes an. Zeichnen Sie vorsichtshalber etwas schmaler, um später justieren zu können.

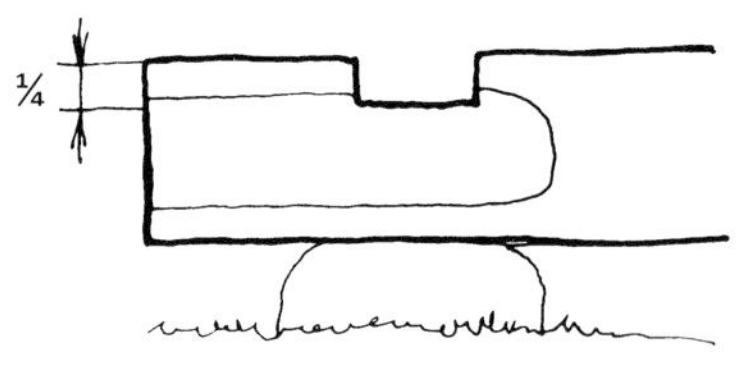

c) Sägen Sie an jeder der beiden Linien bis auf etwa ¼ des Stammdurchmessers ein, und kerben Sie den Haken aus. Hauen Sie dabei entweder in Längsrichtung des Stammes, oder rechtwinklig dazu. Passen Sie auf, dass der Balkenkopf nicht absplittert. Falls dies eintreffen sollte, nageln Sie ihn mit einem galvanisierten Nagel wieder an.

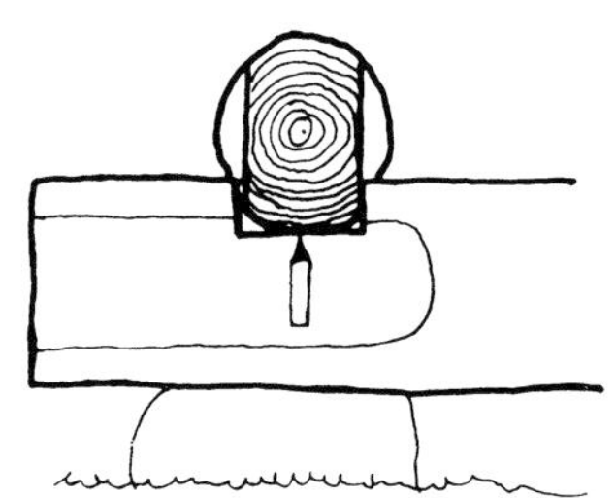

d) Zeichnen Sie an der Unterseite des Oberbalkens für dessen Unterhaken an.

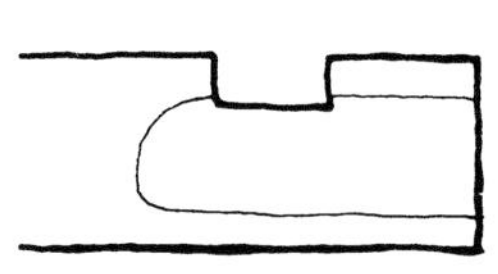

e) Kerben Sie den Haken aus.

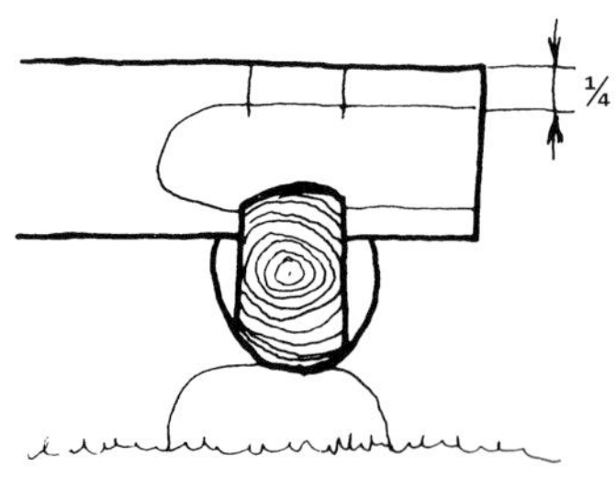

f) Passen Sie den Oberbalken in den Unterbalken ein. Zimmern Sie nun auf diese Weise weiter.

Der „Dalaknut“
(schräg geschnittene Verschränkung mit sechseckigem Balkenkopf)

Ein im 17. Jahrhundert in Dalarna entstandener Eckverband mit sechskantigem Balkenkopf und abgeschrägten Seiten. Es ist ein dekorativer Eckverband für Rundholz. Beachten Sie, dass die Balkenköpfe nicht aufeinander ruhen. Tun sie das, hindern sie die Wand am „Setzen“ und zwischen den Balken entstehen Spalten. Der Grund dafür liegt darin, dass der Trocknungsvorgang in den Balkenköpfen und weiter innen im Balken ungleich verläuft. In die Innenseite des Oberhakens hat man eine Dichtungskerbe gehauen, um die Dichtigkeit zu verbessern.

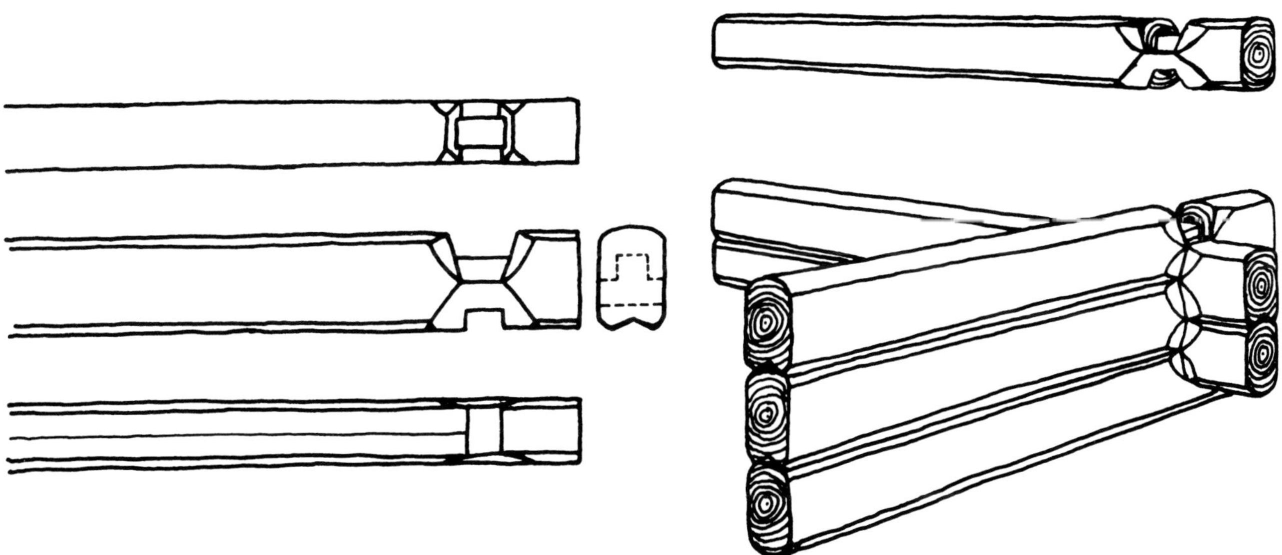

Dieser Eckverband wird von Zimmerleuten in Dalarna angewandt, wenn sie die modernen Blockhäuser zimmern. Die alte Handwerkskunst ist dort lebendig geblieben, und es werden regelmäßig Kurse veranstaltet, in denen man diese Blockbauweise erlernen kann. Der Eckverband hat schräg geschnittene Seiten, weswegen er beim Austrocknen der Balken nicht undicht wird. Die oberen Stämme müssen sich setzten können, sie müssen ein Schwindmaß haben, woran der Zapfen im Oberhaken sie nicht hindern darf.

Dieser Eckverband erfordert genaues Arbeiten und eine geschickte Hand mit den Werkzeugen. Die Balken werden auf die gewünschte einheitliche Stärke vorgesägt. An der Außenseite werden sie mit dem Behaubeil/Beschlagbeil behauen, damit man eine schöne, wellenförmig bearbeitete Oberfläche bekommt. An der Innenseite wird oft eine Isolierung hinter Holzvertäfelung angebracht.

Der „Laxknut“
(Schwalbenschwanz, Verblattung ohne Vorstoß)

Dieser Eckverband findet sich oft in Häusern, die im 19. Jahrhundert und bis zu Beginn des 20. Jahrhunderts gebaut wurden. Die Mehrzahl der noch erhaltenen alten Blockhäuser ist in dieser Zeit entstanden. Man hat keine Balkenköpfe mehr, sondern verblattet die Balken mit genau geschnittenen, schrägen Flächen. Manchmal wurde auch ein starker, selbst geschmiedeter Nagel oder ein Dübel mitten in die Verblattung getrieben. Der „Laxknut“ galt als schwierig zu zimmern. Oft sah man vor, ein damit gezimmertes Blockhaus mit einer Verschalung zu verkleiden, um die empfindlichen Balkenköpfe vor Witterungseinflüssen zu schützen.

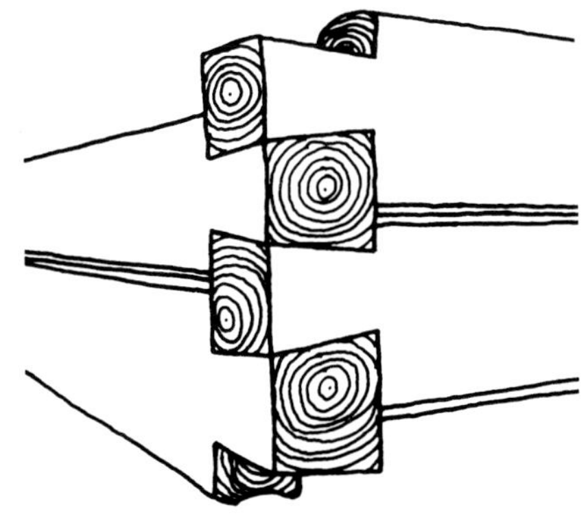

Längsnut

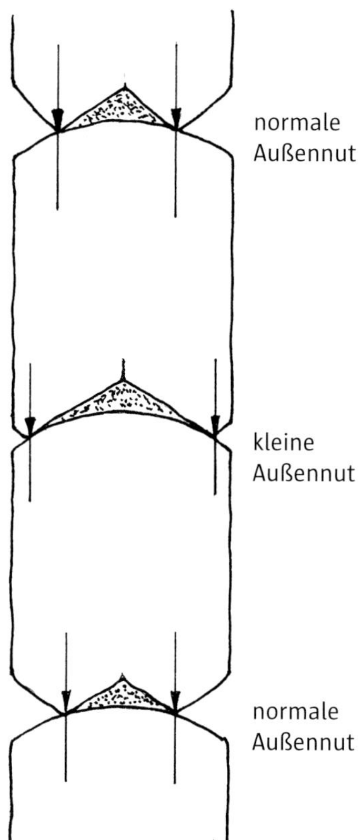

Das Prinzip der Längsnut. Die Belastung der Wand wird über die scharfen Kanten der Längsnut von Stamm zu Stamm weitergegeben. Arbeiten Sie die äußere Nut nicht zu flach. Der Druck von oben trifft sonst zu weit außen auf, und die „Flanken" der Längsnut können sich, durch Rissbildung am Grunde der Längsnut, aufspreizen. Mir ist aufgefallen, dass einige Zimmerleute hierbei nachlässig sind, indem sie am Oberbalken die untere Kante der Flachseite nicht abrunden. Falls viel zu entfernen ist, können Sie mit der Motorsäge vorsägen und anschließend mit dem Ziehmesser abrunden. Eine kleine Außennut fällt am fertigen Blockhaus ins Auge und wirft kein gutes Licht auf die Arbeitsweise des Zimmermanns.

Plant man ein Blockhaus, welches höhere Ansprüche an Dichtigkeit und Wärmeisolierung erfüllen soll, muss man die Blockbalken auf ihrer Unterseite mit einer Längsnut versehen. Die Oberseite der Blockbalken behält ihre Rundung. Auf der Unterseite jedoch beilt man eine Rinne heraus, wodurch sich die Auflagefläche des Balkens auf zwei Kanten konzentriert. Das Gewicht des Balkens und des darüber liegenden Hauses verteilt sich auf diese scharfen Kanten, und es entsteht keine klaffende Fuge zwischen den Balken, wenn sich die Kanten in die Oberseite des Unterbalkens einpressen. Die Dichtigkeit der Wand hängt davon ab, wie gut es einem gelingt, die Längsnut so auszuformen, dass ihre Kanten überall dicht am Unterbalken anliegen.

Es ist wichtig, dass keine Erhebungen am Balken, wie beispielsweise die Oberhaken in den Eckverbindungen, oder die Balkenköpfe, die Kanten der Längsnut daran hindern, sich in den Unterbalken einzupressen. Astbeulen und andere Unebenheiten in der Oberseite des Unterbalkens sollte man ausgleichen. Formt man die Kanten der Längsnut gerade aus, schafft man gute Voraussetzungen für eine fugenlose, dichte Wand.

Die Rahmenbohlen für Türen und Fenster sowie die Dübel müssen genügend Sinkmaß haben, damit die Balken nicht daran hängen bleiben, wenn die Wände sich setzen. Das Gewicht des Daches muss auf alle Wände gleichmäßig verteilt werden. Beim traditionellen Satteldach mit Firstpfette ist das der Fall. Es belastet die Giebelwände und die Seitenwände gleichmäßig.

Duch diese dichtgepresste Ausformung der Längsfuge kann das Regenwasser gut an den Balken ablaufen. Ist sie nicht dicht, kann das Wasser zwischen die Balken hinein rinnen und dort von eventuellem Dichtungsmaterial aufgesogen werden. In alten Häusern ohne Längsnut sind die Blockbalken oft von Hausfäule angegriffen worden. Der Pilzangriff hat dort an der Oberseite der Balken, wo sich Feuchtigkeit zwischen den Balken gesammelt hat, begonnen. Wenn man eine kleine Hütte ohne Längsnut zimmern möchte, sollte man das Dach ordentlich überstehen lassen, sodass der Regen nicht direkt gegen die Blockwand schlagen kann.

„Wir benutzen eine Öffnung im Zugmaß von 1,8 cm (wenn ein großer Spalt zwischen den Stämmen besteht, können wir mit einer Öffnung des Zugmaßes von 2,2–2,5 cm arbeiten). Das Zugmaß muss parallel zum Stamm und so gehalten werden, dass es zugleich den Ober- und den Unterstamm markiert. Es hilft, den Riss des Zugmaßes mit einem Blei nachzuziehen. Dann ist leichter zu sehen, wo wir schneiden und hobeln müssen ... Auch hier müssen wir beachten, dass Längsnut und Markriss nur zwischen den Markierungen liegen dürfen. Ein Blockhaus mit Längsnut bis ganz nach außen ist ein Zeichen für handwerklichen Pfusch."

Edgar Karlsen, Laerebok i laftning, Oslo 1989

Das Anzeichnen der Längsnut mit dem Zugmaß. (Eine Art „Zugmaß" kann in Deutschland z. B. von der Fa. DICTUM [s. Bezugsquellen] als „Spitzzirkel" mit und ohne Bleistifthalter bezogen werden.) Es ist leicht anzufertigen. Ein Bandeisen wird so gebogen, dass man einen federnden Ring und zwei Schenkel bekommt. Sie werden spitz angefeilt und etwas aufgebogen. Über die Schenkel wird ein Eisenring gestreift; ein Holzkeil klemmt die Schenkel gegen den Ring. Man kann nun den passenden Abstand zwischen den Schenkelspitzen einstellen, indem man die Lage des Holzkeiles und des Eisenringes verändert. Ein kleiner Zirkel für Bleistifte ist ebenfalls als Zugmaß geeignet.

Das Gewicht der Balkenwand und des Daches, das durch die Kanten der Längsnut von Stamm zu Stamm weitergegeben wird, wirkt der Rissbildung im Holz entgegen. Die entstehenden Risse werden auf den Grund der Längsnut konzentriert, wo sie unsichtbar sind. Dagegen kann die Längsfuge zwischen den Blockbalken undicht werden, wenn die scharfen Auflagekanten aussplittern, weil sich ein Riss auf dem Boden der Längsnut gebildet hat.

Bei großem Druck auf die Blockwand, wie er z. B. von einem Rasendach verursacht wird, kann ein zu spitzer Winkel am Grund der Längsnut zum Aufspalten des Balkens führen. Wenn man mit der Motorsäge arbeitet, wird es leicht ein relativ spitzer Winkel. Norwegische Zimmerleute benutzen ein besonderes Zugmesser mit schalenförmig gebogener Schneide, den „Längsnuthobel", um eine weiche Rundung am Boden der Längsnut zu bekommen. Man arbeitet die Längsnut erst mit der Motorsäge vor, wie nachstehend beschrieben, dann wird die Längsnut mit diesem Hobel ausgearbeitet.

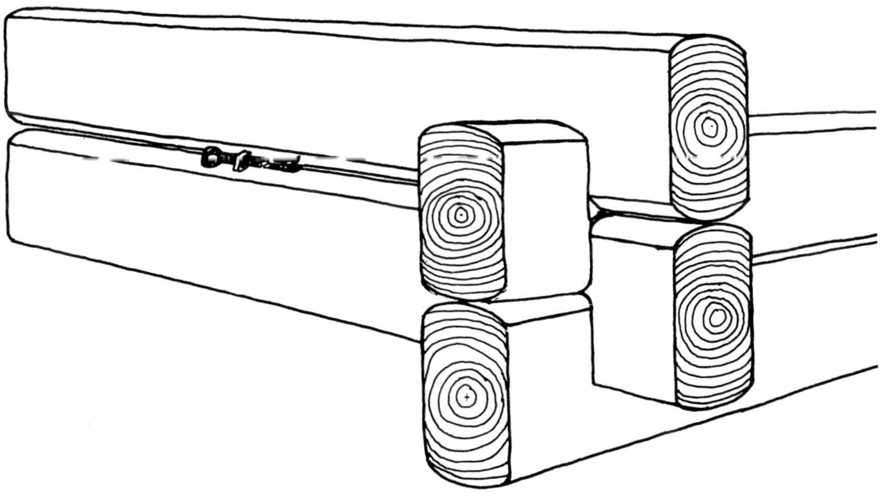

Die Längsnut wird mit dem Zugmaß angezeichnet, nachdem die Balken in zweckmäßigem Abstand zueinander hingelegt wurden. Stellen Sie dazu das Zugmaß auf das Maß ein, um das der Oberstamm sinken soll. Ziehen Sie dann einen deutlichen Riss in die Unterseite des Balkens, wobei der andere Schenkel des Zugmaßes an der gerundeten Oberseite des unteren Balkens entlang gleitet. Dadurch übertragen Sie die Konturen des Unterstammes auf die Unterseite des oberen Stammes. Wenn Sie nun sorgfältig entlang des Risses hauen oder mit der Motorsäge schneiden, werden Ober- und Unterstamm genau zusammenpassen.

Manchmal ist es sinnvoll, den Riss mit einem Zimmermannsblei nachzuziehen, damit man ihn deutlich sieht. Der Abstand zwischen den Kanten der Längsnut sollte mindestens 7 cm betragen.
Ich benutze gerne ein Stemmeisen passender Größe, das ich gegen den Unterstamm abstütze, sodass ich denselben Winkel über die Länge des Balkens einhalten kann. Edgar Karlsens Zugmaß hat einen senkrechten Anschlag an den Enden, sodass man es plan gegen Ober- und Unterstamm halten kann. Die jeweilige Spitze hinterlässt dann Spuren im Ober- bzw. Unterstamm. Hält man die Spitzen genau im Lot, sollten die Markierungen später, wenn die Längsnut ausgehauen ist, genau zusammenfallen.

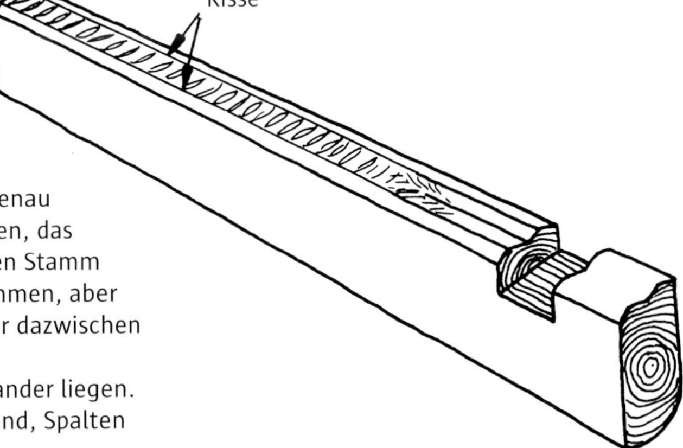

Beginnen Sie das Aushauen der Längsnut damit, dass Sie mit der Beilaxt eine Reihe dicht aneinander liegender Kerben zwischen die beiden Risse hauen, also quer über die Unterseite des Balkens. Vervollständigen Sie die Rinne, indem Sie lange Holzspäne längs des Balkens herausbrechen. Hauen Sie genau zwischen die Risse. Die Dichtigkeit der Wände hängt zum großen Teil davon ab, ob diese Arbeit genau ausgeführt wurde.
Früher sagte man, dass die Kanten der Längsnut so scharf sein und so genau auf den Unterstamm passen sollten, dass sie das Moos abknipsen würden, das aus der Längsnut hervor schaut, wenn man mit einem Axtnacken auf den Stamm schlagen würde. Ganz so dicht wird man die Längsnut wohl nicht bekommen, aber wenn die Balken gut eingepasst sind, darf man keine Messerklinge mehr dazwischen drücken können.
Hauen Sie die Längsnut auch in die Balkenköpfe, damit sie nicht aufeinander liegen. Sonst können sich, vom Balkenkopf aus gesehen weiter innen in der Wand, Spalten bilden, wenn die Blockwand sich setzt.

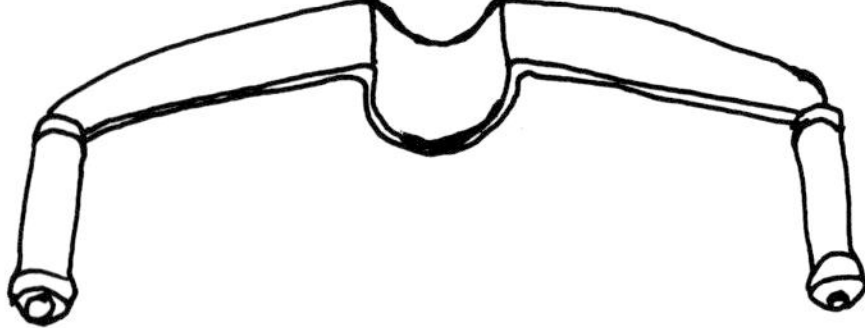

Längsnuthobel mit U-förmiger Schneide aus Norwegen

Jon Dahlmo (s. Bezugsquellen) schmiedet verschiedene Werkzeuge für das Zimmern, u. a. ein „mekniv", das aus einer alten Form entwickelt wurde. Man kann es mit V-förmiger oder U-förmiger Schneide bekommen.

Im Sägewerk zugeschnittene Blockbalken werden manchmal an Ober- und Unterseite gefräst. Das hat den Vorteil, dass man eine weich gerundete Längsnut bekommt, deren Radius kleiner ist, als der Radius an der Oberseite des Unterbalkens. Der Druck zwischen den Balken konzentriert sich dann auf die Kanten, und es wird kein Anlass für die Rissbildung geschaffen. Eine in frischem Holz gefräste Längsnut verwindet sich oft in ihrer Lage zum Unterbalken, wenn das Holz trocknet. Die Kanten müssen dann nachgearbeitet werden, um eine gute Passung zwischen den Balken zu bekommen.

Wenn man mit trockenem Holz zimmert, das schon gerissen ist, vermindert sich das Risiko für das Aufspalten, das sonst beim Schneiden der Längsnut mit der Motorsäge besteht.

Die Längsnut sollte mindestens 7 cm breit und 1,5–2 cm tief sein. Ihre Breite wird von der Dicke der Wand bestimmt. Sie darf nicht zu schmal sein, damit ihr Isolierungswert nicht unzureichend wird. Eine breite Längsnut isoliert besser und vermindert das Risiko für eindringende Feuchtigkeit.

Wenn man beim Hauen oder Sägen der Längsnut zu weit nach außen gekommen ist, kann man die Oberseite des Unterbalkens mithilfe von Holzkeilen nach außen zwingen. Dieselbe Methode kann man anwenden, wenn man beim Anschalmen eines Eckverbandes zu viel Holz weggenommen hat.

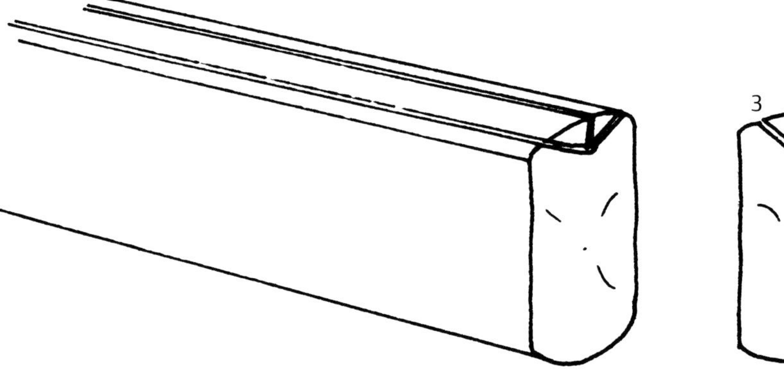

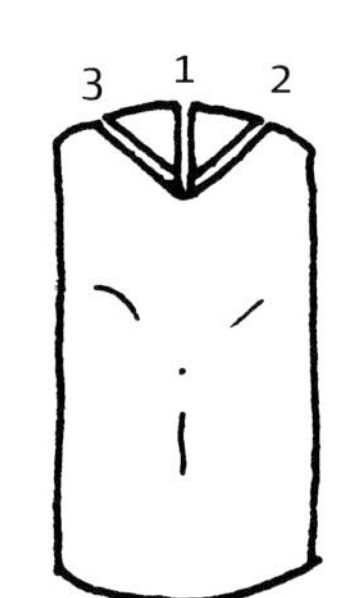

Die Längsnut kann mit der Motorsäge ausgeschnitten werden. Beginnen Sie mit einem senkrechten Schnitt in der Mitte. Sägen Sie sodann zwei schräge Spuren schräg zu der ersten, wobei Sie genau an den Markierungslinien entlang arbeiten. Sägt man sorgfältig, fallen zwei dreikantige Leisten an. Man erkennt dabei die Bedeutung gerader Zugrisse, die man nur bekommt, wenn die Balkenauflagen vor Anwendung des Zugmaßes angeglichen wurden.

Niveauunterschiede zwischen den Blockbalken einer Rahmenlage kann man durch Nacharbeiten, unter Zuhilfenahme des Zugmaßes, ausgleichen. Man legt Klötzchen unter das Ende des Balkens, das angehoben werden soll. Bleibt der Abstand zwischen den Balken an einer Seite zu groß, kann man zweimal ziehen. Hauen Sie die Längsnut nach dem ersten Anzeichnen nach, und richten Sie den Balken mit der Wasserwaage in der Wand ein. Bleiben zu große Unterschiede im Niveau, kann man noch einmal nachschneiden und damit die Längsnut breiter machen.

Da das Zopfende eines Blockbalkens gegen das Fußende des vorigen Balkens zu liegen kommt, treten immer gewisse Niveauunterschiede innerhalb einer Balkenlage auf. Die Balken des Rahmenkranzes – die das Dach tragen – müssen jedoch in der Waage liegen, weil man sonst beim Einfluchten des Daches zuviel weghauen muss. Die Gefahr ist groß, dass man ein schiefes Dach bekommt.

Zum Nacharbeiten eines Blockbalkens wenden sie ihn am besten und drücken ihn fest in den Haken des Unterbalkens. Da liegt er fest und in guter Arbeitsstellung für das Arbeiten an der Längsnut. Wenn man den Blockbalken auf einer auf dem Boden stehenden Arbeitsbank nacharbeiten will, kann man seine Lage mit einer Zimmermannsklammer fixieren.

Fabrikmäßig hergestellte Blockhäuser, aus gefrästen Balken mit einheitlichen Dimensionen, können sehr dicht werden; besonders dann, wenn das Holz gut ausgetrocknet ist und keinen Drehwuchs hat. Manche Hersteller verbessern die Dichtigkeit der Wände zusätzlich mithilfe von eisernen Zugstangen, die zwischen Schwellen und Wandanker angebracht werden, um die Wände zusammenzuziehen. Im selben Maße, wie das Haus austrocknet und sich setzt, werden die Bolzen der Zugstangen nachgezogen.

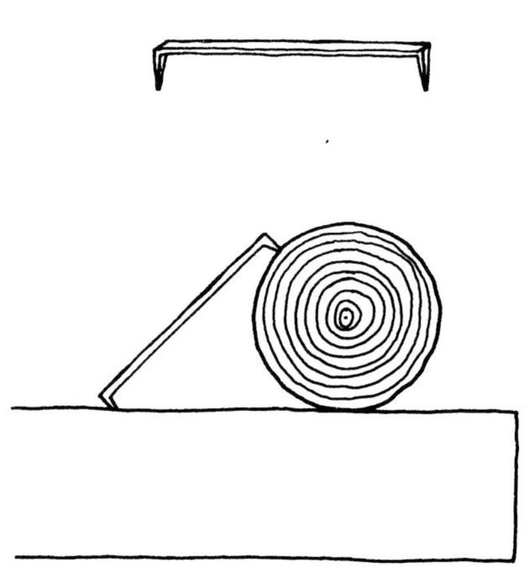

Die Zimmermannsklammer wird längs der Faserrichtung eingeschlagen.

Andere Hersteller vermeiden es dagegen, Holz und Eisen zu verbinden. Zimmert man mit Holz, das in der Vakuum-Trockenkammer allzusehr ausgetrocknet wurde, kann es quellen, wenn es in eine feuchtere Umgebung kommt, wie das bei einer Außenwand der Fall ist. Beim Quellen des Holzes entstehen sehr große Kräfte. Da sich Eisen im Vergleich mit Holz stumm verhält, können die Balken gesprengt werden. Es besteht sogar das Risiko, dass sich an den Eisenstangen in der Blockwand Kondenswasser bildet, da Eisen und Holz unterschiedliche Temperaturen haben können. Feuchtigkeit wiederum kann zu Hausfäule in den Holzbereichen um die Bohrlöcher für die Eisenstangen führen.

JM:s Plåt & Mek AB in Skellefteå, Schweden, stellt eine elektrische Kettensäge und eine Zimmermannsfräse her, mit denen Balken zweiseitig zum Block gesägt und gefräst werden können: „Bamsesågen" bzw. „Bamsefräsen" – s. Bezugsquellen.

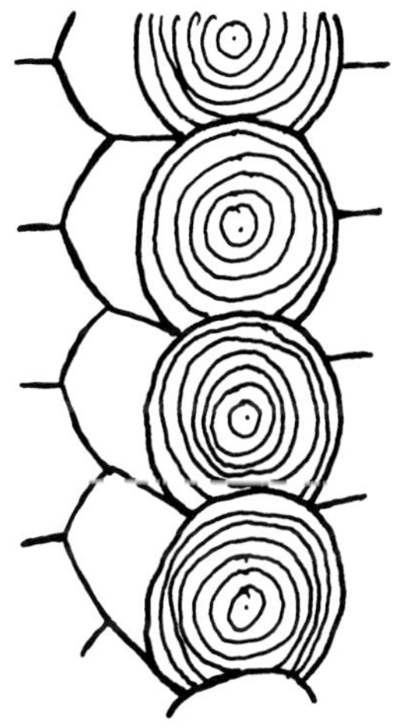

Schalenförmige Längsnut in rund gedrehten und gefrästen Blockbalken. Die Balken haben alle dieselben Dimensionen; die Längsnut ist gefräst.

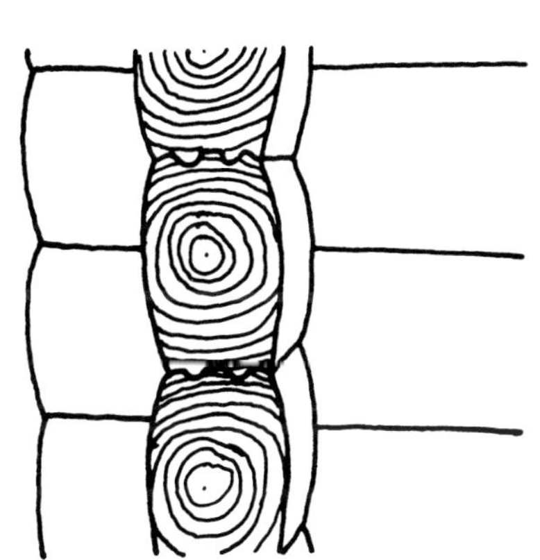

Doppelt wellenförmig gefräste Längsnut in profilgefrästen Blockbalken. Die Balken haben ovalen Querschnitt.

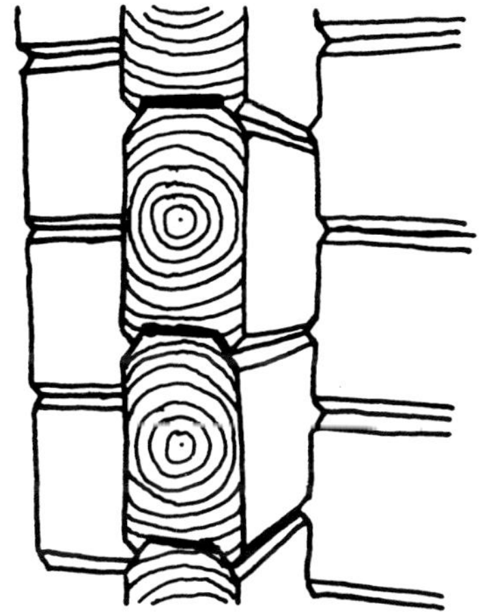

Gesägte und gehobelte Blockbalken mit gefräster, gefalzter, flacher Längsnut. Blockbalken mit weniger als 100 mm Stärke nennt man in Schweden „planktimmer". Sie haben oft nur einfachen oder doppelten Spund als Ersatz für die Längsnut.

Um eine bessere Dichtung zwischen den Blockbalken zu schaffen, füllt man die Längsnut mit Dichtungsmaterial. Früher dichtete man von außen mit geteertem Flachs, von innen mit ungeteertem ab. Möchte man keinen Flachs verwenden, gibt es heutzutage auch mehrere andere Isoliermaterialien, z. B. Mineralwolle in Strängen.

Ich empfehle Naturprodukte: geteerten Flachs von der Außenseite, Moos in der Mitte, und normalen Flachs von der Innenseite. In Norwegen kann „laftevatt", Schafwolle in zusammenhängenden Strängen, geliefert werden. Sie sind 200 m lang, in Papiertüten verpackt. Dort empfiehlt man die Kombination aus geteertem Flachs von außen, und „laftevatt" nach innen zu. In Schweden gibt es Mineralwolle in speziellen, für den Blockhausbau vorgesehenen Strängen, zu kaufen. Ich bin Mineralwolle gegenüber skeptisch. Einerseits zieht sie Wasser an, wenn sie feucht wird. Andererseits gibt sie einen feinen Staub aus Mineralwollpartikeln in die Raumluft ab, der zu Allergien führen kann. Mineralwolle sollte dort verwendet werden, wo es trocken ist, beispielsweise zwischen den Balkenlagen des Fußbodens. Geteerter Flachs riecht nach Teer, was vielleicht nicht jedem genehm ist, doch ist er gut für das Holz und verhindert Feuchtigkeit und Fäule.

Seit ein paar Jahren wird in immer größerem Umfang mit Flachs gearbeitet. Dieser soll nicht zwischen den scharfen Kanten der Längsnut hervorschauen, da er unmöglich mit einem Messer abgeschnitten werden kann. Beim Umsetzen oder Aufstellen eines neuen Blockhauses heften einige Hersteller den Flachs in der Längsnut des Oberstammes fest. Dübel lässt man dabei an ihren Stellen sitzen, sodass der Flachs um sie herum geteilt werden kann. Einen Dübel durch einen Flachsstrang zu treiben ist sehr schwierig und sollte vermieden werden (vgl. die Aussagen zu Torf- und

Lassen Sie uns sehen, was Allan Mackie in Kanada über Moos als Dichtungsmaterial zu sagen hat.

„Ich empfehle, sobald wie möglich Moos anzwenden. Es hat einige Eigenschaften, die meiner Meinung nach unübertroffen sind. Wenden Sie Torfmoose (Sphagnum) an, die dort im Schatten von Fichten oder Kiefern wachsen, wo der Schnee im Frühjahr zuletzt schmilzt. (In Deutschland findet man Torfmoose vor allem auf den wenigen verbliebenen, und daher unter Naturschutz stehenden Hochmooren. Es darf daher nicht entnommen werden.)

Geeignetes Torfmoos bildet verfilzte Decken von 6–9 cm Dicke, zwischen denen nur wenige andere Pflänzchen wachsen. Die oberste Lage ist bleichgrün, während es weiter unten in Braun übergeht. Beides kann man verwenden, weil sich die Moosdecke vermutlich so vom Boden abziehen lässt, dass keine Erde daran verbleibt.

Bei günstigem Wetter kann man eine Moosexpedition einplanen, nicht nur deswegen, weil es – vor allem in der Blaubeerzeit – so angenehm ist, im Moos zu rasten. Selbst für ein kleineres Blockhaus braucht man erhebliche Mengen an Moos. Die ganze Familie kann einen angenehmen Tag damit verbringen, Moos in Säcke zu stopfen. Das Moos kann man im Voraus sammeln und in Säcken auf fast unbegrenzte Zeit lagern.

Frisches Moos ist leichter zu hantieren als ausgetrocknetes, welches spröde wird. In zugebundenen Plastiksäcken behält es seine Feuchtigkeit. Sollte es aus irgendeinem Grund dennoch vor der Verwendung trocken werden, kann man es wässsern, und es bekommt sofort wieder seine frühere Geschmeidigkeit. Ich halte es auch deswegen für wichtig, dass Moos feucht in die Wand einzubauen, weil es sich dann besser den Konturen des Blockbalkens anpasst. Das Moos trocknet schnell, nachdem es an seinem Platz in der Wand liegt.

Gegen die Verwendung von Moos haben sich die Schüler meiner Kurse zum Blockhausbau skeptischer geäussert, als gegenüber meinen anderen Auffassungen zur Blockbauweise. Das gilt sogar in Bezug auf meine Ablehnung maschinenentrindeter Blockbalken und von Toiletten im Haus. Ein Bauexperte vertraute mir an, dass seine Frau niemals die Anwendung von Moos als Isoliermaterial zulassen würde, da sie eine sehr reinliche Frau sei...

... Dies hier bedeutet nicht, dass ich Mineralwolle für ein schlechtes Material halte. Ich verwende sie regelmäßig beim Zimmern, wenn ich kein Moos bekommen kann. Ich verwende sie zur Isolierung im Fußboden und natürlich im Dach. Aber ich meine, dass man industriell hergestelltes Baumaterial vermeiden sollte, wenn eine ebenso gute Naturfaser, sogar kostenlos, erhältlich ist."

anderen Moosen weiter unten). Flachs als Baumaterial ist auch in Deutschland vermehrt erhältlich.

Über Jahrhunderte hat man „Hausmoose" als Dichtungsmaterial gewählt. Sie haben viele spezielle Eigenschaften. In dichten Plastiksäcken gelagert, weist Moos oft auch nach langer Zeit kaum oder nur unbedeutenden Pilzbefall auf.

Für eine Schirmhütte, kleine Hütten oder einfache Häuser ist Moos vollends ausreichend. Einige Menschen vertreten die Meinung, dass es den modernen Isolierungsmaterialien überlegen ist, da es hygroskopisch ist und je nach Situation Wasser aufnimmt oder abgibt. Nimmt es Wasser auf, schwillt das Moos und verhindert das Eindringen weiteren Wassers.

Viele Leute fragen sich, welches Moos man verwenden soll. Laut dem Moosbuch *„Mossor"* von Hallingbäck & Holmåsen (Stockholm 1985) sollte man Rotstängelmoos (Pleurozium schreberi) oder Etagenmoos/Stockwerkmoos (Hylocomium splendens) sammeln. Ersteres wird in Schweden „Wandmoos", letzteres „Hausmoos" genannt. Torfmoose (Sphagnum), auch als Bleichmoose bezeichnet, eignen sich dahingegen nicht, da sie ein zu großes Wasserspeichervermögen besitzen. Mein Vorschlag wäre, dass Sie sich bei einem alten Blockhaus das Moos genau ansehen und eine Probe zur Artbestimmung mitnehmen.

Reinigen Sie das Moos von Zweiglein und Holzsplittern und formen Sie es zu langen Rollen. Diese werden unter den – mit Holzklötzchen angehobenen – Blockbalken gelegt. Das Moos sollte mittelfeucht aber nicht durchnässt sein. Durchnässtes Moos trocknet schlecht, wenn man mit frischem Holz und bei feuchtem Wetter zimmert. Schimmel zwischen den Blockbalken der neuen Sauna erfreut niemanden.

Ist die Längsnut vollgestopft, entfernt man die Holzklötzchen und schlägt den Blockbalken mit einem Holzhammer herunter. Wenn es gelungen ist, die Kanten der Längsnut gerade und scharf auszuformen, sodass sie mit Biss auf dem Unterbalken aufliegen, kneifen sie dabei hervorhängendes Moos ab, sodass es herunterfällt. Wird es nicht abgekniffen, kann man überflüssiges Moos nach ein paar Jahren, wenn die Blockbalken sich gesetzt haben, abschneiden. Falls Ihnen ungefüllte Spalten auffallen, kann man dort noch Moos hineindrücken.

Lassen Sie die Blockwände während längerer Regenperioden nicht unüberdeckt stehen, wenn Sie bereits Dichtungsmaterial zwischen die Blockbalken und in die Eckverbände eingefügt haben.

Jeder Naturfreund sieht ein, dass man in Deutschland, aus Gründen des Biotop- und Artenschutzes, nicht derart großzügig über Waldmoos verfügen kann, wie das in Skandinavien oder Kanada möglich ist. Man sollte aber einmal erkunden, ob man nicht das Moos verwenden kann, das beim Vertikutieren vermooster Rasenflächen anfällt und das kostenaufwendig entsorgt und kompostiert wird.

Das Dübeln

Um die Blockbalken in den Wandlängen zwischen den Eckverbänden an ihrem Platz zu halten, setzt man Dübel ein. Dübel sind runde oder auch kantige Stäbe, die in Löcher passen, die man durch den Oberbalken hindurch mindestens bis in die Mitte des Unterbalkens bohrt. Der Oberbalken muss zuvor mit seiner Längsnut und seinem Eckverband fertig eingepasst sein. Im Oberbalken muss ein Sinkmaß von mindestens 3 cm belassen werden. Der Dübel kann zu lang werden, wenn man das nicht genau abmisst. Die langen, durch den Oberbalken hindurch reichenden Dübel dürfen sein Setzen nicht behindern, weil sich sonst ein Spalt in der Wand öffnen würde.

Der Bohrer sollte 30–35 cm Durchmesser haben. Für diese Arbeit ist ein elektrischer Bohrer stark zu empfehlen. Es gibt interessantere Arbeiten beim Zimmern, als einen Handbohrer in trockene Balken hinein zu drehen. Dübel sollen die Balken steuern und den Kräften entgegenwirken, die durch Drehwuchs, Druck- und Zugholz, Senkungen im Baugrund und ähnliches entstehen. Sie sollen das Holz nicht zusammenziehen, sondern im Gegenteil, sein Setzen ermöglichen. Die Dübel müssen daher ebenso schwinden wie die Balken, weil sie sonst lostrocknen oder festquellen würden. Man macht sie am besten aus demselben Bauholz, denn man bekommt viele astfreie und glattfaserige Abschnitte beim Zimmern.

Spalten Sie den Dübel zuerst mit der Axt aus dem Abschnitt heraus, und schnitzen Sie ihn dann mit dem Messer zurecht. Seine Form kann vierkantig, mehrkantig, oval oder rund sein. Einen schwach ovalen Dübel kann man so einschlagen, dass seine Spannkraft in Längsrichtung des Balkens, und nicht quer zu den Fasern, wirkt. Das ist vor allem nahe am Balkenkopf wichtig. Meistens spalte ich eine 30- bis 35-mm-Planke in 35 mm breite Latten, wenn ich 38-mm-Löcher bohre. Das Holz für die Dübel darf nicht zu trocken sein, und man muss die Kanten ausreichend brechen.

Gutes Dübelholz erhält man, wenn man T-Pfostenbohlen, wie sie an den Seiten von Fenster- und Türöffnungen eingebaut werden, aus Kanthölzern herstellt. Wie an der nebenstehenden Zeichnung zu sehen, kann man Dübeln eine Taille schnitzen.

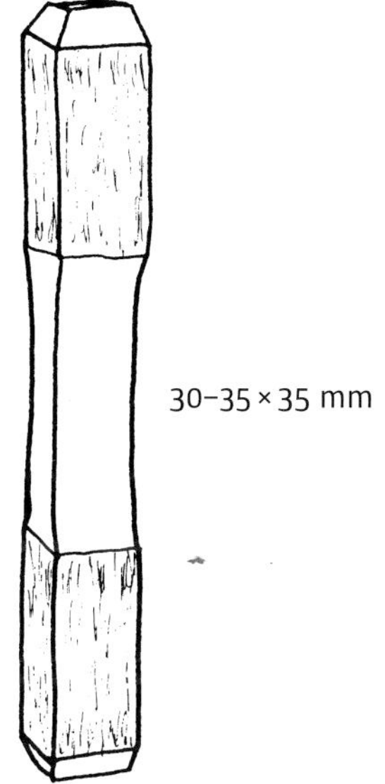

Die Dübel werden aus trockenen, vierkantigen Sprossen abgelängt, beispielsweise 35 x 35 mm für einen 38-mm-Bohrer. Die „schlanke Taille“ bewirkt, dass der Dübel relativ leicht einzutrieben ist. Durch die vierkantige Form wirken Spannkräfte in der Längsrichtung des Balkens. Brechen Sie gerne die Kanten an dem herausstehenden Ende des Dübels, auf das der Oberbalken aufgelegt wird. Der Oberbalken darf nicht am Dübel hängen bleiben.

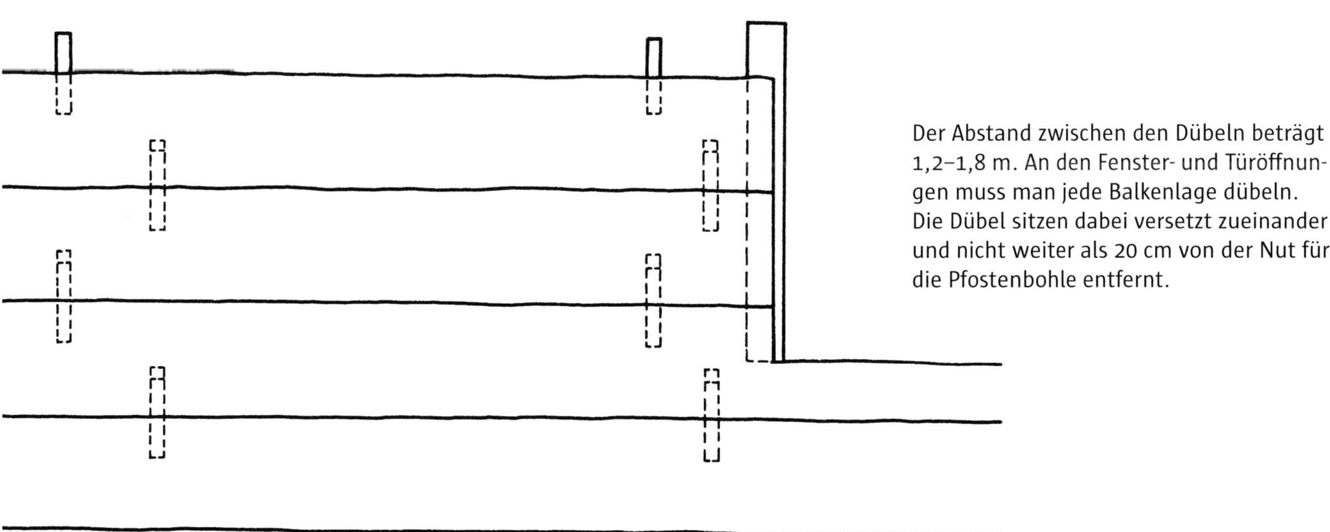

Der Abstand zwischen den Dübeln beträgt 1,2–1,8 m. An den Fenster- und Türöffnungen muss man jede Balkenlage dübeln. Die Dübel sitzen dabei versetzt zueinander und nicht weiter als 20 cm von der Nut für die Pfostenbohle entfernt.

Normalerweise bohrt man das Loch für den Dübel senkrecht durch den Oberbalken, mindestens bis in den halben Unterbalken hinein. Man kann auch erst in den Unterbalken bohren, die Lage des Bohrlochs in der Längsnut des Oberbalkens markieren, und dort dann das zweite Loch mindestens 3 cm tiefer als der Dübel lang ist bohren. Bevor der Oberbalken auf den Dübel aufgedrückt wird, markiert man seine Platzierung mit einem senkrechten Strich an beiden Balken. Letzteres um zu vermeiden, dass man in die Dübel der vorherigen Balkenlage bohrt, wenn man die Löcher für die Dübel der nächsten Balkenlage anlegt.

Der Dübel sollte so passen, dass man ihn mit geringer Kraft eintreiben kann. Er muss im Unterbalken festsitzen, soll aber im Oberbalken gleiten. Das ist besonders wichtig in der Giebelwand, wo die Balken beim Einpassen der Pfetten mehrmals abgehoben und wieder eingesetzt werden müssen. In den Giebelwänden halten allein die Dübel die Balken an ihrem Platz, bevor die Pfetten aufgelegt sind und ihrerseits die Giebelwände stabilisieren.

In einigen Fällen sind Dübel die einzigen Verankerungen zwischen den Balken. Man kann dort die Enden des Dübels verkeilen, um ihn besser im Balken zu verankern. Die Keile werden rechtwinklig zur Faser des Holzes, an dessen Seite der Keil sitzt, eingetrieben. So wirkt sich die Spannkraft längs der Faserrichtung aus.

Bei Wänden mit langem Abstand zwischen den Eckverbänden, hindert eine ausreichende Menge Dübel die Balken daran, sich aus der Wand heraus zu drehen. Heutige Zimmerleute setzen oft Dübel an jeden Eckverband, um die Verwindungssteifheit der Stammverbindung zu verbessern.

Zu guter Letzt: Verwenden Sie keine Armierungseisen oder Ähnliches als Dübel. „Holz gegen Holz", das ist es, was gilt.

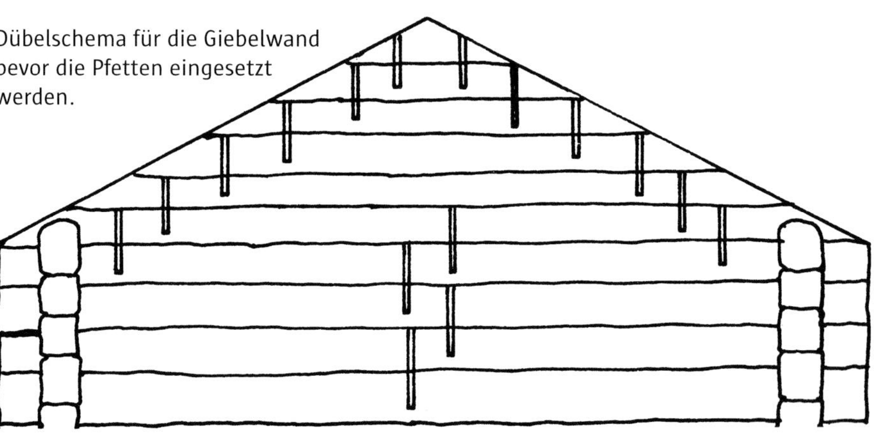

Dübelschema für die Giebelwand bevor die Pfetten eingesetzt werden.

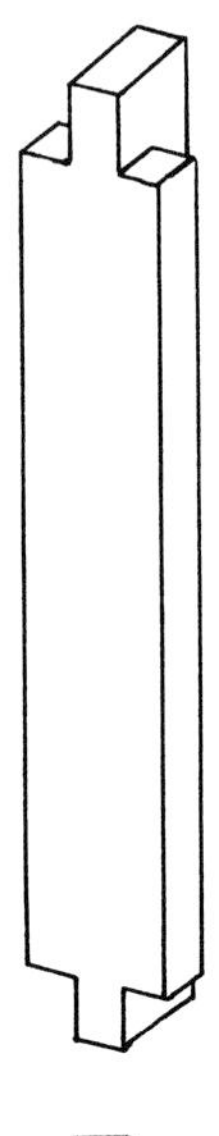

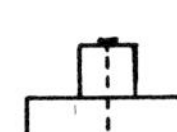

Die Pfostenbohle mit ihrem T-förmigen Querschnitt kann aus einem Stück bestehen oder zusammengenagelt sein. Der Kamm der Pfostenbohle wird in eine Nut eingelassen, die zu diesem Zweck im Hirnholz der Blockbalken, auf jeder Seite der Tür- und Fensteröffnungen, vorbereitet wurde. Pfostenbohlen stützen die Balken und verhindern ihr Ausweichen aus der Flucht der Wand. Eine sogenannte „blinde" Pfostenbohle besteht aus einer Leiste, die ganz in der Nut verschwindet.

Tür- und Fensteröffnungen

Die Tür- und Fensteröffnungen kann man während des Zimmerns in der Wand aussparen, oder nachträglich herausschneiden. Wartet man mit dem Ausnehmen der Öffnungen, werden alle Nuten für die Pfostenbohlen der Türen oder Fenster dadurch vorbereitet, dass man in jeden neu eingezimmerten Balken dort ein Loch bohrt, wo später die Nut sein soll. Wenn man die Hütte am vorgesehen Platz aufgestellt hat, sägt man mit der Motorsäge, entlang einer vorgezeichneten Linie, die Tür- oder Fensteröffnungen aus der Wand heraus. Die Nuten für die Pfostenbohlen sind dann einfacher aus dem Hirnholz der Blockbalken herauszuschneiden, weil man jetzt nur bis zu den vorgebohrten Löchern sägen muss. Der Vorteil ist hierbei, dass das Zimmern flüssiger von der Hand geht, da man nicht alle kurzen Balkenstücke beiderseits der Öffnungen zu hantieren braucht.

Der Transport von ganzen Balkenlängen ist mithilfe eines Greiflasters leicht. Da die Öffnungen oft symmetrisch in den Wänden plaziert sind, entstehen eventuelle Schäden durch die Greifklaue in den späteren Öffnungen, und werden letztendlich weggesägt. Nachteilig ist allerdings, dass man soviel Holz verschwendet. Wenn es sich um große Öffnungen handelt, wird es leicht eine große Menge Balkenholz, das auf dem Feuerholzstapel landet. Drehwüchsige Stämme, die nicht in ganzer Länge in die Wand eingezimmert werden können, kann man in diesem Fall nicht zu Kurzstücken ablängen und in Kurzwände einpassen. Die Methode, zuerst eine geschlossene „Schachtel" zu zimmern, empfehle ich nur für das Zimmern von kleineren Blockhäusern mit wenigen Öffnungen.

Die Anzahl der Fenster hängt ganz von Ihrer Ansicht und Ihrem Geschmack ab. Die meisten Leute haben eine Vorliebe für viel Tageslicht. Wenn man in ein kleines Häuschen Tageslichteinfall von allen vier Seiten bekommen kann, wird der Kontakt zwischen außen und innen sehr angenehm. Achten Sie darauf, dass der Abstand vom fertigen Fußboden bis zum Beginn der Fenster mindestens 80 cm beträgt, damit Sie die Möblierungsmöglichkeiten nicht zusehr einschränken. Es werden Pfostenbohlen aus ungehobelten 50 x 100 mm Bohlen empfohlen.

An den Tür- oder Fensteröffnungen muss man die Balken mit einer Pfostenbohle, die in eine Nut im Hirnholz der Balken eingepasst wird, stabilisieren. Da die stehende Pfostenbohle in ihrer Längsrichtung im Vergleich zur sich setzenden Wand nur sehr wenig schwindet, muss es im Tür- oder Fenstersturz – dem Balken, der die Öffnung überspannt – ein ausreichendes Sinkmaß geben.

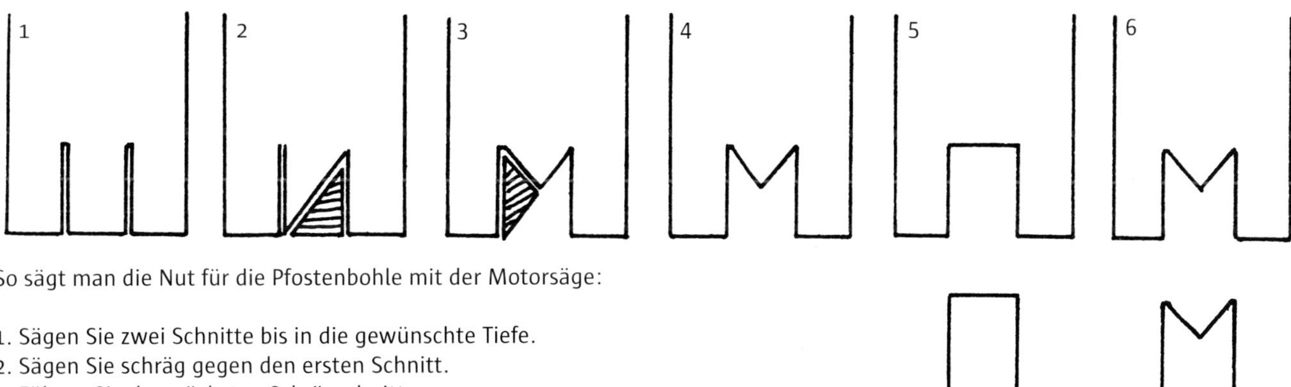

So sägt man die Nut für die Pfostenbohle mit der Motorsäge:

1. Sägen Sie zwei Schnitte bis in die gewünschte Tiefe.
2. Sägen Sie schräg gegen den ersten Schnitt.
3. Führen Sie den nächsten Schrägschnitt.
4. Die Nut ist fertig.
5. Rechtwinklige Nut für eine rechtwinklige Pfostenbohle.
6. Pfostenbohle mit V-Vertiefung, die in den V-förmigen Rücken der Nut passt. Es ist meistens nicht leicht, mit der Schienenspitze der Motorsäge eine ebene Nut zu schneiden, besonders dann, wenn der Balken bei diesem Schritt schon eingezimmert ist. Es kann dann einfacher sein, eine V-Spur in die Bohle zu schneiden oder zu hauen.

Achtung: Beim Schneiden mit der Motorsäge im Hirnholz ist die Gefahr sehr groß, dass die Motorsäge zurückschlägt. An diesen Schnitt darf man sich nur heranwagen, wenn man diese Gefahr kennt und in der Motorsägenarbeit geübt ist.

Berechnen Sie mindesten 3 cm Sinkmaß für jeden Wandmeter der Öffnung. Eine zwei Meter hohe Tür braucht also 6 cm Sinkmaß. Wieviel letztendlich vonnöten ist, hängt davon ab, wie trocken das Holz zum Zeitpunkt des Zimmerns ist. Die Pfostenbohle wird im unteren Blockbalken befestigt. Die übrigen Balken sollen frei an ihr entlanggleiten können. Daraus folgt, dass die Bohle nicht zu fest in die Nut eingekeilt werden darf. Durch die Keile mit denen man die Rahmen von Türen und Fenstern befestigt, werden die Pfostenbohlen fester in die Nut gepresst. In modernen Hauskonstruktionen ist die Platzierung von Tür- und Fensteröffnungen ein Problem. Die Vereiningung Schwedische Blockhäuser hat Anweisungen erarbeitet, an denen man sich beim Design, der Konstruktion und dem Bau orientieren kann. Beim Bau eines Blockhauses kann man sich über einige Dinge nicht hinwegsetzen. Wünscht man so viele Fensteröffnungen, wie sie viele moderne Häuser haben, kann ein Blockhaus weniger geeignet sein, sofern man nicht die Anforderungen beachtet, die eine Blockhauskonstruktion mit sich bringt.

Möchten Sie große, verglaste Flächen haben, in denen die Blockhauswand nur noch einen kleinen Teil der Wandfläche ausmacht, könnte eine Konstruktion in Ständerbauweise eine bessere Alternative sein. Sie finden eine Beschreibung dazu weiter hinten im Buch. Man arbeitet dabei mit stehendem Holz, das sich nicht auf die gleiche Weise setzt, wie eine Blockhauswand. Auch wird bei kurzen Wänden die Stabilität höher als bei einem schmalen Wandstück aus liegenden Balken. Der Eindruck einer kräftigen Holzkonstruktion bleibt erhalten. In Norwegen betrachtet man Häuser in Ständer- und Blockbauweise als Zweige desselben Baumes.

Das Stoßen von Blockbalken

Manchmal muss man einen Blockbalken dadurch verlängern, dass man einen anderen Balken anstückt. Versuchen Sie möglichst, diese Verbindungsstelle zweier Balken in die Verkämmung oder Verschränkung einer Zwischenwand zu legen. Ist das nicht möglich, muss man den sogenannten offenen Stoß anwenden. Bei der Reparation oder dem Versetzen alter Blockhäuser ist das häufig der Fall. Beschädigte Balkenteile werden entfernt und frisches Holz eingesetzt.

Wenn man Balken des Schwellenkranzes ausbessert, muss man mit einem Stoß arbeiten, der im Schwedischen als „Blitzstoß“ bezeichnet wird. Am besten wäre es natürlich, wenn man eine ganze neue Balkenlänge einfügen könnte, doch hat man solche nicht unbedingt auf Lager. Kauft man Balken mit einer maximalen Länge von 5,5 m (normale Lieferware) müssen längere Wandteile mithilfe eines Blitzstoßes angestückt werden.

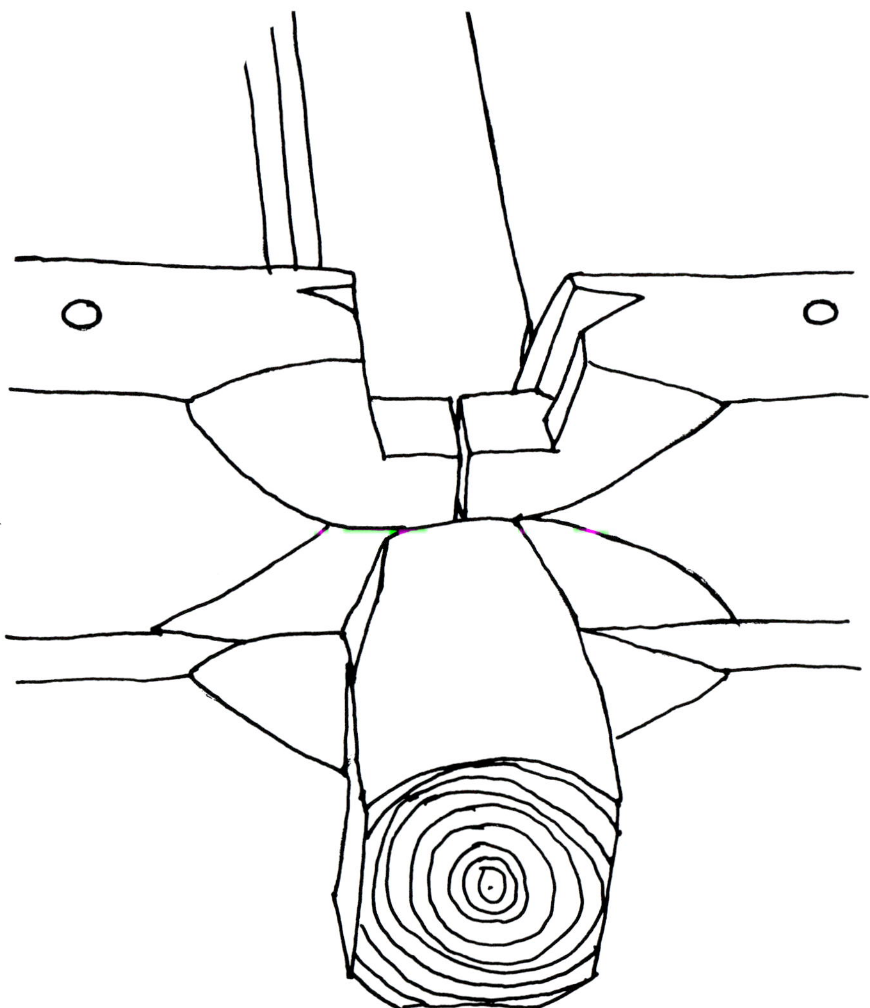

Die Zeichnung zeigt einen Stoß in der Verkämmung einer Zwischenwand. Beachten Sie, dass man an beiden Seiten des Stoßes dübeln muss.

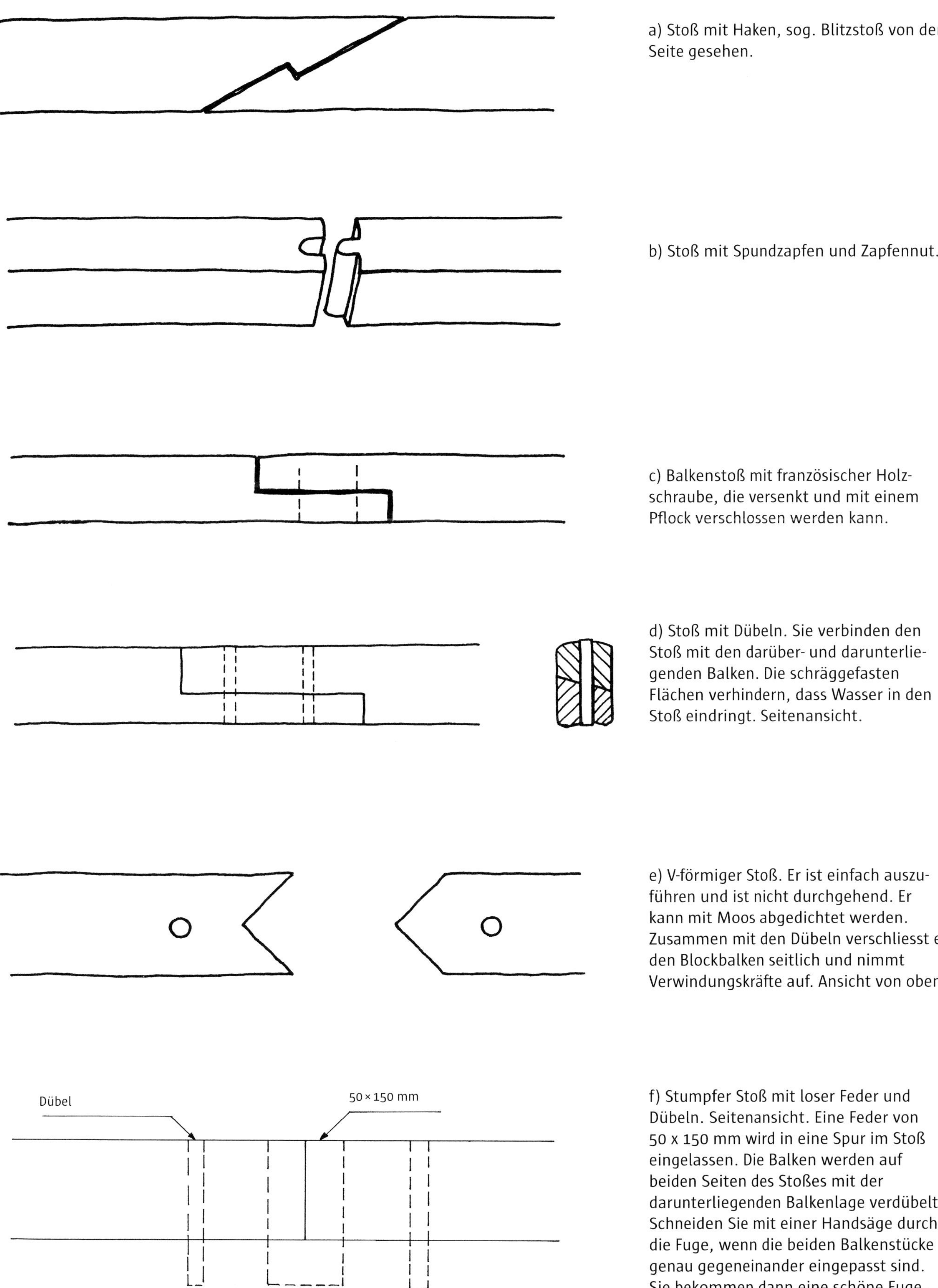

a) Stoß mit Haken, sog. Blitzstoß von der Seite gesehen.

b) Stoß mit Spundzapfen und Zapfennut.

c) Balkenstoß mit französischer Holzschraube, die versenkt und mit einem Pflock verschlossen werden kann.

d) Stoß mit Dübeln. Sie verbinden den Stoß mit den darüber- und darunterliegenden Balken. Die schräggefasten Flächen verhindern, dass Wasser in den Stoß eindringt. Seitenansicht.

e) V-förmiger Stoß. Er ist einfach auszuführen und ist nicht durchgehend. Er kann mit Moos abgedichtet werden. Zusammen mit den Dübeln verschliesst er den Blockbalken seitlich und nimmt Verwindungskräfte auf. Ansicht von oben.

f) Stumpfer Stoß mit loser Feder und Dübeln. Seitenansicht. Eine Feder von 50 x 150 mm wird in eine Spur im Stoß eingelassen. Die Balken werden auf beiden Seiten des Stoßes mit der darunterliegenden Balkenlage verdübelt. Schneiden Sie mit einer Handsäge durch die Fuge, wenn die beiden Balkenstücke genau gegeneinander eingepasst sind. Sie bekommen dann eine schöne Fuge. Dübeln Sie die Blockbalken, nachdem sie an ihrem Platz liegen.

Die Zangen

An Blockwänden von mehr als 5 m Länge setzt man Zangen, damit die Balken nicht aus der Flucht ausweichen können. Als Zangen dienen Kanthölzer von mindestens 10 x 10 cm Stärke. Man versieht sie mit länglichen Löchern für durchgehende Bolzen. Die Langlöcher werden ausgebohrt und -gesägt. Die Länge der Ausschnitte für die Bolzen ist von dem zu erwartenden Sinkmaß der Blockwand abhängig, sowie davon, wie hoch in der Wand der Bolzen sitzt. Drei Bolzen sind die Mindestanzahl für die Zange einer einstöckigen Blockhüttenwand. Beim Restaurieren alter Blockhäuser kommen Zangen gut zupass, um ausbeulende Blockwände wieder zusammenzuspannen.

Zange mit Bolzen. Damit die Wand sich problemlos setzen kann, verwendet man Unterlegscheiben und eiserne Gleitschienen. Am besten wird die Wand durch eine Zange versteift, die an der Innen- und an der Außenseite angreift.

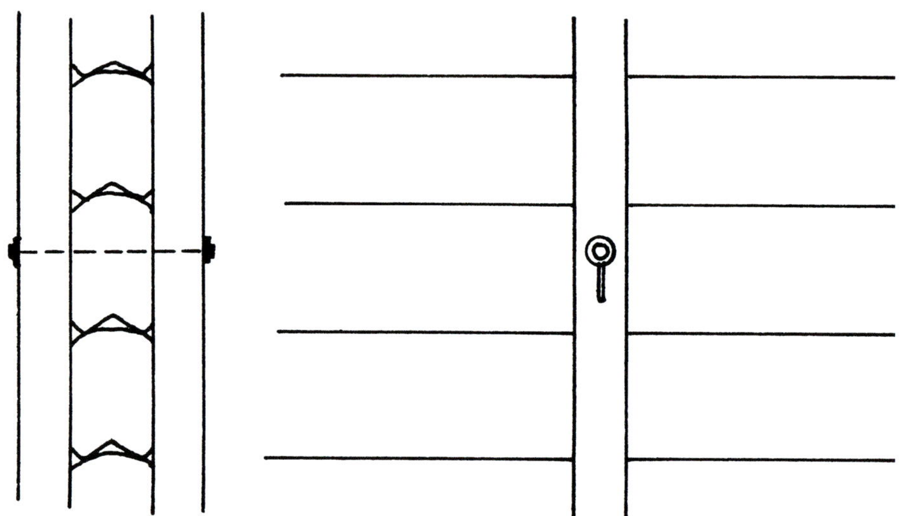

Montierte Zangen, um die Blockhauswand zwischen großen Fensteröffnungen zu stabilisieren. Eiserne Stangen halten die Blockhauswände auf Höhe des Rahmenkranzes zusammen (im Bild nicht sichtbar). Sie sind oben in den Zangen in Langlöchern, mit einer kräftigen eisernen Unterlegscheibe unter der Schraubenmutter der Stange, befestigt.
Die Zangen werden mit starken Beschlägen an der Wand gehalten, die jedoch das Setzen der Wand nicht behindern (siehe vergrößerten Bildausschnitt).

Das Spalten von Balken

Früher stellte man Bohlen und Bretter her, indem man geradwüchsige Stämme spaltete. Die groben Bohlen, die man beispielsweise in Getreidespeichern alter Vorratshäuser finden kann, sind oft aus Stämmen herausgespalten worden. Nach dem Spalten wurden die größten Unebenheiten beseitigt. Dünne Bretter, die nur 2–3 cm dick, bis zu 40 cm breit und 6 m lang waren, konnte man aus besonders geradwüchsigen Bäumen herausspalten.

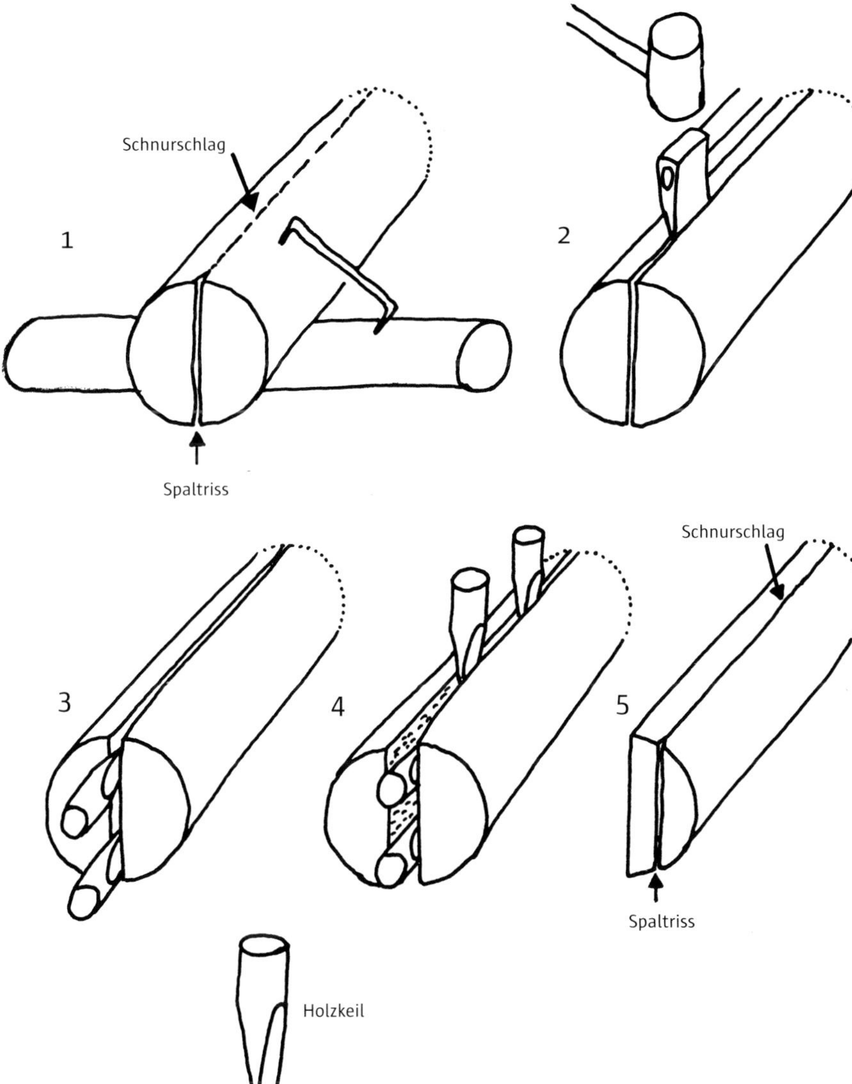

Spalten Sie Stämme wie folgt:

1. Legen Sie den Stamm auf eine stabile Unterlage und halten Sie ihn mit einer Zimmermannsklammer in Position. Im Stammende öffnet man einen Spaltriss, indem man mit dem Holzhammer auf eine Axt schlägt. Der erste Spaltriss muss durch die Markröhre gehen. Mit einem Schnurschlag markiert man die Spaltlinie längs des Stammes.

Kiefer spaltet man vom Zopfende und Fichte vom Fußende her.

2. Mit Axt und Holzhammer öffnet man eine Spaltspur auf der Stammoberseite, längs der sich der Spaltriss bilden soll.

3. Holzkeile werden 30–40 mm von der Außenkante in den Spaltriss des Stammendes eingeschlagen.

4. Wenn sich der Spaltriss längs der Spaltspur auf der Stammoberseite öffnet, werden dort, so wie die Axt den Stamm entlang fortbewegt und mit dem Holzhammer eingeschlagen wird, Holzkeile eingetrieben. Das Gleiche macht man auf der Unterseite des Stammes. Danach treibt man die Keile im Stammende tiefer ein und haut eventuelle schrägspaltende Holzfasern mit der Axt durch.

5. Das gleiche Verfahren kann man wiederholen, um aus den beiden Stammhälften Bohlen herauszuspalten.

Oberflächenbehandlung

Seit dem Beginn des 19. Jahrhunderts ist der Anstrich mit „Falu Rödfärg" (auch bekannt als Schwedenrot oder Faluner Rot), einer sog. Schlammfarbe, die gebräuchlichste Oberflächenbehandlung von Blockhäusern. Diese Kupferfarbe aus der berühmten Grube Stora Kopparberg von Falun in Dalarna kann man in Pulverform oder fertig gemischt kaufen. Die streichfertige Farbe hat oft verschiedene Zusätze, wie z. B. Mineralöle, die das Abblättern der Farbe verursachen können. Will man eine dunklere und weniger schmierige Farbe haben, kann man dem reinen Farbbrei höchstens 10 % Leinöl und etwas Schmierseife zusetzen, damit das Öl sich mit dem Wasser mischt. Frisches Holz muss zweimal gestrichen werden, damit der Anstrich gut deckt. Die Rotfärbung muss danach in einem Intervall von 10 Jahren erneuert werden.

Einfachere Häuser, Hütten und Scheunen wurden selten angestrichen. In Nordschweden liess man vielerorts auch die Wohnhäuser ohne Anstrich. Unbehandeltes Holz bekommt einen silbergrauen Ton, den man sich vielleicht für sein Blockhaus wünscht. Man muss recht viele Jahre warten, bevor die Blockbalken die graue Farbe älterer Häuser bekommen. Möchte man diesen Prozess beschleunigen und gleichzeitig einem Pilzbefall vorbeugen, kann man die Oberfläche mit einer Mischung aus Eisenvitriol und Wasser behandeln.

Ein Liter Eisenvitriol wird dabei in 2–5 Liter warmem Wasser aufgelöst. Streichen Sie die Lösung ein oder zweimal auf. Nach kurzer Zeit bekommt das Holz eine schöne graue Färbung. Manchmal bilden sich Ausfällungen von Eisenvitriol auf der Oberfläche, die man abbürsten kann.

Oberflächen, die mit Eisenvitriol behandelt wurden, werden mit der Zeit grauer als natürlich vergrauende Flächen. Mir gefällt die natürlich entstandene, silbergraue

Die Schutzbehandlung des Holzes kann durch Anstrich, Tauchen oder Druckimprägnierung erfolgen. Hier wird die Tiefenwirkung der verschiedenen Methoden gezeigt.

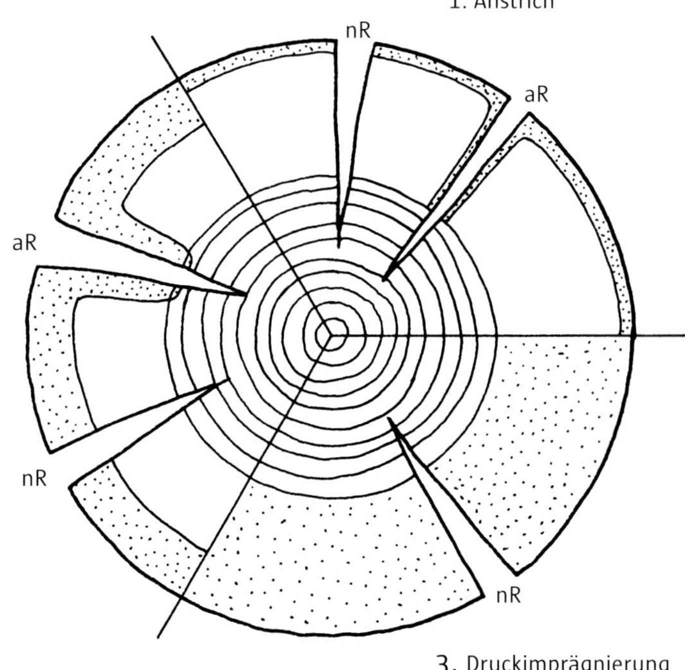

nR = neue Risse
aR = alte Risse

1. Der Anstrich gibt nur einen Oberflächenschutz. Neue Risse (nR), die sich nach der Behandlung öffnen, bekommen keinen Schutz. Deswegen ist es wichtig, erst dann zu streichen, wenn sich alle Risse geöffnet haben. Alte Risse (aR) werden mit dem Schutzmittel getränkt. Im Winter schliessen sich die Risse, derweil sie sich während der Trockenperioden im Frühjahr und Sommer wieder öffnen.

2. Das Tauchen gibt einen etwas besseren Schutz als ein Anstrich. Diese Methode verwendet man nur für kleinere Holzdetails. Auch hier werden neue Risse (nR), die sich vermutlich nach der Behandlung öffnen werden, nicht geschützt.

3. Die Druckimprägnierung gibt den besten Schutz. Das Imprägnierungsmittel wird dabei unter Druck in das Holz gepresst. Das Holz im Kern des Balkens wird dabei nicht durchtränkt, aber Kernholz hat selbst eine hohe Widerstandskraft gegen Pilzbefall. Wenn Holz direkt auf dem Boden aufliegt – wie z. B. der Schwellenrahmen einer auf dem Erdboden stehenden Hütte –, muss es druckimprägniert sein.

Oberfläche besser. Für den Holzschutz ist es wichtiger, dass das Holz keinen Kontakt mit dem Boden hat, vor Niederschlägen geschützt ist sowie eine gute Nässeableitung hat, als dass man es mit irgendeinem Schutzmittel streicht.

Auch Holzteer und Holzschutzmittel können aufgestrichen werden, wenn man das Holz noch mehr schützen möchte und wenn einem die Farbe gefällt, die eine mit Teer behandelte Wand mit der Zeit bekommt. Es ist von Vorteil, Holzschutzmittel vor dem Zimmern mit einer Druckspritze aufzubringen, wenn das Holz bereits gut durchgetrocknet ist. Im Binnenklima reicht meistens ein Anstrich aus echtem Holzteer. Um ihn streichfähiger zu machen, kann man ihn auch mit Kiefernöl verdünnen. Der Teer sollte im Spätfrühling, wenn die Luft rein ist, bei warmem und trockenem Wetter aufgestrichen werden. Das Holz muss dazu gut durchgetrocknet sein. Das ist frühestens im ersten Frühling nach dem Jahr, in dem das Blockhaus gezimmert wurde, der Fall. Es sind 2–3 Jahre Trockenzeit erforderlich, bevor die Blockhauswände gründlich getrocknet sind. Um einen dauerhaften Schutz darzustellen, muss der Teeranstrich einige Male wiederholt werden. Geben Sie Ihrem Haus erst im Abstand von 2 Jahren, dann nach 3–4 Jahren und später immer seltener einen Anstrich. An den Wänden, die nicht der Sonne ausgesetzt sind, können die Zeitintervalle verdoppelt werden.

Der Teer sollte unverdünnt aufgebracht werden. Dazu muss er vorher erwärmt werden – entweder im Wasserbad auf 70° C, oder indem er einige Stunden vor eine Sonnenwand gestellt wird. Streichen Sie den Teer nicht im direkten Sonnenlicht auf. Das Arbeiten mit unverdünntem Teer ermüdet die Handgelenke. Nehmen Sie sich Zeit und erwärmen Sie den Teer. Legen Sie einen Schutz über diejenigen Fundamentsteine, auf welche der aufgestrichene Teer von der Wand herabtropfen würde, wenn die Sonne ihn aufweicht.

Zimmert man bei feuchtem Wetter, in Küstennähe oder im Herbst, müssen einige Vorsichtsmaßregeln beachtet werden. Das Bauholz sollte gut durchgetrocknet sein (2–3 Jahre Trockenzeit). Schon beim Zimmern kann auf die Außenseite der Blockbalken Holzschutzmittel aufgestrichen werden. Muss man im Freien arbeiten, zimmert man am besten im Frühjahr oder Frühsommer. Dann ist die relative Luftfeuchtigkeit aufgrund des hohen Sonnenstandes niedrig, und Regen trocknet auf den Blockbalken schnell wieder ab. Bei einer Arbeitsunterbrechung kann man die Eckverbände kurzfristig mit ein paar Bretterstücken schützen.

Man sieht oft halbfertige Blockhausprojekte in der Landschaft stehen und langsam verwittern. Der Erbauer hat sich im Verhältnis zur verfügbaren Zeit ein zu großes Projekt vorgenommen. Konzentrieren Sie Ihre Kraft auf ein kleineres Gebäude, das zügig gezimmert werden kann. Haben Sie nur hier und da Zeit zum Zimmern, empfehle ich Ihnen sehr, sich nach einem luftigen, überdachten Arbeitsplatz umzusehen. Vielleicht in einer Scheune oder Garage. Dann kann das Bauen des Blockhauses sich solange hinziehen, wie es will, um fertig zu werden. Danach wird das Haus auseinander genommen und am gewünschten Bauplatz aufgestellt. Das sollte im Frühjahr oder Frühsommer geschehen, und das Dach sobald wie möglich gedeckt werden. Verwenden Sie zum Abdichten kein wasserziehendes Material.

Von innen können Blockhäuser auf verschiedene Weise behandelt werden. Ich habe es vorgezogen, die Wände mit Eiöltempera oder gewöhnlicher Ölfarbe zu streichen. Eine andere Möglichkeit wäre, die Wände zweimal pro Jahr mit Seifenwasser aus grüner Seife zu waschen oder scheuern. Verwenden Sie die echte grüne Schmierseife, die in kaltem Wasser aufgerührt wird. Nehmen Sie reichlich Seife, und achten Sie darauf, dass kaltes Wasser genommen wird.

Wenn man die Wände zweimal pro Sommer wäscht, erhält man eine dauerhafte, holzweiße Oberfläche, die bei vielen Leuten beliebt ist. Haben Sie sich zunächst für eine helle Holzwand entschieden, können Sie nach einigen Jahren immer noch einen Anstrich wählen, wenn das besser zum Charakter des Hauses passt. Aber denken Sie an folgendes: einmal gemalt ist für immer gemalt.

Jegliche Behandlung der Wände, ob mit „Falu Rödfärg", Eisenvitriol, Lasur, Imprägnierungsmittel oder anderem sollte bei warmem und trockenem Wetter ausgeführt werden. Dann sind die Risse im Holz geöffnet und die Farbe dringt besser ein. Malt man feuchtes Holz, dessen Risse geschlossen sind, legt sich die Farbe wie eine Haut über die Oberfläche. Trocknet das Holz später, bricht diese Haut durch die sich öffnenden Risse auf, siehe Zeichnung auf S. 70.

„Das Teeren ist die älteste und erprobteste äußere Behandlung von Blockhäusern. Holzteer ist ein Nebenprodukt der Holzverkohlung. Richtig gebrannt ist er fast farblos. Er enthält die gleichen Schutzstoffe, die wir im Kernholz der Kiefer vorfinden.

Bei der Anwendung müssen wir beachten, dass die Trockenzeiten für Holzteer lang sind. Vermeiden Sie darum Jahreszeiten mit starkem Pollenflug. Holzteer sollte vor der Anwendung im Wasserbad angewärmt werden.

Die häufigsten Mischungsverhältnisse sind:

a) reiner Holzteer

b) Holzteer mit gekochtem Leinöl gemischt (2:1 oder 1:1)

c) Holzteer mit rohem Leinöl gemischt (2:1 oder 1:1)

d) Holzteer und gekochtes Leinöl (1:1), gemischt mit Farbpigment."

Edgar Karlsen, Lærebok i Lafting, Oslo 1989.

Professor Axel L Romdahl äußerte sich um 1930 zu „Falu Rödfärg" wie folgt:

„Betrachten Sie eine Dorfstraße mit roten Häusern, die ihren Anstrich zu verschiedenen Zeitpunkten erhalten haben! Da gibt es die übermütige Jugend mit ihren hellroten Wangen, da stehen die mittleren Jahre mit ihrer Schwere und Kraft, da stehen die Alten, Verbrauchten und Geprüften, in ihrer Würde und deren Mystik. Die echte Rotfarbe ist von alters her gut Freund mit dem Wald, sie harmoniert prächtig an Stallwänden mit dem alten Stroh, sie steht tiefrot gegen den sich blau färbenden Schnee in der Abenddämmerung und leuchtend gegen sonnenbestrahlte Wehen, das blaue Wasser spiegelt behaglich die Wände der Holzschuppen am See; ob sie nun gestern oder vor fünfzig Jahren gestrichen wurden."

Gänzlich unbehandelte Balken erhalten an Südwänden eine sonnenverbrannte Oberfläche, an den übrigen Wänden eine eher gleichmäßig silbergraue Farbe. Vorratshaus aus dem 19. Jahrhundert.

Gezimmertes Haus in Enviken mit natürlich vergrauter Boden-Deckel-Schalung in variierenden Breiten. Auf der Sonnenseite wird die Schalung schön sonnenverbrannt. Schützende Verschalungen über den Eckverbindungen.

Treppenaufgang desselben Hauses mit ansprechender, natürlich vergrauter Außentür.

Oben:
Hier fällt der erste Schnee Ende Oktober 2012, 15 Jahre nach Aufstellen des Hauses.

Ich habe es mehrere Male mit Alcros Hälsinge-Holzteer angestrichen. Dieser enthält 20 % Kiefernöl und wurde mit Verdünner versetzt um das Eindringen zu verbessern. Im Laufe der Jahre wurde auch mal mit Leinöl, mit Balsamterpentin verdünnt, gestrichen. Verwendet man den Teer wie er ist, kreidet er und wird nach einigen Jahren in der Sonne schmutzig grau. Die nördliche Giebelseite, links im Bild, scheint schon fast fertig behandelt zu sein.

Mitte:
Neugestrichene Häuser, Farbe aus Rotfarbepulver angerührt.

Die traditionelle Behandlung von Außenwänden geschah in Schweden mit „Falu Rödfärg“, das eine Oberfläche ergibt, die dem Holz zu „atmen“ erlaubt. Besonders beim Zimmern mit Fichte ist es wichtig, dass die Oberflächenbehandlung das Austrocknen von Feuchtigkeit zulässt. In Norwegen hat man für feuchtes Klima gehobelte Balken verwendet, die mit gut verstrichener dünner Leinölfarbe gestrichen wurden.

Unten:
Zweiter Anstrich des Anbaus. Bei meinen Häusern neueren Datums habe ich 1/3 Holzteer, 1/3 gekochtes Leinöl und 1/3 Balsamterpentin gemischt. Man erhält eine hellbraune Holzoberfläche. Es ist eine stark kleckernde Arbeit, weshalb die Grundsteine sorgfältig abgedeckt werden müssen.

Der Kauf eines neuen Blockhauses

Hat man das Gefühl, dass einem selbst Können und Zeit fehlen, um ein größeres Blockhaus zu zimmern, kann es eine passende Lösung sein, ein neugefertigtes Blockhaus zu kaufen. In Schweden gibt es eine Vereinigung von Blockhausherstellern (Föreningen Svenska Timmerhus/FST), die u. a. mit EU-Hilfe Projekte zur Weiterentwicklung des Blockhausbaues und des Blockhauses als Wohnform betrieben haben. Es sind eine Reihe Studien entstanden, in die man sich bei Interesse vertiefen kann.

Ich werde hier einige der neugewonnen Erkenntnisse nennen, die für diejenigen von Interesse sein können, die überlegen, ein Blockhaus von einem Hersteller zu kaufen.

Schwedische Qualitätsnormen für Blockhäuser

In einem gemeinsamen Projekt norwegischer und schwedischer Blockhaushersteller sind Qualitätsnormen für Blockhäuser erarbeitet worden. Sie gelten sowohl für von Hand gezimmerte als auch industriell hergestellte Blockhäuser. Abhängig von den Voraussetzungen bei der Herstellung unterscheiden sie sich ein wenig. Die einzelne Firma trägt selbst die Verantwortung dafür, dass die Vorgaben befolgt werden, doch können auch Sie als Käufer diesen Anspruch stellen. Im weiteren folgt eine etwas verkürzte Version der Normen. Meine Kommentare wurden kursiv hinzugefügt. Sehen Sie auch: www.svenskatimmerhus.com (s. Hinweise für deutsche Leser, S. 373)

Blockhaus, gebaut von der Östanbäck Timmerhus AB, während der Fertigstellung.

1. Holzart und Stammeigenschaften

Es wird sowohl Kiefer/Föhre als auch Fichte als Bauholz für den Blockhausbau akzeptiert. Auch Lamellbalken („Leimbalken") können verwendet werden. Holzart und Stammtyp müssen im Vertrag angegeben werden.

1.1 Kiefer/Föhre

Kiefer/Föhre wird traditionell am häufigsten zum Zimmern von Häusern angwendet. Der große rotfäulebeständige Kern alter Föhren machte dieses Holz für die Hausbauer attraktiv. Der Erdstamm hat einen höheren Kernanteil, doch wird heutzutage sogar der zweite (oder dritte) Stammabschnitt verwendet, wodurch der Kernholzanteil der Balken niedriger ist.
Empfindlichkeit für Blaufäule: Relativ groß.

1.2 Fichte

Auch Fichte hat sich als Bauholz für den Blockhausbau gut bewährt. Sie ist, im Vergleich zur Föhre, oft gerader gewachsen und ihr Außenholz hat eine bessere Widerstandskraft gegen Rotfäule. Dagegen hat die Fichte kein rotfäulebeständiges Kernholz.
Empfindlichkeit für Blaufäule: Relativ gering.

1.3 Stammeigenschaften

Immer öfter wird beim Zimmern mit Kiefer der zweite Stammabschnitt verwendet. Er hat einen niedrigeren Kernholzanteil, ist aber weniger abholzig. Der zweite Stammabschnitt der Fichte hat dieselben Eigenschaften.

> **Kommentar:** *Der Erdstamm wird oft als besseres Holz eingestuft und ist von daher im Kauf teurer als Rohware für den Blockhausbau. Schöne, starke Kiefernstämme sind Mangelware, und gehen in erster Linie an Tischler- und Schreinereien.*

Folgende Stammeigenschaften sollte man ganz vermeiden:
- Rotfäule- und Brandschäden, welche die Festigkeit des Holzes herabsetzen
- Insektenschäden im Bauholz
- Krümmungen in verschiedene Richtungen bei ein und demselben Stamm

Für gewisse Stammeigenschaften gelten folgende Begrenzungen:
Drehwüchsigkeit: Wandbalken dürfen höchsten 4 cm Linksdrehung per Meter, und höchstens 8 cm Rechtsdrehung per Meter aufweisen. Bei Kurzbalken kann man stärkere Drehwüchsigkeit tolerieren.

> **Kommentar:** *Nach meiner Auffassung ist drehwüchsiges Bauholz ein großes Problem, besonders dann, wenn man, wie es immer noch vorkommt, mit frischem Holz zimmert. Es ist bei frischen Stämmen fast unmöglich zu sehen, ob sie verwunden sind. Derjenige, der hohe Forderungen stellen möchte, kann vorschreiben, dass keine linksgedrehten Stämme vorkommen dürfen, sowie dass rechtsgedrehte Stämme weniger Verwindung haben sollen, als die Norm angibt. Seien Sie jedoch darauf gefasst, für diese hohen Ansprüche einen Aufpreis bezahlen zu müssen.*

Rotfäule-Ast: Höchstens ein Ast auf 1,5 m. Die Rotfäule darf sich nicht bis außerhalb des Astes erstrecken.

Druck- und Zugholz (mehr als 3 cm vom Mark entfernt): höchstens ein Areal in der Größe von fünf Jahresringen im halben Umkreis

Die mittlere Breite der Jahresringe am Fußende – 2 cm vom Mark und nach außen hin gemessen – sollte höchstens 4 mm betragen. Die größte Jahresringbreite darf 6 mm nicht übersteigen.

Blaufäulebefall wird in begrenztem Umfang akzeptiert. Der tolerierbare Umfang wird im Vertrag notiert.

Kommentar: *Unterscheiden Sie zwischen Stammverblauung und Verblauung des Außenholzes. Letztere kann sogar trockenes Holz leicht angreifen, während Stammverblauung in mehr durchfeuchtetem Holz auftritt.*

Deutliche Vergrauung durch Witterungseinflüsse wird auf der Wandinnenseite im Haus sichtbar nicht zugelassen, an der Außenseite sehr begrenzt.

2. Die Vorbereitung des Stammes

Ohne Berücksichtigung der Trockenmethode gelten folgende Regeln für die Trockenheit des Bauholzes (für Wandbalken und Dachpfetten) zum Zeitpunkt des Zimmerns:

- Die durchschnittliche Feuchtigkeitsquote sollte unter 20 % liegen.
- Höchstens 10 % der Stämme dürfen eine Feuchtigkeitsquote von über 20 % haben.

Die Feuchtigkeitsquote wird mit einem elektrischen Widerstandmesser ermittelt. Die Messtiefe unter der Stammoberfläche liegt dabei bei 30 mm.

Kommentar: *20 % können zu hoch sein, wenn man berücksichtigt, dass die Feuchtigkeitsquote in einer fertigen Wand auf 12–13 % sinken kann, und die Verformung des Holzes von 27 % abwärts auftritt, da dann das Wasser aus den Zellwänden zu entweichen beginnt. Hinunter auf 28 % wird das freie Wasser in die Zellwände abgegeben. Früher, als das Bauholz für Blockhäuser auf zufriedenstellende Weise getrocknet wurde, konnte es 3–5 Jahre dauern, bevor man das Holz für trocken genug zum Zimmern befand. Es war dann auf eine Feuchtigkeitsquote von etwa 18 % herunter getrocknet. Wenn man auf der sicheren Seite sein möchte, kann man verlangen, dass das Außenholz der Stämme bei der Lieferung nicht mehr als 16 % Feuchtigkeitsquote haben soll. Für die Hersteller, die im Freien zimmern, kann das schwierig zu erfüllen sein. Ein solcher Anspruch im Vertrag muss auch beschreiben, wie es kontrolliert werden und von wem die Kontrolle durchgeführt werden soll.*
Leider ist allzu feuchtes Bauholz beim Zimmern keine Seltenheit, und das Problem ist nur schwierig zu lösen, wenn man die lange Trockenzeit für an der Luft trocknende Blockhausbalken bedenkt.
In letzter Zeit sind mehrere spezialisierte Lieferanten für Blockhaus-Bauholz auf dem Markt erschienen, welche die Blockbalken in Trockenkammern trocknen.

3. Die Konstruktion eines Blockhauses

Die Richtlinien für die Konstruktion eines Blockhauses und für verschiedene Einrichtungsdetails gelten für normale ein- oder zweigeschossige Wohnhäuser.

3.1 Generelle Richtlinien

Anpassung an das Setzen
Alle Konstruktionslösungen und Baudetails sowie die Montage der Einrichtung müssen daran angepasst sein, dass sich die Wände mit mindestens 3 % setzen werden. Bei der Dachkonstruktion ist zu berücksichtigen, dass sich der Dachwinkel ändert, wenn die Wände sich setzen.

Kommentar: *Bei einem Dach mit Firstpfette dürfen die Sparren nicht in den Rähmen bzw. Fußpfetten verankert werden. Bei einer Dachstuhlkonstruktion darf man die Balken des Giebels nicht mit dem Dach vernageln.*

Das Gewicht des Daches
Das Dach sollte schwer sein, um ein baldiges Setzen und gute Dichtigkeit der Wände zu erreichen.

Ausweichen aus der Flucht
Eine handgezimmerte Blockhauswand darf nicht mehr als 1,5 %, eine industriell hergestellte nicht mehr als 1 % aus der Flucht ausweichen – gemessen auf mindestens 2 Meter der Wandhöhe.

3.2. Wanddetails

Der Schwellenbalken
Der Schwellenbalken soll mit mindestens 75 % der Breite seiner Unterseite am Fundament anliegen. Der Schwellenbalken darf nicht in direkten Kontakt mit dem Fundament kommen. Es wird zweckdienliches Material dazwischen gelegt. Wo die Gefahr besteht, dass Wasser unter den Schwellenbalken eindringt, versieht man ihn mit einer wasserableitenden Rille („Tropfnase").

Längsnut
In Außenwänden sollte die Breite der Längsnut mindestens 45 % der Breite des Balkens betragen. Für Rundholz gilt, dass ihre Breite mindestens 45 % des geringsten Balkendurchmessers von Ober- oder Unterbalken entspricht.
Die Längsnut wird bis zu den Eckverbindungen mit geeignetem Isolierungsmaterial gefüllt. Dieses Dichtungsmaterial darf nicht sichtbar sein. Längsnut und Eckverbindungen müssen bei der Herstellung dicht sein.
Bei maschinell hergestellten Blockhausbalken werden auch verschiedene Ausformungen mit Nut und Feder akzeptiert. Die Feder sollte dabei auf der Oberseite der Balken sitzen.

Eckverbindungen
Die Oberseite der Balkenköpfe soll auswärts-abwärts geneigt sein, sodass Wasser abrinnen kann. Dies gilt nicht für maschinell hergestellte Blockhausrohbauten.
Wird der Balkenkopf mit einer Längsnut versehen, muss deren Ausschalung so angepasst werden, dass sie der Wölbung auf der Oberseite des Unterbalkens folgt. Die Balkenköpfe dürfen nicht aufeinander aufliegen, es muss ein Zwischenraum gelassen werden.
Die Dichtheit der Eckverbände ist von der Qualität ihrer Zusammenfügung abhängig. Die Fugen dürfen nirgends aufklaffen. Wenn die Eckverbindungen richtig ausgeformt sind, treffen die Ecken an definierten Punkten aufeinander. Um dies erreichen zu können, sollten die Balkenhöhen des Ober- und Unterbalkens sich nicht zu mehr als einem Drittel unterscheiden.

Oberflächenbearbeitung
Es sollte im Vertrag spezifiziert werden, wie die Oberfläche der Balken, sowohl auf der Innen- als auch auf der Außenseite des Blockhauses, bearbeitet werden soll.

> **Kommentar:** *Die Wahl der Oberflächenbearbeitung berührt sowohl das Aussehen als auch die Funktion. Auf der Außenseite kann es darum gehen, sich zwischen einer ‚mit der Axt handgebeilten', ‚mit einem Rundstahl maschinengebeilten' oder ‚unbehandelten gesägten' Oberfläche zu entscheiden. Das Beilen von Hand, wobei die Blockbalken – vor dem endgültigen Einbau in die Wand – mit der Oberseite nach unten liegend gebeilt werden, ergibt das beste Wasserableitungsvermögen. Auf der Innenseite gilt die Wahl dem Grad des Feinhobelns oder Putzens.*

3.3 Das Stoßen von Balken

Die beiden Balken, die durch einen Stoß verbunden werden müssen, sollten sich in ihrer Feuchtigkeit so wenig wie möglich unterscheiden. Der Unterschied sollte nicht mehr als 4 Prozenteinheiten betragen.
Die Anstückstelle sollte möglichst in einem „Knut" (wo Zwischen- und Außenwand sich treffen) liegen. Es ist wichtig, den Balken dabei so zu sichern, dass er nicht herausgleiten kann. Man sollte vermeiden, zu viele Balken in einer Vorstoßkette anzustücken – es muss auch durchgehende Balken geben.
Wird außerhalb einer Verkämmung o.Ä. angestückt, müssen Lösungen gewählt werden, die einen dauerhaften, stabilen und dichten Stoß ergeben.

„Mit trockenem Bauholz zu zimmern bringt Qualitäts- und Effektivitätsgewinne mit sich und ist eine Voraussetzung für das Zimmern in Innenräumen. Freiluftstrocknung ist wetterabhängig, langwierig, und es wird dabei auf längere Zeit Kapital gebunden. Weiter lässt sich der Rohware-Einkauf nicht an die Ordersituation anpassen. Forcierte Freiluftstrocknung ergibt ein schnelleres Resultat, da man den Luftstrom mithilfe von Ventilatoren erhöht. Diese Methode ist preiswert, doch für Blockhausbalken noch nicht erprobt. Kammertrocknung verläuft schnell, vom Wetter unabhängig, und unter kontrollierten Bedingungen. Mit Wissen und Sorgfalt erhält man weniger Risse, Deformationen und andere Holzfehler, als bei der Freiluftstrocknung. Zu Beginn des Trocknungsvorganges geht man jedoch einen Balancegang zwischen Gefahr der Rissbildung und Schimmelangriff. Wenn man Blockbalken mit Mark trocknet, lassen sich Risse allerdings nicht vermeiden. Durch Hochtemperatur- und Vakuumtrocknung kann man die Rissbildung noch weiter reduzieren, als durch gewöhnliche Kammertrocknung. Letztere Methoden erfordern jedoch große Investition."

Zitat aus der Zusammenfassung des Rapportes Torkning av blockat timmer von Bengt Persson, Högskolan Dalarna 2002, FST EU-Mål 2 Projekt.

3.4 Einsetzen von Türen und Fenstern

Pfostenbohlen

Beim Einbau der Pfostenbohlen der Tür- und Fensteröffnungen muss im Tür- oder Fenstersturz ein Sinkmaß von 3 % berücksichtigt werden: 3 cm je Meter Pfostenlänge.

Bei Tür- und Fensteröffnungen, die höher als einen Meter sind, wählt man Pfostenbohlen mit T-förmigem Querschnitt, oder Rundholz-Bohlen (Rundhölzer, bei denen nur die beiden dreikantigen Leisten neben dem Kamm ausgenommen sind). Der Kamm der T-Pfostenbohle sollte mindestens einem Viertel der Wandstärke entsprechen, jedoch nicht kleiner als 38 x 38 mm sein. Die Dicke einer „blinden" Pfostenbohle sollte ebenfalls mindestens einem Viertel der Wandstärke entsprechen. Eine Blindbohle kann auch bei kleineren als 1 m hohen Öffnungen, oder bei niedrigen, z. B. kniehohen Wänden von höchstens 1 m Länge, angewendet werden. Pfostenbohlen oder Blindbohlen werden für gewöhnlich in die durchgehenden Balken über und unter der Wandöffnung eingezapft, wobei das entsprechende Sinkmaß zu berücksichtigen ist, s.o.

> **Kommentar:** *Zwischen den obengenannten Rundholz-Bohlen lassen sich keine Fenster oder Türen einbauen, sie können aber einen dekorativen Einschlag an Wandöffnungen darstellen.*

Abdichten

Um Türen und Fenster herum wird geeignetes Dichtungsmaterial angebracht.

3.5 Innenwände und Einrichtung

Tragende, aufgeriegelte Wände dürfen nicht im selben Geschoss wie tragende Blockbalkenwände stehen. Dort, wo aufgeriegelte Wände als nichttragende Innenwände dienen, muss man über ihnen ein Sinkmaß von 3 % belassen. Selbiges gilt für das Montieren von Treppen.

3.6 Dach

Montieren der Pfetten

Die Pfetten müssen so eingefügt werden, dass sie nicht herausgleiten können. Pfetten dürfen nur in tragenden Konstruktionen angestückt werden.

Auflegen des Daches auf Wände und Pfetten

Die praktische Lösung, wie das Dach auf Wände und Pfetten aufgelegt wird, ist dem Hersteller überlassen. Die gewählte Lösung darf jedoch nicht mit sich bringen, dass durch das allmähliche Setzen des Daches, und den dadurch veränderten Dachwinkel, Schäden oder Deformationen auftreten.

> **Kommentar:** *Der Dachüberstand sollte mindestens $^{1}/_{8}$ der Wandhöhe betragen. Die Dimensionen der Dachstühle und Pfetten sollten nach ihrer zukünftigen Belastung gewählt werden. Möchte man ein Grasdach haben, muss der Hersteller die Dachkonstruktion dementsprechend dimensionieren.*

3.7 Versteifung der Wände

Grundsätzliches zu Dübeln

Der Abstand zwischen zwei Dübeln sollte nicht mehr als 2,5 m betragen. Dübellöcher sollten 2,5 cm länger als die Dübel sein, damit die Wandbalken nicht am Setzen gehindert werden. Wenn ein Balken in der Verkämmung oder Verschränkung einer Zwischenwand angestückt wird, müssen die Balken auf beiden Seiten, nahe des Stoßes, mit Dübeln versehen werden. Balken, die nicht mit Verkämmungen, Verschränkungen, Zangen oder ähnlichem versteift worden sind, müssen immer einen Dübel in Nähe des Balkenendes haben.

> **Kommentar:** *Die Funktion der Dübel ist, ein Gleiten oder Verdrehen der Blockbalken in Längsrichtung zu verhindern. Zangen sind senkrechte Bohlen oder Balken, die parallel zueinander auf beiden Seiten der Wand platziert und mit durchgehenden Bolzen montiert werden. Sie sollen ein Ausbuchten der Wand verhindern.*

Besondere Versteifung von langen und hohen Wänden
Die Richtwerte für die größte zugelassene Wand ohne Versteifung in Form einer Verkämmung, Verschränkung, Zange oder ähnlichem, liegen bei 7 m Länge, bzw. 20–25 m² Wandfläche. Bei Verwendung von Lamellbalken liegen die Richtwerte bei 10–12 Meter Länge und einer Wandfläche von 30–35 m².

Kommentar: *Die oberen Grenzwerte erscheinen etwas hoch, und der Abstand zwischen den Versteifungen ist auch von der Höhe der Wand abhängig.*

Zugstangen
In maschinengefertigten Blockhäusern können Zugstangen eine passende Lösung sein, um die Wände zu versteifen.

Kommentar: *Das Zusammenbringen von Material mit so gänzlich verschiedenen Eigenschaften wie Stahl und Holz, kann Probleme schaffen, wenn man die Spannmuttern zu hart anzieht.*

3.8 Spursägen (Marksägen) gegen Rissbildung
Eine Sägespur oder ein Markschnitt auf der Balkenoberseite ist bei Pfettenbalken aktuell und sollte am besten ausgeführt werden, bevor der Balken getrocknet ist. Bei bereits trockenen Blockbalken hat das Spursägen wenig Effekt auf die Rissbildung.

Kommentar: *Damit das Marksägen garantiert einen Effekt hat, sollte man Holzkeile in den Schnitt einschlagen, sodass sich ein deutlicher Riss bis ins Mark bildet.*

4. Nachkontrollen
In den Vertrag mit dem Kunden sollte eingehen, dass mindestens ein Jahr nach Aufbau des Blockhauses eine Nachkontrolle durchgeführt wird. Bei dieser zeigt sich, ob Nachjustierungen vonnöten sind.

5. Holzschutz/Oberflächenbehandlung
Holzschutz geht meistens nicht in die Verpflichtungen der Hauslieferanten mit ein. Die meisten Kunden fragen jedoch um Rat und Anweisungen.

Bei der Wahl der Oberflächenbehandlung sollten die Hauskäufer sich selbstverständlich an die Empfehlungen der Farbenhersteller halten. Viele Farbhersteller wissen jedoch zu wenig von den Eigenschaften eines Blockhauses, besonders, wenn dieses aus soliden Block- oder Rundbalken ohne extra Wandisolierung besteht. Für Blockhäuser ist es besonders wichtig, Mittel zu verwenden, welche weder die Feuchtigkeitswanderung in den Balken noch den Feuchtigkeitsaustausch zwischen Balken und Umgebungsluft einschränken.

Bauanleitung für Blockhäuser

Im Jahr 2002 hat die Schwedische Blockhaus Vereinigung FST eine Zeitung, Bygga & bo i timmerhus (Bauen & Wohnen in Blockhäusern), herausgegeben. Darin wurde eine umfassende Bauanleitung für Blockhäuser publiziert. Sie umfasst 65 Seiten und ist mit diesem Umfang zu groß, um hier eingefügt zu werden. Sie beschreibt alle Aspekte, die Ihnen als Käufer bei einem Blockhausbau begegnen können.

Auf der Internetseite der Vereinigung www.svenskatimmerhus.com liegt eine PDF-Datei der Bauanleitung, die zu lesen ich allen empfehle, die ein Blockhaus bauen wollen.

Rücksichtnahme auf das lokale Klima

Allzu oft bedenkt man bei der Wahl, welchen Typ Haus man bauen möchte, das lokale Klima nicht. Blockhäuser eignen sich nicht überall. In Lagen mit harten Winden und kräftigen Schlagregen kann der hohe Winddruck Wasser in die Wände hinein pressen. Eine Lösung kann sein, die am stärksten ausgesetzten Wände mit einer Außenverschalung zu verkleiden, welche den Winddruck bricht. Die heutigen Blockhäuser werden auch auf andere Weise benutzt, als die früheren. Sie haben eine deutlich höhere Innentemperatur und sind dadurch erheblich größeren Temperaturunterschieden ausgesetzt, als die Blockhäuser unserer Vorfahren.

Hat ein Haus in den ersten Jahren eine zu hohe Innentemperatur, trocknet das Holz zu schnell, und es treten große Risse und Verdrehungen der Balken auf. Lassen Sie das Blockhaus in Ruhe trocknen, und sorgen Sie für reichliche Ventilation, sodass die Feuchtigkeit ausdunsten kann. Behandeln Sie die Blockbalkenwände im ersten Jahr weder innen noch außen mit solchen Anstrichen, die das Austrocknen behindern könnten.

Neue Baunormen

In Schweden gelten seit Juli 2006 neue Baunormen. Statt auf dem Isolierungswert eines Gebäudes liegt der neue Fokus nun auf dem Energieverbrauch, kWh/m² im Jahr. In Block- und Maßivholzhäusern kann man nun einen niedrigeren Isolierungswert mit einem effektiveren Aufwärmungssystem kompensieren. Vieles, was den Energieverbrauch von Blockhäusern betrifft, bedarf noch der Klärung. In den landläufigen theoretischen Berechnungen hat das wärmespeichernde Vermögen einer massiven Wand noch keine Beachtung gefunden. Hier ist weitere Forschung erforderlich.

Zimmerei-Halle für die Lima Timmerhus AB.

Das Umsetzen eines Blockhauses

Früher war es recht gewöhnlich, ein Blockhaus umzusetzen. Blockhäuser lassen sich leicht auseinander nehmen, und Blockbalken sind Bauelemente von hantierbarer Größe. In einigen Regionen wurden Blockhäuser im Zusammenhang mit Erbschaften als bewegliches Eigentum betrachtet. Es kam vor, dass man ein Zweiraum-Blockhaus, ein sogenanntes ‚Paar-Haus', einfach in der Mitte teilte, und zwei Einfach-Häuser daraus machte. In alten Blockhäusern findet man oft Markierungen an den Balken, die auf früheres Umsetzen verweisen.

In Schweden kann man versuchen, ein altes Blockhaus zu kaufen, anstatt sich selbst ein neues Haus zu zimmern. Den Schwellenrahmen muss man meistens auswechseln. Wenn möglich, sollte man dafür alte Blockbalken verwenden.

Das Aufmessen und Markieren

Als erstes sollte man eine Beschreibung des Hauses anfertigen. Messen Sie das Haus auf und machen Sie einfache Skizzen. Machen Sie Fotografien von allen Seiten, sowie von verschiedenen Details. Danach markieren Sie den Fußboden, das Dach, die Türen und Fenster. Zeichnen Sie die Markierungen in spezielle Skizzen ein. Nehmen Sie den Fußboden, das Dach usw. erst dann auseinander, wenn alles aufgezeichnet ist.

An alten Häusern findet man in der Regel Bezeichnungen mit römischen Ziffern. Man behalf sich mit einer abgebrochenen Sense und ritzte die Ziffern an die Innenseite der Blockbalken. Bei einfacheren Häusern hieb man die Ziffern ein.

Die Blockbalken markiert man heute am besten mit Nummernschildchen aus Sperrholz oder Masonit, die man mit galvanisierten Nägeln am Holz befestigt.

Beschriftungen mit dem Zimmermannsblei kann man mit Klarlack fixieren. Die Schrift mit Tusche oder Filzstift verblasst relativ schnell.

Wenn man nicht sorgfältig beschriftet hat, steht man eines Tages vor einem Riesenpuzzle, das einen lange beschäftigen wird. Im Werkzeughandel kann man einen Stanzsatz mit den Ziffern 0–9 kaufen. Damit kann man Ziffern in Blechstückchen stanzen, die viele Jahre halten. Bedenken Sie, dass ein altes, schönes Blockhaus einen Wert hat, auch wenn es auseinander genommen und gestapelt ist.

Wie Sie die verschiedenen Wände eines Blockhauses benennen, ist Ihnen überlassen. Wichtig ist allein, dass Sie bei der Markierung konsequent vorgehen.

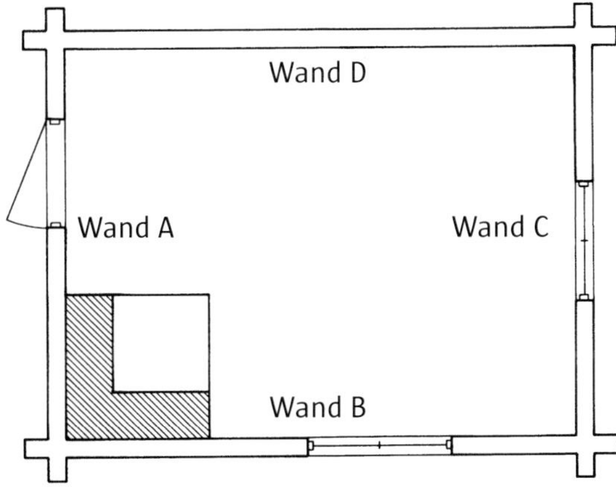

Bezeichnen Sie die vier Wände als A, B, C und D.

Ein einfaches Haus mit vier Ecken kann, wie auf der Zeichnung, mit den Serien (A0) A1 – An, B1 – Bn, (C0) C1 – Cn, D1 – Dn markiert werden. Oder es kann die Zifferserien: 101–120, 201–220, 301–320, 401–420 erhalten. Der Balken ‚201' entspricht dabei dem Balken ‚B1' des ersten Vorschlages.

Die Markierung kann außen, innen, oder am Ende des Balkens angebracht werden, falls der Balkenkopf nicht abgefallen ist. Ich markiere die Balken gerne am Balkenende. Wenn das Bauholz aufgestapelt liegt, lassen sich die Balken dann leicht unterscheiden.

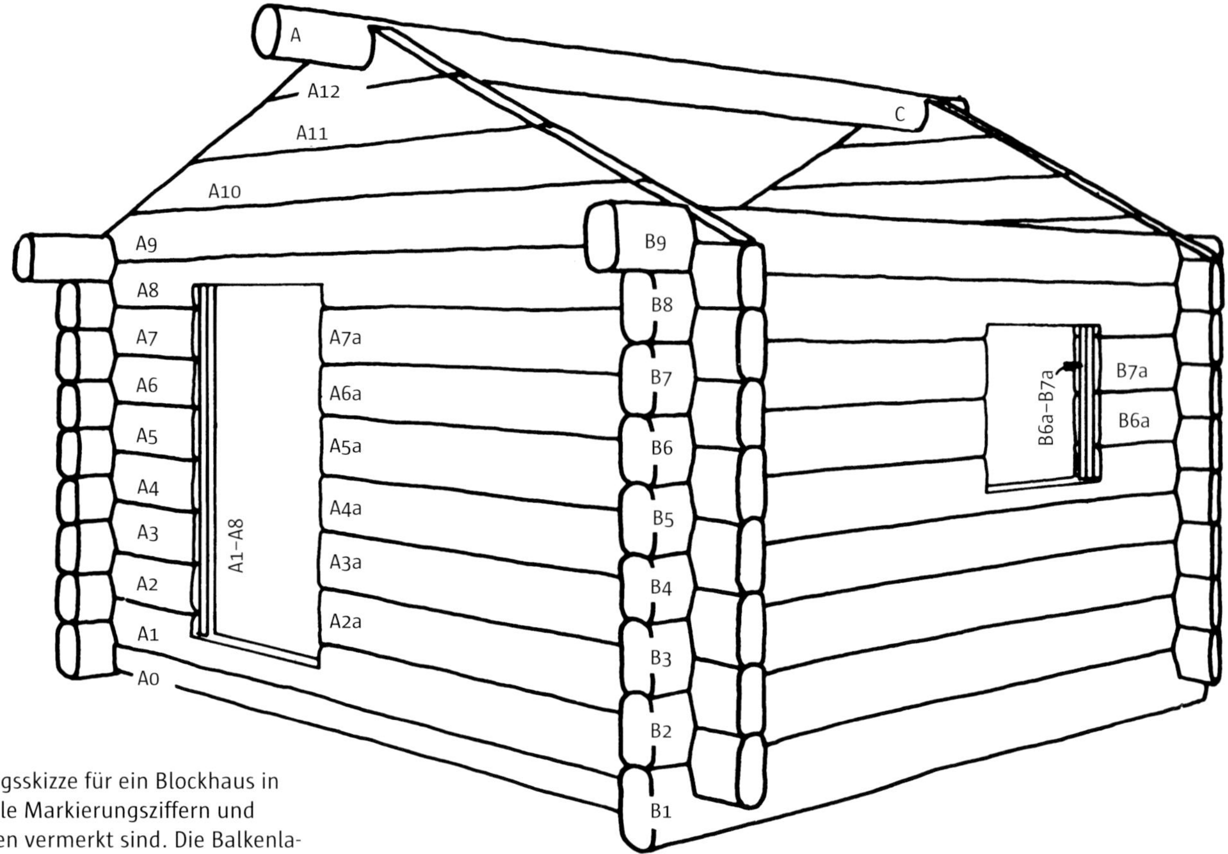

Markierungsskizze für ein Blockhaus in welcher alle Markierungsziffern und -buchstaben vermerkt sind. Die Balkenlagen werden von unten nach oben nummeriert. Der Schwellenrahmen hat die Nummer 1. Beginnt man zwei gegenüberliegende Seiten mit halben Balken, kennzeichnet man sie mit 0 (z. B. A0 in dieser Zeichnung).

Bevor der Abbau beginnt, solte man kontrollieren, dass die Markierung vollständig ist. Beim Lösen der Blockbalken kann man gut einen Kuhfuß und einige Hebelstangen verwenden. Markieren Sie auch die Dübel Stück für Stück und legen Sie sie in eine Kiste, sofern sie sich lösen. Meistens sitzen sie in ihrem jeweiligen Blockbalken fest. Die Giebel können als Ganzes abgenommen werden, wenn man dies von ihrem Gewicht her schafft. Gerissene und schwache Eckverbindungen werden mit ein paar Brettern verstärkt, die auf jeder Seite der Verbindung angenagelt werden.

Beim Schwellenkranz angekommen, muss man dessen Neigung ermitteln – bei älteren Blockhäusern liegt der Schwellenkranz meistens nicht mehr in der Waage – und ihn vermessen. Wichtig sind die diagonalen Maße, sowie die Abweichung von der Waagerechten, damit das neue Fundament sowohl dieselben Maße als auch dieselbe Neigung erhält.

Früher hat man das Fundament oft nicht ausgewogen, sondern auf abfallendem Untergrund mit dem Zimmern begonnen. Man machte keine umfassenderen Erdaushebungen, wenn man nicht absolut gezwungen war. Wenn das Bauwerk langsam höher wurde, wog man es ein, sodass die Wände nach ein paar Balkenlagen waagerecht waren.

Hat man ein altes, windschiefes Blockhaus auf ein neues, schönes, waagerechtes Fundament gestellt, kann man folgendes tun: Die Ecken mit einem Wagenheber soweit anheben, bis die Wände in der Waage sind. Eine waagerechte Linie im Schwellenkranz anzeichnen. Danach jene Teile des Schwellenkranzes wegsägen, die sich unterhalb dieser Linie befinden, und das Blockhaus auf das Fundament herabsenken.

Auf diese Weise liegt das Blockhaus waagerecht auf dem Fundament. Die Blockhausbalken sollten beim Transport vor Niederschlag geschützt und anschliessend gut belüftet unter einem Schrägdach, wie in der Zeichnung auf der nächsten Seite aufgestapelt werden. Allzu viele Blockhäuser verrotten durch unangepasste Lagerung. Verkaufen Sie ein auseinander genommenes Blockhaus lieber, wenn Sie keine Zeit oder keinen Platz haben, um es aufzustellen.

Beim Wiederaufbau eines Blockhauses empfiehlt es sich, die Blockhausbalken so zu sortieren, dass jede Wand als ein eigener Stapel liegt. Im Idealfall legt man die Balken in Nummernfolge, mit den niedrigsten Nummern zuoberst in jedem Stapel.

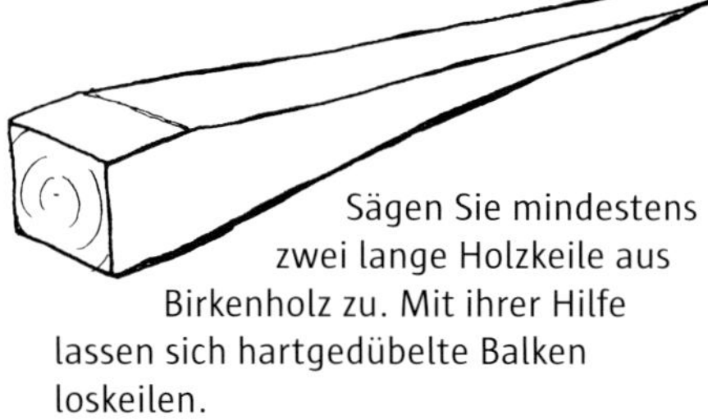

Sägen Sie mindestens zwei lange Holzkeile aus Birkenholz zu. Mit ihrer Hilfe lassen sich hartgedübelte Balken loskeilen.

Schützen Sie während des Baues das ausgelegte Blockhaus-Bauholz vor Regen. Altes, vielleicht gar schadhaftes Holz sollte man so gut wie möglich schützen. Es wird leicht durch Schimmel angegriffen, besonders dann, wenn es feucht unter Plastik liegt. Feuchtes Holz lässt sich nicht mit gutem Ergebnis ausbessern. Aufgetragene Schutzmittel ziehen nicht in das Holz ein.

Kleinere Häuschen mit einer Breite von 3–3,5 Metern kann man im Ganzen transportieren. Hier wurde eine Wahlhütte zum Umsetzen auf einen Trailer verladen. Denken Sie daran, dass man für einen Transport mit Überbreite eine Genehmigung einholen muss.

Große Vorratshäuser, Speicherhäuser einer Gemeinde und sogar Wohnhäuser hat man mit Erfolg als Ganzes umgesetzt. Große Blockhäuser wie auf dem Bild können beträchtliche Strecken transportiert werden. Während des Umzuges wird das Haus von kräftigen Eisenbalken getragen. Einzig und allein der Schornstein wurde abgerissen.

Kleinere Blockhäuser lassen sich, wie hier im Bild, mit einem größeren Gabelstapler heben. Man kann auch zwei kleinere Gabelstapler nutzen, die von je einer Seite heben. Dabei besteht nur die Schwierigkeit, dass sie sich mit derselben Geschwindigkeit bewegen müssen.
Auch größere Blockhäuser lassen sich ohne Demontierung kurze Strecken transportieren. Man zieht sie auf einer Schleppbahn aus Stämmen, oder auf einem Schlitten, der aus zwei Gleitstämmen besteht, die durch Querbalken zusammen gehalten werden. Er wird unter das angehobene Haus untergeschoben. (siehe auch S. 285–287)
Man kann ein Blockhaus für den Transport versteifen, indem man diagonale Streben auf die Wände aufnagelt.

Die Pflege alter Blockhäuser

„Wo Faulheit wohnt, sinkt das Dach ein, untätigen Händen wird das Haus undicht.“

Prediger 10:18

Blockhäuser dienen immer öfter als Sommerhäuser, oder als Wohnhäuser ohne Anknüpfung an Landwirtschaft. Die alten Häuser werden somit auf andere Weise genutzt als einst angedacht. Dabei besteht das große Risiko, dass man auftretenden Schäden nur auf kurze Sicht abhilft. Die überdimensionierten Neben- und Wirtschaftsgebäude werden abgerissen und alte Blockhäuser, in denen viele Jahrzehnte ihre Spuren hinterlassen haben, werden als Brennholz verbrannt.

Halten Sie einen Moment inne, bevor Sie die alten Scheunen niederreißen und die Wohnhäuser „modernisieren“. Mit einfachen, preiswerten Maßnahmen können Sie das alte Milieu bewahren, den Charme, weswegen Sie ein Anwesen vielleicht gekauft haben.

In den meisten Fällen können Schäden an Blockhäusern behoben werden. Die Konstruktionen sind außergewöhnlich stark und haben ein großes Vermögen, unreparierbar wirkenden Schäden standzuhalten.

Was schadet dem Holz von Blockhäusern?

Man unterscheidet zwischen holzfressenden Insekten und Hausfäulepilzen. Unter den holzfressenden Insekten können folgende genannt werden:

Der *Einfarbige Langhornbock oder Fichtenbock (Monochamus sutor)* und *Holzwespen* (Familie der *Siricidae*) greifen stehende Bäume an. Ihre Larven fressen sich in das Splintholz und gelangen mit dem Bauholz ins Haus. Vornehmlich werden solche Bäume, die stehend abgestorben sind oder über den Sommer unentrindet gelegen haben, von diesen Insekten angegriffen. Nach dem Puppenstadium kehren die geschlüpften Insekten in den Wald zurück.

Der *Blauviolette Scheibenbock*/auch *Veilchenbock (Callidium violaceum)* und der *Weiche Nagekäfer (Ernobius mollis)* greifen Holz an, an welchem sich noch Rindenstreifen befinden. Sie leben gerade unter der Borke und verursachen unbedeutende Schäden. Die Gänge der Larven machen jedoch möglich, dass Feuchtigkeit ins Holz eindringt, und schaffen Voraussetzungen für Hausfäulepilze. Entfernen Sie an dem Holz, das Sie fällen, alle Rindenreste, und bestreichen Sie älteres Holz, das solche Angriffe aufweist, mit einem Imprägnierungsmittel.

Der *Hausbock (Hylotrupes bajulus)* und der *Gewöhnliche Nagekäfer, auch: „Totenuhr“ (Anobium punctatum)* leben und fortpflanzen sich im trockenen Holz innerhalb der Häuser. Auch hier sind es die Larven, welche die Schäden verursachen. Sie greifen in erster Linie Dachstühle, Pfetten und Balken an.

Die Larven des Hausbockes fressen sich in der Fiberrichtung des Splintholzes vorwärts, und drücken das Wurmmehl hinter sich in den Gang. Die Oberfläche kann gänzlich unbeschädigt aussehen, doch klingt das Holz dumpf wenn man darauf schlägt. Das einzig Sichtbare sind die von den schwärmenden Käfern gebohrten, ovalen Fluglöcher. Der Hausbock ist bis Mittelschweden zu finden und breitet sich weiter nach Norden hin aus.

Blauvioletter Scheibenbock/Veilchenbock (Callidium violaceum), rechts in natürlicher Größe

Die Larven des Gewöhnlichen Nagekäfers werfen ihr Wurmmehl aus, welches man als kleine Häufchen auf dem Fußboden unter den Pfetten sehen kann. Wenn sie ungestört wüten können, gibt eine Pfette letzten Endes nach. Man sieht auch die vielen, zirkelrunden Fluglöcher, die einen Durchmesser von 1–2 mm haben. Das Insekt wird wegen des tickenden Fressgeräusches der Larven auch als „Totenuhr“ bezeichnet. Die Angriffe können sehr umfassend, wenn auch nicht so verheerend wie die des Hausbockes, sein.

Es hat sich gezeigt, dass man Angriffe des Gewöhnlichen Nagekäfers mit Cyanwasserstoff (Blausäure) sanieren kann. Der Hausbock ist schwieriger zu handhaben. Man sollte eine Sanierungsfirma konsultieren.

Bestreichungsmittel geben einen gewissen Schutz, können jedoch nicht in alle Risse und Hohlräume eindringen. Den sichersten Schutz bietet die Druckimprägnierung.

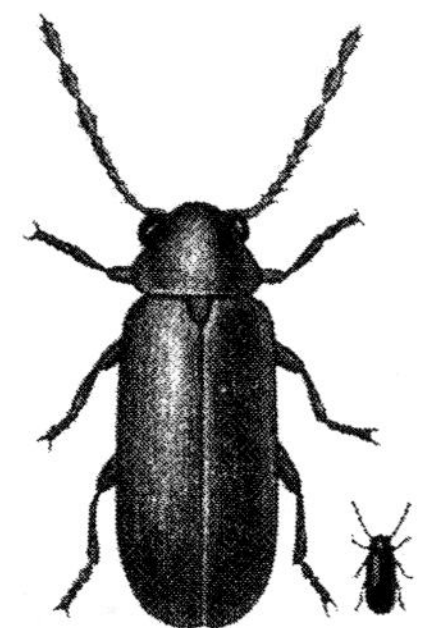

Weicher Nagekäfer (Ernobius mollis)

Ameisen müssen ausgerottet werden, falls sie in einem Haus auftreten. Besonders die *Rossameisen (Gattung Camponotus)* können das Holz angreifen und schwere Schäden verursachen. Unterbrechen Sie den über Fundament oder Fundamentsteine verlaufenden Ameisenpfad mit entsprechendem Pulver. Für eine Totalsanierung eines alten Blockhauses müssen Sie eine Sanierungsfirma kontaktieren.

Erkundigen Sie sich, ob Schäden und Sanierung aufgrund von Hausbock und Rossameisen durch eine Versicherung abgedeckt sind. In Frage kommen Hausrat- oder Gebäudeversicherung.

Hausfäulepilze gibt es in großer Zahl, und die Artbestimmung kann nur ein Fachmann durchführen. Die in Gebäuden dominierenden Arten sind die Braunfäulepilze, von denen es ungefähr 180 Arten gibt. Jede Art hat ihre speziellen Ansprüche an das umgebende Milieu.

Die Hausfäulepilze ernähren sich aus der Holzsubstanz, wobei die Struktur der Holzzellen zersetzt wird. Das Myzel der Hausfäulepilze besteht aus äußerst feinen Fäden, den Hyphen, die bei einem umfassenden Befall flauschige Häute oder Stränge bilden können. Diese sind mit bloßem Auge sichtbar.

Der Befall durch Hausfäulepilze kann unterschiedlich aussehen, doch haben sie gemeinsam, dass durch den Befall die Zellwände des Holzes aufgelöst werden. Dieser Fäuleangriff wird im Schwedischen als „Schwundfäule" bezeichnet, da das Holz schrumpft bzw. schwindet und dadurch in prismatische Teilchen zerfällt. Es färbt sich braun und lässt sich leicht bis hin zu Pulver zerkrümeln.

Beim Schwinden wird die Zellulose abgebaut, während das Lignin mehr oder minder intakt bleibt.

Der *Echte Hausschwamm (Serpula lacrymans)* ist der gefährlichste holzzerstörende Pilz, da er die Feuchtigkeit, die er zur Entwicklung braucht, selbst produzieren kann. Nicht selten sind auf seiner Oberfläche Guttationströpfchen zu sehen, weshalb er auch als Tränender Hausschwamm bekannt ist. Andere Pilze benötigen extern zugeführte Feuchtigkeit, um sich entwickeln zu können.

Es ist sehr wichtig, dass jegliches Holz, das vom Echten Hausschwamm befallen wurde, sofort aus einem Blockhaus entfernt und forttransportiert wird. Die Stränge des Myzels können sich über Mauerflächen oder im Boden ausbreiten, und der eigentliche Pilzherd kann somit auch in altem, auf der Erde liegenden Holz außerhalb des Hauses sein. Räumen Sie alles Holzmaterial um ein Blockhaus und auf dem Boden unter dem Haus sorgfältig fort.

Feuchtigkeit ist für die Entwicklung der Hausfäulepilze ausschlaggebend. Die Feuchtigkeit in der freien Luft ist jedoch in der Regel zu niedrig. Schutz vor Regen, Ventilation und kein Bodenkontakt sind Voraussetzungen für schadfreie Blockhäuser.

Holz kann auch von anderen Pilzen angegriffen werden. Es wird von ihren Pilzfäden durchdrungen, die eine Missfärbung verursachen. Man spricht oft davon, dass Holz verblaut ist. Die Hyphen gehören zu verschiedenen Blaufäulepilzen, und das von ihnen angegriffene Holz trocknet langsamer. Rein technisch verliert das Holz seine Stärke jedoch nicht. Die Blaufäulepilze entwickeln sich, wenn das Holz dazu feucht genug ist (etwa 30 % Feuchtigkeit). In Holz, das einmal an der Luft getrocknet war, und dann wieder feucht wird, gedeihen eine Anzahl Pilze schlechter, als in noch frischfeuchtem Holz. Je nachdem, wann das Holz geschlagen wurde, ist die Verblauung mehr oder weniger umfassend. Dies hängt davon ab, inwieweit das Holz vor Beginn der eigentlichen Pilzsaison trocknen konnte. Kiefer wird leicht durch Bläuepilze angegriffen, und man muss auf der Hut sein, um dies zu verhindern. Fichte wird im Großen und Ganzen seltener befallen, als Kiefer, und deshalb als Außenverschalung für Wände empfohlen.

Holz für den Blockhausbau kann durch Bestreichen oder Druckimprägnierung geschützt werden. Für die Stämme oder Balken der Wände wählt man für gewöhnlich die Alternative des Bestreichens. Man kombiniert es mit sorgfältigem Entfernen jedweden schadhaften Holzes, Bestreichen bei trockenem Wetter, und anschließendem Einfügen neuen Holzes.

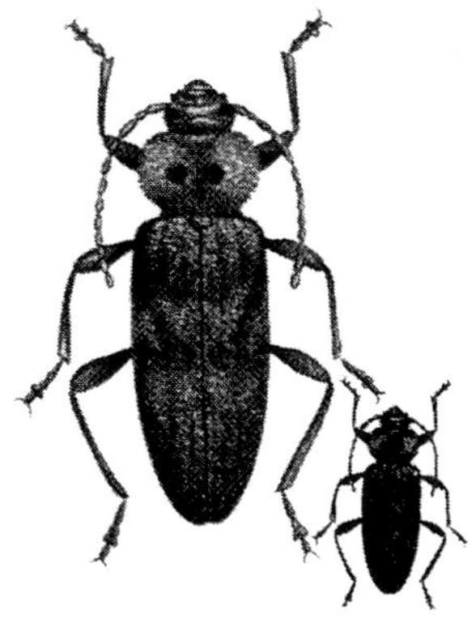

Hausbock
(Hylotrupes bajulus)

Nagekäfer/„Totenuhr"
(Anobium punctatum)

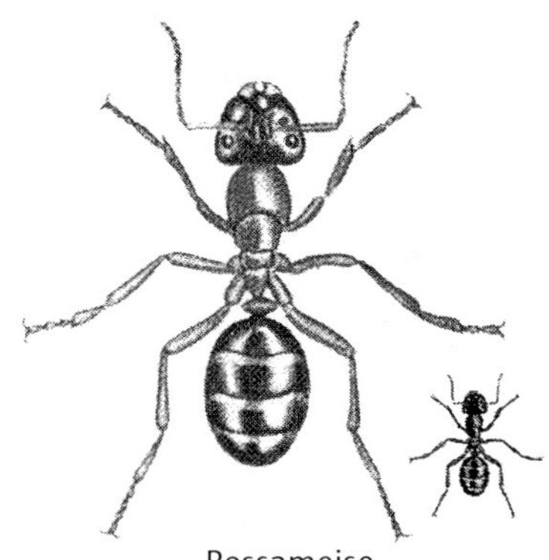

Rossameise
(Gattung Camponotus)

Das Reparieren alter Blockhäuser

Ein vernachlässigtes Blockhaus mit ernsthaft beschädigtem Nordostgiebel, an dem die Sonne das Holz nicht trocknen konnte. Die Wände der Längsseiten sind nach außen gewölbt, Erlenbüsche und Bäume konnten direkt an der Wand wachsen. Die Schwellenbalken sind halb in den Boden gesunken und von Reisig und Gras bedeckt, Dachziegel sind in Stücke verwittert oder heruntergefallen. Kurz gesagt, ein Objekt für den geschickten Feuermacher.

Was lässt sich tun? Die Auswölbung der Wand ist entstanden, weil die Eckverbindungen, mit denen Zwischenwände und Außenwand verzahnt waren, sich gelöst haben. Hier kann man mindestens 125 x 125 mm starke, stehende Zangen mit Bolzen befestigen, und die Wände der Längsseiten damit zusammenziehen. Verwenden Sie eine Seilwinde oder einen Seilzug und verspannen Sie die Wände mit Zugankern. In alten Blockhäusern stößt man oft auf quergehende Zugstangen aus Eisen.

Ein schadhaftes Blockhaus. Um es zu retten, sind umgehend Maßnahmen erforderlich.

Einzelne Blockbalken kann man in der Wand austauschen, doch dazu ist diese Wand zu schadhaft.

Vorschläge für Maßnahmen

1. Das Fundament freiräumen.

2. Die Wände der Längsseiten auf passende Weise verankern, z. B. durch Schrägstreben nach außen. Nahe der Eckverbindungen von außen starke Bretter aufnageln, damit die Wand nicht „herausquillt".

3. An der schadhaften Giebelseite etwa 1 m entfernt von jeder Reihe mit Eckverbindungen kräftige Vierkanthölzer mit Bolzen befestigen. Die Vierkanthölzer sollen ein gutes Stück am ersten heilen Blockbalken vorbeiführen, hier Balken Nr. 11 oder 12 vom Schwellenbalken aus gerechnet.

4. Die Vierkanthölzer mit einem Wagenheber anheben, sodass sie die Wandlast übernehmen.

5. Die schadhafte Wandpartie heraussägen.

6. Nun gibt es zwei Alternativen:

a) Eine neue Blockhauswand aufbauen, die Balken für Balken in den Seitenwänden befestigt wird. Die genaue Durchführung hängt davon ab, wie beschädigt die Balken der Seitenwände in den Eckverbindungen sind, und um welchen Typ von Eckverbindung es sich handelt.
Wählt man diese Alternative, sollte man abwägen, ob es nicht leichter wäre, das ganze Haus erstmal abzureißen. Beim Wiederaufbau kann man schadhafte Balken leicht gegen unbeschädigte, schöne alte Balken austauschen.

b) Nach Verstärken des Fundamentes einen neuen Schwellenbalken einlegen. Auf diesen werden an jeder Ecke und auch dazwischen Ständer gestellt, die bis zum ersten schadfreien Balken hinaufreichen. Die Seitenwände beispielsweise mit Winkeleisen, oder mit starken Brettern, die mit Bolzen auf der Außenseite der Eckverbindungen befestigt werden, in den neuen Ständerbalken verankern.
Die Giebelwand auf die stehenden Balken herabsenken und verankern. Man hat auf diese Weise ein tragendes Rahmenwerk geschaffen, das aufgeriegelt und mit Isolierung gefüllt werden kann. Der ausgetauschte Bereich wird mit Boden-Deckel-Schalung verkleidet. Die schadfreien Balkenlagen darüber kann man sichtbar lassen, aber normalerweise würde man die ganze Wand mit einer Verschalung versehen.

1

3

2

4

Austausch eines Schwellenbalkens

1. Mindestens zwei Bohlen, etwa 1 m von jeder Eckverbindung entfernt, mit Bolzen auf der Innenseite der Blockhauswand befestigen.

2. Die Wand anheben, im Bild mit einem hydraulischen 10-Tonnen-Wagenheber. Die Wand auf den Bohlen ruhen lassen. Die Ecksteine des Fundamentes freigraben und das Loch zuunterst mit Steinen oder Makadam (gebrochenes Gestein ohne Nullfraktion) füllen, oder bis zur Erdoberfläche mit Sprengsteinen auffüllen. Die Ecksteine an ihre Stelle rücken.

3. Der Ersatzblockbalken wird vorbereitet. Mit einer gekreideten Schnur durch Spannen und Loslassen einen Schnurschlag anbringen.

4. Zwischen den Kreidestrichen Querspuren sägen. Extraspuren durch größere Äste sägen.

5. Mit einer schweren Axt schräg von oben und mit der Faser schlagen. Die Holzstücke zwischen den Sägespuren lassen sich leicht losbrechen.

6. Der Balken ist fertig behauen. Der benachbarte Schwellenbalken liegt im Hintergrund.

7. Die Balken werden zur jeweiligen Wand herbeigezogen und die Haken für die Eckverbindungen werden gearbeitet.
   Es werden hier zwei Schwellenbalken an einer sechskantigen Rund-Tenne ausgewechselt. Gegen die Rückseite der Tenne war Schüttmaterial eines höhergelegenen Weges geworfen worden. Nach ein paar Jahren in der Erde waren die Schwellenbalken vermodert.

8. Die neuen Schwellenbalken wurden etwas größer als die übrigen Wandbalken gehauen. Das brachte mit sich, dass wir Einschnitte für die stehenden Bohlen, auf denen die Wand vorübergehend ruhte, machen mussten.
   Nach dem Einpassen der Schwellenbalken wird die Wand herabgesenkt, sodass die Ecksteine die Last übernehmen.

Oft sind mangelhafte Regenrinnen und Fallrohre direkte Ursachen für Schäden an Blockhäusern.

Teilweise behobener Schaden an einem Blockhaus. Über dem Kellereingang befand sich früher ein Dach, an welchem Wasser die Wand entlang gelaufen ist. Schäden an Dachanschlüssen zwischen verschiedenen Gebäudeteilen sind sehr häufig. Man kann anhand des Fäulnisbefalles den Weg der Feuchtigkeit in der Wand nachvollziehen.
Zwei schadfreie Blockbalken sind eingefügt und mit „geradem Blatt“ als Längsverbindung mit befindlichen Balken gestoßen worden. Sie werden am besten mit warmgalvanisierten, 150 mm langen Nägeln, die zur besseren Haltbarkeit der Verbindung schräg gegeneinander eingenagelt werden, befestigt.
Bei dieser Art von Arbeit ist eine Motorsäge unerlässlich. Die Balken in der Wand mit Axt und Stemmeisen zu kürzen, bräuchte viel Zeit.

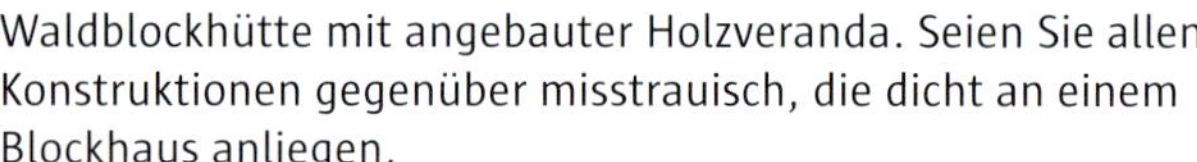

Waldblockhütte mit angebauter Holzveranda. Seien Sie allen Konstruktionen gegenüber misstrauisch, die dicht an einem Blockhaus anliegen.
Als wir die Veranda entfernt hatten, kam zutage, dass der Schwellenbalken durch Hausfäulepilze vermodert war. Aufgrund unzulänglicher Dachrinnen war Regenwasser auf Veranda und Schwellenbalken gespritzt. Palle Peterson, dem die Hütte gehört, musste die ganze Blockhütte mit einem Wagenheber anheben und den Schwellenbalken auswechseln. Es wurde auch ein zusätzlicher tragender Balken unter die Fußbodenbalken gelegt. Die Arbeit war kompliziert, da die Fußbodenbalken mit Schwalbenschwanzverbindungen in den Schwellenbalken eingefügt waren. Mit småländischer Hartnäckigkeit und mehreren Einpassungsversuchen kam gesundes Holz an seinen Bestimmungsort. Eine große Fichte in der Nähe der Hütte wurde gefällt und lieferte das erforderliche Ersatzholz.
Eine andere wichtige Maßnahme, die wir sogleich ergriffen, war, rund um die Hütte einen ordentlichen Graben auszuheben. Auf der Eingangsseite fällt das Weideland zum Blockhaus hin ab, und das Wasser rann auf das Blockhaus zu. Im Anschluss an die obengenannten Arbeiten hat Palle die Blockhütte auf Steine gestellt, sodass die untersten Holzbalken etwa 30 cm über Bodenhöhe gelangten und nun von unten gut belüftet werden. Früher hatte man in Wald- und Almhütten nur einfache Bohlen-Fußböden, die keine Unterkonstruktion aus mit Schüttung gefüllten Fächern hatten. Da war es notwendig, den Schwellenkranz nah an den Erdboden zu legen, um kalte Zugluft zu vermeiden. Eine Erdbank aus Torf, Sand oder anderem porösen Material wurde zur Wärmeisolierung auf der Innenseite der Fundamentsteine aufgeschaufelt.
Diese Blockhäuser hatten auf diese Weise eine kurze Lebensdauer, und Sie müssen sich der Konstruktion so schnell wie möglich annehmen, sollten Sie ein solches Haus kaufen. Ein trockenes, gut belüftetes Fundament ist die Basis für ein gesundes, dauerhaftes Blockhaus. Die Wärmeisolierung löst man natürlich mit einer herkömmlichen Balkenlagen-Konstruktion mit Schüttisolierung, gerne Sägespänen, wenn man in seinem Haus eine ökologische Note haben möchte.

Unter Fenstern treten oft Schäden an den Wandbalken auf. Falls wasserableitende Fensterbleche fehlen, macht Regenwasser, das entlang des Fensters läuft, das Holz feucht.

Möchte man ein altes Blockhaus kaufen, ist es am besten, wenn dieses innen und außen nicht verkleidet ist. Somit kommen vornehmlich nicht isolierte Blockhäuser infrage, unter anderem Scheunen, Magazine, Speicherhäuser, Schuppen. Kaufen Sie ein Blockhaus mit lehmverputzen Innen- und verbretterten Außenwänden, kaufen Sie unter Umständen die Katze im Sack und können böse Überraschungen erleben.

Äußerlicher Schaden an einem Blockhausbalken

Bei einer Scheune oder einem anderen nicht isolierten Gebäude findet man oft eine schadfreie Innenseite vor. Verwittert durch Sonne und Wetter kann die Außenseite sehr zerfressen aussehen, während Kern und Innenseite in gutem Zustand sind.

Dieser Balken hat sein tragendes Vermögen, nachdem der Schaden behoben ist, nicht eingebüßt.

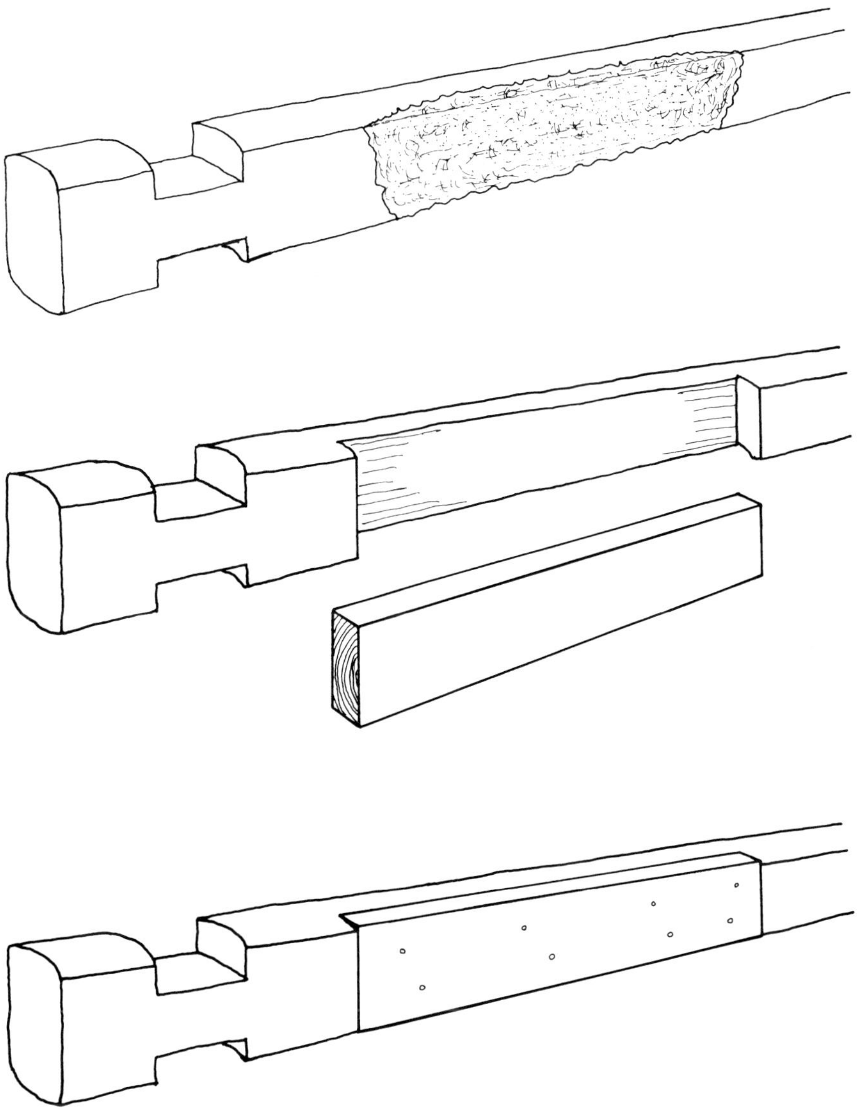

Ausbesserung durch Aufbohlung.
Im Schwedischen bezeichnet man diese Weise, etwa bis zur halben Stärke eines Balkens auszubessern, als „Halbbesohlung" (halvsulning), wie im Schuhmacherhandwerk.
Mit der Motorsäge sägt man einige Schnitte quer über den Balken. Die Spurtiefe ist vom Schaden und der Dicke des Ersatzstückes abhängig.

Danach wird ausgebeilt. Natürlich ist der Balken am leichtesten zu bearbeiten, wenn er beim Wiederaufbau eines Blockhauses gerade nicht in der Wand festsitzt und man ihn frei bewegen kann.

Den Boden des ausgenommenen Bereiches kann man zum Beispiel mit farblosem Cuprinol (Holzschutzmittel) bestreichen. Das Ersatzstück wird eingepasst und mit galvanisierten Nägeln festgenagelt. Der Eindruck des Flickenteppichs wird vermindert, indem man ein Stück einpasst, das die gleiche Höhe hat wie der restliche Balken. Die Kanten können so abgerundet werden, dass sie das Profil des umgebenden Balkens übernehmen. Im Vergleich zu den anderen, alten Balken ist die neue Oberfläche „stumm". Man kann sie vor dem Festnageln beilen. Beachten Sie, dass das neue Stück mit der Kernseite nach außen liegt, wodurch es sich gegen die ausgenommene Stelle wölbt. Das Mark des neuen Stückes sollte möglichst auf Höhe der Mittellinie des Balkens liegen. Wird das Blockhaus mit roter Schlammfarbe (Falu Rödfärg) gestrichen, erreicht man mit dieser Ausbesserung ein akzeptables Resultat, währen die Innenseite unberührt bleibt.

Begrenzte Schäden kann man mit einem kleineren Ersatzstück beheben. Beilen Sie die schadhafte Stelle so aus, dass der Grund nach außen geneigt ist. Eventuell eindringendes Wasser kann dann abrinnen. Tränken Sie alle Flächen mit Imprägnierungsmittel. Falls der Balken bei der Arbeit nicht in der Wand festsitzt, kann das neue Stück festgedübelt werden. Ist das Ersatzstück nur klein, nagelt man es mit passenden Nägeln.

Wenn man die Ausbesserung vornimmt, während der Balken in der Wand festsitzt, muss man nageln.

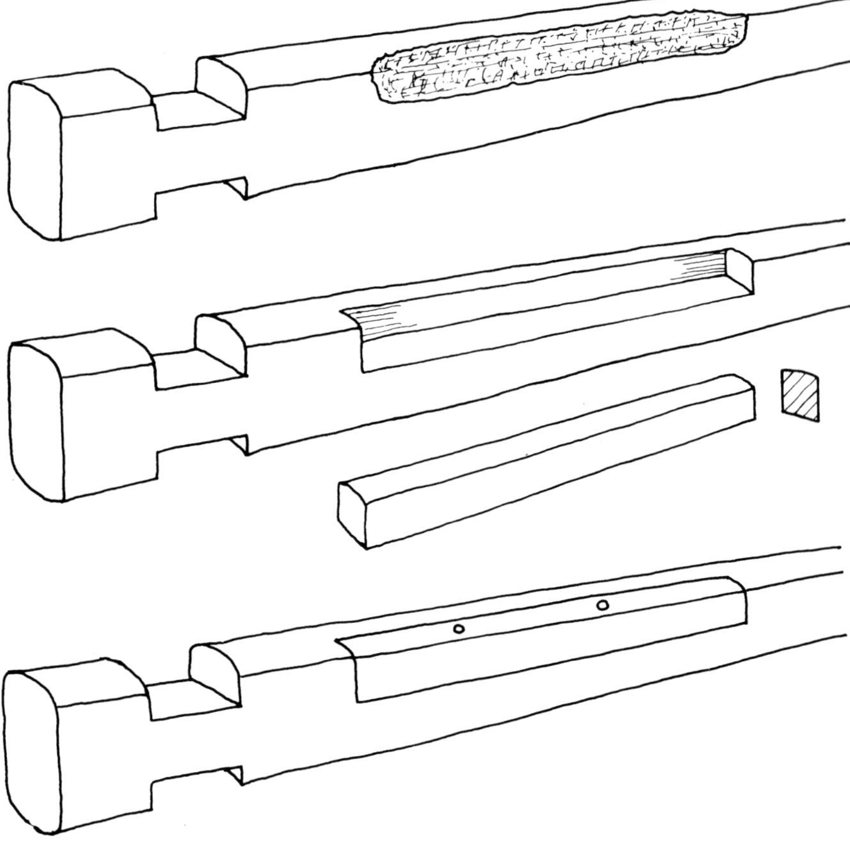

Wenn ein gesamtes Balkenende ausgetauscht werden muss, geht man vor, wie folgt:

Die horizontale Fläche dieses Längsstoßes, des „geraden Blattes“, muss nach außen geneigt sein. Eine solche Längsverbindung von alten und neuen Balken kann nur beim Wiederaufbau eines Blockhauses, wenn alle Balken frei zugänglich sind, geschaffen werden. Das Ersatzstück wird mit Dübeln im schadhaften Balken und in der unter- und überliegenden Balkenlage verankert.

Muss der Balken in der Wand sitzend ausgebessert werden, muss man den Stoß vertikal, statt horizontal wie in der Zeichnung, legen. Man kann dann das Ersatzstück mit kräftigen Nägeln befestigen.

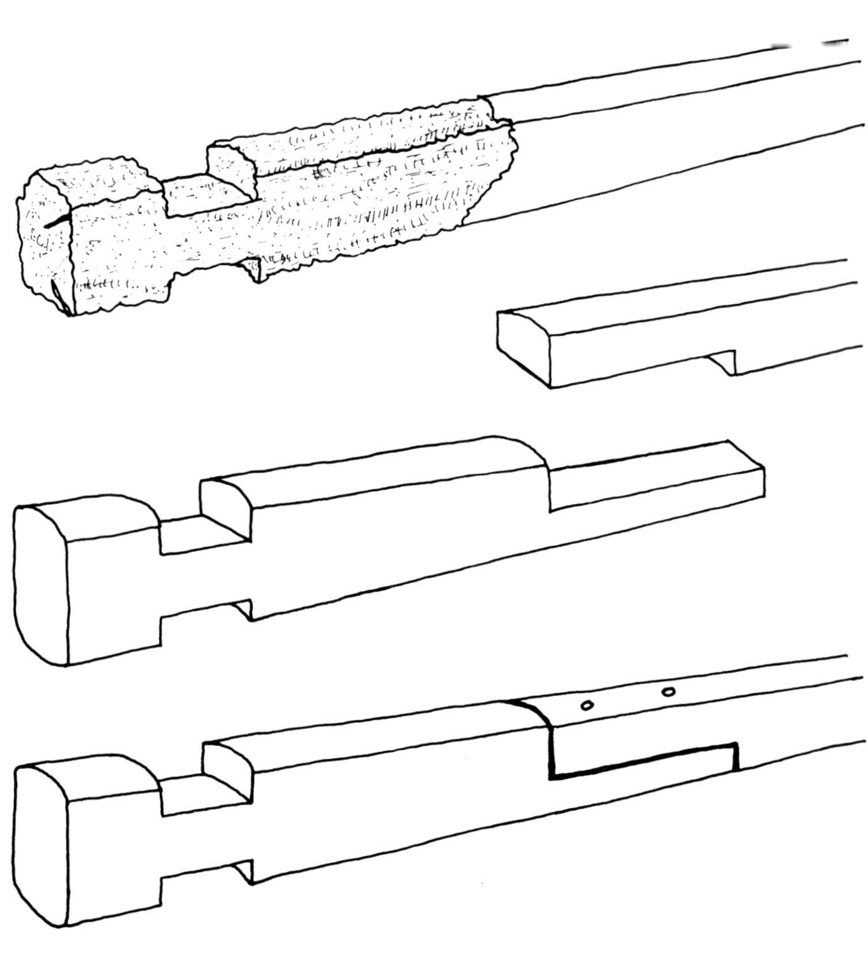

Aufbohlung eines Blockhausbalkens in einer bestehenden Wand kann wie auf dem Bild ausgeführt werden. Sechskant-Holzschrauben werden ein Stück versenkt und unter Holzzapfen versteckt.

An einem stark mitgenommenen Blockhaus wurden die drei untersten Balkenlagen ausgetauscht. Man beachte, dass an der Giebelseite als unterster ein halber Balken eingefügt wurde.

Es empfiehlt sich ein hydraulischer Wagenheber mit mindestens 10 Tonnen Hebekraft. Beim Aufrichten von Blockhäusern und Austauschen von Balken wird er Ihnen gute Dienste leisten. Dieser Wagenheber kostet nicht viel und entlastet Arme und Rücken. Gleichzeitig wird die Arbeit sicherer als mit Hebelstangen. Legen Sie eine Stahlplatte als Druckplatte auf, sonst drückt sich der Wagenheber in das weiche Holz hinein. Sorgen Sie dafür, dass der Wagenheber stabil und sicher steht, um sichere Arbeit zu gewährleisten.

Als Abschluss dieses Kapitels können wir lesen, was Åke Joachimsson in Bezug auf das Einsparen von Hausbedarfsholz und eine natürliche Holzimprägnierung sagt (Skogsvårdsföreningens Folkskrift N:o 14, 1914):

Masten für Telefon- und Stromleitungen

„Erhebliche Waldmengen könnten bewahrt werden, wenn der Einzelne so wie auch der Staat seine Masten für Telefone und Stromleitungen imprägnieren würde. Die Druckimprägnierung mit Kupfervitriol oder ähnlichem ist für den Einzelnen ein allzu umständliches Unterfangen; doch gibt es eine andere Methode, derer sich jeder Waldbesitzer bedienen können sollte, nämlich, Masten durch Entrinden im Stand zu imprägnieren.

Diese Imprägnierungsmethode gründet sich auf die Eigenschaft der Kiefer, bei Verletzungen ihren Stamm durch erhöhten Harzfluss vor Fäulnisbefall zu schützen.

Die Imprägnierung wird dadurch bewerkstelligt, dass die Bäume, die man als Masten haben möchte, 5 bis 10 Jahre vor dem Abholzen in 3 breiten Streifen, die sich von den Wurzeln bis ein paar Meter den Stamm hinauf ziehen, enrindet werden.

Insgesamt sollte die Breite dieser Streifen mindestens der Hälfte des Baumumfanges entsprechen.

Durch das Entrinden wird Harz in die Wunden gezogen, und zuerst nahe der Oberfläche, doch allmählich auch innerhalb des Stammes Kienbildung eingeleitet; eine Imprägnierung des Holzes ist somit die Folge.

Die Kienbildung wird noch stärker, wenn das wasserleitende Vermögen des äußeren Holzes dadurch aufgehoben wird, dass man am Fuß des Baumes in der Mitte jedes Entrindungsstreifens waagerechte Einschläge ausführt.

Beim Entrinden sollte man darauf achten, dass in den Entrindungsstreifen nicht nur die Rinde, sondern auch der Bast sorgfältig entfernt wird. Die Arbeit wird am besten im Spätherbst oder Winter durchgeführt.

Die Kosten für das Entrinden sind natürlich unbedeutend: Es sind Cent-Beträge pro Baum.

Zur Imprägnierung sind zweigfreie, leidlich frei wachsende, mittelalte Kiefern am besten geeignet.

Masten, die auf diese Weise imprägniert worden sind, sind doppelt so dauerhaft, wie nicht imprägnierte."

Schirmhütten

Bei Jagd und Fischfang in entlegener Wildnis und bei der Heumahd auf Mooren weit von seinem Heim hat man sich mithilfe einfacher Schirmhütten vor Wetter und Wind geschützt. In vielen Fällen bestand so ein Schutz aus einem schrägen, nur zeitweilig aufgestellten Reisigschirm. An Plätzen, die man regelmäßig aufsuchte, errichtete man bessere Unterstände.

Die gezimmerten Schirmhütten, die hier vorgestellt werden, gehören zu den weiter entwickelten Typen. Sie wurden vor allem bei der Heumahd auf Mooren angewendet. In einigen Teilen von Dalarna nannte man diese Mahdgebiete „utslogar" und die Schirmhütten darauf „slogbodar". Ein „slog" ist ein abgelegenes, natürliches Mahdgebiet, und „bod" bedeutet in diesem Fall in etwa „Hütte" oder „Schuppen". Andere Namen in Dalarna waren „kölbod", „myrbod" oder „gapskjul", in Jämtland und westlichem Ångermanland „busta".

Wie man in diesen Mahdhütten lebte, beschreibt Ole Bannbers:

„... Manch alter Mann hat nie den Tag vergessen, an dem er als Junge zum ersten Mal mit zu den Mooren wanderte, bevor er daran gewöhnt und für den Marsch gehärtet war. Mit der Sensenausrüstung im Tragegestell auf dem Rücken, stapfte er die lang gestreckten Anhöhen hinab und hinauf und über scheinbar unendliche Moore, wo das Moos knietief war und die Kraft aus den taub werdenden Beinen sog.

Hatte man endlich das Mahdgebiet und die Mahdhütte erreicht, die nun für eine Zeit zum Heim werden sollte, war müde, hungrig und durchnässt, galten die ersten Bemühungen dem Feuer machen. Die Feuerstelle musste unter freiem Himmel sein, da die Mahdhütte nur ein ‚gapskjul' ohne Herd oder andere Feuerstelle war. Von der Konstruktion her war sie nur ein schräg zum Boden gestellter Windschirm, oder ein Dach mit locker stehenden Seiten. Oder sie hatte Giebelwände aus gespaltenen Stämmen, gehalten von beiderseits stehenden, mit biegsamen Birken- oder Weidenruten zusammengebundenen Geradhölzern. Als Herd diente ein Balkenfeuer (zwei starke Stämme übereinander; Abstand durch dazwischen gelegtes Reisig, welches entzündet wird; kann die ganze Nacht brennen, gibt viel Strahlungswärme), das sich über die ganze Länge der offenen Seite streckte. War das Mahdgebiet groß und die Schnittergruppe zahlreich, hatte man möglicherweise zwei solche Hütten, mit ihren Öffnungen zueinander und gemeinsamer Feuerstelle in der Mitte. Diese Anordnung, als ‚tvibod' (Zweihütte) bezeichnet, war praktisch, und es kam sogar vor, dass Schnittergruppen von verschiedenen Höfen, die auf demselben Mahdmoor arbeiten sollten, ihre Hütten auf diese Weise zusammen stellten."

O. Bannbers, På slogmyr och lavhed (Auf Mahdmooren und Flechtenheiden), Svenska Kulturbilder, 1930.

In der heutigen Zeit nutzt man gezimmerte Schirmhütten in Schweden an Rastplätzen entlang von Wegen und Wanderpfaden. Viele Freiluftgruppen haben eine Schirmhütte gezimmert oder planen das Zimmern einer solchen als ihrer „Gruppenhütte". Hier kann sich die Freiluftgruppe in Wohnortsnähe zu ihren Aktivitäten versammeln, und die jüngeren Mitglieder dürfen hier das erste Mal vor einem flackernden Balkenfeuer im Freien übernachten.

Die Gruppenhütte kann in angemessenem Radelabstand an einem schönen See, oder an einem Bachlauf im dichteren Wald liegen. Das Zimmern der Schirmhütte wird zu einer motivierenden Gruppenaufgabe. Die Jugendlichen dürfen lernen, Bäume zu fällen, sie zu entrinden, zu zimmern, und vieles mehr – kurz gesagt, lernen, Axt und Säge zu handhaben und die Zufriedenheit zu fühlen, etwas mit ihren Händen zu schaffen.

„An jedes Ende der Pfette, welche von den Lappen in der Region von Piteå ‚alk' genannt wurde, pflegte man zwei starke Querhölzer schräg anzulehnen.

Zwischen ihnen wurden schmalere Stangen plaziert, auf die man Birkenrinde und Dachholz legte.

Auf der Vorderseite außerhalb des Daches machte man Feuer. Es heißt, dass die Lappen sogar bei minus 20 Grad unter so einem Schutz schlafen konnten, wenn davor ein Balkenfeuer brannte."

E. Brannström, Beskrivning av enkelt skärmskydd, 1932.

Wo können wir unsere Hütte aufstellen? Woher bekommen wir das Holz? Schaffen wir das alles? Fragen sich die Jugendlichen und ihre Gruppenleiter. Darauf kann man antworten: Viele andere Freiluftgruppen vor euch haben es geschafft, warum also solltet ihr den Aufgaben nicht gewachsen sein? In Schweden haben Grundbesitzer oft eine positive Einstellung zu einer fleißigen Freiluftgruppe auf ihrem Gelände. Hat man Glück, darf man das Holz für eine Schirmhütte direkt vor Ort fällen. Hinweise für Leiter eines Schirmhütte-Bauprojektes sind auf S. 101 notiert.

Die Schirmhütte sollte mit der Öffnung vom See abgewandt oder zu einem Abhang hin platziert werden. Errichtet man sie auf einer Anhöhe und möchte von innen die schöne Aussicht sehen, wird es oft eine Aussicht, die man ohne wärmendes Feuer genießen muss. Bei brennendem Feuer zieht der Rauch herein und die schöne Aussicht wird eine tränenreiche. Selbstverständlich gibt es jedoch auch lokale Windverhältnisse, die zulassen, dass die Öffnung zur Aussicht hin gewendet wird.

Arbeitsschritte für eine Schirmhütte

Die große schwedische Waldgesellschaft Sveaskog hat im Freizeitgebiet Malingsbo-Kloten eine Anzahl gezimmerte Schirmhütten. Sie stehen entlang von Wasserläufen mitten in der Wildnis, weit von jedem Weg und jeder Bebauung. Viele dieser Schirmhütten wurden als Kursprojekt von Jugendorganisationen, z. B. dem Schwedischen Pfadfinderverbund, gebaut. Die Schirmhütten stehen an gut geeigneten Stellen an Kanu-Routen, und werden von Paddelgruppen für Übernachtungen aufgesucht.

Die Schirmhütte, deren Arbeitsschritten wir folgen wollen, wurde von der Vereinigung „Freiluftjugend" auf Lagern und Kursen im Freizeitgebiet Malingsbo-Kloten gebaut. Sie wurde als Herberge für größere Gruppen errichtet; in der Breite können zehn Personen im Schlafsack nebeneinander liegen. Gepäck, wie Rucksäcke und andere sperrige Ausrüstung, wird an den Giebeln unter den Dachüberstand gelegt. Hat man größere Gruppen, kann man noch eine weitere Schirmhütte bauen, die der ersten gegenüber aufgestellt wird. Eine Doppelplatzierung bringt sogar mit sich, dass das Feuer bedeutend besser ausgenutzt wird.

Schirmhütte. Der Schutz ist dem Hang zugewandt. Das Brennholz wird unter Fußboden und Dachüberstand verwahrt.

Schirmhütte von der Seite

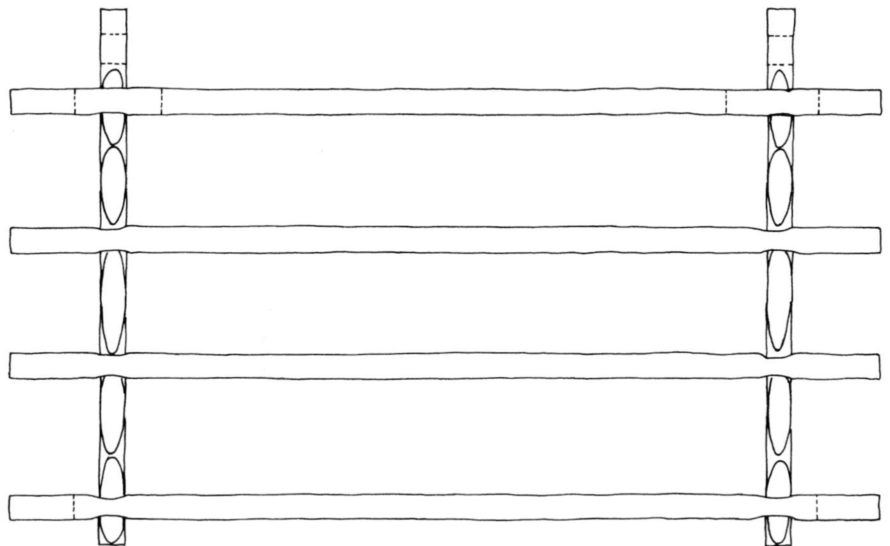

Blockhüttenkonstruktion von oben

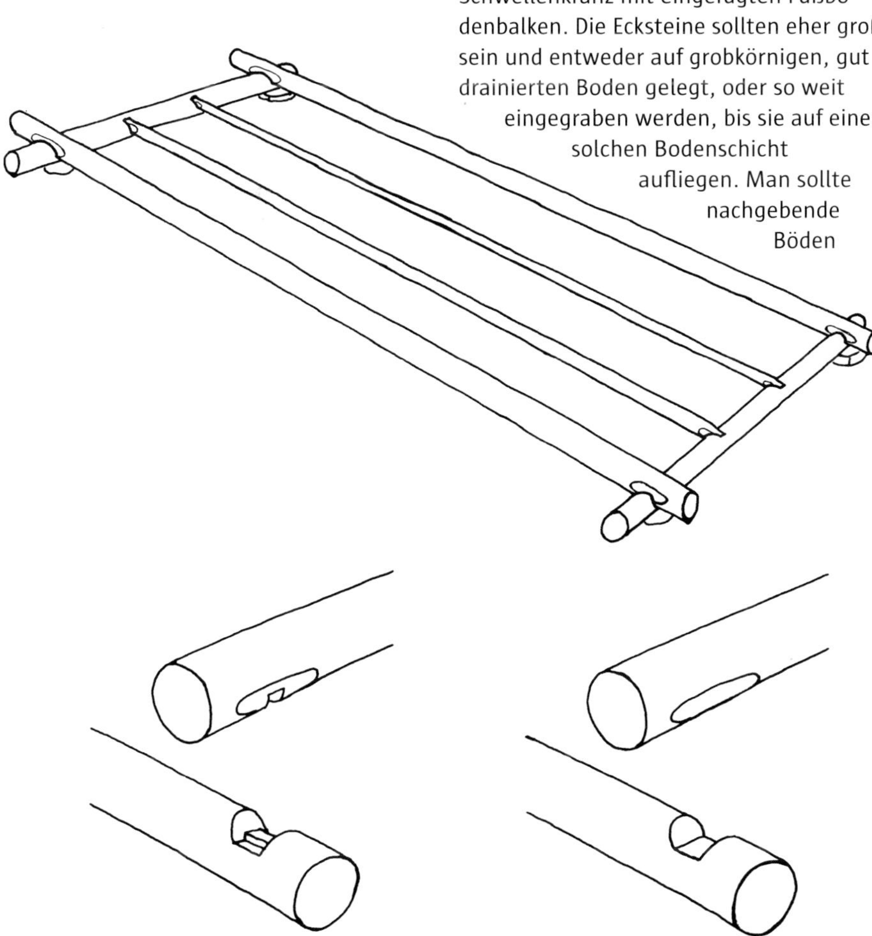

Schwellenkranz mit eingefügten Fußbodenbalken. Die Ecksteine sollten eher groß sein und entweder auf grobkörnigen, gut drainierten Boden gelegt, oder so weit eingegraben werden, bis sie auf einer solchen Bodenschicht aufliegen. Man sollte nachgebende Böden vermeiden. Wenn es nicht anders geht, kann man so große Steine wie möglich herbei wälzen und es damit gut sein lassen. Auf sehr weichen Böden können alte, druckimprägnierte Telefonmasten an jeder Ecke quer in den Boden gelegt werden, um so die Last zu verteilen.
Ein aufwendigeres, bis hinab zu frostfreier Tiefe gegossenes Fundament ist bei einer so kleinen Hütte nicht vonnöten. Sollte eine Ecke der Hütte deutlich absinken, behilft man sich mit einem Wagenheber, hebt die Ecke an, und legt einige mittelgroße Steine darunter.
Bringen Sie den Schwellenkranz in die Waage. Kontrollieren Sie, dass die Ecken rechtwinklig sind. Sie messen dazu die Diagonalen: damit die Winkel 90° betragen, müssen die diagonalen Abstände von Ecke zu Ecke gleich sein.

„Rännknut“ mit Zapfen im Oberhaken. Die unterste Stammlage der Schirmhütte, der Schwellenkranz, hält die Konstruktion zusammen. Damit die Stämme sich nicht in Längsrichtung verschieben können, sollte der Schwellenkranz mit dieser Art Verkämmung gesichert werden.

„Rännknut“. Dieser Eckverband eignet sich für den Rest der Schirmhütte. Arbeitet man mit Blockbalken, kann man Eckverbindungen mit „gerader, zweiseitig geschnittener Verschränkung ohne Zapfen im Oberhaken“ ausführen.
In der jüngeren Vergangenheit habe ich die letztgenannte Eckverbindung bei einfachen Gebäuden aus Rundhölzern angewendet. Wenn man vorsichtig anschalmt, wird die Verschränkung schön. Auch Kursteilnehmer, die das Zimmern nicht gewöhnt sind, können diese Eckverbindung ausführen, und die Stämme werden besser in ihrer Lage fixiert als durch den einfachen „Rännknut“.

Die Blockwände im Aufbau. In jedem Stamm sollte ein Dübel sitzen. Dies ist besonders wichtig für diejenigen Stämme, die nur in einer Eckverbindung liegen. Die kurzen Stämme zu beiden Seiten der Öffnung können wackeln, wenn sie nicht sorgfältig verdübelt werden. Auf dem Bild sieht man die fertige Rückwand und die Ausschnitte, die in den obersten Seitenstämmen für die hintere Pfette vorbereitet worden sind. Die Pfette ist eine Fortsetzung der hinteren Wand und fixiert dadurch die Stämme, die nicht bis ganz nach hinten reichen.

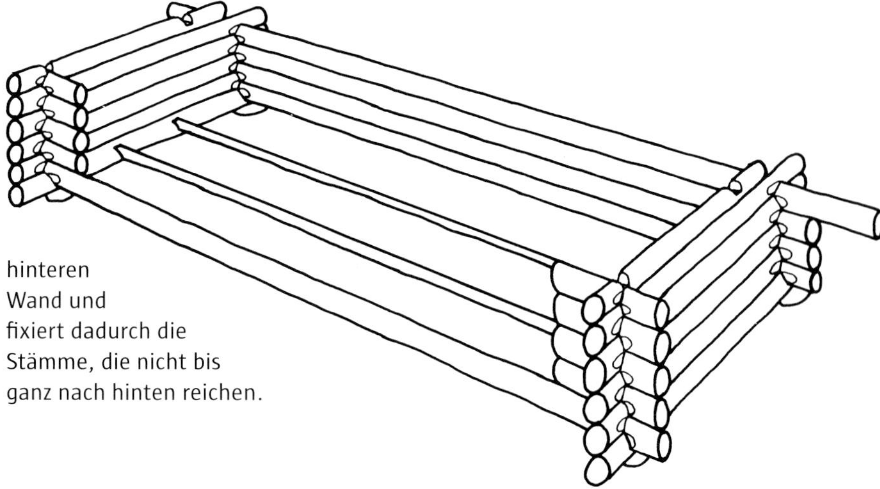

Die Blockhauswände sind fertig, die Dachschräge muss noch ausgehauen werden. Es wird eine stabile Konstruktion, die ein schweres Grasdach tragen kann. Zwischen den Stämmen dichtet man am einfachsten mit Moos oder Flachs ab. Da man oft keine Längsnut sondern nur eine Abflachung der Stämme zueinander geschaffen hat, würde Mineralwolle zu auffällig sein.
Die Stämme mit einer akzeptablen Längsnut zu versehen lässt den Arbeitseinsatz der Zimmernden auf das Doppelte ansteigen. Flacht man die Stämme nur zueinander ab, ist das Dichtungsmaterial hingegen Regen und Schnee ausgesetzt. Um dies zu verhindern, lässt man das Dach ordentlich überstehen. Unter diesen Dachüberständen kann man Brennholz und Ausrüstung verwahren.

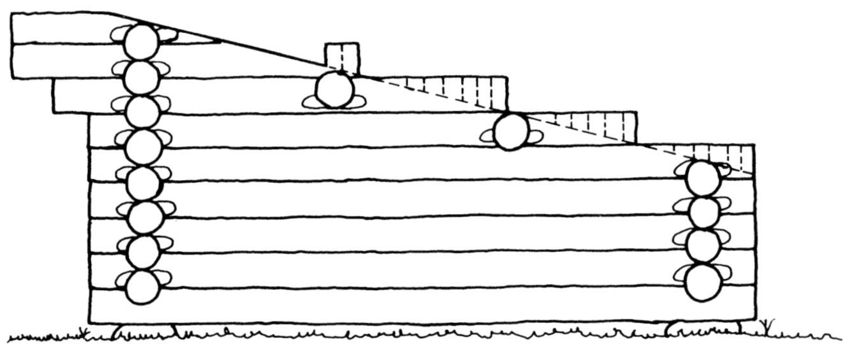

Aushauen der Dachschräge. Die Dachschräge wird mithilfe eines Brettes angezeichnet. Danach werden senkrechte Schnitte bis hinab zu dieser Linie gesägt. Mit einer schweren Axt ist die Dachschräge rasch aus gehauen. Ein Behaubeil/ Beschlagbeil ist für diese Arbeit gut geeignet, doch geht es auch gut mit einer gewöhnlichen schweren Axt. Hat man eine Motorsäge, möchte man vielleicht diese für die Dachschräge verwenden. Sofern man nicht sehr geschickt mit der Motorsäge hantieren kann, ergibt das selten ein gutes Resultat. Man sollte die Motorsäge stattdessen dazu anwenden, weitere senkrechte Schnitte zu sägen um dadurch das Aushauen zu erleichtern. Mehr zum Aushauen von Dachschrägen ist auf S. 136 zu lesen.

Der Fußboden wird auf die Bodenbalken und auf Stützen im Vorder- und Rückstamm des Schwellenkranzes gelegt. In den Vorderstamm haut man eine Auflage für die Bretter und an den Rückstamm wird eine Stützleiste genagelt. Man bedenke, dass man auf der Oberseite des Vorderstammes sitzen und sie abnutzen wird. Man kann sie schön abrunden, sodass die dort Sitzenden nicht Harz und Splittern ausgesetzt werden.

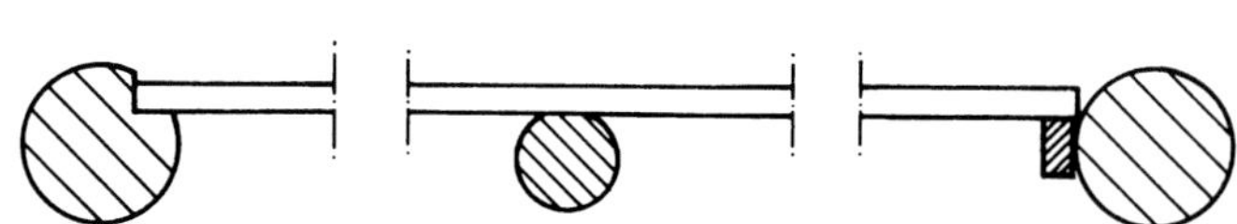

Das Dachdecken. Bearbeiten Sie gegebenenfalls die Pfetten so, dass sie in einer Ebene liegen. Danach kann das Dach gedeckt werden. Im vorliegenden Fall wurden gespundete Bretter und auf diesen wartungsfreie Dachpappe verwendet. Weiteres Dachmaterial wären u. a. gespaltene Stämme, Holzschindeln, Gras. Möchte man, dass die große Dachfläche sich schön in die Umgebung einpasst, kann man sie mit Gras decken. Mehr zum Dachdecken mit Gras findet sich auf S. 144.

Wie aus dem Bild hervorgeht, wird das Dach vor dem Fußboden gelegt. Das ist eine recht natürliche Arbeitsordnung, falls man nicht beides an einem Tag durchführen kann. Falls man jedoch für beides an einem Tag genug Zeit hat, ist es sinnvoller, mit dem Fußboden zu beginnen. Innen an der hinteren Längswand wird es bei der Arbeit eng, wenn das Dach schon gedeckt ist. Auf einige Schirmhütten, an deren Erstellung ich beteiligt war, haben wir schwarzes Blechdach gelegt. So ästhetisch wie Holzschindeln, Gras oder ein Bretterdach ist es sicherlich nicht, doch ist es schnell gelegt und auch haltbarer, wenn man ausreichend dickes Blech wählt. Beachten Sie, dass niedrige Preise für Dachblech oft bedeuten, dass das Blech dünner ist als normalerweise. Unter dem Blech sollte man ein Innendach aus Brettern haben. Auf dem Rücken zu liegen und ein Blechdach anschauen zu müssen, erfreut niemanden.

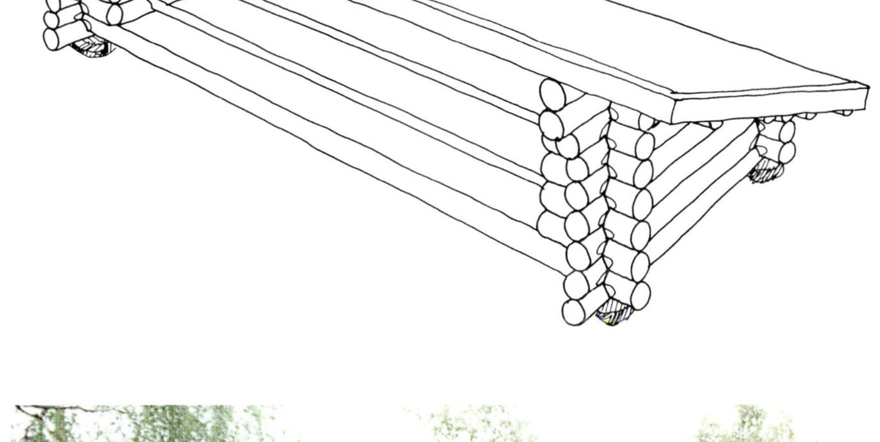

Diese Schirmhütte hat hier zum Zeitpunkt der Aufnahme schon 20 Jahre gestanden. Die verwendeten Stämme sind relativ stark. Mit zu dünnen Stämmen würde die Schirmhütte einen wesentlich weniger massiven Eindruck machen.

Die Eckverbindungen sind trotz des einfachen Typs ein schönes Detail. Gezimmert wurde die Hütte von ungeübten Teilnehmern in Kursen und Lagern. Die Stämme wurden jeweils Zopf- an Fußende gelegt, sodass die Wände in jeder Eckverbindung gleich weit steigen. Die Öffnung der Hütte ist zum Wald hin gerichtet. Die Feuerstatt liegt auf gleicher Höhe mit dem Fußboden. Niedrige, ausladende Linien kennzeichnen diesen Typ von Schirmhütte. Man sollte ihn nicht an einem allzu hervortretenden Platz in der Landschaft platzieren und versuchen, die großen Dachflächen mit dunklem Dachmaterial zu dämpfen. Gras, Dachbretter und Holzschindeln verschmelzen mit der Farbskala der Natur.

Die Schirmhütte befindet sich auf altem Weidegrund. Der Unterbau aus Steinen war unzulänglich und führte zu Röteschäden im Schwellenstamm. Wir haben die Schirmhütte mit einer Hebelstange angehoben, und entlang des gesamten Stammes kleine Steine untergelegt. Außerdem gruben wir von der hinteren Ecke aus einen schmalen, mit kleinen Steinen gefüllten Graben. Die Grastorfschicht vor der vorderen Ecke wurde entfernt und stattdessen drainierender Schotter aufgefüllt. Nach diesen Maßnahmen samt Legen eines durchgehenden Blechdaches sollte diese Schirmhütte weitere 20 Jahre stehen können. Es handelt sich um eine von Übernachtungsgästen gut besuchte, mit anderen Worten „starker Belastung ausgesetzten“, Schirmhütte, auf einer Halbinsel an einer viel befahrenen Kanu-Route.

Diese Schirmhütte ist vor 38 Jahren auf einer kleinen Halbinsel in derselben Gegend gezimmert worden. Das Holz dazu stammte vom Sturm von 1969 in Schweden. Ein Dachaufbau aus Brettern, Dachpappe und zuoberst Dachblech auf Leisten hat die Hütte bis heute erhalten, trotz all der Nadeln und Zweige die auf dem Dach zu sehen sind. Der Unterbau ist luftig, nur an der vordersten Ecke muss man Erde weg schaufeln. Die Schirmhütte ist vom Wasser ab- und der Böschung zugewandt, sodass die Wärme des Feuers in die Hütte hinein strahlt. Ich habe damals den Bau, der von Jugendlichen im Alter von 14–16 ausgeführt wurde, geleitet. Beim Besuch dieser Schirmhütte waren keine Schäden zu notieren.

Mahdhütte aus der Gegend Orsa Finnmark in Dalarna. Die Hütte steht im Waldmuseum in Sjöändan. Ein Schleifsteingestell ist von außen gegen die Wand gelehnt. Der Schleifstein mit Kurbel steht an der Innenwand. Um die biegsamen Gräser auf den Mooren schlagen zu können, waren scharfe Sensen eine absolute Notwendigkeit. Vor der Mahdhütte sieht man zwei für ein Balkenfeuer vorbereitete, von Steinen gestützte Stämme.

Pfetten stützen und Seitenstämme sperren

Früher hatten Schirmhütten oft sehr einfache Seitenwände. Die Pfette wurde von eingezapften Stützen getragen, und manchmal standen die Stützen direkt auf dem Boden. In der Beschreibung für den Bau einer Schirmhütte wird eine Art, wie die Seitenwände gesperrt werden können, gezeigt. Die Seitenstämme werden mit kurzen Stammstücken verkämmt, die wie die anderen Stämme eingezimmert werden. Eine andere Variante ist, die Seitenwände mit besonders vielen Dübeln zu versehen, und die Kurzstücke an der Öffnung auszulassen. Die Blockhauswände schwanken gerne seitwärts, doch wenn das Dach gelegt wird, wird das besser. Weitere Ausführungen zeigen die folgenden Zeichnungen:

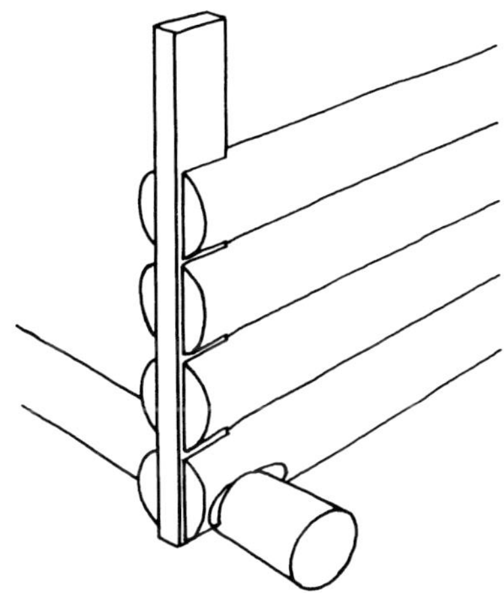

Pfostenbohle, die vom Schwellenbalken bis hinauf zur Pfette stützt. Ganz innen wird die Bohlenspur mit einem Schlangenbohrer von 35–45 mm Ø gebohrt und anschließend mit Stemmeisen oder Axt ausgehauen. Hat man eine Motorsäge mit schmaler Schiene zur Verfügung, wendet man natürlich diese an. Die Pfostenbohle wird dann genauso breit gearbeitet wie die Sägeschiene.

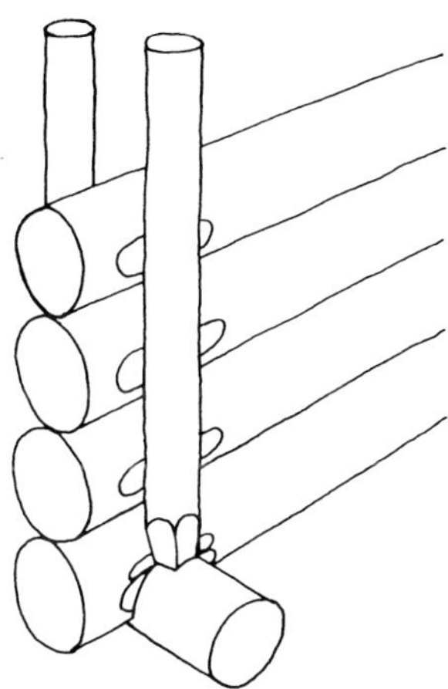

Eingezapfte Stützen auf beiden Seiten der Stämme. Diese Art von Stützen findet man oft an Mahdhütten mit Vordach. Siehe S. 105.

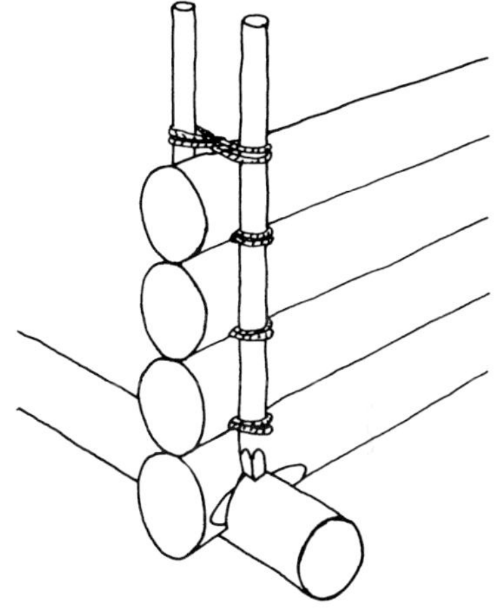

Eingezapfte Stützen, mit Birken- oder Weidenruten zusammengebunden. Oft hat man hierbei den unteren quer laufenden Schwellenbalken ausgelassen, und die Stützen direkt auf den Boden gestellt. An ihrem oberen Ende sind sie in die Pfette eingezapft.

Schirmhüttenbau als Gruppenarbeit

Hier folgen einige Punkte für Sie, wenn Sie den Bau einer Schirmhütte leiten:

Die Grundlage für das Arbeiten mit Holz ist, dass man gut gepflegte Werkzeuge hat. Wenn die Axt keine Schärfe hat oder die stumpfen Blätter der Bügelsage nicht ausgetauscht worden sind, kann selbst der beste Zimmermann keine gute Arbeit leisten.

Die Kursteilnehmer dürfen nach genauer Anweisung die Bäume fällen, die für die Schirmhütte gebraucht werden. Beachten Sie dabei, dass die Zuschauenden sich außer Reichweite des Baumes halten, und zwar sogar entgegen der geplanten Fallrichtung. Nur die, welche den Baum fällen, und der Kursleiter, dürfen sich direkt am Baum befinden.

Die Kursteilnehmer dürfen die ihnen zugewiesenen Bäume nicht gleichzeitig fällen. Der Kursleiter muss bei jedem einzelnen Baum dabei sein. Dieser Arbeitsschritt ist erfahrungsgemäß der risikoreichste, und Unfälle durch fallende Bäume können sehr schwer sein.

Wenn Sie sich mit dem Fällen von Bäumen unsicher fühlen, sollten Sie jemanden hinzu bitten, der auf diesem Feld Erfahrung hat. Man bekommt dadurch vielleicht auch Zugang zu einer Motorsäge, die das Fällen und Entasten bedeutend erleichtert.

Entasten. Die Axt niedrig zu führen macht das Entasten sicherer. Man haut gerade nach unten (nicht im Bogen von schräg vorne auf sich zu). Versuchen Sie, den Stamm als Schutz für die Beine anzuwenden.

Entrinden. Den Rücken gerade halten. Sind sie noch Anfänger, sollten Sie nicht auf derselben Seite entrinden, auf der Sie stehen.

Das Entasten sollte gewissenhaft und sicher ausgeführt werden. Der Stamm darf danach keine hervorstehenden Astansätze mehr haben. Sie würden später das Entrinden erschweren. Führen Sie vor, wie man ruhig und methodisch arbeitet. Beginnen Sie vom Zopf- oder Fußende und arbeiten sich den Stamm entlang. Entasten Sie nicht auf derselben Seite, auf der Sie stehen. Lassen Sie höchsten zwei Kursteilnehmer an einem Baum entasten. Schauen Sie, dass sie sich nicht zu nahe kommen und dass sie die Axt mit einem stabilen Zweihandgriff halten. Die mir bekannten Axtverletzungen, die während des Baus von Schirmhütten eingetroffen sind, hatten als Ursache, dass man die Axt nur mit einer Hand gehalten hat und sie dadurch nicht steuern konnte.

Messen Sie die benötigten Stammlängen aus. Beim Ablängen des Stammes mit der Bügelsäge passiert es leicht, dass man die Hand verletzt, die sich gegen den Stamm stützt. Weisen Sie die Teilnehmer darauf hin, und achten Sie darauf, dass sie die Stützhand in gebührendem Abstand vom Sägeblatt, am besten ohne abgespreizten Daumen, halten.

Oftmals ist es günstig, die Stämme dort zu entrinden, wo sie gefällt werden. Für Anfänger kann das Hantieren eines Schäleisens schwierig sein. Sie können das Schäleisen ausprobieren, aber lassen Sie sie auch das Entrinden mit einem Ziehmesser versuchen. Meistens geht es damit deutlich besser.

Sind die Stämme entrindet, möchte man sie vielleicht an einen besser zum Zimmern geeigneten Platz befördern. Kleinere Stämme können von einigen Teilnehmern gemeinsam getragen werden, doch müssen sie auf ihre Rücken achten. Schwerere Stämme kann man mithilfe von Rollen bewegen, oder einfach dadurch, dass man sie auf dem Boden schleppt. Nach dem Entrinden ist ein Stamm glitschig und glatt. Wenn man eine ausreichend große Gruppe ist, kann auch der schwerste Stamm geschleppt werden. Befestigen Sie das Seil ordentlich und befreien Sie einen einfachen Schlepp-Pfad von Unterholz.

Das Ausrichten und Einwiegen des Schwellenkranzes ist zeitaufwendig und kann kompliziert sein. Derjenige, der es am besten kann, sollte es alleine machen dürfen. Zu viele Köche verderben den Brei.

Es können nicht zu viele an einem Bau beteiligt sein. Sechs bis acht Personen sind die Höchstzahl. So können immer zwei an einer Eckverbindung arbeiten.

Zeigen Sie zuerst, wie man eine Eckverbindung ausführt, und lassen Sie dann die Teilnehmer versuchen. Man muss hinnehmen, dass die Eckverbindungen nicht perfekt werden. Große Lücken und Spalten können immer mit Moos vollgestopft werden. Ist die Schirmhütte fertig, sieht man sie als Ganzes, und nicht die Einzelheiten der Eckverbindungen.

Auch hier ist es wichtig, an Arbeitssicherheit zu denken. Die Verantwortung liegt beim Kursleiter. Achten Sie auf ordentlichen Abstand zwischen den Arbeitenden. Denken Sie daran, dass beim Heraussprengen des Ober- oder Unterhakens Holzstücke mit erstaunlicher Kraft bis zu zehn Meter davonschießen können.

Die Längsnut ist meistens am schwierigsten für Anfänger auszuführen. Hierzu braucht es Kraft und Präzision beim Aushauen. Bei einer Schirmhütte kann man die Längsnut oft auslassen und einfach nur fordern, dass die Stämme einigermaßen plan aufeinander liegen.

Man kann kaum erwarten, dass die ganze Schirmhütte an einem einzigen Wochenende gezimmert werden kann. Berechnen Sie mindestens eine Woche, wenn das Holz auf dem Stock genommen wird (ganze Bäume) und Fußboden- und Dachplanken vorhanden sind. Man sollte dann in zwei Mannschaften arbeiten. Die eine fällt und zieht das Holz zum Bauplatz, während die andere zimmert. Nach dem Mittagessen tauscht man. Planen Sie zwei Arbeitsabschnitte pro Tag, vorschlagsweise von 9.00–12.00 und 14.00–17.00 Uhr.

Nutzen Sie die Abende für andere Aktivitäten, die keine Muskelkraft erfordern. Zum Beispiel Gespräche am Feuer, Fischfang, Sternbeobachtung und anderes. Sechs Stunden Zimmern pro Tag führt zu kräftigem Muskelkater.

Einen Stamm nie unnötig anheben. Stattdessen drehen, rollen oder ziehen.

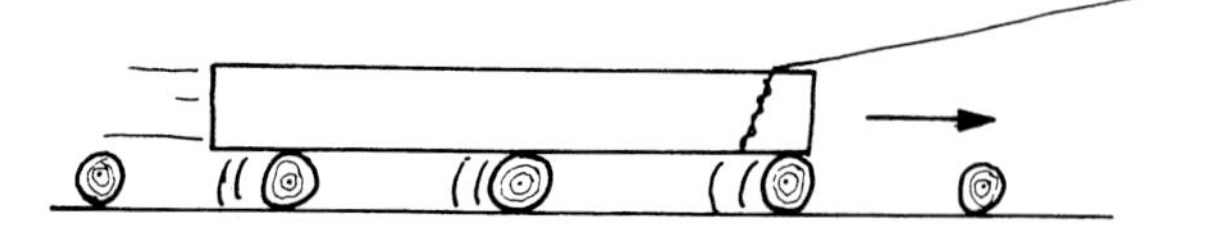

Einige Schirmhütten-Beispiele

Die nachfolgenden Schirmhütten sind von verschiedenen Freiluftgruppen gebaut worden.

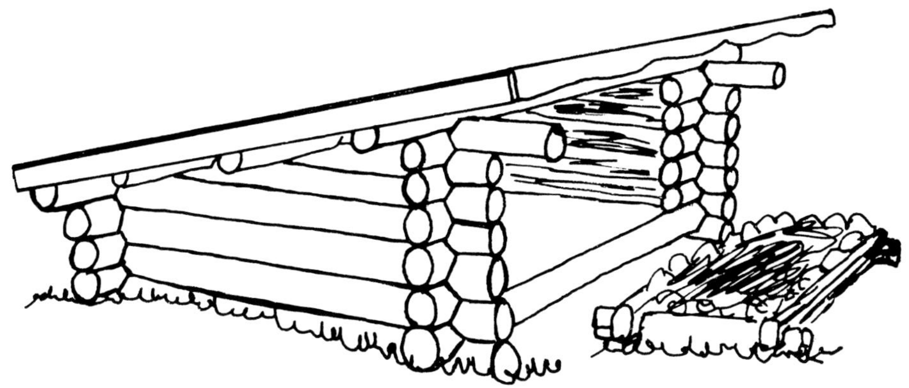

Schirmhütte aus starkem, sturmgefällten Holz nach dem Herbststurm, der Schweden 1969 traf. Vorne reichen die Seitenwände nicht ganz bis zum Dach. So kann der Wind unter das Dach herein und entlang des Daches streichen und der Rauch vom Feuer abziehen. Rauchprobleme sind nicht vorgekommen.

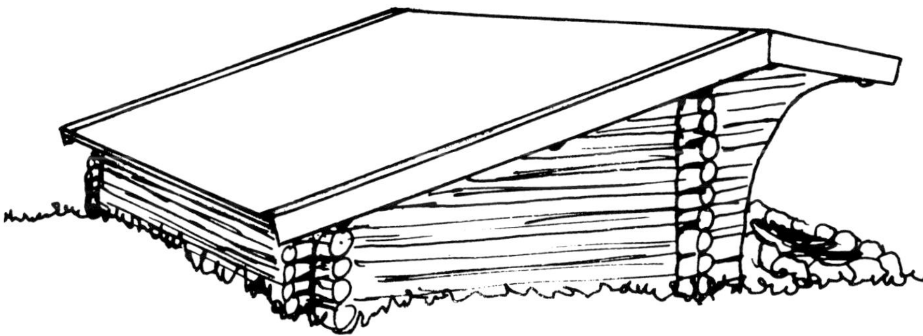

Schirmhütte mit Doppel-Pultdach.

Dieser Typ gefällt vielen, kann aber gewisse praktische Probleme mit sich bringen. Regen und schmelzender Schnee tropfen auf das Feuer und auf diejenigen herunter, die kochen. Die Strahlungswärme des Feuers kann hoch werden, und das Dach so heiß, dass der Schnee schmilzt. In einigen solcher Schirmhütten mit Doppel-Pultdach hat man Probleme mit dem Feuerrauch gehabt, der sich seinen Weg unter das Dach herein gesucht hat.

Schirmhütte mit Doppel-Pultdach von der Seite.

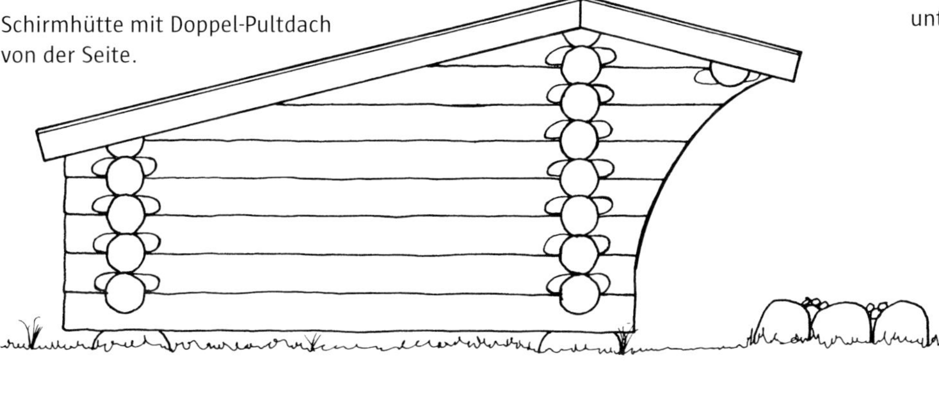

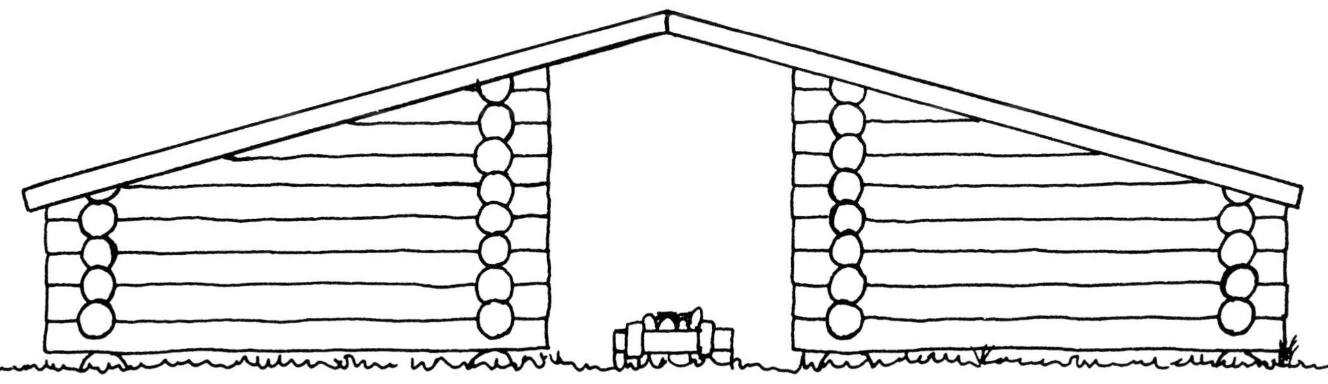

Doppelte Schirmhütte. Für gewöhnlich baut man erst die eine Schirmhütte, und dann die andere freistehend gegenüber. Fügt man sie, wie auf dem Bild, zusammen, so hat man sich dem Feuerhaus, einem anderen alten Typ der Wohnstatt, genähert.

Lassen Sie uns mitten zwischen allen konstruktiven Finessen lesen, wie E.O. Jonsson das Leben von einst auf den Mooren im nördlichen Jämtland beschreibt.

„Die Wohnstatt während der Mahd auf den Mooren war von einfachster Art, eine sog. ‚bu-sta'. Sie hatte drei Wände, ja eigentlich kaum das. Die hintere Wand war nicht mehr als ca. 0,6 m hoch, die Seitenwände nach vorne zu höher, um die 1,5 m.

– Vorne gab es keine Wand. Das Dach war etwa 1,5 m länger als die Seitenwände, und unter diesem Überstand war die Feuerstelle. Bei kühlem Wetter wurde das Feuer tüchtig unterhalten, und etwas Wärme stieg da unter das schräge Dach. Wenn die Mücken in angriffslustiger Stimmung waren, legte man ordentlich Moos auf das Feuer, und der Rauch stieg dann in die ‚busta' und verjagte die Mücken. Doch der Rauch war andererseits nicht sonderlich angenehm, und die Tränen kullerten die Wangen hinab. Vorne war ganz nah am Boden ein Stamm zwischen den beiden Seitenwänden ausgelegt. Er wurde als ‚spenstock' bezeichnet und diente als Abschluss des gemeinsamen Schlafplatzes. Auf den Erdboden wurde zuerst Fichtenreisig gelegt, darüber trockenes Heu, und zuoberst ein aus Fetzen gewebter Teppich. Als Kopfkissen diente das Futter für die Tiere (Heu/Reisig) mit einem Sack darüber. Eine Pelzdecke aus Zicklein- oder Schaffell vervollständigte das einfache Bett. Auf den ‚spenstock' wurde ein kräftiges Brett gelegt, welches, wenn sich eine Weile Pause ergab, als Tisch und Sitzplatz dienen musste. Die, welche auf diesem Brett keinen Platz fanden, mussten während der Mahlzeit im Bett sitzen."

E.O. Jonsson, Arbetet på en jämtländsk bondgård under svunnen tid (Arbeit auf einem jämtländischen Bauernhof in einer entschwundenen Zeit), Jämten, 1944.

Mahdhütte aus Älvdalen

In Älvdalen und Umgebung hatte man eine spezielle Art der Mahdhütte. Vor der Hütte befand sich ein Schutzdach über dem Feuerplatz. Dies brachte mit sich, dass man kein größeres Feuer, z. B. ein Balkenfeuer, vor der Hütte entzünden konnte. Stattdessen rüstete man sich besser mit Bettzeug, und die Mücken wurden mit feuchtem Moos auf dem Feuer ausgeräuchert.

Fährt man heute auf den Wegen im nördlichen und westlichen Dalarna, kann man neugebaute Mahdhütten dieser Art auf den Rastplätzen sehen.

Mahdhütte mit Schutzdach über dem Feuer.

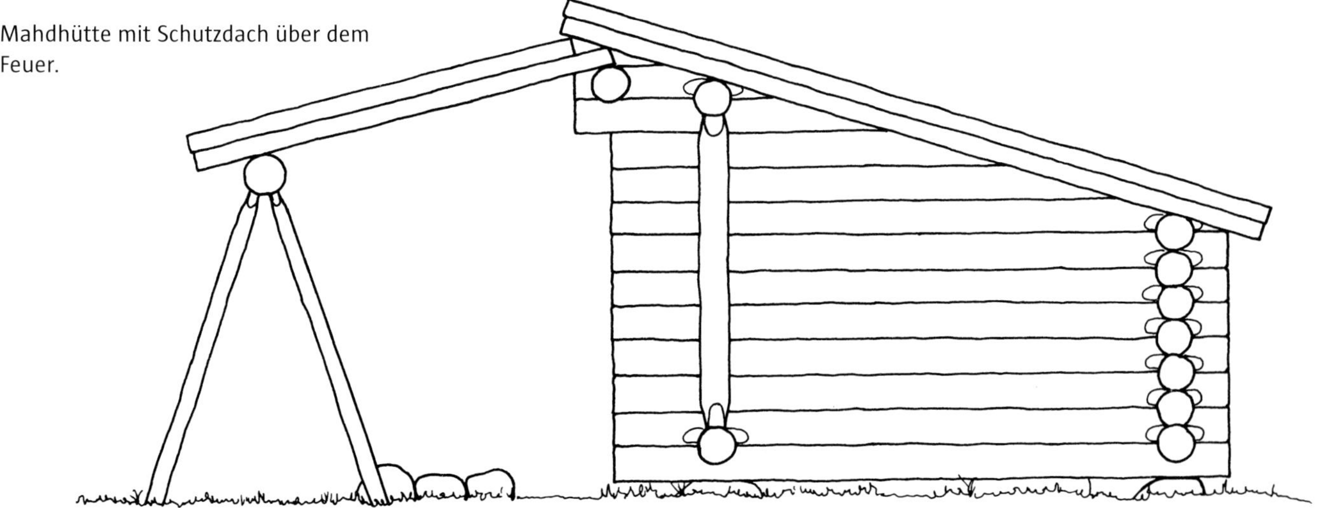

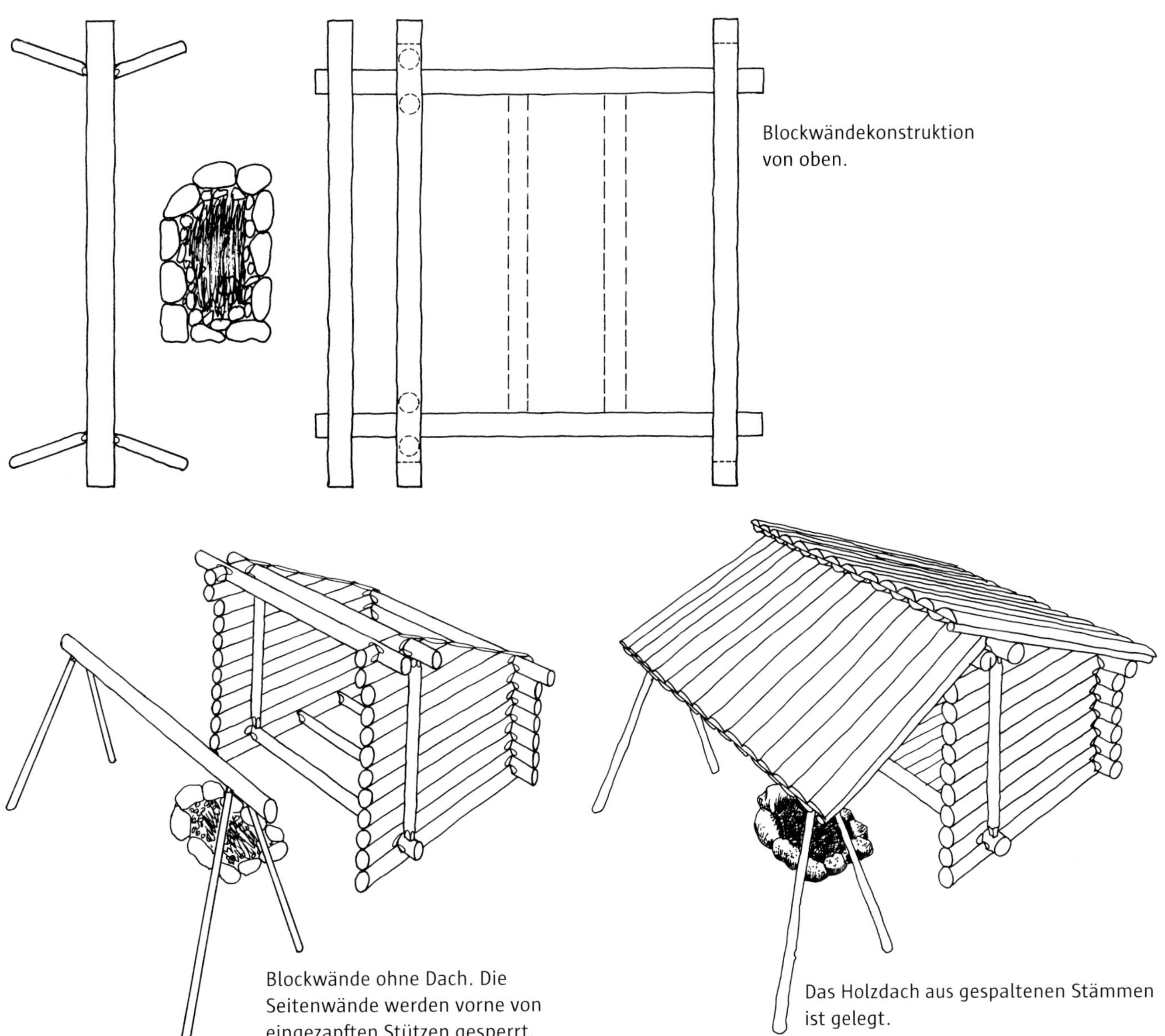

Blockwändekonstruktion von oben.

Blockwände ohne Dach. Die Seitenwände werden vorne von eingezapften Stützen gesperrt.

Das Holzdach aus gespaltenen Stämmen ist gelegt.

Schirmhütte in Ständerbauweise

Das Dorf Lomsjö, in welchem ich mein Freizeithaus habe, hat einen sehr aktiven Heimatverein, der in Zusammenarbeit mit anderen Vereinigungen im Dorf einen Dorfentwicklungsplan erarbeitet hat. In diesem Plan ist der Vorschlag enthalten, im zum Dorf gehörigen Wald einige Schirmhütten aufzustellen. Sie sollen an schönen Plätzen stehen und dort ein Ausflugsziel für Touren in die Gegend um das Dorf herum bieten. Aus Tradition gibt es ältere Schirmhütten im Wald, entlang von Flößerstrecken und auf Mahdmooren. Ein Netz aus Schirmhütten in den Wäldern des Dorfes bietet Dorfbewohnern und Besuchern Ziele für ihre Wanderungen, Skitouren, Schneescooter- oder Bootfahrten. Fährt man außerdem während der Schneescooterzeit Brennholz zu den Hütten, macht man es den weniger waldgewöhnten Besuchern leichter. Um Besucher anzulocken ist es gut, wenn sie im Dorf etwas unternehmen können. In allen Freizeitgegenden, mit denen ich in Kontakt gekommen bin, war eines der ersten Dinge, in die man investierte, ein Netz aus Schirmhütten an naturschönen Plätzen. Später kann man ein Pfadsystem entwickeln, um die Schirmhütten zu verknüpfen. Oft sind sie im Sommer mit dem Boot, im Winter mit Schneescooter oder auf Skiern zu erreichen. Weitere Erläuterungen zu dieser Bauweise („Bindingsverk“) finden Sie auf den Seiten 350–352 und 360.

Schirmhütte Typ A
Die Maße des unteren Rahmens sind 1600 x 2300 mm.
Die Tiefe kann bis auf 1800 mm erweitert werden, wenn der Unterstand geräumiger sein soll.

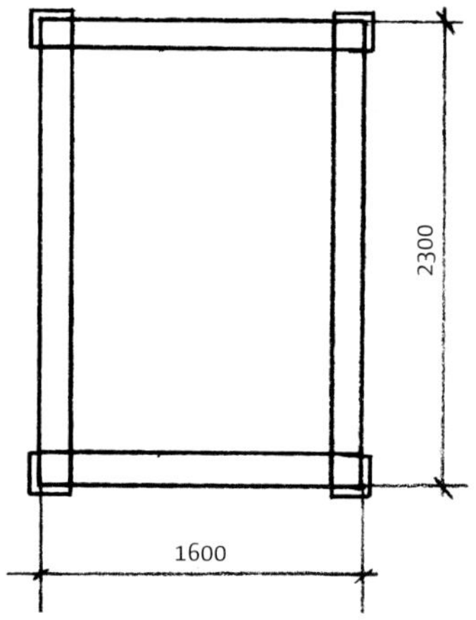

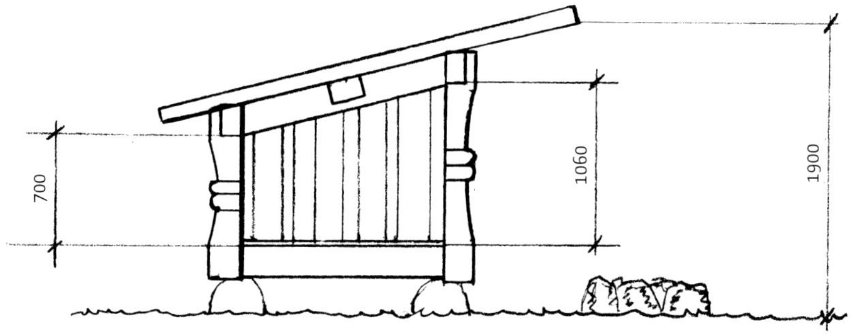

2300
1600
700
1060
1900

Die Schirmhütten haben eine Dachneigung von 16–18 Grad und Fußboden vom Sitzbalken ganz vorne bis zur hinteren Wand. Somit kann man eine Schirmhütte zum Übernachten nutzen, wenn man möchte. Ich zeige hier zwei Typen von Schirmhütten, wobei Typ A sich vor allem für Tagestouren eignet, während Typ B für diejenigen gedacht ist, die darin übernachten wollen. Die Schirmhütten können gerne etwas unterschiedlich aussehen. Sie zuhause im Dorf zu bauen sollte nicht mehr als ein paar Tage dauern. Sie können dann in demontiertem Zustand bei genug Schnee an ihren Bestimmungsort gefahren werden.

Um die geeignete Ausformung und Konstruktion herauszufinden, habe ich einige Tage auf den Bau einer Vorserie von drei Schirmhütten verwandt.

Eine Tiefe von 1600 mm bringt mit sich, dass man quer zur Öffnung nicht ausgestreckt liegen kann. Will man übernachten, muss man längs mit der Öffnung liegen, und es passen nicht mehr als drei Personen Kopf an Fuß liegend hinein. Die Hütte hat einen durchgehenden Fußboden, der aus 45 mm dicken und 170 bis 200 mm breiten Bohlen besteht. Gespundete Bretter werden vermieden, da es in die Hütte hineinschneien wird, und Kante an Kante liegende Bretter dann besser trocken. Eine hochkant gestellte Bohle kann als Fußbodenträger im Schwellenkranz festgenagelt werden, sofern man dies für notwendig erachtet.

Einige leichtbewegliche Bänke und ein paar Sitzbretter können innen in der Hütte verwahrt werden, damit auch die Teilnehmer einer größeren Gruppe Platz um das Feuer finden.

Schirmhütten, in denen man innen in der Hütte entlang der Wände um einen Tisch sitzt, müssen höher sein. Es kann schwierig sein, für einen solchen Unterstand gute Proportionen zu finden. Leicht sieht er aus, wie ein Bus-Wartehäuschen.

Das Profil kann natürlich in verschiedenen Ausformungen zugeschnitten werden. Ich stelle hier das Profil vor, das mir am besten gefällt. Es ist einfach und anspruchslos und man kann es auch nur auf einer Seite des Ständers einsägen, wenn man den ‚bearbeiteten' Eindruck mindern möchte. Für die rückseitigen Ständer kann die Dimension 150 x 200 mm angewendet werden. Sie werden auf einer Seite mit Profil versehen, welches später an der Giebelseite zu sehen ist.

Vielleicht möchte jemand gar keine profilgesägten Ständer haben. Der schwere, stabile Eindruck einer starken Holzkonstruktion bleibt bestehen, wenn man die starken Dimensionen der Ständer, des Rahmens und der Pfetten beibehält, sowie die Wandverbretterung bündig mit dem oberen und unteren Rahmen, samt einem Tropfbrett darunter, platziert.

Vernünftigerweise nagelt man die Paneelbretter nicht direkt auf die Rahmenkonstruktion. Sie wird dadurch unsichtbar, und der kraftvolle Eindruck durch starkes Holz geht verloren. Man kann dann auch genauso gut eine Schirmhütte mit einem Rahmen aus dünneren Riegeln bauen.

Durch die überdimensionierten Maße für Ständer, Rahmen und Pfetten der hier vorgestellten Konstruktionen, kann dieser Typ von Schirmhütte im Aussehen mit einer traditionellen, gezimmerten Schirmhütte verglichen werden.

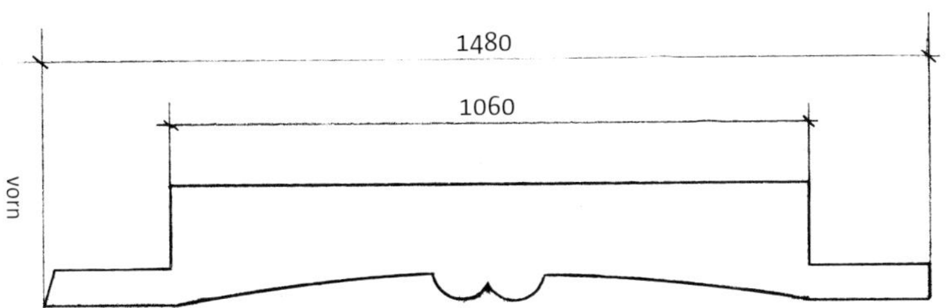

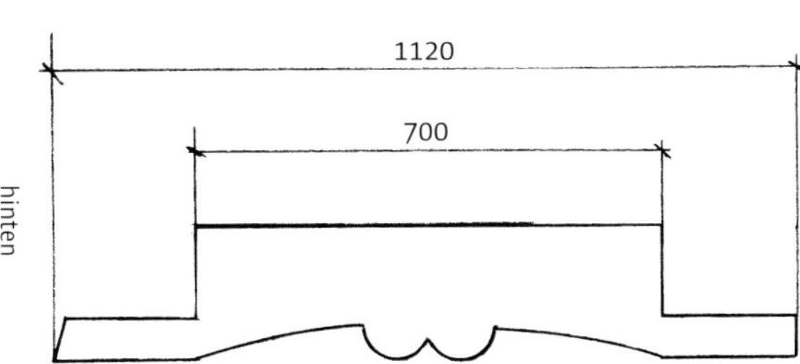

Die Zeichnungen oben zeigen das Ständerprofil der vorderen und hinteren Ständer. Eine Schirmhütte dieses Typs, in der man auf dem Fußboden, dem Feuer davor zugewandt, sitzt, solllte nicht zu hoch sein. Sie soll niedrige, schweifende Linien haben. Mit ausreichend hohen Fundamentsteinen erhält man eine passende Sitzhöhe in der Hütte, und genügend Stehhöhe unter dem vorspringenden Dach vor der Öffnung.

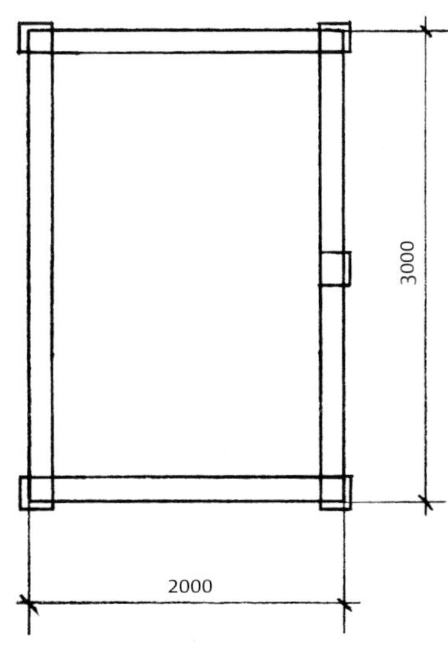

Schirmhütte Typ B

Die Maße des unteren Rahmens sind 2000 x 3000 mm. Man kann zum Übernachten quer zur Öffnung liegen, wodurch mindestens fünf Personen in der Hütte, die eine Öffnung von 2700 mm hat, Platz finden. Plant man für größere Übernachtungsgruppen kann man die Schirmhütte entweder auf 5000 mm verlängern, oder der ersten gegenüber eine zweite aufstellen. Breitere Schirmhütten können sich im Terrain als unpraktisch erweisen, und lange Rahmen und Pfetten sind schwieriger zu transportieren.

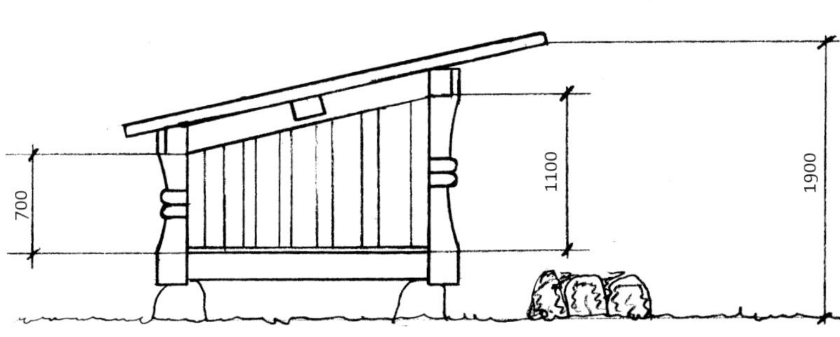

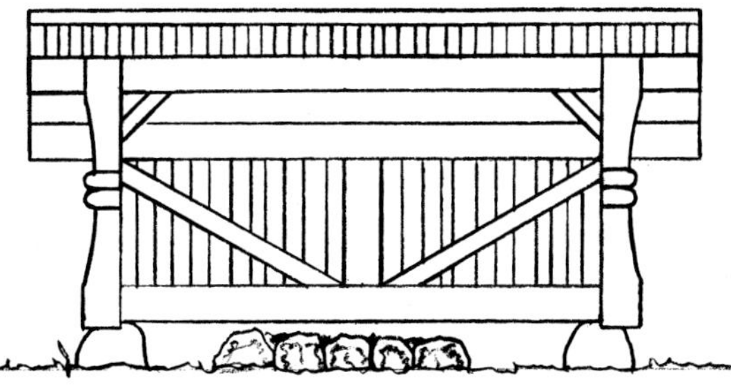

Bild 1: Schirmhütte Typ A mit den Maßen 1600 x 2300 mm.
Der untere Rahmen, aus Kanthölzern von 150 x 200 mm, ist fertig. Die Eckverbindungen werden als „glattes Eckblatt" ausgeführt, d. h., die Kanthölzer liegen zur Hälfte ihrer Stärke überlappend. Arbeiten Sie beim vorderen und rückwärtigen Kantholz die Haken auf der Oberseite heraus. Die Kanthölzer der Seiten bekommen die Haken auf der Unterseite und werden somit vom Vorder- bzw. Rückkantholz getragen. Es ist möglich, diese Konstruktion mit einem Gabelstapler zu versetzen, da die Hebegabeln unter die tragenden Hölzer greifen. Vorder- und Rückkantholz werden einstweilig mit schrägen Streben verankert.

Bild 2: Skelett der Schirmhütte Typ A von hinten. Die Konstruktion, mit allen Pfetten an ihrem Platz und den bleibenden, festgenagelten Schrägstreben, ist fertig. Bevor die Schrägstreben angenagelt werden, kann man den unteren Rahmen mit der Motorsäge dort anschrägen, wo später das Tropfbrett angebracht werden soll. Zeichnen Sie die Position der Nagelleiste und der Schrägstreben 60–70 mm innerhalb der Kante des Rahmenholzes an. Die Holzverschalung sollte am besten in einer Ebene mit den Kanthölzern des Rahmens sitzen. Wenn man die Schalbretter überdimensioniert hat, stehen die Deckelbretter leicht ein Stück über die Rahmenkanthölzer vor.

Auf dem Bild ist zu erkennen, dass die vorderen Ständer von 200 x 200 mm mit einem künstlichen Markriss versehen worden sind. Zwei ihrer Seiten haben Profil erhalten. Die hinteren Ständer haben die Dimension 150 x 200 und nur auf einer Seite Profil. Beachten Sie, dass die Ständer die unteren Ecken des Rahmens umfassen sollen.

Sparen Sie an den Seiten nicht am Dachüberstand. Unter den Überständen stapelt man das Brennholz, das bei der Schirmhütte gelagert wird. Bei einer Tiefe von 2000 mm sollte man einen hochkant stehenden Fußbodenbalken von 45 x 200 mm einfügen. Durch die mittlere Pfette erhält man eine sehr stabile Dachkonstruktion, die große Schneelasten und eventuell ein Grasdach, wenn ein solches gewünscht wird, aushalten kann.

Die provisorischen Schrägstreben aus Abfallholz, welche die Vorder- und Rückständer an ihrem Platz halten, sind mit 75 mm Nägeln verankert, die nicht ganz eingeschlagen werden, sodass man sie leicht wieder mit einem Kuhfuß lösen kann.

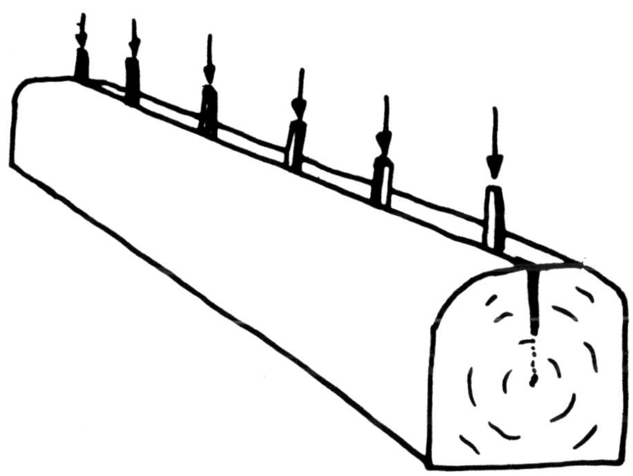

Die künstlichen Markrisse nimmt man an den neugesägten, rohen Ständerhölzern vor. Markieren Sie eine Linie auf der Seite des Ständerholzes, die am meisten Waldkante hat. Die andere Seite hat demnach vornehmlich scharfe Kanten. Sägen Sie danach eine so tiefe Spur mit der Motorsäge, dass es vom Grund dieser Spur bis zum Mark kürzer ist, als vom Mark zu einer anderen Außenseite. Schlagen Sie anschließend Holzkeile ein, bis ein schwaches Reißen hörbar ist. So weiß man, dass der große Trockenriss in der gesägten Spur entstehen wird. Die Sägespur öffnet sich meist so, dass man einen Finger hineinstecken kann. Wenn später auf der gegenüberliegenden Seite das Profil gesägt wird, entstehen dort keine großen Trockenrisse. Ohne Marksprengung könnte man sie auf der Profilseite nicht vermeiden, da ein starker, vierkantiger Stamm irgendwo reißen wird. Es gilt, den Riss so zu steuern, dass er später nicht Wind und Wetter ausgesetzt ist. Siehe auch S. 25 und 39.

Vorderes und hinteres Oberrahmenholz sind gleichzeitig Vorder- und Rückpfette und werden vor dem Einmessen der oberen Seitenrahmenhölzer an ihren Platz gelegt. Diese Seitenrahmen werden mit Übermaß zugeschnitten, und an ihrem Bestimmungsplatz mithilfe einer Wasserwaage lotrecht und auf genaue Länge geschnitten. Die Aussparungen in der Vorder- und Rückpfette kann man etwa 60 mm tief arbeiten, sodass die oberen Seitenrahmen gut verankerbar sind.

Das Bauholz, das ich anwende, sind neun gefräste Blockhausbalken von 6 m Länge, sowie zwei 150 x 200 mm Kanthölzer von 6 m, und zwei 200 x 200 mm Kanthölzer von 3 m Länge. Erst hatte ich vor, die Blockhausbalken in ein Blockhaus einzuzimmern, doch hätten die Kanthölzer allein nur für eine Schirmhütte gereicht. Nun bekam ich aus den obengenannten Kanthölzern drei Schirmhütten heraus, und musste nur um ein paar kurze Ständerhölzer ergänzen.

Das Zuschneiden der profilierten Ständer

Vielleicht ist es schwierig, sich vorzustellen, wie man mit der Motorsäge ein Profil sägen kann, weshalb ich folgende Vorgehensweise empfehle:

1. Legen Sie das Ständerholz auf zwei stabile Böcke von geeigneter Arbeitshöhe, Abb. 1.

Abb. 1

2. Zeichnen Sie mithilfe des Profilmusters an, wo gesägt werden soll, Abb. 2.

3. Beginnen Sie damit, die beiden Rundungen in der Mitte des Profils mit ziehender Kette, also der Unterseite der Schiene, auszusägen, Abb. 3. Beim Erstellen von Ständern ist eine Längsschnittkette mit einem Schärfwinkel von lediglich 10° von Vorteil. Sie können auch eine andere Kette auf diesen Winkel umschleifen. Voll- und Halbmeißelketten haben für gewöhnlich einen Schärfwinkel von 25 bzw. 30°, und produzieren bei Längsschnitten ziemlich lange Späne, die zum Verstopfen des Schnittes führen können.

4. Wenden Sie das Ständerholz und sägen Sie das kurvige Profil mit schiebender Kette (der Oberseite der Schiene), Abb. 4. Die Sägespäne sprühen auf der Unterseite heraus und man kann der aufgezeichneten Linie leicht folgen. Mit gerade ausreichendem Vorschubdruck auf die Kette kann man das Gewicht der Säge ausbalancieren, sodass es keiner größeren Kraft bedarf, die Säge in der richtigen Position zu halten.

   Erreicht man die Sägespur, die beim Sägen der Abrundungen entstanden ist, fällt ein keilförmiges Holzstück aus dem Profil. Wenden Sie das Ständerholz um 90° und feinarbeiten Sie die Wölbung von der anderen Seite. Oftmals ist die Sägespur auf der anderen Seite ein paar Milimeter neben der aufgezeichneten Linie gelandet, da man die Säge tendenziell zu sich neigt.

   Mit der Motorsäge lässt sich das leicht justieren. Ich glätte die ausgesägte Fläche sogar noch, indem ich die Sägekette auf höchster Fahrt laufen lasse und die Säge auf der Fläche leicht hin und her bewege. Auf diese Weise entfernt man allzu deutliche Sägespuren. Möchte man es noch glatter haben, kann man die Fläche mit einer Axt ebnen, doch finde ich, dass dies ein bisschen zu viel des Guten ist.

5. Anschließend wiederholt man dieselbe Prozedur mit dem anderen Profil, das von der entgegengesetzten Seite ausgesägt wird. Als Abschluss des Profilsägens breche ich alle scharfen Kanten mit dem Ziehmesser, damit man beim Hantieren der Ständer nicht so häufig Splitter in die Finger bekommt.

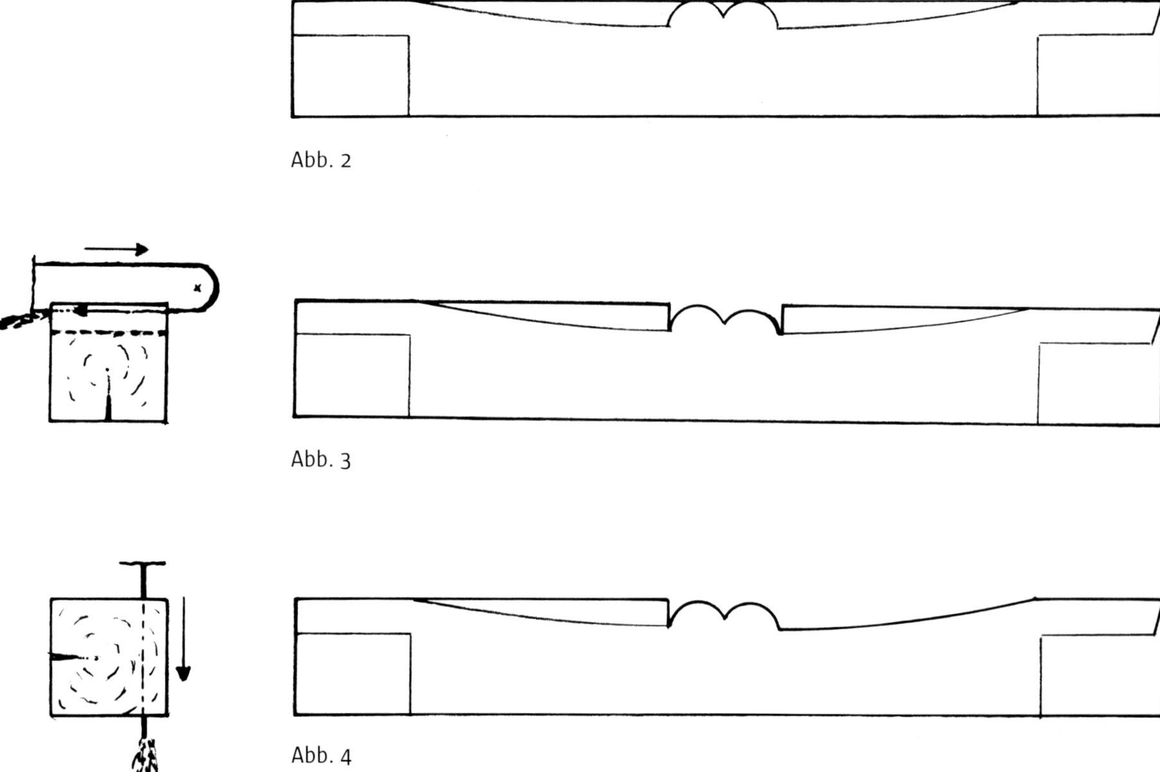

Abb. 2

Abb. 3

Abb. 4

6. Um die Aussparungen für den Ober- und Unterrahmen an der richtigen Stelle auszunehmen, ist es am einfachsten, den Ständer an den vorgesehenen Platz zu stellen, und dort zu markieren, was weggesägt werden soll. Man spart sich so den Gedankenaufwand auszutüfteln, wo man sägen soll. Eine Sägespur kann man leider nicht rückgängig machen, weshalb es am besten ist, sich vor dem Sägen ganz sicher zu sein. Da jeder Ständer einzig zu einer Ecke passt, muss das Angezeichnete für den jeweiligen Platz des Ständers stimmen. Wenn ich Ständer für ein Haus zusäge, beginne ich mit den vier Eckständern, damit dieses Kümmernis sobald wie möglich aus der Welt ist. Danach kann man in aller Ruhe alle Zwischenständer zurechtsägen, die auf einer Seite mit Profil versehen werden. Der Rat, die Eckständer beim Anzeichnen der Aussparung an ihren Bestimmungsort zu stellen, funktioniert allerdings nur bei kleineren Konstruktionen, wie zum Beispiel den hier beschriebenen Schirmhütten.

Bild 3
Skelett der Schirmhütte Typ A von vorne.

Bild 4
Drei Schirmhütten-Skelette sind fertig.

Bild 5
An Schirmhütte Typ C wurde mit dem Montieren der Wandverschalung begonnen. Unterhalb der Bretter ist das schräg gesägte Tropfbrett zu sehen.

Bild 6. Montieren des Wandpaneels an Schirmhütte Typ C.

Achten Sie auf die Eckstreben in den oberen Ecken der vorderen Öffnung auf Bild 3. Sie sorgen dafür, dass die ganze Konstruktion bei eventueller Schiefbelastung durch Winddruck oder Treibschnee nicht seitlich einknickt. Ich messe sie ein, indem ich mich mit der Schulter dicht an den Ständer setze und markiere, wo ich mit dem Kopf nicht mehr gegen eine spätere Strebe stoße. Die Ständer werden beim endgültigen Aufbau mit drei 150 mm Nägeln genagelt, die man durch vorgebohrte Löcher in den vorstehenden Ständerteilen in den unteren Rahmen und die Pfette schlägt. Für den vorübergehenden Aufbau nagle ich mit 100 mm Nägeln, schlage sie jedoch nicht ganz ein, um sie später leicht mit einem Kuhfuß entfernen zu können.

Die Schirmhütte ganz links auf Bild 4, Typ A, ist die bereits vorgestellte, und die in der Mitte, Typ B, ist vom Typ B, mit 2000 x 3000 mm Fläche. Die Hütte ganz rechts, Typ C, hat die Maße 1600 x 2600 mm. Sie hat vorne und hinten Zwischenständer, da die Pfetten mit 120 x 150 mm dünner sind, als bei den beiden anderen Schirmhütten. Mangel an Bauholz führte dazu, dass ich einen der 6 m langen, gefrästen Blockhausbalken auftrennen musste, sodass ich vier 3 m lange Kanthölzer für die Pfetten und oberen Seitenrahmen erhielt.

Ich kann nicht genug darauf hinweisen, wie wichtig es ist, Arbeitsböcke in passender Höhe zu haben, damit das Arbeiten so sicher und effektiv wie möglich vonstatten gehen kann. Am besten beginnt man jegliches Bauvorhaben mit der Herstellung von Arbeitsböcken, falls man solche nicht bereits schon hat. Auf das im Vordergrund sichtbare Bockpaar auf Bild 4 habe ich eine einfache Platte aus einigen zusammengenagelten Brettern gelegt, auf die alle Werkzeuge gelegt werden. Auf dem hinteren Bockpaar wird jegliches Bauholz bearbeitet.

So wie die Konstruktionen fertig werden, bedecke ich sie mit zwei Schwarten-Schichten. Die erste Schicht wird mit der glatten Seite nach oben, die andere mit der glatten Seite nach unten gelegt. Möchte man das zeitweilige Dach ganz dicht haben, legt man eine billige Plastikpersenning oder 0,15 mm Plastikfolie zwischen die beiden Schwarten-Schichten.

Die Nagelleisten für die Wandverschalung haben die Abmessungen 40 x 50 mm, und auf den unteren Rahmen werden zwei übereinander genagelt, sodass das schräg gesägte Tropfbrett eingepasst werden kann, und die Schalbretter trotzdem unten genagelt werden können.

Als Bodenbretter werden gerade gesägte Bretter, 25 x 150 mm, verwendet, die auf 120–150 mm Abstand voneinander gesetzt werden, je nachdem, wie breit die Bretter der unbesäumten Deckel sind, siehe Bild 5. Das Bodenbrett wird mit der Kernseite nach außen gerichtet, und mit 75 mm Nägeln in vorgebohrten Löchern auf die oben und unten befindlichen Nagelleisten aufgenagelt. Ich schlage auch einen Nagel in die Schrägstreben, die sich auf derselben Ebene wie die Nagelleisten befinden.

Das Deckelbrett muss mit der Kernseite nach innen gerichtet sein, da es unbesäumt ist, siehe Bild 5. Beim Trocknen wird es sich allerdings mit den Kanten von der Wand hochwölben. Ist es besäumt, wende ich die Kernseite am liebsten nach außen, sodass durch das Trocknen kein Spalt entsteht. Das Deckelbrett besteht aus der Seitenware, die beim Sägen der Stämme für den Blockhausbau angefallen ist, und ist teilweise sehr breit. Die Bretter werden in vorgebohrten Löchern mit 100 mm Nägeln auf die unteren und oberen Nagelleisten aufgenagelt. Wo es möglich ist, auch auf die Schrägstreben. In Bild 5 ist die Aussparung des unteren Seitenrahmens an der Unterkante zu sehen. Die des vorderen Rahmens befindet sich an der Oberkante desselben verdeckt hinter dem Ständer.

Schirmhütte Typ C ist auf der rechten Seiten- und der Rückwand mit einer Verschalung versehen worden, siehe Bild 6. Die hinteren Eckständer haben die Dimension 220 x 220 mm und sind auf zwei Seiten profiliert. Die Zwischenständer haben die Dimension 150 x 200 mm. Mittelpfette und Rückpfette mussten verlängert werden, um die gleiche Länge wie die Vorderpfette zu bekommen.

Auf die hintere Pfette habe ich eine Bohle von 40 x 150 mm angebracht, um das Dach auf ganzer Länge zu unterstützen. Die mittlere Pfette habe ich an beiden Enden mit Klötzen verlängert. Es ist sinnvoll, den Dachüberstand an den Seiten beizubehalten, um darunter Brennholz lagern zu können. Die angesetzten Verlängerungen werden später teilweise vom Windschutzbrett verdeckt, das beim Anbringen des Daches an die Pfettenenden genagelt wird.

Die mittlere Pfette wird beidseits mit Unterhaken versehen, die etwa der Hälfte der Pfettenstärke entsprechen, und in so tiefe Oberhaken in den Seitenrahmen eingelassen, dass sie sich in einer Ebene mit der Vorder- und Rückpfette der Schirmhütte befindet. Über diese Pfetten wird Rauspund genagelt, sodass man ein durchgehendes Holz-Unterdach erhält. Danach nagelt man Unterlegpappe, Leisten und zuletzt schwarze Dachbleche auf. Sofern man die Schirmhütte auf mindestens 30 cm hohe Steine auf festem Boden gestellt hat, wird sie durch so eine Dachkonstruktion über viele Jahre geschützt sein.

Soll die Schirmhütte zum Übernachten gedacht sein, ist es wichtig, dass sich ein Kondensschutz in Form von Rauspund unter dem Dachblech befindet. Wenn man im Winter ein kräftiges Feuer macht, wird es innen in der Schirmhütte warm. Dabei bildet sich viel Kondenswasser an den Dachblechen, die unter Umständen einen halben Meter Schnee tragen. Die geringen Mehrkosten, die der Rauspund mit sich bringt, werden mehr als genug von der Erhöhung des Komforts, die er der Schirmhütte zuführt, aufgewogen.

Die vorderen Ständer der Schirmhütte wurden aus hohen Blockhausbalken mit der Abmessungen 150 x 260 mm hergestellt. Sie haben auf zwei Seiten Profil, wobei die breite Seite nach vorne gewendet ist, siehe Bild 7. Der mittlere, 150 x 200 mm starke Ständer in der Öffnung hat das Profil auf der 150 mm breiten Seite. Die Notwendigkeit dieses Ständers lässt sich in Frage stellen, da er mitten in der Öffnung Sitzplatz wegnimmt. Doch als alternative Ausformung, und als Verstärkung einer im Vergleich zu den anderen beiden Schirmhütten schwächeren Vorderpfette, darf er hier stehen.

Bis auf die Oberflächenbehandlung der Schirmhütte Typ A sind alle drei Hütten fertig, Bild 8. Ich behandle die Schirmhütten, sobald ihr Bau abgeschlossen ist, mit einer Mischung aus $^1/_3$ Alcros Hälsinge-Teer, $^1/_3$ Balsamterpentin und $^1/_3$ gekochtem Leinöl. 20 % Kiefernöl im Hälsinge-Teer bringt mit sich, dass er in Terpentin löslich ist. Diese Mischung ist leichtflüssig und auch trotz ein paar Minusgraden leicht aufzustreichen.

Holzteere gibt es in vielen unterschiedlichen Qualitäten in Skandinavien; in Deutschland kaum bekannt.

Es ist sinnvoll, dem trockenen, neubearbeiteten Holz eine Grundbehandlung zu geben. Die gesägten Oberflächen sind wie Löschpapier und bekommen bei feuchtem Wetter schnell eine Missfärbung. Die Ständer trocknen am schnellsten in den profilgesägten Bereichen. Ein schneller Trocknungsverlauf führt zu Trockenrissen im Holz. Die Oberflächenbehandlung vermindert die Trocknungsgeschwindigkeit und damit sogar das Entstehen von Trockenrissen in den sichtbaren Bereichen.

Für die Schirmhütte vom Typ C reichten die Schwarten nicht, weshalb ich eine vierfach gefaltete Persenning, die an lückig liegenden Latten festgeklemmt wurde, als vorübergehendes Dach auflegen musste.

Bild 7
Schirmhütte Typ C beim Montieren des Paneels

Bild 8
Die drei Schirmhütten, von links Typ A, B, C

Bild 9. Die Schirmhütten von der anderen Seite gesehen, von links Typ C, B, A

Alle drei Schirmhütten haben ungefähr die gleiche Dachneigung, obwohl die mittlere, Typ B, eine Tiefe von 2000 mm hat, verglichen mit den beiden anderen, die eine Tiefe von 1600 mm haben, siehe Bild 9. Für alle drei Schirmhütten wurde dasselbe Ständerprofil verwendet.

Schutzhütte Typ A, mit einer Öffnung von 2000 mm und einer Tiefe von 1600 mm ist inklusive Oberflächenbehandlung fertig, siehe Bild 10. Die Schirmhütte eignet sich als Ausflugsziel, an dem man nicht vorhat, zu übernachten. Die breiten, unbesäumten Bretter des Außenpaneels geben der Hütte ein ansprechendes Aussehen.

Schutzhütte Typ B, Bild 11, mit einer Öffnung von 2700 mm und einer Tiefe von 2000 mm eignet sich für abgelegenere Stellen, an denen man mit einer größeren Gruppe übernachten möchte. Bei breiten Schirmhütten dürfen die Abemssungen der Pfetten nicht zu schmal sein. 150 x 200 mm sollte die untere Grenze sein. Die Belastung des Daches kann bei den Schneemengen, die in manchen Wintern vorkommen, sehr hoch werden. Wenn man mit schmaleren Abmessungen baut, oder die Schirmhütte breiter ausführt, kann man auch einen Zwischenständer in die Öffnung setzen. Die hintere Wand dieser Schirmhütte hat bereits einen Zwischenständer, siehe Bild 12.

Fußboden aus Brettern von 50 x 150 mm ist zugeschnitten und lose, ohne Nagelung, ausgelegt worden. Vorne ruht er auf der vorderen Schwelle, und hinten auf einer 50-x-50-mm-Nagelleiste, die in der hinteren Schwelle befestigt wurde, damit der Fußboden stabil liegt.

Schutzhütte Typ C hat schwächere Pfetten und einen Zwischenständer vorne und hinten, siehe Bild 13. Die Breite der Öffnung beträgt 2150 mm, ohne die 150 mm des Zwischenständers 2000 mm. Die Tiefe beträgt 1600 mm. Diese Schirmhütte kann an einem Platz aufgestellt werden, wo der Besuch kleinerer Gruppen zu erwarten ist. Zwei lose Bänke wurden aus Restholz zusammengenagelt, und werden wettergeschützt in die Hütte hineingestellt, wenn keiner dort ist. Kommen größere Gruppen, stellt man die losen Bänke um die Feuerstelle herum. Sie können auch als Tisch für mitgebrachtes Essen dienen.

Bild 10. Schirmhütte Typ A transportfertig

Bild 12. Schirmhütte Typ B von schräg hinten, wo das kräftige Paneel und der Zwischenständer auf der Rückseite deutlich zu sehen sind. Auch hier wurde die mittlere Pfette mit Klötzen verlängert.

Bild 11. Schirmhütte Typ B

Bild 13. Schirmhütte Typ C

Materialkosten und Arbeitszeit, Überschlag

Im Folgenden gebe ich einen Überblick über den Materialverbrauch und die Arbeitszeit für alle drei Schirmhütten zusammen.

Materialverbrauch

in Laufmeter, Lfm (Circa-Kosten aus dem Schwedischen umgerechnet)

Blockhausbalken, 150 mm, 9 Stck. à 6 m =	54 Lfm
Kantholz 150 x 200 mm, 2 Stck. à 6 m =	12 Lfm
Kantholz 200 x 200 mm, 2 Stck. à 3 m =	6 Lfm
Kantholz 150 x 200 mm, 8 Stck. à 1,1 m =	9 Lfm
Summe Ständer und Rahmenholz =	81 Lfm

Summe der Kosten für Ständer und Rahmenholz, 11 Euro/Lfm:	894,–
Schrägstreben, 45 x 95 mm, 8 Stck. pro Schirmhütte à 1 m = 24 Lfm	40,–
Nagelleisten, 45 x 45 mm = 30 Lfm	26,–
Seitenware, 7 Stck. à 6 m für Oberpaneel = 42 Lfm	93,–
Unterpaneel, 25 x 150 mm = 42 Lfm	55,–
Fußbodenbretter, 45 x 195 mm = Lfm	232,–
Rauspund, 22 x 95, 30 m², = 330 Lfm	255,–
Unterlegpappe = 4 Rollen	44,–
Leisten für das Dach, 25 x 100 mm = 40 Lfm	35,–
Dachblech = 30 m²	265,–
Leinöl/Terpentin/Teer = 4 Liter	33,–
Übriges (Nägel u. a. m.)	66,–
Materialkosten für drei Schirmhütten, schätzungsweise:	2.038,–
Mögliche weitere Kosten, 6–7 %	139,–
abgerundet:	2.177,–

Materialkosten pro Schirmhütte:	Schirmhütte Typ A	ca. 606,–
	Schirmhütte Typ B	ca. 802,–
	Schirmhütte Typ C	ca. 717,–

Für eine – schwedische – Dorfgemeinschaft mit eigenem Wald und Dorfsäge können die Kosten für das Material einer Schirmhütte deutlich gesenkt werden. Alle Rohwaren, ausser dem Rauspund, sollte man zu geringen Kosten beschaffen können.

Arbeitszeit

Um das Rahmenwerk einer Schirmhütte fertig zu stellen, braucht man etwa 1 $^1/_2$ Arbeitstage. Rechnet man mit einem weiteren Arbeitstag für das Nageln des Paneels, die Oberflächenbehandlung und vorübergehende Dachdeckung, kann man für die totale Arbeitszeit am Bauplatz etwa 2 $^1/_2$ Arbeitstage pro Schirmhütte annehmen.

Um eine Serie von Schirmhütten zu bauen, könnte sich ein Wochenendkurs, von Freitagnachmittag bis Sonntagnachmittag, eignen. Wenn alles Material vorbereitet ist, sollte es kein Problem sein, eine Schirmhütte von je zwei Kursteilnehmern bauen zu lassen. Meine Erfahrung von verschiedenen Blockhausbau-Kursen ist, dass die praktische Arbeit in der Gruppe etwas ungleich verteilt wird. Wenn jedoch jeder Kursteilnehmer die Verantwortung für ‚seine eigene' Schirmhütte trägt, verteilt sich die Arbeit gleichmäßiger innerhalb der Gruppe.

Transport der Schirmhütte vom Bauplatz zum späteren Standort

Der Transport von Schirmhütten zu den naturschönen Plätzen kann auf zweierlei Weise stattfinden:

Alternative 1: Demontierung und Transport des Bausatzes

Man nimmt die Schirmhütte auseinander und verfrachtet den Bausatz im Winter mit dem Schneescooter. So kann selbst der unwegsamste und abgelegenste Platz erreicht werden. Aufbau und Fertigstellung werden eine erfreuliche Aktivität im Spätwinter.

Das Markieren der Einzelteile geht am einfachsten mit einem Zimmermannsbleistift auf der Innenseite der Hütte. Sie können die Lage aller Details abzeichnen, dann wird das erneute Montieren der Schirmhütte ein Leichtes sein. Nachdem man den Schwellenrahmen eingewogen und die Schrägstreben an den gezeichneten Markierungen eingesetzt hat, sollte alles andere in Lot und Waage stimmen.

Falls keine Fundamentsteine vorbereitet werden konnten, kann die Schirmhütte vorübergehend auf Holzreste von 200 x 200 mm oder 150 x 200 mm gesetzt werden. Der Platz wird von Schnee freigeschaufelt, und man sollte sich dessen versichern, dass man festen Boden gewählt hat. Im Sommer rollt man ausreichend große Fundamentsteine herbei, und tauscht, mithilfe von Hebelstangen aus kleineren Bäumen, die Holzklötze gegen Steine aus. Der untere Rahmen sollte sich nun mindestens 30 cm über dem Erdboden befinden.

Alternative 2: Transport der fertigen Schirmhütte

Sofern ein befahrbarer Weg zu dem Platz führt, an dem man die Schirmhütte aufstellen möchte, kann man die Schirmhütte mit Rahmenkonstruktion und Verschalung fertigstellen. Um das Transportgewicht niedrig zu halten, können Fußbodenbretter und Dach warten, bis sie an ihrem Bestimmungsort steht. Ein kräftiger Gabelstapler (z. B. Volvo LM 621, s. S. 287) mit verlängerten Gabeln kann eine Schirmhütte ohne Problem anheben. Auch ein stabiles Kranauto kann eingesetzt werden. Nageln Sie Kreuzstreben in Fußboden und Dach, um die Schirmhütte beim Transport zu stabilisieren.

Da es sich hierbei um einen Transport auf schneefreiem Boden handelt, kann man ohne Schwierigkeiten Fundamentsteine bereitlegen, bevor die Schirmhütte aufgestellt wird.

Die Feuerstelle

Die Feuerstelle vor der Öffnung der Schirmhütte sollte länger als einen Meter sein und gut einen halben Meter lange Seiten haben. Am besten bekommt sie einen Rand aus Steinen und eine Füllung aus grober Erde. Letzteres zur Brandsicherheit, da ein Feuer auf einem Boden aus Steinen schwierig zu löschen ist. Die Steine speichern so viel Wärme, dass sie ein erneutes Aufflackern des Feuers verursachen können, nachdem man die Schirmhütte bereits verlassen hat. Die Nachwärme der Steine trocknet das Wasser, mit dem man gelöscht hat, und eventuelle Glutreste bringen das Feuer wieder in Gang. Wenn man viel Wasser auf heiße Steine schüttet, springen diese, und eine Feuerstelle aus scharfen Steinsplittern sieht nicht sehr einladend aus. Aus Brandsicherheitsgründen sollte man die Schirmhütte nahe eines Wasserlaufes aufstellen. Besucher wollen bei der Schirmhütte Feuer machen, und ohne Wasser in der Nähe lässt sich ein solches nicht leicht löschen.

Der Grund der Feuerstelle sollte etwas niedriger als das Fußbodenniveau der Schirmhütte liegen. Auf diese Weise wird die Wärmestrahlung des Feuers die Hütte füllen und

Die Feuerstelle vor Schirmhütte Typ C besteht teils aus in der Erde liegenden, teils aus losen, den Ring vervollständigenden Steinen. Möchte man die Feuerstelle mehr auf Fußbodenniveau der Schirmhütte haben, muss man sie mit mehr Steinen erhöhen und mit Erde füllen.

nicht die Füsse verbrennen. Beim Essen zubereiten befindet sich das Feuer auf bequemer Arbeitshöhe.

Jedwedes Feuer wird so aufgebaut, dass die Holzstücke längs mit der Feuerstelle liegen. Das Feuer wird dadurch länglich und verbreitet seine Wärme gleichmäßig in die Schirmhütte hinein. Wenn man mit langen Hölzern Feuer macht, sorgt das Feuer für das Ablängen, und die Hölzer können von ihrer jeweiligen Seite her immer nachgeschoben werden.

Abschließend kann ich erwähnen, dass eine aus Holz gezimmerte, erdgefüllte Feuerstelle einen sehr einladenden Eindruck machen kann, wenn sie neu ist, doch leider nicht lange hält, bevor sie von Rotfäule zersetzt wird. Aus Brandsicherheitsgründen ist eine steinerne Feuerstelle vorzuziehen. Was allerdings auch die schönste Schirmhütte hässlich macht, ist ein Betonring als Feuerstelle.

Schirmhüttenbau als Kurs

Über die Jahre habe ich eine Anzahl Kurse zum Thema „Zimmern" geleitet, und es war manchmal schwierig, das Zimmern eines kleineren Hauses während der Kurszeit zu schaffen. Im folgenden Beispiel bauten wir drei weitere Schirmhütten an einem Sonnabend und Sonntag. Mit der einfachen Technik, die wir für diese Konstruktion anwenden, war dies möglich. Hätten wir die Schirmhütten gezimmert, hätten wir teils deutlich mehr Bauholz gebraucht, teils wäre es schwierig gewesen, in derselben Zeit eine Hütte fertigzustellen.

Der Heimatverein, der dieses Projekt unterstützt, versorgte uns während des Kurses großzügig mit Essen und Kaffeepausen.

Einige Bilder von Schirmhütten

Eine der Schirmhütten, die wir während eines Volkshochschulkurs bauten, ist einschließlich zur Feuerstelle fertiggestellt. Die Fundamentsteine liegen an ihren Plätzen und das Dach aus Rauspund, Unterlegpappe, Leisten und Dachblech inklusive Windschutzbretter ist fertig. Zwei lose Bänke erweitern die Sitzmöglichkeiten um das Feuer, wenn man mit mehr Personen kommt, als in die Öffnung der Schirmhütte passen. Die Bänke werden in der Hütte verwahrt und bei Bedarf herausgeholt. Der Fußboden aus Brettern von 45 x 150 mm macht einen stabilen Eindruck.

Diese Schirmhütte vom Typ B wurde am Waldsee Gåstjärn, mit dem See in Richtung Süden, aufgestellt. Wir machen eine dringend nötige Vesperpause, nachdem wir das Blechdach gelegt und die Fundamentsteine organisiert haben. Die Heide-Kiefern-Landschaft war steinarm, weshalb wir lange nach passenden Steinen suchen mussten. Die Hütte wurde mit einem dünnen Kiefernstamm hochgewogen, während zwei Mann den behelfsmäßigen Unterbau aus Trockenkiefer-Stammstücken gegen ordentliche Fundamentsteine austauschten. Auch hier gibt es zwei lose Bänke.

Typ A, der als Schablone für die übrigen Schirmhütten diente, wollte der Heimatverein hoch oben auf dem Hügel hinter dem Dorf, dem Hemberget, aufstellen. Dort hatte die Endabholzung eine herrliche Aussicht über die Gegend ums Dorf geöffnet, über den See Lomsjö, und die zum in der Ferne erkennbaren Bergmassiv wandernden Hügel. Die Schirmhütte wurde auf einem kleinen Felsen, in angenehmem Abstand zu einem für den Holzeinschlag gebauten Waldweg, plaziert. So kann man sie in wenigen Minuten vom Dorf aus erreichen, doch liegt sie gleichzeitig so hoch über dem Weg, dass dieser von der Hütte aus nicht zu sehen ist.

Dieses Beispiel für Typ C wurde bei den Resten einer älteren Schirmhütte aufgestellt. Sie war von den Flößern beim Flößen im daneben liegenden Wasserlauf, Stamsjöån, benutzt worden. Man sieht die Reste rechts im Hintergrund. Die Fundamentsteine wurden sehr groß, und lose Balkenstücke des temporären Fundamentes dienen als Fußstütze. Zur Winterzeit ist es nur gut, wenn die Schirmhütte hoch über dem Boden steht. Die lose Bank liegt innen im Schutz.

Mittwintersonne oben auf dem Hemberget.

Das Feuer

Das Feuer macht die Schirmhütte zu einem Ort, an dem man gesellig sitzen und sich wohlfühlen kann, obwohl die Kälte in den Holzstreben knackt und der Wind schneidend bläst. Das einfachste und effektivste Feuer ist ein Balkenfeuer. Von Ole Bannbers wird es auf folgende Weise beschrieben:

„...Während die Mahdhütte repariert und für die Nacht zurechtgemacht wurde, und man die nötigen Vorbereitungen für den nächsten Tag traf, hatte sich ein Mann in den Wald begeben, um Holz für das Balkenfeuer der kommenden Nacht zu holen. Er hatte eine Trockenkiefer ausgewählt und gefällt, die auf 5 m 30 cm Durchmesser betrug, und von dieser zwei Stämme von 2,50 m Länge ausgelängt, was der Öffnung der Mahdhütte entsprach. Diese Stämme wurden nun zur Mahdhütte herbeigetragen, und aus ihnen eine zweckentsprechend und technisch gesehen vollendete Feueranordnung konstruiert, die aus dem offenen Schuppen, den die Mahdhütte ansich darstellte, eine ruhige und geschützte Wohnstatt schuf. Zuerst richtete man eine Unterlage aus ein paar angemessen großen Steinen oder Holzklötzen, sodass das Balkenfeuer vor der Öffnung der Mahdhütte liegen, und durch diese Erhöhung die Wärme frei in die Hütte eintreten können würde; dadurch, dass man das Balkenfeuer näher an die Hütte oder weiter entfernt von ihr verlegte, konnte man die Wärme in derselben regulieren. Der eine Stamm wurde nun stabil auf die Unterlage gelegt, und auf der ganzen Länge seiner Oberseite durch Einschläge mit der Axt ein Streifen aufgesplittert. Der zweite Stamm wurde genauso aufgehackt und so auf den ersten gelegt, dass die behandelten Flächen aneinander lagen. Zwischen die Stämme steckte man quer an jedem Ende eine Zwischenschicht aus einem runden Stück Rohholz, eine „Rohholzrolle“, die während der gesamten Brenndauer des Balkenfeuers halten sollte; die unentrindeten Rohholzrollen widerstanden nämlich der Hitze und dem Feuer. Damit der Oberstamm nicht herunterfallen würde, musste er befestigt werden, und dies geschah so, dass man in der Mitte des Stammes auf seiner Oberseite einen ellenlangen Keil aus frischem Holz eintrieb; das obere Ende des Keils wurde gespalten, und in den Spalt das Wurzelende eines schmalen Birkenstammes niedergepresst, welcher mit seiner Spitze um den Überschlag herum befestigt wurde, der das Dach der Mahdhütte trug.

Diese Anordnung hielt den Oberstamm in seiner Lage, ermöglichte jedoch auch die Sinkmöglichkeit, die während der Brennzeit des Balkenfeuers vonnöten war.

Wenn das Balkenfeuer entzündet werden sollte, legte man Trockenholzspäne in den Spalt zwischen den Stämmen und zündete sie an. Wenn es zu brennen beginnt, schlägt das Feuer über den Oberstamm, und der Keil in demselben würde bald durch die Hitze austrocknen und herausfallen oder Feuer fangen, und der Stamm somit die Stütze verlieren. Um dies zu verhindern, wird nasses Moos um den Keil herum gelegt. Wenn das Feuer solange gebrannt hat, dass das Anfeuerholz verkohlt ist, nimmt man es heraus, und neue, schmalere Rohholzrollen werden zwischen die Stämme gelegt und die ersten entfernt, wodurch der Oberstamm herabsinkt und das Balkenfeuer dichter wird. Neues Zündholz wird zwischen die Stämme gelegt, und das Feuer brennt bald von selbst.

So brennt es die ganze Nacht über und gibt der Mahdhütte eine gute und gleichmäßige Wärme, und schützt sie vollständig vor der großen Plage der Moore und Hochlandwälder – den Mücken; die Wärme steht wie ein Vorhang vor dem „Slogbod“-Maul und der Teil des Rauches, der unter das Dach der Hütte hereinschlägt, tritt durch die Öffnungen zwischen Dach und Seitenwänden hinaus ...“

O. Bannbers, På slogmyr och lavhed (Auf Mahdmooren und Flechtenheiden), Svenska kulturbilder, 1930.

Ein Balkenfeuer aus drei Stämmen hat den Vorteil, dass es stabiler ist als eines aus zwei Stämmen. Das Risiko, dass der Oberstamm ganz plötzlich zur dunkelsten Stunde der Nacht, wenn alle schlafen, gegen die Schirmhütte rollt, ist geringer.

Trockenkiefern darf man nicht einfach ohne Genehmigung entnehmen. Erhalten Sie die Erlaubnis, können Sie beispielsweise bei einer Freiluftaktivität ein schönes Balkenfeuer machen. Es brennt den ganzen Tag und wird ein natürlicher Sammelpunkt für die Teilnehmer der Aktivität.

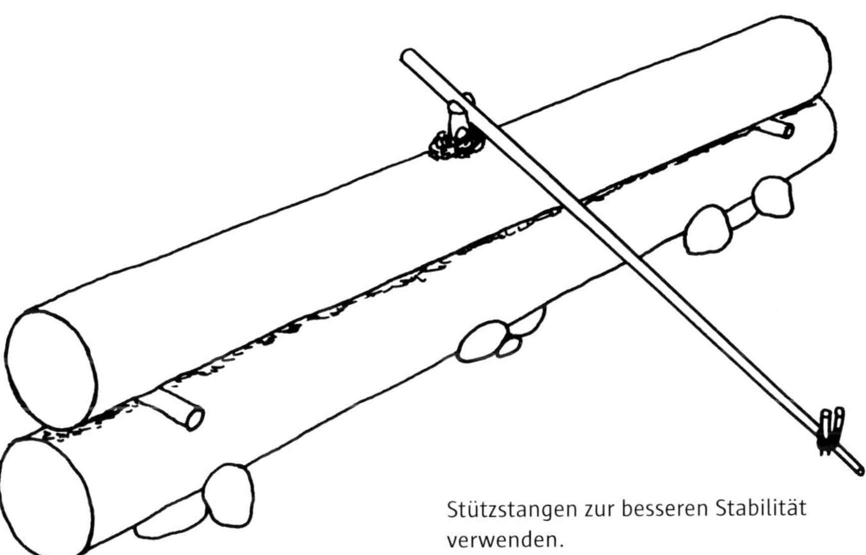

Balkenfeuer aus zwei Stämmen. Um den Keil, der die dünne Stützstange hält, legt man nasses Moos. Es müssen starke Stämme sein, damit der Oberstamm stabil liegt. Man kann für die Rohholzrollen Vertiefungen aushauen und zwei dünne Stützstangen zur besseren Stabilität verwenden.
Mit großen Steinen kann man Halterungen für den Oberstamm anordnen, die ihm erlauben, im Verlaufe der Brennzeit langsam herunter zu sinken. Eine andere Lösung für permanente Feuerstellen sind geschweißte Halterungen aus Eisen, die man in den Boden eingräbt.

Balkenfeuer aus drei Trockenkiefer-Stammstücken. So starke Stämme, wie man sie für ein Zweistamm-Balkenfeuer braucht, hat man selten. Stattdessen kann man ein Balkenfeuer aus drei Stämmen aufbauen. Der Oberstamm brennt schneller, als die Unterstämme, weshalb es gut sein kann, einen weiteren Oberstamm zur Hand zu haben. Ist ein feuchter Stamm dabei, kann man diesen auflegen, nachdem der erste aufgebrannt ist. Der feuchte Stamm trocknet allmählich in der großen Hitze der beiden Unterstämme, während er verbrennt.

Man kann vor der Schirmhütte eine Feuerstelle zimmern, die mit Erde und Steinen gefüllt wird. Sie sollte genauso breit sein wie die Öffnung der Hütte, damit man ein Balkenfeuer darauf entzünden kann.

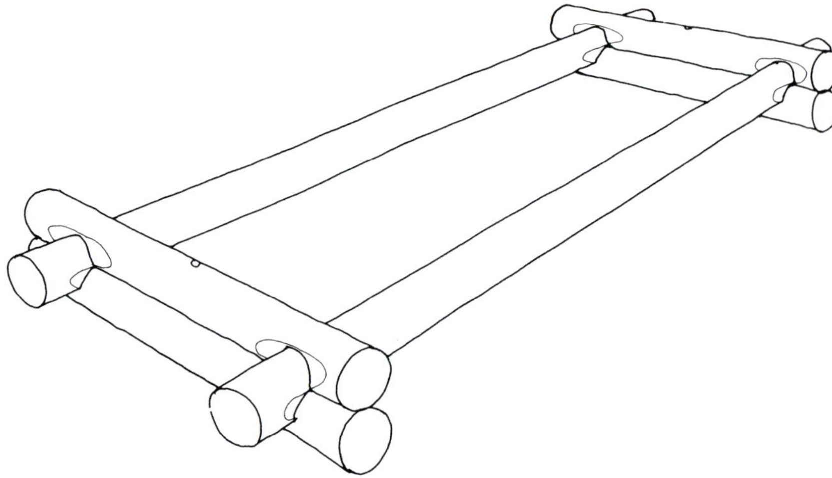

Die Feuerstelle wird mit Steinen gefüllt, und zwischen diesen mit Schotter. Seien Sie beim Füllen sorgfältig, sodass das Feuer nicht die Stämme erreichen kann. Da eine einseitige Verkämmung, ein „Ränknut" verwendet wurde, sind die Kurzseiten gedübelt. Jedwedes Feuer sollte so aufgebaut sein, dass man das Brennholz längs der Feuerstelle legt. Dann brennt das Feuer am besten und das Holz sinkt allmählich während des Verbrennens zusammen. Danach schiebt man die Holzreste ins Feuer hinein. Das Moment des Holzsägens ist auf diese Weise so gering wie nur möglich, da das Feuer für das „Ablängen" sorgt.
Eine solche Feuerstelle sollte man aus imprägniertem Holz zimmern. Sonst hält sie nur wenige Jahre, bevor sie von Rotfäulepilzen zersetzt wird.

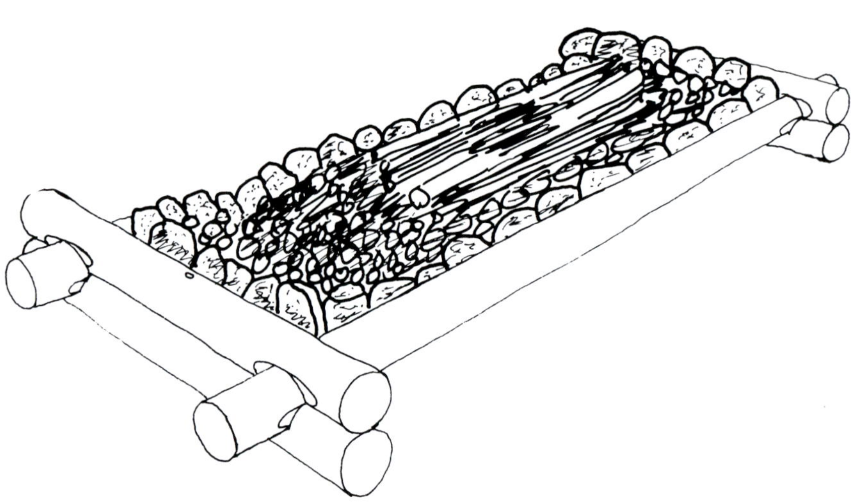

Die Feuerstelle ist mit Erde gefüllt, sodass das Feuer ein Stück höher kommt. Das Feuermachen ist so bequemer, und die Strahlungswärme breitet sich leichter in die Schirmhütte hinein aus. Drei platte Steine auf der Seite der Schirmhütte dienen als Abstellmöglichkeit für Kaffee- oder Teekanne. Die hintere Kante der Feuerstelle hat eine weitere Lage aus kleineren Steinen, sodass die Erde dort gestützt wird.

Sauna, Spielhäuschen, Fischerhütte

Überlegt man, selbst etwas zu zimmern, denkt man oft in erster Linie an eine Sauna, ein Spielhäuschen oder eine Fischerhütte. Der Zeitaufwand für ein solches, kleineres Haus ohne Zwischenwände, liegt bei 150–200 Arbeitsstunden. Diesen Arbeitseinsatz kann man in einem Sommerhalbjahr, während Ferien oder Freizeit, schaffen. Lässt sich das Zimmern in ein und demselben Jahr abschließen, so ist das gut. Zieht sich der Bau zu lange hin, kann er an Geduld und Beziehungen zehren. Wenn man sich dem Zimmern verschreibt, werden Arbeits- und Essenszeiten leicht vergessen.

Der Zeitaufwand ist sehr davon abhängig, wie genau man ist, und welches Holz man anwendet. Nimmt man vorgesägtes Bauholz, oder alte Blockhausbalken, so geht das Zimmern schneller. Bei Kanthölzern umgeht man das zeitaufwendige Anschalmen, das bei Rundhölzern notwendig ist, während eine sorgfältig ausgeführte Längsnut den Zeitaufwand ohne Zweifel verdoppelt.

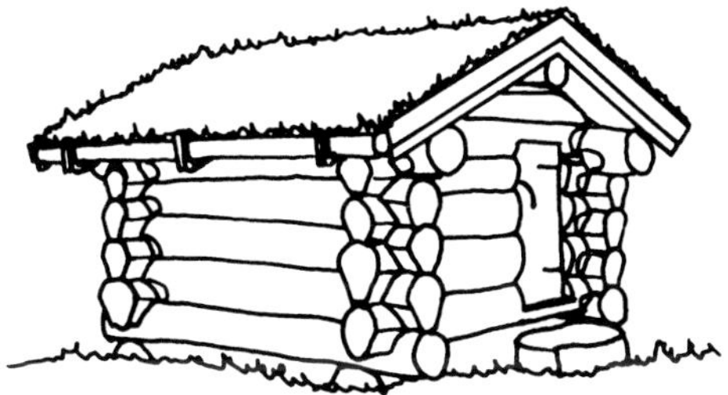

Bevor man beginnt, sollte man den Bau genau planen. In Schweden z. B. braucht man für alles mit einer Grundfläche von mehr als 15 m² eine Baugenehmigung (Stand 2013). In Deutschland ist es in den einzelnen Bundesländern unterschiedlich geregelt, was genehmigungspflichtig ist. Teilweise sind kleinere Bauvorhaben nur anzeigepflichtig.

Versuchen Sie, den von Ihnen zu leistenden Arbeitseinsatz realistisch einzuschätzen. Rechnen Sie mit einer gewissen Einarbeitungszeit, in welcher Ihre Leistungen noch niedrig sind. Eine Alternative zum eigenen Zimmern ist, eine Zeichnung des Blockhauses zu machen, und es bei einem Zimmermann, der Blockhäuser baut, zu bestellen. Die Arbeit an Fundament, Fußboden, Dach, Fenstern und Türen u. a.m. ist vielleicht umfassend genug, wenn man wenig Zeit hat.

Sofern Sie sich ein weniger fachmännisch ausgeführtes Blockhaus vorstellen können, sich das Zimmern lehren wollen und einen Sommer lang viel Zeit haben, könnte Sie der folgende Abschnitt dazu inspirieren, in Blockbauweise eine Sauna, Spielhütte oder ein anderes Haus, das Sie brauchen, zu zimmern.

Sigurd Erixon schreibt in ‚Svensk byggnadskultur', 1947, folgendes:

„Einräumige, rechteckige Häuser mit Wänden und Satteldach haben in unserem Land sehr häufig einen Giebeleingang, und dieses nicht nur in Blockhäusern, sondern auch im Ständer- und Fachwerksbau, ja, sogar bei Steinhäusern. In konservativeren Landstrichen ist dieser Eingangstyp deutlicher als in fortschrittlicheren Gegenden. Gebäude von altertümlicher Art und Funktion haben ihn besser beibehalten als andere. Er tritt fast regelmäßig in einfacheren Schuppen auf, darunter den Schuppen in Ständerbauweise. Überall, wo alte Fangmethoden und Versorgungsweisen mit saisonalen Umzügen und beweglichere Lebensführung vorherrschten, oder wo die Landwirtschaft einen eher extensiven Charakter beibehalten hat, sind Schuppen und Hütten mit Giebeleingang gebaut worden, so zum Beispiel Fischerschuppen, Mahdhütten, Wach- und Kochhäuser, Almhütten, Waldarbeiterhütten und Kirchenhütten. Auf den Almen haben die eigentlichen Wohnhäuser in nicht unbedeutendem Ausmaß diesen Charakter beibehalten, ob sie nun Wohnhausfunktion erfüllten oder nur zum Kochhaus degradiert worden waren. In diesem Kulturbereich haben sogar die Viehställe und Schutzhütten für das Kleinvieh, ja, manchmal gar größere Ställe einen Eingang von der Giebelseite gehabt, und vor allem die Heu- und Laubschober.

Auch in den traditionellen Bauerngehöften ist dieser Typ erhalten. Immer wieder findet man ihn in den verschiedensten, einzelnstehenden Häuschen, die zu einem schwedischen Bauernhof gehören, wie z. B. Vorrats- und Schlafhütten, Scheunen und Schuppen, Remisen und Sommerhütten, Kellern und Kellerschuppen, in Viehställen und sehr allgemein in den aufgrund der Feuergefahr außerhalb der Höfe stehenden Brauhäusern, Bäckerstuben, Schmieden, Saunen und Darren (Trocknungshäuschen für Getreide und Malz)."

Giebelhäuser

Man kann zwischen Giebelhäusern mit oder ohne „svale" im Eingangsgiebel unterscheiden. Ein „svale" ist dabei ein offener, unter dem Dachüberstand befindlicher Vorraum vor dem Giebel, eine Art Laube. „Vorlaubenhäuser" waren die gewöhnlichsten. Manchmal bestand die Vorlaube nur darin, dass man das Dach ein Stück über den Giebeleingang überstehen ließ. In anderen Fällen war das Dach ordentlich vorgezogen und entweder von vorgezogenen Seitenwänden oder Ständern getragen. Die Giebelvorlaube schützt den Eingang und die Treppe vor Wind und Wetter. Sie bildet einen Bereich, in dem man sich sowohl draußen als auch drinnen befindet. Ein Großteil der Aktivität um ein Haus herum spielt sich in der Giebelvorlaube ab. Dort kann man sitzen und sich nach einer heissen Sauna abkühlen; oder warum nicht einfach dort auf einer Holzbank sitzen und der Natur lauschen, die letzten Strahlen der Abendsonne auf dem Gesicht.

Um Ihnen ein bisschen Anregung für eigene Hausvisionen zu geben, werden hier ein paar Bilder von verschiedenen Häusern mit Giebeleingang gezeigt. Die Ideen dazu stammen von alten Bauerngehöften im Kulturpark Skansen, aber auch Heimatmuseen, Almen und anderen Stellen.

Mittellaubenhaus

Stellt man zwei Häuser mit Giebelvorlaube einander gegenüber, erhält man einen geschützten Raum zwischen den Häusern. Diese Kombination nennt sich, aus dem Schwedischen übersetzt, „Mittellaubenhaus". Wenn man ein Haus mit Giebelvorlaube baut, kann man seine Maße so abmessen, dass man, falls man Ausdauer dazu hat, ein weiteres Haus mit Giebelvorlaube dem ersten gegenüber bauen könnte.

In entlegenen Gegenden, wo die Häuser einsam und dem Wetter ausgesetzt liegen, wünscht man sich oft eine Räumlichkeit ausserhalb der Hütte als Windfang und Verwahrungsplatz für Brennholz und Ausrüstung. Aus dem warmen Inneren der Hütte direkt in Kälte und Wind zu treten ist nicht angenehm.

Mittellaubenhäuser sind auf schwedischen Hängen häufig, und der Zwischenvorraum ist entweder ganz offen, nur auf einer Seite offen, oder ganz geschlossen. Der ganz geschlossene Vorraum hat Hausflurcharakter, doch ist der Fußboden üblicherweise sehr einfach, zum Beispiel gepflastert. Auf der Zeichnung unten sieht man, dass die Stämme in den Längsseiten der Häuser, wo der Vorrraum geschlossen ist, mit einem kurzen Stück Boden-Deckel-Schalung zusammengefügt worden sind. Die Türöffnung und die Tür ins Innere des Vorraums sind einfach ausgeführt. Die Häuser können verschiedene Höhen haben, und werden manchmal in einem deutlichen Winkel gegeneinander gestellt.

Das angebaute Haus kann man als Holzschuppen nutzen. Möchte man stattdessen ein weiteres Zimmer haben, kann das Brennholz entlang der geschlossenen Seite der Mittellaube verwahrt werden.

Diese Hütte ist im Verlauf einer Woche von vier Leuten gezimmert worden, die vorher noch nicht gezimmert hatten. Man hat starke, sturmgefällte Stämme verwendet, und als Eckverbindung die gerade, doppelt geschnittene Verschränkung ohne Zapfen im Oberhaken gewählt. Die Stämme sind nur zueinander geebnet – ohne Längsnut –, was ein ordentlich überstehendes Dach erfordert. Die Hütte steht auf einem alten Katenfundament tief im Wald.

Alte Katenplätze sind oft die besten Plätze, wenn man eine Hütte im Wald zimmern möchte. Meistens gibt es dort eine sogenannte „kallkälla", eine aus größerer Tiefe kommende Quelle, die das ganze Jahr über frisches Wasser von niedriger Temperatur hat und im Winter nicht friert. Die Lage ist trocken und oft auf einem Hügel. Hat man Glück, so ist das Wiesenland um das Katenfundament herum nicht ganz von Buschwerk und Wald überwachsen. Ein stabiles Fundament, das einst ein Blockhaus getragen hat, steht nach ein wenig Säuberungsarbeit wieder zur Anwendung bereit.

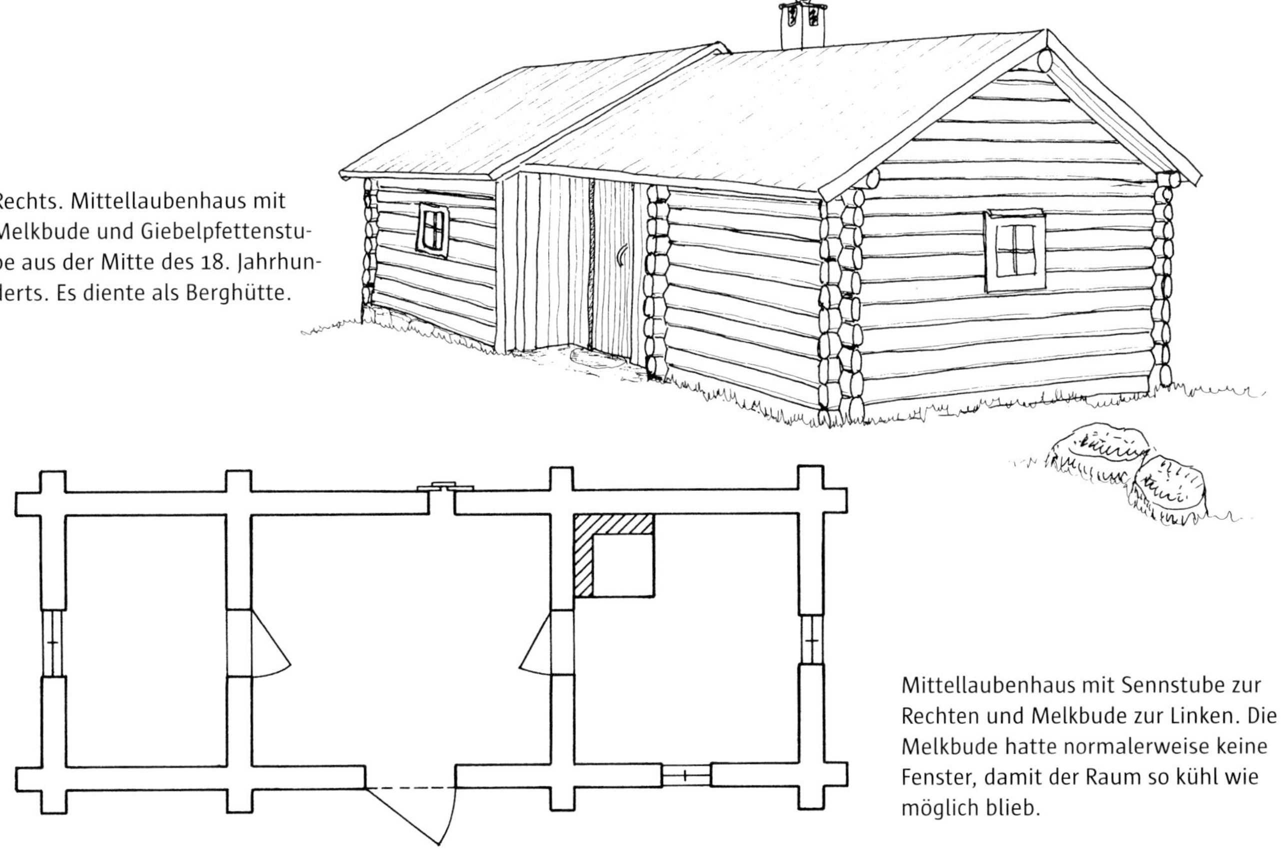

Rechts. Mittellaubenhaus mit Melkbude und Giebelpfettenstube aus der Mitte des 18. Jahrhunderts. Es diente als Berghütte.

Mittellaubenhaus mit Sennstube zur Rechten und Melkbude zur Linken. Die Melkbude hatte normalerweise keine Fenster, damit der Raum so kühl wie möglich blieb.

Arbeitsschritte für ein kleineres Blockhaus

„Unsere lange Kanufahrt war zuende. Hier würden wir unser Blockhaus bauen, und in den Wäldern und an den Wasserläufen der Umgebung sobald der Schnee käme unsere Fänge beginnen. So begannen wir, das Blockhaus zu bauen. Die eine Föhre nach der anderen wurde gefällt, herbeigeschleppt und an ihren Platz gelegt. Die Wände wuchsen von Tag zu Tag... In der einen Ecke mauerten wir einen großzügigen, offenen Kamin, dessen unregelmäßiger Schornstein aus grauem Stein über den Dachfirst hinausragte."

Harry Macfie in seinem Buch Wasawasa von 1935.

Das kleinere Blockhaus mit Giebeleingang, dessen Arbeitsschritten wir folgen wollen, kann als Sauna, Spielhaus, Fischerhütte, Waldhütte und anderes mehr genutzt werden. In diesem Beispiel wird als „Knut" die einseitige Verkämmung, der „rännknut" gewählt, da das Haus aus Rundhölzern gezimmert wird. Arbeitet man mit Rundhölzern, so machen Eckverbindungen mit schrägem Schalm einen ansprechenderen Eindruck. Hat man zweiseitig zum Block gesägte, alte Blockhausbalken, oder vorgesägte Balken, wählt man sinnvollerweise den doppelt geschnittenen „Knut" mit oder ohne Zapfen im Oberhaken, siehe Knuttypen auf den Seiten 52 bis 57.

Sofern man mit starken Rundhölzern arbeitet, können „Knuts" mit schrägem Schalm schwierig auszuführen sein. Man kann dann mit dem geraden, doppelt geschnittenen „Knut" zimmern, der vertikale Schalme hat. Die Tiefe des Schalms sollte gering sein, sodass der Schalm nicht allzu deutlich sichtbar ist. Im Übergangsbereich vom geraden Schalm zur runden Oberfläche des Stammes kann man so anschalmen, wie auf dem mittleren Bild auf S. 55 (ein Schalm, der mit zwei schrägen Schnitten beginnt).

Als erstes sollte man eine Zeichnung anfertigen. Aus dieser sind alle Stammlängen ersichtlich, die für den Bau benötigt werden.

Fundament

Früher wurden die Häuser oft auf Erhöhungen im Gelände gebaut. Der Platz wurde sorgfältig ausgewählt. Wertvolles Ackerland durfte nicht vergeudet werden, und der Hausfleck sollte gut drainiert, trocken und hoch gelegen sein. Es werden hier ein paar Fundamente, die sich für ein kleines Blockhaus eignen, gezeigt. Bedenken Sie, dass alle Häuser mit gemauertem Schornstein ein frostfreies Fundament haben müssen.

Das Fundament sollte sich mindestens 30 cm über den Boden erheben. Der Boden sollte vom Haus her abfallend sein. Oft wird das Fundament zu niedrig, wenn das Haus an einem Hang liegt. Es gerät dann im oberen Teil fast auf Bodenniveau, weil man auf der Unterseite eine niedrigere Höhe halten möchte. Das Bodnenniveau steigt jedoch mit den Jahren, da Gras und anderes Pflanzenmaterial vermodern und sich davon Lage auf Lage bildet. Bald schon wird das Blockhaus durch den Bodenkontakt ununterbrochen feucht gehalten.

Danach braucht es nicht mehr viele Jahre, bevor ernsthafte Röteschäden im Schwellenkranz entstanden sind. Besonders folgenschwer ist es, wenn eine Längsseite, deren Dach keine Dachrinne hat, zum Hang hin weist. Herab tropfendes Regenwasser wird die unteren Balkenlagen innerhalb weniger Jahre zerstören.

Nachdem ich eine Anzahl alter, rötegeschädigter Blockhäuser mit verrottetem Schwellenkranz auseinander genommen und versetzt habe, weiss ich, wie wichtig die Höhe des Fundamentes ist. Einfach merken, nicht unter 30 cm am niedrigsten Punkt – und die Dachrinnen nicht vergessen.

Die Belüftung des Fundamentes ist äusserst wichtig. Bei einem durchgehenden Fundament muss eine ausreichende Anzahl 15–20 cm großer Ventile so nahe wie möglich an den Ecken gesetzt werden. Schützen Sie die Ventile mit einem Netz, das größere Maschen hat, als ein Mückennetz. Ein Fundament aus Ecksteinen oder gegossenen Eckstützen eignet sich technisch gesehen sehr gut für ein Blockhaus. Eine bessere Belüftung kann man nicht erreichen. Zwischen den Auflagepunkten sind die Wände selbsttragend und falls sie sich setzen, kann man dies leicht mit einem Wagenheber beheben.

Als Abrundung für diesen Abschnitt möchte ich allen, die ein Blockhaus zimmern, nahelegen, die Kosten für ein gutes Fundament nicht zu scheuen. Im Verhältnis dazu, was das Haus an Mühe und Geld kosten wird, ist das Fundament auf jeden Fall billig. Fundament und Dach sind für die Dauerhaftigkeit eines Hauses ausschlaggebend. Bauen Sie für die nächsten 100 und nicht für die nächsten 10 Jahre.

Wenn Ihre Kinder das Anwesen in 40 Jahren verkaufen wollen, trägt mit Sicherheit ein gut gegründetes und gut gezimmertes Blockhaus zu einem höheren Wert bei.

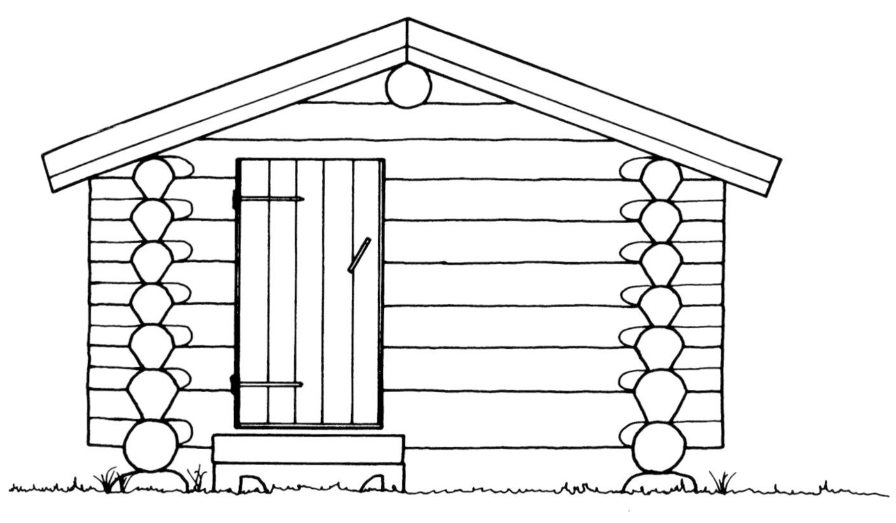

Die Tür wurde nach links versetzt, damit ein Sauna-Ofen innen rechts neben der Tür Platz findet.

Finden Sie heraus, welche Fenster Sie kaufen können, und welche Maße diese haben.

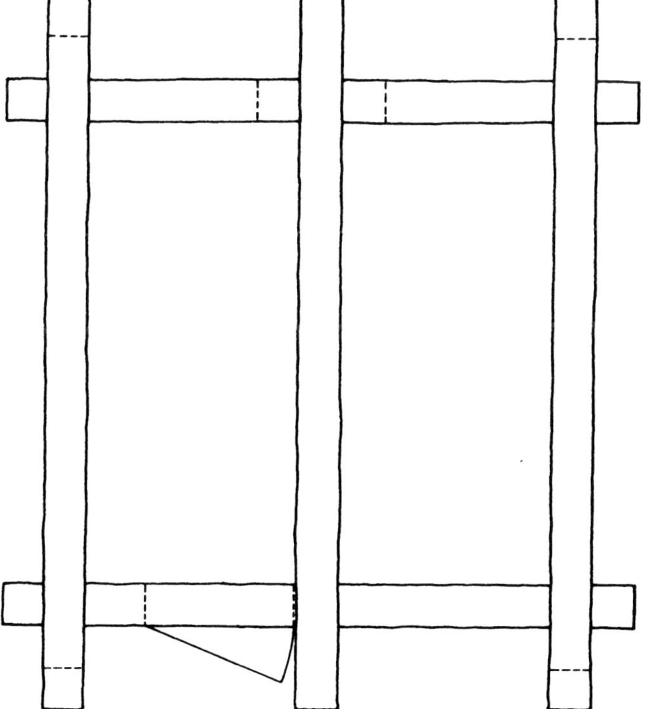

Grundriss der Blockwände

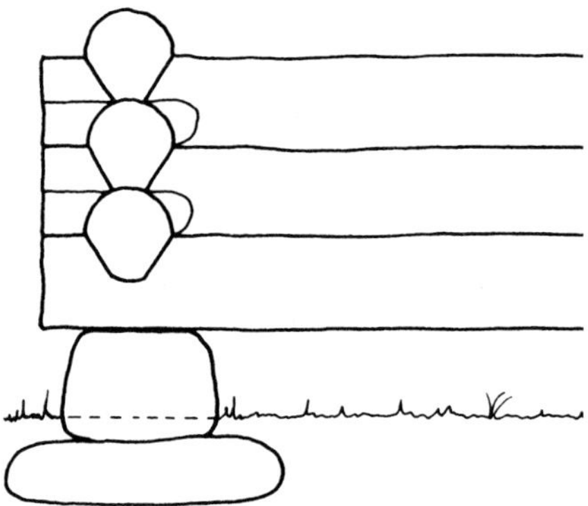

Fundament aus „Knut"-Steinen

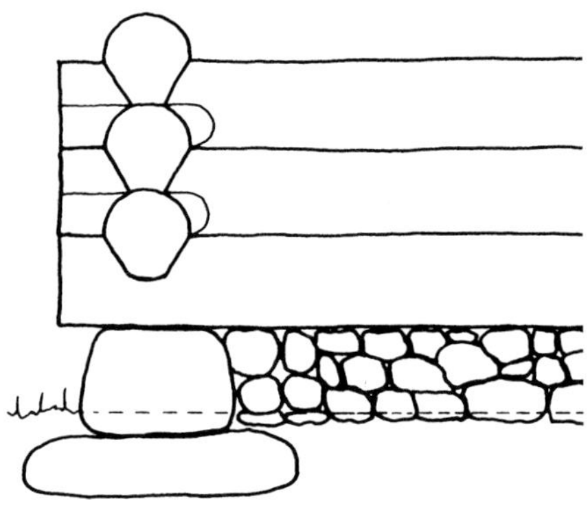

Fundament aus „Knut"-Steinen und Trockenmauer

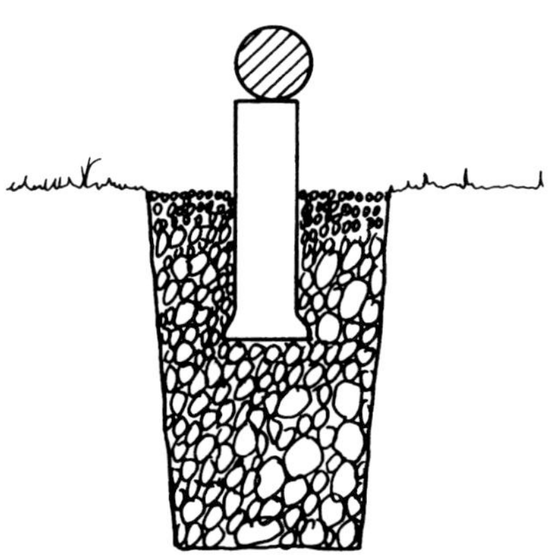

Fundament mit Betonrohr im Bett aus Kies oder Sprengstein

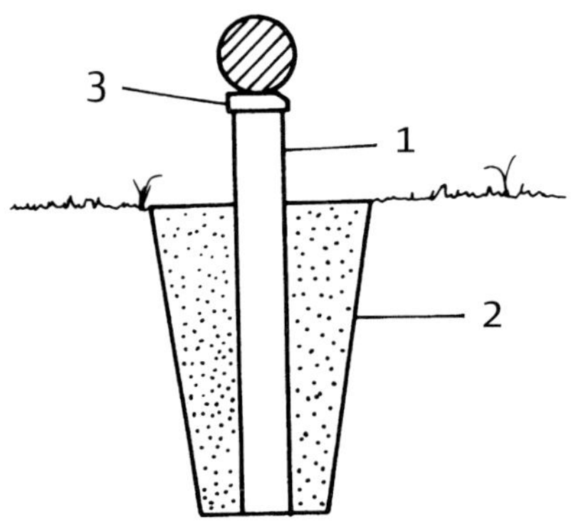

Gegossenes Fundament mit druckimprägniertem Pfahl.

Ecksteine

Die kleinen Blockhäuser, um die es hier gehen wird, können in vielen Fällen auf flache Steine gestellt werden, die unter jedem „Knut" liegen. Diese Steine liegen auf Bodenhöhe. Nur der Torf wird abgeschält und die oberste Schicht Humuserde entfernt. In diese flache Grube wälzt man große, flache Steine hinein. Man muss sie ungefähr auf gleiches Niveau bringen, bevor die Schwellenbalken darauf gelegt werden.

Man sollte versuchen, den Unterbau des Hauses so zu schaffen, dass der Boden unter dem Haus in allen Bereichen gleichzeitig vom Bodenfrost erreicht werden kann. Beim Auffrieren des Bodens wird sich dann das ganze Haus gleichzeitig bewegen.

Am besten gräbt man unter den Ecksteinen 50–60 cm aus und füllt die Grube mit Schotter und Splitt auf. Ich ziehe es sogar vor, den Mutterboden unter dem ganzen Haus zu entfernen, und mit Schotter oder Makadam aufzufüllen. Dies hält Feuchtigkeit und kriechende Vegetation ab, die sich sonst gerne im Halbdunkel unter dem Haus ausbreiten.

Bei trockenem Boden, der zum überwiegenden Teil aus grobkörnigem Material wie z. B. Sand und Schotter besteht, reicht diese einfache Gründung völlig aus.

Möchte man den Schwellenkranz so weit über dem Boden haben, dass man dazu Steine übereinander stapeln muss, kann man gewisse Schwierigkeiten bekommen. Man sollte nicht zu viele und zu unregelmäßige Steine übereinander stapeln, da sie durch einen Frostaufbruch im Boden umstürzen können.

Fundament mit Ecksteinen und Trockenmauer

Um sich vor Kälte und Zugluft zu schützen, baute man früher gerne eine Trockenmauer aus lose gestapelten Steinen zwischen den „Knut"-Steinen. Dazu grub man für die Steine erst einen flachen Graben, und schichtete sie dann zur Mauer auf. Der Stabilität zuliebe machte man die Mauer unten breiter.

Normalerweise fügte man die geschichteten Steine mit Kalkmörtel zusammen. Dessen Elastizität lässt zu, dass sich die Grundmauer im Wechsel der Jahreszeiten bewegen kann. Zementmörtel ist steifer, und die Grundmauer bildet Risse, wenn sich der Untergrund bewegt.

Oft mauerte man die Grundmauer breiter als die Blockhauswand. Damit das Wasser zur Zufriedenheit abrinnen kann, kann man zuunterst am Schwellenbalken eine Tropfleiste aus druckimprägniertem Holz oder ein Blech anbringen.

Betonrohr im Bett aus Kies oder Sprengstein

Graben Sie Gruben bis hinunter zum frostfreien Boden (Skåne und Südschweden ca. 1 m, Mittelschweden ca. 1,5 m, Norrland ca. 2 m, in Deutschland 1 m, in Gebieten mit milden Wintern etwas weniger). Füllen Sie diese Gruben bis auf 40 cm unter Bodenniveau mit Kies oder Sprengstein. Stampfen Sie die Steine mit einem kurzen Holzpfahl, an dem Sie quer einen Handgriff angenagelt haben, fest. Messen und wägen Sie den Platz für das Betonrohr ein und fixieren Sie es in seiner Lage, indem Sie rundherum Kies auffüllen. Giessen Sie bis zum oberen Rand Beton in das Rohr. Der Schwellenbalken kann etwas exzentrisch auf das Rohr gelegt werden, sodass die Kante, auf der sich Feuchtigkeit sammeln kann, so klein wie möglich wird. Zwischen Beton und Schwellenbalken sollte man eine Diffusionssperre aus Teerpappe oder Birkenrinde legen.

Gegossenes Fundament mit druckimprägniertem Pfahl

Vorratshäuser und Getreidespeicher standen oft auf Pfählen, damit Mäuse und Ratten nicht eindringen konnten.

Graben Sie eine Grube bis hinab auf frostfreie Tiefe, siehe Bild ganz unten links. Stellen Sie einen druckimprägnierten Pfahl (1), z. B. einen alten Telefonmast, hinein.

Gießen Sie Beton (2) um den Pfahl herum. Oben auf den Pfahl wird ein Klotz (3) aus druckimprägniertem Holz gelegt, mit Fase zur besseren Wasserableitung.

Gegossenes Fundament

Graben Sie eine Grube bis auf frostfreie Bodentiefe. Giessen Sie ein Fundament (1) mit Grundplatte (2). Es kann auch aus Betonhohlsteinen gemauert werden. Füllen Sie rundherum mit grobkörnigem Material (3) auf. Verwendet man eine Isolierung aus Blähbetonkugeln oder aus Bodenmatten von Mineralwolle (4), kann die Tiefe der Grube um die Hälfte vermindert werden, wenn die Stärke der Isolierschicht der frostfreien Bodentiefe entspricht.

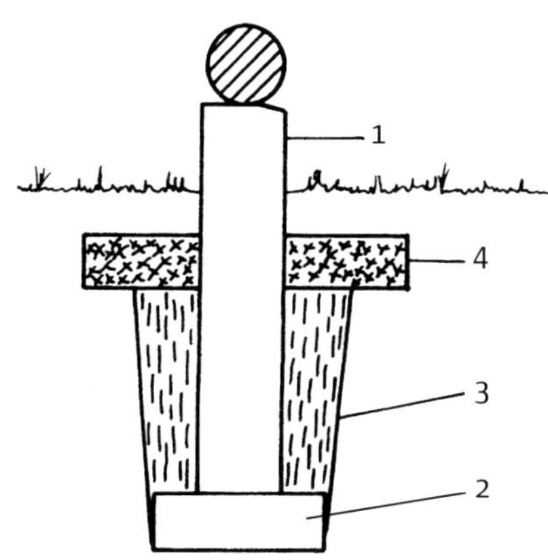

Gegossenes Fundament

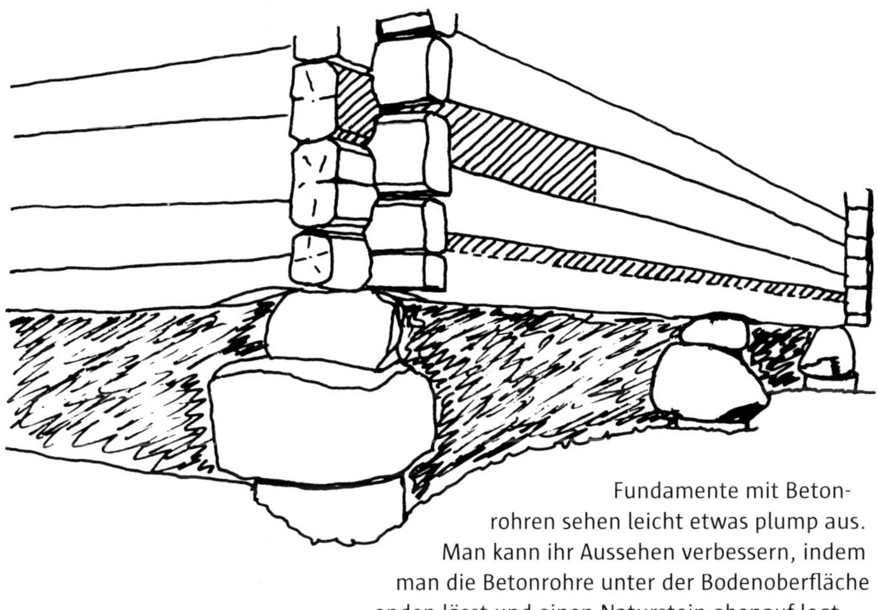
Fundamente mit Betonrohren sehen leicht etwas plump aus. Man kann ihr Aussehen verbessern, indem man die Betonrohre unter der Bodenoberfläche enden lässt und einen Naturstein obenauf legt.

Schwellenkranz

Das Blockhaus, dessen Arbeitsgang wir nun folgen wollen, hat ein Fundament aus Ecksteinen. Es handelt sich um ein kleineres Haus mit Giebeleingang. Die Wandstämme haben einen Zopfdurchmesser von 20–25 cm und eine Länge von 3 m. Sie sind ein bisschen zu stark, wenn man es beim Zimmern einfach haben möchte.

Beginnt man mit den Giebelstämmen, geraten die Schwellen der Längsseiten eine halbe Balkenstärke höher. Dies ist ein Vorteil, falls man von Dachrinnen absehen möchte. Versuchen Sie jedoch, Dachrinnen, gerne aus Holz, anzubringen, um die Belastung der Längsseiten durch Traufwasser zu vermindern. Das Spritzwasser, das auftritt, wenn das Traufwasser vom Dach auf den Boden trifft, durchfeuchtet die Schwellenstämme und hat den Befall durch Fäulnispilze zur Folge.

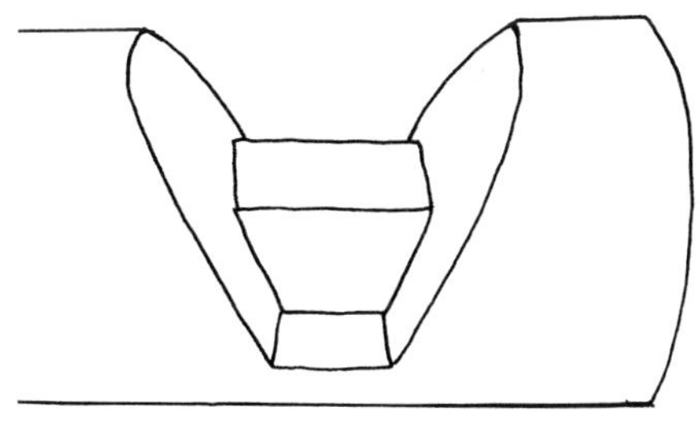
Der hier angewandte „Knut“ ist im Grunde eine einseitige Verkämmung, ein „Rännknut“. Beim Schwellenkranz wird jedoch ein Zapfen im „Knut“ gearbeitet, damit die Stämme stabil zueinander verankert werden. Der Schwellenkranz, wie auch die letzte Balkenlage über Tür und Fenster, hält die Blockwände zusammen. Der Oberhaken ist tiefer als gewöhnlich, da der quer einzupassende Stamm sehr stark ist.

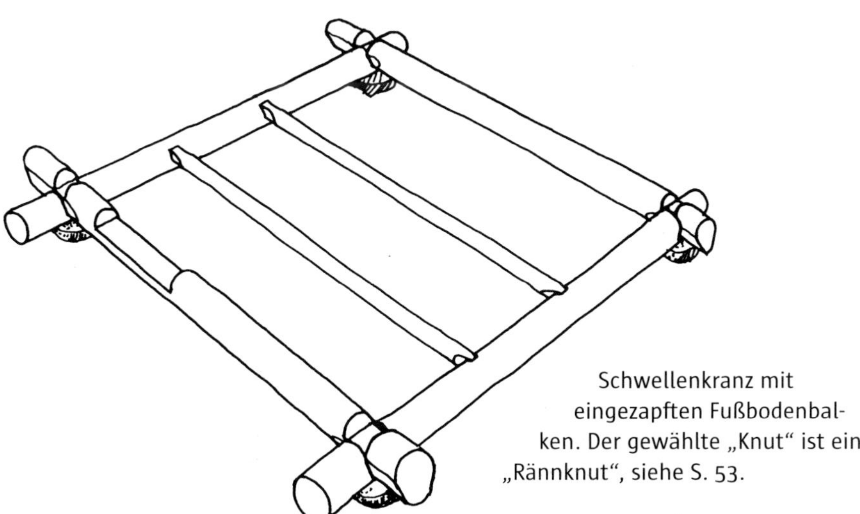
Schwellenkranz mit eingezapften Fußbodenbalken. Der gewählte „Knut“ ist ein „Rännknut“, siehe S. 53.

Soll der Schwellenrahmen rundum die gleiche Höhe haben, weil man ihn zum Beispiel auf ein gemauertes Fundament auflegen möchte, muss man an zwei Seiten mit einem Halbholz beginnen.

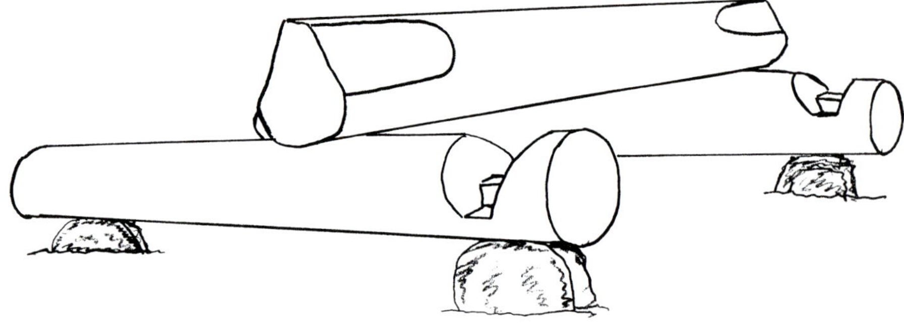

Wenn das Einwiegen und Aufmessen abgeschlossen ist, werden die beiden oberen Rundstämme des Schwellenkranzes auf die unteren hinaufgerollt. Aufgrund der kräftigen Dimensionen bewegt man hier nur einen Stamm auf einmal.

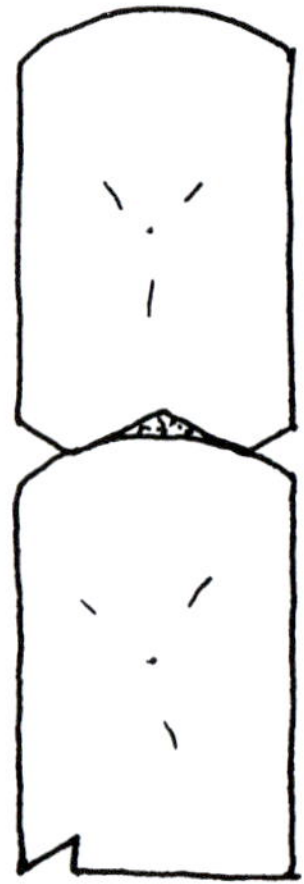

An gebeilten Balken kann man eine Tropfnase am Schwellenbalken ausformen, die das Wasser auf der Wetterseite vom Schwellenbalken ableitet.

Wiegen Sie die Schwellenstämme, die zwei untersten Stämme die auf den „Knut"-Steinen ruhen, ein. Sie werden zueinander eingewogen. Messen Sie diagonal von Ecke zu Ecke, um zu kontrollieren, dass die Stämme parallel zueinander liegen und die Ecken rechte Winkel haben. Der Mittelpunkt eines jeden „Knuts" wird markiert, sodass man Bezugspunkte hat.

Wenn Einwiegen und Aufmessen beendet sind, kann man die beiden oberen Stämme des Schwellenkranzes hinaufrollen. Hierzu müssen die beiden Schwellenstämme stabil auf den Knutsteinen liegen. Man arbeitet eine ebene Fläche auf der Unterseite der Schwellenstämme, wo sie auf den Steinen aufliegen, und stützt sie auf verschiedene Weise. Oder man nagelt ein paar Bretter rechtwinklig am Stamm an und verankert sie mit dem anderen Ende im Boden oder im gegenüberliegenden Schwellenstamm.

Arbeitet man mit schrägen Schalmen an starken Rundstämmen, kann eine Schablone aus Sperrholz beim Aushauen der Schalme hilfreich sein. Damit der Vorstoß später schön aussieht, sollten die Schalme an allen Stämmen die gleiche Neigung haben.

Man beschließt, welche Seite des Stammes die Oberseite sein soll, und zeichnet mit der Wasserwaage eine lotrechte Linie. Danach wird die Unterseite nach oben gedreht. Die Mittellinie der ausgeschnittenen Sperrholzschablone soll sich in der Mittellinie des Stammendes fortsetzen. Nun wird der Schalm abgezeichnet. Die Länge der Schalme sollte an allen Stämmen gleich sein.

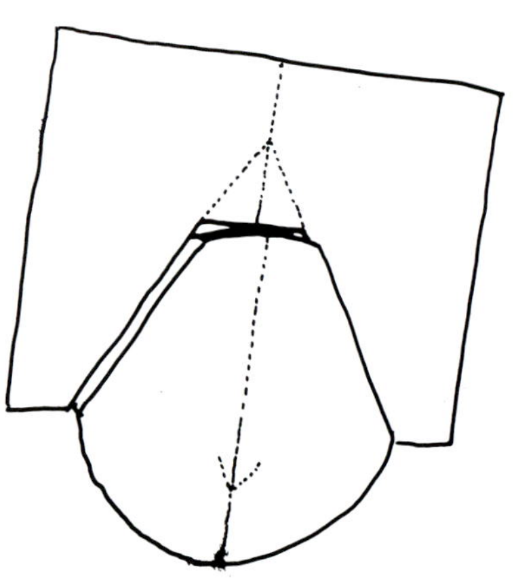

Der Schalm wird nach der Schablone ausgehauen.

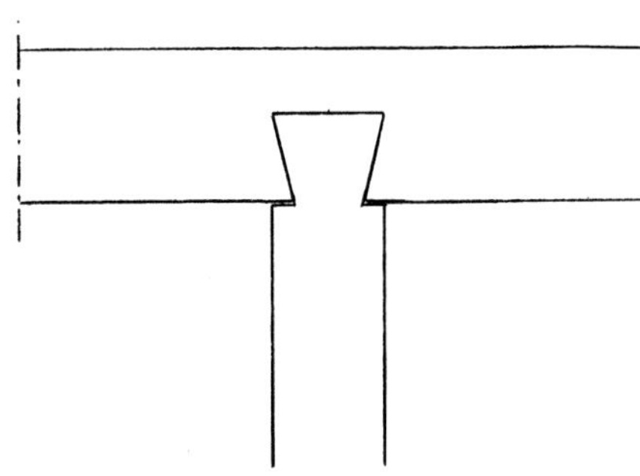

Der Schalm wird mit einem Behaubeil/Beschlagbeil oder einer anderen schweren Axt gehauen. Hauen Sie von innen und außen zum Stammende. Achten Sie auf Ihre Füße und Beine! Kontrollieren Sie im Verlauf des Bebeilens mit der Schablone.

Der herausgeschnittene Teil der Schablone eignet sich später ausgezeichnet als Schablone für den Haken, den man im Unterstamm ausnimmt. Hat man einen Zapfen im „Knut" vorgesehen, kann man die Schablone nur beidseits des Zapfens anwenden.

Beim Zimmern mit Rundstämmen geht man von der Mittelmarkierung aus.

Die Fußbodenbalken werden in die Schwellenbalken eingezapft. Um die Blockhauskonstruktion noch stabiler zu machen, kann man Fußbodenbalken aus Rundhölzern einzapfen. Mit einer Motorsäge ist sowohl der Schalm im Fußboden- als auch der Haken im Schwellenbalken schnell gesägt. Man muss darauf achten, dass der Fußbodenbalken nicht zu kräftig angeschalmt wird. Dies passiert mit der Motorsäge leicht. Seien Sie vorsichtig mit der Motorsäge, wenn Sie den Haken im Schwellenbalken mit schiebender Kette aussägen. Nachdem Sie die lotrechten Seiten des Hakens mit der Motorsäge gesägt haben, lässt sich der Klotz dazwischen gut mit der Axt losbrechen.

Beginnen Sie den Schwellenkranz, indem Sie die Stämme Fuß an Fuß und Zopf an Zopf legen. In der nächsten Lage werden sie mit dem Fußende ans Zopfende der vorhergehenden Lage gelegt. So werden die Wände rundherum gleichmäßig höher.

Mit Fußbodenbalken, die mit einer Schwalbenschwanzverbindung eingefügt werden, wird der Fußboden ein stabiler Teil der Blockhauskonstruktion. Dies kann für ein Blockhaus, das auf einem schlechterem Fundament steht, und für kleinere Häuser, die man vielleicht im Ganzen hochhebt und an den vorgesehenen Platz umsetzt, von Bedeutung sein.

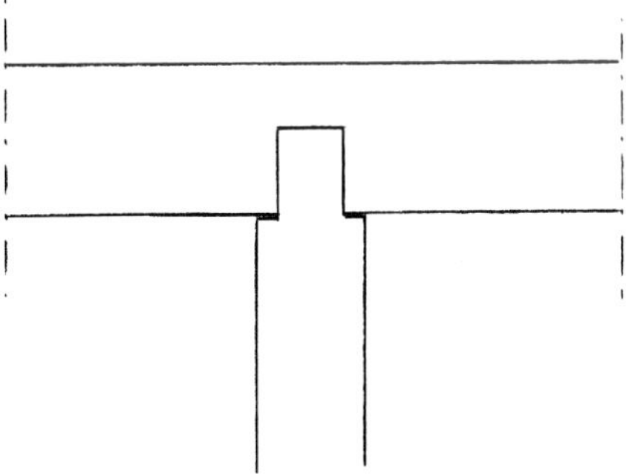

Am einfachsten ist es, für einen geraden Zapfen auszusägen. Hat man vorgesägtes Holz als Fußbodenbalken, so wird es einfach in die Aussparung hineingelegt. Rundhölzer, wie in der Zeichnung, werden an jeder Seite leicht angeschalmt, sodass sie in die Aussparung hineinpassen. Legen Sie Balken nicht ungeschützt vor Nässe quer durch den Schwellenbalken. Solche Balken werden leicht von Rötepilzen angefallen, und ein durchgehender Haken schwächt den Schwellenbalken, der das Gewicht des Fußbodens zu tragen hat.

Für bebeilte Balken kann man fertige, galvanisierte Balkenschuhe anwenden, die mit speziellen Ankernägeln/Kammnägeln befestigt werden. Lassen Sie zwischen Balkenende und Schwellenbalken 5–10 mm Platz, sodass man dort Isolierung zwischenlegen kann. Isolieren Sie den Fußboden, auch wenn das Haus nur selten bewohnt wird. Legen Sie eine Windsperre unter die Isolierung.

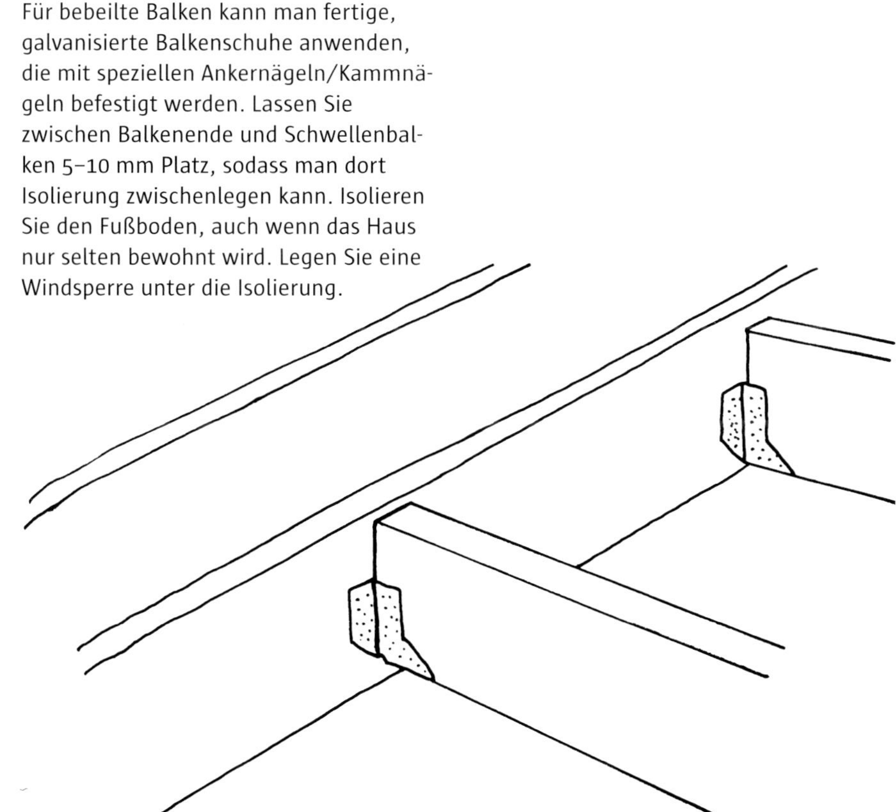

Der Schwellenrahmen mit Fußbodenbalken und Aussparung für die Tür ist fertig. Die schrägen Schalme bemerkt man kaum, obwohl die Stämme so stark sind. Diese sehr starken Stämme lassen sich dadurch erklären, dass man das Zimmern mit den allerstärksten Stämmen beginnt. Hat man insgesamt eher starken Stämme zur Verfügung, wird der Schwellenrahmen selbstverständlich besonders mächtig. Die Dimensionen nehmen dann zum vorletzten Stamm in der Wand ab. In der letzten Balkenlage verwendet man wieder stärkere Stämme.
Früher hatte man in Wald- und Almhütten keine unterseits isolierten Fußböden. Da war es notwendig, den Schwellenkranz nah an den Erdboden zu legen, um kalte Zugluft zu vermeiden. Eine Erdbank aus Torf, Sand oder anderem porösen Material wurde zur Wärmeisolierung auf der Innenseite aufgeschaufelt. Diese Blockhäuser hatten auf diese Weise eine kurze Lebensdauer, und Sie müssen sich der Konstruktion so schnell wie möglich annehmen, sollten Sie ein solches Haus kaufen. Ein trockenes, gut belüftetes Fundament ist die Basis für ein gesundes, dauerhaftes Blockhaus. Die Wärmeisolierung löst man natürlich mit einer herkömmlichen Balkenlagen-Konstruktion mit Schüttisolierung, gerne Sägespänen, wenn man in seinem Haus eine ökologische Note haben möchte.

Das Zimmern wird fortgesetzt

Wenn der Schwellenrahmen fertiggestellt ist, fährt man einfach mit dem Zimmern fort. Wenden Sie die Stämme so, dass das Zopfende des einen am Fußende des vorhergehenden Stammes liegt. Die „Knuts“ sollen in allen Ecken gleich ansteigen. Kontrollieren Sie mit einer auf einem Brett befestigten Wasserwaage, dass bei den sich gegenüberliegenden Wänden jeder Lage nicht allzu große Unterschiede in der Horizontalen auftreten.

Große solche Unterschiede lassen sich am einfachsten dadurch justieren, dass man die Längsnut breiter oder schmaler ausarbeitet. Der Stamm sinkt dann mehr oder minder nach Aushauen der Längsnut. Man fixiert den Stamm in der gewünschten Position mit kleinen Holzklötzen, bevor man die Längsnut anzeichnet. Siehe mehr zur Längsnut auf Seite 58.

Jeder Stamm wird gedübelt. Dies ist besonders wichtig bei den Stämmen, die nur an einem Ende von einem „Knut“ gehalten werden. Dazu zählen die Stämme um die Tür- und Fensteröffnungen. Wenn man die Türöffnung zu sehr zu einer Seite verschiebt, werden die Stammstücke dort so kurz, dass man nicht mehr dübeln kann. Kurze Stammstücke reißen leicht. Bei dünnen Stämmen werden die Löcher für die Dübel durch den Oberstamm und bis zur Hälfte in den Unterstamm vorgebohrt. Bei starkem Wandholz bohrt man zuerst ein Loch in den Unterstamm, setzt einen spitzen Zapfen hinein und legt den Oberstamm auf. An der Stelle dieses Abdruckes in der Längsnut des Oberstammes bohrt man dann ein Loch bis zur Hälfte des Oberstammes. Man kann die Lage des Loches im Oberstamm auch durch genaues Markieren und Messen ermitteln. Der Dübel wird in das Loch des Unterstammes eingschlagen und der Oberstamm aufgedrückt. Vergessen Sie nicht, dem Dübel Sinkmaß zu geben.

Die Stämme der zweiten Lage liegen fertig vorbereitet hinter dem Schwellenrahmen auf dem Boden. Es gestaltet sich leichter, die Stämme neben den Blockwänden vorzubereiten. Normalerweise bearbeitet man die Stämme, während sie auf niedrigen Böcken liegen. In diesem Fall jedoch waren sie so stark, dass man die beste Arbeitshöhe erreichte, indem man sie auf dünne Bäume auf den Boden legte.

Die Nut in der Türöffnung wird vorübergehend mit kurzen Holzstücken fixiert. Die Vorstoßreihe wird schön, wenn man beim Anschalmen und Ausnehmen der Haken in den Unterstämmen sorgfältig arbeitet.

Die zweite Balkenlage ist fertig. Die Nut für die Pfostenbohle in der Türöffnung sägt sich am einfachsten, wenn man zuerst mit einem Schlangenbohrer ein Loch am Rücken der Nut ausbohrt, und dann mit der Motorsäge aussägt. Man kann mit den Tür- und Fensteröffnungen auch warten, bis man das Blockhaus an seinen Bestimmungsort transportiert hat, sofern es später nicht am Bauplatz selbst stehen soll. In dem Fall zeichnet man an, wo die Öffnungen und ihre Nuten sein sollen. Das Bohrloch am Rücken der Nut wird beim fortschreitenden Zimmern in jedem neuen Stamm ausgebohrt. Beim endgültigen Aufstellen des Blockhauses kann man dann leicht die Öffnungen aussägen, bevor der darüber liegende, die Seiten zusammenbindende Stamm an seinen Platz gelegt wird. Früher hat man das an eine Schachtel erinnernde Blockwandskelett manchmal im Wald aus frischen Stämmen gezimmert. Die Stämme wurden dann vorort beidseitig zu Balken bebeilt, und mussten in der Wand trocknen. Auf diese Weise verminderte sich das Gewicht vor dem Transport, der dann während des Winters mit Schlitten und Pferd nach Hause ins Dorf oder zur Alm, wo das Blockhaus stehen sollte, vorgenommen wurde.

Ein Nachteil mit der Methode, eine „Schachtel“ ohne Öffnungen zu zimmern, liegt darin, dass man diverse Laufmeter Balken in den geschlossenen Tür- und Fensteröffnungen verliert. Das kann etwas kostspielig werden. Ein anderer Nachteil ist, dass man, wenn man mit frischem Holz arbeitet, neben den Öffnungen keine gedrehten und dadurch sonst ungeeigneten Stämme einpassen kann. Wenn die Stämme erst einigermaßen getrocknet sind, kann man gedrehte, kurze Stammstücke um die Öffnungen herum einzimmern. Ein von mir beobachteter Vorteil beim Transport einer Blockwand-„Schachtel“ ist, dass die Abdrücke der Greifklauen des hydraulischen Stammholz-Kranes oft dort entstehen, wo man sie später in den Öffnungen wegsägen kann. Vorausgesetzt, die Öffnungen sind symmetrisch in der Wand verteilt.

Alles hat Vor- und Nachteile, doch bei einem kleinen Häuschen mit nur wenigen Öffnungen kann es vorteilhaft sein, zuerst eine „Schachtel“ zu zimmern. Sie können sich auf das Zimmern der Eckverbindungen konzentrieren und haben beim Transport leichter hantierbare Stämme vor sich.

Diese Blockhauswände sind schon bis zur Balkenlage der Fensteröffnungen gewachsen. An der Giebelwand gegenüber dem Eingang hat man mit einem Fenster begonnen.

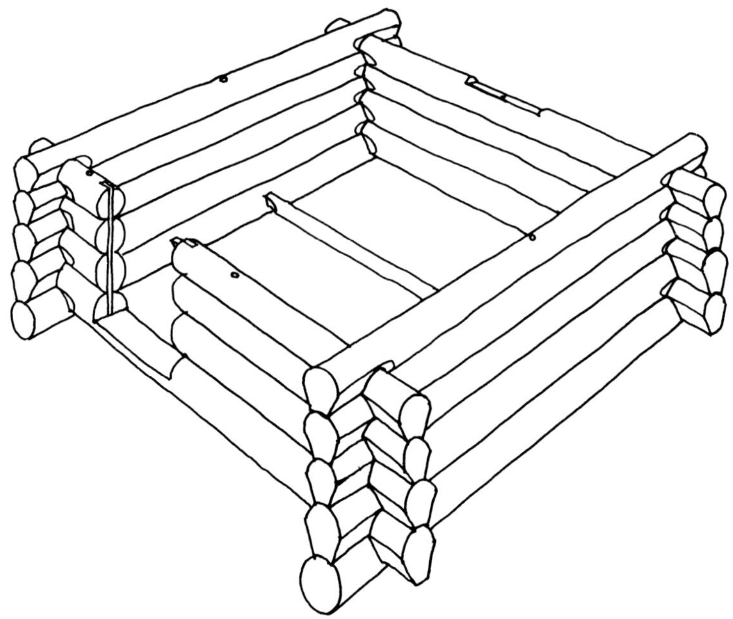

Ausnehmen der Türen und Fenster

Damit die Stämme um die Öffnungen herum nicht aus der Wandflucht herausgleiten, setzt man eine senkrechte Pfostenbohle in einer Nut. Die Nut reicht 4–6 cm in die Stirnseiten der Stämme hinein. Zwischen den Pfostenbohlen wird dann der Türrahmen festgekeilt, im einfacheren Falle die Tür direkt an die Pfostenbohle gehängt.

Über breiten Fenstern muss es ausreichend Blockhauswand geben, um das Gewicht des darüber liegenden Daches zu tragen. Vermeiden Sie möglichst, die Rähme anzusägen. Über einer Öffnung von 1,2 m sollte ein Balken von mindestens 18 cm Höhe liegen. Bei einem dreigeteilten Fenster von 1,8 m Breite braucht es zusätzlich noch mindestens eine halbe Balkenstärke.

Fensteröffnung im Querschnitt:
1. Sinkmaß
2. Tropfnase zum Ableiten des Regenwassers
3. Fensterpfosten-Bohle
4. Schräge Ebene mit Tropfbrett, das unter das Fenster herein- und über den Balken hinausreichen soll.

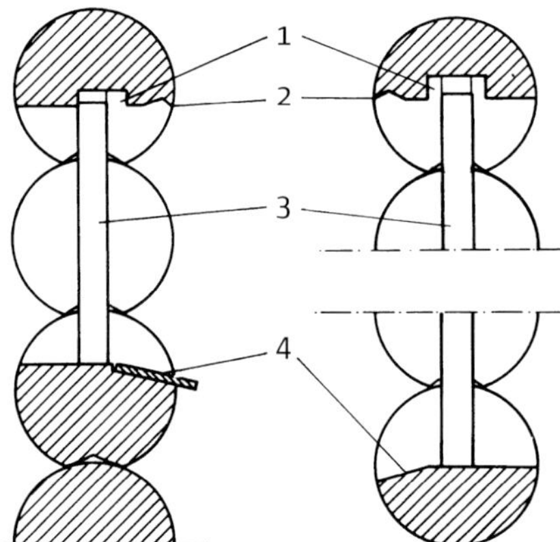

Türöffnung im Querschnitt:
1. Sinkmaß
2. Tropfnase zum Ableiten des Regenwassers
3. Türpfosten-Bohle
4. Schräge Ebene von der Tür hin zur Balkenkante zum Ableiten des Wassers. Fertigt man die Türschwelle so, dass das Wasser nicht von der waagerechten Aussparung des Balkens und damit dem Türblatt fortrinnen kann, kann es im Winter dort zu Eisbildung kommen. Unter Umständen wird es unmöglich, die Tür zu öffnen. Fehlt einem dann das passende Werkzeug, um das Eis wegzuhacken, steht man vielleicht mitten im winterlichen Wald, ohne in die Hütte hineinkommen zu können.

Rähm, Giebelmutter

Der letzte Stamm oder Balken der Längsseite ist das Rähm. Der oberste mit „Knuten“ verzimmerte Stamm oder Balken der Giebelseite ist die Giebelmutter, die den Giebel trägt. Rähm und Giebelmutter sollten, wie auch die Balken des Schwellenkranzes, durchgehend, also nicht gestoßen, sein.

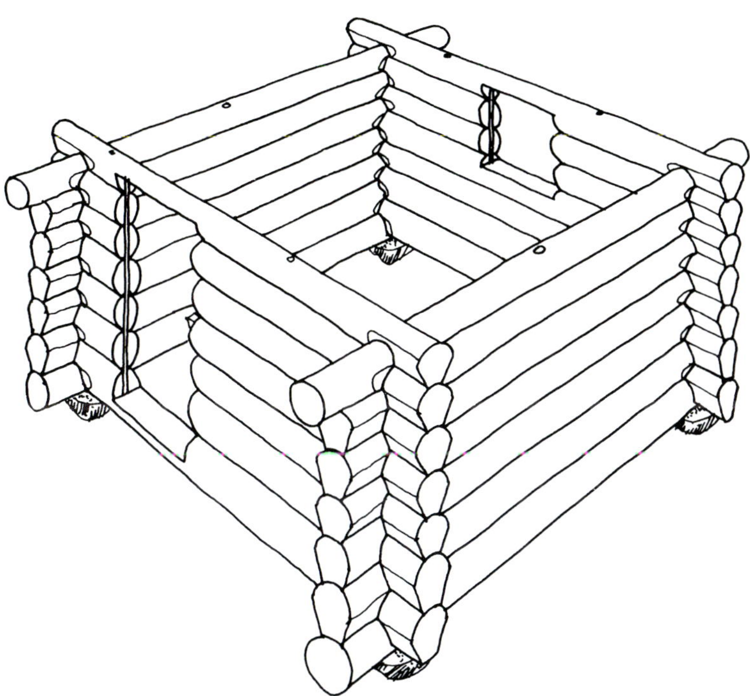

Aussparung im Rundstamm über der Fensteröffnung (Giebelmutter). Der Stamm liegt hier mit der Unterseite nach oben gewendet. Man sieht das Sinkmaß, die Nut für die Pfostenbohle, Tropfnase und Längsnut.

Das Zimmern ist bis auf die Giebel und Pfetten abgeschlossen. Die Rähme strecken sich so weit von der Vorstoßreihe vor, wie das Dach vorstehen soll. Der vorstehende Rähmbalken kann schräg gefast werden, wenn man einen weicheren Übergang zum Windbrett des Daches schaffen möchte. Bei vielen Waldhütten hört der gezimmerte Teil hier auf. Die Pfette wird stattdessen auf jeder Seite von einem Pfeiler getragen. Die Giebelspitze wird mit stehendem Boden-Deckel-Paneel verkleidet. Man hat ein ebenes Innendach und Wärmeisolierung aus Sägespänen.

Dachwinkel

Der Dachwinkel ist für das Aussehen eines Hauses von großer Bedeutung. Er variiert von Landstrich zu Landstrich und je nach lokalen Variationen und technischen Anforderungen. Man sollte den Dachwinkel danach wählen, was in der Umgebung üblich ist, und was das Dachmaterial erfordert. Baut man ein Haus im Anschluss an bereits vorhandene Bebauung, empfiehlt es sich, denselben Winkel zu wählen, wie ihn die anderen Häuser am Ort haben. Dadurch bekommt eine Häusergruppe ein harmonisches Erscheinungsbild.

Gras erfordert ein relativ flaches Dach, da die Soden sonst herunterrutschen würden. Der Dachwinkel des hier vorgstellten Hauses beträgt 2°, was sich gut für ein Grasdach eignet.

Holzdächer und Holzschindeldächer können steiler sein, um das Abrinnen des Wassers zu erleichtern.

Für Dachziegeldächer kann man innerhalb eines größeren Winkelspektrums wählen. Dachwinkel unter 20° sollte ein Ziegeldach jedoch nicht haben. Dächer mit Dachpappe und Dachblech können am flachsten sein.

33° 27° 22°

Verschiedene Dachwinkel. Wenn die Sparrenlänge von der Außenwand bis zum Firstbalken $^3/_5$ der Breite des Hauses beträgt, erhält man einen Dachwinkel von 33 Grad. (Nehmen Sie eine Schnur, die genauso lang ist, wie das Haus breit, und falten sie diese so, dass Sie fünf gleichlange Teile haben. Drei Teile der Schnur entsprechen dann der Länge der Sparren. Auf diese werden die längsgehenden Bretter aufgenagelt, die den Dachbelag tragen.)
Ist die Höhe der Giebelspitze $^1/_4$ der Hausbreite, beträgt der Dachwinkel 27°.

Aushauen der Dachneigung

Für die Pfetten oder Dachbalken wurden gerne krumm gewachsene Stämme genommen, die mit der Krümmung nach oben eingebaut wurden. Das Haus „macht einen Buckel“ und gibt einen stabilen, soliden Eindruck. Eine so gebogene Pfette kann mehrere Zentimeter sinken, bevor man eine Krümmung nach unten wahrnimmt. Balken in inwendigen Balkenlagen bestanden ebenfalls aus krummwüchsigen Stämmen.

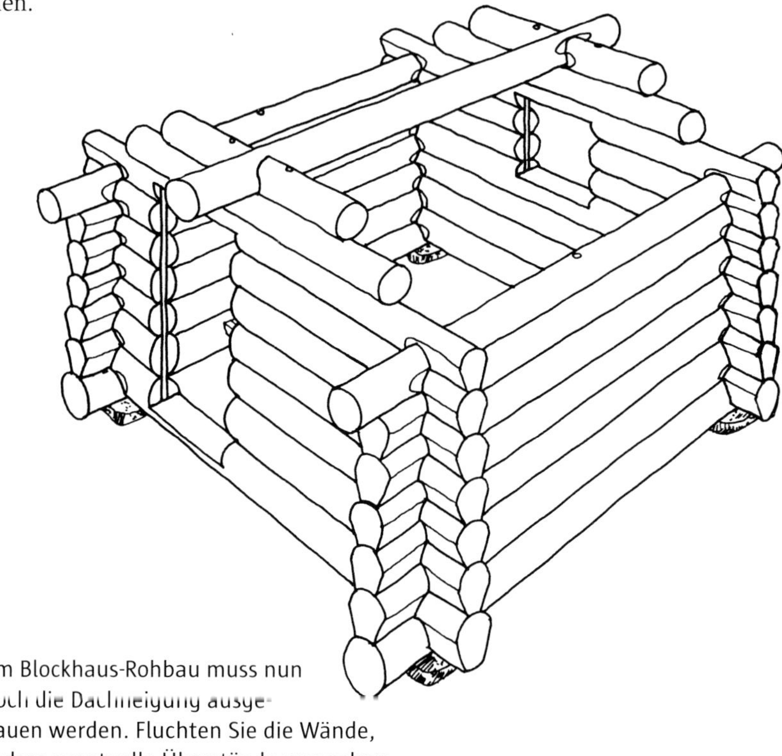

Am Blockhaus-Rohbau muss nun noch die Dachneigung ausgehauen werden. Fluchten Sie die Wände, sodass eventuelle Überstände weggehauen werden können. Die Rähme und Pfetten bzw. Dachbalken sollen auf jeder Seite in einer Ebene liegen.

Ein stabiles Haus hat ein nach oben gewölbtes Dach, und ist im Übrigen oben weiter als unten, laut dem norwegischen Buch *Laftehus* von Halvor Vreim.

Während das Haus links einen stabilen, soliden Eindruck macht, scheint das rechte jeden Moment zusammenzustürzen.

Wenn man möchte, kann man kann die Vorstoßreihen wie beim Haus links mit einer leichten Neigung nach außen absägen, um den soliden Eindruck zu unterstreichen.

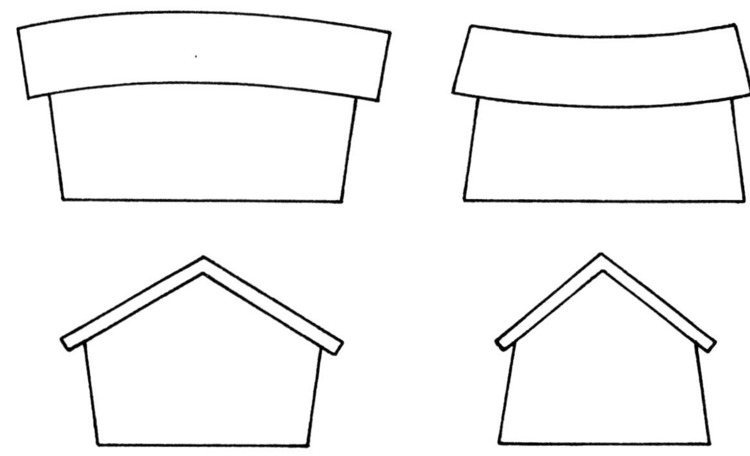

Nageln Sie auf jeder Seite der zu behauenden Stämme ein Brett an. Sägen Sie mit lotrechten Schnitten mit Motor- oder Handsäge bis zu den Brettern hinunter. Hauen Sie anschließend von oben nach unten zu den Stammenden hin. Viele Sägeschnitte erleichtern das Aushauen.

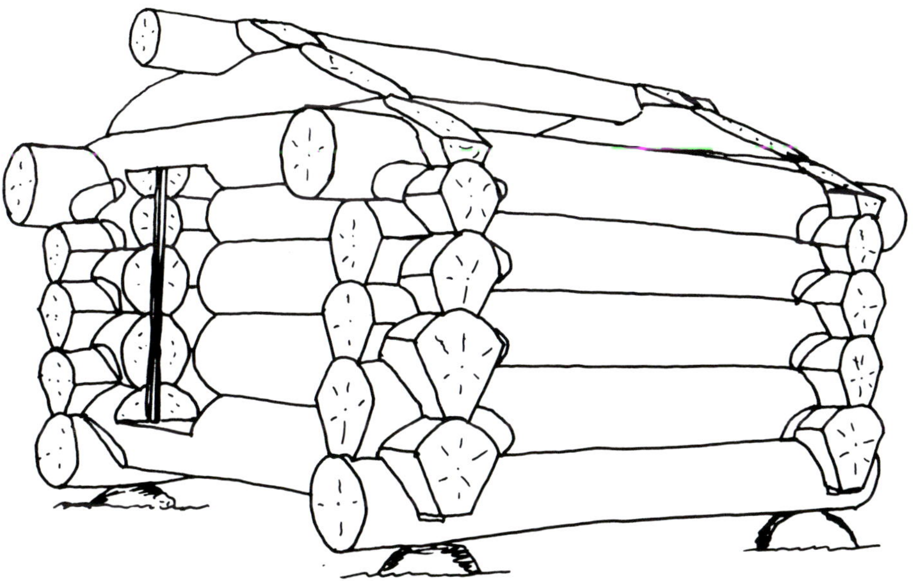

Der Rohbau des Blockhauses ist fertig. Türpfosten- und Fensterpfosten-Bohlen sind eingeklopft worden. Der Bau muss nun, sofern das Dachdecken nicht in Bälde geschehen soll, mit einer Plastikplane oder einem provisorischen Dach geschützt werden. Da die Eckverbindungen und Längsnuten mit Dichtungsmaterial in Form von z. B. Moos, geteertem Flachs oder Mineralwolle gestopft sind, ist es für die Wände nicht gut, längeren Regenfällen ausgesetzt zu sein. An Blockhaus-Rohbauten, die ohne Überdeckung in Sturm und Regen gestanden haben, und bei denen das Dichtungsmaterial über längere Zeiten feucht gewesen ist, hat man Verblauungsschäden und im schlimmsten Fall Röteschäden konstatiert.

Belüftung von Blockhäusern

Setzen Sie ein großes Ventil von 15–20 cm in die Wand oben unter dem Dachfirst, wenn das Dach innen bis dorthin offen ist. Ein Ventil unter dem höchsten Punkt des Daches und eines beim Fußboden in Nähe des Kamins ist wichtig. Diese Ventile müssen immer offen sein, selbst wenn man das Haus gerade nicht nutzt. Der Wärmedruck oben unter dem Dach muss mithilfe von Ventilen reduzierbar sein können, sodass ein gesundes Innenklima mit gutem Luftumsatz geschaffen wird. Hat das Haus einen ungeheizten Dachboden, müssen sich in beiden Giebelspitzen Ventile zur Querlüftung befinden.

Dach und Fußboden

Für ältere Holzhäuser gibt es folgende Gesichtspunkte bei der Wahl des Außendaches:

> *„Bewahren Sie die schwarze oder dunkelgraue Färbung des Außendaches. Holzschindeln waren früher der althergebrachte Dachbelag. Müssen sie ausgewechselt werden, sollten Sie eine der folgenden Alternativen wählen (in der Rangordnung nach ihrem Aussehen genannt): a. rote einfach gewölbte Dachziegel (am schönsten, jedoch schwer, und vielleicht kompliziert zu verlegen), b. schwarzes, großwelliges Eternit (ein leichtes Dach), c. schwarze oder rote Betondachziegel, d. schwarzes trapezwelliges Aluminiumblech, e. schwarze Bitumen-Wellplatten (leichtes Material und einfach zu verarbeiten), f. Blechdachplatten, die schwarz gestrichen werden. Wählen Sie hingegen nie ein grünes oder gelbes Dach – sie sind aus keiner Tradition hervorgegangen und ein Gräuel in der Landschaft."*
>
> Hans Åkerlind in Västerbottensgården (Der Västerbottenhof), herausgegeben von Västerbottens Museum, 1973.

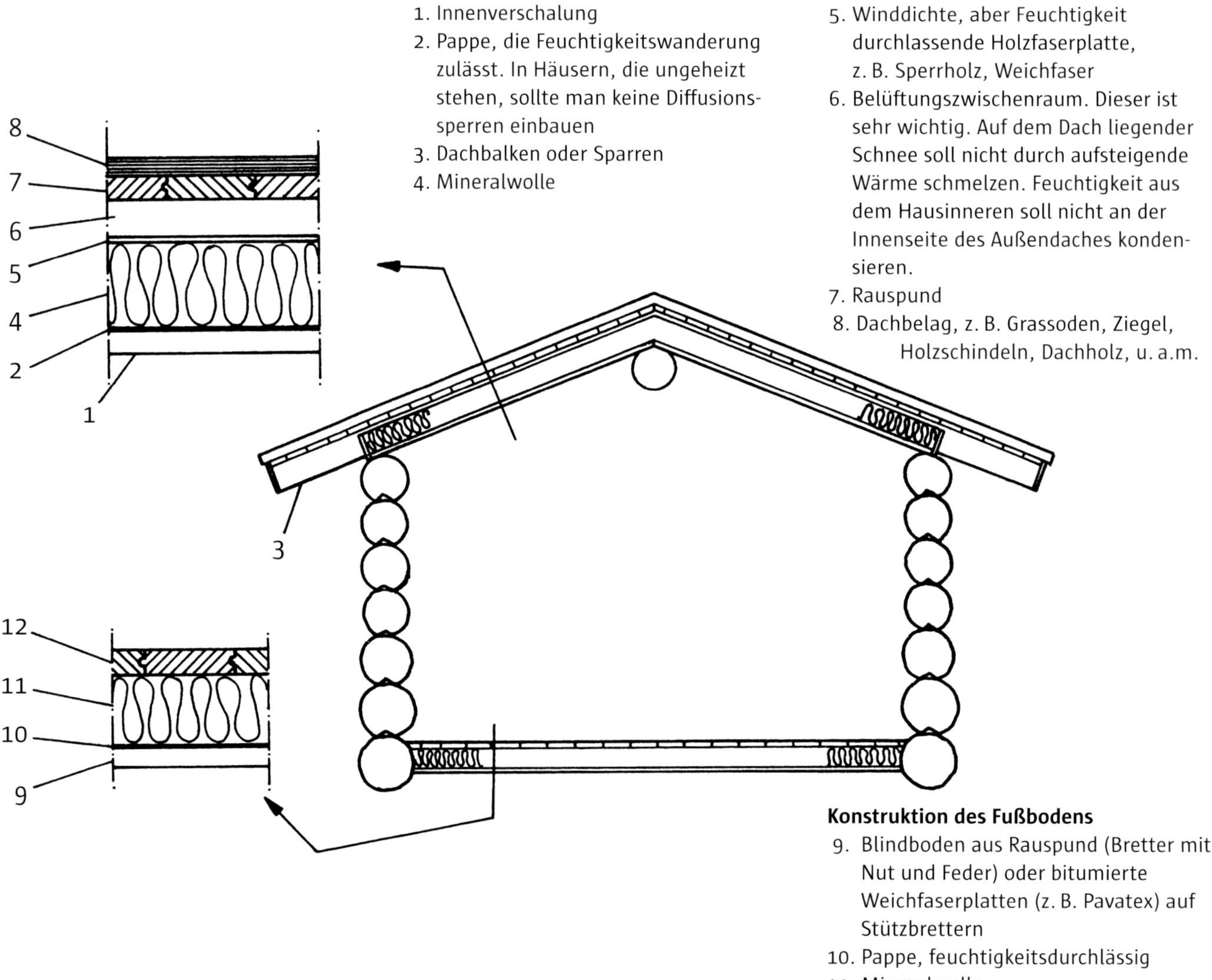

Konstruktion des Daches

1. Innenverschalung
2. Pappe, die Feuchtigkeitswanderung zulässt. In Häusern, die ungeheizt stehen, sollte man keine Diffusionssperren einbauen
3. Dachbalken oder Sparren
4. Mineralwolle
5. Winddichte, aber Feuchtigkeit durchlassende Holzfaserplatte, z. B. Sperrholz, Weichfaser
6. Belüftungszwischenraum. Dieser ist sehr wichtig. Auf dem Dach liegender Schnee soll nicht durch aufsteigende Wärme schmelzen. Feuchtigkeit aus dem Hausinneren soll nicht an der Innenseite des Außendaches kondensieren.
7. Rauspund
8. Dachbelag, z. B. Grassoden, Ziegel, Holzschindeln, Dachholz, u. a. m.

Konstruktion des Fußbodens

9. Blindboden aus Rauspund (Bretter mit Nut und Feder) oder bitumierte Weichfaserplatten (z. B. Pavatex) auf Stützbrettern
10. Pappe, feuchtigkeitsdurchlässig
11. Mineralwolle
12. Fußbodenbretter – verwenden Sie Fichte in einer Sauna

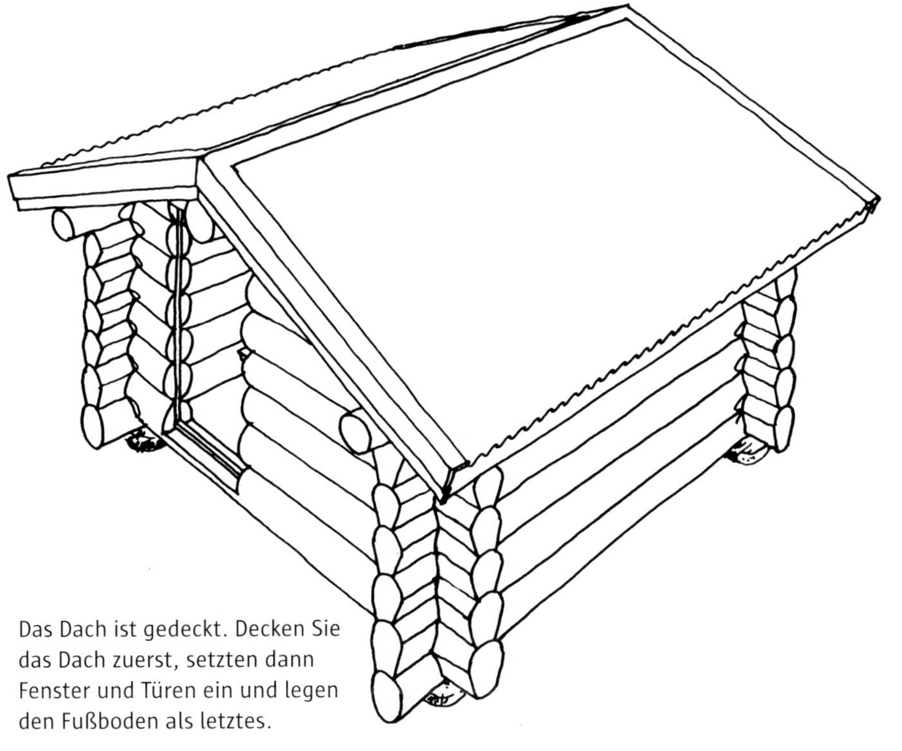

Das Dach ist gedeckt. Decken Sie das Dach zuerst, setzten dann Fenster und Türen ein und legen den Fußboden als letztes.

„Wohnstätten-Saunen in entlegenen Gegenden. Über ganz Finnland verteilt findet man in entlegenen Gegenden kleine, einfache, in der Regel mit ‚Knut' gezimmerte Häuschen. Sie werden allgemein ‚-Sauna', mit verschiedenen Zusätzen, genannt. Sie wurden gebaut, um Menschen bei der Arbeit in der Wildmark als Wohnstätte zu dienen. Die Funktion dieser ‚-Saunen' ist somit eine andere, als die der Saunen auf den Höfen – welche zum reinigenden Saunabad dienten –, doch haben sie gewisse übereinstimmende Züge. Hier wird im Folgenden eine kurzgefasste Übersicht über diese abgelegenen Häuschen gegeben.

1. *Fischersauna.*
   Diese Häuschen, welche Fischer während der Fischfang-Saison am Meer oder auf Inland-Fischfangtouren als Wohnstätten benutzten, sind aus dem ganzen Land bekannt.
2. *Waldsauna.*
   Auch diese Sauna war hauptsächlich eine Wohnstatt. In älterer Zeit waren Waldsaunen Basishütten für Jäger und Wohnstätten für Schwendeholzfäller und -brenner. In neuerer Zeit wurden sie von Leuten bewohnt, die sich aufgrund verschiedener Arbeiten im Wald aufhielten, vor allem von Waldarbeitern.
3. *Mahdsauna.*
   Diese ist Wohnstätte für die Mahdmannschaften, die sich während der Heuernte in entlegenen Wald- und Moormahdgebietenaufhalten."

Ilmar Talve, Bastu och torkhus i Nordeuropa (Sauna und Trockenhaus in Nordeuropa), 1960.

Das fertige Haus

Das Haus ist fertig. Es wird als Sauna genutzt. Die Wände bestehen aus sehr starken Stämmen, was daraus ersichtlich ist, dass die hervorstehenden Rähme in der fünften Lage in der Wand liegen. Die Stammlänge beträgt 3 m, was Innenmaße von 2,1 x 2,1 m mit sich bringt. „Knut" und Balkenkopf nehmen auf jeder Seite ca. 45 cm ein.

Um die – schwedischen – Normen für einen Blechschornstein zu erfüllen, muss das Rauchabzugsrohr isoliert werden. Der Schornstein wird mit Vorteil nahe an der Firstpfette plaziert, damit der Schneedruck gering wird und das Rohr am besten zieht. Vergessen Sie nicht, dass der Schornstein sich nicht bewegt, wenn die Blockwände mit der Zeit sinken.

Die letzten Einrichtungs-Schreinereien stehen noch aus. Die Tür ist eine einfache Konstruktion, bei der die Außenverschalung auf zwei Riegel genagelt wurde. Danach habe ich, wie im Bild zu sehen, rundum einen Rahmen angebracht, und zuletzt das Tür-Innenverschalung aus gehobelten Brettern, Kante an Kante gesetzt, festgenagelt.

Grundriss der Sauna

Das fertige Häuschen. Die Blockwände wurden mit Eisenvitriol-Lösung behandelt. Das Häuschen wird als Sauna genutzt.

Einige verschiedene Dächer

Die Dachkonstruktionen

Die einfachste Dachkonstruktion ist die Konstruktion mit Firstpfette, auf welcher die Dachsparren ruhen. Für Dächer ohne Isolierung nimmt man stärkere Sparren, beispielsweise Halbspälter, als Unterlage für die Dachhaut. Ist Isolierung vorgesehen, legt man eine dünnere Verschalung und auf diese Dachbalken oder Sparren, zwischen denen die Isolierung eingefügt wird, wie auf Seite 138 gezeigt.

Das Gewicht des Daches wirkt auf die Mitte der Giebel und die Längswände. Alle Wände werden gleichmäßig belastet. Bei größeren Dächern legt man eine oder mehrere Seitenpfetten, doch werden die Wände auch dann weiterhin nur vertikal belastet.

Sollten die Sparren mit den Rähmen und der Firstpfette fest verbunden sein, ergeben sich horizontale Kräfte, wenn die Giebel sinken und die Pfette sich durchbiegt. Diese Kräfte versuchen, die Längswände nach außen zu drücken. Um diesem entgegenzuwirken, kann man einen oder zwei querliegende Balken einfügen, um die Längswände zusammenzubinden.

Besondere Rücksicht muss man bei steilen Dächern (größere Winkel als 35°) auf das Setzen der Wände nehmen. Da die Dachsparren „stumm" sind, während die Giebel sinken, befestigt man die Dachsparren nur an der Firstpfette und lässt sie an den Rähmen gleitend aufliegen.

Der Abstand zwischen den Pfetten und ihre Spannweite bedingt, wie stark sie sein müssen. Für gewöhnlich beträgt der Abstand zwischen Pfetten 80–90 cm von Mittelpunkt zu Mittelpunkt. Für isolierte Dächer mit Sparren, die das Außendach tragen, kann man weniger aber stärkere Pfetten verwenden.

In Abhängigkeit von der Spannweite müssen die Pfetten diesen Mittendurchmesser haben:

Spannweite	Durchmesser
300 cm	17,5 cm
400 cm	21,0 cm
500 cm	24,5 cm
600 cm	28,5 cm
700 cm	30,0 cm

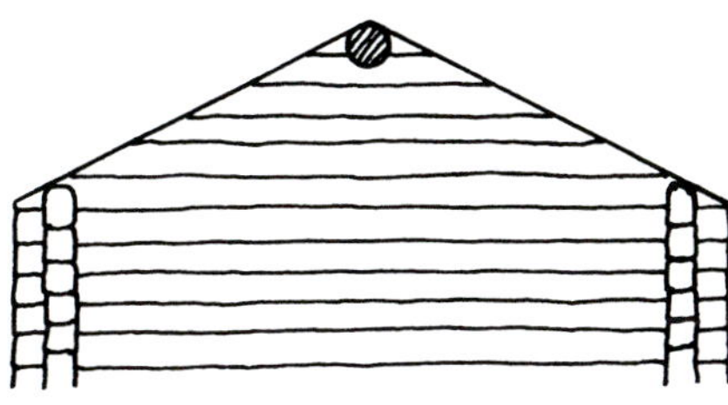

Pfettendach mit Firstpfette

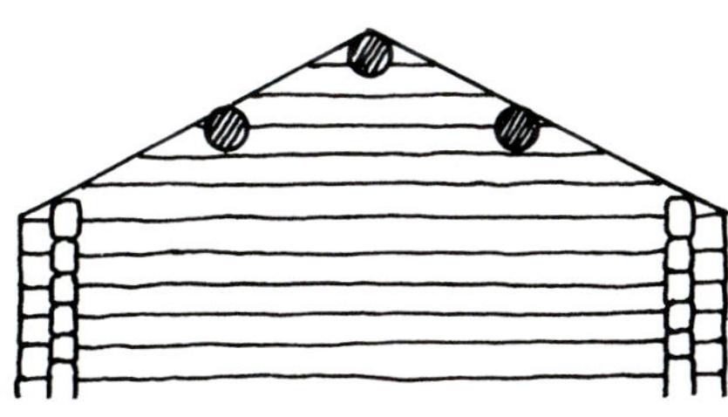

Pfettendach mit Firstpfette und Seitenpfetten.
Ich bevorzuge es, die Pfetten in die Giebelwand einzulassen. Dann liegen die Oberkanten der Sparren und der Giebel in einer Ebene, während auf der Zeichnung Pfetten und Giebel eine Ebene bilden. Die Fotos auf Seite 223 (unten) und auf Seite 224 zeigen eine Giebelwand mit eingelassenen Pfetten.

Das Holzschindeldach

Hütte mit traditionellem Holzschindeldach

Ein Schindeldach ist im Wesentlichen wasserableitend. Es hat aber auch eine gewisse Dichtigkeit, vorausgesetzt, dass die Schindeln frei von Rissen und anderen Fehlern sind.

Handgespaltene Schindeln aus Kernholz, bei denen der Schnitt der Faserrichtung folgt, sind sehr haltbar, während maschinengespaltene weniger dauerhaft sind.

Auf steilen, nicht isolierten Dächern, sollte die Unterlage für die Schindeln aus 25 mm dicken Brettern bestehen, die mit einem Luftspalt zwischen den einzelnen Brettern verlegt werden. Ein Schindeldach auf dichtem Paneel und Dachpappe muss, wie ein Ziegeldach, auf unterlüfteten Dachlatten liegen.

Als Material für Holzschindeln eignet sich astfreie, relativ frische, geradwüchsige Kiefer, Fichte oder Espe.

Wie man Schindeln von Hand spaltet

Längen Sie die Stämme auf 40 cm lange Klötze ab und spalten Sie die Klötze über Kreuz in vier Teile. Spalten Sie ggf. ein paar Zentimeter vom Kern ab, entsprechend der Klingenlänge des Spanmessers. Wenn man breitere Schindeln haben möchte, muss man sich ein eigenes Schindelmesser herstellen.

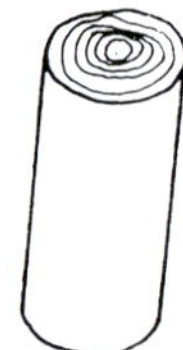

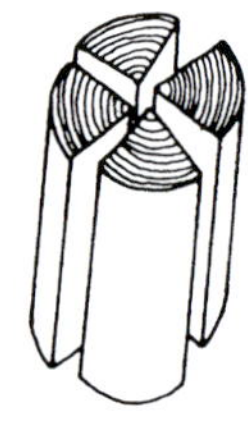

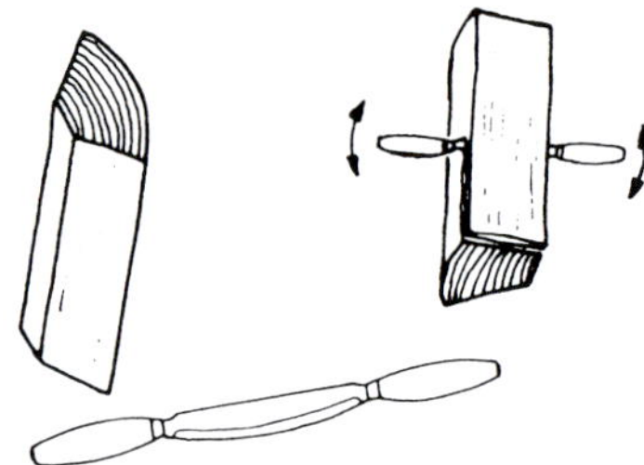

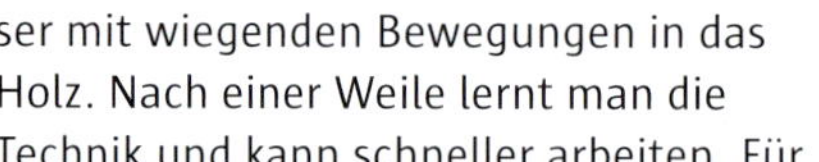

Spalten Sie dann ca. 5 mm dicke Späne ab, die im Querschnitt etwas keilförmig sein sollen. Drücken Sie das Schindelmesser mit wiegenden Bewegungen in das Holz. Nach einer Weile lernt man die Technik und kann schneller arbeiten. Für einen Quadratmeter Schindeln kann man mit einem Zeitaufwand von 1–2 Stunden rechnen.

Dachdecken einer Sennhütte mit Holzschindeln

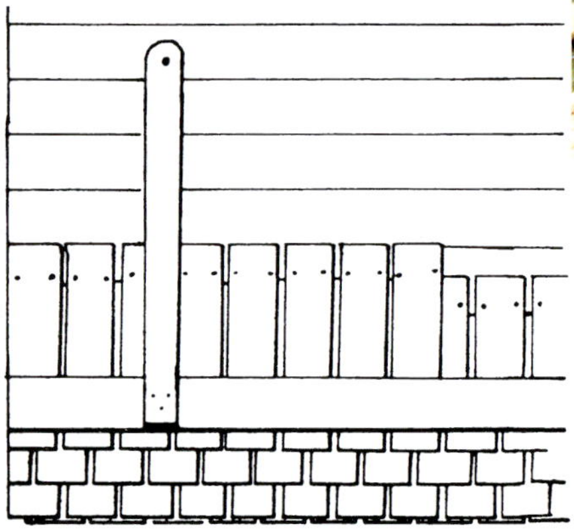

Das Richtbrett wird von zwei oder drei Leisten gehalten, die an ihrem oberen Ende mit einem Nagel am Dach angeheftet werden. Das untere Ende jeder Schindel wird an das Richtbrett angelegt, sodass die Schindellagen schnurgerade werden.

Zum Decken eines Daches benötigt man nur Nägel, Hammer und ein Richtbrett. Beginnen Sie an der unteren Kante des Daches, wo zwei Schichten übereinander gelegt werden. Die Schindeln sollen um jeweils ¼ ihrer Länge nach oben verschossen werden. In diesem Fall sind das jeweils ca. 10 cm. Es sollen sich immer drei Schindelschichten überdecken. Nageln Sie an den Kanten der Schindeln.

Um die Lebensdauer des Daches zu erhöhen, kann man die Schindeln in Holzteer kochen oder sie in ein geeignetes Imprägnierungsmittel tauchen. Beim Teerkochen taucht man für gewöhnlich nur den unteren Teil der Schindeln, der nach dem Verlegen sichtbar bleibt.

Das Rundbohlendach

Hütte mit Rundbohlendach auf wasserdichtem Unterdach

In ganz Nordschweden gab es Holzdächer. Als wasserdichte Schicht verwendete man bis zu sechs Lagen Birkenrinde. Um sie zu befestigen, legte man obenauf Dachhölzer. In der Regel baute man ein Dach aus Unterverschalung, wärmeisolierendem Moos, mehreren Lagen Birkenrinde und schließlich Dachhölzern auf. Nur einfachere Gebäude bekamen keine Unterverschalung.

Wenn man sein Blockhaus heute mit Dachhölzern decken möchte, kann man kaum Birkenrinde verwenden. So große Mengen, wie nötig, wird man kaum bekommen. Sie können stattdessen Dachpappe auf einem Unterdach aus Rauspund, Bodenisolierungsmatten vom Typ Platon oder schwarzes Blech als wasserdichte Schicht verwenden. Legt man dann einen Rand aus Birkenrinde, mit der Innenseite nach außen entlang der Dachkante, rollt sich die Rinde um die Kante herum. So ist die wasserdichte Schicht unter den Dachhölzern nicht mehr sichtbar. Im Anschluss werden, wie bei einem traditionellen Ziegeldach, Dachlatten angebracht. Die Dachhölzer werden somit belüftet, und eventuell eindringendes Wasser wird vom Unterdach aufgefangen.

Die Dachbohlen werden von einer Planke an der Dachtraufe gehalten. Die Planke ruht auf Traufhaken, die aus Wurzelanläufen der Fichte oder Asthaken des Wacholders geschnitten wurden. Am First kann man die Dachhölzer auf verschiedene Weise verbinden. In der obigen Zeichnung sind die Dachhölzer mit einem Kamm aufgelegt, der das Dachholz der einen Seite überschießt. Eine andere Lösung wäre das „Knöpfdach" wie auf dem Foto der folgenden Seite, bei dem die Hölzer beider Seiten im First miteinander verkämmt sind. Die Dachhölzer werden dabei paarweise zusammengefügt und zur Hälfte schwalbenschwanzartig ausgekerbt, sodass die Bohlen sich gegenseitig halten. Die Enden der Dachhölzer bilden einen doppelten Kamm.

Die Dachhölzer wurden früher, wie auf Seite 69 gezeigt, aus geradwüchsigen Stämmen herausgespalten. Heutzutage ist es wohl am einfachsten, gesägte Halbstämme zu nehmen. Möchte man ein dauerhaftes Dach haben, sollte man druckimprägniertes Holz wählen. Die breiteren Bretter aus dem Stamminneren legte man in die untere Lage, da sie vornehmlich röteresistentes Kernholz enthalten. Darauf kamen als obere Lage Schwarten aus den Außenteilen des Stammes.

Die Dachbretter werden sowohl in der unteren wie auch in der oberen Lage mit der Kernseite nach außen verlegt. Die Wölbung entsteht somit nach außen, und die größtmögliche Oberfläche mit Kernholz ist dem Wetter ausgesetzt. Die Bretter liegen stabil auf den Dachlatten, und riskieren nicht, beim Trocknen zu reißen. In die Außenkante der Bretter der unteren Lage wurde gerne eine Wasserrinne gehobelt.

„Die meisten Häuser in Dalarna sind eingeschossig, das Dach ist mit Birkenrinde und Bohlen gedeckt, niemals mit Grassoden ..."

Linnés Bergslagsresa, Svenska Linnésällskapet, 1953.

Hatte man Bretter mit Waldkante, deren leichte Trapezform der Abholzigkeit des Stammes entsprach, legte man in der unteren Lage die breiteren Stammenden nach unten, in der oberen dagegen nach oben. Das Wasser rinnt dann vom Oberbrett auf das Unterbrett und fließt auf dem wasserdichten Unterdach ab. Die Bretter der unteren Lage werden mit einem Nagel, die der oberen Lage mit zwei Nägeln gehalten.

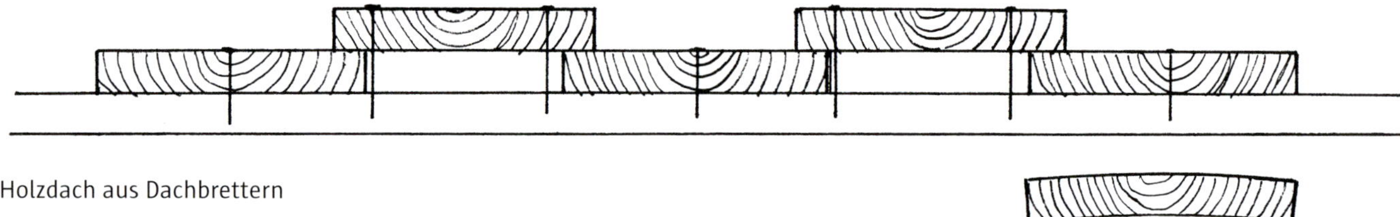

Holzdach aus Dachbrettern

Die Wölbung eines Brettes nach dem Trocknen

Hütte mit „Knöpfdach" aus Rundbohlen im Heimatmuseum von Rättvik

Das Grasdach

Ein Grasdach besteht aus einer oder mehreren Lagen Grassoden, mit mindestens sechs Lagen Birkenrinde darunter. Die Birkenrinde hält das Dach dicht. Sie wird mit der Innenseite nach oben aufgelegt, mit den Fasern in Richtung der Dachneigung, sodass das Wasser von Stück zu Stück abrinnen kann. In der untersten Rindenlage werden die Rindenstücke an ihren Oberkanten mit ein paar Nägeln angeheftet, da diese Lage sonst leicht abrutscht.

Heute verwendet man andere dichte Unterlagen, die von verschiedenen Firmen angeboten werden, die auf das Legen von Grasdächern spezialisiert sind. Unter anderem gibt es die Bodenisolierungsmatte vom Typ Platon, geschweißtes Gummituch oder gefalzte Aluminiumbleche. Es gilt, ein dichtes Dach zu schaffen – eine Leckage zu finden, nachdem die Grassoden liegen, ist so gut wie unmöglich.

Die besten Grassoden kann man von alten Weideflächen gewinnen, die älter als drei oder vier Jahre und dadurch gut durchwurzelt sind. Am besten legt man zwei Sodenlagen aufeinander: die untere mit dem Gras nach unten, die obere mit dem Gras nach oben. Bei nur einer Lage sollte das Gras nach unten, der Unterlage zu gewendet sein. Pflanzen Sie z. B. Fetthenne oder Dach-Hauswurz in die Soden, und säen Sie Grassamen.

Bei einer glatten Unterlage beispielsweise aus Plastik, können die Soden mit groben Leisten an ihrem Platz gehalten werden, die in etwa 1 m Abstand im Quadrat über die ganze Dachfläche gelegt werden. Für lose Erde legt man Latten so auf das Dach, dass sie quadratische Fächer bilden. Der First wird mit Grassoden überdeckt. Die Erde liegt dort erst sicher, wenn sie gut durchwurzelt ist und einen Filz bildet. An der unteren Dachkante setzt man ein Dachfußbrett, das von Traufhaken gehalten

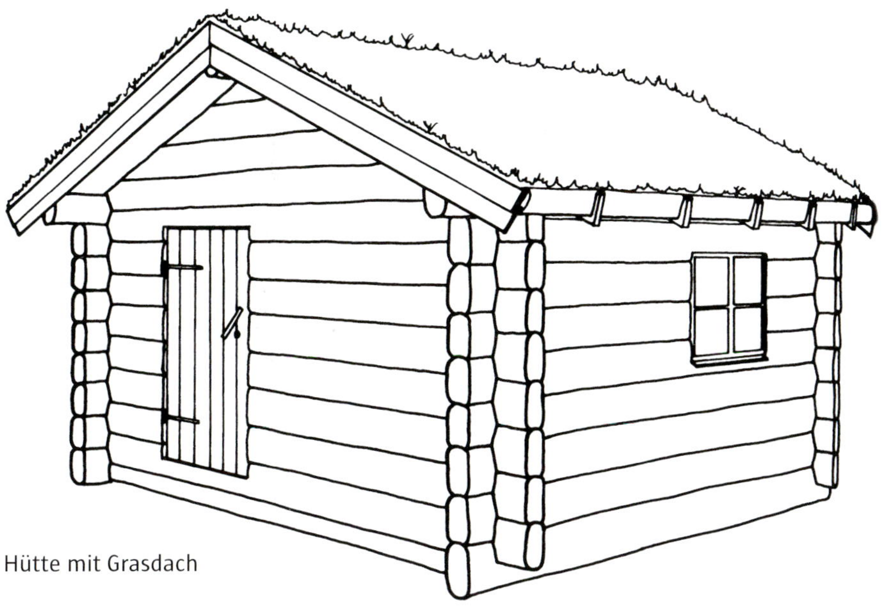

Hütte mit Grasdach

wird, die aus krumm gewachsenen Wacholder-Ästen oder aus Fichten-Wurzelanläufen gewonnen werden. Sie können auch aus Eisen gearbeitet sein.

Das Dachfußbrett wird an der Unterseite in kurzen Abständen eingekerbt, damit Regen und Schmelzwasser ablaufen kann.

Ein Grasdach ist schwer; man hat das Gewicht von Soden, Unterlage und Dachbrettern auf 400 kg pro Quadratmeter berechnet. Wenn es gut gemacht ist, sollte es viele Jahrzehnte halten.

Lesen Sie mehr über das Rasendach auf den Seiten ab 178.

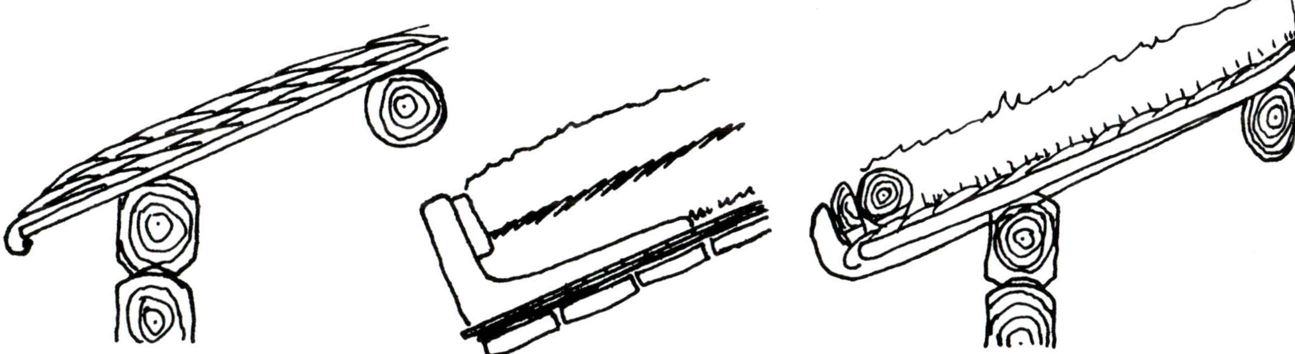

Birkenrinde als Unterlage für ein Grasdach.
Je mehr Lagen Birkenrinde man auflegt, desto länger wird die Lebensdauer des Daches.

Die Grassoden werden in zwei Lagen gelegt.

An der Dachtraufe wird ein Dachfußbrett angebracht, das die Grassoden an ihrem Platz hält. Vor dem Brett liegt zu dessen Schutz noch ein Rundholz, das in Norwegen „røytestokk" oder „torvemat" genannt wird.

Giebellaubenhaus mit Grasdach in Ankarede

Die gezimmerte Treppe

Beim Bau eines Blockhauses bleiben viele kurze Stammlängen übrig. Statt diese zu Brennholz aufzusägen, kann man daraus verschiedene Vorrichtungen bauen. Hier wird eine gezimmerte Treppe gezeigt, die sich mit Vorteil aus kurzen Stammstücken bauen lässt. Früher waren diese einfachen Treppen oft vor Getreidespeichern und anderen gezimmerten Vorratshäusern zu finden.

Wenn die Treppe für das Innere eines Blockhauses vorgesehen ist, muss man berücksichtigen, dass die Blockhauswände mit der Zeit sinken. Setzen Sie eine Treppe nicht fest, bevor 2–3 Jahre vergangen sind. Die Treppe kann entweder an ihrem oberen Ende befestigt werden, und auf Keilen auf dem unteren Fußboden ruhen, oder unten fixiert, und mit dem Oberteil frei gegen Wand oder Fußbodenbalken gelehnt werden.

In dieser Beschreibung wenden wir einen einfachen „Knut“ mit vertikalen Doppelhaken ohne Zapfen an. Der „Knut“ muss Ziehkräfte in Längsrichtung des Stammes aufnehmen können.
Sofern man ein Blockhaus gezimmert hat, kann es ein schönes Detail sein, bei der Treppe denselben „Knut“-Typ zu verwenden.

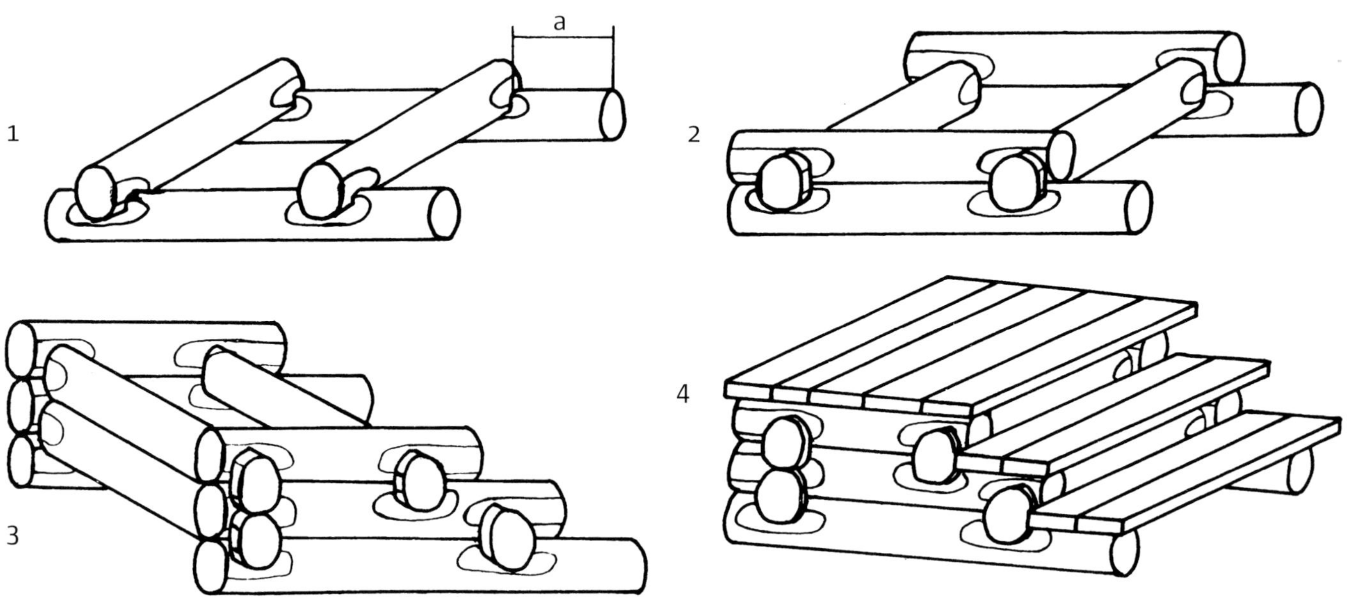

1. Beginnen Sie mit dem Anschalmen der zwei untersten Stämme. Begradigen Sie die Stammseiten am „Knut“, jedoch ohne zu viel zu entfernen. Legen Sie die Querstämme auf, schalmen diese an und zimmern den unteren Rahmen zusammen.

Die zwei untersten Stämme sollen so weit hervorstehen, dass die Stufen-Bohlen Platz finden, markiert mit a in der Zeichnung. Man muss beim Bestimmen dieses Maßes auch den Balkenkopf der nächsten Lage berücksichtigen.

2. Fahren Sie mit der nächsten Lage fort.

3. Der gezimmerte Teil der Treppe ist fertig. Wenn man die Oberfläche der Stämme behandeln möchte, kann man das vor dem Auflegen der Planken tun. Feuchtigkeit sammelt sich besonders gerne an der Verbindungsstelle zwischen Bohle und Stamm. Dorthin kann man einen Streifen Teerpappe legen. Die gezimmerte Konstruktion kann zum Beispiel geteert werden (da man später nicht direkt auf den Stämmen sitzen wird).

4. Die Treppe ist fertig. Lassen Sie die Bohlen 3–4 cm über die Balkenköpfe vorstehen. Legen Sie die Bohlen mit ein paar Zentimetern Abstand zueinander, sodass Wasser abrinnen kann. Die Bohlen trocknen auch besser, wenn zwischen ihnen Luft zirkulieren kann. Die untersten Stämme liegen auf Steinen, da sie keinen direkten Bodenkontakt haben dürfen.

Einige einfache Treppen für Blockhütten:

a. Dreikantige Stufen, auf zwei gespaltene Balken gedübelt.
b. Balken mit Trittstufen.
c. Balken mit Leitersprossen.
d. Leiter mit durchbohrten Holmen für die Sprossen.
e. Gezimmerte Treppe aus Kanthölzern und Brettern.

Einfache Treppe an zweistöckigem Vorratsspeicher, bei der die Stufen in die Wangen-Balken der Treppe eingezapft sind.

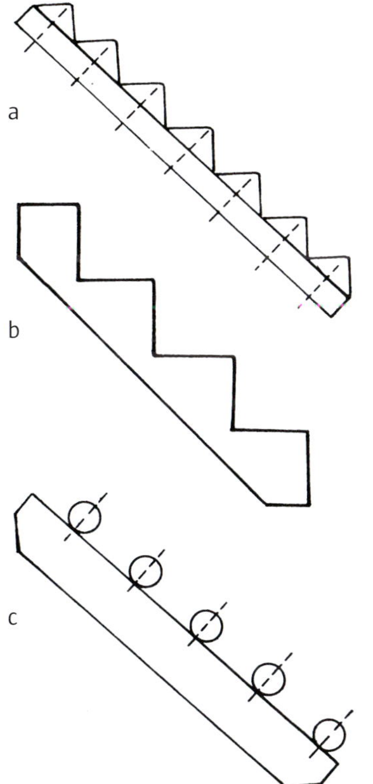

d

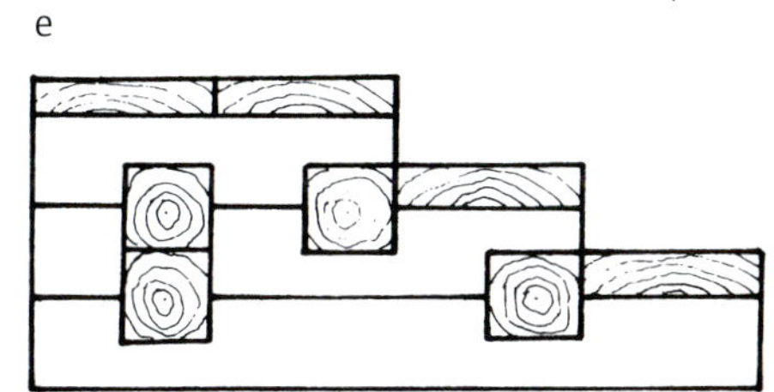

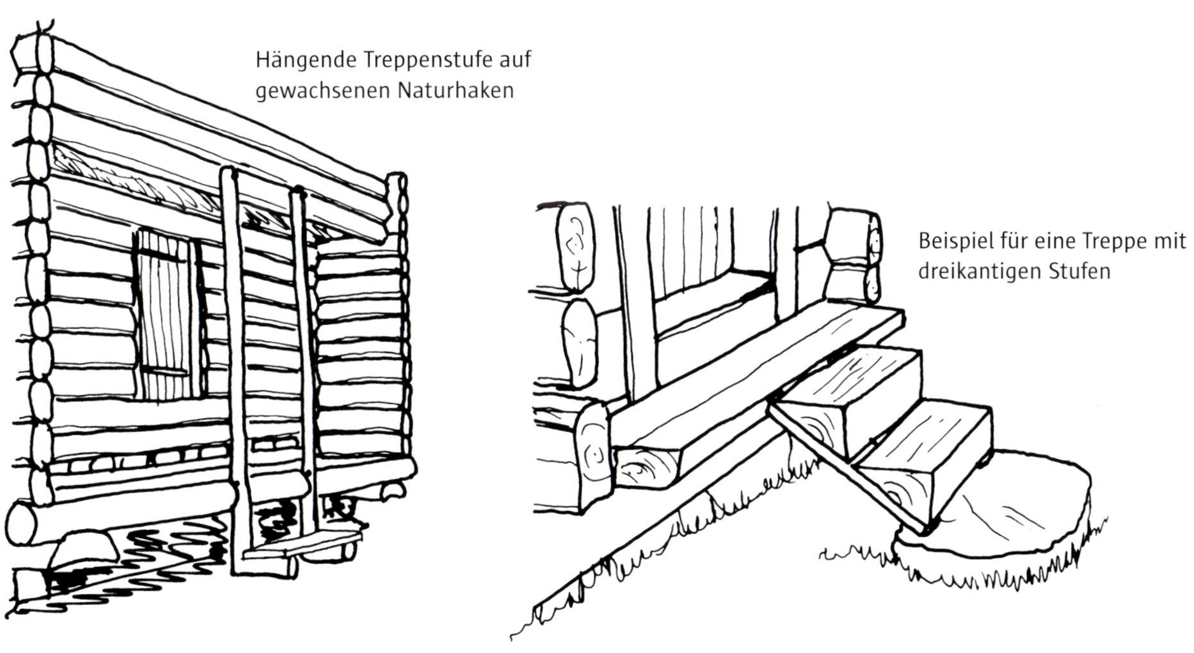

Hängende Treppenstufe auf gewachsenen Naturhaken

Beispiel für eine Treppe mit dreikantigen Stufen

Die Blockbautechnik vom Siljansee

Die Blockbauweise ist heute in Schweden vor allem im Gebiet rund um den Siljansee in Dalarna zu finden. Dort gibt es eine ungebrochene Tradition in der Kunst des Blockhausbaues. Berufszimmerleute waren selten. Die Männer in Dalarna zimmerten die benötigten Häuser selbst.

Wenn Sie sich ein größeres Blockhaus mit dem dort verbreiteten „Knut", dem „Dalaknut", zimmern wollen, sollten Sie an einem der Kurse teilnehmen, die dazu angeboten werden. An vielen Orten in Schweden gibt es solche Abendkurse für den Blockhausbau. Die Kunst des Blockhausbaues kann man sich nicht anlesen. Nur durch die praktische Arbeit an einem „Knut" gewinnt man den Blick für das Holz und werden die Hände geschickt.*

Die folgende Beschreibung der Blockbautechnik aus dem Siljan-Gebiet gibt eine Kostprobe davon, was alles zu dieser Technik gehört. Vergessen Sie jedoch nicht Ihre örtliche Bautradition. Den „Dalaknut" gibt es in Dalarna. In anderen Gegenden hat man die gerade geschnittenen Eckverbindungen angewandt. Sie sind Wetter und Wind mehr ausgesetzt, da sie beim Schwinden des Holzes etwas undichter werden. Einen geraden „Knut" sollte man nicht verwenden, wenn mit waldfrischem Rundholz gezimmert wird, was jedoch mit dem schräg geschnittenen „Dalaknut" möglich ist.

* Anmerkung z. dt. Ausgabe: Deutsche Kursanbieter, die zum Teil auch Kurse in Schweden anbieten, finden Sie im Anhang.

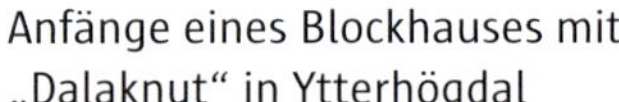

Anfänge eines Blockhauses mit „Dalaknut" in Ytterhögdal

Oben: Blockbalken für ein Dala-Gehöft mit drei Häusern – in verschiedene Längen sortiert

Links: Der Blockbalken wird mit einer einfachen Balkenkarre vom Lager zum Bauplatz transportiert. Der Entwurf für diese Karre stammt von dem Zimmermann Allan Höglund.

Das Bauholz

Als Material verwendet man sowohl Kiefer als auch Fichte. Die Stämme werden zweiseitig zu Blöcken von 140–150 mm Stärke gesägt. Auch Stärken bis hinunter auf 120 mm und hinauf zu 200 mm können vorkommen. Wenn die Blockhauswand später nicht isoliert werden soll, wählt man gerne stärkere Balken. „Knut"-Typen mit schrägen Seiten eignen sich besonders gut für stark schwindendes Holz. Bei waldfrischem Holz ist das Schwinden beträchtlich. Das Risiko, das man beim Zimmern mit frischen Balken eingeht, ist die Möglichkeit, unbemerkt gewundene Balken einzuzimmern. Dies kann zu Problemen führen, wenn das Blockhaus letztlich an seinem endgültigen Platz aufgestellt werden soll.

Die Balken werden so ausgelegt, dass man einen guten Überblick erhält. Man wählt den einzelnen Balken nach Höhe und Länge. Die Stärke ist bereits einheitlich. Man versucht, aus dem verfügbaren Holz soviele Wandbalken wie möglich heraus zu bekommen. Ein guter Zimmermann behält kaum unverwertbare Balkenteile übrig, obwohl das Holz in fallenden Längen gehauen wurde. Bei den vielen Öffnungen, die es in den Wänden eines Hauses gibt, finden auch die kürzesten Stücke Verwendung. Berechnen Sie jedoch den Holzverbrauch mit einem Aufschlag von 10 %, sodass Sie die zu stark gewundenen Balken aussortieren können. Balken mit nur geringem Drehwuchs können als Kurzstücke um die Öffnungen herum eingezimmert werden. Die aussortierten, stark drehwüchsigen Balken sägt man zu Riegeln und stärkeren Brettern, nachdem sie getrocknet sind.

Frische Balken wiegen erheblich mehr als trockene, weshalb man den Transport zum Bauplatz auf angepasste Weise organisieren muss. Der Balken wird in seiner Längsrichtung gerollt, sodass man auch dort eine Balkenkarre einsetzen kann, wo es auf dem Zimmerplatz eng ist. Der Balken auf dem Bild wurde mit einem dünnen Sägeschnitt mit planen Flächen versehen. Wenn man allerdings gewölbte Balken in der Wand haben möchte, unterlässt man dieses Sägemoment. Vor dem Zusägen in einer Sägebank muss ein Balken zuerst mit einer platten Fläche versehen werden, damit er stabil auf der Bank steht.

Sägt man diese platte Fläche am Fußende, wo vor allem Balken aus Erdstämmen Wurzelanläufe haben, muss man diese Anläufe später nicht bearbeiten, wenn der Balken in die Wand eingezimmert werden soll. Wurzelanläufe müssen in jedem Fall entfernt werden.

Man bearbeitet sowohl die Balkenoberseite als auch die -unterseite, während er auf Böcken liegt. Nehmen Sie sich die Zeit zum Anfertigen von mindestens zwei Arbeitsböcken. Man sollte viel Zeit auf die sorgfältige Vorbereitung der Blockbalken verwenden. Die Zeit, die man mit dem Ziehmesser aufwendet, gewinnt man beim zügigen Anfertigen einer gut passenden Längsnut leicht zurück.

Wir werden dem Zimmermann Allan Höglund dabei zusehen, wie er einen Balken einzimmert.

Allan beginnt, indem er die scharfen Kanten des Blockbalkens mit der Motorsäge bricht.
An dem Balken im Bild ist zu erkennen, dass er vorher einen dünnen Schnitt gesägt hat, um Krümmungen des Balkens auszugleichen. Der Blockbalken wurde so gesägt, dass an seiner Höhe die Verjüngung des Baumes vom Fuß- zum Zopfende zu erkennen ist. Der Balken wird in bequemer Arbeitshöhe auf zwei Böcke gelegt. Man soll beim Zimmern immer versuchen, die geeignete Arbeitsstellung zu finden. Wer die schwere, einseitige Arbeit mit Handwerkzeugen nicht gewohnt ist, wird während des Zimmerns leicht Probleme mit Muskeln, Sehnen oder Gelenken bekommen. Nehmen Sie sich nicht zu viel vor, wenn Sie nur einen kurzen Urlaub haben. Das Zimmern soll ein Vergnügen sein und keine schmerzende Plage, wozu ein zu großes Projekt leicht ausartet.

Die gesägten Kanten werden mit dem Ziehmesser abgerundet. Ich wende einen Elektrohobel an, doch ein Ziehmesser ergibt eine gleichmäßigere Oberfläche ohne Hobelspuren. Die Wölbung des Balkens sollte etwa 3 cm hoch sein.

Im nächsten Schritt behaut Allan die Außenseite des Balkens, während dieser mit der Unterseite nach oben gewendet auf den Böcken liegt.
Achten Sie auf die kräftige Zimmermannsklammer, die den Balken während des Bebeilens in seiner Lage fixiert. Das Holz ist ganz durchgetrocknet, weshalb es gerne splittert.

Allan bevorzugt es, erst die Balkenseiten zu bebeilen, bevor er die Oberseite des Balkens bearbeitet. Das hat den Vorteil, dass man hässliche Splitterungen, die leicht beim Behauen an der vorübergehenden Unterseite entstehen, später noch gut ausgleichen kann. Hier hat er den Balken gewendet und die Kanten mit der Motorsäge gefast. Er sägt mit schiebender Kette, sodass die Späne von ihm weg fliegen.

Anschließend rundet er die Oberfläche mit dem Ziehmesser ab und glättet gleichzeitig eventuelle, beim Bebeilen entstandene Splitterungen. Äste sind immer störend bei der Bearbeitung mit dem Ziehmesser. Um diese herum muss man beim Schnitzen mit dem Ziehmesser die Richtung wechseln. Wenn das Holz sehr ästig ist, kann man die Astanläufe mit dem Elektrohobel herunter hobeln.

„Alle Blockbalken für ein Blockhaus werden von Hand mit dem Ziehmesser weißgeschnitzt, bevor das Zimmern beginnt. Dies ist schwere Arbeit, die ein scharfes Ziehmesser und die richtige Technik erfordert. Man sagte mir, dass ein Mann ca. 90 Laufmeter (Lfm) am Tag weißschnitzen kann. Das ergibt ca. 10 Tagewerke für ein Blockhaus mit 900–1000 Lfm. Angenommen ein Tagewerk koste 3000 SEK (350 €) inkl. MwSt., ergibt sich ein Preis von ca. 30–35 SEK (3,40–4 €)/Lfm. Wenn man schätzt, dass das Einzimmern eines Balkens in die Wand ca. 500 SEK (57 €)/ Lfm inkl. MwSt. kostet, macht das Weißschnitzen nur 6–7 % der totalen Kosten aus. Das ist nicht widersprüchlich. Das Weißschnitzen verbessert das Aussehen eines fertigen Blockhauses beträchtlich, und der handgezimmerte Charakter wird dadurch verstärkt."

Notizen von einem Besuch bei der Firma Haverö Timmerhus AB 2008, S-G Håkansson.

Der „Knut“

Der „Knut“ wird nach untenstehender Beschreibung am Blockbalken oder Stamm aufgemessen. Behaut oder sägt man dann entlang der aufgezeichneten Linien, erhält man eine dichte Eckverbindung. Die schrägen Seiten erfordern eine sorgfältige Ausführung.

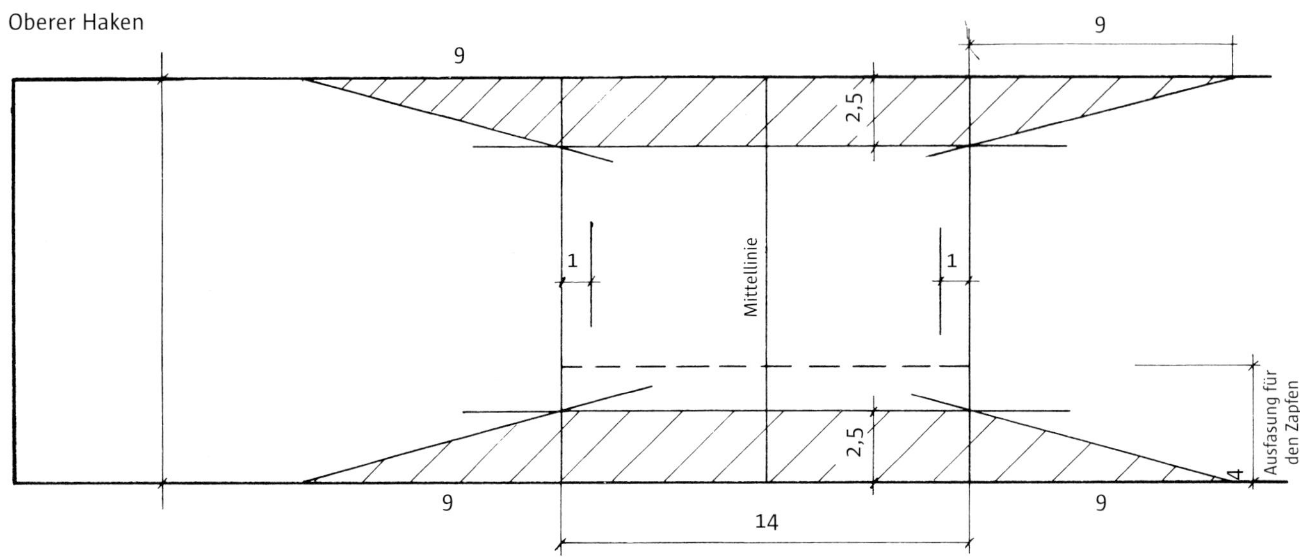

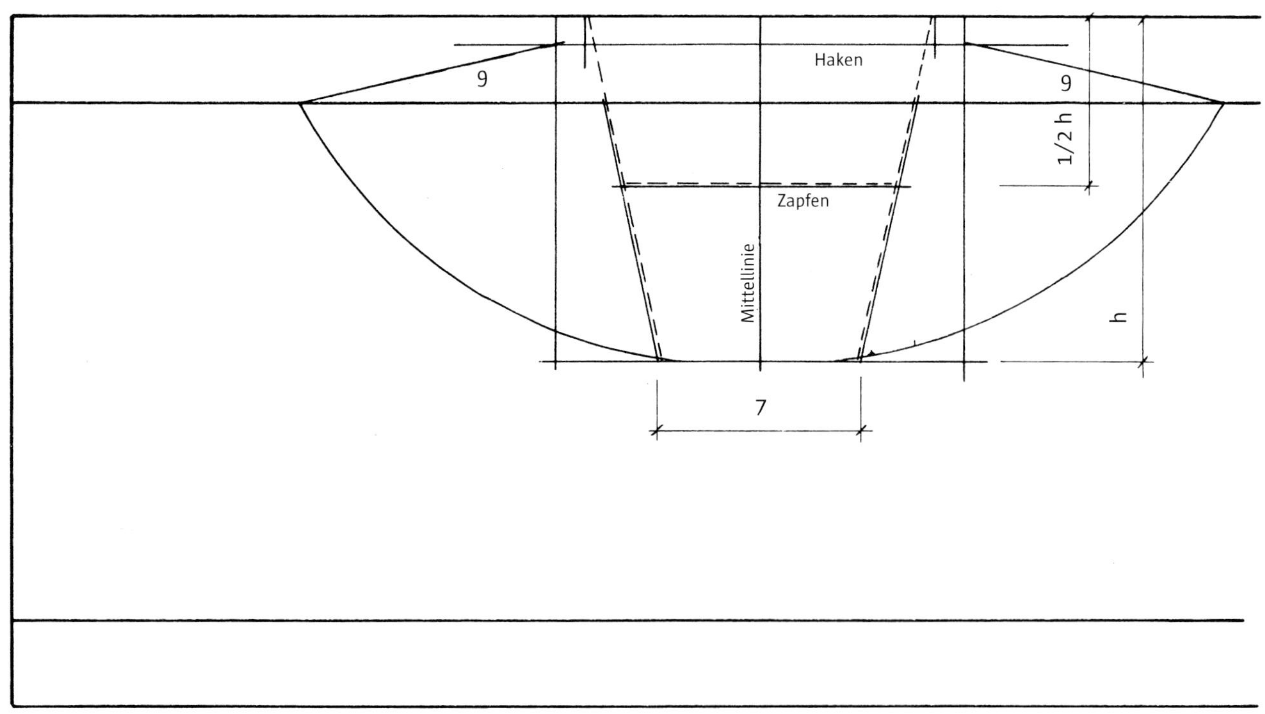

Maßskizze eines „Knutes“ nach der Blockbautechnik vom Siljansee. Die Höhe (h) ergibt sich aus dem Maß, um welches der Unterbalken höher ist als der Balken, auf dem er aufliegt. Damit ist auch bereits die Tiefe des Hakens im Oberbalken bestimmt, der als nächstes eingezimmert werden soll. Auf den folgenden Seiten wird das Ausarbeiten eines „Knuts“ Schritt für Schritt gezeigt.

Unterer Haken

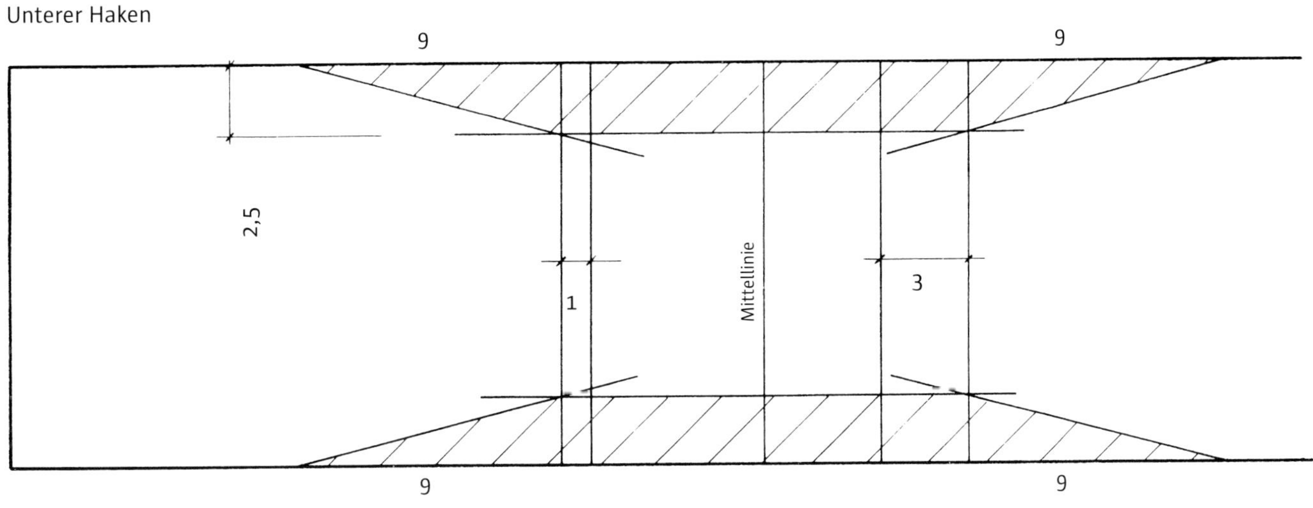

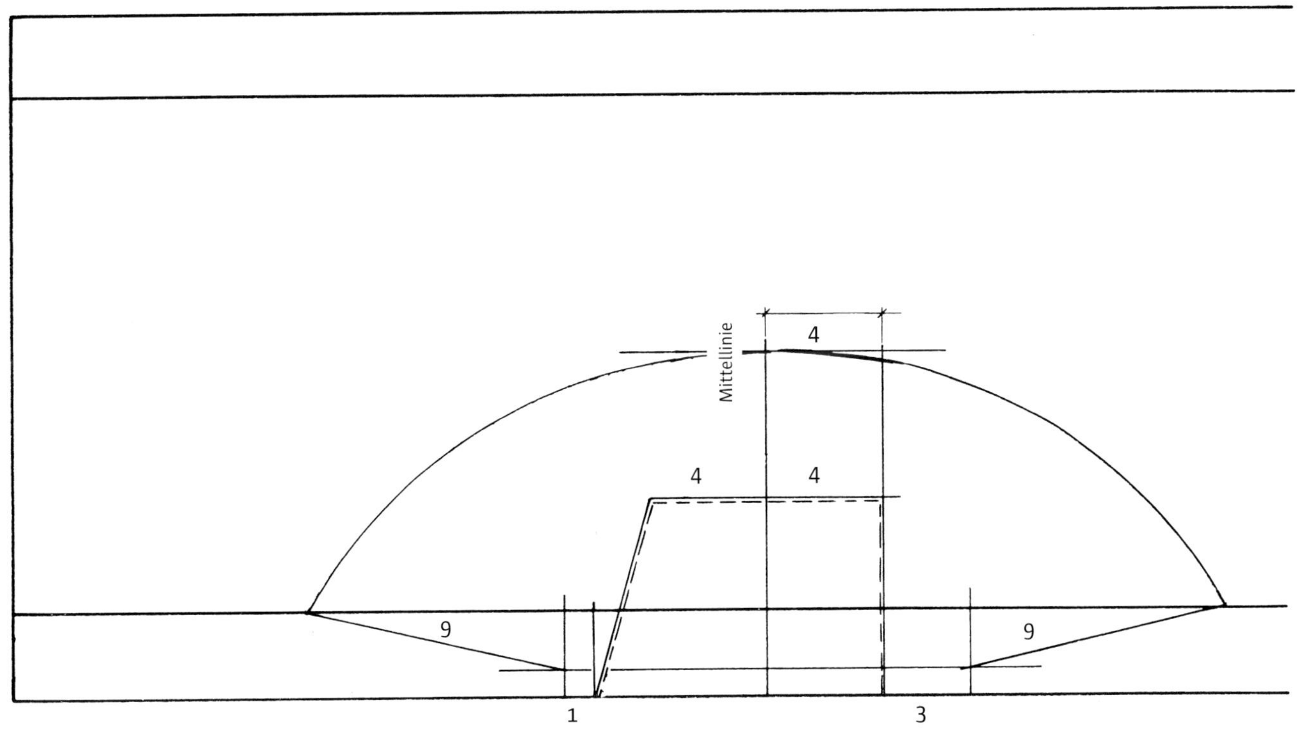

Allan beginnt mit dem Oberhaken im Unterbalken, indem er die Breite auslotet und mit Linien markiert.

Die Lotlinien sind angezeichnet. Die nach innen versetzte Stützlinie auf der linken Seite kam zustande, als der vorhergehende „Knut“ gearbeitet wurde. Wir brauchen sie jetzt nicht zu beachten.

Mit Hilfe des Zollstockes werden die Lotlinien auf beiden Seiten des Balkens verbunden.

Nun werden die schrägen Kanten des Hakens angezeichnet. Die Linie beginnt etwa 1 cm innerhalb des Schalmes des querliegenden Balkens.

Die schrägen Linien treffen in der Mitte des Unterbalkens, ein bisschen von den zwei Verbindungslinien nach innen versetzt, aufeinander.

Allan zeichnet 7 cm von der Lotline die Breite des Schalmes an. Dieses Maß kann von Zimmermann zu Zimmermann variieren. Auf den Seiten 152–153 habe ich 9 cm angegeben. Allan bevorzugt 7 cm und begründet das damit, dass man weniger ausbeilen muss und er ein Tischlerbeil anwenden kann, das eine kürzere Klinge hat als ein Behaubeil.

Die untere Linie des Schalmes trifft auf die Kante des Schalmes am querliegenden Balken.

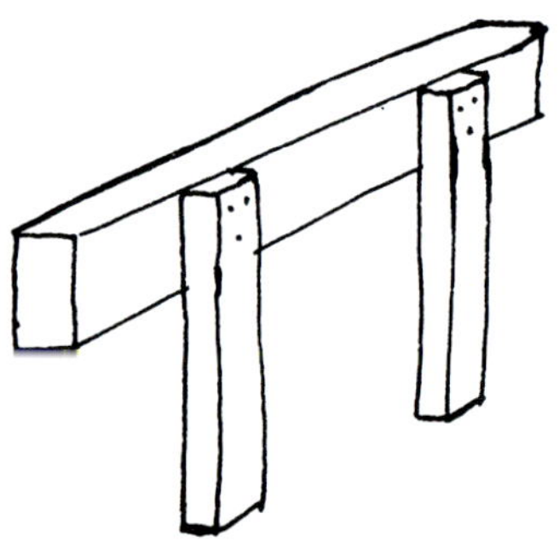

Danach legt man die Tiefe des Schalmes mit 2,5 cm von der Balkenkante aus fest. Mit einem 25 mm dicken Brett kann man sich eine simple Schablone wie in der Zeichnung anfertigen.

Allan ermittelt, dass der Unterbalken, an dem er arbeitet, den querliegenden Balken um 8 cm überragt.

Die Höhe von 8 cm teilt man durch 2, und erhält so eine Zapfenhöhe von 4 cm für diesen „Knut“. Sie wird, wie auf dem Bild, an der Balkenseite markiert.

Die Tiefe des Hakens im Zapfenbereich beträgt 4 cm, was auf der Oberseite des Balkens angezeichnet wird. Der „Knut“ soll einen einseitigen Haken bekommen, mit der Aussparung auf der Innenseite der Verbindung, da diese wettergeschützter ist. Auf die Außenseite kommt eine glatte Oberfläche ohne Stirnholz. So ist das Risiko, dass Wasser angesogen wird, geringer.

Jetzt sägt Allan die Aussparung entlang der schrägen Stützlinien aus.

Mit der Schienenspitze sägt er für den Haken ein.

Mit einem Einstich der Motorsägenschiene wird die Aussparung ausgesägt. Alle Arbeit mit der Schienenspitze ist gefährlich, weshalb ich dringend anrate, dass man die Aussparung mit der Axt arbeitet, wenn man mit der Motorsäge nicht so viel Erfahrung hat. Auch mit der Axt arbeitet es sich zügig, wenn man mit der Holzfaser haut. Mit einem großen Stemmeisen hat man noch bessere Kontrolle.

Einstich für den Haken. Für diese Arbeit ist eine schmale Motorsägenschiene von Vorteil.

Einstich für die Kante des Zapfens. Seien Sie vorsichtig mit der Säge.

Um ganz innen im Haken eine scharfe Kante zu erhalten, muss man mit dem Stemmeisen nacharbeiten.

Allan schält die Oberseite des Balkenkopfes ab, damit die Balkenköpfe später nicht aufeinander liegen. Ich lasse einen fingerbreiten Abstand zwischen den Balkenköpfen.

Das Aushauen des Schalmes geschieht mit einem Tischlerbeil mit nahezu gerader Schneide.

Als Abschluss schält Allan mit dem Tischlerbeil, um eine ganz gerade Fläche zu bekommen. Diese Feinarbeit lässt sich nicht durch Behauen bewerkstelligen.

Mit dem Zollstock wird kontrolliert, ob die Fläche plan ist. Wenn nicht, wird der Zollstock mit Druck auf und ab geschoben, sodass die erhabenen Bereiche markiert werden und abgeschält werden können.

Auf der Außenseite des „Knuts“ wird der Schalm gegen einen Einschnitt ausgehauen. Hier hat Allan vorsichtig mit der Motorsäge gesägt, um den Einschnitt zu setzen. Selbstverständlich kann er auch mit der Axt gehauen werden. Ohne diesen Einschnitt besteht das Risiko, dass das Holz aufsplittert, wenn man den Schalm ausbeilt.

Die Aussparung im Unterbalken ist fertig. Sie hat ganz plane Schalme. Die Aussparung reicht bis etwa 1 cm an die Verbindungslinien der Lotlinien heran. So hat man noch marginal für das spätere Einpassen des „Knuts“.

Der Oberbalken wird im richtigen Winkel aufgelegt. Lotlinien vom querliegenden Unterbalken werden angezeichnet.

Auch die Tiefe des Hakens oder der Zapfenkante wird ausgelotet und angezeichnet. Diese Linie hat man auf dem Unterbalken auf dem mittleren Bild der Seite 154 gesehen.

Der Oberbalken wird gewendet, und die Lotlinien werden auf seiner Unterseite verbunden.

Anschließend wird der Schalm nach vorstehendem Verfahren aufgemessen. Das Maß von 4 cm im Bild kennzeichnet die Tiefe des Hakens.

Allen ermittelt 8 cm vom Grund des Hakens bis zur Kante des Schalmes als Höhe des Hakens.

Dieses Maß für die Hakenhöhe wird auf den Oberbalken übertragen, und wird dort der Boden des Schalmes.

Zwischen den äußeren Lotlinien werden symmetrisch zwei Markierungen mit 7 cm Abstand angebracht. Zu diesen Punkten werden dann die Linien für den Schalm gezogen.

Die Höhe des Zapfens wurde auf 4 cm ermittelt, und man setzt 5 cm von der unteren Oberfläche, die im Bild nach oben gewandt ist, ab. Man gibt diesen einen Extrazentimeter dazu, da der Balken beim Arbeiten der Längsnut noch herabsinken wird. Die Aussparung muss eventuell noch weiter justiert werden, sodass im „Knut" über dem Zapfen Sinkmaß und Platz für Dichtungsmaterial vorhanden sind. Wenn die Blockhauswände sich beim Trocknen setzen, darf der Balken sich nicht im „Knut" aufhängen. Der Druck soll auf den scharfen Kanten der Längsnut liegen. Die Schräglinie wird ein Stück innerhalb des Stützpunktes gezeichnet, der vom unteren Punkt für den Schalm nach oben übetragen wurde.

Die Aussparung im Oberbalken wird mit der Motorsäge ausgenommen.

Ebnen Sie den Grund der Aussparung, indem Sie die Schiene der Motorsäge bei hoher Umdrehungszahl seitlich hin und her bewegen. Die schräge Aussparung endet auch hier ca. 1 cm vor den Verbindungslinien der Lotlinien.

Schalmen Sie, auf gleiche Weise wie beim Unterbalken, gegen einen Einschnitt an.

Kontrollieren Sie, dass der Schalm plan ist.

Schälen Sie mit der Axt, falls der Abhieb nicht ganz plan geworden ist.

Der untere „Knut“-Haken im Oberbalken ist fertig, um in den „Knut“ eingepasst zu werden. Der Einschnitt in der Mitte des Schalmes ist sichtbar, doch da er sich mitten im „Knut“ befinden wird, ist dies unwesentlich.

Der Oberbalken wird aufgelegt, und die Neigung seiner angeschalmten Flächen mit einem Zimmermannsbleistift auf den Unterbalken übertragen. Nachdem man die Aussparung im Unterbalken entlang dieser neuen Linien erweitert hat, sinkt der Oberbalken in eine besser geeignete Lage, um die Längsnut zu arbeiten: ein wenig geöffnetes Zugmaß lässt sich leichter lotrecht halten, als ein stärker geöffnetes.

Auch die schräge Fläche in der Aussparung des Oberbalkens, auf der Balkenkopfseite des „Knuts“, wird an den Schalm des Unterbalkens abgezeichnet. Falls der Balken seitlich verschoben werden muss – er kann im Verlauf der bisherigen Bearbeitung aus der Flucht der Wand heraus geraten sein – setzt man, wie auf dem Bild, einen passend dicken Holzspan in den Zwischenraum.

Die Aussparung im Unterbalken muss nun entlang der neuen Linien ausgesägt werden.

Sägen Sie vorsichtig mit der Spitze der Schiene von beiden Seiten entlang der Linien. Das Holz ist ganz trocken, was man daran merkt, wie stark es ausfasert. Möchte man lieber mit der Axt arbeiten, muss man mit ordentlicher Kraft schlagen, und es ist schwierig, bei trockenem Holz ein gutes Ergebnis zu erzielen. Frisches Holz lässt sich viel leichter mit Handwerkzeugen bearbeiten.

Die Dichtungskerbe im „Knut“ wird mit der Schienenspitze gesägt. Sie lässt sich auch schnell mit der Axt aushauen.

Bevor die Längsnut angezeichnet und ausgesägt wird, kontrolliert man hier, ob der Oberbalken im Lot über dem Unterbalken liegt. Beachten Sie die Dichtungskerbe im Unterbalken, und die Passgenauigkeit zwischen dem planen Schalm des Oberbalkens und der Aussparung im Unterbalken. Je nachdem, wie die Blockbalken aussehen, lotet man die Wand auf der Innen- oder Außenseite. Wurden die Balken auf unterschiedliche Breite gesägt, lotet man auf der Außenseite, um eine gleichmäßige Außenwand zu bekommen. Bei Rundhölzern muss man mit einer Mittenmarkierung arbeiten, um die Wand ins Lot zu bringen.

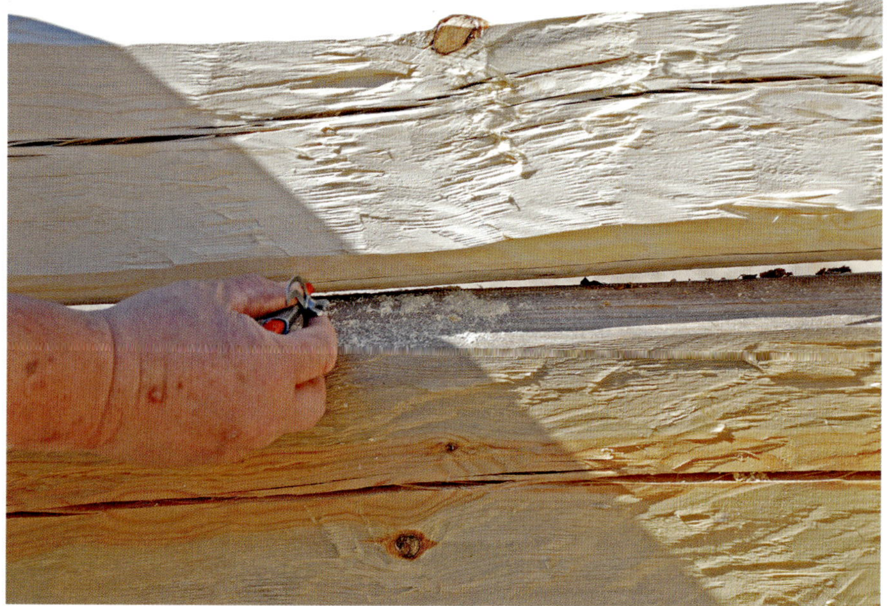

Die Längsnut im Oberbalken wird hier mit einem Zugmaß mit „Lippe" angezeichnet. Das Zugmaß muss auf der gesamten Balkenlänge im selben Winkel zum Unterbalken gehalten werden. Verwenden Sie einen gut angespitzen Zimmermannsbleistift, damit die Linie deutlich sichtbar ist. Bevor man den Balken wendet, um die Längsnut auszusägen, sollte man sich versichern, dass überall eine Linie zu erkennen ist. Auf feuchtem, rohem, harzreichem Holz muss man einen weicheren Bleistift verwenden.

Allan markiert auf dem Balken, wie weit das Zugmaß geöffnet ist. Danach ermittelt er ein gutes Drittel davon und überführt das neue Maß auf ein kleineres Zugmaß.

Das Maß vom vorhergehenden Bild wird jetzt verwendet, um den „Knut“ anzuzeichnen.

Nun sägen Sie sorgfältig entlang der neu gezeichneten Linien. Die Kanten sollen „reiten“, d. h., man sägt die Kanten nach der Linie, nimmt jedoch direkt hinter den Kanten etwas mehr ab. Dadurch erreicht man, dass die Kanten bei Belastung gegen die Schalme des Oberbalkens gedrückt werden. Man erhält einen sehr dichten „Knut“. Der kleine Ausrutscher vom Sägen der linken Aussparungskante verschwindet in diesem Sägeschritt.

Auf der Unterseite des Oberbalkens wird am Balkenkopf eine dünne Platte abgeschält. Allan sägt hier mit schiebender Kette. Beim Behauen mit der Axt splittert das Holz gerne, sodass zuviel vom Balkenkopf entfernt wird.

Legen Sie den Balken in eine passende Position und sägen Sie die eine Seite der Längsnut entlang der angezeichneten Linie. Um sicher zu sein, dass man nicht zu tief einschneidet, kann man mit einem Sägeschnitt in der Mitte beginnen. Dort sieht man dann, bis wohin die seitlichen Einschnitte reichen. Allan sägt in der Regel nur zwei Spuren. Ich bevorzuge oft, mit einer mittleren Spur zu beginnen, sodass die zwei Seitenspuren sich dort treffen.

Die zweite Spur der Längsnut wird gesägt.

Die fertig gesägte Längsnut mit dem ausgesägten, dreikantigen Stück links daneben. Sofern man den Zuglinien genau gefolgt ist und die Oberseite des Unterbalkens gut vorbereitet war, sollten die Balken nun ohne weitere Korrektur aufeinander passen. Es gibt dem Zimmermann eine gewisse Genugtuung, wenn die Balken beim ersten Versuch genau passen. Wenn man die Kanten mit der Axt endbearbeiten möchte, muss man etwas innerhalb der Bleistiftlinien sägen.

Der Balkenkopf soll auf beiden Seiten bebeilt werden, was man manchmal vergisst.

Für das Anzeichnen der letzten Feinkorrektur wendet Allan den Zimmermannsbleistift an. Dieser kann je nach Bedarf flach oder hochkant gehalten werden.

Allan macht die letzten Feinkorrekturen mit der Axt. Man sieht, dass er die Kanten so behauen hat, das sie „reiten“. Normalerweise sägt er auch diese Korrekturen. Beim Aushauen der rechten Kante folgt er der inneren Linie und prüft die Passgenauigkeit des Balkens, bevor er mehr aushaut.

Der Balken liegt in der Wand. Die schrägen Flächen des „Knuts“ schließen dicht ab. Zwischen den Balkenköpfen ist ein Zwischenraum, damit sich die Wandbalken hier nicht „hängen“, wenn die Wände beim Trocknen sinken.

Die Längsnut passt exakt auf den Unterbalken. Der Oberbalken stammt aus einem drehwüchsigen Baum. Da er gut durchgetrocknet ist, wird er keine Probleme verursachen. In frischem Zustand eingezimmert, kann sich ein solcher Balken jedoch aus der Wand drehen.

Der Dübel

Nachdem ein Balken mit Längsnut versehen und in die Wand eingezimmert wurde, steht noch das Dübeln aus. Das Loch wird mit einer niedertourigen Elektrobohrmaschine gebohrt. Am besten ist es, wenn sie auch mit Drehrichtungsumkehr ausgestattet ist, sodass man sie „rückwärts“ aus dem Loch herausfahren kann, wenn sich der Bohrer festgefressen hat. Tiefe Bohrlöcher muss man regelmäßig säubern, indem man den Bohrer immer wieder heraufzieht. Frisches Holz ist im Vergleich zu altem, trockenem Holz vergleichsweise leicht bohrbar. Am schlechtesten bohrt es sich in bläuegeschädigtem Holz, da dessen Fasern sich um die Einzugsschraube (des Schlangenbohrers) herumwinden. Da letztere den Bohrvorschub steuert, gerät dieser außer Funktion.

„Gezimmerte Innenwände schaffen eine durch und durch gesunde Atmosphäre. Störend kann es sein, wenn sich in der gut geheizten Hütte Spalten in der Längsnut der Wände öffnen, weil die Innenwände schneller trocknen.“

Edgar Karlsen, Lærebok i lafting, Oslo 1989.

Die Dübel werden aus trockenen, vierkantigen Leisten zugeschnitten. Beispielsweise haben die Leisten für einen 35-mm-Bohrer das Maß von 33 x 33 mm. Durch die schmäler werdende „Taille“ lässt sich der Dübel relativ leicht eintreiben. Aufgrund der vierkantigen Form wirken die Spannkräfte in Längsrichtung des Balkens. Passen Sie die Länge des Dübels so an, dass der nächste Balken beim Sinken der Wand nicht auf dem Dübel hängen bleibt.

Für besseren Halt wird der Dübel an den Enden angefast. Die enge Passform des Dübels sollte nicht übetrieben werden. Wenn ein Blockhaus nochmal abgebaut und zu seinem vorgesehenen Standort transportiert werden muss, führen zu hart sitzende Dübel nur zu Problemen, da sie sperrig sind und leicht abbrechen. Einige Zimmerleute verwenden spezielle, schmalere Dübel beim Zimmern. Sie werden beim Umsetzen herausgenommen, und zur Wiederanwendung eigens in Dübel-Kisten aufbewahrt. So ist der Abbau leichter. Beim Aufbau werden die Wände dann endgültig verdübelt.

Der Dübel soll die Drehkräfte des Balkens aufnehmen. Am besten wird der Balken nahe bei jedem „Knut“ mit einem Dübel versehen, um die Verwindungssteifigkeit des Balkens in der Wand zu verbessern. Der Dübel zieht Ober- und Unterbalken mit großer Kraft zusammen. Er soll aber nicht die Balken zusammendrücken, was man manchmal glauben könnte, wenn man sieht, wie hart Dübel eingetrieben werden. Es ist vielmehr das schwere Dach, das zur Winterzeit noch eine weitere Belastung durch den Schnee bekommt, das die Balken mit ihren Längsnuten aufeinander drückt.

Das Feuerhaus

Das Feuerhaus ist eine unserer ältesten Wohnstätten, die schon aus der Winkingerzeit bekannt ist. Mitten im Raum lag eine offene Feuerstelle, von welcher sich der Rauch seinen Weg durch eine Öffnung im Dach ins Freie suchte. Auf den Bergweiden waren Feuerhäuser noch bis ins 20. Jahrundert als Unterkunft in Gebrauch.

Das Feuerhaus ist ein Giebellaubenhaus. Der Eingang liegt im Giebel. Die Laube wird durch das überstehende Dach und oft auch durch verlängerte Längswände gebildet, wie auf der Zeichnung zu sehen. Statt einer Firstpfette gibt es hier zwei nahe beieinander liegende Seitenpfetten.
Das Haus steht direkt auf dem Boden. An die Schwellenbalken wurde von außen Erde angeschaufelt.

Auch die alten Waldarbeiterhütten waren Varianten dieses Haustyps.
Lesen Sie, was Carl Fries von einem Besuch auf einer Bergweide zu berichten hat, wo man noch immer im Feuerhaus wohnte:

„Die Tür zum Feuerhaus sitzt in einer der Giebelwände, und über eine hohe Schwelle steigt man ins Haus hinein. Auf der offenen Feuerstelle in der Mitte des Fußbodens flackert das Feuer unter einem ungeheuren Topf. Durch die Rauchöffnung im Dach sickert das Licht herein, und vermischt sich mit dem Schein des Feuers zu einem unsicheren Zwielicht. Man lässt sich auf der breiten, an der Wand befestigten Bank nieder, das Dunkel in den Ecken beflügelt die Phantasie: Dies ist eine Wohnstatt aus grauer Vorzeit – blinken dort an der Balkenwand nicht Schilde und Streitäxte? Doch das Auge gewöhnt sich an das Halbdunkel hier im Innern, es sind keine Waffen, die dort aufblitzen, es ist – eine Milchzentrifuge!

Und mit einem Mal ist man zurück in der Wirklichkeit. Neben dem viereckigen, grob aus Steinen gefügten Feuerplatz, steht der schwenkbare Kesselhalter, an dem der große Kessel, zum Kochen des Weichkäses, an seinen Haken hängt. An der dem Eingang gegenüberliegenden Giebelwand gibt es zwei an der Wand angebrachte Pritschen. Der Boden besteht ganz einfach aus hart gestampfter Erde und ist mit gehackten Fichtenzweigen bestreut.“

Carl Fries, STF's årsskrift, 1926.

In einem Feuerhaus ist der Boden aus gestampfter Erde. Darauf liegt die Feuerstelle. Manchmal findet man auch einen Feuerplatz aus Steinen. Entlang der Längswände und dem der Giebelwand gegenüberliegenden Eingang strecken sich Pritschen. Sie dienen als Liegestätten, Tische und Sitzbänke. Sie sind nicht so breit, dass man quer darauf liegen kann. Auf der Zeichnung fehlt die Pritsche an der Giebelseite.

Der Kessel hängt hier an einem, „vinna" genannten, waagerechten Arm, der an einem drehbaren Pfeiler, „vinnstolpen", befestigt ist.
Eine andere Lösung waren zwei niedriger in den Giebel eingezimmerte Pfetten, auf die man Querstangen auflegte. An diesen wurden die Kessel mit Ketten oder Kesselhaken aufgehängt.

Das Holz des Dachbelages wird von einem Fußbrett gehalten. Dieses ist hier mit Zapfen und Keilen befestigt. Gewöhnlicherweise brachte man Dachfußhaken, z. B. aus gewachsenen Astgabeln oder Wurzelanläufen, an. Die Dachöffnung für den Rauchabzug, lokal „ljör" genannt, kann je nach Bedarf geschlossen oder geöffnet werden, indem man die Dachhölzer neben der Öffnung hinauf oder herunter schiebt.

Einige Möglichkeiten, den Kessel im Feuerhaus aufzuhängen

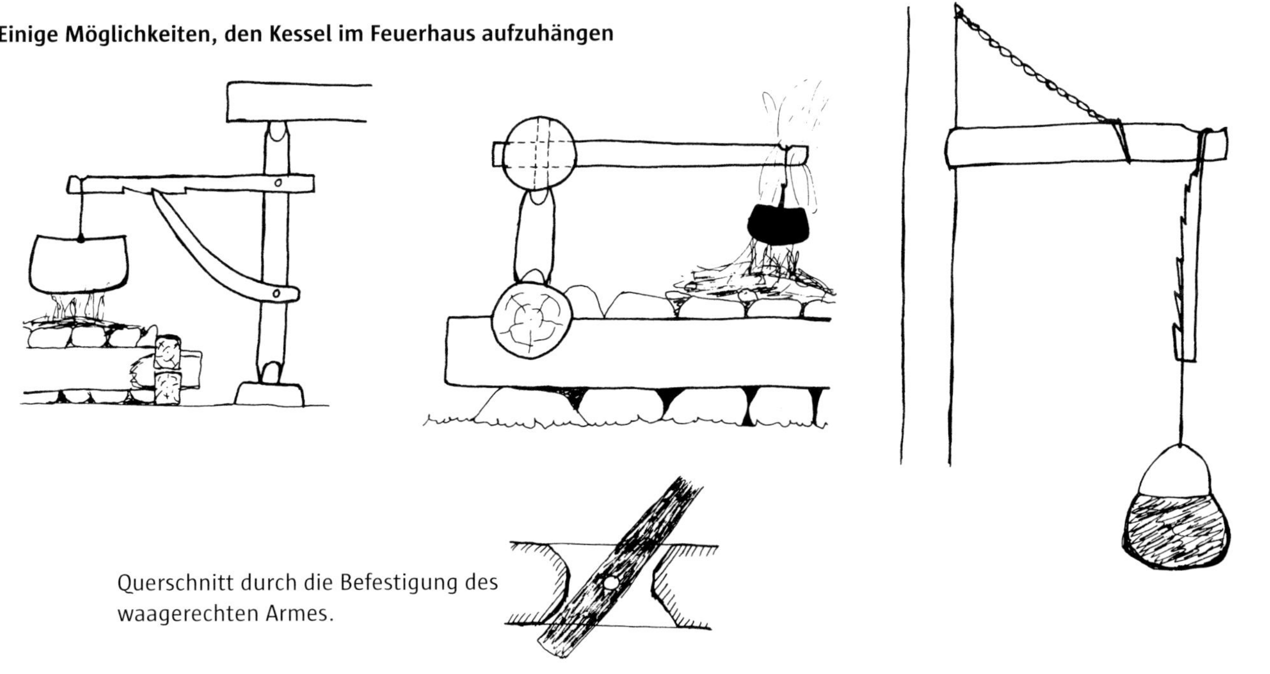

Querschnitt durch die Befestigung des waagerechten Armes.

Waldarbeiterhütte

Man stößt selten auf Feuerhäuser in ihrer ursprünglichen Form. Die früher gebräuchliche Waldarbeiterhütte, wie auf dem Foto der folgenden Seite, ist hingegen in abgelegenen Waldgebieten zu finden. Wenn man Glück hat, wird sie von interessierten Personen, Vereinen oder Gesellschaften unterhalten, und man kann dort eine Vorstellung davon bekommen, wie die Waldarbeiter in früheren Zeiten gewohnt haben.

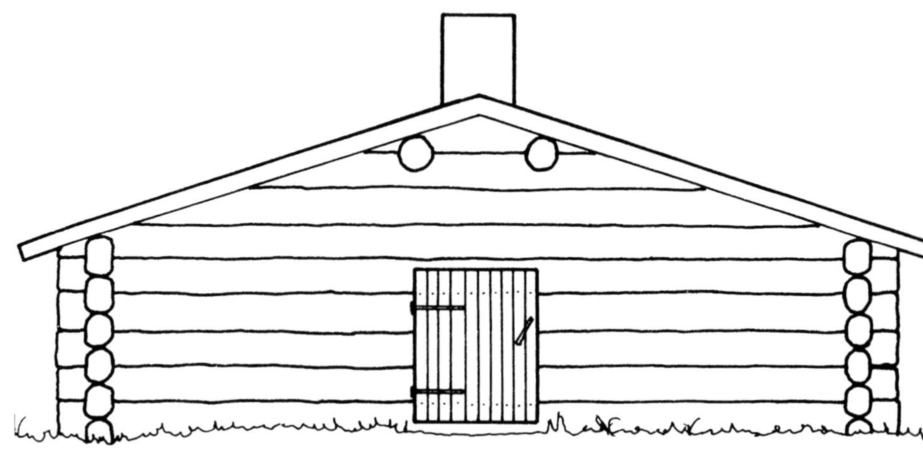

Waldarbeiterhütte im Querschnitt.
Diese Hütten sind eine spätere Entwicklung des Feuerhauses. Mitten in der Hütte steht ein gezimmerter Feuerkasten, der mit Erde und Steinen gefüllt ist. Früher hatte man über dem Feuer einen Rauchabzug aus Holz, in modernerer Zeit aus Blech.
Es wird erzählt, dass man, solange der hölzerne Rauchabzug neu war, beim Feuermachen vorsichtig sein musste. Wenn er erst einmal rußig und eingebrannt war, wurde die Brandgefahr geringer.
Auf den Pritschen lag man mit den Füßen zum Feuer. Zwanzig Mann in einer Hütte waren nicht ungewöhnlich. Feuchte Kleidung und das Sattelzeug der Pferde mussten am Feuer getrocknet werden, während sich gleichzeitig alle darum drängten, um ihren Speck zu braten.

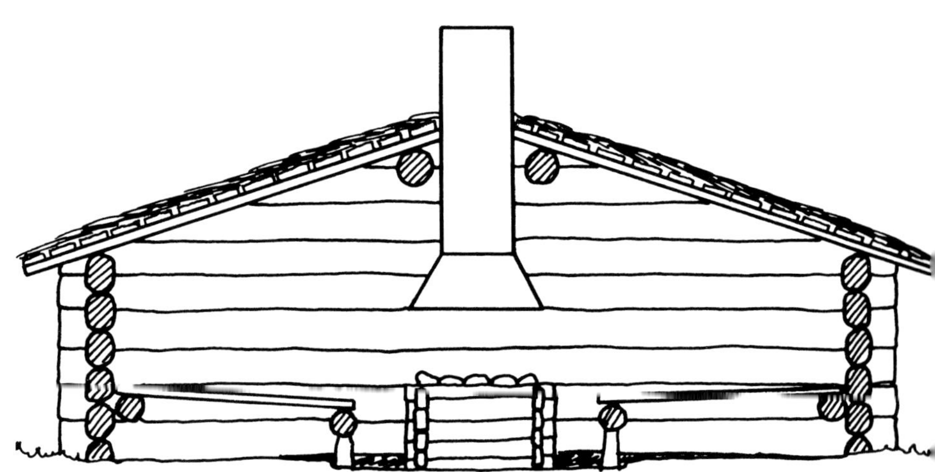

Die folgenden Verse beschreiben, wie das Leben in den Waldarbeiterhütten sein konnte:

„Das Feuer flackert in pechschwarzer Nacht,
wenn die Winde durchs Dachloch fauchen.
Sie packen die lodernden Flammen mit Macht,
während draußen die Waldbäume rauschen.

Die Kälte dringt ein, durch die Ritzen der Wand.
Sie kriecht herein, um zu beißen.
Das Feuer ist fast herunter gebrannt,
und Reif wird die Wände nun weißen.

Vor Müdigkeit schwer, nach dem Arbeitstag.
Wir schlafen beim Flackern der Scheiter,
bis die Kälte uns weckt, vor Tau und Tag.
Unser Bett, das sind Fichtenreiser."

Auszug aus Dan Anderssons „I timmarkojan på Sami" in Kolvaktarens visor, 1915.

Das Feuerhaus als Basislager

Für eine Gruppe von Wanderfreunden, die ein größeres Basislager als eine Schirmhütte zimmern möchten, ist ein Feuerhaus eine Alternative. In Schweden stehen vielerorts alte, gezimmerte Ställe, die schon lange nicht mehr benutzt werden. Wenn man so ein Blockhaus erwerben kann, ist daraus bald ein Feuerhaus gebaut.

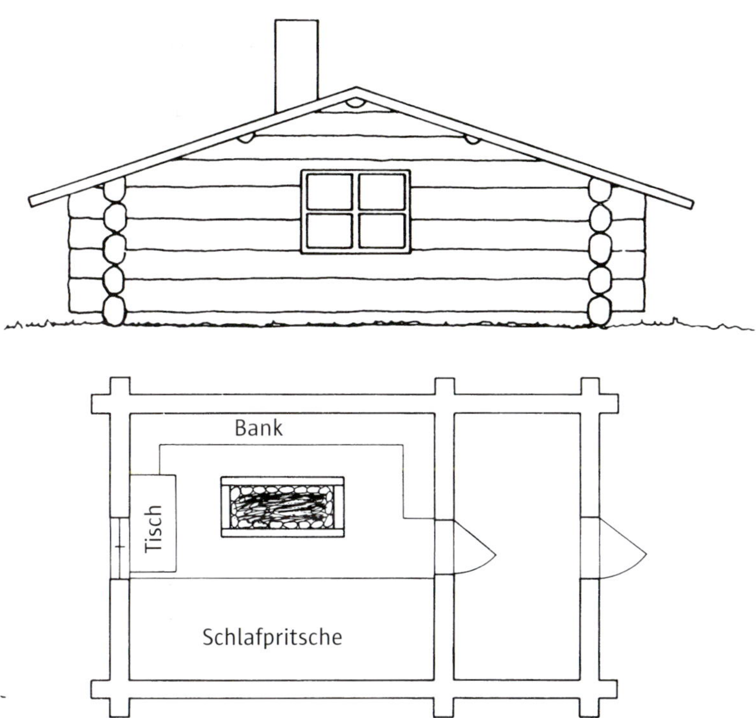

Ein alter Stall, der von einer Freiluftgruppe zu einem Feuerhaus umgebaut worden ist, um es als Basislager zu nutzen.
Im Vorraum verwahrt man Brennholz und Ausrüstung.
Als Schwellenbalken, die direkt auf dem Boden liegen, wurden druckimprägnierte Telefonmasten verwendet. Über dem Feuerkasten hat man einen Rauchabzug aus Blech angebracht.
Die Öffnung für den Rauchabzug mit der Abzugshaube befindet sich zwischen Firstpfette und Seitenpfette. Wenn Sie ein solches Basislager neu zimmern möchten, lesen Sie bitte die Arbeitsbeschreibung für ein kleineres Blockhaus auf Seite 126.

Unten: Waldarbeiterhütte des früheren Domänverket, Waldrevier Malingsbo

Kellervorbau mit Grasdach

Der Vorbau zum Erdkeller des Hofes musste ausgebessert werden. Die alten Blockbalken waren marode, das blechgedeckte Dach von Vorbau und Kellerhügel sprang als unschönes Detail auf dem Hofgelände ins Auge.

Im Winter sank die Temperatur im Erdkeller unter den Gefrierpunkt, da die Erdschicht darauf zu dünn war. Der Schnee konnte nicht als Isolierung dienen, da der Keller auf seinem Hügel ein zu glattes Blechdach hatte, welches das Eindringen von Regenwasser in den Kellerraum verhindern sollte. Der Keller ist aus Bruchsteinen gebaut und folglich nicht wasserdicht.

Auf dem Hofgrundstück standen sieben Fichten, die für die neuen Blockbalkenwände gefällt wurden. Diese wurden in wenigen Tagen in der Nähe des Fällplatzes verzimmert (um die frischgefällten, schweren Stämme so wenig wie möglich bewegen zu müssen).

Die Wände werden im hinteren Teil von einem Zugbalken zusammengehalten. Er liegt hoch genug, dass man bequem darunter hindurchgehen kann, wenn man die Kellertreppe hinabsteigt. Von den Rähmen erhebt sich auch hinten ein normaler Giebel, der die Pfetten auf dieselbe Weise trägt, wie auf der sichtbaren Vordachseite. Beachten Sie, dass ich bei einem so kleinen Dach Mittelpfetten eingezimmert habe. Sie sind wegen des schweren Grasdaches erforderlich. Als die Grassoden aufgelegt wurden, knisterte und knackte es in den Wänden, als sie von der Dachlast zusammengedrückt wurden.

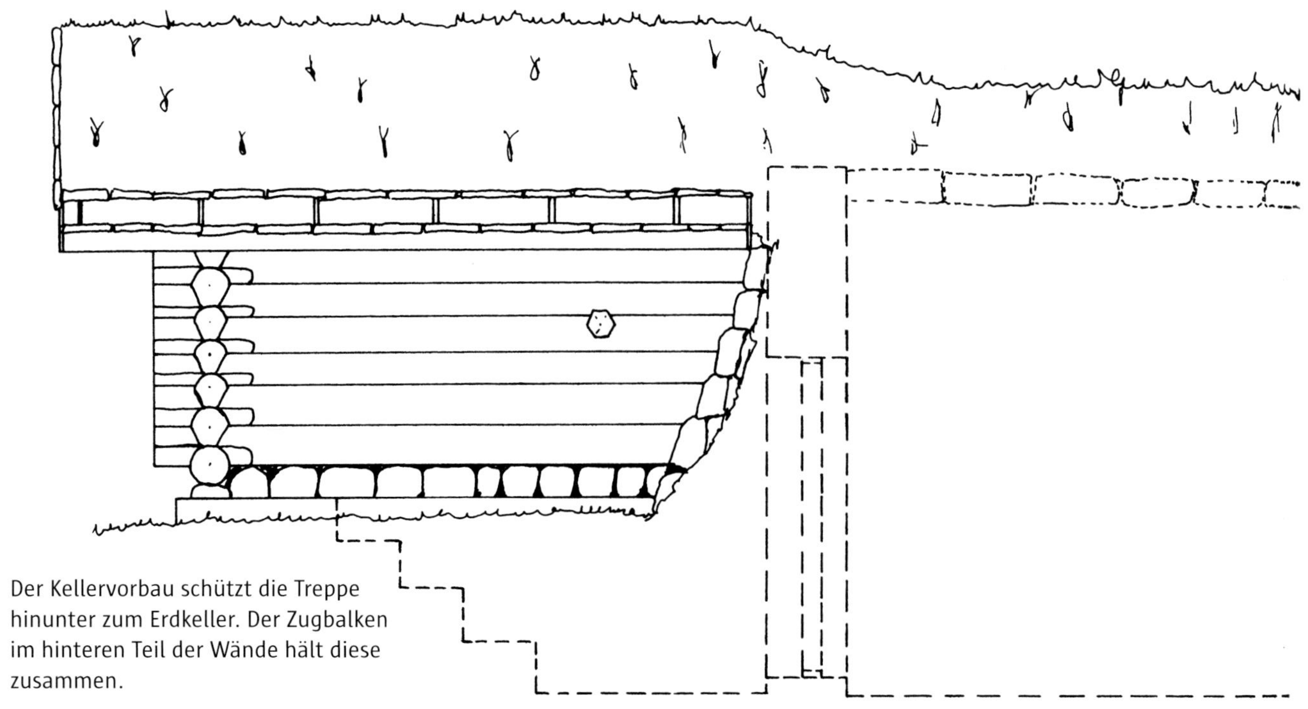

Der Kellervorbau schützt die Treppe hinunter zum Erdkeller. Der Zugbalken im hinteren Teil der Wände hält diese zusammen.

Die Blockwände des neuen Kellervorbaues wurden zuerst mit Eisenvitriollösung behandelt und später mit Holzteer gestrichen.

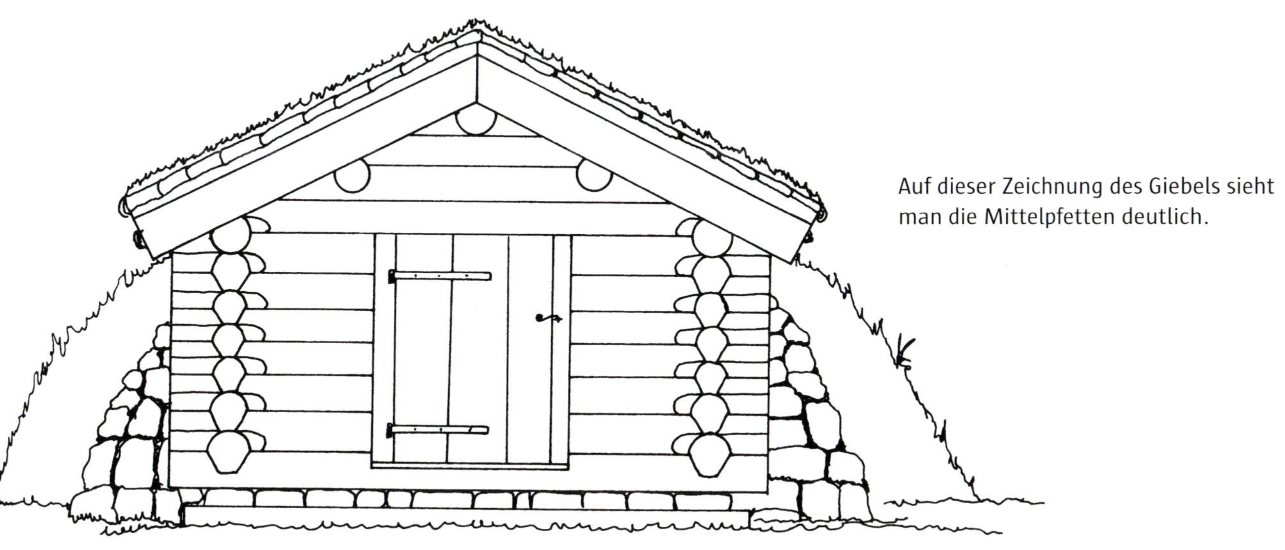

Auf dieser Zeichnung des Giebels sieht man die Mittelpfetten deutlich.

Das Fundament wird vorbereitet und zum Erdkeller hin eine Stützmauer aus Grausteinen aufgemauert. Die neuen Blockwände werden an dieser Stützmauer stehen, nicht in Erdkontakt.

Ein Sockel wird gegossen. Im vorliegenden Fall wurden die Ecksteine in diesen eingegossen, und der Sockel ragt ein Stück über sie hinaus. Die Wände werden demontiert, Rundholz für Rundholz mit der Schubkarre herbeigefahren, und auf dem vorbereiteten Sockel aufgebaut. Die Schwellenbalken werden den Ausbuchtungen der Stützmauer entsprechend zurechtgesägt. Eine Isolierung gegen Feuchtigkeit ist wichtig: zwischen Steinen und Blockbalken Birkenrinde, oder ein Stück Platonmatte zwischen Mauer und Blockbalken.
Sparren von 45 x 150 mm, Rauspund und Unterlegpappe werden aufgelegt. Die Pappe dient als Regenschutz, bis letztlich mit Grassoden gedeckt wird. Auf dem Bild ist die Ausformung der Stützmauer zu sehen. Die Überbrückung zwischen Dach und Erdabdeckung des Kellers erfolgt mit druckimprägniertem Holz.

Auf einer Wiese des Grundstücks werden 10–15 cm dicke Grassoden ausgestochen. Aufgrund ihres Gewichtes werden sie mit einem Pkw-Anhänger an den Bauplatz gefahren.

Die erste Lage Grassoden wird mit der Grasseite nach unten gelegt. Als Dichtungsschicht auf dem Kellervorbau und dem Erdhügel über dem Keller werden Bodenisolierungsmatten vom Typ Platon verwendet. Entlang der Dachkanten wird Birkenrinde ausgelegt. Ihre Innenseite kommt nach außen, sodass sich die Rindenstücke um die Kanten rollen. Die Dachfußbretter sind druckimprägnierte Bohlen. Die Dachfußhaken sind aus altem Schmiedeeisen, das von einem Abriss stammt.

Die zweite Lage Grassoden kommt mit der Grasseite nach oben auf das Dach. Davor verteilt man Erde auf der ersten Schicht und gleicht ihre Unebenheiten aus. Es ist wichtig, dass möglichst keine Hohlräume bestehen, damit das Risiko, dass die Grasschichten austrocknen, vermindert ist.

Die Grasabdeckung des Kellervorbaues ist fertig. Auch der Kellerhügel wurde mit Gras abgedeckt. Er hat nur eine Lage Grassoden bekommen, die mit der Grasseite nach oben aufgelegt wurden. Der Kellerhügel ist ebenfalls mit Bodenisolierungsmatten überdeckt worden. Sie verhindern, dass während Schneeschmelze und Regenwasser in den Keller eindringt. Man kann auch Bodenisolierungsplatten unter die Matten legen, um die Isolierung noch weiter zu verbessern.

Holzschuppen mit Remise

Außer einem Holzschuppen wurde auch ein Carport, oder, wie ich es hier nenne, eine Remise gebraucht, um einen Anhänger und einen Pkw unterzustellen.

Eine Scheune, die früher zum Flachshecheln gedient hatte, sollte wegen eines neuen Straßenverlaufes abgerissen werden. Die Scheune war fest mit dem Boden verbunden, der Schwellenrahmen daher verrottet, mit Ausnahme des Schwellenbalkens rechts von der Tür an der Längsseite. Die Blockwände hatten außerdem erhebliche Insektenschäden und schienen fast nur noch Brennholzwert zu haben. Der Verkäufer hatte acht lange Bodenbalken aus Fichte, von einem herausgeschnittenen Zwischenboden einer Scheune, die für eine geringe Summe in den Kauf mit eingingen. Sie reichten genau für einen neuen Schwellenrahmen und für die Pfetten, die ebenfalls ausgewechselt werden mussten. Kaufen Sie niemals ein altes, schadhaftes Blockhaus, wenn Sie nicht gleichzeitig die Ersatzbalken beschaffen können.

Grundriss für einen Holzschuppen mit Remise

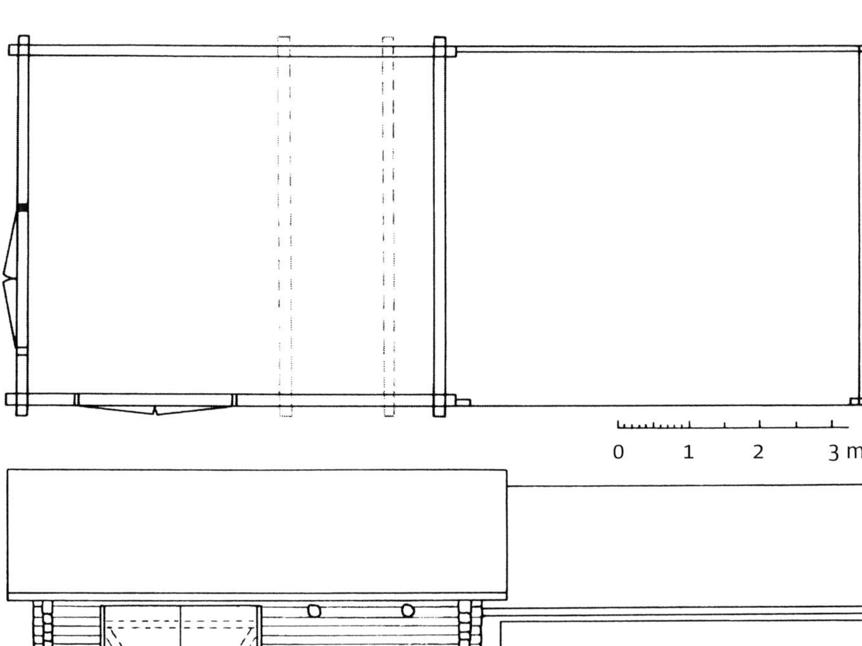

In den ursprünglichen Fassadenzeichnungen ist das Dach der Remise niedriger, als das des Holzschuppens. Beim Bau der Remise wurde stattdessen das Remisendach höher angesetzt, was aus den Zeichnungen und Bildern auf den Seiten 186–190 hervorgeht.

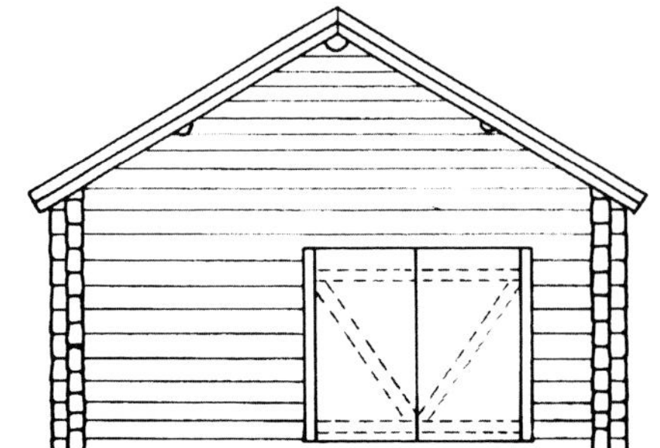

Das Ziegeldach wurde abgedeckt. Die heilen Dachpfannen konnten beim Aufbau wieder verwertet werden. Ziegel erfordern zwar durchaus ein teureres Unterdach, doch ein Ziegeldach mit der Patina des Alters verleiht dem Aussehen eines Hofes etwas, das ihm das blanke, ausdruckslose Blechdach niemals geben kann. Im Winter bliebt der Schnee auf dem Ziegeldach liegen und bettet Haus und Hof in eine weiße Decke.

Links: Die Dachlatten können zum Teil nochmals verwendet werden. Es ist erstaunlich, wie viel altes Dachholz oft noch gut erhalten ist. Auch die Torflügel waren noch in brauchbarem Zustand.

Unten: Die Scheune an ihrem neuen Standort, mit Falu-Rotfarbe gestrichen

Die zum Holzschuppen umfunktionierte Scheune bekommt ihren Platz hinter dem Wohnhaus, in Nähe des Heizkesselraumes, für welchen das Brennholz gedacht ist. Der gesamte Bauplatz wurde großzügig abgegraben, da sich zeigte, dass der Boden aus Lehm bestand. Festgestampfter Füllschotter und Splitt 16–32, mit eingelegtem Drainageschlauch bilden die Unterlage für ein Streifenfundament, der eine Reihe Hohlblocksteine trägt. Auf diese Weise kommt der Schwellenrahmen 20 cm über den gewachsenen Boden. Die Füllung deckt die ganze Grundfläche des Schuppens. Das Streifenfundament aus armiertem Beton soll so lange wie möglich feucht gehalten werden, damit er gut aushärtet. Benutzen Sie gerne die Zementsäcke und alte Zeitungen als Feuchtigkeitshalter.

Das Fundament für die Blockwände ist fertig. Ursprünglich sollte der Boden des Schuppens nur aus Splitt und aus einer darunter liegenden Feuchtigkeitssperre aus kräftigem Plastik bestehen. Als der Schuppen jedoch später fertig war, entschied ich, dass eine Betonplatte vorzuziehen war. Sie wurde in den Rahmen gegossen, den das Betonsteinfundament bildet.
Diese Gründung wird verhältnismäßig teuer, besonders, wenn man sie mit dem Wert der alten Balken vergleicht. Bedenken Sie jedoch, dass die Zukunft des Schuppens von der Gründung abhängt, und dass es ein Vergnügen ist, auf einer ebenen Betonplatte zu arbeiten, statt auf einem unebenen, weichen Schotterboden. Gönnen Sie sich eine harte, trockene Fläche zum Hantieren Ihres Brennholzes. Für Ihre und die Gesundheit Ihrer Familie ist es nicht gut, wenn das Brennholz, aufgrund der Bodenfeuchtigkeit im Holzschuppen, schimmelt.

Die Blockwände werden errichtet. Der „Knut“ links vom Tor wird gestützt, damit er fest im Lot steht. Die Wand zur Rechten wird mit einer Schrägstrebe, und später zusätzlich durch die Balkenlage der Zwischendecke stabilisiert, sobald die richtige Wandhöhe erreicht ist. An der Giebelwand rechts sieht man umfangreiche Ausbesserungen.
Die Feuchtigkeitssperre zwischen Schwellenrahmen und Betonsteinen besteht aus Birkenrinde, die außerdem eine dekorative Wirkung hat.

Die Firstpfette wird mithilfe eines doppelten Seiles hochgerollt. Ein Mann alleine kann Balken dieser Stärke hochhieven, wenn er Stangen und Seile verwendet. Man kann auch zwei grobe Stangen benutzen, auf die in passenden Abständen Holzklötze genagelt wurden. Diese halten das eine Ende des Balkens, während man ihn am anderen hochhebt. So hat man ein einfaches Hilfsmittel, um auch schwere Balken auf die Wand zu heben.
Wenn man die Stangen näher zum Schwerpunkt des Balkens plaziert, kann man ihn leicht „wiegen“ und abwechselnd links und rechts hinter den nächsten Klotz hebeln.

Die ursprünglichen Sparren konnten wiederverwendet werden, und ein Unterdach aus Rauspund 22 x 95 mm wird aufgelegt.

Die Unterlegpappe ist aufgelegt. So kann der Rohbau stehen und auf das Ziegeldach warten. Wenn dieses gedeckt ist, und die Wände mit Falu-Rödfärg gestrichen sind, „schmelzen die Ausbesserungen in die Wand ein“. Vergleichen Sie mit dem untersten Bild auf S. 183 unten.
Zur Rechten soll in direktem Anschluss die Remise stehen.

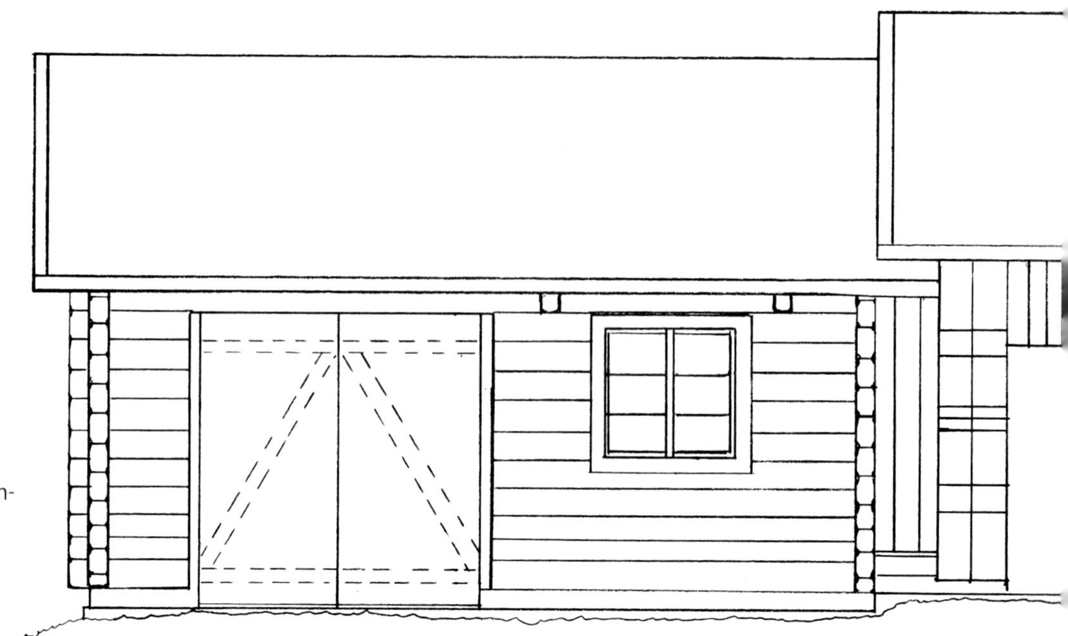

Vyritningar = Fassadenzeichnungen. Ein maßstäblicher Grundriss wird auf der folgenden Doppelseite gezeigt.

Die Remise wurde zwei Jahre später in Ständerbauweise errichtet. Sie wurde als grobe Ständerkonstruktion aufgeführt, mit Ständerhölzern von 230 x 230 mm, und Rahmen von 150 x 200 mm. Die Ständer wurden wie auf der Profilzeichnung der folgenden Seite ausgeschnitten. Da sie nicht durch einen Markschnitt vorbehandelt waren, traten teilweise Risse auf den gesägten Oberflächen auf. Die Ständer waren nach dem Einschlag knapp ein Jahr getrocknet, bevor die Remise aufgestellt wurde. Sie wurden vor dem Einbau mit Eisenvitriollösung behandelt, um später, durch das Teeren mit Alcros Hälsingetjära, einen etwas dunkleren Farbton zu bekommen. Die Schwellenbalken liegen auf einer Reihe Hohlblocksteine, um Abstand zu der Betonplatte und der Bodenfeuchtigkeit zu haben. Unter und auf den Schwellenbalken liegt Birkenrinde als Isolierung.

Das Dach wird von Dachbindern aus 45 x 200 mm Bohlen getragen. Sie sind mit Nagelplatten zusammengefügt. Bei der Verankerung an den Blockwänden muss berücksichtigt werden, dass sie in den kommenden Jahren sinken werden. Es ist von Vorteil, wenn der Blockhaus-Rohbau einen Winter stehen kann, sodass der stärkste Sinkprozess stattgefunden hat. Wände aus alten Blockhausbalken sinken weniger, als Wände aus frischem Holz, doch müssen Sie trotzdem mit einem gewissen Sinken rechnen.

Da der Doppelbau auf leicht geneigtem Gelände liegt, gibt es zwischen Holzschuppen und Remise einen schwachen Höhenunterschied.

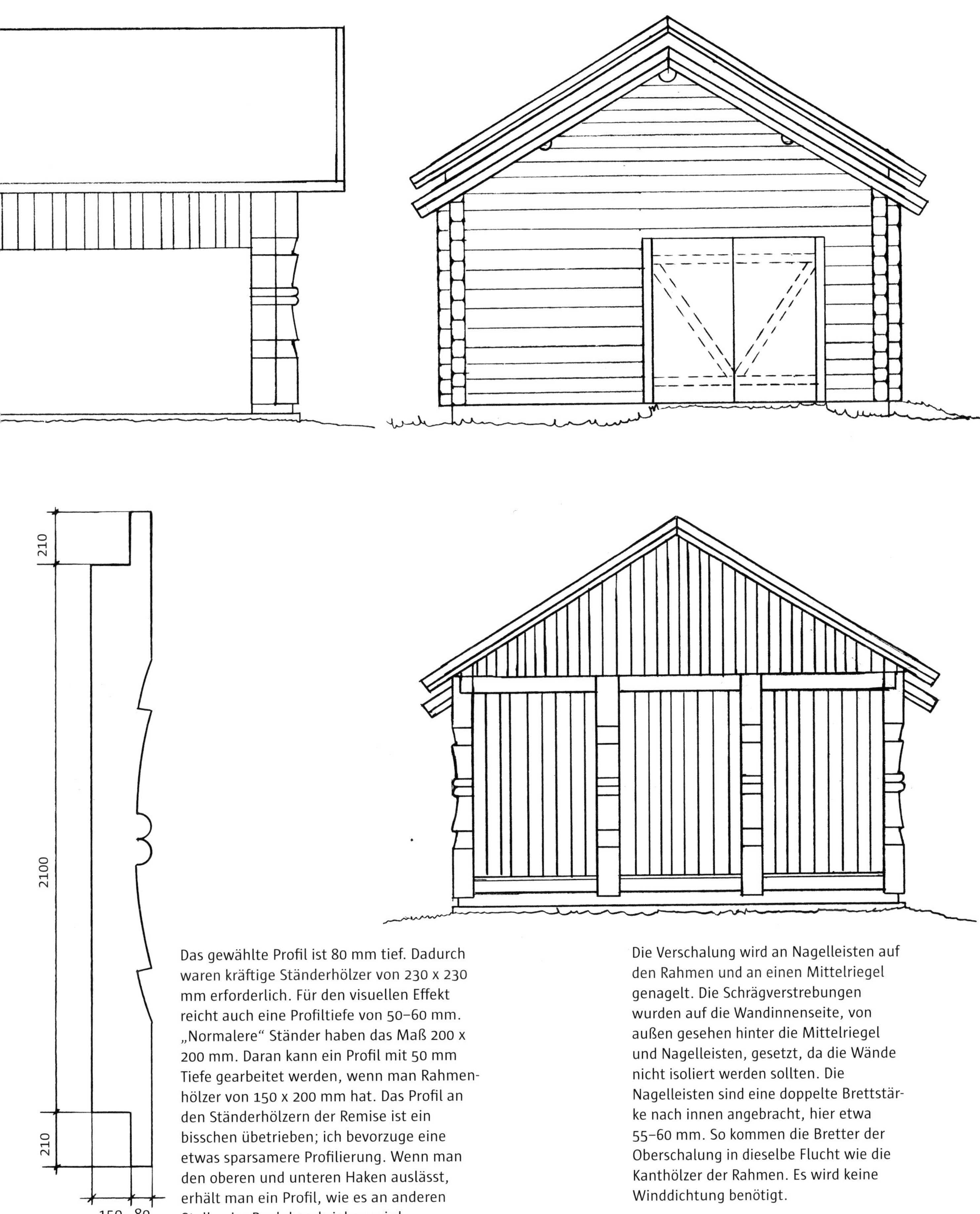

Das gewählte Profil ist 80 mm tief. Dadurch waren kräftige Ständerhölzer von 230 x 230 mm erforderlich. Für den visuellen Effekt reicht auch eine Profiltiefe von 50–60 mm. „Normalere" Ständer haben das Maß 200 x 200 mm. Daran kann ein Profil mit 50 mm Tiefe gearbeitet werden, wenn man Rahmenhölzer von 150 x 200 mm hat. Das Profil an den Ständerhölzern der Remise ist ein bisschen übetrieben; ich bevorzuge eine etwas sparsamere Profilierung. Wenn man den oberen und unteren Haken auslässt, erhält man ein Profil, wie es an anderen Stellen im Buch beschrieben wird.

Die Verschalung wird an Nagelleisten auf den Rahmen und an einen Mittelriegel genagelt. Die Schrägverstrebungen wurden auf die Wandinnenseite, von außen gesehen hinter die Mittelriegel und Nagelleisten, gesetzt, da die Wände nicht isoliert werden sollten. Die Nagelleisten sind eine doppelte Brettstärke nach innen angebracht, hier etwa 55–60 mm. So kommen die Bretter der Oberschalung in dieselbe Flucht wie die Kanthölzer der Rahmen. Es wird keine Winddichtung benötigt.

Die Ständerwand mit den Rahmen ist fertig. Auch die Elemente des Dachstuhls sind zum Aufschlagen bereit.

Die Wände sind für das Annageln des Paneels vorbereitet. Über der breiten Öffnung der Einfahrt habe ich eine einfache Fachwerkkonstruktion eingebaut. Sie besteht aus Rähmbalken und Unterbalken, beide 150 x 200 mm, die mit 25 x 125 mm Brettern verstrebt sind. Der untere Balken wurde in die beiden Ständer neben der Öffnung eingelassen. Daher die doppelten Ständer, die außerdem einen kraftvollen Eindruck von Massivholz vermitteln.

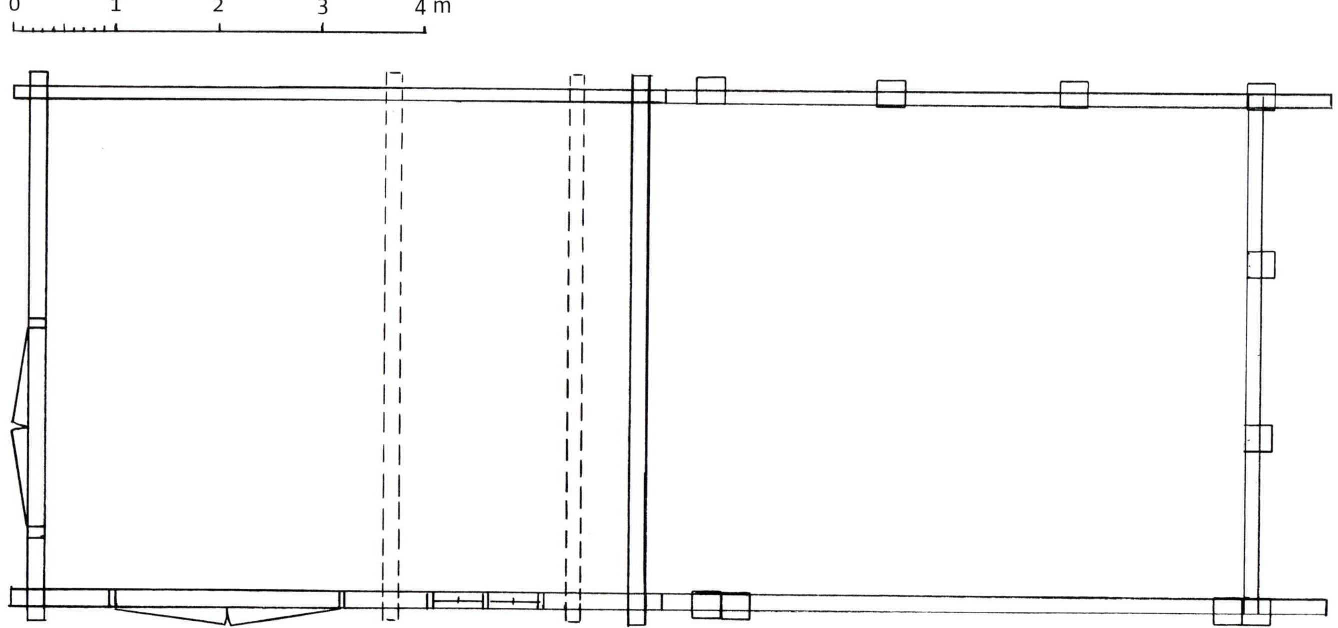

Für die breite, unbesäumte Verschalung wurden Stämme wie „in Scheiben" gesägt.
Das geht sehr gut mit der Motorsäge, einer Bandsäge oder einer Blattsäge mit Druckrolle. Die Bodenschalung wird mit der Kernseite nach außen angenagelt, wodurch sie sich beim Trocknen nach außen wölbt. Die Deckelschalung wird sich nach innen wölben, wenn unbesäumte Bretter verwendet werden. Dabei entsteht ein Spalt. Es ist deswegen von Vorteil, Bretter aus der Stammitte zu verwenden, da sie sich am wenigsten wölben.

Wenn man die Waldkanten besäumt, dabei aber die natürliche Keilform belässt, werden auch die Bretter der Oberschalung mit der Kernseite nach außen genagelt. Wie das Bild zeigt, macht eine unbesäumte Schalung jedoch einen abwechslungsreicheren Eindruck. Der im Bild naheste Eckständer ist unten falsch eingeschnitten worden. Er sollte eigentlich die Ecke des Schwellenrahmens verdecken. Dort muss nun ein loser Klotz festgenagelt werden. Bevor man die Säge ansetzt, sollte man besonders bei den Eckständern überprüfen, ob sie richtig angezeichnet sind. Das Zuschneiden der Zwischenständer geht dann schnell. Eine detaillierte Beschreibung für das Zusägen von Ständern findet sich im Abschnitt ‚Ständerbau mit Rahmenwerk' (S. 350–352).

Den unteren Abschluss der Schalung bildet ein Tropfbrett. Im mittleren Feld hat sich ein Schwarzast gelöst, was ein geeignetes Einflugsloch für den Nistkasten des Fliegenschnäppers ergab, der auf der Innenseite der Schalung befestigt wurde.

Links: maßstabgetreuer Grundriss

Die Remise ist fertig, Dachrinnen und Fallrohre sind montiert. Da das Gebäude an einem Hang steht, bekam die Remise ein höheres Dach als der Holzschuppen. So wird das Wasser die Dächer entlang geleitet und an deren Ende abgeleitet. Am Abhang an der Unterkante der aufgefüllten Gründung wird eine Reihe Johannisbeerbüsche gepflanzt, die vom Dachwasser gegossen werden.

Vom höheren Dach wird das Wasser auf das niedrigere geleitet. Aus dem Bild geht der Höhenunterschied der beiden Gebäude hervor. Es gibt Platz für zwei Autos, die in der Remise luftig, trocken und somit vor Rost geschützt untergestellt werden können. Die Betonplatte hat ein Winkeleisen als Kantenschutz, um dem Befahren standzuhalten.

Der Speicher

Neben dem Dachboden war der Speicher früher der wichtigste Verwahrungsraum auf einem Hof. Hier wurde geräuchertes und getrocknetes Fleisch, Getreide, getrockneter Fisch, Kleidung usw. aufbewahrt.

Giebelspeicher, mit der Tür in der Giebelwand, stellte man außerhalb des Hofviereckes auf. Langspeicher dagegen kamen in das Hofgeviert.

Ein Speicher konnte auf einen Unterbau aus Pfählen oder auf Steine gesetzt werden. Untergestelle aus Pfählen, die gegen Feuchtigkeit und Mäuse schützen sollten, gab es in der Provinz Dalarna und von da weiter nördlich.

Samuli Paulaharju schreibt darüber, wie die Bauern in Tornedalen ihren Reichtum zur Schau stellten:

„Ein zweigeschossiger Speicher steht einem richtigen Mann gut an, doch ein Großbauer braucht einen dreigeschossigen. Der dreigeschossige Speicher hat drei Türen, steht auf Schwellenbalken und Ecksockeln und erfordert eine Treppe mit vielen Stufen. Aber noch mächtiger ist der Bauer, der einen Doppelspeicher mit drei Geschossen hat. Dieser prunkt mit sechs Türen, drei übereinander und zwei in der Breite. Ein Großspeicher steht noch stolzer da, wenn sich eine kleine Hütte dicht daneben kauert.“

Giebelspeicher auf Pfahlgestell, mit Auskragung

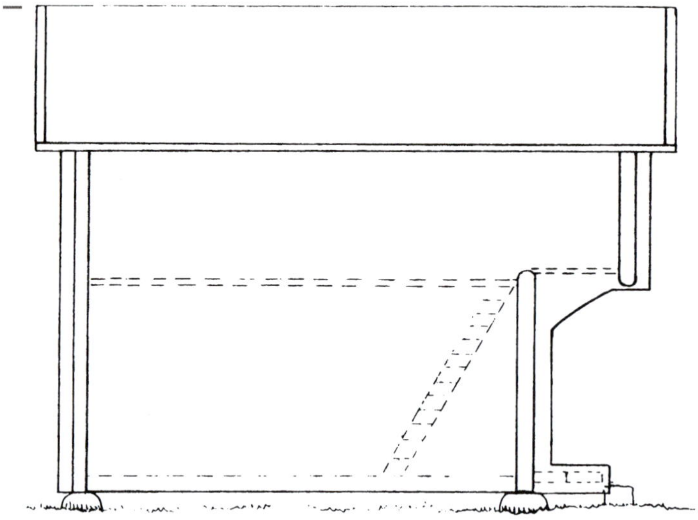

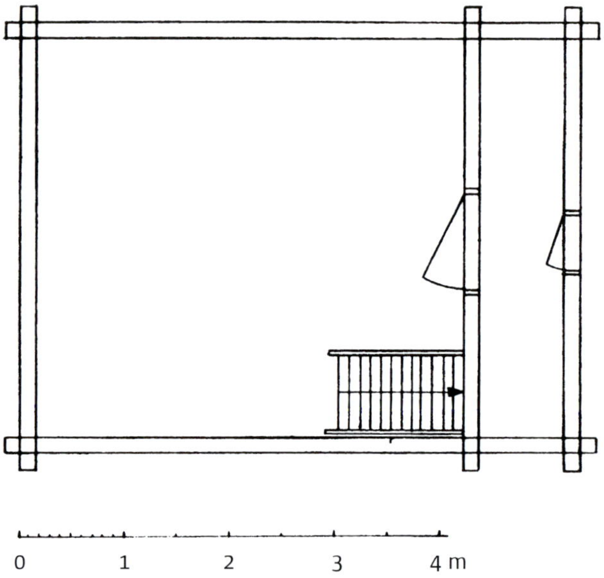

0 1 2 3 4 m

Oben: Giebelspeicher mit Giebelvorsprung. Der in der Ansicht gezeichnete Speicher hat auch seitliche Auskragungen. In den oberen beiden Zeichnungen fehlen solche.
Ein Speicher ist häufig das zweite Haus, mit dem viele ihre Zimmereierfahrung fortsetzen, nachdem sie eine kleinere Hütte oder Sauna gezimmert haben.

Rechts: Langseitenspeicher mit Pfahlgestell und Holzdach.
Die mit ihrer Rundung nach oben gewandten Halbspalter des Pfahlgestelles nennt man in Schweden „Mausbretter", da sie die Mäuse am Heraufklettern hindern sollen.

Auf dem Anwesen meiner Vorfahren steht dieser einfache Speicher. Ganz unbehandelt, hat er über die Jahrzehnte auf der Süd- und Westwand eine sonnengebrannte Oberfläche bekommmen. Ursprünglich stand der Speicher auf einem Pfahlgestell, aber nach dem Umsetzen wurde er auf große Ecksteine gestellt.

Giebelspeicher mit Giebelvorsprung. Bauen Sie die Wände nicht zu niedrig, wenn Sie einen eigenen Speicher zimmern. Man gibt leicht auf, ehe die ausreichende Dachhöhe erreicht ist. Das hat zur Folge, dass man sich für alle Zukunft den Kopf an der Zwischenbalkenlage oder an den Dachpfetten stoßen wird.

Dachbodenschuppen

Der Dachbodenschuppen ist einer unserer ältesten Gebäudetypen. Er ist ein Mittelding zwischen Hütte und Schuppen. Zur Sommerzeit schlief die Jugend des Hofes oft im oberen Stockwerk, wovon das untenstehende Zitat ein Beispiel gibt. Vorherrschend war jedoch die Anwendung als Verwahrungsschuppen für Kleidung und Lebensmittel.

Ein Dachbodenschuppen war ein Statussymbol auf den Gehöften der Bauern und Großbauern. Der bekannteste Dachbodenschuppen Schwedens steht in Örnäs, berühmt wegen Gustav Vasas Übernachtung dort zu Weihnachten 1520 nach Vertreibung der Dänen.* In Norwegen gibt es mehrere großartige Dachbodenschuppen aus dem 13. und 14. Jahrhundert.

Die klassische Landschaft der Dachbodenschuppen war Bergslagen, von der Gegend um Filipstad bis zum Gebiet um Hedemora und Sala im Osten.

***„Doch auf einem Speicher ein Fenster sich rührt,
man hört kichernde, flüsternde Stimmen;
darunter mit unruhigem Schritt,
der stattliche Herrschaftskutscher.
Stall-Olle, in seinen Lumpen,
voll Eifersucht lauernd am Fliederbusch."***

Erik Axel Karlfeldt, „Inom hässjorna"
aus Vildmarks- och kärleksvisor, 1922.

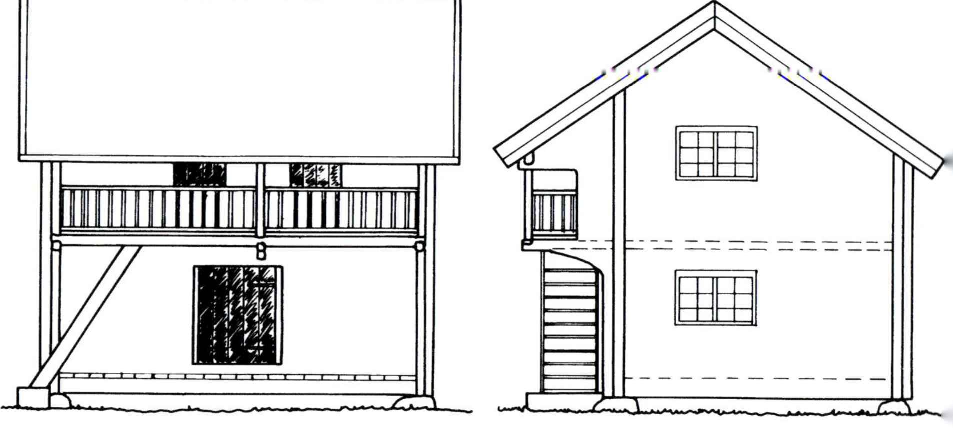

Dieser Dachbodenschuppen aus dem 18. Jahrhundert stammt aus Västerbergslagen. Er hat einen einfachen Grundriss, mit einem Raum unten und zwei Räumen oben, die an Zellen erinnern, da es keine Verbindungstür gibt.

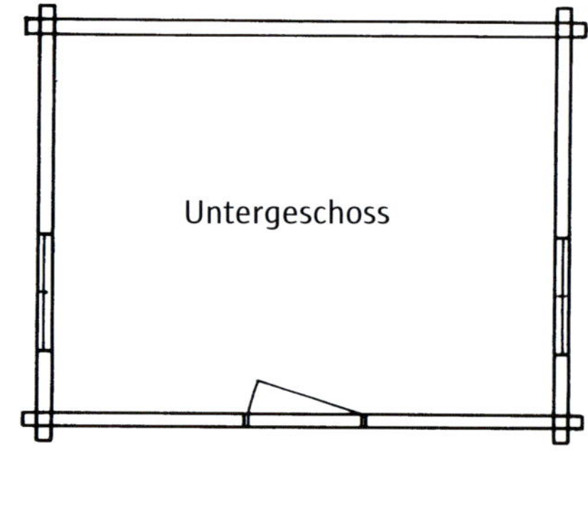

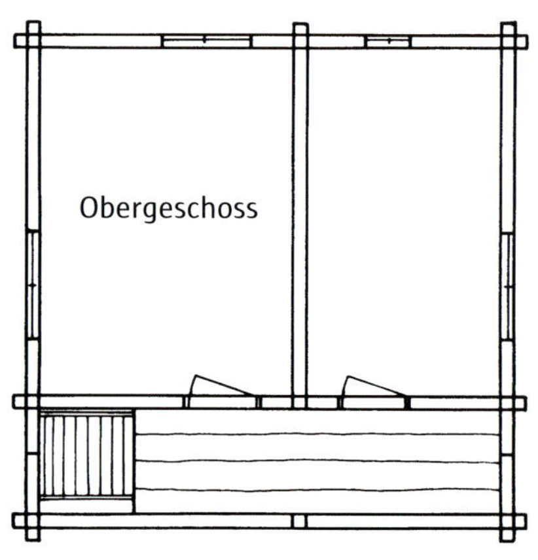

* Dies ist eine Episode aus dem schwedischen Unabhängigkeitskampf. Vasa war auf der Flucht vor den Dänen, die damals Schweden beherrschten. Gustav Vasa wurde 1523 zum schwedischen König gewählt (!).

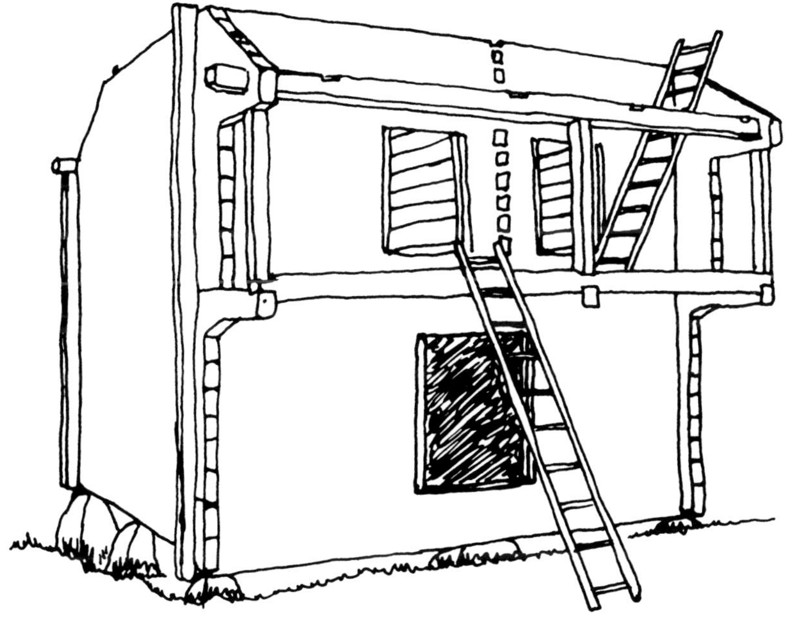

Für den, der schon ein paar Häuser gezimmert hat, kann ein Dachbodenschuppen ein interessantes Projekt sein. Mit seiner Galerie gibt er einen wirkungsvollen Beitrag zum Erscheinungsbild eines Hofes.

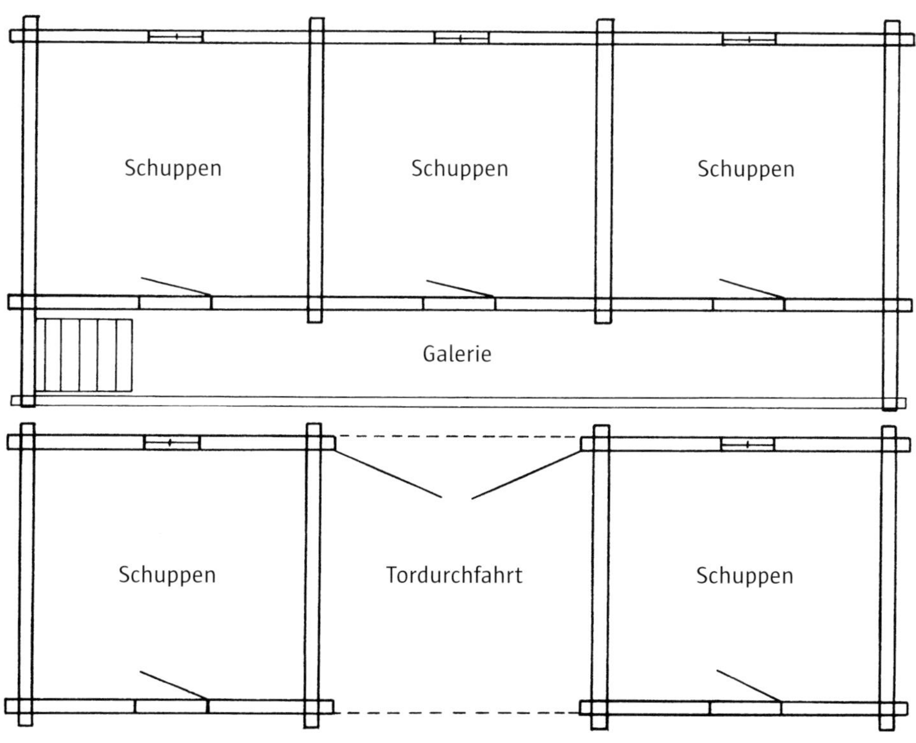

Ein gewöhnlicher Dachbodenschuppen hat im Untergeschoss zwei Räume und eine Tordurchfahrt in der Mitte, und oben drei „Zellen“ an einer Galerie. Er hat seinen angestammten Platz im Hofgeviert, mit der Tordurchfahrt als Zufahrt zum Hofgelände.

Doppelgarage mit Tischlerwerkstatt

Per-Erik und Anki Hermansson haben außerhalb von Västerås einen älteren Landwirtschaftsbesitz gekauft, den sie nun renovieren. Der Besitz besteht aus einem Hauptgebäude und dem neugebauten Wirtschaftsgebäude, das Platz für eine Tischlerwerkstatt und zum Verwahren von Geräten und anderem bietet.

Per-Erik ist Forstwart im Stift Västerås, und hat über einige Jahre mit der Firma des Zimmermannes Allan Höglund in bezug auf Bauholz für den Blockhausbau zusammengearbeitet. Als er eine Garage, eine Tischlerwerkstatt mit Wärmepumpe für den gesamten Besitz, sowie Büroräume brauchte, bestellte er bei Allan Höglund ein Blockhaus.

Die Stämme wurden auf Allans Bamsesägebank beidseitig zu Blöcken gesägt. Es handelte sich um erlesene Stämme aus den Wäldern Bergslagens, wie ich nach ein paar Tagen Teilnahme am Zimmern, und später bei der Besichtigung des fertigen Hauses, feststellen konnte.

Der Blockhausrohbau wurde im Winterhalbjahr 2008/2009 gezimmert. Die Blockbalken waren so gut wie waldfrisch, da der Herbstregen sie feucht hielt. Die Arbeit fand am vorgesehenen Standort statt, und die Wände konnten fortlaufend mit Flachs abgedichtet werden.

Ich sehe das Zimmern mit waldfrischem Holz eigentlich mit Skepsis, da man dabei nicht einschätzen kann, ob Stämme drehwüchsig sind. In diesem Fall war das Holz im Großen und Ganzen gänzlich gerade, und nach einem Sommer Trockenzeit waren keine Probleme mit drehwüchsigen Balken zu erkennen. Ich habe schon früher mit Allan an anderen Blockhäusern gearbeitet, deren Holz von Bäumen des

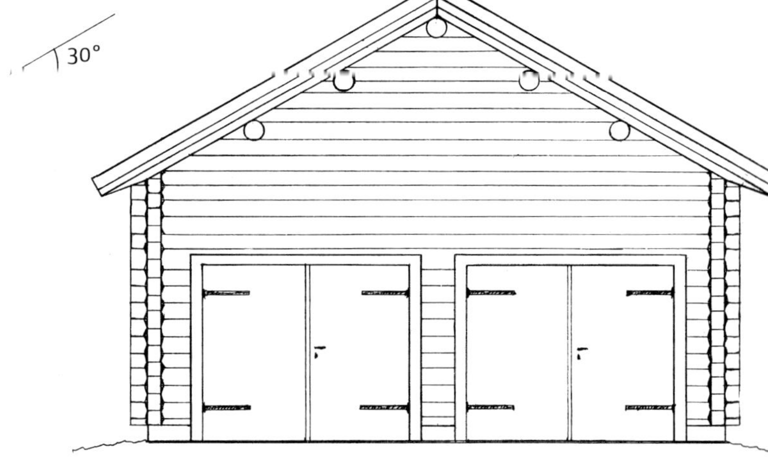

Das Gebäude hat eine Rähmhöhe von 3 m, und eine traditionelle Dachneigung von 30°. Die Firsthöhe beträgt 5 m.

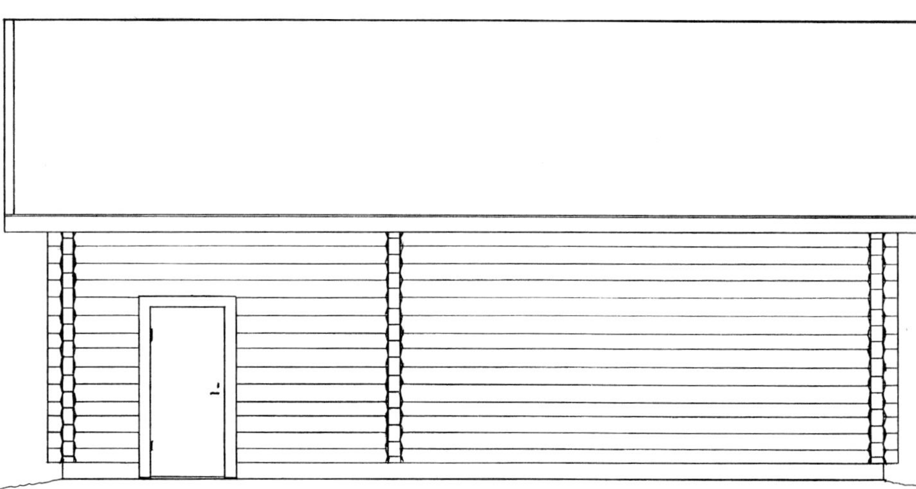

Längsseite mit Tür zur Tischlerwerkstatt

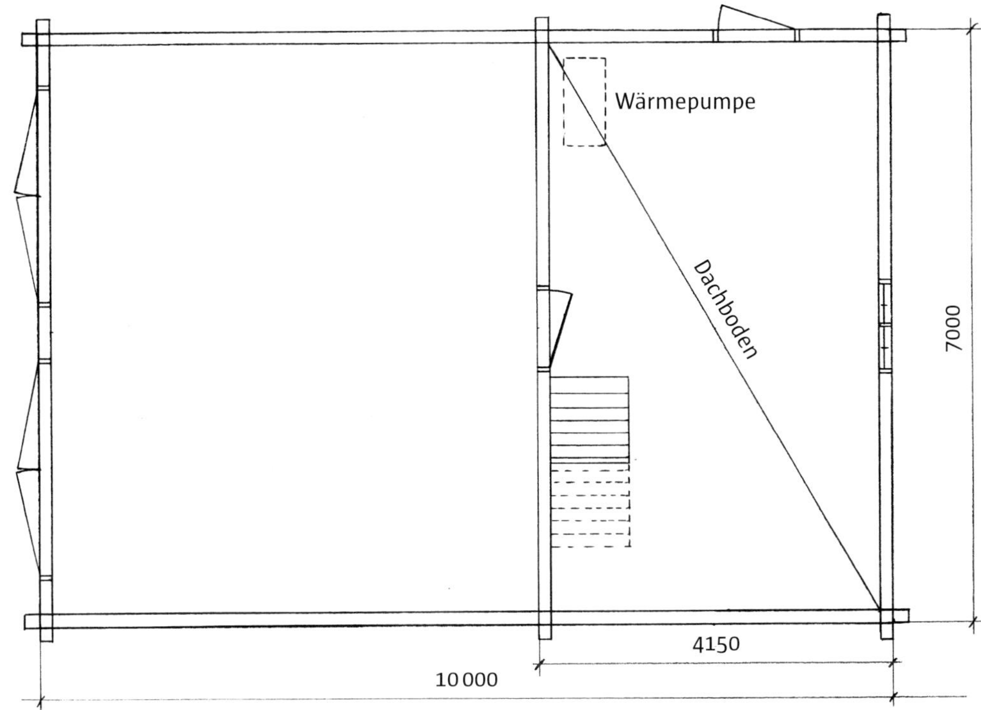

Grundriss für eine Doppelgarage mit Tischlerwerkstatt, Platz für Wärmepumpe, sowie Bürofläche auf dem Dachboden oberhalb der Werkstatt. Da es bis zum Rähm so hoch war, wurde im Garagenteil eine Zwischenbalkenlage eingefügt, um über den Autos Verwahrungsplatz zu schaffen. Unter dem gesamten Haus befindet sich eine gegossene Platte mit einem Sockel aus 200 mm Hohlblocksteinen.

Hintere Giebelseite mit Fenster zu Tischlerwerkstatt und Dachboden

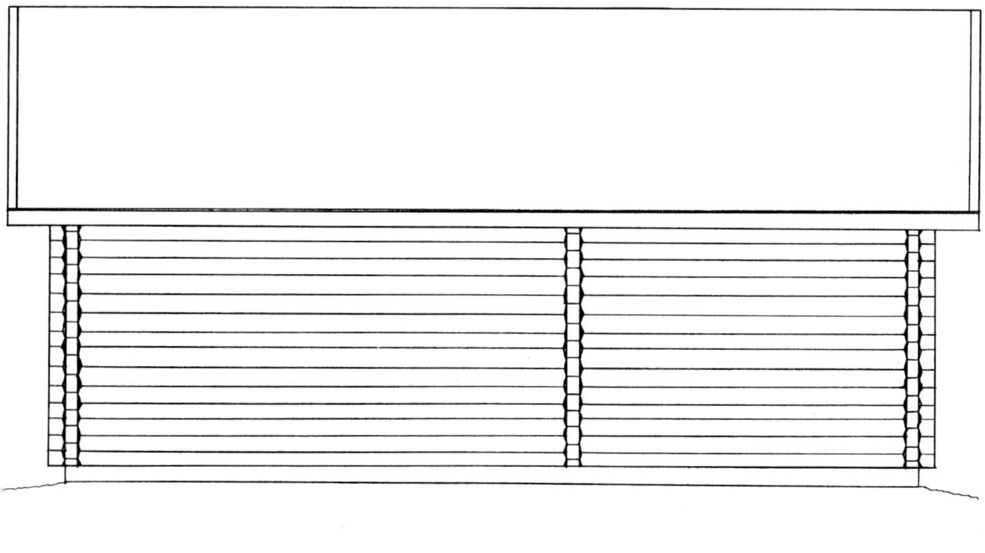

Längsseite, zur Grundstücksgrenze gewandt

Traktes zwischen Surahammar und Gunnilbo stammte, und auch dieses Holz war ungewöhnlich geradwüchsig. Ob das Holz für einen Blockhausbau gerade ist, oder nicht, hängt zum Großteil davon ab, ob man einen geeigneten Baumbestand für den Holzeinschlag wählt.

Die beidseitig geblockten Balken wurden mit der Bamsefräse auf der Oberseite gefräst, und auf der Unterseite sowohl gefräst, als auch mit Längsnut versehen. Zimmereifirmen vermeiden es für gewöhnlich, die Längsnut zu fräsen, da die Balken sich oft beim Trocknen ein bisschen verwinden, und man die Längsnut dann beim Zimmern neu ziehen muss. Weiterhin sind sie der Ansicht, dass der „Knut" sich „öffnen" könnte, was ich so deute, dass man beim Anschalmen riskiert, in die Kanten der vorgefrästen Längsnut zu schneiden, wodurch diese offen liegen und das Dichtungsmaterial exponiert werden würde.

Da die Balken beim Einzimmern fast roh und außerdem sehr geradwüchsig waren, gab es keine Probleme mit der gefrästen Längsnut. Allan dübelte auch nicht zu kleinlich, wodurch die Balken fest in der Wand verankert wurden. In einen Siebenmeterbalken setzte er vier Dübel.

Da die Stämme für die Balken eine Länge von bis zu sieben Metern hatten, waren sie stark, und die Seitenware reichte für alle Innendächer und mehr. Wenn man die Stämme selbst aufsägt, erhält man die Bretter für ein Innendach als Bonus.

Das Dach wurde zwischen den Dachsparren isoliert. Eine andere Alternative wäre gewesen, die Isolierung auf ein gerades, auf den Pfetten ruhendes Innendach, zu legen. Für eine Isolierung mit Säge- oder Hobelspänen ist diese Lösung vorzuziehen, da sie auf einem geraden Innendach einfacher auszuführen ist. Es ergibt sich dabei ein Kaltdachboden, der als Zugang eine Luke im Giebel erfordert.

Allan Höglund blockt einen Stamm auf seiner Bamsesägebank.

Wenn die Türöffnungen fertig sind, wird die Nut für die Türpfostenbohlen ausgesägt. Hierzu wurden Löcher an der Rückseite der Nut vorgebohrt, um ihre Tiefe vorzugeben. Die gefrästen Balken werden während des Zimmerns mit Blechen überdeckt, um nicht unnötig feucht zu werden.

Allan startet die Motorsäge, um den unteren Haken im Oberbalken zu sägen. Man kann erkennen, dass die Längsnut des Balkens bereits gefräst ist. In den Balkenköpfen wird diese gefräste Spur weggesägt, und man sieht deutlich, dass Allan einen ordentlichen Abstand zwischen ihnen gelassen hat. Falls die Balkenköpfe beim Trocknen, wenn die Wand sinkt, aufeinander gedrückt werden, kann sich die Wand in der Längsnut öffnen und undicht werden. Die Blockbalken sind während des regnerischen Herbstes oberflächlich verblaut, doch bekümmert dies den Bauherren nicht. Sie sollen mit Falu-Rotfarbe gestrichen werden, und sind nicht bebeilt. Die mit der Motorsäge gesägte Oberfläche bietet mit ihren feinen, vertikalen Streifen eine perfekte Unterlage für die Schlammfarbe. Innerhalb einiger Jahre wird die Oberfläche Risse bilden und durch die Sonne verwittern, sodass man eine natürlich wettergegerbte Blockwand vor sich haben wird. Die von uns in Schweden geschaffene Tradition, die gesägten Blockbalken zu bebeilen, finde ich fragwürdig. In Norwegen hobelt man die Balken und behandelt sie mit Ölfarbe oder auf Teer basierenden Produkten. In Finnland findet man oft gedrechselte oder gehobelte Wandbalken. Wünscht man eine gesägte Wandoberfläche, empfinde ich sie am ansprechendsten, wenn sie mit Motor-, Band oder Gattersäge gesägt wird. Eine Kreißäge kann hässliche Kreißpuren hinterlassen, falls ein Zahn an der Klinge verbogen ist. Doch auch da wird die Oberfläche durch die Witterungseinflüsse ausgeglichen.

Maschinelles Bebeilen mit einem Maschinenhobel oder einer Frässcheibe, auf der drei Fräser in der Fläche angeordnet sind (z. B. Woodcarver Frässcheibe), kann man gerne unterlassen. Wenn man bebeilte Wandbalken haben möchte, sollte man das Bearbeiten von Hand versuchen, um die natürliche Variation im Hiebmuster zu erhalten.

Um die Höhe der Garage ausnutzen zu können, wurden Querbalken eingebaut, die mit Schwalbenschwanzverbindungen in den Wänden verankert sind. Sie dienen zugleich als Versteifung für die Längswände. Auf diesen Balken kann Bauholz und anderes mehr verwahrt werden.

Die Seitenware ist als Boden-Deckel-Schalung für das Innendach vorgesehen, und liegt, mit Abstandsleisten und von Blech überdeckt, aufgestapelt. Das Haus nähert sich seiner Fertigstellung. Die Sparren sind bereits in die Rähme eingeschnitten.

Das Innendach aus unbesäumter Boden-Deckel-Schalung wurde gelegt. Die Bretter werden mit einem Ziehmesser bis zum reinen Holz abgezogen, sodass jeglicher Bast verschwindet, und auf der zum Raum gerichteten Seite gehobelt. Der Dachboden bekommt volle Stehhöhe.

Die andere Giebelwand des Dachbodens. An einigen Balken ist eine stärkere Missfärbung durch Bläuepilze zu erkennen. Man kann diese z. B. mit einem Mittel der Firma www.norsk-trepleie.no bleichen, bevor man die Wände lasiert. Die Isolierung in der Zwischenbalkenlage besteht aus losem, einblasbarem Dämmstoff.

Der Bauherr Per-Erik und Allan betrachten den Platz für die Erdwärmepumpe, wo die Schläuche durch die Bodenplatte der Tischlerwerkstatt heraufkommen. Die Deckenverschalung, aus der beim Zusägen der Blockbalken angefallenen Seitenware, ist angebracht. Die Wände sind lasiert.

Der Anhänger zur Linken ist mit der Seitenware beladen, die nach Legen der Innendächer übrig war. Diese Bretter sollen nun zu Per-Eriks Vater, einem pensionierten Tischler, gefahren werden.

Windschutzbrett und Wände werden mit Falu-Rotfarbe gestrichen. Die Balken haben eine kettengesägte Oberfläche, die nach ein paar Jahren natürlich-wettergegerbt aussehen wird. Die Balken sind ungewöhnlich geradwüchsig, was man daran sehen kann, dass die Markrisse gerade an ihnen entlang verlaufen.

Ein Querbrett (anstelle eines Bleches) über dem Windschutzbrett und ein Dach aus breitfurchigem Trapezblech lässt das Gebäude älter erscheinen, wodurch es gut zu dem alten Hauptgebäude vom Ende des 19. Jahrhunderts passt.

Allan und der Schreiner Anders vor dem fertigen Haus. Durch die Rotfarbe fügt sich das Gebäude in die nähere Umgebung ein. Besucher haben bereits gefragt, ob es dort schon seit früher stehe.

Dach über einem Kulturdenkmal

Mein Großvater J. P. Håkansson rief am zweiten Weihnachtstag 1912 die Männer des Dorfes Lomsjö zu einer Zusammenkunft, um über die Investition in eine Hobelmaschine zu beraten. Nach einer Diskussion, bei der nicht alle Anteilseigner des wassergetriebenen Sägewerkes im Lomsjöbach den Beschluss stützen wollten, wurde eine Genossenschaft für eine Hobelmaschine gegründet. Die Investition entsprach einem heutigen Geldwert von 300 000 bis 400 000 SEK (etwa 34 000 bis 45 000 €), weshalb man das Zögern einiger Männer verstehen kann. Der Hobel wurde 1913 in der Säge installiert, und lief dort bis 1944, als ein Blitz in die nebenan liegende Kraftstation einschlug, und die Säge, drei Wassermühlen und die Kraftstation abbrannten. Der Hobel wurde überholt, bekam einen Elektromotor und war bis zur Mitte der 50er-Jahre in Betrieb. Seitdem war er beim Sägen hauptsächlich im Weg, doch wir beschlossen zum Glück nicht früher, ihn zu entfernen. Heute steht er da als ein Monument der Initiativkraft unserer Vorfahren.

So sah der brandgeschädigte Hobel aus, als er im neuen Sägehaus im Dorf stand. Am vorgesehen neuen Standort wurden ein paar kräftige Fundamente gegossen. Während der Bauzeit wurde der Hobel mit einer Persenning geschützt.

Die Dachkonstruktion aus Restholz wurde im Voraus, auf die gleiche Weise wie auf Seite 205, auf dem Boden gebaut. Sie wurde danach auseinandergenommen, und am geplanten Standort montiert, nachdem der Unterbau des Schutzdaches aufgestellt war. Danach bekamen die Giebel ein Bretterpaneel, und die Dachbleche wurden aufgelegt. Die Schrägstreben stabilisieren die Konstruktion. An der Längsseite zur Dorfsäge hin wurde eine Feuerstelle angelegt, wo wir während unserer Arbeitstage an der Säge grillen können. Lose Bänke können unter dem Schutzdach verwahrt werden.

Schneescootergarage und Holzschuppen

Als ich in mein Freizeithaus eingezogen war, kaufte ich einen Schneescooter, um das für das Aufwärmen des Hauses notwendige Brennholz transportieren zu können. Scooter, Scooterschlitten und Holzschlitten stehen während der schneefreien Zeit am besten nicht im Freien. Deshalb baute ich ein Außengebäude mit Platz für sowohl Schneescooter als auch Brennholz. Da es bereits einen Holzschuppen auf meinem Grundstück gab, habe ich nun zwei. Geplant ist, das Brennholz abwechselnd von Jahr zu Jahr aus dem einen bzw. dem anderen Holzschuppen zu nehmen, wodurch das Brennholz, das man verwendet, so trocken wie möglich ist. Ein weiterer Vorteil liegt darin, dass das gesamte Brennholz aus einem Schuppen aufgebraucht und dieser gründlich gereinigt werden kann. Bei nur einem Holzschuppen mit einer einzigen Öffnung sammelt sich leicht eine Bodenlage aus Rinde und Holzresten, vermischt mit Mäusedreck, an, womit in Kontakt zu kommen nicht gesundheitsfreundlich ist.

Grundriss des Außengebäudes. Unter dem Schleppdach ganz links sollen diverse Baumaterialien gelagert werden. In der Mitte liegt die Scootergarage, und rechts der Holzschuppen mit zwei Toröffnungen.

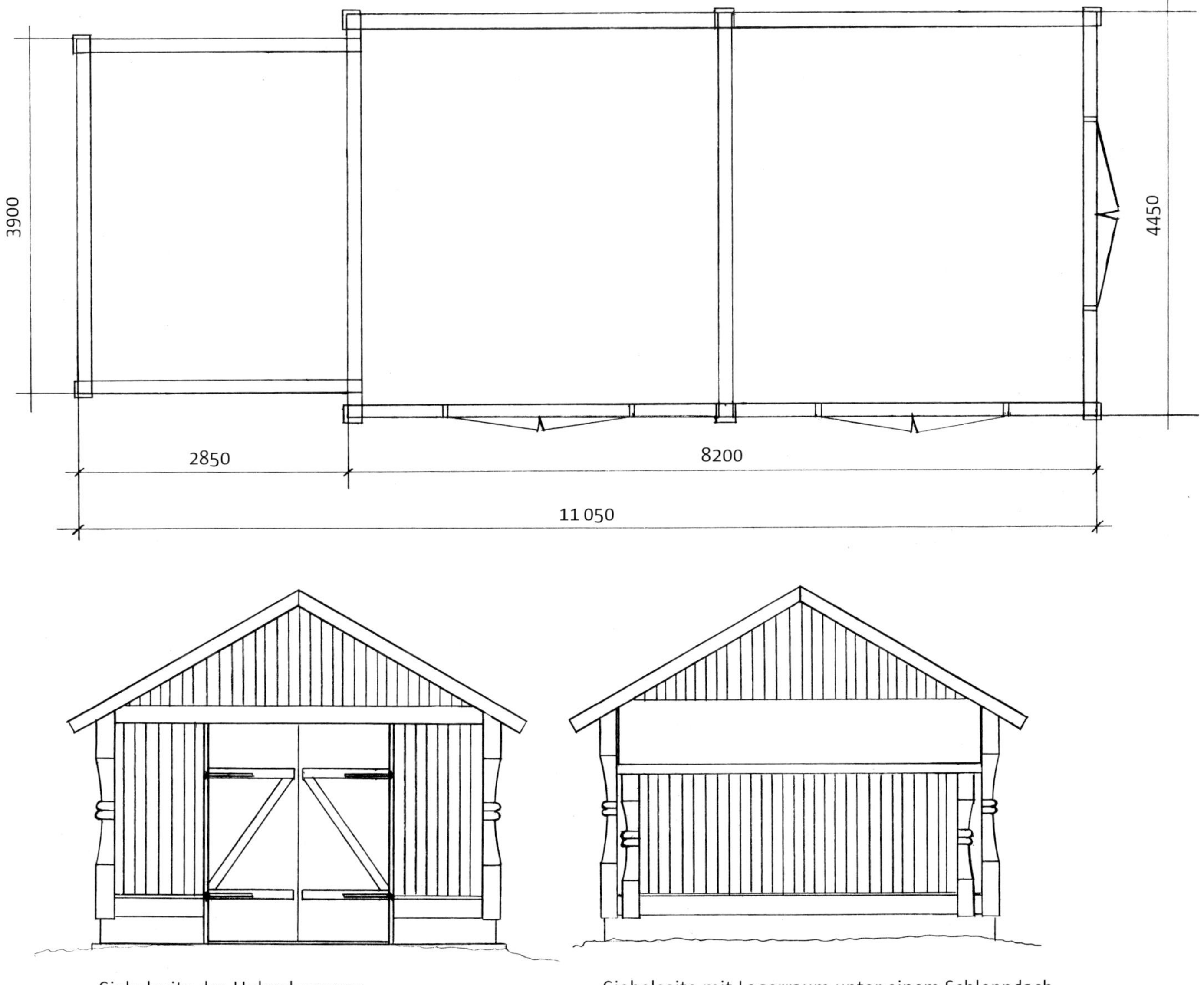

Giebelseite des Holzschuppens

Giebelseite mit Lagerraum unter einem Schleppdach

Das fertige Außengebäude. Die Räume für den Schneescooter bzw. das Brennholz haben Tore, während der Lagerraum unter dem Schleppdach vorne offen ist. Das Regenwasser wird über die Holzrinne auf das Schleppdach geleitet.

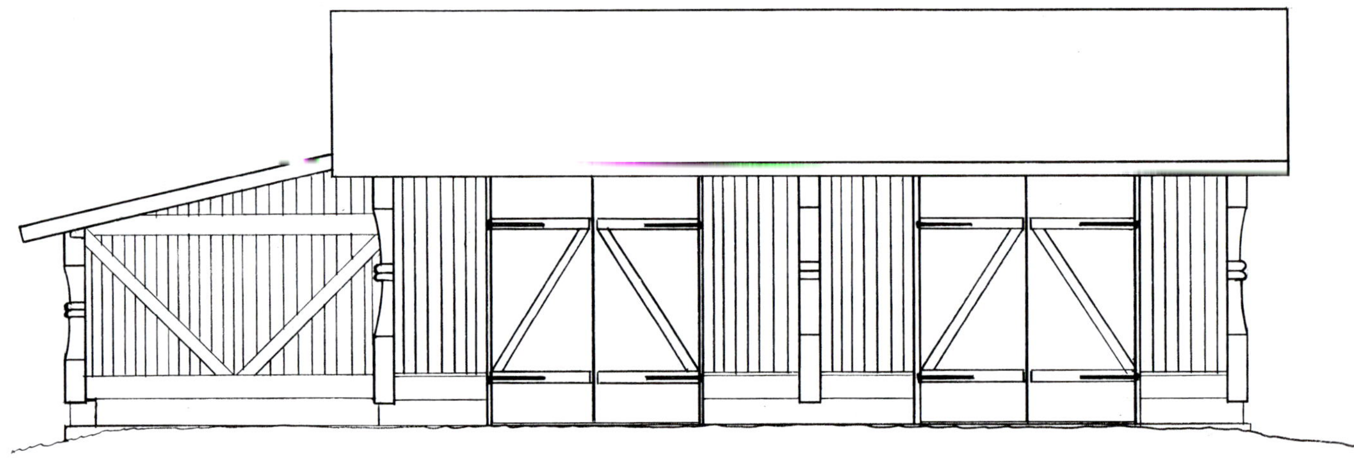

Vorderseite. Die Torflügel wurden beim Bau des Außengebäudes etwas niedriger als auf dieser Zeichnung. Der Lagerraum unter dem Schleppdach hat eine Öffnung über die ganze Vorderseite.

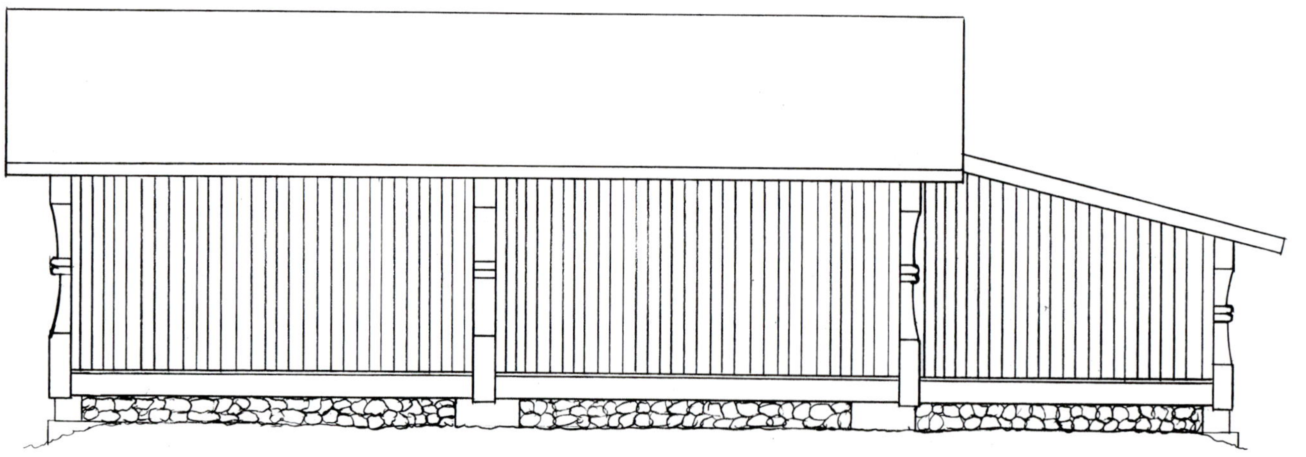

Rückseite

An Wänden mit Toröffnungen wurde, wie auf dem Bild zu sehen, ein Streifenfundament gegossen. Ansonsten ruht das Gebäude auf gegossenen Punktfundamenten. Den Zwischenraum fülle ich bis zum Schwellenbalken mit kleineren Steinen auf, siehe auch die Bilder auf Seite 207.

Fundamentblöcke und Punktfundamente sind 400 mm hoch, wodurch der unterste Balken einen guten Abstand zum Boden bekommt.

Die gesamte Dachkonstruktion wurde unten auf dem Boden fertiggestellt. Sie lag dazu auf dem Schwellenkranz. So zu bauen ist viel leichter, als nach dem Errichten der Wände für den Dachbau auf Leitern herumzuklettern. Wenn nur irgend möglich, sollte man jegliche Arbeit in der Höhe zugunsten eines sichereren Hausbaus vermeiden. Zwischen Schwellenkranz und Fundamenten wird als Feuchtigkeitsschutz Dachpappe oder andere Schutzpappe gelegt. Hier habe ich zur Dekoration mit Birkenrinde ergänzt. Die Kießschüttung rechts neben dem Bau ist mit Plastikfolie überdeckt, damit sich keine Sägespäne mit dem Kies mischen.

Die Dachkonstruktion wird auseinandergenommen. Danach stelle ich die Ständer auf. Sie werden vorübergehend mit provisorischen Schrägstreben aus Schwartenbrettern lotrecht gehalten.

Der Ständer-Rahmen wird mit Maschinenhilfe innerhalb von zwei Stunden errichtet. Die Schrägstreben, welche die Firstpfette seitlich versteifen, erleichtern das Aufstellen. Wenn die Schrägstreben genau so platziert werden, wie sie beim Abbau angezeichnet wurden, steht am Ende alles lotrecht.

Sparren und Lattung liegen an ihrem Platz. Unter die Latten wird eine spezielle, armierte Plastikfolie als Kondensschutz gelegt. Man kann keine gewöhnliche Baufolie anwenden, da es unter dem Blechdach ausgesprochen heiß wird.

Das Außengebäude ist nahezu fertig. Es fehlen noch die Tore. An der Giebelwand zur Linken entstand ein schönes Steinmäuerchen zwischen den Sockelblöcken. Das an dieser Giebelwand vorgesehene Schleppdach kann warten, bis alles Brennholz mit der Schubkarre eingefahren wurde und die Tore eingebaut sind.

Die an die Wand gelehnten Paletten sind als Boden im Holzschuppen gedacht, damit das Brennholz keinen Bodenkontakt bekommt und von unten belüftet wird. Sie stehen nach einem Platzregen zum Trocknen da.

Der Holzschuppen hat ein Spalier an den Wänden, sodass das gestapelte Brennholz ordentlich belüftet wird. Der Fußboden besteht aus einer Kießschüttung, die mit lehmgemischtem Sand bedeckt ist.

Im Schneescooterschuppen habe ich vom Schwellenkranz abwärts bis 5–10 cm über dem Boden Sperrholzplatten angebracht, um den Raum winddichter zu machen. Die Platten geben auch der Steinfüllung zwischen den Sockelblöcken Halt. Sie wurden geteert, um nicht weiß zwischen den Steinen hervorzuscheinen. Im Holzschuppen darf die Steinfüllung für eine gute Belüftung des Brennholzes gerne locker sein.

Der Holzschuppen ist mit Brennholz gefüllt. Es liegt auf Paletten, die auf druckimprägnierten Klötzen ruhen. Vor Beginn des Herbstregens müssen noch die Tore gebaut werden. Bretter und Rahmen wurden mit Bootanstrich von Claessons Trätjära (ein Holzteer, s. Bezugsquellen) in Göteborg behandelt. An der Giebelseite mit der Toröffnung wurde ein großzügiger Dachüberstand gebaut. Vor dieser Giebelwand wird in Zukunft das Brennholz auf Länge gesägt, gespalten und getrocknet werden. Waldfrisches Brennholz gehört nicht in einen Holzschuppen. Es sollte möglichst zwischen Mai und Juni ein paar Monate unter freiem Himmel trocknen. Man sollte dafür einige Paletten auslegen, sodass der Brennholzstapel keinen Kontakt mit der Bodenfeuchtigkeit hat.

Als Fenster für den Schneescooterschuppen finden alte Innenfenster vom Västerbotten-Hof meines Großvaters neue Verwendung. Der Hof ist auf Seite 234 zu sehen. Aus Riegeln von 45 x 95 mm wird eine einfache Fensterumrahmung erstellt. Das alte, handgeformte Glas gibt dem Fenster Charakter.

Der Ständer-Rahmen für den Lagerraum an der Giebelseite ist fertig. Als nächstes wird die Verschalung angenagelt und das Schleppdach gedeckt.

Das Schleppdach wird unter das hervorstehende Dach der Giebelseite eingepasst. Deshalb ist die Tiefe des offenen Lagerraumes kürzer als die Giebelseite des großen Gebäudes. Bei der Vorbereitung des Fundamentes muss man dies berücksichtigen.

Gästehütte mit Sauna oder Jagdhütte

Die auf den Seiten 361 bis 370 beschriebene Almhütte erhielt als Ergänzung eine Gästehütte mit Sauna, die als Ständerbau mit Rahmenwerk errichtet wurde. Diese Hütte hat die Außenmaße von 3,6 x 4,6 m, woraus eine Grundfläche von 16,6 m² resultiert. Kurz gesagt, ist das Gebäude 1,6 m² zu groß, um nach den neuen Bauregeln als Gartenhaus zu gelten. Früher brauchte man in Schweden für Gartenhäuser unter 10 m² keine Baugenehmigung, neuerdings wurde die Grundfläche auf 15 m² erhöht.* Wenn Sie die Maße verringern wollen, um unter 15 m² zu kommen, schlage ich vor, dass Sie die Länge auf 4,1 m reduzieren. Dadurch verschwindet der Verwahrungsraum am Fußende des Etagenbettes.

Die Sauna misst innen 2,0 x 1,4 m, und kann auch als extra Schlafraum dienen, falls nötig. Zwischen Sauna-Ofen und -bank wird es etwas eng, weshalb ich an dieser Seite des Ofens zwei Bleche mit 50 mm Abstand zueinander aufgehängt habe.

So wird die Strahlungswärme der Feuerstelle zuerst durch den doppelt bemantelten Sauna-Ofen, und danach zusätzlich durch zwei Blechschichten abgeschirmt, und verursacht keine Probleme. Das Rauchrohr wird nahe am Ofen äußerst heiß, und ich habe auch dort einen Schutz gegen Strahlungswärme angebracht.

Grobe, profilgeschnittene Ständer, 200 x 200 mm, sowie eine breite Boden-Deckel-Schalung geben der Hütte ein robustes Aussehen, das gut zu einem bergnahen Standort oder einer Jagdhütte in waldreicher Umgebung passt.

Wer die Hütte lieber als Jagdhütte nutzen möchte, lässt Sauna und Dusche einfach aus. Ist die Hütte für Übernachtungen vorgesehen, kann man zwei Etagenbetten einbauen, die mit ihrem Kopfende zur Giebelwand gerichtet sind. Wenn die Länge von 4,6 m beibehalten wird, erhält man eine relativ große Fläche für die Küchenbank, einen zusätzlichen Tisch und Stühle sowie Verwahrung. Die Fenster wurden strikt symmetrisch in der Fassade plaziert. Das Haus erhält dadurch ein ansprechendes Äußeres. Nachteilig ist dabei, dass die Möblierungsmöglichkeiten eingeschränkt sein können. Im vorliegenden Fall geraten die Fußenden der Etagenbetten teilweise vor die Fenster. Doch zugunsten eines schön ausbalancierten Exterieurs muss man in Kauf nehmen, dass die unteren Betten an ihrem Fußende vom Tageslicht getroffen werden.

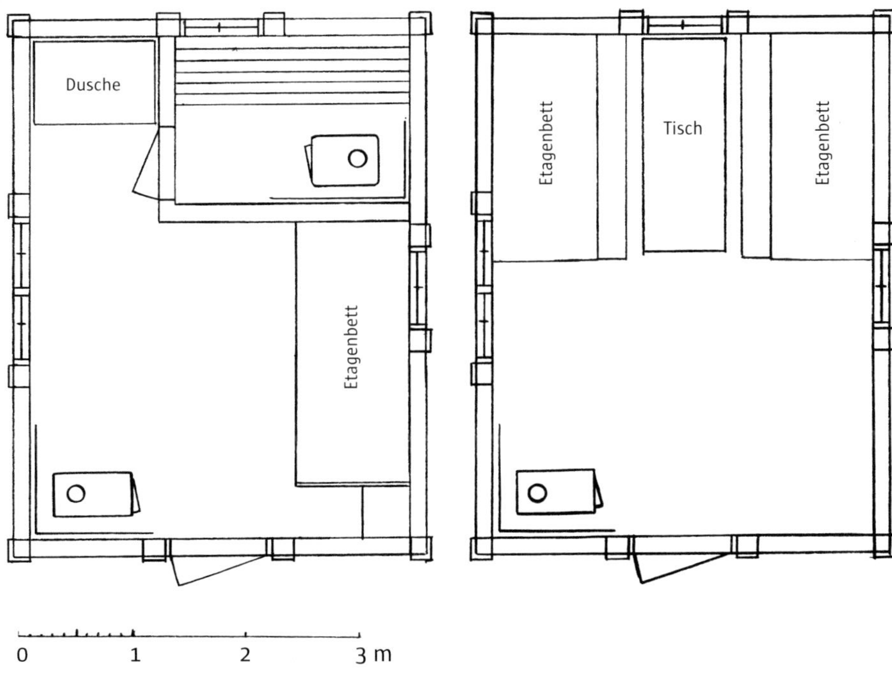

Grundriss für eine Gästehütte mit Sauna. Die Außenmaße betragen 3,6 x 4,6 m, mit einer Grundfläche von 16,6 m².

Grundriss für eine Jagdhütte. Außenmaße und Grundfläche sind dieselben wie in der linken Abbildung.

* Welche Bauvorhaben in Deutschland genehmigungsfrei sind, ist in den Landesbauordnungen für jedes Bundesland geregelt. Es besteht immerhin die Tendenz, mehr Bauvorhaben genehmigungsfrei zu stellen. Sie müssen sich aber nach den für Sie gültigen Regelungen erkundigen.

Die Tür an der Giebelseite ist direkt an den Ständern montiert. Sie besteht aus übrig gebliebenen Bohlenstücken, die mit einer Kreißäge mit einem einfachen Falz zueinander versehen werden. Sie werden auf einen Rahmen aus Riegeln geschraubt, der mit Isoliermaterial gefüllt und mit einer Sperrholzplatte überdeckt wird. Die Fensteröffnung säge ich mit einer Stichsäge und setze Vierkantleisten. Gegen diese montiere ich anschließend zwei Glasscheiben. Die innere wird mit einer geschraubten Leiste festgeklemmt, sodass man, wenn erforderlich, beide Scheiben putzen kann.

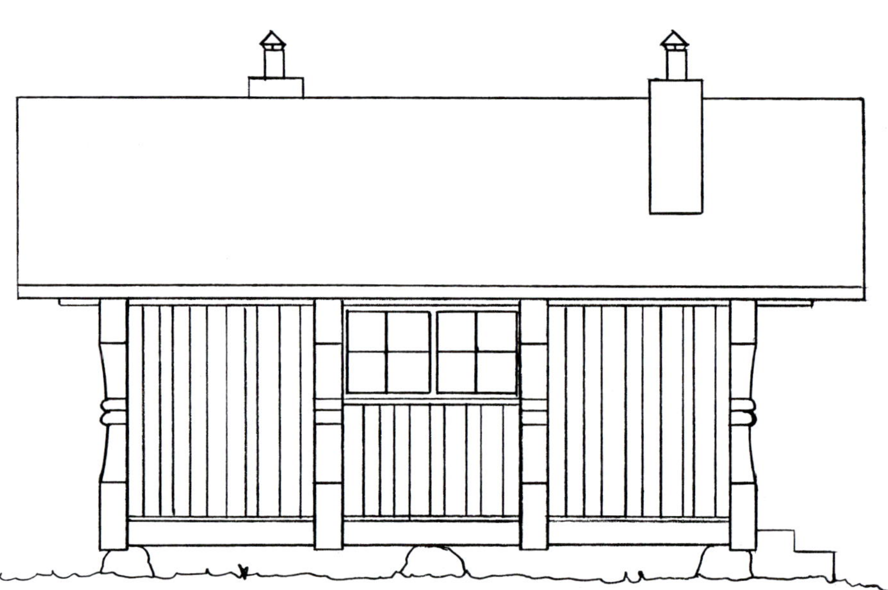

Längsseite nach Süden, mit einem Fenster der Größe 12-7 (120 x 70 cm).

Der Ständer-Rahmen ist errichtet und im nächsten Schritt sollen die Dachbleche aufgelegt werden. Die Höhe der Ständer zwischen den Haken für die oberen und unteren Rahmenhölzer beträgt nur 1600 mm. Das Innendach wird dreigeteilt, mit zwei seitlichen Schrägen und geradem Teil in der Mitte. Durch diese Konstruktion wird es deutlich höher, als wenn es auf dem oberen Rahmen aufliegen würde, und die Raumhöhe wird ausreichend. Damit auch die Tür hoch genug ist, nehme ich in der Türöffnung sowohl im oberen als auch im unteren Rahmen 100 mm aus, und senke die äußere Treppenstufe direkt an der Tür ein Stück.

Giebelfassade mit einem Fenster der Größe 7-7 (70 x 70 cm), welches direkt an den Ständern montiert ist. Dichten Sie mit Außenfugenmasse ab und überdecken Sie die Fuge mit einer dünnen Dreikantleiste.

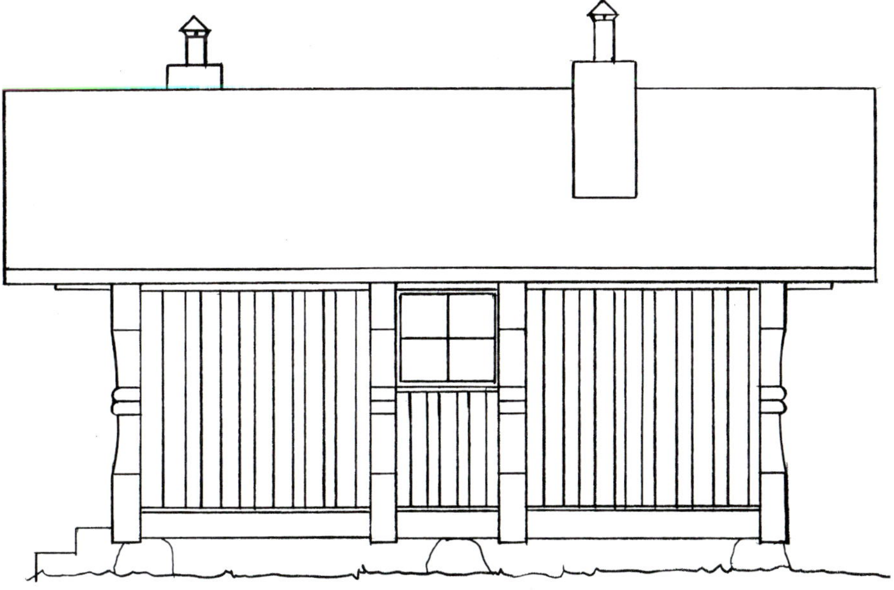

Längsseite nach Norden, mit einem Fenster der Größe 7-7 (70 x 70 cm). Da die Tür niedrig ist, befindet sich die oberste Treppenstufe unterhalb der Türschwelle. Man muss von dieser Stufe aus einen Schritt nach oben steigen, um in das Haus zu gelangen.

Die Dachneigung beträgt 30°. Dies ist für die bergnahe Umgebung von Vorteil, da hier große Schneemengen auftreten können. Bei dieser Neigung rutscht der Schnee gut von dem glatten Blechdach herunter.

Auf dem Foto ist die Hütte in einem Tiefschneewinter zu sehen, der mit sich brachte, dass sie in einer Schneegrube steht. Der Schnee ist immer wieder von den Dachblechen herab geglitten, wodurch die Schneewehen fast bis zur Traufe reichen.

Beide Schornsteine haben einen kräftigen Schutz gegen rutschenden Schnee. Bei niedrigeren Dachneigungen rutscht der Schnee nicht so leicht, und es kann sich eine so harte Schneeplatte bilden, dass sie im Frühling, wenn der Schnee auf dem Dach antaut und abrutscht, Fenster einschlägt. Hier oben sind die Schneemengen eher normal, doch hat sich selbst hier eine markante Schneewehe durch den vom Dach kommenden Schnee gebildet.

Die Wände der Hütte wurden in einem ersten Anstrich mit Alcros Hälsingeteer, mit 20 % Kiefernöl gemischt mit reinem Teer, behandelt. Der letzte Anstrich bestand aus einer Mischung von jeweils zur Hälfte Leinöl und Balsamterpentin.

Nebenhäuser

Das Nebenhaus (schwedisch Enkelstuga) gibt es als Haustyp seit dem Mittelalter. Es besteht aus einem Raum mit Feuerstelle, einer Kammer und einem Vorraum. Der Eingang befindet sich an einer Längswand in Nähe der Giebelseite.

Das Nebenhaus galt als Wohnung für Kleinbauern und Arbeiter. Auf vielen Höfen fand man es neben dem Doppelhaus. Es diente dann als Wohnhaus für die Sommerzeit, Altenteil, Backhaus oder Ähnliches.

Im oberen Teil von Dalarna war das Nebenhaus die vorherrschende Wohnungsform. In Norwegen ist das Nebenhaus der älteste Haustyp, mit Vorläufern aus dem 13. Jahrhundert.

Im 18. und 19. Jahrhundert wurden Hofteilungen in Schweden häufiger. Das brachte mit sich, dass auch die Zahl der Nebenhäuser zunahm. Bei der Erbteilung schnitt man einfach ein Doppelhaus in der Mitte durch und machte zwei kleinere Häuser daraus.

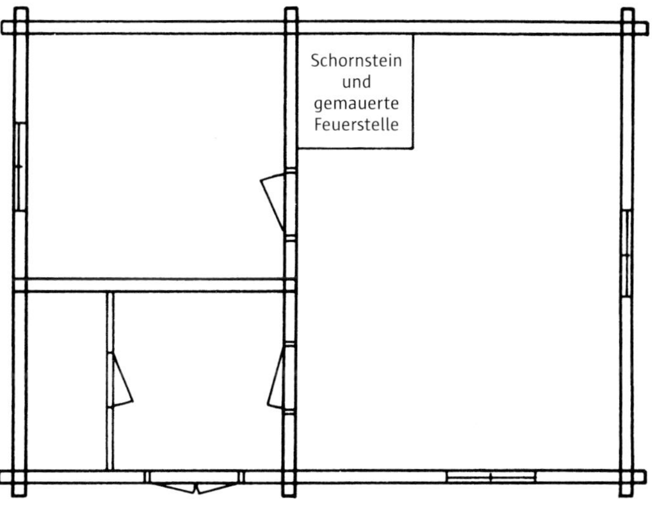

Enkelstuga von einer Siedlerstelle im südlichen Lappland.
Diese Hausgröße ist für Freizeit-Zimmerleute geeignet. Bei größeren Blockhäusern müssen Sie mit etwa 3 bis 4 Monaten Arbeitszeit und mit Arbeitstagen von 7 bis 17 Uhr rechnen. Viele Freizeit-Zimmerleute schätzen den Zeitbedarf für den Bau ihres Blockhauses falsch ein. Mit ein paar Stunden Zimmern mitten am Tag errichtet man kein Blockhaus.
Die Fenster sind groß, um so viel Tageslicht wie möglich hereinzulassen. Früher wurde der Lebensrhythmus von der Tageslänge bestimmt. Jegliche Arbeit im Haus konnte nur bei Tageslicht ausgeführt werden, das durch die Fenster herein kam, oder aber im flackernden Schein des offenen Feuers.

Sennhütte, die mit einer Veranda ausgebaut und zur Dekoration mit Fensterläden versehen wurde. Zwischen den ursprünglichen Steinsäulen hat man nachträglich eine Mauer aus Natursteinen aufgeführt.

Der ursprüngliche Charakter eines Blockhauses verschwindet durch eine Entwicklung, für die dieses Haus beispielhaft ist. Viele moderne Blockhäuser haben diverse Anbauten und Altane, die darauf hindeuten, dass man das Aussehen der traditionellen Haustypen vergessen hat.

Haustypen und Hausproportionen aus älterer Zeit haben sich über Jahrhunderte des Wohnens entwickelt. Sie sind für das schwedische Klima geeignet und passen in die Landschaft. Wenn Sie die Freiheit haben, für Ihr Haus die Innenaufteilung, den Dachwinkel, die Haushöhe selbst zu bestimmen, sollten Sie sich die Erfahrungen früherer Generationen in Ihrer Gegend zunutze machen. Wenn Sie das tun, wird sich Ihr Haus in das Bild der Kulturlandschaft einfügen und für Sie selbst und für die Vorbeigehenden eine Augenweide sein.

Ein Blockhaus, das am Seeufer oder am Waldrand wie ein Ausrufungszeichen wirkt, ist ein Missbrauch der Zimmermannskunst.

Einige Erinnerungsbilder:

Frühjahrsputz im Wohnhaus
abgenommene Gardinen
Umzug ins Sommerhaus
Tischschublade
geräuchertes Schweinefleisch
Fladenhartbrot
Dickmilch
Bretterfußboden
Mücken
Herbstdunkel
Kartoffelernte
Umzug zurück ins Wohnhaus

Enkelstuga, die als Sommerhaus auf einem Bauernhof genutzt wird. Für die Zeit des Sommers zogen die Bewohner des Bauernhofes in das Sommerhaus. Das war eine Betonung des Sommerhalbjahres, und ermöglichte ein einfacheres Wohnen während der arbeitsreichen Zeit der Heuernte. So hatte man eine Abwechslung im Wohnen, ohne dass man den Hof verlassen musste, an den man ja durch Viehhaltung und Bestellung der Äcker gebunden war.

In den Sennhütten oben im Fjäll wohnten nur die Sennen. In späteren Jahren hörte auch die sommerliche Bergweide in den meisten Gegenden ganz auf. In meiner Kinderzeit, während der 40er- und 50er-Jahre, wohnte unsere Familie während des Sommerhalbjahres im Sommerhaus, und diese Tradition lebt auf manchen Höfen noch heute fort.

Sennhütte vom Typ Enkelstuga mit einer durch Bretter geschützten Giebelwand. Dem Wetter besonders ausgesetzte Blockwände, die schon durch Regen und Wind angegriffen waren, wurden oft mit Brettern verkleidet, während die ungeschädigten Wände belassen wurden, wie sie waren.

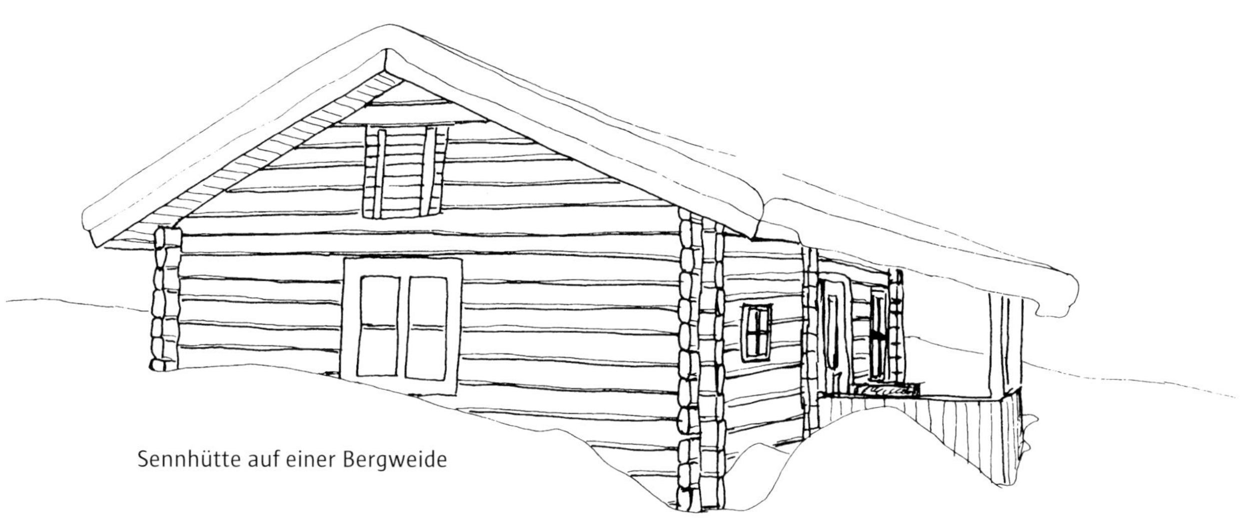

Sennhütte auf einer Bergweide

Gezimmertes Wahlhäuschen

Zur Wahl 1998 zimmerten wir dieses Wahlhäuschen, was als vom Studienverbund Erwachsenenbildung arrangierter Studienzirkel durchgeführt wurde.

Wir beginnen mit dem Zimmern einer „Schachtel", und sägen die Öffnung für die Tür erst bei Erreichen der Fensterhöhe. Die Nuten für die Pfostenbohlen sind durch Vorbohren des Nuthintergrundes vorbereitet. Dadurch geht das Aussägen der Nut leicht, sobald die Türöffnung ausgesägt ist. Die kurzen Balkenstücke beidseits der Türöffnung werden mit Dübeln fixiert. Die Blockwände werden in den Längsnuten mit Etagenmoos/Stockwerkmoos isoliert, da keine Absicht besteht, die Stube wieder auseinanderzunehmen. Sie wird im Ganzen, mithilfe eines starken Gabelstaplers und eines Lastwagens, transportiert. Nach der Wahl wird sie versteigert, und auch dann, so wie sie ist, auf fahrbaren Wegen zu ihrem zukünftigen Standort auf einer Alm transportiert.

Das Zimmern beginnt mit dem Schwellenbalken der einen Giebelseite. Dies hat zur Folge, dass der erste Balken der Längsseite eine halbe Balkenstärke höher zu liegen kommt. In Anbetracht des vom Dach tropfenden Regenwassers ist das für die Wand günstig. An Blockhäusern nehmen oft die untersten Balken der Längsseiten Schaden, da sie, sofern es keine Regenrinnen gibt, dem Spritzwasser von der Traufe ausgesetzt sind. Möchte man, dass das Blockhaus dicht auf einer Grundmauer aufliegt, beginnt man das Zimmern auf zwei Seiten mit einem Halbholz als Schwellenbalken.

0 1 2 m

Grundriss für ein Wahlhäuschen mit den Maßen 3,0 x 3,3 m oder 9,9 m² Grundfläche. Die Innenfläche beträgt 8,1 m².

Das Wahlhäuschen wird im Zentrum von Lycksele aufgestellt. Die Gabeln des Gabelstaplers waren gerade ausreichend lang, um die Stube zu heben. Dabei ruhten die Schwellenbalken auf zwei querliegenden Kanthölzern, wie im Bild zu erkennen. Ohne Zweifel hatten wir bei dieser Wahl das gediegenste Wahlhäuschen, doch ob dies einen positiven Einfluss auf die Wahl hatte, möchte ich ungesagt lassen.

Zeichnung der vorderen Giebelfassade

Zeichnung der hinteren Giebelfassade

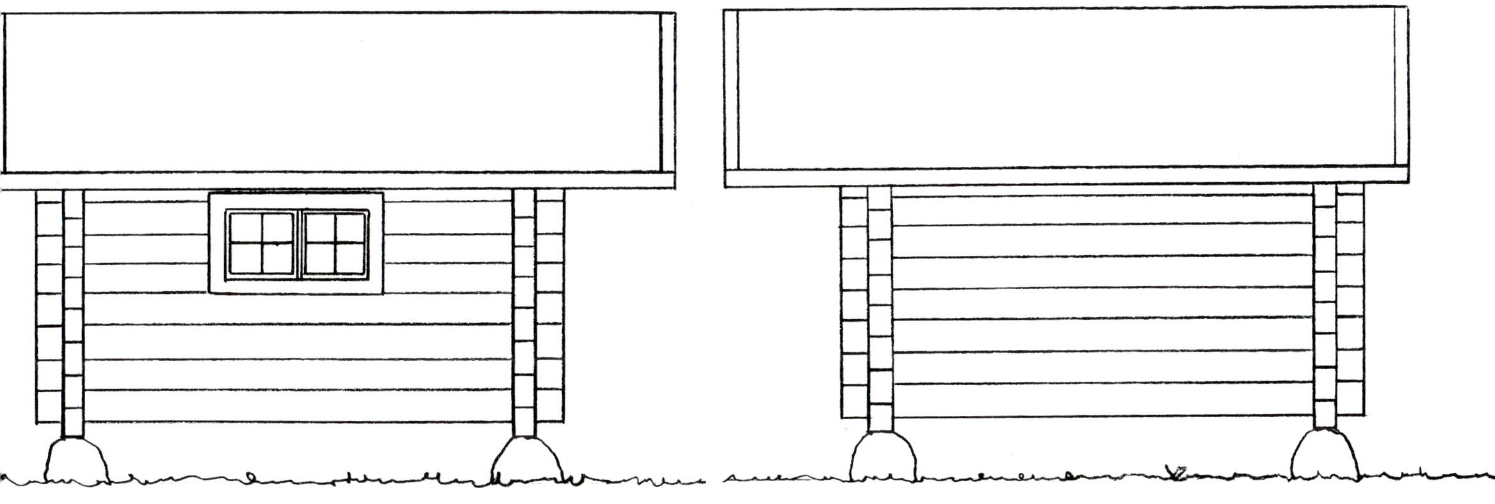

Zeichnung der Längsseite mit Fenster

Zeichnung der Längsseite ohne Fenster

Wir zimmerten das Wahlhäuschen mit geradem, doppelt geschnittenem „Knut", dem traditionellen „Knut", der in Schweden die größte Verbreitung hat. Hier in Västerbotten verwendete man diesen „Knut"-Typ so lange, bis man mit dem Bau von Blockhäusern aufhörte.

An beiden Giebeln liegt der zweite Balken an seinem Platz. Das aus den Längsnuten hervorschauende Moos wird mit einem scharfen Messer abgeschnitten, wenn die Wände fertig sind. Die Balkengröße ist für diesen Bau gut geeignet. Je höher man kommt, desto schwieriger wird das Zimmern. Auch mit diesem „Knut"-Typ wird die Vorstoßreihe akzeptabel. Am unterschiedlichen Muster der Axtschläge sieht man, dass die Kursteilnehmer keine Erfahrung mit dem Bebeilen hatten. Wenn man die Balken mit einer Kettensäge gesägt hat und lotrechte Sägespuren zu erkennen sind, kann man überlegen, ob man das Bebeilen auslässt. Sind die Balken dahingegen mit einer Kreißäge beidseitig zu Blöcken gesägt worden, und die bogenförmigen Spuren des Sägeblattes deutlich sichtbar, sollte man vielleicht lieber bebeilen.

Als Schutz gegen Regen werden ein paar Schwartenbretter längs auf die Blockwände gelegt. Denken Sie beim Planen des Häuschens daran, dass die Balkenlänge für die Seiten der Giebellaube und den Vorsprung unter dem Dachüberstand reichen muss. Die Balkenköpfe haben Abstand zueinander, damit sich die Wandbalken beim Setzen der Wände nicht an den Balkenköpfen aufhängen. Auf den Böcken werden die letzten Balken zum Einzimmern vorbereitet. Auf den hinteren Böcken liegt die Firstpfette.

Die Firstpfette ist eingezimmert. Nun steht noch das Sägen der Dachneigung aus. Sie wird so gesägt, dass die Dachsparren und die schrägen Oberflächen der Giebelwände eine Ebene bilden. Aus dem Bild geht auch hervor, dass die Fußbodenbalken in die Schwellenbalken der Giebelseiten eingefügt worden sind. Dafür wurde die Schwalbenschwanzverbindung gewählt, welche die Fußbodenkonstruktion sehr stabil macht. Dies ist von Vorteil, da der fertigen Stube mehrere Umsetzungen und damit einhergehendes Anheben, bevorstehen.

Die Dachsparren sind hinzugekommen. Die Vorstoßreihe der Längsseitenbalken wurde zurecht gesägt. Bis zum nächsten Kursabend werden die Wände mit ein paar alten Dachblechen geschützt.

Die Wände sind fertig, alle Vorstoßreihen sauber zurecht gesägt. Als Kondensschutz dienen Masonitplatten. Diese Konstruktion ist einfach. Wünscht man ein avancierteres Dach, nagelt man Rauhspund, Unterlegpappe, Konter- und Dachlatten für die Dachbleche.

Die Stube ist zum Umzug bereit. Die Windbretter sind von Brettern überdeckt, wodurch das Dach einen markanten Abschluss erhält. Ein Nachteil besteht darin, dass diese Bretter regelmäßig behandelt werden müssen, um nicht von Rötepilzen befallen zu werden.

Häuschen mit Sauna

Dieses Häuschen soll auf einem Bauernhof, rechtwinklig zum Wohnhaus, aufgestellt werden. Es wird normalerweise als Sauna, mit einer Saunakammer auf der anderen Seite eines kalten Flures, genutzt. In letzterem lässt sich Brennholz und anderes verwahren. Während des Saunaganges kann man sich im kalten Flur abkühlen. Nach dem Saunen und Duschen kann man sich in die Saunakammer bzw. die Wohnstube begeben, wo das Dach bis unter die Firstpfette reicht, und sich vor dem offenen Kamin ein erfrischendes Bier gönnen.

Das Häuschen eignet sich auch gut als Gästehaus; in einem breiten Etagenbett findet eine ganze Familie Schlafraum, zwei oben und zwei unten.

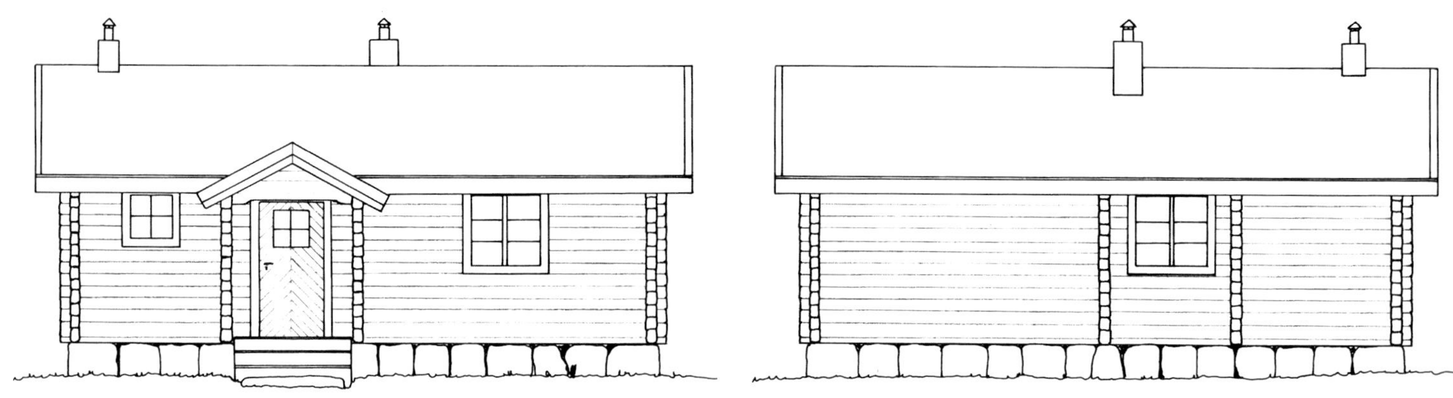

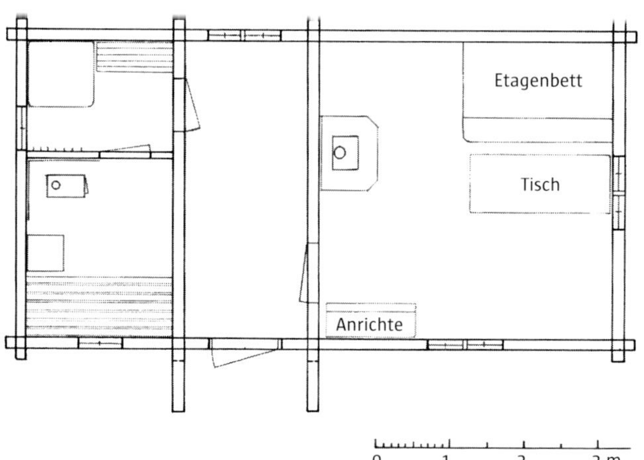

Grundriss- und Fassadenzeichnungen für ein acht-„knutiges" Gebäude, wie auf der vorigen Seite beschrieben. Die Wohnstube nimmt einen größeren Teil ein, als bei einem traditionellen Doppelhaus, die anderen Räume einen kleineren.

Gezimmerter Anbau für ein Sommerhaus

Ingemar Johansson und Britt-Eva Eriksson haben ein Sommerhaus in Lunån, das sie um ein Schlafzimmer, eine Waschküche, eine Toilette und eine Sauna mit dazugehöriger Duschabteilung, erweitern wollen. Ingemar erschien das auf den vorherigen Seiten beschriebene Häuschen mit Sauna geeignet. Als Lehrer für Berufe in der Waldwirtschaft tätig, zögerte er nicht, ein derart großes Projekt anzugehen.

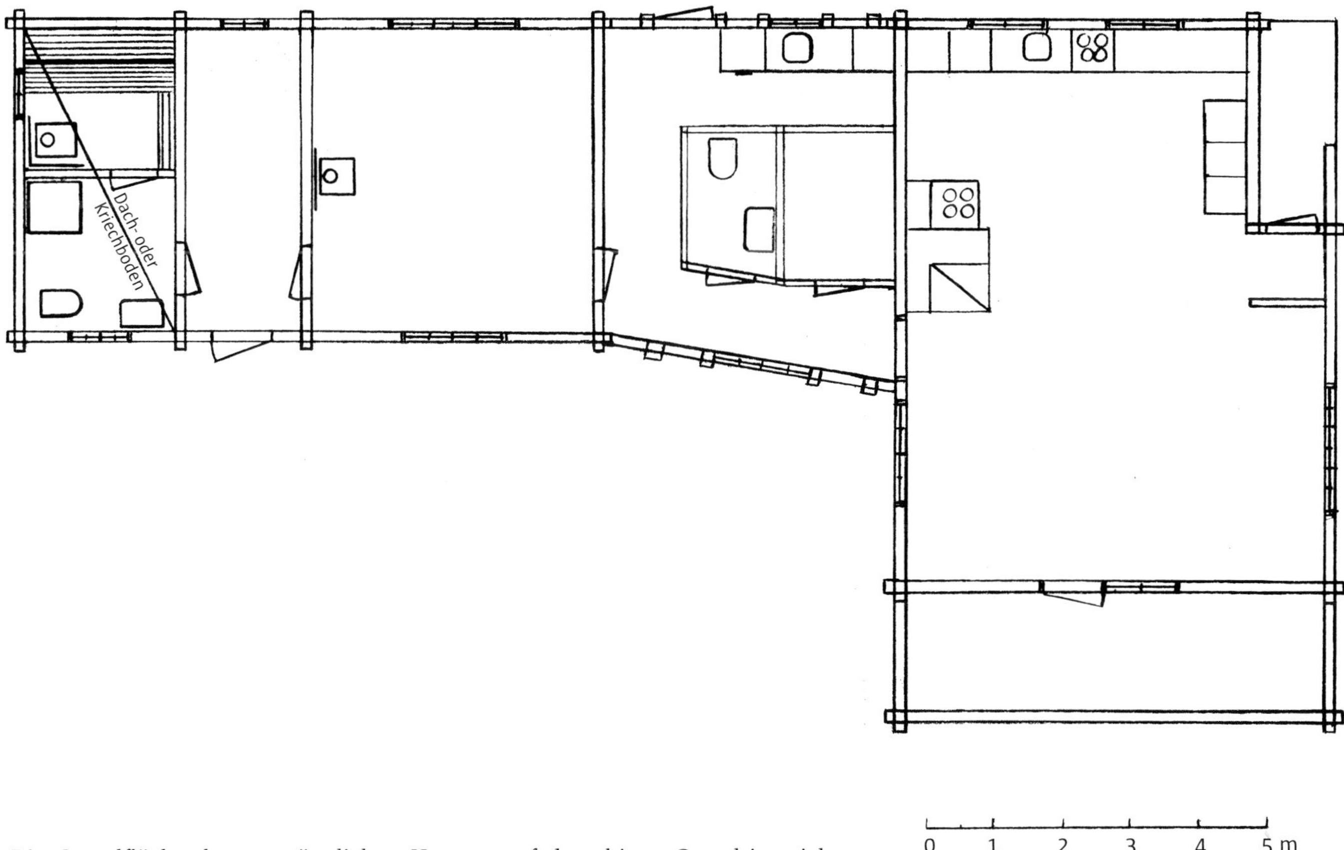

Die Grundfläche des ursprünglichen Hauses, auf der obigen Grundrisszeichnung rechts, beträgt 51 m², die des Zwischenbaus 21 m², und die des neugezimmerten Anbaus zur Linken 40 m². Alles in allem kommt die neue Grundfläche auf 112 m², wodurch das Sommerhaus verhältnismäßig groß wird. Über Sauna und Badezimmer befindet sich ein Schlafboden für Gäste. Man erreicht ihn über eine Leiter vom Flur aus. In diesem Flur, zwischen dem Saunabereich und dem neuen Schlafzimmer, das ein Durchgangszimmer ist, werden auch Tiefkühltruhe und Garderoben untergebracht. Im Zwischenbau liegt rechts neben der Toilette ein Vorratsraum, und hinter diesen beiden Räumen die Waschküche. Die Toilette hat ein Fenster zur Waschküche hin, um Tageslicht einzulassen.

Die große Wohnstube hat einen offenen Grundriss erhalten, mit einer neuen Küchenzeile entlang der Giebelwand. Früher war hier ein Schlafplatz, der nun entfernt wurde. An der Mauer des offenen Kamins darf der eiserne Herd, als Reserveherd für Zeiten mit Stromausfall, stehenbleiben. Ingemar hat drei Wände der großen Wohnstube isoliert, und eine Blockwand unverkleidet belassen. Alle Wände sind mit heller Farbe gestrichen. Im Vergleich zu den vorher naturbelassenen, altersdunklen Blockbalken, macht das Interieur dadurch einen gänzlich anderen Eindruck.

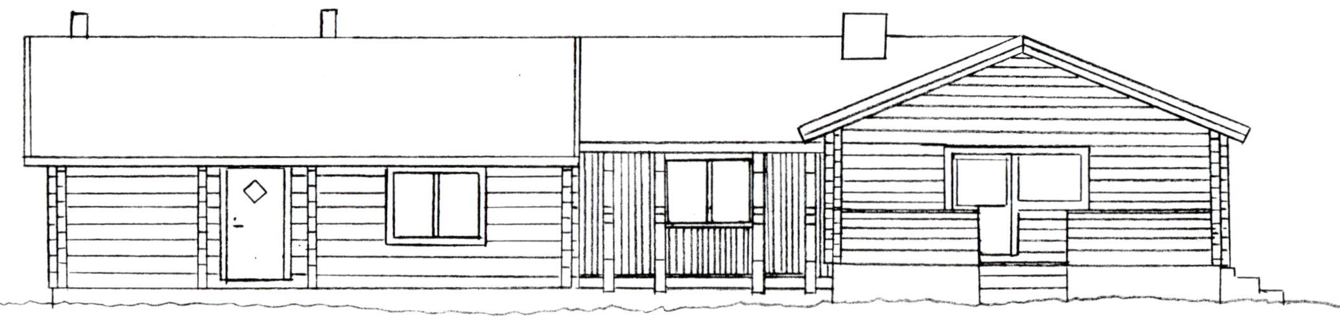

Zeichnung der nach Westen gerichteten Fassade:
Längsseite des Anbaus und Giebelseite des ursprünglichen Hauses.

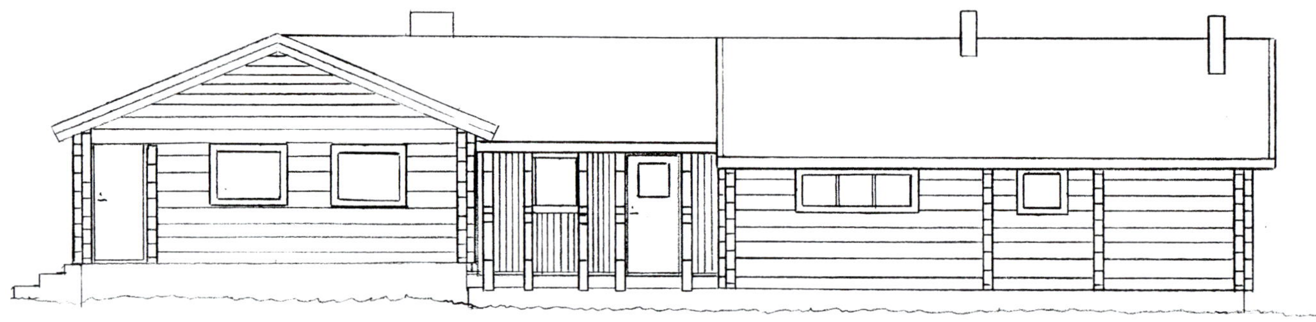

Zeichnung der nach Osten gerichteten Fassade:
Giebelseite des ursprünglichen Hauses und Längsseite des Anbaus.

Zeichnung der nach Norden gerichteten Fassade: Giebelseite des Anbaus und Längsseite des ursprünglichen Hauses.

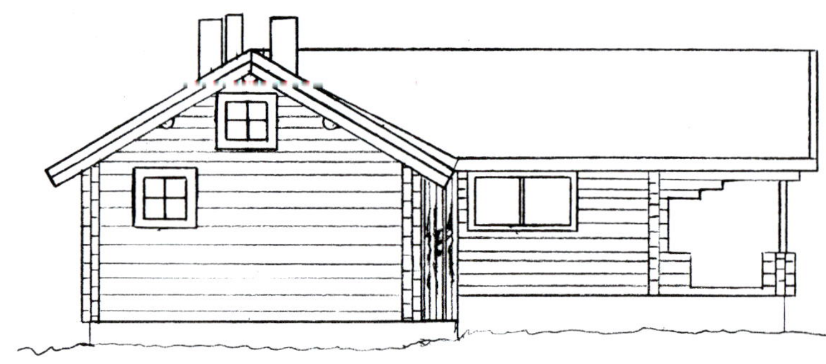

Ingemar hat mit dem Blockhaus, das der Anbau des Sommerhauses werden soll, begonnen. Auf dem Bild sägt er die Nut für die Pfostenbohle in der Türöffnung. Zwei Balkenlagen sind bereits gezimmert, und er ist mit der dritten beschäftigt. Die Balken sind auf einer Solo-Sägebank, die er gemeinsam mit seinem Nachbarn nutzt, gesägt worden.

Im Sommer 1995 habe ich einen Tag mit ihm gearbeitet. Im Gegenzug half er mir, das Fundament für meine Almhütte in den Fjälls vorzubereiten.

Das Zimmern des Anbaus zog sich lange hin. Jedes Jahr kamen ein paar Balkenlagen hinzu. Die Blockwände wurden jedoch sorgfältig mit Blechen geschützt, und standen auf einem offenen Platz. Sonne und Wind konnten die Wände dort wieder austrocknen, wenn sie durch Schnee und Schlagregen nass geworden waren.

Im Jahr 2002 hatte Ingemar die Höhe der Rähme erreicht, und das Bauwerk an den vorgesehenen Standort versetzt. Ich half ihm für ein paar Tage mit der Dachkonstruktion, und auf dem Bild haben wir bereits die Zwischenpfetten eingezimmert. Die Blockwände waren mit einer Alkyd-Ölfarbe behandelt worden, um Missfärbungen und Schäden während der Bauzeit vorzubeugen. Im Bereich zwischen den beiden Gebäuden soll der zukünftige Feuchtraum platziert werden.

Die Vertäfelung des Innendaches wurde mit weißgetönter Lasur gestrichen, bevor es auf den Pfetten angenagelt wurde. Es ist um ein Vielfaches leichter, Bretter auf dem Boden zu lasieren, als wenn sie schon im Dach befestigt sind. Auch die Dachüberstände wurden mit einer Vertäfelung versehen.

Die Dachkonstruktion ist fertig. Die Dachsparren werden verteilt.

Einige Balken im Giebel waren eigentlich zu kurz, doch sieht man dies später nicht, da sie hinter der Verschalung verborgen sein werden. Die Dachneigung wurde in einer Ebene mit den Sparren gesägt. Die Längsnuten der Wände sind mit Etagenmoos/Stockwerkmoos abgedichtet.

Die Sparren drücken die Windpappe an die Vertäfelung des Innendaches. Die Giebelwand soll eine Tür bekommen, deren Öffnung später aufgesägt wird.

Die beiden Blockhäuser werden mit einem Zwischenbau in Ständerbauweise verbunden. Es kann sich als schwierig erweisen, zwei Blockhäuser zu verbinden, da sich die Wände des neueren Hauses beim Trocknen setzen werden. Das alte Blockhaus hat seine Gleichgewichtslage schon vor Langem erreicht und ist im Verhältnis zum neuen unbeweglich. Eine stumme Ständerkonstruktion, bei der das Setzen der angrenzenden Blockwände damit aufgefangen wird, dass die beiden Dächer nicht fest miteinander verbunden sind, kann hier vorzuziehen sein.

Auf dem Bild ist der untere Rahmen ausgelegt und man arbeitet mit dem Zusägen des oberen Rahmens. Es wird etwas eng und beschwerlich, die zwei Rahmen so dicht wie möglich an die Blockwände anschließen zu lassen, doch alles lässt sich lösen.

Beachten Sie die Rollenböcke, die vor der Rahmenkonstruktion stehen. Sie sind zum Versetzen schwerer Blockbalken sehr praktisch.

Die Ständerhölzer sind fertig zugesägt, die verwendete Schablone lehnt links im Bild an der Wand.

Mitte: Die Eckständer werden von einstweiligen Schrägstreben im Lot gehalten. Der obere Rahmen ist an Ort und Stelle, obwohl es unter dem Dachüberstand des ursprünglichen Hauses zur Linken sehr eng wurde. Wir mussten mehrere Nachbarn hinzubitten, um den Rahmen an seinen Platz zu bekommen.

Auf der Ostseite ist die Ständerkonstruktion fertig. Da es an 200 x 200 mm Kanthölzern fehlte, mussten für die Ständer neben den Fensteröffnungen Balken von 150 x 200 mm, die ursprünglich für Blockwände vorgesehen waren, aushelfen. Sie wurden an der 150 mm breiten Seite mit Profil versehen.

Die Ständerkonstruktion von Westen gesehen. Die Rahmenwand schließt auf dieser Seite nicht im rechten Winkel an die beiden Gebäude an, was hier kaum zu erkennen ist. Auf der Grundrisszeichnung hingegen kann man es sehen: Zwischen Fenster und Schornsteinmauer des ursprünglichen Hauses soll es in Zukunft eine Tür geben.

Der schräge Verlauf des Rahmenwerkes wird auch von den Dachstühlen aufgenommen, die auf den oberen Rahmen gestellt werden. Wo der Rahmen schmaler ist, müssen die Dachstühle weiter hervorstehen. So erhält man auch auf dieser Seite eine gerade Traufe.

Das neue Dach fügt die zwei Blockhäuser auf schöne Weise zusammen. Zwischen dem Anbau in Ständerbauweise und dem neuen Blockhaus wird im Dach eine Fuge belassen, damit sich das Blockhaus frei bewegen kann. Man ist dabei, Türen und Fenster einzubauen.

Hier sieht man etwas deutlicher, dass das Rahmenwerk auf dieser Seite schräg vom neuen zum alten Haus verläuft. Damit die Traufe im rechten Winkel anschließt, lässt man die Dachstühle dort, wo das Rahmenwerk schmaler ist, weiter herausstehen, siehe Grundrisszeichnung auf Seite 221. Innen befindet sich eine Treppenstufe zwischen Anbau und altem Haus.

Oben: Der Anbau, vom ursprünglichen Haus aus gesehen. Die Wandöffnung ist beinahe kantengleich mit der Kaminmauer. Um Platz für eine ausreichende Türbreite zu schaffen, musste die linke Rahmenwand des Zwischenbaues schräg geführt werden.

Beachten Sie die Zangen beidseits der Öffnung. Sie stabilisieren die Blockwand des alten Hauses.

Links: Blick vom Schlafraum des neuen Hauses in den Zwischenbau und ins ursprüngliche Haus.

Rechts oben: Der Anbau des Sommerhauses ist fertig. Nach Westen gibt es eine Terrasse mit Aussicht auf einen Wasserlauf. Dieses vieljährige Projekt begann 1995 mit dem Schwellenrahmen des neuen Blockhauses, und wurde 2007 mit dem Altan abgerundet. Im kommenden Sommer soll die Terrasse noch ein Geländer bekommen.

Mitte: Niedrig stehende Mittwintersonne über froststarrer Landschaft. Die Innenrenovierung des ursprünglichen Hausteiles wurde gerade abgeschlossen, weshalb dessen Giebellaube voller Baumaterial steht.

Rechts: Der Anbau schräg von hinten betrachtet. Die rückwändige Fassade ist 19,3 m lang. Für den anstehenden Besuch des Kaminkehrers stehen Leitern am Dach. An der uns zugewandten Giebelseite entsteht ein Lagergestell für Brennholz.

Um dieses lange Gebäude warm zu halten, macht man in einem Kamineinsatz im offenen Kamin des großen Wohnraumes Feuer. Zusätzlich wird jeden Tag in der Sauna eingeheizt, wodurch auch das Badezimmer davor schön warm wird. Bei Bedarf kann auch im Kamin im Schlafzimmer eingeheizt werden.

Von Lesern gebaute Blockhäuser

Mitunter wenden sich Leser an mich, die zu besonderen Aspekten der Blockbauweise Fragen haben. Hier sind einige Beispiele von Blockhäusern, die Leser früherer Ausgaben des Buches gebaut haben.

Palle Peterson hat diesen Schuppen in Ständerbauweise mit Rahmenwerk auf seinem Sommergrundstück nördlich von Bingsjö gebaut. Die Außenverschalung besteht aus groben Schwartenbrettern. Der Rahmen wurde an einem regnerischen Wochenende im Spätherbst zugeschnitten und aufgestellt. Es war schwere Arbeit, da man mit dem Fällen der Bäume begann, die anschließend zum Kettensägewerk geschafft und dort zugeschnitten wurden.

Robert Grundström heißt ein fleißiger Zimmermann in Älvsbyn. Er hat eine Anzahl Häuser gezimmert und zeigt hier einen kleinen Speicher im alten Baustil der Skogssami (Waldlappen), wie er im Inneren des nördlichen Norrland häufig ist.
Das Holz wurde mit Roberts „Superschmiere“ behandelt. Sie besteht aus:

10 Liter Warmwasser von 50–60 °C
500 Gramm Eisenvitriol
30 Gramm Kupfervitriol
½ Beutel Herdin‘s Silberbeize

Die Mischung muss einen Tag stehen. Robert weist darauf hin, dass man nicht in einem Blechgefäß anmischen und keinen Pinsel mit Blechbeschlag verwenden darf, da das Blech schwarz wird und die Mischung verfärbt.

Sören und Eva Olsson in Ytterhögdal haben diese Doppelgarage aus den Blockwänden einer alten Scheune gebaut.

Dieses Bild zeigt die Giebelseite des obigen Speichers mit seiner Tür.

Auf demselben Grundstück hat Robert Grundström eine kleine Hütte aus dem Holz von „stammtrockenen“ Kiefern gezimmert, die eine schöne graue Oberfläche bekommen haben.

Auch dieser Vorbau eines Erdkellers, mit Regenrinne aus druckimprägniertem Holz, wurde von Robert Grundström gezimmert.

Jerker Stenberg hat diesen Speicher auf einem Hof außerhalb von Älvsbyn gezimmert.

Mein früherer Nachbar Arne Carlsson in Arkhyttan, Stora Skedvi, ließ ein ganzes Gehöft in Blockbauweise errichten, nachdem er sich als Landwirt zur Ruhe gesetzt hatte. Die Häuser wurden von Berufszimmerleuten gebaut, doch er begann sich für das Handwerk zu interessieren, und nahm an einem Kurs in Orsa teil. Seither hat er jedes Jahr mindestens ein kleineres Haus gebaut. Hier wird der Bau eines Freizeithauses mit Wohnraum und Schlafkammern gezeigt. Die Balken des Wohnraumes werden in- und auswendig bebeilt. Oberhalb des Hausteiles mit Schlafkammer und Toilette gibt es einen Schlafdachboden, dessen Decke bis zum First hinauf reicht. Er hat eine Öffnung zum Wohnraum und ist von dieser Seite über eine Leiter zu erreichen, siehe untenstehende Zeichnungen.
In niedrigen Häusern kann man den Dachboden mit abgesenktem Mittelteil bauen. Man hat dann Stehhöhe in der Mitte des Dachbodens, und Platz für Schlafpritschen an beiden Seiten unter der Dachschräge an den Außenwänden. Den Platz unter den niederigeren Teilen des Fußbodens kann man im Erdgeschoss für Schränke, Betten oder dergleichen benutzen. Es ist sinnvoll, dies im Voraus zu planen, da die Balken für den Dachboden für diese Absenkung vorbereitet werden müssen.
Die Blockwände wurden zu Hause hinter dem Wohnhaus gezimmert, um sie später auf das Freizeitgrundstück zu bringen. Der Eckverband ist der „Dalaknut“, die Blockbalken sind waldfrisch. Arne bevorzugt es, die Türöffnungen auszuloten und mit Leisten in der Nut für die Zarge zu fixieren, wie es die Abbildung links Mitte zeigt. Er hat 495 Laufmeter Blockbalken für die Wände gebraucht.

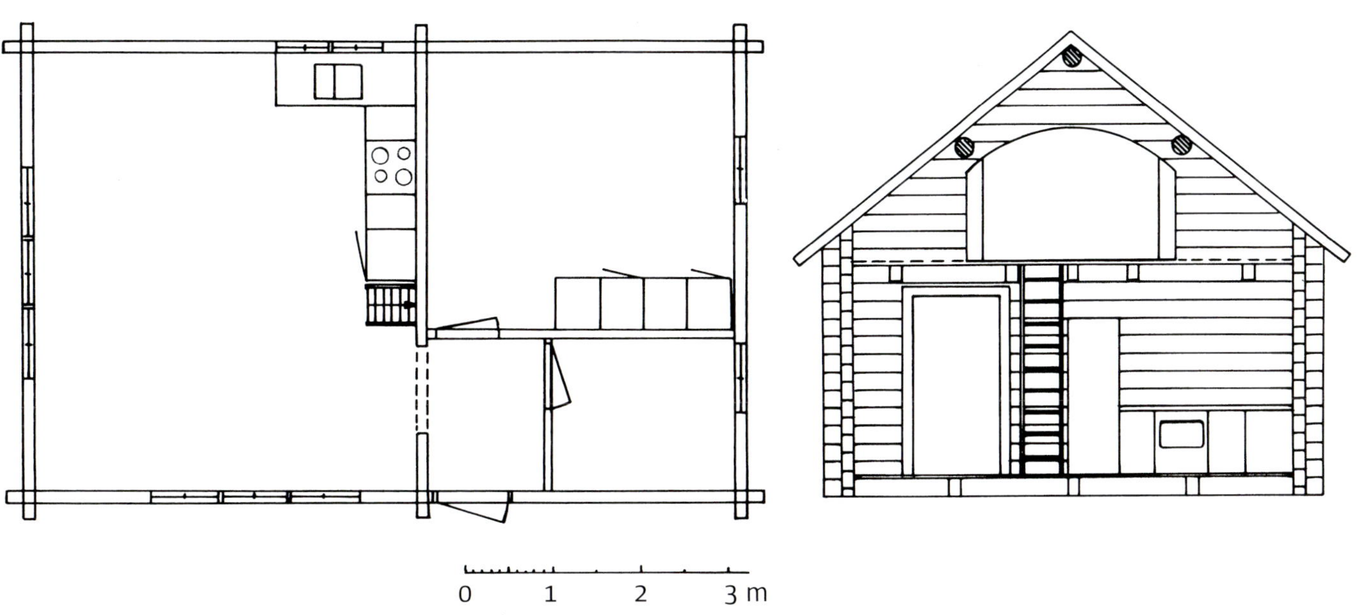

Arne hat ein kleines hübsches Häuschen für einen seiner Söhne gezimmert. Es wird hier mit den Grundrissen und Seitenansichten gezeigt. Außer einer Küche mit einer großzügigen Herdwand mit sowohl Holzofen als auch offenem Kamin, hat das Häuschen drei Schlafräume und eine Toilette.
Es wurde aus Fichtenholz gezimmert.

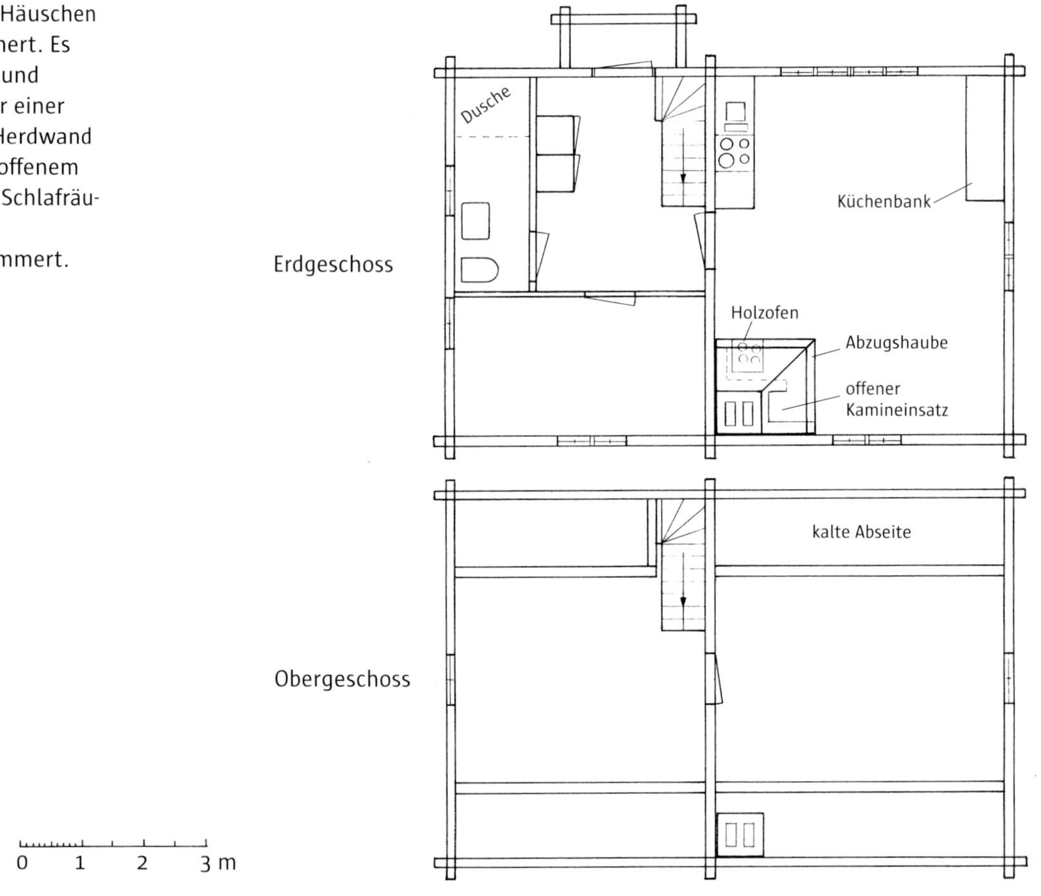

Das Doppelhaus

Das Doppelhaus war früher das gebräuchlichste Wohnaus auf mittelgroßen und großen Bauernhöfen. In der Hausverordnung von 1681 heißt es: „Und deswegen sollen Bauern und Erbpächter nicht gezwungen werden, mehr Häuser zu bauen, als sie brauchen, und man soll beachten, dass es vorschriftsmäßige und notwendige Häuser sind, mit Wohnstube und Kammer dazu, und Gästestube, wie der Größe des Hofes angemessen." Das Doppelhaus wurde hier als normaler Wohnhaustyp auf größeren Höfen vorausgesetzt.

Das Doppelhaus besteht aus Küche, Kammer und Saal. Es ist ein langgestreckter, „achtknutiger" Bau. Im Winter wurde nur die Küche, die gleichzeitig als Wohnraum diente, und evtl. die Kammer geheizt. Der Saal, das zweite Zimmer, wurde nicht geheizt. Er wurde als Aufbewahrungsraum, Gästezimmer und als Wohnraum im Sommer benutzt.

Meine Mutter Martina, die zwischen 1910–1920 in dem Doppelhaus, das auf der nächsten Seite gezeigt wird, aufgewachsen ist, erzählte, dass die Kinder selbst im Winter im ungeheizten Saal schliefen. Sie hatten große Schaffelldecken, die sie vor der Feuerstelle in der Küche aufwärmten, bevor es Schlafenszeit war. Dann galt es, sich zu beeilen und ins Bett zu kriechen, bevor die Wärme aus den Fellen verschwand. Die Kinder schliefen zu mehreren in einem Bett, und meine Mutter behauptete, sich durch diesen kalten Schlafplatz nie erkältet zu haben.

Mutter Martina war mit Erzählungen aus ihren Kinderjahren sparsam. Eine weitere Erinnerung, die sie uns anvertraute, war jedoch, dass die Ferkel im Winter in einer Kiste in der Küche wohnen durften, da der Viehstall für diese kleinen Tiere ohne Fell zu kalt war.

„Die alte Bedeutung des Wortes Wohnraum oder Alltagsraum ist mehr als irgend etwas anderes bezeichnend für die soziale Struktur des Bauernlebens. Bis in unsere Zeit hat in vielen Gegenden die ganze Familie hier gewohnt, gegessen, geschlafen – auch Bedienstete und zufällige Gäste. Vor dem Aufkommen einer gesonderten Küche, die jedoch, außer im südlichen Schweden, niemals konsequent eingeführt wurde, geschah auch das Zubereiten der Mahlzeiten in diesem Raum."

Sigurd Erixon in *Svensk byggnadskultur*, 1947.

Doppelhaus mit zwei Stockwerken. Dies ist ein schönes Beispiel für Zimmermannskunst in Reinkultur. Das Haus wurde stilecht renoviert und ist jetzt ein Schmuck für die ganze Umgebung. Obwohl es relativ schmal ist, sind Wohnfläche und Anzahl der Räume auch für eine Familie mit Kindern annehmbar, da das Haus zwei Stockwerke hat.

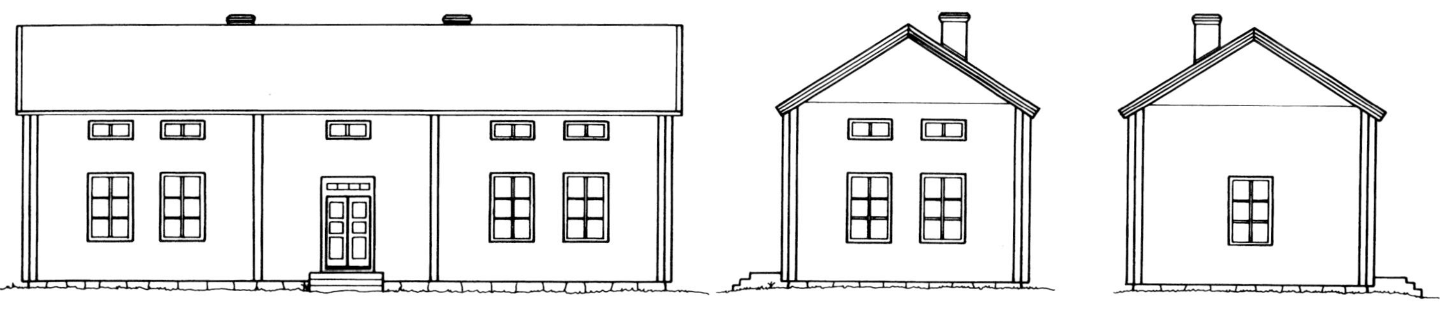

Doppelhaus von Västerbotten. Ich zeige hier das Doppelhaus, das mein Urgroßvater mütterlicherseits in seiner Jugend baute, wobei ihm drei axtgewohnte Männer geholfen haben. Den Begriff „Västerbottensgård" verbindet man gewöhnlich mit einem Doppelhaus entsprechend dieser Zeichnung.

0 1 2 3 4 5 6 m

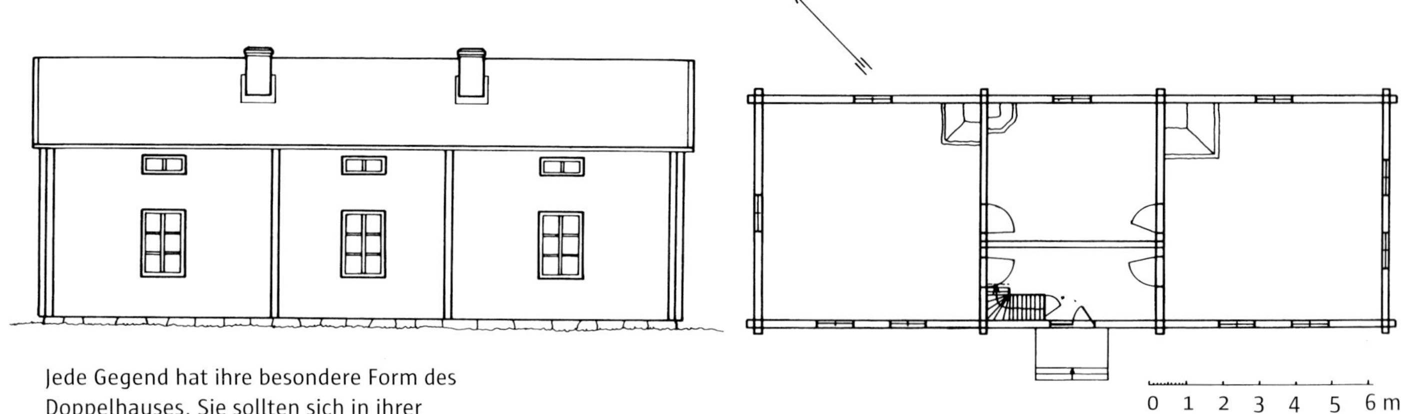

Jede Gegend hat ihre besondere Form des Doppelhauses. Sie sollten sich in ihrer Gegend umschauen, bevor Sie Ihr Doppelhaus planen. Für ein Ganzjahreshaus bietet dieser Bauplan nur begrenzten Raum, doch für ein Ferienhaus ist er ausgezeichnet – im Gegensatz zu all dem stilistischen Mischmasch, den man in modernen Blockhäusern finden kann.

Diesen Hof habe ich abgezeichnet, bevor er renoviert wurde. Er hat ca. 25 Jahre leer gestanden. Mein Onkel entschloss sich, einen „Nistkasten" für die Sanitärräume an der Rückseite des Hauses zu bauen. Von der Vorderseite sieht man ihn nicht, und somit ist er den klaren Linien der Fassade nicht abträglich.

Das Paneel wurde belassen; die Isolierung wurde an die Innenseite der Wände gelegt. Auf der Zeichnung von der Rückseite des Hauses sieht man, dass das Küchenfenster von Brettern überdeckt ist. Dort wurde im rechten Winkel der Anbau mit Satteldach platziert.

Zweistöckiges Wohnhaus aus Rundhölzern

Mein Sohn Erik Håkansson machte eine einjährige Ausbildung zum Blockhausbauer. Sie fand an der Volkshochschule von Sjövik außerhalb von Avesta statt. Er begann dort die Arbeit an einem zweistöckigen Haus aus Rundhölzern, das als Wohnhaus für Erik und seine Frau Eka gedacht ist. Es wird aus Fichtenholz gebaut, das nicht so anfällig für Blaufäule ist. Dies ist wichtig, da das Zimmern etwa ein Jahr dauern wird. Die Arbeit findet unter freiem Himmel statt, sodass die Rundhölzer dem Regen ausgesetzt sind und das Risiko für Missfärbungen besteht. Kiefernholz ist in dieser Hinsicht empfindlicher als Fichte.

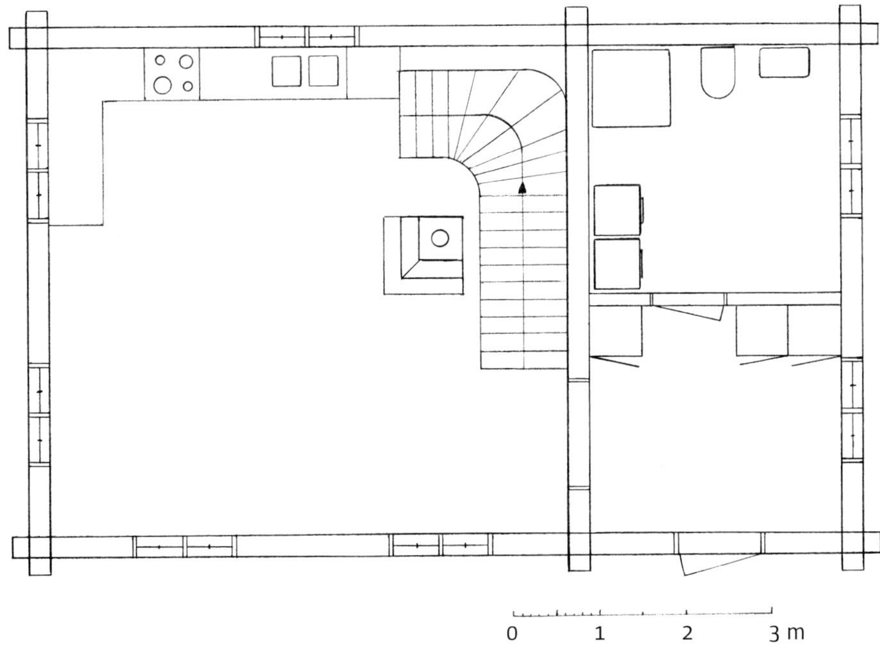

Grundriss des Erdgeschosses. Das zweistöckige Haus hat die Außenmaße 6,2 x 9,7 m und eine Grundfläche von 60 m². Die Wohnfläche beträgt etwa 100 m².

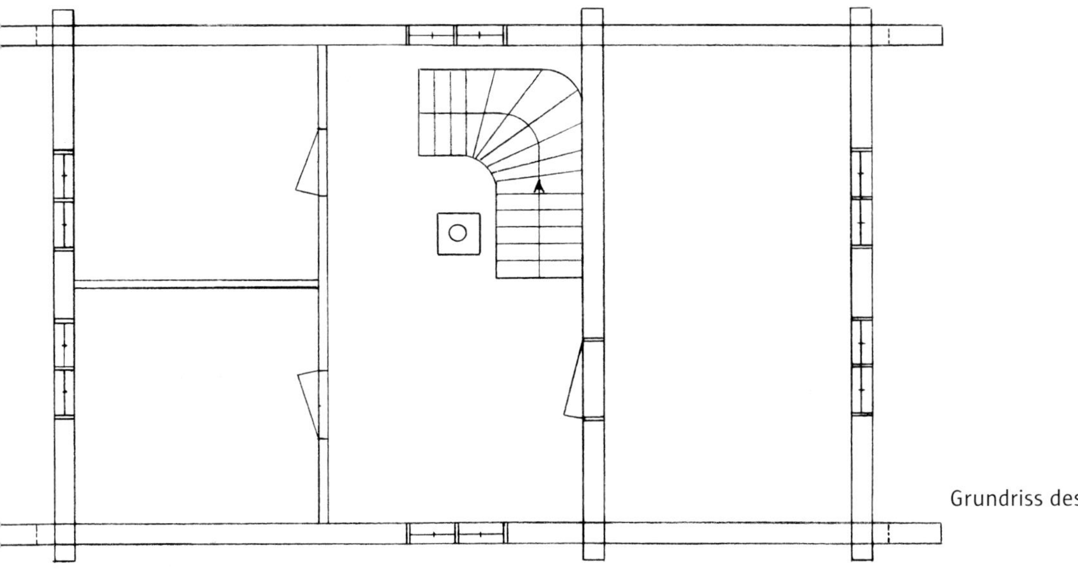

Grundriss des oberen Stockwerkes

Fassade der vorderen Längsseite

Die Giebelfassaden sind gleich.
Das Dach hat eine Neigung von 1:4 = 27°

Fassade der hinteren Längsseite

Von der Waldgesellschaft Sveaskog, die große Waldbestände in der Nähe hat, wurde ein voller Holztransport Fichtenstämme gekauft. Die Stämme mit einem Ziehmesser zu entrinden war eine langwierige Arbeit und brauchte fast zwei Monate. Die Stämme waren im Februar gefällt worden, bevor der Bodenfrost nachgelassen und der Saft zu steigen begonnen hatte.

Die Rundhölzer werden luftig aufgestapelt. Um Rissen im Endholz vorzubeugen, hat Erik die letzten 60–70 cm der Stämme nicht entrindet.

Unten: Das begonnene Blockhaus wurde zu einem neuen Zimmerplatz in Dala-Husby gebracht, als die Ausbildung abgeschlossen war. Auf dem Bild ist zu sehen, wie viele Lagen während der Ausbildung fertig geworden sind. Erik hatte vorher als Lehrstück bereits eine kleinere Hütte gezimmert, die auf den Seiten 296 bis 300 vorgestellt wird.

Um die Rundhölzer während des Zimmerns zusammenzudrücken, wendet er kräftige Spannbänder an. Erik war etwas unzufrieden mit der Dichte der Längsnuten nach dem Umzug. Doch löst sich dies, wenn die Wände höher werden und das Gewicht der überliegenden Lagen, die unteren zusammenpresst. In diesem Zusammenhang ist es wichtig, dass das Dach des Blockhauses schwer genug ist. Dachpfannen aus Beton können geeignet sein, während Tonziegel sich als zu leicht erweisen. Ein Grasdach drückt die Blockhauswände selbstredend am besten zusammen. Wenn man die Grassoden auflegt, kann man hören, wie es in den Wänden knackt, wenn sie von deren Gewicht zusammengepresst werden.

Da aus Rundhölzern gezimmert wird, werden die Spuren von den Vorschubwalzen des Ernteaggregates sichtbar bleiben. Soweit möglich, werden die Stämme so zurechtgedreht, dass diese Lochstreifen auf der Ober- oder Unterseite verlaufen, wo die Längsnuten sind.

Die „Knut"-Kette im Hausinneren. Die Stämme werden von innen und außen sichtbar sein. Als Dichtungsmaterial dient Etagenmoos/Stockwerkmoos (Hylocomium splendens), das in Schweden „Hausmoos" (husmossa) heißt.

Der „Knut" mit schrägen Seiten passt sehr gut zu Rundhölzern. Die runden Stämme haben viele kleine Risse bekommen, statt wenige grobe.

Die Wände im Spätherbst im Schneeregen. Nun ist die Arbeit schon recht weit fortgeschritten. Nachdem die zweite Lage über den Fensteröffnungen der vorherigen angepasst worden war, wird sie herab genommen, und auf einer Fläche neben den Wänden des Erdgeschosses aufgebockt und in die Waage gebracht. Dort wird dann das Obergschoss in zwei Etappen gezimmert. Auf diese Weise kann man immer vom Boden aus arbeiten, wodurch die Arbeit erleichtert und die Notwendigkeit, ein Gerüst zu bauen, vermindert wird.

Die Wände, an denen nicht gerabeitet wird, bekommen einen Schutz aus Dachblechen. Im regenreichen Herbstwetter ist das notwendig.

Es wurde eine Form des „Dalaknut", mit sechskantigem Balkenkopf, gewählt. Er ist gut für Rundhölzer geeignet. Damit die Stämme beim Trocknen nicht in den Längsnuten am Setzen gehindert werden, muss zwischen den Balkenköpfen genügend Platz sein.

Mit Balkenschuhen, die geschraubt werden, kann man ein Gerüst einfach an der Wand befestigen.

Die gezimmerten Wände werden dadurch, dass die Rundhölzer jeweils Zopf- an Fußende liegen, schön strukturiert. Im Hintergrund sieht man den Baukran, der zum Hantieren der schweren Stämme verwendet wird. Ohne Hebehilfe sollte man das Zimmern eines derart großen Blockhauses wohl nicht in Angriff nehmen.

Oben: Hier wurden die vier Balkenlagen des ersten Zimmer-Bauabschnitts des Obergeschosses bereits auf die Wände gehoben. Sie sind eingezimmert und wie vorher als Wetterschutz mit Dachblechen überdeckt. In der vorderen Fensteröffnung ist die Zwischenbalkenlage zu erkennen. Sie wurde am Boden eingezimmert, wodurch diese knifflige Arbeit erleichtert wurde.

Mitte: Hier nimmt des zweiten Zimmer-Bauabschnitts des Obergeschosses ihren Lauf. Mit dieser wird das Zimmern, mit Giebeln und Dachpfetten, abgeschlossen.

Unten: Die Balkenlage unter den Rähmen ist erreicht, und Erik beginnt, die Balkenköpfe vorspringen zu lassen, um den Dachüberstand an den Giebeln zu schaffen. Zwischen diesen vorspringenden Balkenköpfen wird kein Setzspalt gelassen, die Längsnuten reichen bis zur Kante des jeweils unterliegenden Balkenkopfes. So können diese obersten Balken der Längswände die Dachlast besser aufnehmen. Die übrigen Balkenköpfe haben alle etwa zwei Zentimeter Abstand, damit die Stämme der Wände nicht am Setzen gehindert werden.

Oft sägt man die vorspringenden Balkenköpfe in einem weichen Bogen, doch Erik entscheidet sich, die kantigen Formen beizubehalten, da das restliche Blockhaus schon so viele abgerundete Formen hat.

Arbeitsgang für den sechskantigen Dalaknut

Wir werden mitverfolgen, wie man ein Rundholz mit sechskantigem „Dalaknut“ in die Wand einzimmert.

Anschalmen des Oberstammes

1. Man beginnt mit dem Entrinden des Stammes mit dem Ziehmesser. Dabei entfernt man die stärksten Astunebenheiten mit einem Messer. Der Stamm braucht nicht ganz glatt zu sein, obwohl das Sägen der Längsnut dadurch erleichtert wird. Da dieses Haus einen etwas grob gearbeiteten Charakter haben soll, ebnet Erik nicht alle Unebenheiten der Stammoberfläche. Dieser Stamm ist genau auf die Länge zugeschnitten worden, die er in der Wand haben soll, da er Teil des Giebelvorsprunges unter dem Dachüberstand ist. Normalerweise lässt man die Stämme etwas länger, als sie letztendlich sein müssen, um die Vorstoßreihe sauber sägen zu können, wenn die Wände fertig sind.
Das Rundholz liegt in geeigneter Arbeitshöhe auf zwei stabilen Böcken. Die Querhalme der Böcke sind leicht gehohlt, sodass der Stamm sicher liegt, sich aber dennoch mit einem Fällheber/Stammwender herumdrehen lässt.

2. Bestimmen Sie, was die Ober- bzw. Unterseite des Stammes sein soll. Zeichnen Sie mithilfe einer Wasserwaage eine Lotlinie (oben). Der Stamm soll mit einer eventuellen Krümmung nach oben liegen – einen Buckel machen.

An der Stirnseite werden die Linien für das Anschalmen angezeichnet (oben). Das Maß ist für alle Stämme gleich. Auf dem waagerechten Strich in der Stamm-Mitte gibt es zwei Markierungen, die angeben, wie weit man den Schalm später abrunden soll. Der Pfeil auf der Lotlinie weist zur Unterseite des Stammes.

Die Bereiche, die angschalmt werden sollen, sind die vier Seitenflächen, die sich auf der waagerechten Linie kreuzen.

BLUE WEAR

9

3. Sägen Sie als erstes den ganzen Schalm mit ziehender Kette.

4. Folgen Sie den aufgezeichneten Linien und zielen Sie dabei so, dass der Schalm so weit von der Stirnseite entfernt in einen Keil ausläuft, wie es nötig ist. Im vorliegenden Fall ist das relativ weit innen am Stamm, da dies der Stamm unter dem Rähm ist, der weiter hinausragen soll, als die darunter liegenden Wandstämme.

5. Anschließend sägt man mit schiebender Kette, sodass man währenddessen die Keilform sehen kann, die das ausgesägte Stück bekommt. Dort, wo die ziehend gesägte Fläche in die schiebend gesägte übergeht, kann es ein bisschen uneben werden. Diese Unebenheit ist jedoch später im „Knut" verborgen.

6. Mithilfe des Fällhebers/Stammwenders wird der Stamm so gedreht, dass die übrigen Schalme gesägt werden können. Hier steht noch das Sägen von zwei Seiten aus.

7. Der letzte Schalm wird gesägt.

8. Einige kräftige Züge mit dem Ziehmesser runden die scharfen Kanten der Schalme bis zu den Markierungen auf der waagerechten Linie ab.

9. Der Stamm ist fertig angschalmt, die beiden Seitenschalme haben einen weichen Übergang bekommen.

10. Der Stamm wird um 180° gedreht. Ein Schnurschlag auf der nun nach oben gewandten Unterseite ergibt eine Linie, von der man beim weiteren Arbeiten des „Knuts" ausgehen kann.

11. Die Breite des querliegenden Unterstammes wird ermittelt. Dieses Maß erhält die Bezeichnung A.

12. Die Höhe des querliegenden Unterstammes wird ermittelt. Maß B.

10

11

12

13
16
14
17
15
18

19

13. Vom Endholz aus wird die Mitte des „Knuts“ ausgemessen und mit einem Querstrich auf der roten Linie markiert. Der Abstand der beiden Querlinien die im Bild markiert werden beruht auf Maß A vom Unterstamm, und wird symmetrisch zur Mitte des „Knuts“ angezeichnet.

14. Die Mitte des „Knuts“ ist markiert, sowie Stützlinien für das Beilen der Schalme. Der Abstand zwischen den Strichen, die parallel mit dem Schnurschlag verlaufen, bedingt die Breite der Längsnut. Hier beträgt der Abstand 10 cm.

15. Die Höhe B des Unterstammes, die vorher ermittelt wurde, wird auf den Oberstamm übetragen.

16. Drehen Sie den Stamm in eine geeignete Lage und hauen Sie mit der Axt eine Kerbe bis zu der Tiefe, welche die Schalme zwischen den Markierungen haben sollen.

17. Beilen Sie die Schalme mit dem Behaubeil/Beschlagbeil auf den Einschnitt zu aus.

20

18. Kontrollieren Sie, dass der Schalm plan ist. Beachten Sie, dass man dies wie auf dem Bild entlang der Linie macht, die der schräge Haken im Unterstamm bekommt. Wenn man die Fläche lotrecht nach unten kontrolliert, hat der „Knut“ später ungewollten Spielraum.

19. Der gegenüberstehende Schalm wird auf die Kerbe zu ausgehauen.

20. Kontrollieren Sie wieder, dass die Fläche plan ist. Arbeiten Sie dann die Schalme auf der anderen Stammseite.

21. Der „Knut“ ist fertig angeschalmt. Der Stamm kann zur weiteren Arbeit in den Oberhaken des Unterstammes gelegt werden.

22. Das andere Ende des Stammes soll in einem Zwischen-“Knut“ gestoßen werden. Deshalb wird es direkt entlang der angezeichneten Linien am Stammende angeschalmt. Hierbei wird nicht gesägt, da hier kein Balkenkopf entstehen soll.

21

22

„Knut"-Haken im Unterstamm

1. Am Unterstamm wird mit demselben Maß angezeichnet, wie am Oberstamm. Die Höhe des Zapfens entspricht dem halben Abstand zwischen der Oberseite und dem querliegenden Unterstamm.

2. Sägen Sie mit der Schienenspitze eine flache Spur, die dem Strich folgt. Beim Sägen fliegen die Späne normalerweise so, dass der Bleistiftstrich verdeckt wird und es schwierig ist, exakt zu sägen. Wenn man erst mit der Schienenspitze vorsägt, ist es leichter, anschließend einen guten Sägeschnitt auszuführen. Halten Sie die Säge sehr gut fest, da alle Arbeit mit der Schienenspitze das Risiko mit sich bringt, dass die Säge zurückschlägt.

Mit den vorgesägten Spuren als Stütze wird dann der Haken ausgesägt.

3. Machen Sie einen Einstich an der Zapfenlinie.

4. Putzen Sie die Zapfenoberseite, indem Sie die Sägekette bei hoher Drehzahl ansetzen und die Schiene seitlich hin und her bewegen.

5. Sägen Sie danach die Seiten der Ausfasung vor dem Zapfen so tief, wie sie sein sollen.

6. Sägen Sie die Kante des Zapfens mit einem senkrechten Einstich. ACHTUNG! Fahren Sie dabei die Motorsäge mit höchster Drehzahl, um das Risiko des Zurückschlagens zu mindern.

7. Mit der „Knut"-Axt schlägt man die Ausfasung dann leicht heraus. Man kann natürlich für das Arbeiten der Ausfasung nur die „Knut"-Axt oder ein Stemmeisen anwenden, doch nimmt das etwas mehr Zeit in Anspruch und ergibt kein besseres Resultat. Die Flächen innen im „Knut" müssen nicht übermäßig bearbeitet werden. Sie sind später nicht sichtbar, und geputzte „Knut"-Innenflächen erhöhen auch nicht die Qualität einer Blockwand. Als Zimmermann verliert man nur Produktionszeit, und damit Einkünfte, sofern man das Blockhaus für einen Käufer zimmert.

8. Die Breite des Zapfens entspricht knapp dem halben Stammdurchmesser. Erik bevorzugt es, den Zapfen mit einem senkrechten Einstich zu sägen, da er damit eine gerade, schöne Zapfenkante erhält.
Auf dem Bild ist auch zu sehen, dass es ihm geglückt ist, die Stämme so zu wenden, dass die Streifen mit Greifschäden nach oben weisen, wo sie von der Längsnut verdeckt werden.

9. Der Haken im Unterstamm ist fertig. Der Oberstamm kann eingesenkt werden.

1

2

3

4
7
5
8
6
9

Der Oberstamm wird eingesenkt

1. Der obere Stamm wird mit dem Kran auf die Wand gehoben. Man kann erkennen, dass das Zimmern sich seinem Ende nähert, da Erik bereits begonnen hat, vorspringende Wandstämme für die Formung des Dachüberstandes einzuzimmern.

2. Der Stamm wird in die richtige Lage gebracht. Die Stämme sind in der Wand mittig zentriert, und liegen Zentrum über Zentrum.

Anzeichnen und Sägen der Zapfenausfasung im Oberstamm, bzw. des Hakens im Unterstamm

3. Die Tiefe des Zapfens im Unterstamm (sein Maß quer zur Längsrichtung dieses Balkens) wird auf die Unterseite des Oberstammes übertragen. Die Höhe des Zapfens wird mit einem Zirkel gemessen, und mit dessen Hilfe senkrecht, von den angeschalmten Seiten des Oberstammes, auf den Unterstamm übetragen. Die Linien werden wie auf dem Bild gezogen.

4. Der Haken im Unterstamm kann nun auf die neue Breite ausgesägt werden.

5. Im Oberstamm wird der Haken angezeichnet, nachdem der Stamm heruntergehoben und mit seiner Unterseite nach oben gewendet worden ist. Erik zieht die Linien für die Hakenseiten etwa 1 cm außerhalb der Markierungen für die o.g. Zapfenbreite. So erhält er ein bisschen Luft zwischen Zapfen und Haken, sodass Dichtungsmaterial wie Moos oder Flachs Platz hat. Arbeitet man zu passgenau, schafft es nur Probleme, ohne dass der „Knut“ dichter würde. Die Tiefe des Hakens ist gleich mit der Zapfenhöhe plus 2 cm. In der Regel muss Erik bei der endgültigen Justierung etwas mehr ausnehmen, damit der „Knut“ später nicht am Zapfen hängen bleibt und den Stamm daran hindert, sich in der Längsnut zu setzen.

6. Nach dem Anzeichnen wird der Haken im Unterstamm ausgesägt.

7. Putzen mit der „Knut“-Axt.

8. Sägen der Aussparung für den Zapfen im Oberstamm.

9. Den Boden der Aussparung putzen, indem die Schiene der Motorsäge bei höchster Drehzahl seitlich hin und her bewegt wird.

4
7
5
8
6
9

Anzeichnen der Längsnut

1. Der Oberstamm wird auf den Unterstamm gelegt. Nachdem er in der Position liegt, die er in der Wand haben soll, wird die Längsnut angezeichnet. Die Stämme haben noch ihre Astunebenheiten, was sehr sorgfältiges Anzeichnen erfordert.

2. Der Zirkel wird so gehalten, dass sich seine Spitze und die des Bleistiftes senkrecht übereinander befinden. So wird die Kontur des Unterstammes auf den Oberstamm überführt und dort mit dem Bleistift markiert. Der Bleisitift hat eine extra weiche Mine, die auf frischem Holz haftet. Ein gewöhnlicher Zimmermannsbleistift lässt sich hier nicht anwenden, da die Oberfläche vor lauter Harz glänzt.

Anzeichnen und Sägen des „Knut"-Hakens im Unterstamm sowie Dichtungskerbe

3. Der Haken im Unterstamm wird zusammen mit der Längsnut angezeichnet. Der gleiche Abstand wie in der Längsnut wird senkrecht von den Schalmen des Oberstammes auf den Unterstamm übertragen. Der Haken wird entlang der angezeichneten Linien ausgesägt.

4. Beginnen Sie, indem Sie mit der Schienenspitze an den Linien entlang sägen. Diese Kante wird später sichtbar sein. Bei der Arbeit auf dem Boden kann man einfache, bewegliche Böcke anwenden, um eine bequeme Arbeitsstellung zu haben.

5. Die Hakenseiten werden schwach hohl ausgesägt, sodass die Kanten „reiten". Übertreiben Sie diese Hohlung jedoch nicht. Es reicht, wenn der „Knut" nicht an den Flächen innerhalb dieser Kanten hängen bleibt.

6. Die Dichtungskerbe im „Knut" wird mit der Schienenspitze ausgesägt.

7. Endgültiges Putzen mit der „Knut"-Axt. Beachten Sie, dass die Balkenköpfe der vorhergehenden Lage nicht aufeinander ruhen.

8. Der Haken für den „Knut" im Unterstamm ist fertig, rechts die Dichtungskerbe.

1

2

3
6
4
7
5
8

Sägen der Längsnut

1. Der Oberstamm wird auf den Boden gehoben und so hingelegt, dass man die eine Kante der Längsnut genau senkrecht nach unten sägen kann. Erik sägt als erstes mit der Schienenspitze eine flache Spur, wobei er der angezeichneten Linie sorgfältig folgt. Da der Stamm noch Astbeulen hat, wird die Sägespur nicht gerade. Deshalb ist es schwierig, für diese Arbeit eine andere Säge als eine Motorsäge anzuwenden.

2. Die flache Spur folgt den angezeichneten Linien.
Zur Linken sieht man, in der Mitte der Stammunterseite, die rote Linie des Schnurschlages. Je genauer man sich beim Sägen an die Linien hält, desto dichter wird das Haus in der Längsnut.

3. Anschließend kann Erik die Längsnut zu voller Tiefe aussägen. Ohne die vorgesägte Spur wäre es schwierig, den angezeichneten Linien zu folgen, da sie unmittelbar von sprühenden Sägespänen verdeckt werden. Die flache Spur hält die Kante, und er kann die nächste, tiefe Spur ein bisschen innerhalb von der ersten legen. Im Gegensatz zu mir sägt er keine Mittelspur. Ich ziehe es bei beidseitig geblockten Balken vor, eine Mittelspur zu sägen, damit der Balken nicht versehentlich durchgesägt wird. Bei Rundhölzern besteht dafür nur ein geringes Risiko, solange man beachtet, wie tief die Schiene im Holz liegt.

4. Da dieser Stamm von der Vorstoßreihe vorstehen soll, um den Dachüberstand zu formen, wird die Längsnut bis zur Kante des unterliegenden Balkenkopfes gezogen. Das ausgesägte Stück liegt rechts im Bild.

5. Das Sägen der Längsnut wird fortgesetzt, nachdem der Stamm so gedreht worden ist, dass die Sägespur der nächsten Kante senkrecht gesägt werden kann. Die Breite der Längsnut sollte mindestens 7 cm betragen.

6. Das losgesägte, dreikantige Stück kann aus der Längsnut herausgebrochen werden.

7. Zwischen der ersten, flachen Spur entlang der angezeichneten Linie, und der zweiten Spur zu voller Tiefe, gibt es eine kleine Kante. Erik fräst sie mit der Schienenspitze ab, sodass er genau innerhalb der Kante der Längsnut eine kleine, schalenförmige Rundung erhält. So besteht weniger Risiko, dass der Stamm innerhalb der Kante der Längsnut an der Oberfläche des Unterstammes hängen bleibt. Falls das nämlich passiert, wird die Fuge zwischen den Stämmen undicht und schwer zu berichtigen. Der Druck zwischen den Stämmen soll möglichst auf den beiden scharfen Kanten der Längsnut liegen. So werden die Stämme bei Belastung der Wand zusammengepresst und letztere wird im Laufe der Zeit immer dichter, je mehr sie sich setzt.

Wenn man den Oberstamm stark senken muss, damit er im „Knut“ zusammenpasst, wird die Längsnut breiter als normal. Dabei besteht das große Risiko, dass die Oberseitenrundung des Unterstammes anstelle mit den Kanten der Längsnut, in Kontakt mit ihren Innenflächen kommt. Achten Sie bei breiten Längsnuten gut darauf, dass dies nicht eintrifft.

Justieren des Hakens für den Zapfen (des Unterstammes) im Oberstamm

1. Messen Sie die Höhe des Zapfens und kontrollieren Sie, ob der Haken im Oberstamm bereits, mit hinlänglichem Sinkmaß, ausreicht. Hier muss der Haken entlang der angezeichneten Linie tiefer gearbeitet werden.

2. Auch so eine kleine Veränderung wird mit einem Einstich der Schienenspitze gemacht.

3. Ebnen der Fläche, indem die Schiene bei hoher Drehzahl hin und her bewegt wird.

Justieren des „Knuts“

Nachdem der Haken zurechtgesägt worden ist, wird der Oberstamm auf die Wand gelegt und der „Knut“ justiert.

1. Auflegen des Stammes auf die Wand, um zu kontrollieren, wie gut er passt. Markieren der Stellen, an denen die letzten Justierungen gemacht werden sollen.

2. Anheben des Stammes mit dem Fällheber und Unterklemmen von Klötzen, um die Kranseile befestigen zu können. Vorsicht ist geboten, da großes Gewicht hantiert wird. Zimmert man zu zweit an einem Stamm, muss man sich gut abstimmen, damit kein Unglück geschieht.

3. Der Oberstamm wird neben die Wand gelegt, damit der Haken im Unterstamm endjustiert werden kann. Beim Justieren muss man behutsam sein, da man leicht zu viel entfernt. Im Haken soll keine Kante vorstehen, auf der der Oberstamm „reiten“ könnte. Alle Arbeit beim Einjustieren wird am Haken des Unterstammes ausgeführt, wo sich das Holz leicht bearbeiten lässt. Die angeschalmten Seiten des Oberstammes sind nicht berührt worden, seit sie auf den Böcken zurecht gebeilt und auf Geradheit kontrolliert wurden, siehe Bild 19 auf Seite 245. Es ist viel schwieriger, einen dichten „Knut“ zu bekommen, wenn man an den Schalmen des Oberstammes zu schnitzen beginnt.

4. Nachdem im Haken des Unterstammes ein bisschen justiert wurde, kann der Oberstamm an seinen Platz gelegt werden. Die Längsnut passt ohne weiteres Justieren. In welchem Ausmaß man justiert, muss jeder selbst entscheiden. In dieser Arbeitsphase kann man sich damit beliebig lange beschäftigen, doch muss man irgendwo eine Grenze setzen. Ich habe folgende Daumenregel: Wenn die Längsnut so dicht ist, dass man keine zwei zusammen geklappten Zollstock-Abschnitte hineinschieben kann, wird sie für gut befunden. Das aufgeklappte Zollstockende sollte man hingegen hineinschieben können dürfen, ohne dass sie als unzureichend erklärt wird. Sobald die Blockwände ein schweres Dach bekommen, werden die Wandbalken aufeinander gepresst und die Wand dichter. Das setzt allerdings voraus, dass der Auflagedruck sich dabei, wie bereits beschrieben, auf die zwei scharfen Kanten der Längsnut konzentriert.

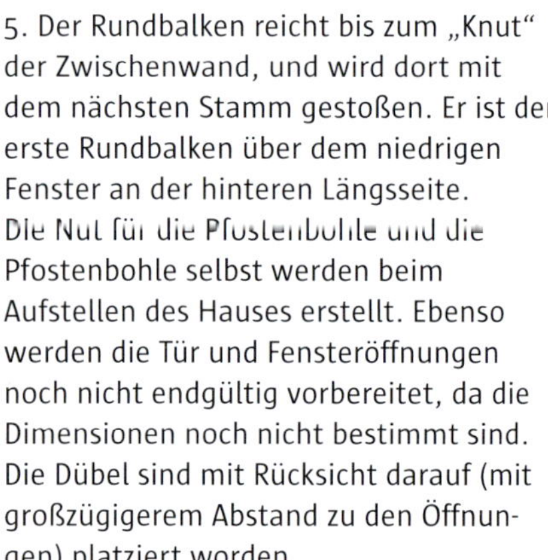

5. Der Rundbalken reicht bis zum „Knut“ der Zwischenwand, und wird dort mit dem nächsten Stamm gestoßen. Er ist der erste Rundbalken über dem niedrigen Fenster an der hinteren Längsseite.
Die Nut für die Pfostenbohle und die Pfostenbohle selbst werden beim Aufstellen des Hauses erstellt. Ebenso werden die Tür und Fensteröffnungen noch nicht endgültig vorbereitet, da die Dimensionen noch nicht bestimmt sind. Die Dübel sind mit Rücksicht darauf (mit großzügigerem Abstand zu den Öffnungen) platziert worden.

6. Der Zwischen-„Knut“, in dem der Stoß liegen soll. Im Unterstamm wurde der Haken nur auf der Seite ausgesägt, wo der Oberstamm liegt. Der nächste Stamm wird auf gleiche Weise eingezimmert, und der Haken dabei so ausgesägt, wie bereits beschrieben. Auf dem Bild ist deutlich der Luftspalt für das Sinkmaß zu sehen. Er beträgt hier ca. 2 cm und soll sowohl Isolierung aufnehmen als auch dem Stamm die Möglichkeit geben können, sich im „Knut“ zu setzen. Bliebe der Oberstamm dort hängen, würde sich die Längsnut zwischen den Stämmen öffnen.

1

2

3

Das Fertigstellen der Blockwände

1. Der oberste Abschnitt des Hauses ist fertig und steht hier komplett mit allen Pfetten und Giebeln.

2. Die Pfetten sind in die Giebel eingesenkt, damit eine ausreichende Höhe für die Isolierung geschaffen wird. Die schräggesägten Giebelseiten sollen die Dachsparren überragen, damit über den Sparren noch genügend Platz für die Konstruktion eines Luftspaltes bleibt. Alle Stämme werden, auch vorbereitend für das zukünftige Umsetzen des Rohbaues, markiert, bevor wir die Wände und Giebel auseinander nehmen.

3. Innerhalb weniger Stunden ist der gesamte oberste Abschnitt demontiert, und wird nun Stamm für Stamm auf die Wände im Hintergrund aufgezimmert.

4. Der Aufbau wird bei Nieselregen fortgesetzt. Das erste Pfettenpaar liegt an seinem Platz. Man sieht einen deutlichen Unterschied zwischen den Stämmen, die im vorigen Winter gefällt wurden, und den neuen, obersten, die in diesem Winter gefällt worden sind. Erik wartet mit dem Einsetzen von Zargen in den Fenster- und Türöffnungen bis das Haus endgültig aufgestellt wird und er genau weiß, wie groß Fenster und Türen sind. Er sucht nach passenden, älteren Fenstern für das Haus.

5. Der Rohbau des Blockhauses ist fertig. Er muss nun nur noch mit einer kräftigen Persenning überdeckt werden. Sie wird so weit hinausgezogen, dass das Tropfwasser nicht an den Wänden herab rinnt.

6. Der Rohbau, mit der Eingangstür an der vorderen Längsseite. Der Stamm im Vordergrund blieb übrig, die Holzmenge war gut berechnet. Erik ging jedoch passendes Gerüstholz aus und er muss dieses ergänzen, bevor der Rohbau an seinen endgültigen Standort umgesetzt wird.

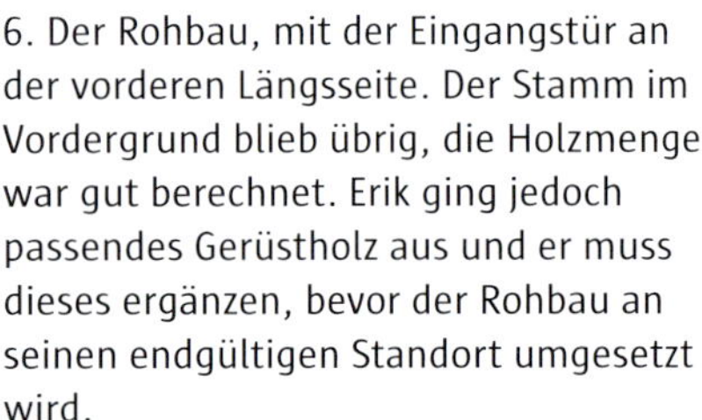

Das Haus macht einen mächtigen Eindruck. Auf einem ausreichend hohen Fundament, und am besten ein bisschen erhöht in der Landschaft, wird es zu einem Blickfang werden.

Aufbau am endgültigen Standort

Es verging lange Zeit, bevor Erik und Eka ein geeignetes Grundstück für das Haus fanden. Erst zwei Jahre nach Fertigstellen des Rohbaues wurde es an den endgültigen Standort versetzt.

1. Kräftige Bauplanen auf stützenden Riegeln haben den Rohbau vor Niederschlag geschützt. Eine Vergrauung durch die Witterung lässt sich nicht vermeiden, doch Holzbläue war an den Stämmen nicht zu sehen. Ein entsprechender Rohbau aus Kiefernstämmen wäre deutlich dunkler geworden.

2. Abbau und Transport der Wände brauchten eine Arbeitswoche.

3. Ingvar, ein Nachbar am neuen Standort, half mit dem Transportieren der Stämme.

4. Der Keller wird aus einem Restposten Leca-Betonsteinen (Blähton-Steine), die zu einem Sonderpreis erstanden wurden, aufgemauert.

5. Zum Ende des Sommers ist der Keller fertig gemauert. Die sichtbaren Mauerteile bestehen aus Schlackensteinen. Die Wände werden auf eine kräftige Balkenlage aufgesetzt, deren Endhölzer aus der Mauer hervorstehen.

6. Ein Arbeitstag mit über 50 mm Niederschlag! Das Wasser in den Ritzen und Dübellöchern bliesen wir mit Druckluft heraus.

7. T-förmige Zargen für Tür und Fenster wurden im Erdgeschoss eingesägt.

8. Der Rohbau ist aufgebaut und wartet auf das Dach.

9. Das Haus soll ein Grasdach bekommen, das kräftige Pfetten erfordert. Das Bild zeigt das Obergeschoss, mit Blick auf die Zwischenwand zum großen Schlafzimmer.

10. Die eine Dachseite ist bis hinauf zur Unterlegpappe gedeckt. Der Dachaufbau besteht, von unten nach oben, aus weißlasiertem Innenvertäfelung, Feuchtigkeitssperre, 30 cm hohem Hohlraum für Isolierung, Masonitplatten unter dem Ventilationsspalt, Rauspund und Unterlegpappe.

11. Auf dem Dach fehlen noch die Gras-Schichten, doch muss diese Arbeit bis zum nächsten Jahr warten.

12. Winterruhe für Bauherren und Haus. Es ist von Vorteil, wenn der Rohbau sich einen Winter über, unter dem Gewicht des Schnees, setzen kann. Im Frühjahr darf er dann in den warmen Winden trocknen.

13. Das fertige Haus.

8

11

9

12

10

13

Der Hofraum

Ein Blockhaus, das in der falschen Umgebung steht, bietet einen wunderlichen Eindruck. In einem Villenviertel, umgeben von verklinkerten Villen und 1½ stöckigen Ziegelhäusern mit steilem Dach, die verwachsenen Mützen ähneln, kommt es nicht zu seinem Recht.

Denken Sie bei der Planung Ihres Blockhauses daran, wie der Hofraum gestaltet werden soll.

Es ist einfach, wenn man einen alten Hofplatz hat, von dessen Anordnung man ausgehen kann. Die Alten wussten, wie man einen Hof anlegen musste. Man braucht einen Hügel für die Drainage und gute Bodenbeschaffenheit. Der Wohnhof sollte, für Sonne und Wärme, nach Südwesten offen sein, und mit dem Rücken nach Nordosten liegen, möglichst im Windschatten eines Waldrandes. So wird das Innere des Hofes vor kalten Winden geschützt.

Das Bauerngehöft hatte oft einen umschlossenen Hofraum, wo die Häuser rechtwinklig zueinander lagen.
Das Wohnhaus mit der dazugehörigen Waschküche, dem Häuschen für die Alten und dem Nebengebäude liegt auf einer Erhöhung in der Landschaft. Die Wirtschaftsgebäude, wie Scheune, Stall, Remise und Vorratshaus liegen etwas abseits davon.

Die Platzierung der Häuser beruht auf sehr alten Traditionen. Das geht aus den nebenstehenden Formulierungen des 2. Kapitels der Bauvorschriften von 1734 hervor:

> ***„Das Grundstück soll zum Wohnhof und Viehhof ausgebaut werden. Im Wohnhof sollen Stube mit Vorstube und Kammer sein, auch eine Gästestube, wenn der Hof so groß ist, und Keller, Vorratsspeicher, Getreidespeicher, Gerätehaus, ‚stilles Örtchen', Torhaus und Remise. Braucht der Bauer mehr Häuser, soll er sich zur Wohnung das beste bauen, was er vermag. Der Viehhof wird abgesondert vom Wohnhof gebaut, und dort soll ein Pferdestall, Kuhstall, Schafstall und Schweinestall sein mit den notwendigen Räumen für das Futter, ebenfalls Scheunen und Schuppen, je nach Größe des Hofes. Sauna und Malzhaus sollen auch gebaut werden, und so auch ein Darrhaus, wo Wald in der Nähe ist, und es soll abseits stehen."***
>
> Zitat aus Sigurd Erixons Svensk byggnadskultur von 1947.

Die verschiedenen Außenhäuser haben starke raumbildende Wirkung. Vor allem der Dachbodenspeicher und das Vorlaubenhaus mit seinem vorspringenden Dach bewirken, dass der Wohnhof als umschlossen, umhegt empfunden wird. Die grasbewachsene Hoffläche wird zum weichen, widerstandsfähigen Teppich für die wilden Spiele der Kinder an milden Sommerabenden.

Das Blockhaus wirkt am besten, wenn es frei in der Landschaft steht, von seinen Außenhäusern in rechten Winkeln umgeben. Das Gehöft macht so aus der Entfernung einen geschlossenen Eindruck und wird zu einem schmückenden Bestandteil der Kulturlandschaft.

Das Einfamilienhaus in Blockbauweise, eine Blockhausvilla, passt auch am besten einzeln stehend an einem Waldhang. Wenn es nur Bauplätze in Wohngebieten gibt, sollte die Blockausvilla in Gesellschaft anderer Blockhäuser stehen. Eine Gruppe von Blockhäusern, die Züge älterer Haustypen tragen, und dazu passende Außenhäuser, bilden ein abgerundetes Milieu.

Holzhäuser und besonders Blockhäuser sind die ältesten nordischen Haustypen. Sie stellen dauerhafte, stabile Häuser dar, deren Ursprünge weit in die Vergangenheit zurückreichen, als man einfacher wohnte als heutzutage.

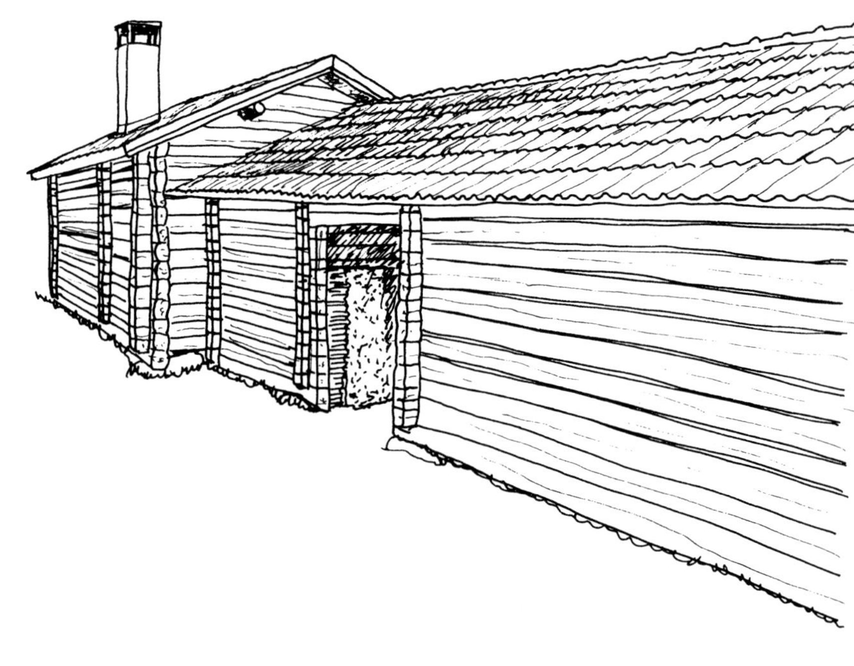

Die Nebengebäude haben eine angenehme Größe für einen Amateurzimmermann. Die Anforderungen an die Präzision der Eckverbände und der Wände sind nicht so hoch, und Sie vermeiden den zeitraubenden Innenausbau. Bestellen Sie Ihr Wohnhaus in Blockbauweise bei einem erfahrenen Berufszimmermann, und lassen Sie Ihrer Phantasie und Schaffenskraft freies Spiel bei den Außenhäusern.

Viele träumen von einem Torhaus, und warum wollen Sie sich nicht selbst Ihre Hofeinfahrt zimmern, wenn Sie Ihr eigener Baumeister sind?

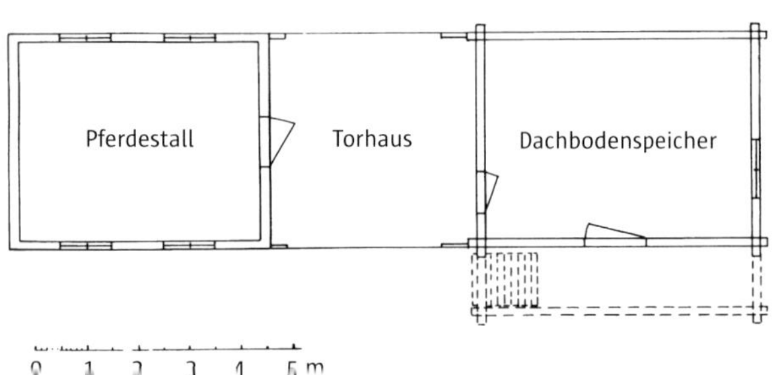

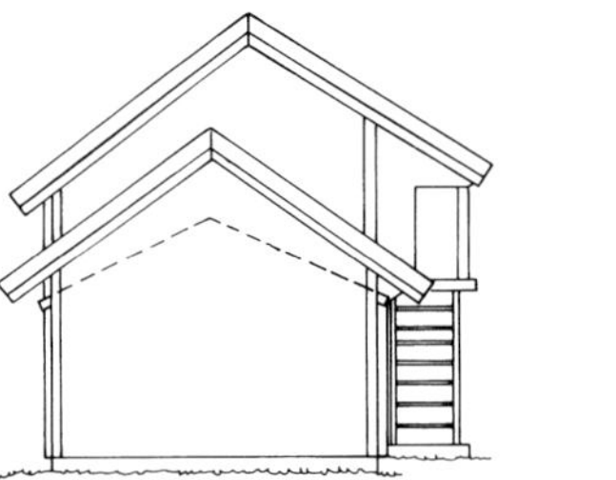

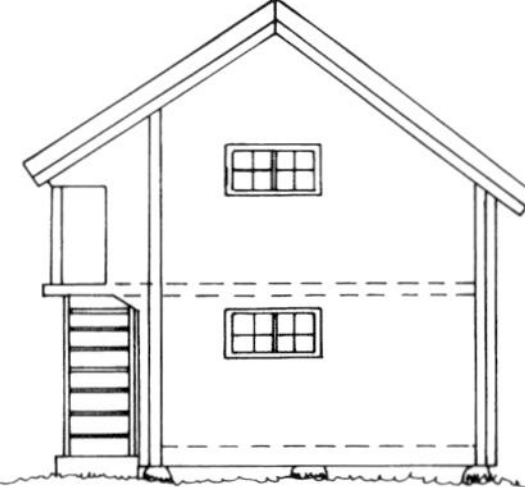

Den Dachbodenspeicher, den ich weiter vorne im Buch beschrieben habe, kann man beispielsweise mit einem Pferdestall verbinden, wenn es reitsportbegeisterte Jugendliche in der Familie gibt. Das Torhaus bietet Raum für Sättel, Geschirre, Hufpflege usw. In der unteren Etage des Dachbodenspeichers kann der Heuvorrat lagern. Die Kammern im Obergeschoss sind als „eigenes Reich" für die Jugendlichen geeignet.

Der Hofraum besteht nicht nur aus Häusern und Zäunen. Büsche, Hecken und Bäume sind wichtige Bestandteile eines guten Lebensraumes im Außenbereich.

Freizeitgelände

Wir wollen den Aufbau eines Freitzeitgeländes, vom unbebauten Ackergrundstück bis zum Bau einer Anzahl Häuser für verschiedene Verwendungszwecke, begleiten.

Das Grundstück besteht aus zwei Äckern, die durch einen Entwässerungsgraben getrennt sind. Er ist als Streifen hohen Grases mitten im Bild erkennbar. Das Foto ist von der Ostecke in Richtung Nordwesten aufgenommen, wo das Grundstück eine Aussicht auf den See bietet. Das ist der große positive Aspekt dieses Freitzeitgeländes.

Dieses Bild wurde von der Nordecke nach Süden zu aufgenommen. Es zeigt eine offene Landschaft, welche die Sonne hereinfluten lässt.

Die Häuser werden um einen Hofplatz angeordnet, mit einer Öffnung nach Süden. Ein Holzschuppen mit Trockenklo liegt etwas hinter der Tischlerwerkstatt. Die Häuser können entweder nördlich oder südlich des Entwässerungsgrabens platziert werden, weil man die Häusergruppe ungern durch den Graben trennen möchte.

Ich entschloss mich, die Häuser in die nördliche Ecke des Grundstückes zu legen, weil das Gelände dort am höchsten ist und man die beste Aussicht hat. Ich sehe es auch als Vorteil an, dass die Häuser dort weiter vom Verkehr auf dem öffentlichen Weg entfernt sind. Der Nachteil dieser Lösung ist, dass der Abstand zum befestigten und winters gepflügten Weg länger ist. Es erfordert einen erheblichen Aufwand, den 40 m langen Weg befahrbar zu halten. Der Gemeinschaftsweg ist nur eine einfache Karrenspur, die zum Boothausgelände des Dorfes unten am See führt.

Die Häuser werden in nachstehender Reihenfolge gebaut:

1. Tischlerwerkstatt
2. Speicher
3. Hütte
4. Holzschuppen mit Trockenklo

Bei der Platzierung der Häuser muss man die Möglichkeiten für zukünftige Erweiterungsbauten beachten. Man muss 20 bis 30 Jahre vorausschauen und möglichst vermeiden, zukünftige Ausbaumöglichkeiten zu blockieren.

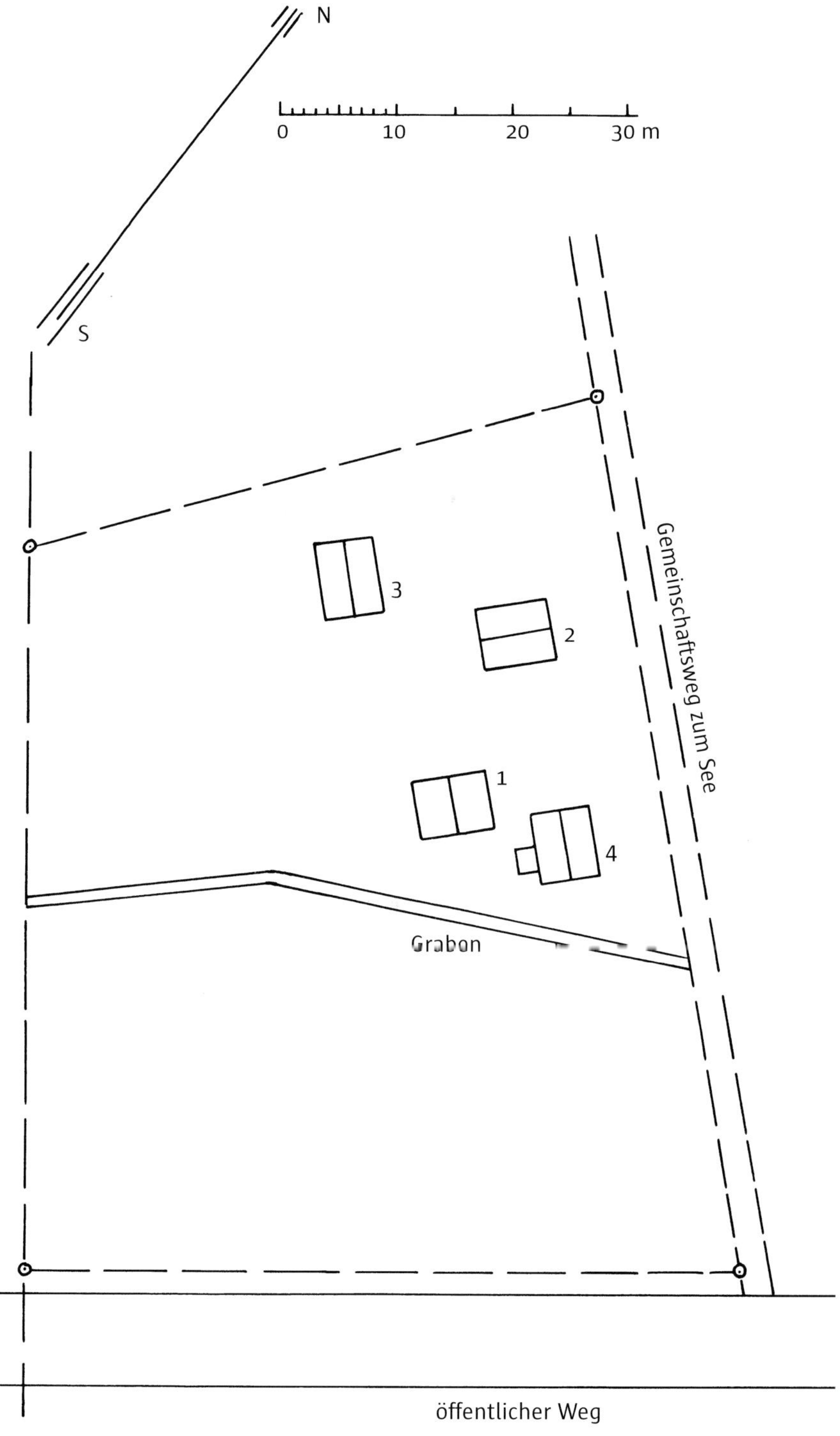

1. Tischlerwerkstatt
2. Speicher
3. Hütte
4. Holzschuppen mit Trockenklo

Tischlerwerkstatt

Der alte Sommerstall hatte gesunde Balken, mit Ausnahme einiger bodennaher Balken an der vorderen Giebelseite und an der einen Längsseite.

Der Sommerstall ist sicherlich schon mindestens einmal umgesetzt worden. Man sieht die Ausschnitte in der Giebelwand, wo früher Pfetten eingefügt waren. Das Schindeldach hat den Bau notdürftig vor Nässe geschützt. Das Holz des Unterdaches aus dünnen, aufgetrennten Fichtenstämmen ist gesund, und kann beim Neuaufbau wieder verwendet werden. Die untersten Balken an der Hangseite zur Linken sind gänzlich rotfaul.

Grundriss- und Fassadenzeichnung der Tischlerwerkstatt

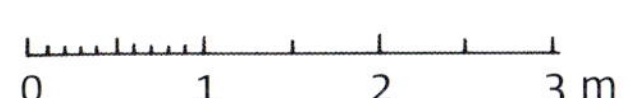

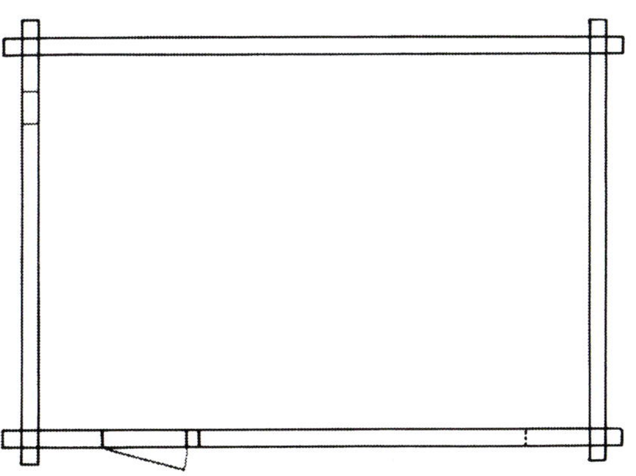

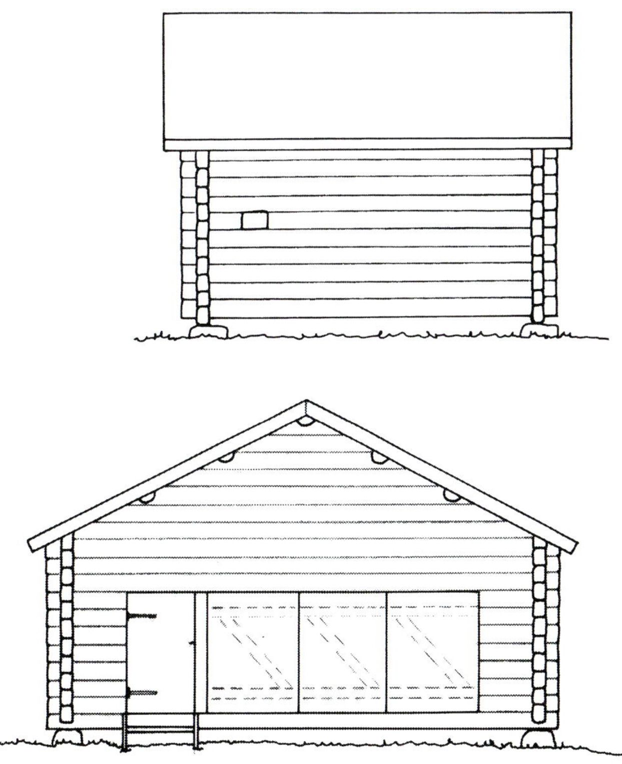

Beim Einmessen des Bauplatzes und Ausgraben der Gründung wurde der gesamte Mutterboden mit einem Traktorgräber abgegraben. Da die Maschine einmal da war, wurden auch die Gründungen für den Speicher und die kleine Hütte ausgegraben.

Unter jeden Eckstein wurden 1x1 m große Bodenplatten gelegt, um die Gefahr der Bodenfrostbildung und das ungleiche Auffrieren der Ecksteine zu mindern. Der Boden wurde mit drainierendem Material wieder aufgefüllt; in diesem Falle mit Kies.

Die Tischlerwerkstatt ist fast fertig. Die Öffnung an der Vorderseite wird mit drei Läden aus breiten Brettern verschlossen, die von den Vorstoßkästen des alten Speichers stammen. Alte Kernholzbretter können meistens wiederverwendet werden, auch wenn sie grau außehen und bemoost sind. Sie sind nur etwas spröder geworden, weil das Holz mit der Zeit härter wird.

Als Ecksteine wurden große, flache Steine verwendet, die von einem Bergeinschnitt entlang eines Waldweges stammen.

Die rechte Seitenwand bekam eine nicht geplante Lüftungsöffnung. Der rechte Schwellenbalken war durch Fäulnis angefressen worden, wodurch die ganze Wand eine halbe Balkenstärke zu niedrig geriet, was wir erst bemerkten, als die Wand schon fast fertig war. Die Lösung war ein Ventilationsspalt, der mit einem Brett geschlossen werden kann, das an einem Scharnier befestigt ist. Eine Hütte dieser Art muss ja gut ventiliert sein. Größere Öffnungen muss man jedoch mit einem Mückennetz versehen, damit die Schwalben nicht in der Hütte nisten.

Die Hütte ist fertig, und sie wird bei den folgenden Arbeiten zum Ausbau des Freizeitgeländes als Tischlerwerkstatt genutzt. Eine Tischlerwerkstatt ohne Tageslicht über der Werkbank kann man jedoch nicht gebrauchen, weswegen die hintere Giebelwand mit einem Fenster versehen wurde, was aus der Abbildung auf Seite 278 hervorgeht. Zwei weggeworfene Sprossenfenster in passender Größe wurden zu einem schönen Fenster – zu den Kosten von einem halben Liter Ölfarbe und etwas Abfallholz für Fensterrahmen.

Als Dach wurde schwarzes Dachblech genommen. Es wurde so weit über die Windschutzbretter am Giebel hinausgezogen, dass alles Holzwerk von Blech geschützt war. Auf einem Freizeitgelände hat man anderes zu tun, als Giebel- und Wasserbretter zu pflegen.

Der Speicher

Auf einer Nachlassauktion wurde dieser Speicher ersteigert. Die Holzständer, auf denen er gegründet war, hatten nachgegeben, und der Speicher war „in die Knie gegangen". Durch das Sperrholzdach war Wasser eingedrungen, und innerhalb weniger Jahre würde der Speicher ernsthaft geschädigt sein.

Der Speicher musste einen Winter stehenbleiben, bevor er auseinander genommen werden konnte. Ringsum wurden die Bäume und Büsche entfernt, und die größten Löcher im Dach mit einigen Dachblechen überdeckt.

Beim Niederlegen stellten wir fest, dass die Balken im wesentlichen noch gesund waren. Sie wurden mit Blechplättchen mit eingestanzten Nummern markiert und einen weiteren Winter luftig gelagert. Die Dachhölzer dienten als Abdeckung.

Gebüsch und Unkraut waren an den Wänden emporgewachsen und hatten die untersten Balkenlagen feucht gehalten. Das Holz der Balken war jedoch von guter Qualität. Schäden sieht man oberhalb der Tür an der Giebelwand. Diese Seite war früher nach Nordosten gerichtet, wo das Holz am schlechtesten trocknet.

Ob die Wände von Fäulnis befallen werden oder nicht, hängt zum großen Teil davon ab, wie gut das Holz nach einem Schlagregen wieder trocknen kann. Wenn die Balken geteert oder mit Falu-Rödfärg gestrichen sind, trocknen sie besser, weil die dunkle Farbe die Sonnenwärme einfängt.

Der Wiederaufbau der Blockwände.
Die Ecken wurden auf kräftige Natursteine gestellt, anstelle des Pfahlgestelles, auf dem sie früher standen. Der Schwellenbalken ist ausgebessert worden. Auf der anderen Seite musste der halbe Schwellenbalken ausgetauscht werden. Auf dem Schwellenkranz ruhen die Bodenplanken aus Halbstämmen beachtlicher Dimensionen. Sie stehen aus den Wänden hervor; eine altertümliche Konstruktion, bei der das Hirnholz der Plankenköpfe Feuchtigkeit ansaugen wird. Der Fußboden ist sehr schwer und belastet die Schwellenbalken über die ganze Länge, weswegen ein Mittelstein unter die Längsseiten gelegt wurde. Normalerweise wäre das bei einer so kurzen Wand nicht erforderlich.

Unter dem Speicher wurde der gesamte Mutterboden abgegraben und mit drainierendem Kies wieder aufgefüllt. Unter den Ecksteinen liegen Bodenplatten von 1x1 m.

In die Nuten, die man auf dem unteren Bild der vorhergehenden Seite sieht, waren früher Getreidekästen aus Brettern und Planken eingelassen.

Wenn man einen Traktor mit Frontlader leihen kann, wird das Wiederaufsetzen der Blockwände sehr erleichtert.

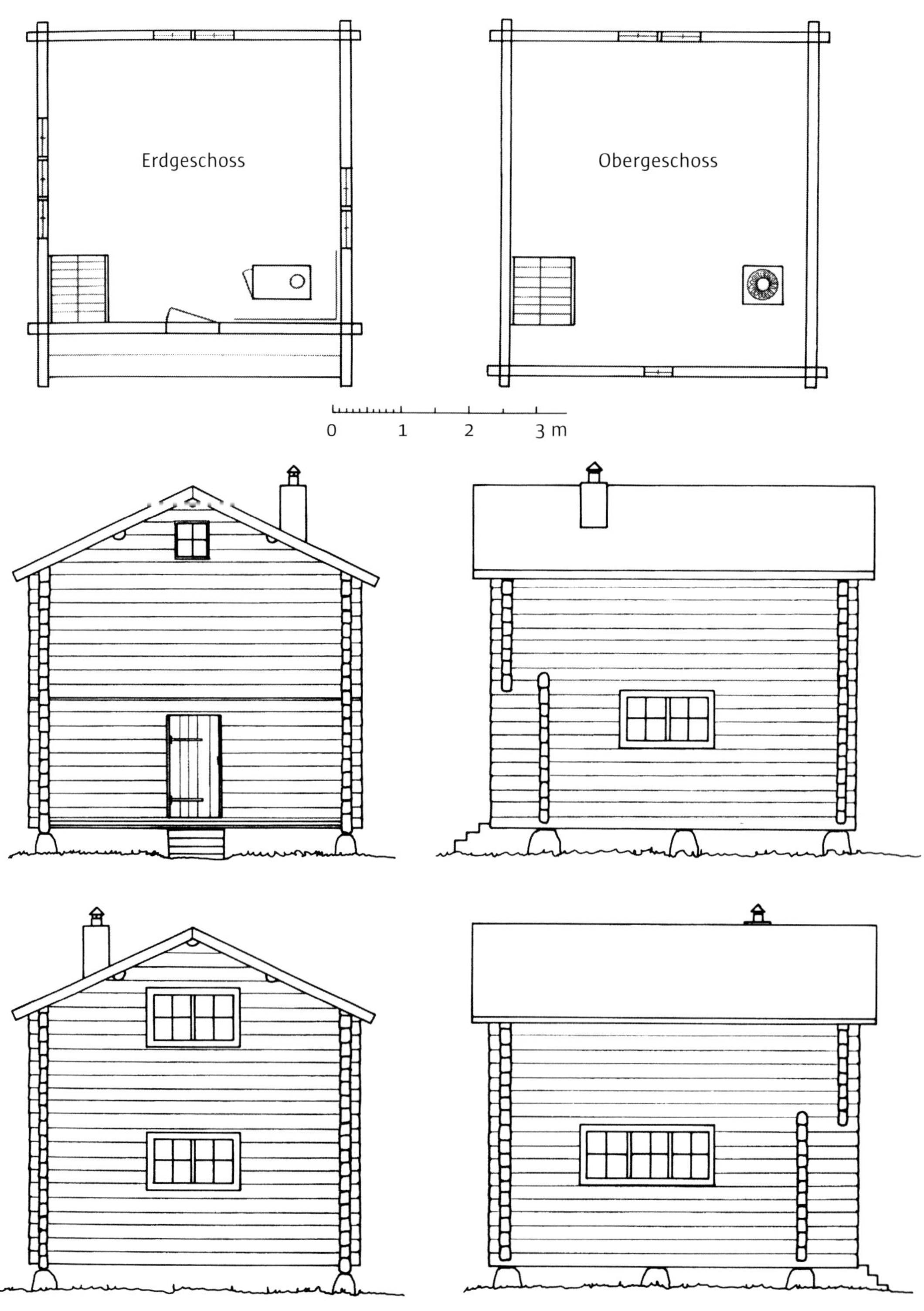

So wird ein schadhafter Balken ausgebessert:

1. Der Balken hat Fäulnisschäden an der Oberkante der Vorderseite. Mit der Motorsäge wird das schadhafte Holz rechtwinklig angeschnitten.

2. Das schadhafte Holz wird von einem Balkenkopf zum anderen heraus gehauen. Wenn man über die ganze Länge des Balkens bis auf das gesunde Holz gekommen ist, kann man ein farbloses Imprägnierungsmittel aufstreichen.

3. Eine Planke wird aufgetrennt und in die ausgehauene Kante eingepasst.

Beachten Sie die Aluminiumleiter im Hintergrund. Eine teilbare Leiter von 2 x 3–4 m ist sowohl beim Niederlegen, wie auch beim Wiederaufbau der Blockwände ein sehr nützliches Hilfsmittel. Wenn man alleine arbeitet, kann man die Leitersprossen als Treppenstufen beim Anheben eines Balkens benutzen, indem man die Balkenenden abwechselnd je eine Stufe höher hebt.

„Lichtdurchflutet ist diese Hütte, mit Fenstern an drei Seiten, niedrigen, langen Fenstern. Wie ist es nur möglich, dass dieser Raum eine so ruhevolle, lichte Stimmung ausstrahlt? Vielleicht liegt das daran, dass alle Flächen zusammenwachsen. Wände und Dach gleiten ineinander, mit ihrem weißen Grundton, und die Fenster unterbrechen diese Geschlossenheit nicht. Sie sitzen tief, sodass man nicht hinaus schauen kann, bevor man sich nicht setzt. Das sorgt deutlich für Ruhe; das Licht kommt von allen Seiten herein, aber die Aussicht drängt sich nicht auf.

Wo nur in aller Welt kann man ein Interieur finden, das so ruhig und zugleich so offen für das Licht ist, wie in einem schwedischen Feiertagssaal mit Fenstern an allen drei Seiten! Liegt hier nicht ein gut Teil unserer schwedischen Tradition, die es zu bewahren gilt?

Ist diese Art Raum nicht etwas, das man neben unseren modernsten Wohnraum setzen muss, den Raum mit einer ganzen Glaswand, den Raum, der sozusagen ein Teil der Aussicht ist? Haben wir nicht Bedarf auch für diesen umschlossenen, aber lichtdurchfluteten Raum, den ‚Saal', der sich als eine geschlossene Einheit behauptet, und der doch mitten in der Aussicht liegt, von dieser an drei Seiten umschlossen?

Was ist es, was diesen Raum so offensichtlich von einem italienischen oder französischen Renaissancegemach oder vom ‚feinen Zimmer' in einem deutschen Bürgerhaus unterscheidet? Ja, zu allererst ist es wohl das Material, Holz, Holz, Holz und dazu noch Kiefer, keine Eiche. Gezimmerte Wände. Handbearbeitete Bretter, profilierte Leisten und Verschalungen, Fußbodenplanken von gewaltiger Breite…"

Erik Lundberg, STF: Årsskrift, 1941.

Der Fußboden des Obergeschosses besteht ebenfalls aus starken Planken. Sie ergaben eine gute Arbeitsplattform. Es brauchte kein Arbeitsgerüst aufgestellt zu werden, weil alle Arbeiten von der Innenseite ausgeführt werden konnten. Als der Frontlader des Traktors nicht höher reichte, wurden alle Wandbalken für die restlichen Wände hochgehievt und diagonal über die Wände gelegt.
Auf dem Bild sehen Sie die vorteilhafte Lage des Freizeitgeländes, mit der Aussicht über den nahen See.

Der Speicher gemalt und eingerichtet. Die Blockwände bekamen einen Anstrich aus graublauer Eier-Öl-Temperafarbe. Oberhalb des alten Plankenbodens wurde ein neuer Fußboden mit 10 cm Isolierung eingelegt. Auf der Wandseite mit Seeaussicht wurde ein dreiflügeliges Sprossenfenster eingesetzt – obwohl die Proportionen der Wand darunter etwas leiden. Alle Fensteröffnungen wurden nachträglich mit der Motorsäge in die Wände geschnitten. Auch die Nuten für die Rahmenbohlen der Fensterzargen ließen sich gut mit der Schienenspitze der Motorsäge herausschneiden.

Fenster an drei Seiten eines Raumes machen ihn hell und vermitteln Nähe zur umgebenden Landschaft. Lesen Sie Erik Lundbergs schöne Schilderung im Zitat links, worin er die Hütte vom Härjedalshof beschreibt, die man in Jämtli finden kann.

Die Regenrinnen und Winkelstützen werden vor dem Aufsetzen mit Falu-Rödfärg gestrichen. Der alte Speicher war vor langer Zeit einmal rot gestrichen gewesen und wurde jetzt, im selben Sommer, in dem er aufgestellt wurde, wieder so gestrichen.

Die hohen Wände müssen so gut wie irgend möglich vor Schlagregen geschützt werden. Der Wind hat freie Bahn über dem 3 km langen See, und wenn er auffrischt, treibt er das Tropfwasser vom Dach gegen die Wände. Ein kurzes Kettenstück leitet das Wasser von der Regenrinne ab.

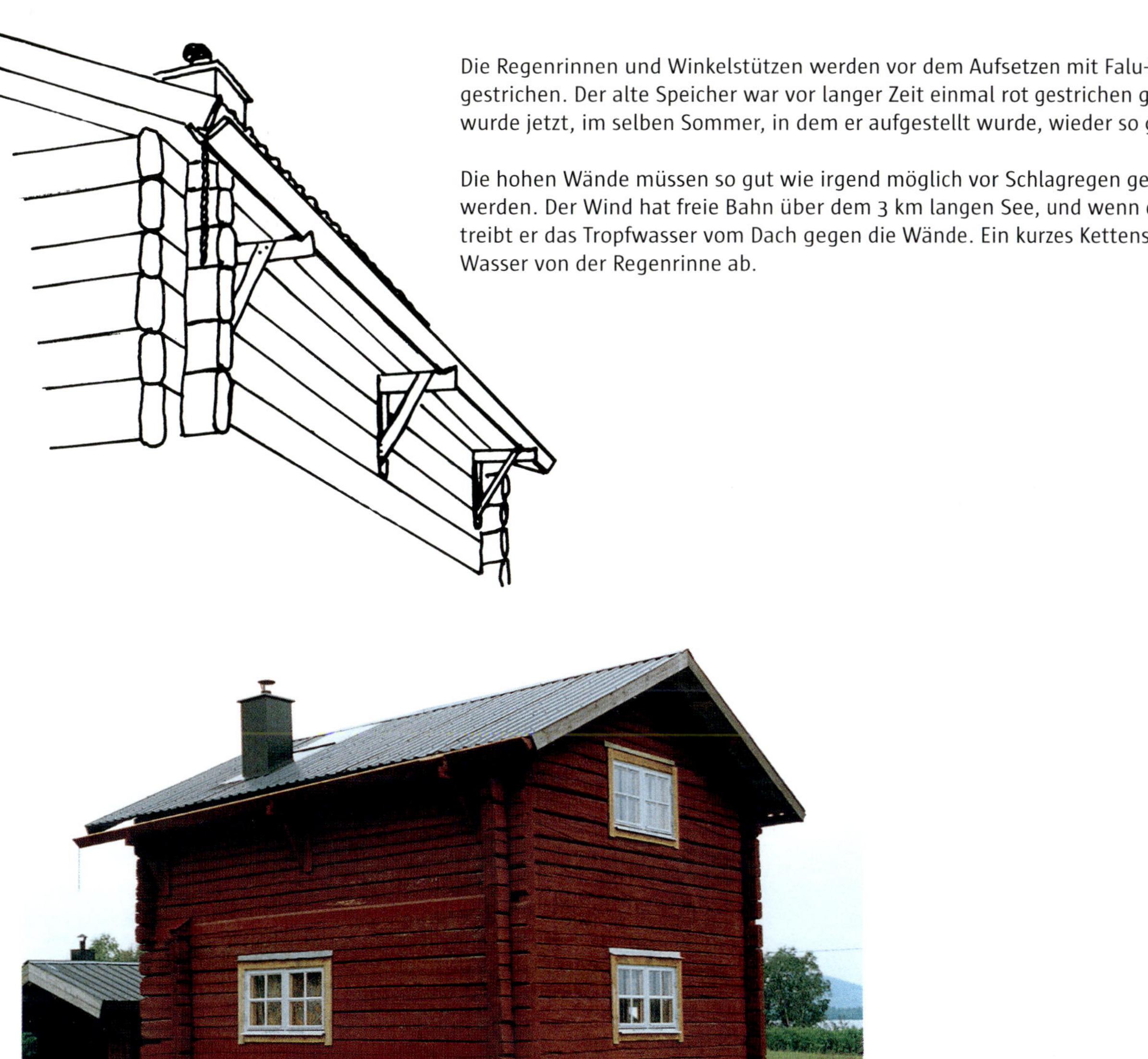

Der Speicher ist fertig eingerichtet. Kamin und Schornstein wurden als letztes eingebaut. Die Regenrinnen aus Fichtenbrettern, die in der Rinne geteert wurden, liegen auf drei Winkelstützen. Diese Konstruktion ist ein bisschen plump, aber es gibt keine Sparren, an denen man ein Dachtraufbrett oder die Regenrinne befestigen könnte. Das Holz des vorhandenen Unterdaches konnte wiederverwendet werden, und mit Abstandslatten aus Brettern wurde das Blechdach unmittelbar auf dieses Unterdach aus aufgetrennten Fichtenderbstangen gelegt. Die Dachisolierung wurde zwischen die Pfetten gelegt, und die Innenverschalung wurde längs des Daches an die Latten genagelt, die die Isolierung an ihrem Platz halten. An das Unterdach wurden bitumierte Weichfaserplatten als Windisolierung angepasst. Auf beide Seiten der Isolierung wurde wasserfeste Pappe gelegt, jedoch keine Feuchtigkeitssperre aus Plastik. Ungeheizte Häuser sollten kein Plastik enthalten, da die Temperatur mitunter innen tiefer sein kann als außen. Eine für den Wasserdampf undurchlässige Schicht im Haus kann dann Feuchtigkeitsprobleme schaffen.

Um es noch einmal zu wiederholen: Von dem Holz in einem alten Blockhaus kann sehr viel wiederverwendet werden, wenn man beim Abreißen darauf achtet. Markieren Sie auch die Stangen des Unterdaches, sodass alles an seinen alten Platz kommt. Dann passen alle Ausschnitte für die Pfetten in den Halbspältern.

Die kleine Hütte

Eine nahegelegene Hütte wurde ein paar hundert Meter zum Freizeitgelände verfrachtet. Der Mutterboden am Bauplatz wurde abgegraben. Unter jede „Knut"-Kette wurden Bodenplatten gelegt, bevor der Boden mit drainierendem Kies wieder aufgefüllt wurde.

Die Hütte ist fertig, bis auf den Schornstein. Die vorspringenden Schwellenbalken wurden an den Oberseiten mit Blech beschlagen. Sie werden oft von Regen und Schnee befeuchtet, und die Risse in den runden Schwellenbalken saugen leicht zu viel Wasser auf. Unter dem vorstehenden Giebeldach liegen zwei starke Planken aus aufgetrennten Stämmen auf eigenen Unterlegsteinen. Die Planken haben sowohl die richtige Höhe als Trittstufe für den Eingang als auch die passende Sitzhöhe als Feierabendbank. Wenn man beim Eintreten in die Hütte über eine hohe Stufe steigen muss, vermindert sich die Gefahr, dass man sich den Kopf an dem niedrigen Türrahmen stößt.

Die Giebelbretter werden von dem vorgezogenen Dachblech geschützt. Die Bretter wurden aufeinander gestellt und nicht überlappt, um so die größtmögliche Breite zu erreichen. Die Hütte hat auch an jeder Langseite Fenster. So wird sie innen heller, und der Kontakt mit der Umgebung wird besser.

Der gusseiserne Ofen ist ein norwegischer Jötul 602 und steht zur Linken, wenn man hereinkommt. Er hält die Hütte auch bei strenger Winterkälte problemlos warm. Die Kunst ist eher, ihn nicht zu überheizen.

Den Schornstein bestellen Sie bei einem Klempner. Die Klempner haben oft ein Modell, das sie schnell liefern können. Somit brauchen Sie die Blecharbeiten nicht selbst zu machen. Es ist wichtig, dass der Schornstein wasserdicht ist und dass er dem Schneedruck widersteht. Das Ofenrohr von mindestens 4 mm Wandstärke kaufen Sie am billigsten auf einem Schrottplatz, und die Isolierung des Ofenrohrs finden Sie im nächsten Baumarkt. Lassen Sie die Schornsteinhaube und den Dachbeschlag ebenfalls von einem Klempner machen. Versuchen Sie, einen vierkantigen Schornstein auf ihre Hütte zu bekommen. Runde Schornsteine erinnern mehr an Industrieventilation. Die übrigen Blecharbeiten im Inneren der Hütte können Sie leicht selber ausführen.

Die Wand hinter dem Ofen wird durch brandsicheres Material, das mit Luftspalt vor die Balkenwand gesetzt wird, geschützt. Hier wurde glattes Blech angewendet.

Die Einrichtung der kleinen Hütte besteht aus einem einfachen Etagenbett, Tisch und Bank. Vor dem Fenster an der Längsseite zur Rechten gibt es ebenfalls einen kleinen Tisch für die Küchenarbeiten. An der Längswand gegenüber dem Etagenbett sitzt eine Reihe von Holznägeln im Rähm. Da kann man Kleidung, Jagdwaffen usw. aufhängen.

Die Balkenwände sind mit graublauer Eier-Öl-Temperafarbe gestrichen. Sie kontrastiert schön mit den leinölbehandelten Oberflächen von Möbeln und Fußboden.

Die Eier-Öl-Temperafarbe mische ich auf folgende Weise:

- 6 Eier werden vorsichtig verrührt.
- Setzen Sie ebensoviel gekochtes Leinöl wie Eivolumen zu.
- Rühren Sie nach und nach Wasser ein, bis alles zusammen 1 Liter ergibt.
- Man hat nun eine Mischung, in der jeder der 3 Bestandteile $^1/_3$ des Volumens ausmacht.
- Mischen Sie 300 Gramm Deckweiß (Titanoxid) ein. Zinkweiß hat nicht das gleiche Deckvermögen wie Titanoxid. (Erst eine kleine Menge in wenig Flüssigkeit zu einem dicken Brei anrühren, dann langsam mehr von der Flüssigkeit zugeben; genauso beim Einrühren von Pigment verfahren).
- Mischen Sie die Farbe mit Oxidschwarz, um den passenden graublauen Ton zu bekommen. **Ich nehme gewöhnlich 1–2 Gewürzmaße. Bedenken Sie, dass die Farbnuance sich nach dem Trocknen ändert.**

Die Farbe trocknet innerhalb einiger Wochen. Sie ist dann sehr dauerhaft und kann zu einer seidenmatten Oberfläche gebürstet werden.

Außenhaus mit Trockenklo

Ein Freizeitgelände braucht ein Außenhaus mit Holzschuppen, Abstellraum und Trockenklo. Ein neugezimmertes Außenhaus, entsprechend der Zeichnung, erfüllt diesen Bedarf. In dem Trockenklo hat man eine Tonne, die zum Leeren über eine Luke an der Rückwand herausgenommen wird.

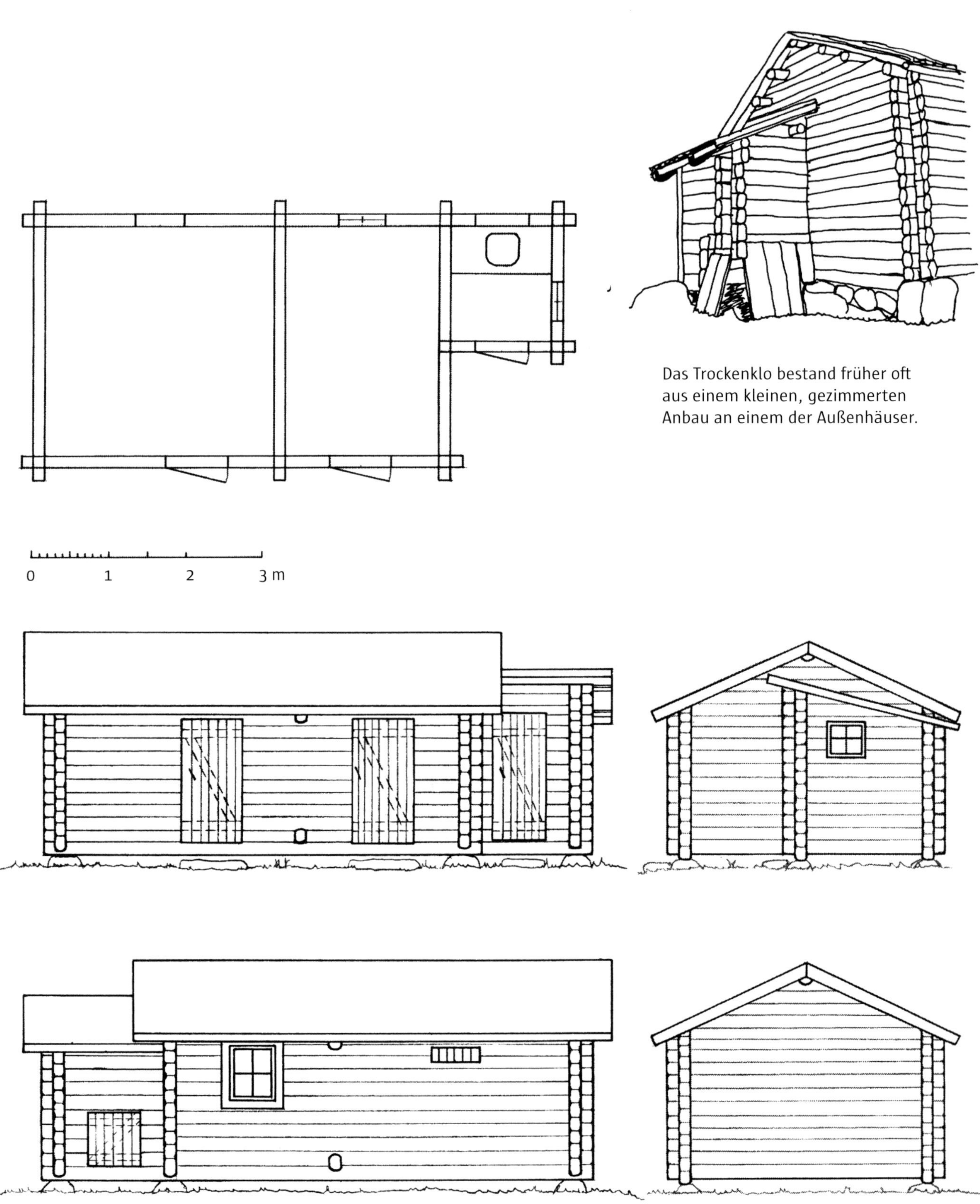

Das Trockenklo bestand früher oft aus einem kleinen, gezimmerten Anbau an einem der Außenhäuser.

Der Holzschuppen

Auf der vorhergehenden Seite wurde ein neugezimmertes Außenhaus mit Holzschuppen und Trockenklo beschrieben. Ein etwas heruntergekommener Heuschober von einer Hochmoorweide, einige Kilometer vom Ort entfernt, wurde schließlich zu dem Holzschuppen, den ich aufstellte. Es war einer der letzten Heuschober auf der Waldweide der Gemeinde, und er würde in einigen Jahren völlig zusammengefallen sein. Die unteren Balkenlagen und die Rähme waren halb verfault, und auch die übrigen Balken sahen nicht gut aus, so vollgesogen von Feuchtigkeit, wie sie waren. Es zeigte sich jedoch, dass viele dieser Balken aus stammtrockenen Moorkiefern geschnitten worden waren, die vor allem aus Kernholz bestanden. Alle Balken wurden gedübelt, und die dabei anfallenden Bohrspäne waren goldrot von fettem Kernholz.

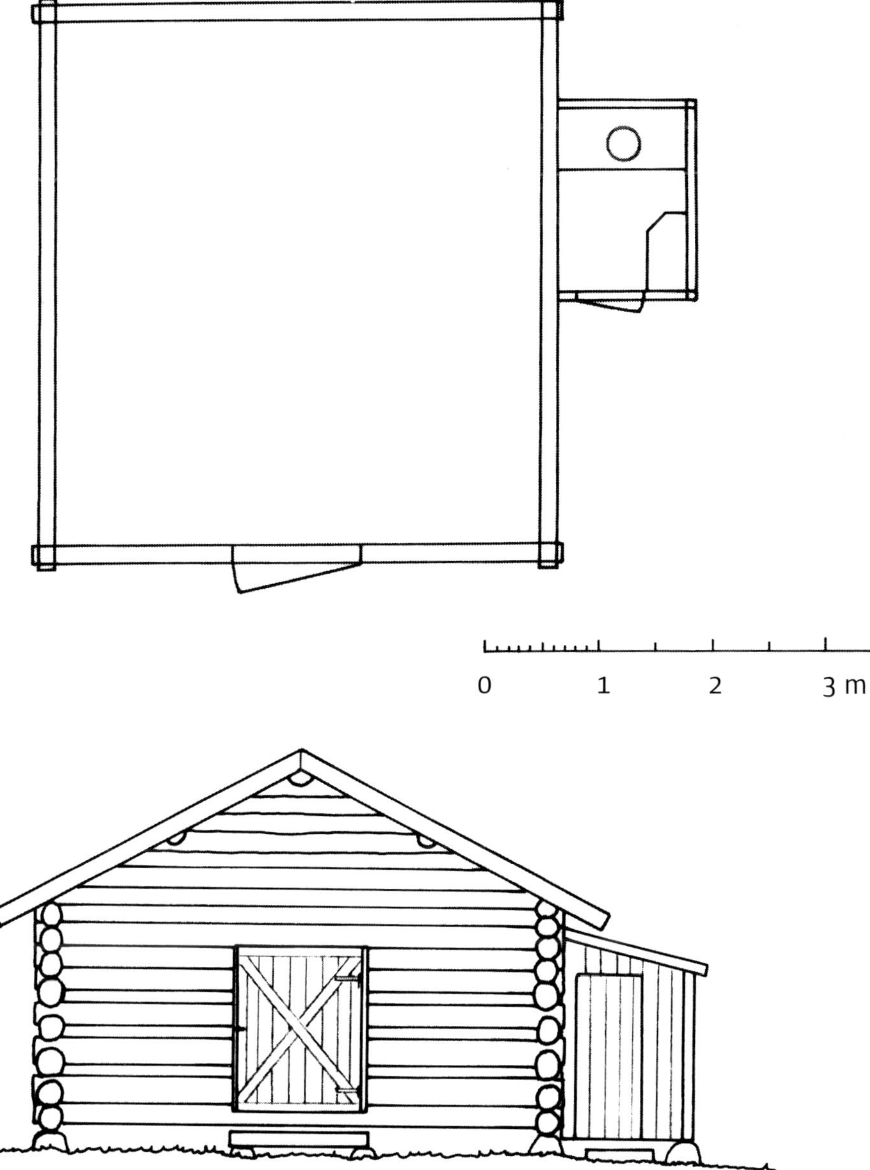

Grundriss und Fassadenansicht des Holzschuppens. Das Trockenklo ist ein kleiner Anhang an der der Seite.

Eine Fuhre Splitt 16–32 wird auf einer Feuchtigkeitssperre aus kräftiger Plastikfolie ausgebreitet. Unter den Ecksteinen wurden die Grassoden und der Mutterboden abgegraben. Große Natursteine und ein behauener Stein werden direkt auf den Splitt gelegt.

Für den Schwellenrahmen werden Ersatzbalken verwendet. Die Schwellenbalken und der zweite Balken an der Längsseite sind zu kurz und müssen gestoßen werden. Jede dieser Verlängerungen erfordert eine Auflage. Die Wände sind mit der typischen Technik für einfachere Scheunen gezimmert worden. Man setzte einen „Füllbalken“ zwischen die Hauptbalken und arbeitete die Balkenköpfe sehr kurz. Die Eckverbindung ist der einfach verkämmte „Ränknut“ ohne Zapfen. Es gibt keine Längsnut, denn der Heuschober sollte luftig sein, damit das Heu gut trocknen konnte.

Die Tischlerwerkstatt im Hintergrund hat ein Fenster in der hinteren Giebelwand, das nachträglich eingebaut wurde.

Derartig schadhafte Blockhauswände setzt man mehr oder weniger nach Gefühl auf. Ein Ausrichten der Wände beim Abreißen ist in der Regel unmöglich. Man muss sie mithilfe eines Wagenhebers ins Lot bringen, nachdem sie sich einen Winter über setzen konnten.

Damit der Balken über der Türöffnung auf die Türzargen passt, werden zwei kräftige Spanngurte angewandt. Das eine ist hier an der Tischlerwerkstatt verankert worden. Wenn es kein Haus oder keinen Baum in der Nähe gibt, kann man einen Traktor als Festpunkt benutzen. Man kann erstaunlich viel mit einem stärkeren Spanngurt ziehen.

Ein Fußboden ist für diesen Schuppen nicht vorgesehen. Dadurch kommt die Türschwelle sehr hoch über den Erdboden. Mit Balkenstücken an der Innen- und Außenseite kann man über diese hohe Schwelle, den Türstock, steigen. Das findet man in vielen älteren Schuppen und Scheunen.

Die Ansicht der Nebengebäude in Blockbauweise gewinnt deutlich, wenn sie etwas versetzt zueinander aufgestellt werden. Meine Tochter Lena hatte größere Teile der Tischlerwerkstatt mit Beschlag belegt und hatte dort ihr Spielhäuschen, zusammen mit allen Mädchen des Ortes.

Das Trockenklo, das der eigentliche Anlass für den Bau dieses Schuppens war, sitzt wie ein „Nistkasten" an der einen Längsseite. Mit dem Profil der Eckständer habe ich insofern etwas „gespielt", als ich mit der Motorsäge drei waagerechte Bänder hineingeschnitten habe. Besäumte Schwartenbretter sind auf Lücke mit den flachen Seiten gegeneinander genagelt worden. Alles wurde mit Eisenvitriol behandelt, die Ständer wurden außerdem geteert. Eine hölzerne Regenrinne hält das Dachwasser vom Eingang des Klohäuschens fern.

Man sollte eigentlich keine Mühe an verdrehte, schiefe und angefaulte Blockhäuser verschwenden. Wenn man aber trotzdem ein so fragwürdiges Gebäude retten will, kann man gewisse Kunstgriffe anwenden, um sein Aussehen zu verbessern. Hier habe ich Vorstoßkästen angenagelt, um die windschiefen Blockwände vom Eindruck her wieder aufzurichten. Das Holz dazu sind alte, trockene, graue, kernholzreiche Bretter, die auf einem Abrissplatz gefunden wurden. Nach etwas Bastelei mit der Motorsäge haben sich die Eckverbände wieder aufgerichtet. Die Luftzirkulation unter dem Schwellenkranz ist gut für das Nutz- und Brennholz, das in dem Schuppen gelagert wird.

Entwicklung des Freizeitgeländes

In den vorigen Ausgaben dieses Buches habe ich eine zukünftige Entwicklung meines Freizeitgeländes skizziert. Nach einem langen Berufsleben als Beamter in der Waldwirtschaft und den letzten 5 ½ Jahren mit einem Vollzeitmandat, habe ich nun die Möglichkeit, mich meinen Interessen, dem Bauen und Schreiben, zu widmen.

Der Kauf starker Kiefernstämme, die einen ganzen Holztransporter füllten, war der erste Schritt. Sie wurden im Frühjahr 2007 gesägt. Die Arbeit mit einem Kettensägewerk vom Fabrikat ‚Solosåg', dessen Antrieb über einen Elektromotor läuft, wird auf den Seiten 30 bis 45 beschrieben.

Die Eignung des Geländes war nicht sehr gut, da ein großer Graben quer durch das Gelände verläuft, wie der Lageplan auf der kommenden Seite zeigt. Mein erster, zu einem früheren Zeitpunkt beschriebener Gedanke, war, alle Gebäude auf der einen Seite des Grabens aufzustellen. Diese Idee verwarf ich, als ich zur Probe die Umrisse für das angedachte größere Freizeithaus und die umgesetzte kleine Hütte mit ihrem Anbau auslegte. Es wurde zu eng, und ich wollte auch das Gelände auf der anderen Grabenseite, welches an den öffentlichen Weg grenzt, nutzen.

Ein Gelände wie dieses, auf einem früheren Ackergrundstück, eignet sich nicht gut für schweren Fahrzeugverkehr. Man fährt auf der Grasschicht, und wenn diese nass ist, bricht man hindurch und das Befahren mit PKW's und schwereren Fahrzeugen wird unmöglich.

Wenn ich das Gelände auf der anderen Grabenseite nutzen möchte, muss ein neuer Weg angelegt und die vorhandene Holzbrücke gegen ein Rohr ausgetauscht werden.

Das Freizeitgelände vor Anlegen des Weges und Umsetzen der kleinen Hütte. Die kleine Hütte hinten in der Bildmitte steht an der Stelle, wo das neue Freizeithaus gebaut werden soll. Man sieht die alte Holzbrücke und im Vordergrund Schwartenbretter, die beim Sägen der eingekauften Stämme angefallen sind.

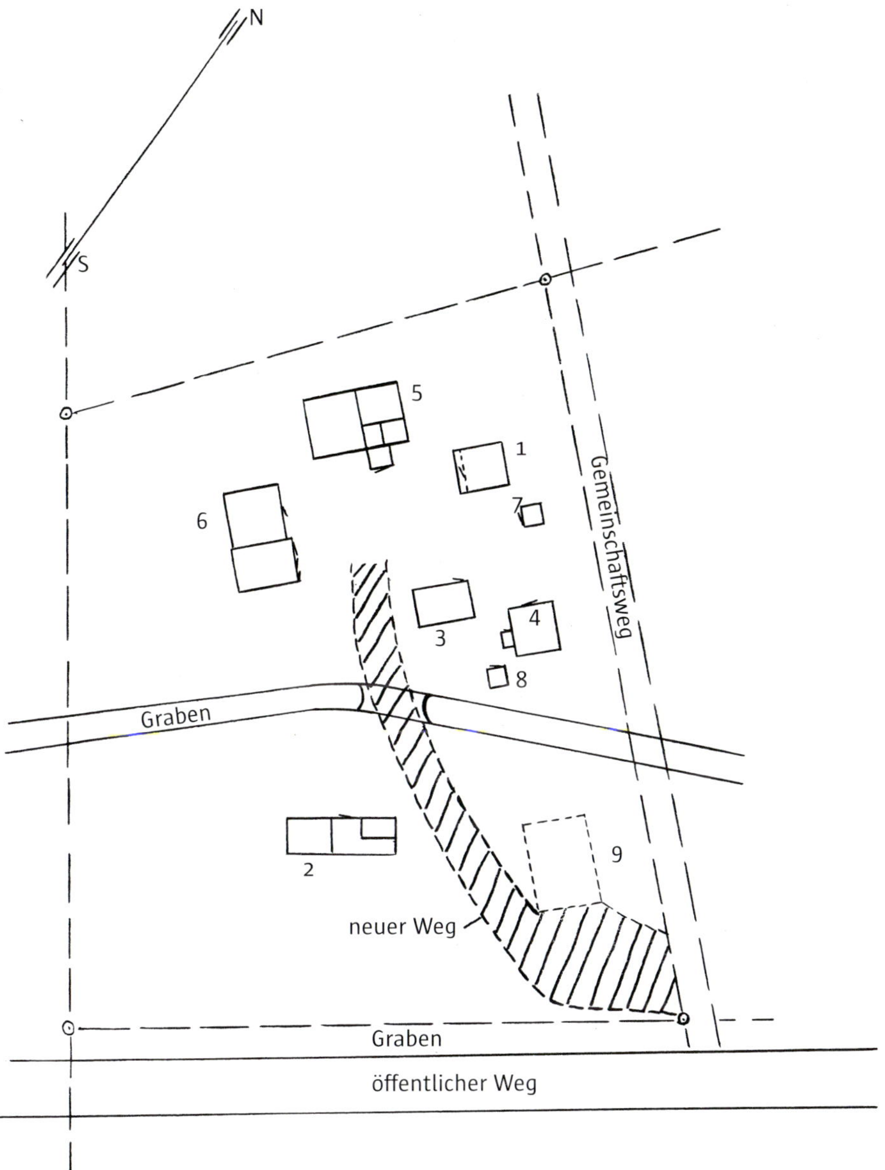

Lageplan

Beschreibung der Häuser auf dem Gelände:

1. Vorhandener Speicher, S. 269–273
2. Kleine Hütte mit Anbau, S. 274–275 und 288–293
3. Tischlerwerkstatt, S. 267–268
4. Holzschuppen mit Trockenklo, S. 276–279
5. Haus in Ständerbauweise, S. 301–325
6. Scheune mit Garagenausbau, S. 357–360
7. Gezimmerte Schlafhütte, S. 296–300
8. Schuppen in Ständerbauweise.
9. Handwerkshaus, S. 294–295

Das geplante Handwerkshaus kam nie zustande. Stattdessen wurde ein längliches Gebäude für Schneescooter und Holzschuppen errichtet, wie auf den Seiten 203–208 beschrieben.

Der Mutterboden wurde beiseite gefahren, und unter den neuen Fundamenten wurde gepflügt, mit einer kräftigen Erdfräse gefräst und letztlich mit dem Bagger auf dem Bild aufgegraben. Das Fräsen galt dem Zerschlagen der Grassoden, um schönen Mutterboden zu erhalten. Die obere, ungefräste Schicht Mutterboden mit Gras darauf wurde von der von mir bestellten Transportfirma als nahezu lebloses Material eingeschätzt. Um den Mutterboden verkaufen zu können, musste ihn die Firma aufbereiten. Es war etwas beschwerlich, dass die kleine Hütte noch an dem Platz stand, wo die Bodenarbeiten für das neue Freizeithaus vorgenommen wurden. Sie ließ sich jedoch nicht umsetzen, bevor der neue Weg angelegt und der neue Grund für die Hütte samt Anbau fertig war.

Die Platzierung von Gebäuden auf einem Anwesen hat sehr alte Traditionen. Schon im Västgötagesetz aus dem 13. Jahrhundert machte man einen Unterschied zwischen ‚invistarhus' und ‚utvistarhus'. Zu letzteren rechnete man die Kuh- und Pferdeställe. Unsere Könige bestimmten eifrig über das Bauverhalten ihres Volkes, was aus der nachstehend zitierten Formulierung des Paragraph IV in der Hausverordnung von 1681 hervorgeht:

> *„Und deswegen sollen Bauern und Erbpächter nicht gezwungen werden, mehr Häuser zu bauen, als sie brauchen, und man soll beachten, dass es vorschriftsmäßige und notwendige Häuser sind, mit Wohnstube mit Kammer dazu, und Gästestube, wie der Größe des Hofes angemessen, Vorratsspeicher, Getreide- und Mehlspeicher, Gerätehaus, Torhaus mit Remise und ‚stillem Örtchen', diese sind für einen Wohnhof am notwendigesten; braucht der Bauer mehr Häuser, soll er sich zur Wohnung das beste bauen, was er vermag; Sauna, Malzhaus und Darrhaus müssen immer abseits vom Wohnhof gestellt werden. Zum Viehhof gehören Pferdeställe, Kuhställe, notwendige Futterräume sowie Schafställe, Schweineställe, und Scheunen und Schuppen nach Bedarf und nach Größe des Hofes."*

Sigurd Erixon Svensk Byggnadskultur, 1947.

Der Weg ist vier Meter breit und hat zuunterst ein kräftiges Fibertuch, um den Kontakt zwischen Mineralerde und Schotter zu verhindern. Dieser Weg wird in Zukunft schwere Fahrzeuge, wie Holztransporter und Schotterlastwagen, aushalten können, falls nötig.

Der Bauplatz für die kleine Hütte mit ihrem Anbau wird auch ausgeschachtet, siehe Lageplan auf S. 281.
Den Bauholzstapel direkt hinter der Hausgründung muss ich vesetzen, damit er für die Traktoren, welche die Hütte an ihren Platz ziehen sollen, nicht im Weg steht. Die Stapel zur Linken stehen ebenfalls ungünstig, doch Graben und Bauen geht mit knapper Not, weshalb sie erstmal stehenbleiben können.

Zwei Schotterlastwagen, sowie je ein Radlader auf dem Freizeitgelände und in der Schottergrube, sind über zwölf Stunden gefahren. Nach dieser Schicht war der gesamte Mutterboden gegen Schotter ausgetauscht, der als unterste Schicht in den Weg und die Hausgründungen geschüttet wurde. Zuoberst werden zwei Ladungen Schotter als Tragschicht in den Weg gelegt. Hier geht das Aufladen des einen Mutterbodenhaufens vor sich. Den anderen sieht man im Hintergrund. Die Fahrer waren froh, dass es an diesem Tag nicht regnete. Nass gewordener Mutterboden lässt sich unmöglich transportieren, da er auf dem Anhängerboden festklebt und sich auch mit Vibrationshilfe im Anhänger nicht abschütten lässt.

Die Schottertransporte nähern sich dem Ende. Hier werden die letzten Schotterladungen vor dem Handwerkshaus verteilt. Der Lastwagen steht auf dem fertigen Bauplatz für die kleine Hütte. Die Schotterschicht wurde von dem Radlader gut komprimiert, die Reifen des Lastwagens sinken nicht ein. Die Massen bestehen aus unsortiertem Schotter aus einem Os (auch Wallberg oder Esker, während der Eiszeit unter dem Gletschereis gebildet) in der Umgebung, mit einem Anteil größerer Steine, die gut tragen. Der Weg wird auch durch die schweren Schotterlastwagen verdichtet. Nach einiger Zeit, in welcher die Niederschläge die Feinfraktion tiefer in den Wegkörper spülen, wird der Weg eine sehr gute Tragfähigkeit haben. Die tragende Schicht muss noch auf dem Weg verteilt werden. Nach Aussage der Fahrer üben Schotterlastwagen von allen Lastwagen den höchsten Druck auf den Boden aus. Ein Holztransporter hingegen verteilt sein Gewicht auf mehrere Radachsen. Dieser Weg wird also nie wieder so stark belastet werden wie an diesem Tag.

Im dörflichen Umfeld ist ein Grabenrohr aus Plastik vorzuziehen. Rohre aus galvanisiertem Blech haben sehr scharfe Enden und sowohl Menschen als auch Tiere können sich ernsthaft an ihnen schneiden. Das Rohr musste sieben Meter lang sein, da es im Verhältnis zum Weg schräg verläuft. Es liegt auf einem Bett aus Kies. Der Weg hat die tragende Schotterschicht erhalten.

Der Bauholzstapel, der für das Umsetzen der kleinen Hütte im Weg stand, wurde auf den Bauplatz für ein eventuelles Handwerkshaus, Nr. 9 auf dem Lageplan, versetzt. Die Dachschräge weist nach Südwesten, um die Blockbalken vor zu starker Sonnentrocknung zu schützen und die Rissbildung zu vermindern. Der Mutterboden wurde entfernt und durch tragendes Schottermaterial ersetzt. Die Blockbalken dieses Stapels sollten für die gesamte Ständerkonstruktion des Handwerkshauses reichen können. Der Stapel steht gut auf der drainierten Schotterfläche, Sonne und Wind haben freien Spielraum. Später erhielt die Fläche eine Lage Splitt 16–32, sowie als oberstes eine Lage Hofschotter, welcher die Oberfläche verdichtet. Danach wurde die Fläche als permanenter Säge- und Bauplatz genutzt.

Der neue Weg ist links im Bild zu sehen. Den alten Gemeinschaftsweg, der auch eine neue Schotterschicht erhielt, sieht man rechts. Dank des neuen Wegverlaufes kann man in einem Bogen über das Gelände fahren und muss nicht wenden. Dies ist von Vorteil, wenn man lange Fahrzeuge erwartet. Die Kurve an der Ausfahrt des neuen Weges wurde etwas scharf. Man kann dies zu einem späteren Zeitpunkt mit einem langen Rohr lösen, das an der Verbindungsstelle von allgemeinem, gemeinschaftlichem und neuem Weg in den Graben gelegt wird, um die Ausfahrt zu erweitern. Neuangelegt kann der Weg dominierend wirken, doch wird mit der Zeit das Gras in den Schotter hineinwachsen, und ihn mehr und mehr in die umgebenden Grasflächen einschmelzen lassen. Die Tragfähigkeit bleibt jedoch bestehen, auch wenn ein bisschen Gras in die Fläche einwandert.

Umsetzen der kleinen Hütte

Die kleine Hütte wurde an einen neuen Standort umgesetzt, Position Nr. 2 auf dem Lageplan auf Seite 281. Blockhäuser sind einfach umsetzbar, da die Wandkonstruktion überstark ist. Kleinere Blockhäuser kann man umsetzen, indem man sie mit zwei kräftigen Gabelstaplern anhebt. Im Falle der kleinen Hütte gab es keinen Zugang zu solchen Maschinen, und sie könnte auch etwas zu schwer gewesen sein. Es musste ein Umzug werden, für den man unter dem Haus einen Schlitten aus zwei Stämmen baut, und das Haus darauf zieht.

Ich beginne damit, das Haus mit einem kräftigen Wagenheber anzuheben. Man hebt dabei jeweils ein kleines bisschen an jeder Ecke an, und arbeitet weiter von Ecke zu Ecke, immer rundherum, bis eine geeignete Höhe erreicht ist. Es passiert leicht, dass man in einer Ecke zu viel anhebt, und das Haus wegen der Schrägbelastung seitlich wegrutscht. Seien Sie vorsichtig, da hier große Gewichte im Spiel sind. Sorgen Sie für eine ausreichende Menge Holz zum Unterstapeln.

Der aus zwei auf dem Erdboden liegenden Balken bestehende Schlitten liegt an seinem Platz. Die Schwellenbalken ruhen auf einem Gerüst aus querliegenden Balken. Noch sind nicht alle querliegenden Balken untergelegt. Da der Abstand der beiden Schlittenbalken relativ gering ist, sind die Querbalken großer Belastung ausgesetzt und ich verwende relativ viele. Ein größerer Abstand zwischen den Balken des Schlittens war nicht möglich, da die Ecksteine den Raum unter dem Haus begrenzten.

Einfacher wäre gewesen, die Schwellenbalken direkt auf dem Schlitten ruhen zu lassen. Dann hätte man keine querliegenden Tragbalken benötigt. Das Haus wäre quer, mit der Längsseite zuerst, gezogen worden. Vielleicht hätte das funktioniert, es hätte jedoch sehr breite, freie Passagen erfordert.

Ich entschied mich dafür, das Haus mit der Giebellaube zuerst zu ziehen. Dies war von der Transportseite her einfacher, machte aber eine kompliziertere Schlittenkonstruktion notwendig.

Zwischen die beiden Balken des Schlittens nagelte ich Kreuzstreben aus kräftigen Brettern, durch welche die Balken diagonal versteift werden. Ich war gezwungen, dazu unter das Haus zu kriechen, was sich etwas unbehaglich anfühlte. Kontrollieren Sie in so einem Fall mehrere Male, dass das Haus sicher aufgebockt steht, und sichern Sie es gerne noch extra ab, bevor Sie sich darunter begeben.

Nach dem Umsetzen saßen noch alle Kreuzstreben fest, obwohl der Schlitten ziemlich unsanft behandelt worden war.

Es gibt die Alternative, statt unter das Haus zu kriechen, den Schlitten neben dem Haus zu bauen, und ihn mithilfe eines Traktors oder eines für 2000–4000 kg geeigneten Hebelzuges darunter zu ziehen. Das ergibt sowohl einen besseren Schlitten als auch eine sicherere Durchführung. Die Figur zeigt ein Haus, das quer zu seiner Länge gezogen wird. Die Schwellenbalken ruhen dabei direkt auf den Balken des Schlittens. Wenn man mit dem Umzug auch noch einen Zeitpunkt abwarten kann, an dem der Boden gefroren ist und bereits eine dünne Schneedecke liegt, so können Häuser dieser Größe mit starken Hebelzügen voran bewegt werden. Die Reibung am Boden ist gering, sobald er gefroren ist.

Alle Querhölzer liegen an Ort und Stelle und ich lasse die Hütte bis zum Umzugstag rundherum aufgebockt stehen. Während ich auf den Bau des neuen Weges warte, mache ich mich daran, die Schächte für das Fundament des neuen Hauses auszugraben. Vor der Hütte fülle ich mit Erde auf, sodass der Schlitten über den Schacht zur Rasenfläche und zum Weg gleiten kann, wenn wir zu ziehen beginnen.

Der Schlitten war nicht von bester Qualität. Das hintere Querstück löste sich bei dem unebenen Übergang vom alten Standort hinunter zu Rasenfläche und Weg. Wir lösten dies, indem wir zwei Stahlseile mit Drosselschlingen an dem ersten Querbalken bzw. Schlittenbalken befestigten, als die Hütte rückwärts in ihren neuen Standort hineingezogen werden sollte. Durch die Drosselschlinge wurde der Schlitten so fest zusammengehalten, dass man ihn ziehen konnte. Auf dieselbe Weise verbanden wir Querbalken und Schlittenbalken an der Vorderseite, als wir die Hütte vorwärts zogen.

Entrindete Schwartenbretter werden ausgelegt, um die Friktion gegen den Schotter des Weges zu vermindern. Die Bretter werden zusätzlich mit Seifenwasser übergossen, damit der Schlitten auf ihnen gleitet.
Brett für Brett wird von hinten nach vorne versetzt, während die Hütte gezogen wird.
Mein Cousin Nils-Olov hebt die Hütte ein wenig mit den Gabeln an, sodass er Druck auf die Treibräder des zweiradgetriebenen Radladers bekommt, während mein Bruder Bo gleichzeitig seinen Traktor (im Hintergrund) an den Anhängerhaken des Radladers koppelt.
Zusammen schaffen es die Maschinen mit Mühe, die Hütte an ihren Platz zu ziehen. Sie war wohl ein bisschen zu schwer für diese beiden Maschinen, doch letztendlich schafften sie es. Es macht einen großen Unterschied, ob man ein Haus auf diese Weise umsetzen kann, oder es erst abreißen und dann wieder aufbauen muss. Letzteres hätte sicherlich eine Woche gebraucht, während es nun nur ein paar Stunden, plus der Zeit für den Bau des Schlittens, dauerte.

Die kleine Hütte steht an ihrem neuen Standort auf den alten Ecksteinen. Der Boden fällt ein wenig ab, weshalb die uns nahesten Ecksteine relativ hoch sind. Um die Steine, die auf den unteren Steinen aufliegen, am Abgleiten zu hindern, habe ich sie mit Zementmörtel festgemauert. Die Basissteine liegen direkt auf der gut verdichteten Schotterfläche. Damit die untere Kante dieser Fläche nicht abrutscht, habe ich dort alle schönen, rundgeschliffenen Steine hingelegt, die übrig blieben, als Weg und Hausgründungen mit Schotter gefüllt wurden. Größere Steine ließen sich stellenweise nicht so leicht in die Schotterfüllung eindrücken. Sie bilden nun eine schöne Steinpartie, die ich später auf geeignete Weise vor dem Überwachsen schützen werde. Wenn eine Böschung aus solchen Steinen besteht, braucht man später nicht mit dem Rasenmäher auf einer schrägen Fläche fahren.

Dass der Mutterboden schlechte Tragfähigkeit hat, sahen wir, als wir die Hütte an ihren Bestimmungsort zogen. Der Traktor, der die Lastmaschine zog, stand auf dem ehemaligen Ackerboden und grub sich sofort mit den Hinterrädern in den Mutterboden hinein. Die dabei entstandenen, tiefen Traktorspuren, füllte ich wieder mit Humuserde auf, und aufgrund all der Samen, die dieser Boden enthält, werden sie im nächsten Sommer schon wieder grün überwachsen sein.

Erweiterung der kleinen Hütte

Die kleine Hütte wird durch einen Anbau in Ständerbauweise erweitert. Er soll Sauna, eine Waschgelegenheit und eine Saunakammer enthalten. Die Zeichnungen von Grundriss und Fassade zeigen, wie der Anbau geplant wurde. Alle Ständerbalken wurden bereits vor zehn Jahren zugeschnitten. Seitdem haben sie unter Dach und trocken gelegen und auf Zeiten gewartet, in denen ich mehr Zeit haben würde.

Giebelseite des Anbaus. Der Abstand zwischen den Haken in den profilversehenen Ständern beträgt 1600 mm.

Die Längsseite der Fassade nach Nordwesten

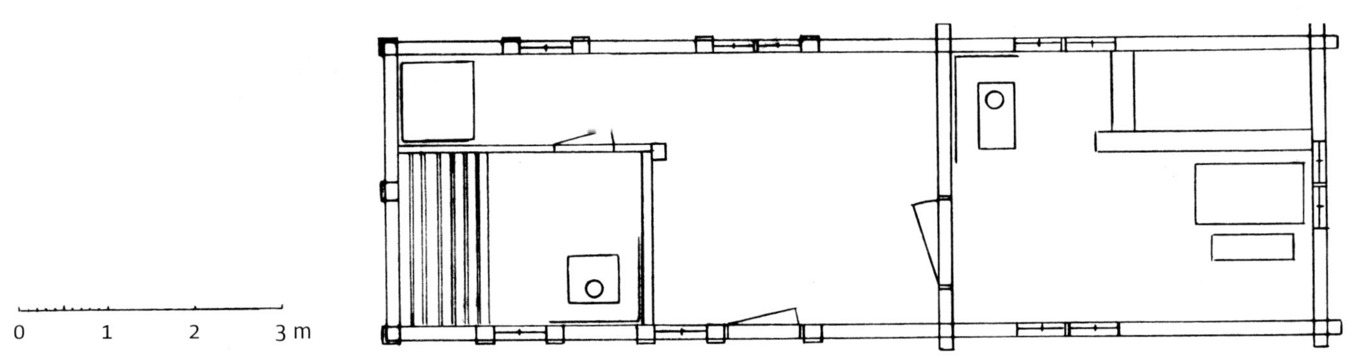

Grundriss von kleiner Hütte mit Anbau
Maße 3,5 x 10,8 m

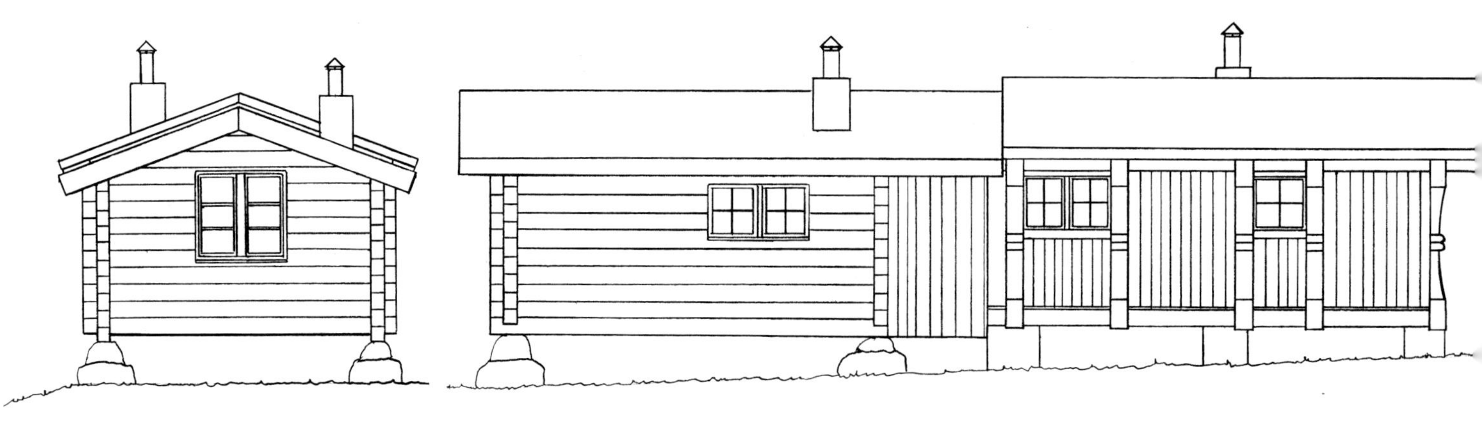

Giebelseite der bereits vorhandenen kleinen Hütte

Fassade nach Südosten

1

2

3

1. Ich begann mit dem Gießen von sechs kräftigen Sockelblöcken.

2. Anfang Oktober liegt der untere Schwellenrahmen auf den Sockelblöcken. Der Sockelblock im Vordergrund rechts ragt ein bisschen zu weit hinaus und kann als Unterbau für eine längsgehende Bank dienen, auf welcher man sich nach einem Saunagang abkühlen kann. Auf dem Bild ist zu erkennen, dass ich für den Rahmen Kanthölzer von 150 x 200 mm mit starker Waldkante ausgenutzt habe. Sie wird nach innen gewendet, sodass die Schwellenbalken eine so gerade Seite wie möglich nach außen haben. Die Ständer haben zehn Jahre in einem Lager gelegen und sind gänzlich durchgetrocknet. Deshalb werde ich ihre Oberfläche sobald wie möglich nach Aufstellen des Ständer-Rahmenwerkes behandeln. An der kleinen Hütte wurden die unteren Windbretter abgenommen, damit der obere Rahmen des Anbaus direkt an ihre hervorstehenden Rähme angelegt werden kann.

3. Die Ständer sind aufgestellt, die Schrägstreben an ihrem Platz. Der Abstand zwischen den Haken in den Profilständern beträgt nur 1600 mm. Damit man innen frei gehen kann, ohne anzustoßen, werden die inneren, oberen Rahmen auf Klötze, und wird die innere Pfette oben auf den oberen Rahmen gelegt. Die Ständer werden mit einer Mischung aus $^1/_3$ Alcros Hälsingeteer, $^1/_3$ Balsamterpentin und $^1/_3$ gekochtem Leinöl behandelt. Diese Mischung wird sofort vom Holz aufgesaugt und trocknet innerhalb weniger Tage. Wenn man nur Teer verwendete, würden die Ständer erst zum Frühling hin trocknen und die gesamte Bauzeit über klebrig sein.

Die Arbeitsstation mit vier Böcken und Tisch-Kreissäge erleichtert die Arbeit. Beginnen Sie gerne jedes Bauprojekt mit dem Erstellen von mindestens vier Arbeitsböcken. Durch diese lässt sich jede Arbeit sicherer und in bequemer Arbeitshöhe ausführen.

Damit sich die grobe, äußere Ständerkonstruktion auch in der Saunakammer wiederfindet, habe ich auch innen einen Ständer aufgestellt, der aus einem 150 x 200 mm Balken geschnitten wurde.

4. Die Dachbinder sind zusammengenagelt und warten darauf, mit einem Frontlader auf den Rahmen gehoben zu werden. Das Innendach wird zwei kurze Dachschrägen und einen höheren Mittelteil haben, um an Fläche mit Stehhöhe zu gewinnen. Die Dachbinder lassen sich nicht gut alleine anheben, da man keine rechte Kontrolle darüber hat, wo ihr Schwerpunkt liegt. Es besteht die Gefahr, dass sie plötzlich herumschlagen, und von daher ist es von Vorteil, wenn man Hebehilfe bekommen kann.

Die oberen Rahmenbalken ragen für den Dachüberstand vor. An ihrer Unterseite wird eine v-förmige Kerbe als „Tropfnase" für Wasser angebracht.

5. Rauspund und Unterlegpappe wurden an dem Tag angenagelt, als abends der erste Schnee fiel. Wenn man im Spätherbst baut, kann man leicht in Zeitdruck geraten, da Bauholz, das dann durch Schlagregen nass wird, kaum vor dem Frühling trocknen kann. Der Oktober muss wohl – zumindest in Schweden – als letzter Baumonat für Bauprojekte unter freiem Himmel angesehen werden. Wenn Sie keine Schutzvorrichtung vor Niederschlägen haben, sollten Sie davon absehen, Rohbauten in der Zeit zwischen November und Februar zu errichten. Es besteht sonst die große Gefahr, dass Sie Feuchtigkeit in die Konstruktion hinein bauen.

Die Unterlegpappe wird vorübergehend mit Brettern, wie auf dem Bild zu sehen, fixiert. So kann sie nicht von kräftigen Windböen hochgerissen werden. Nachdem ich den Neuschnee abgebürstet habe, nagle ich zuerst Konterlatten direkt über die Dachbinder auf, und setze anschließend Dachlatten mit den Maßen 25 x 100 mm für die Dachbleche. Es ist einfacher, die Dachbleche anzuschrauben, wenn die Dachlatten etwas breiter sind, als empfohlen. Sind die Dachlatten schmal, passiert es leicht, dass man versehentlich neben ihnen schraubt.

Das Stirnbrett nagelt man an, bevor der Rauspund aufgelegt wird. Am Übergang zur kleinen Hütte steht das neue Dach etwa 200 mm über das alte Dach über. Ich bringe einen Blechstreifen an, der den Spalt zwischen Dachstuhl und Blechdach der kleinen Hütte überdeckt, bevor der Rauspund aufgenagelt wird. Seien Sie beim Abdichten zwischen zwei Gebäuden sorgfältig, damit sich kein Treibschnee in den Zwischenraum zwischen neuem Dachstuhl und Windbrett des alten Hauses hineinsucht.

6. Dachblech, Blech über dem Windbrett und Dachrinnen sind angebracht. Ich montiere die Dachrinnen direkt im Zusammenhang mit dem Decken des Daches, damit ich selbst bei leichtem Regen mit dem Paneel der Außenwände arbeiten kann, ohne unter einer tropfenden Traufe zu stehen.

Die Wände des Anbaues werden mit einer Schalung versehen. Hier kommen gesäumte, breite Bretter zur Anwendung, bei dem sowohl das Boden- als auch das Deckelbrett mit der Kernseite nach außen gesetzt wird. Auch hier wird die Oberfläche sofort behandelt, da die Bretter zum Zeitpunkt des Anbringens gänzlich trocken sind.

An der Giebelseite wurde schon mit den Nagelleisten und dem Wetterschenkel begonnen. Auf den Schwellenrahmen nagele ich zwei Leisten übereinander, da der Wetterschenkel die untere Nagelleiste verdeckt. Die Unterseite des Wetterschenkels und die Schrägfasung des Schwellenbalkens wird mit der vorgenannten $^1/_3$-Mischung behandelt, bevor das Brett festgenagelt wird. Auch die Ständer bekommen Nagelleisten, damit man eine so gute Dichtheit wie möglich erhält, wenn 12 mm Bausperrholz als Windsperre angebracht wird (Bausperrholz besteht hauptsächlich aus Fichtenholz, ist als Konstruktionselement gedacht und mit sehr beständigem Phenolleim geleimt). Hier an der Giebelseite reicht die Breite der Sperrholzplatten nicht dazu aus, sie hochkant anzubringen. Ich bringe die Platten deshalb quer an und lasse sie an der mittleren, querverlaufenden Nagelleiste, ansetzen.

Alternativ kann man die Platten hochkant nebeneinander setzen. Man muss dann einen etwa 70 mm breiten Sperrholzstreifen von der Innenseite hinter den Ansatzspalt schrauben, um die Platten dicht zu bekommen. Wenden Sie in dem Fall die ungesägten Plattenkanten einander zu. So erhalten Sie guten Kontakt zwischen den Platten. Unregelmäßige Sägekanten liegen dann auf den an den Ständern angebrachten Nagelleisten, und diese sorgen für die erwünschte Dichtheit.

Zwischen der Boden-Deckel-Schalung und der Sperrholzplatte soll ein Belüftungsspalt sein. Dazu wird die Schalung an den Nagelleisten bzw. Mittelriegeln auf eine dünne, 12 x 40 mm Leiste genagelt.

7. Eine Innenansicht, an einem frühen Morgen vor Fortsetzen der Arbeit aufgenommen. Mit den Sperrholzplatten werden die Wände ganz dicht. Außerdem haben die Platten eine bautechnische Funktion, da sie die Rahmenkonstruktion versteifen. Früher habe ich bitumierte Weichfaserplatten verwendet, doch steifen diese eine Wand nicht auf dieselbe Weise auf.

Die Dachstühle haben eine Verankerung aus 45 x 45 mm Nagelleisten bekommen. Letztere wurden vorgebohrt, damit sie nicht reißen. Sie werden später von der Isolierung und der Innenvertäfelung überdeckt.

8. Der Anbau und die kleine Hütte haben eine Verbindung bekommen, indem die Giebellaube mit einer Verschalung versehen wurde. Erst wurden Sperrholzplatten außerhalb von Schwellenbalken, Rähm und Vorstoßkette aufgenagelt. Anschließend wurden, wie gewöhnlich, Riegel gesetzt, und auf diese Schalbretter genagelt. Das Vorgehen ist anders, als beim Rahmenwerk, doch nahm ich an, dass es schwierig werden würde, die Wand zu den runden Blockhausbalken hin dicht zu bekommen, wenn ich mit eingelassenem Paneel und Wetterschenkel arbeiten würde.
Alle Dachflächen haben Dachrinnen, und das Traufwasser rinnt von den Rinnen des Anbaus zu denen der kleinen Hütte. Dort stehen die Rinnen ein Stück über, sodass das Wasser nicht direkt am Haus hinunterläuft.

Der Giebel der kleinen Hütte wurde im vorigen Herbst mit einer Mischung aus je zur Hälfte Leinöl und Terpentin behandelt, während die uns zugewandte Längsseite schon mehrere Jahre unbehandelt blieb. Sie war am vorherigen Standort nach Nordosten gerichtet, und hat deshalb nicht dieselbe, sonnenverbrannte Farbe bekommen, wie die gegenüberliegende Längsseite.

Der Wind hat freies Spiel unter dem Haus, was eine sehr schön trockene Gründung mit sich bringt. Mit einer ordentlichen Fußbodenbalkenlage mit Schüttung sollte es kein Problem sein, das Haus warm zu halten, obwohl der Wind frei darunter hindurch bläst.

9. Hier ist der Übergang zwischen kleiner Hütte und Anbau zu sehen. Die alten Blockhauswände haben eine schöne, sonnenverbrannte Farbe, da sie früher nach Südosten ausgerichtet waren. Jetzt sind auch die Fenster eingesetzt.

Der Bauholzstapel dicht vor der Hauswand wird etwa nach einem Monat umgesetzt, um als Material in eine Serie von Schirmhütten einzugehen, siehe S. 105–119.

10. Der Anbau ist von außen fertig. Was noch aussteht, ist ein Schornstein für den Saunakamin, eine Sitzbank vor der Wand, und eine Treppe vor der Tür. Die Fenster habe ich unter Dach gestrichen, was eine gut für Regentage geeignete Arbeit ist. An solchen sollte man nicht mit ungeschütztem Holz unter freiem Himmel arbeiten. Wenn man die Fenster zum Streichen auf Böcke legen kann, wird die Qualität

besser, als wenn sie zum Zeitpunkt des Malens bereits eingebaut sind.
Zwischen Fenster und Ständer dichte ich mit Fugenmasse für den Außenbereich ab, um einen ganz wasserdichten Übergang zu schaffen. Die Fugenmasse überdecke ich mit einer schmalen Dreikantleiste, die festgeschraubt wird. So kann man sie lösen, falls man nachdichten muss. Bei hartem Schlagregen kann sich Wasser zwischen Fenster und Ständer drücken, wenn man nicht ordentlich abdichtet. Verwendet man Flachs zum Abdichten, wird dieser bei einem Regensturm vollständig durchnässt, sofern man keine Fugenmasse verwendet.

11

11. Die Tür saß früher im Speicher, der vor acht Jahren eine neue Tür mit Fenster erhielt. Erst wollte ich auch hier eine Gartenhaustür mit Fenster einsetzen, doch ließ sich so spät im Jahr nirgendwo eine auftreiben. Die Bausaison für Freizeitgebäude war bereits abgeschlossen. Diese Tür ist aus drei breiten Brettern mit Spund gearbeitet, und hat handgeschmiedete Beschläge und ein handgeschmiedetes Schloss. Leider ist dessen Schlüssel verloren gegangen. Die Tür öffnet sich nach innen, und ich habe sie nach unten verlängert, sowie eine kräftige Dreikantliste angeschraubt, damit das Wasser über die Schwelle abgeleitet wird. Die Tür passt so gut, als sei sie eigens für dieses Haus gefertigt worden, und hat eine 100-jährige Patina als besonderes Attribut.

Die Tür wurde umgehängt, sodass sie sich nun nach außen öffnet. Im Zuge des Innenausbaues baute ich eine isolierte Innentür aus Sperrholz, die auf einen Rahmen aus Riegeln geleimt wurde. Die Außentür wurde so belassen, wie sie war, und das schöne handgschmiedete Schloss kann wieder montiert werden. Ich muss einen neuen Schlüssel herstellen, damit man das Schloss nutzen kann.

Die Lehre, die ich aus dieser Türlösung gezogen habe, ist, dass ich keine neue Tür kaufen musste. Die Tür stand die ganze Zeit über im Lager, ich hatte sie nur vergessen, und dachte erst dann als Alternative daran, als es keine andere Tür zu kaufen gab. Alte Baudetails sollte man nicht leichtsinnig entsorgen oder verbrennen. Früher oder später kommen sie in einem neuen Zusammenhang zur Anwendung. Das Problem, das normalerweise auftritt, ist, dass alle Lagerräumlichkeiten bald mit Gegenständen vollgestellt sind, die man immer gut gebrauchen kann, die aber vielleicht nicht wirklich wichtig sind. Eine Möglichkeit wäre hier, alte, übergebliebene Bauteile an entsprechende Händler zu verkaufen. In ganz Schweden kann man solche finden. Falls man selbst ein bestimmtes Bauteil sucht, kann sich ein Besuch bei einem solchen Händler lohnen.

Auf dem Bild ist zu erahnen, dass ich zwischen oberem Rahmen und dem Dach aus Rauspund mit zurechtgesägten Sperrholzstücken abgedichtet habe. Hier muss man so dicht wie möglich arbeiten, da die Dachisolierung auf diesen Plattenstücken aufliegen wird. Damit der Luftspalt zwischen der Dachisolierung und dem Rauspund des Außendaches belüftet wird, bohre ich mit einem 35-mm-Bohrer ein paar Löcher in jedes Fach.

12. Die Oberfläche des Anbaus ist nochmals behandelt worden, und alle Bauholzstapel sind nun fortgeräumt.

12

Handwerkshaus

In dem Abschnitt über den Ausbau meines Freizeitgeländes habe ich auf dem Lageplan auf Seite 281 einen Platz für ein Handwerkshaus reserviert. Das Haus sollte vor allem während des Winterhalbjahres meinem Handwerkshobby, kleinere Häuser zu bauen, dienen.

Der Bauplatz für das Handwerkshaus wurde im Zusammenhang mit dem Wegbau quer über mein Gelände vorbereitet. Mutterboden wurde abgegraben und drainierender Schotter aufgefüllt. Zwei Fuhren Schotter reichten, um eine ebene Fläche für eine gegossene Betonplatte zu schaffen.

Das Haus hat zwei Abteilungen. Die Mittelwand besteht aus einem Balken, 150 x 200 mm, der auf Höhe des oberen Rahmens liegt und Schrägstreben zur seitlichen Stabilisierung der Konstruktion hat. Die Bodenfläche soll frei sein, sodass die ganze Länge für ein größeres Bauprojekt unter Dach genutzt werden kann. Möchte man Hebehilfen anbringen, können die Dachbinder verstärkt werden, sodass man an ihnen einen I-Balken mit einer darin laufenden elektrischen Hängebahn aufhängen kann. Fünf Fenster lassen ausreichend Tageslicht herein.

Als Gründung ist eine ungeteilte Betonplatte vorgesehen. Der Schwellenrahmen wird auf eine Lage Betonsteine gestellt, sodass er 200 mm Abstand zur Platte hat, und damit etwa 300 mm zur umgebenden Bodenoberfläche.

Die Giebelfassade nach Südosten hat zwei große Tore, sodass das Gebäude als Garage genutzt werden kann, wenn man gerade kein Handwerksprojekt hat. Der Abstand zwischen den Haken in den Ständern des Rahmenwerkes beträgt 2,6 m. Wenn die Dachstühle auf dem oberen Rahmen ruhen, bedeutet das eine freie Dach- und Torhöhe von 3,0 m. Dies ist gut, wenn man mit einem Traktor hereinfahren möchte. Die Torbreite beträgt 2,5 m. Das ist ausreichend für die für mich aktuellen Fahrzeuge.

Entlang der gegenüberliegenden Giebelwand kann gesägtes Bauholz unter Dach lagern. Es ist ein ständiges Problem, wo man Bauholz verwahren soll, und wenn man zu diesem Zweck kein eigenes Gebäude bauen will, muss man in einem der Außenhäuser Raum dafür vorbereiten.

Das Tor in der Längsseite wird beim Hantieren des Bauholzes angewendet. Die innere Breite des Gebäudes beträgt 6,0 m, und reicht für die Holzlängen aus, die in Frage kommen. Längeres, gesägtes Bauholz zu hantieren und verwahren ist nur umständlich.

Die Rückseite des Gebäudes weist nach Nordosten und hat drei Fenster bekommen, um so viel Tageslicht wie möglich ins Innere zu lassen. Über den Giebeltoren wird das Dach etwa 1,1 m vorgezogen, um die Tore vor Schnee und Regen zu schützen.

Die Kanthölzer für das Handwerkshaus warten luftig gestapelt auf ein eventuelles Bauvorhaben. Beachten Sie die Kreuzstreben an der Kurzseite, die den etwas instabilen Holzstapel sichern sollen.

Längsseitige Fassade nach Südwesten, mit Tür und Tor, die niedriger als die Tore des Giebels sind

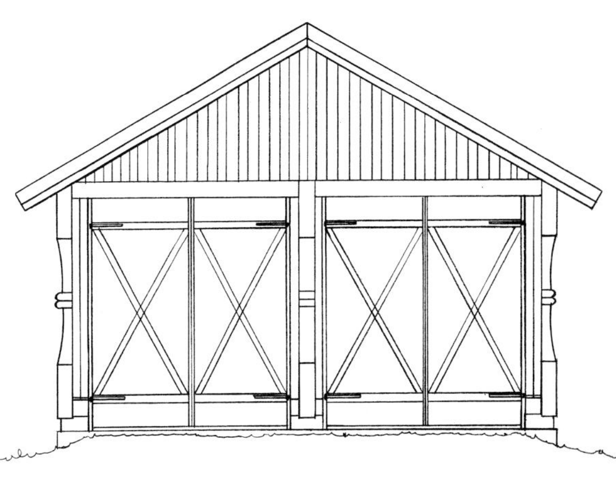

Giebelfassade nach Südosten.

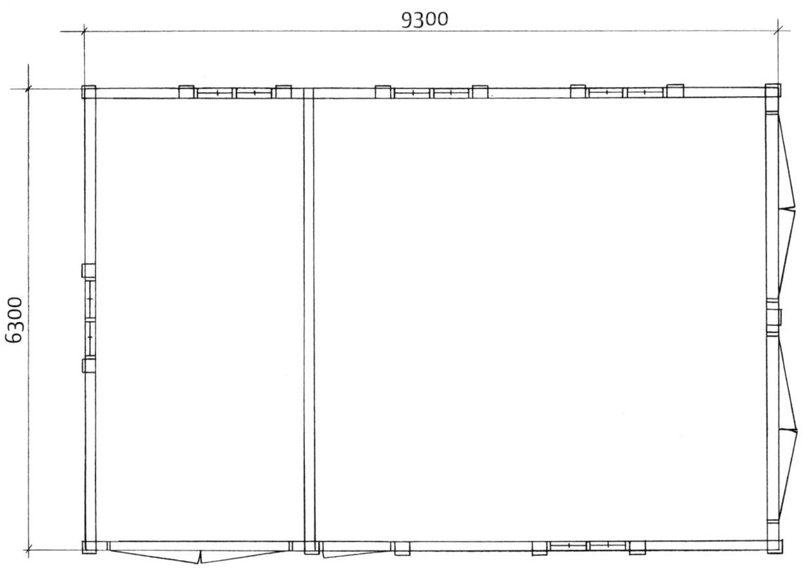

Grundrisszeichnung eines Handwerkshauses mit den Außenmassen 6,3 x 9,3 m. Die innere Fläche beträgt 54 m².

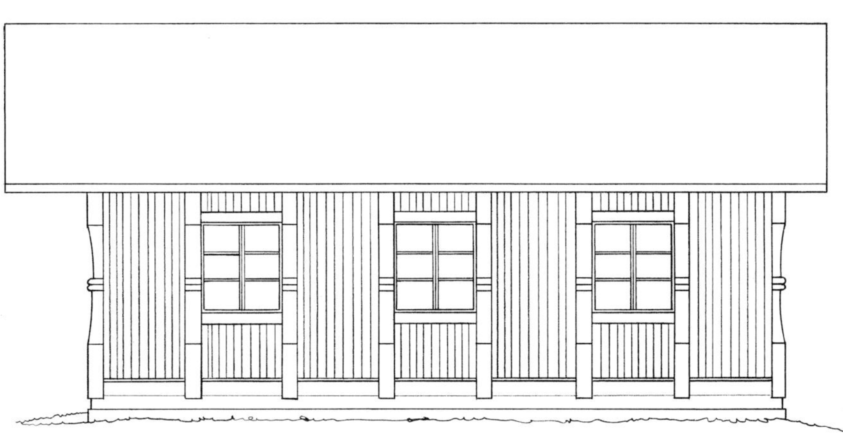

Längsseitige Fassade nach Nordosten

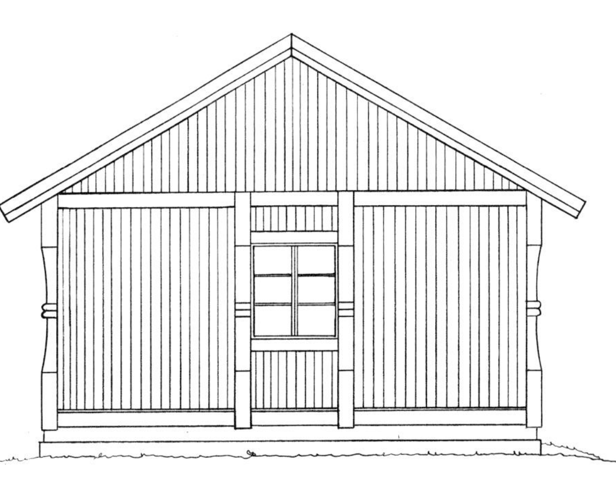

Giebelfassade nach Nordwesten

Gezimmerte Schlafhütte

Vor ein paar Jahren ließ sich mein Sohn Erik an der Volkshochschule von Sjövik außerhalb von Avesta zum Blockhausbauer ausbilden. Die Ausbildung war einjährig, mit der Möglichkeit, um ein weiteres Jahr zu verlängern. Die Schule möchte in dieser Ausbildung vermitteln, wie man schöne und funktionelle Blockhäuser mit traditionellen, ursprünglichen Handwerksmethoden baut. Im Jahr 2011 wurde der Status der Ausbildung auf Berufsschulniveau angehoben. Seitdem ist sie zweijährig, für 18 Auszubildende, und beginnt alle zwei Jahre.

Die Ausbildung fand unter freiem Himmel auf einer Halbinsel des Sees Bäsingen statt. Die Gebäude der Volkshochschule liegen weiter oben am Hang. Jeder Schüler konnte ein eigenes Blockhaus zimmern, wodurch das Gelände von Blockhäusern in verschiedensten Stadien übersät war.

Unten: Im ersten Herbst hatte Erik diese kleine Hütte gezimmert, die ich kaufte, damit er weiteres Bauholz für ein größeres Hausprojekt einkaufen konnte. Das Bild ist Mitte Januar, nach einem sehr regnerischen Herbst und Frühwinter, aufgenommen worden.
Die Balken sind zum überwiegenden Teil ganz frisch und deshalb deutlich schwerer, als wenn sie hätten trocknen können. Wir nahmen die Hütte auseinander und fuhren alles zu meinem Freizeitgelände im südlichen Lappland. 1200 kg auf einem VW-Pritschenwagen, 1000 kg auf einem PKW-Anhänger. Die kürzeren Teile neben der Türöffnung luden wir in den PKW mit dem Anhänger.
Der Rohbau war vollständig, mit Tür, Fußbodenbalken, vorbereiteten Fächern für die Schüttisolierung, Fußbodenbrettern, Innendach, Sparren, sowie Rauspund für das Außendach. Alles fand auf den beiden Fuhren Platz. Wären die Balken trocken gewesen, wäre das Gewicht sicher 500–600 kg geringer gewesen.

Die Fensteröffnungen gibt es noch nicht. Ich schneide sie beim Aufbau ein.

Die Blockbalken und andere Holzteile wurden unter Dach gelagert. Da die Balken teilweise überfroren waren, wurden sie mit großzügigem seitlichem Abstand, wie auf dem Bild zu sehen, gestapelt. Fenster und Tür standen einen Spalt breit offen, um den Raum gut zu durchlüften. Es fand sich kein Schimmel an den Balken, als die Hütte später aufgestellt wurde. Ein Teil der Blockbalken war von Blaufäulepilzen angegriffen worden, doch das war bereits auf dem Zimmereiplatz in Sjövik der Fall gewesen, als sie dort in einem großen Stapel lagen.

Der Mutterboden wird abgegraben, sodass die unterliegende Mineralerde zutage tritt. Der Holzrahmen an den Schachtkanten erleichtert gerade Kantenführung. Eine so kleine Gründung kann man in ein paar Stunden von Hand ausgraben.

Ich lege die Grube mit Fibertuch aus und fülle sie mit grobem Kies 16–32. Dieser wird mit einem Balkenstück verdichtet, an welches ich einen querliegenden Handgriff genagelt habe. Auf diesen Untergrund werden große Ecksteine gelegt. Mit ein bisschen Anstrengung kommen die Oberkanten der Steine auf eine Ebene. Auf den vorderen linken Stein wurde ein kleiner Stein gelegt, um auch diese Ecke auszutarieren. Große Natursteine geben der Gründung ein ansprechendes Aussehen.

Grundrisszeichnung der Schlafhütte. Die Innenmaße betragen 1,9 x 1,9 m. Das Bett ist 80 cm breit und seine Enden sind direkt an den Seitenwänden befestigt. Ein kleiner Tisch in der Ecke rechts neben der Tür sowie ein Hocker, den man unter den Tisch schieben kann, bilden die restliche Einrichtung. Über den Fenstern wird von Wand zu Wand ein Regal angebracht. An der Giebelwand über dem Bett, und zu beiden Seiten der Tür, werden kurze Holzsstifte in vorgebohrte Löcher geschlagen. Man kann an ihnen Kleider und Ausrüstung aufhängen.

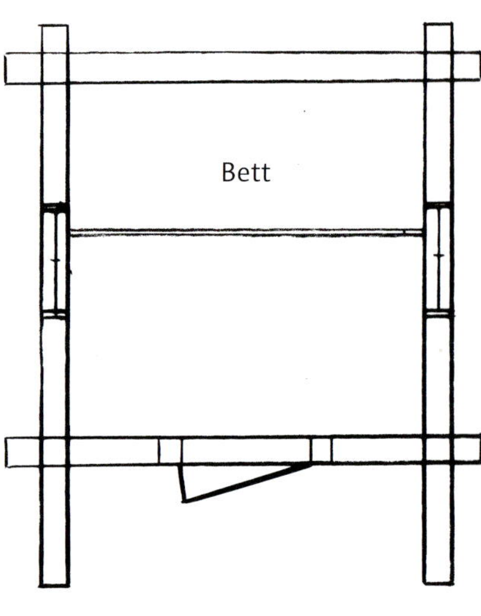

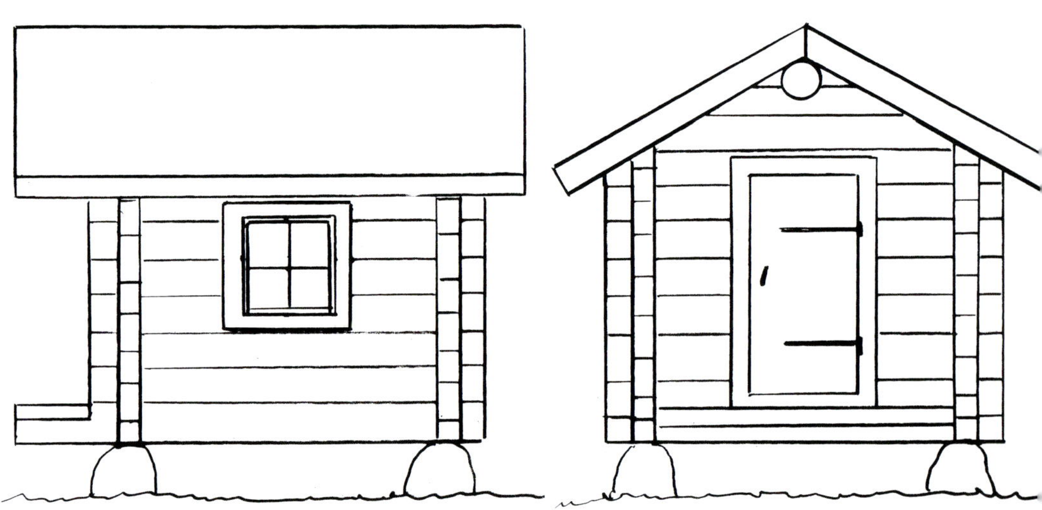

Längsseite

Vordere Giebelseite mit Giebellaube

Es wurde mit dem Aufstellen der Hütte begonnen. Um zu vermeiden, dass sich Holzspäne in den Kies verirren, wird die Gründung mit Kartonstücken abgedeckt. Wenn Holzspäne in groben Kies geraten, kann man sie kaum wieder entfernen, und der Kies wird bald von ersten Pflanzen besiedelt.

Die Wandbalken werden im Laufe der Arbeit auf ihrer Innenseite gehobelt. Feste Arbeitsböcke auf beiden Seiten des Rohbaues fungieren als Arbeitstische.

Als Eckverbindung wurde der traditionelle „Dalaknut“ gewählt. Er eignet sich gut für das Zimmern mit frischen Balken. Die Balken sind hoch, wodurch das Zimmern schwieriger ist, als wenn man mit eher normalhohen Balken zimmert. Die Fenster werden im Nachhinein eingeschnitten.

Die Längsnut wird mit Etagenmoos/Stockwerkmoos abgedichtet. Der überliegende Balken wird mit Klötzen „aufgebockt“, sodass man einen geeigneten Abstand zum Unterbalken erhält. Dann drückt man Moos in den Spalt wie auf dem Bild. Der Rohbau wird mit einer Persenning gegen Regen geschützt. Der Aufbau findet Ende Juni statt und die Balken haben eine gänzlich trockene Oberfläche bekommen. Innen sind sie jedoch noch feucht und werden daher in den folgenden Jahren in der Wand zu Ende trocknen.

Das Dach wird gedeckt. Rauspund wird aufgenagelt. Zusammen mit dem Paneel des Innendaches und mit den Dachsparren bildet er mit Windpappe ausgekleidete Fächer für die Isolierung aus Hobelspänen. Diese wird eingefüllt und gut verdichtet, bevor der letzte Rauspund festgenagelt wird. Genauso wird in der Fußbodenbalkenlage verfahren. Auch dort werden gereinigte Hobelspäne eingefüllt, die für das Einstreuen von Pferdeboxen gedacht sind. Bevor sie zu Ballen verpackt wurden, hat man die Feinfraktion entfernt.
Auf jeder Seite wurde eine Fensteröffnung eingeschnitten. Die Nut für die Zarge wird mit der Motorsäge ausgesägt.

Oben: Die Schlafhütte ist fertig und mit Rotfarbe gestrichen worden. Das Farbpulver dazu stammt von derselben Auktion wie der Speicher zur Linken und ging als Zugabe in dessen Kauf mit ein. Der Speicher wurde zum selben Zeitpunkt wie die Schlafhütte gestrichen. Wind- und Dachfußbretter sind mit einer Mischung aus 50 % Leinöl, 40 % Balsamterpentin und 10 % Hälsingeteer von Alcro behandelt worden, um ihnen ein wenig Farbe zu geben. Die hölzernen Abdeckleisten rund um Fenster und Tür, und die Tür aus Fichtenholz haben eine Behandlung mit einer Mischung aus je zur Hälfte Leinöl und Balsamterpentin bekommen. Die gerade Oberseite der beiden starken Fichten-Halbstämme vor der Tür ebenfalls. Das Foto ist spät im Oktober, bevor der Schnee kommt, aufgenommen worden.

Rechts: Eine einfache Treppe, hergestellt aus ein paar Plankenstücken. Sie wurde mit einer Mischung aus 50 % Leinöl und 50 % Balsamterpentin behandelt.

Größeres Freizeithaus in Ständerbauweise

In früheren Ausgaben dieses Buches habe ich verschiedene Alternativen für den Ausbau meines Freizeitgeländes beschrieben. Nun möchte ich Ihnen vorstellen, wie es sich nach vielen Jahren des Planens entwickelt hat.

Aus dem Lageplan auf Seite 281, im Abschnitt über die Entwicklung eines Freizeitgeländes, ist der Standort des neuen Freizeithauses ersichtlich. Während der zwanzig Jahre, die vergangen sind, seit ich auf diesem Gelände zu bauen begann, habe ich den Speicher als Hauptwohnstätte benutzt. Im Sommerhalbjahr ging das gut, doch für den Winter war er zu wenig isoliert, um bequem darin wohnen zu können. Ein altes Blockhaus, das nicht von Anfang an als Wohnhaus vorgesehen ist, lässt sich kaum ausreichend abdichten, wenn man die Balken sowohl von innen als auch von außen sichtbar haben möchte. Wenn es richtig kalt war habe ich es manchmal vorgezogen, in der kleinen Hütte zu wohnen, die weniger Volumen hat und leichter aufzuwärmen ist.

Die nach Nordosten weisende Giebelfassade des Hauses

Zeichnungen des Freizeithauses

„Moderne Häuser sehen oft etwas plump aus. Ihre Proportionen stimmen nicht mit dem überein, was wir uns über das traditionelle Aussehen eines Hauses gelehrt haben. Das Verhältnis zwischen Länge und Breite des Hauses ist genauso wichtig, wie das Verhältnis zwischen Wandhöhe und Dachhöhe.

Ein Haus sollte deshalb mindestens doppelt so lang sein, wie breit, und die Wände sollten höher sein, als das Dach. Besser, man baut ein zweistöckiges Haus, als das Dach zwei Drittel der Höhe ausmachen zu lassen. Ein großes Dach sieht einfach nur unbeholfen aus."

Bengt O. H. Johansson, Leiter der Kulturmilieuabteilung des Zentralamtes für Denkmalpflege.

Die Wahl zwischen einem gezimmerten Blockhaus oder einem Haus in Ständerbauweise war einfach. Die Teile des Ständer-Rahmenwerkes hatten bereits zehn Jahre fertig zugeschnitten unter Dach gelegen. Mitte der 90er-Jahre hatte ich starke Stämme gekauft, die ich zu Ständern (220 x 220 mm), Kanthölzern für den Rahmen (150 x 200 mm) sowie Riegeln und Brettern zugeschnitten hatte. Im Laufe der Jahre hatte ich die Bretter verbraucht, weshalb im Frühjahr 2007 weitere Stämme gekauft und auf einer Solo-Säge zu ergänzenden Ständern, Rahmenhölzern und neuen Brettern gesägt wurden.

Die Zeichnungen wurden überarbeitet. Dabei befand ich, dass sich durch eine Wanderhöhung von 1,2 m über Schlafzimmer, Flur und Badezimmer ein zur Wohnküche hin offener, nur mit einem Geländer begrenzter Raum gewinnen ließ. Die große Wohnküche ist vor der Feuerstelle offen bis oben unter das Innendach, mit einer Galerie an den Wänden entlang, wie aus der Zeichnung ersichtlich. Das Lichtspiel in der Wohnküche ist interessant, da das Licht durch zwei Doppelfenster und ein einfaches Fenster im Untergeschoss, und von oben durch die Fenster des Obergeschosses einfällt.

Die Fenstermaße sind anhand des Sortimentes des preiswertesten Baumarktes gewählt, weshalb statt der angedachten dreiflügeligen Fenster an Giebelwand und hinterer Längsseite je zwei zweiflügelige Fenster nebeneinander eingesetzt wurden. Der Preisunterschied ist erheblich; es lohnt sich, die Fensterpreise zu vergleichen, bevor man die Fenstermaße eines neuen Hauses festlegt.

In der Wohnküche ist die Zwischenbalkenlage vor der Feuerstelle offen, was den Raum offen und hell macht. Entlang den Wänden der Galerie gedenke ich Bücherregale und Verwahrungsschränke aufzustellen. Vor dem breiten Giebelfenster entsteht ein Platz für zwei Lesesessel mit einem kleinen Tisch in der Mitte. Das kleine Fenster auf der Vorderseite setzte ich ein, um das Licht der tiefstehenden Wintersonne einzufangen, das über den Fußboden wandern und in die Öffnung vor der Feuerstelle scheinen wird.

Auf der anderen Seite, wo die gewinkelte Treppe endet, ist ein zur Wohnküche hin offener Raum geplant, mit einem Arbeitstisch vor dem breiten Giebelfenster und zwei Gästebetten Kopf an Fuß an der fensterfreien Wand der Vorderseite. Das niedrige Fenster auf der Rückseite soll die Abendsonne hereinlassen. Sie geht im Sommer im Nordwesten über dem See unter, und wird zwischen neun und elf Uhr abends einen schönen Schein auf den Fußboden werfen.

Der Raum erhält sein Hauptlicht durch das obere Giebelfenster, sowie durch das Fenster des gegenüber liegenden Giebels, da er zur Wohnküche hin offen ist, wie ein Balkon. Die beiden niedrigen Fenster an den Längsseiten, die das Licht der niedrigstehenden Mittwintersonne und die Abendsonne hereinlassen, wurden bereits erwähnt. Die Wohnküche bekommt auch auf der Rückseite ein doppeltes zweiflügeliges Fenster, mit Aussicht über den See. Die Fassade wird nicht ganz symmetrisch, doch ist in diesem Falle die Aussicht wichtiger. Man sollte darauf achten, dass die Fenster gleich hoch sind. Ihre Breite kann variieren.

Das Ständer-Rahmenwerk für das Untergeschoss wurde 1997 zugeschnitten, und ich habe in früheren Auflagen des Buches Zeichnungen für die Ausführung des Hauses vorgestellt. Da ich aus Arbeitsgründen in einen südlicheren Teil des Landes zog und kaum Zeit zum Bauen hatte, wurden die Einzelteile des Ständer-Rahmenwerkes bis 2008, als mir wieder mehr Zeit zur Verfügung stand, auf Lager gelegt. Ich musste eine neue Baugenehmigung beantragen, da die alte verjährt war, und arbeitete dabei die oben beschriebenen Veränderungen aus. Durch ein Aufstocken von 1,2 m wurde ein Obergeschoss, wie auf der Zeichnung zuunterst auf Seite 303, geschaffen. Die ursprüngliche Lösung beinhaltete einen großen und hohen kalten Dachboden, den man schwerlich hätte nutzen können. Nun erhielt das Haus deutlich bessere Proportionen, mit Längswänden, die zweimal so hoch waren wie die Giebel.

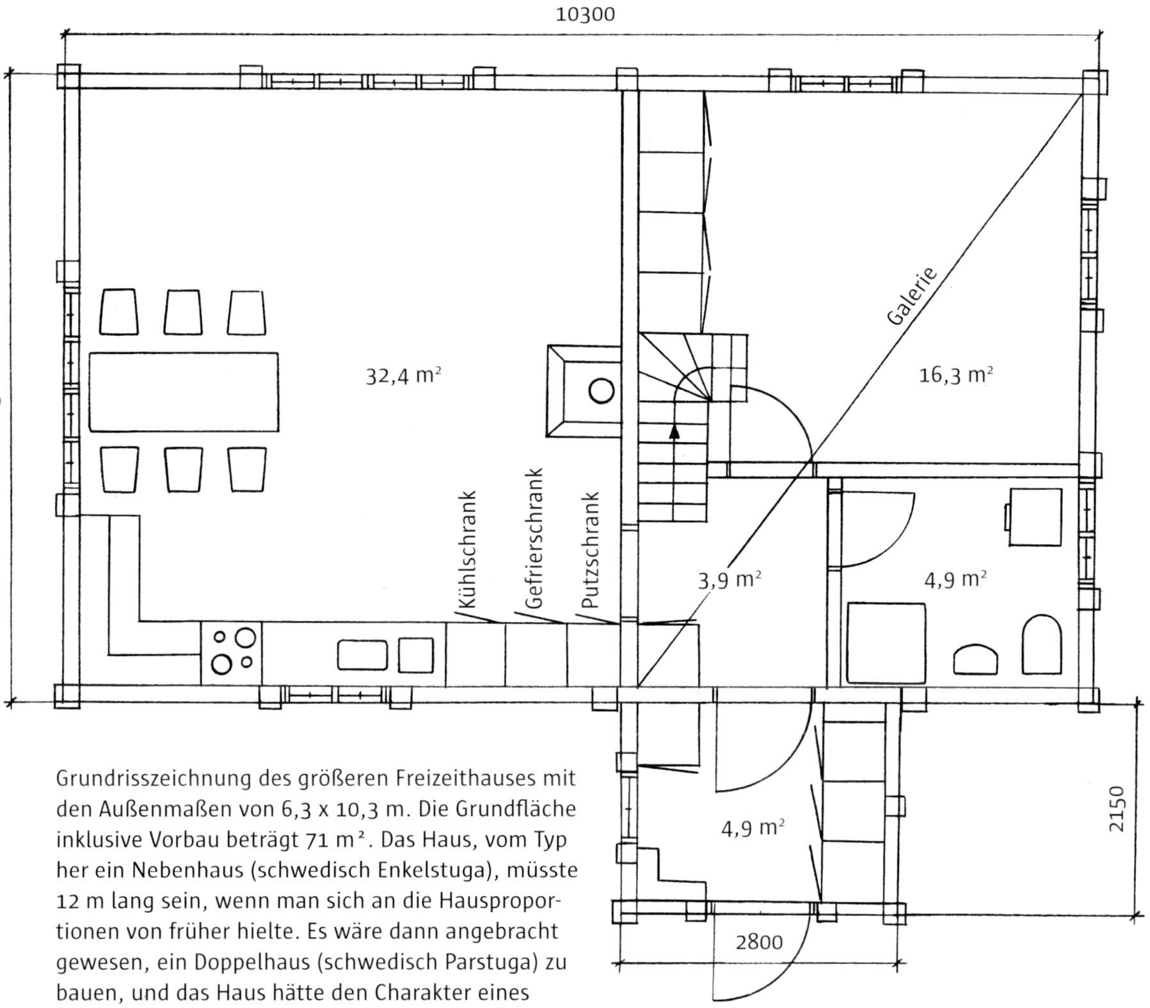

10300
6300
32,4 m²
Galerie
16,3 m²
Kühlschrank
Gefrierschrank
Putzschrank
3,9 m²
4,9 m²
4,9 m²
2150
2800

Grundrisszeichnung des größeren Freizeithauses mit den Außenmaßen von 6,3 x 10,3 m. Die Grundfläche inklusive Vorbau beträgt 71 m². Das Haus, vom Typ her ein Nebenhaus (schwedisch Enkelstuga), müsste 12 m lang sein, wenn man sich an die Hausproportionen von früher hielte. Es wäre dann angebracht gewesen, ein Doppelhaus (schwedisch Parstuga) zu bauen, und das Haus hätte den Charakter eines normalgroßen Wohnhauses bekommen. Diesen Bedarf habe ich nicht, und begrenzte deshalb die Länge auf gut 10 m.

offen bis zum Innendach

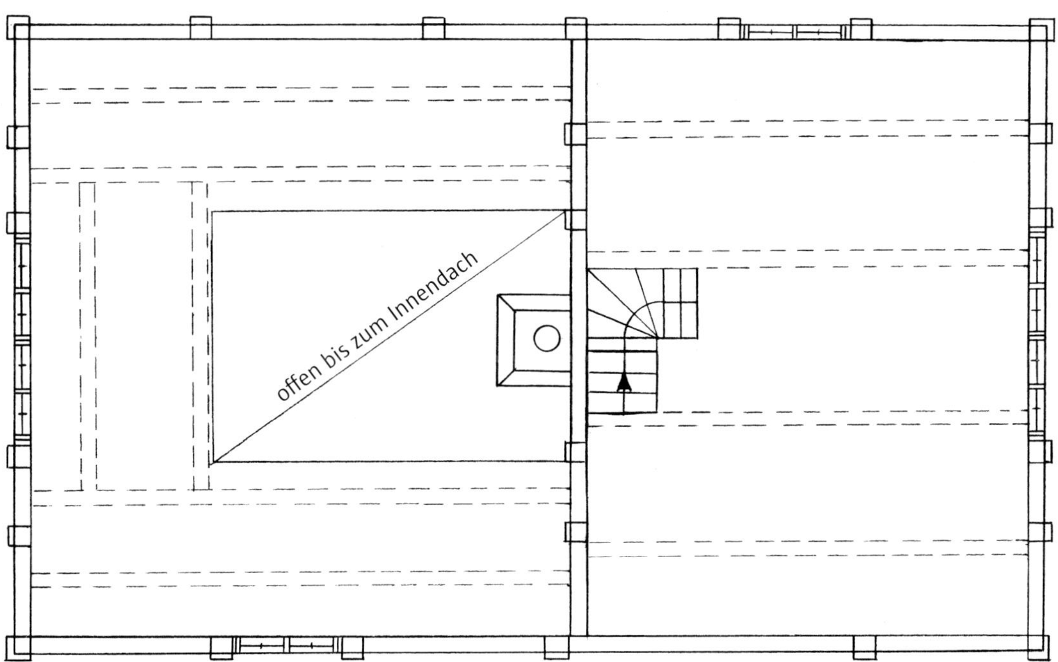

Obergeschoss mit sichtbarer Zwischenbalkenlage, in der Zeichnung mit gestrichelten Linien markiert.

Südwestliche Giebelseite

Nordöstliche Giebelseite

Vorderseite, nach Südosten gerichtet. Der Vorbau (schwedisch Förstuga) erhielt Ständer mit etwas weiter entwickelten Schnitzereien als die übrigen Ständer. Alle großen Fenster des Hauses haben das Maß 100 x 120 cm, die niedrigen 100 x 60 cm.

Rückseite, nach Nordwesten gerichtet

Gründung

Vorbereiten der Formen für die Sohle

Das Haus erhält einen umlaufendes Beton-Streifenfundament, auf welchen vier Lagen Blähton-Blöcke gemauert werden, damit das Haus letztlich hoch genug über der umgebenden Rasenfläche steht. Die Schächte sind mit drainierendem Sand- oder Schottermaterial gefüllt. Vorher stand die kleine Hütte an dieser Stelle und wurde umgesetzt, was auf den Seiten 285 bis 287 beschrieben wird. Ich habe jedoch mit dem Ausheben der Schächte vor dem Umsetzen der kleinen Hütte begonnen. Da man zu dem Zeitpunkt nicht mit einer Maschine graben konnte, musste ich von Hand um die Hütte herum ausheben.

Hier werden die Schachtböden für die Betonsohle ausgewogen. Ich wählte als Gründung eine Grundmauer. Ihr Bau ist einfacher, als das Gießen einer durchgehenden Betonplatte. Für letztere hätte ich an der niedrigsten Stelle unter dem Haus, an der südwestlichen Giebelseite, 80 cm Material auffüllen müssen. Die von dieser Höhe langsam abfallende Terasse hätte sich bis hin zur Scheune im Hintergrund erstreckt.

Die Schachtböden werden mit einem etwa 10 cm dicken „Bett“ aus drainierendem Kies 16–32 gefüllt.

Die Holzform wird gebaut und von innen mit Plastikfolie ausgekleidet, damit das Formholz geschützt wird und bei späteren Bauvorhaben wiederverwendet werden kann. Das Plastik lässt den Beton auch langsamer trocknen, was für sein Durchhärten günstig ist.

Gießen der Grundsohle

Die Grundsohle ist 25 cm dick und 60 cm breit. Es werden gut 7 m³ Beton gebraucht, die aus 100 Säcken Zement à 25 kg, Singel 16-32 und Gießsand gemischt werden.

Die Grundsohle ist gegossen und mit einer dicken Schicht Gießsand bedeckt, die in den ersten Wochen gewässert wird, damit der Beton nicht zu trocknen beginnt. Solange die frisch gegossene Betonsohle feucht gehalten wird, härtet der Beton weiter aus.

Die chemische Reaktion zwischen Zement und Wasser findet über eine längere Zeit statt – sofern Wasser zur Verfügung steht. Alle freien Betonflächen verbleiben während der gesamten Härtungsphase überdeckt. Je länger er aushärten kann, desto besser wird der Beton. Niedrige Temperaturen verlangsamen das Aushärten, und unter dem Gefrierpunkt (±0 °C) hört der Prozess praktisch ganz auf. Gießen Sie am besten nur bei Temperaturen über +5 °C.

Es zeigte sich bald, dass es ein Fehler war, nicht die ganze Fläche unter dem Haus auf einmal auszuschachten. Wie aus dem Bild zu ersehen, habe ich beim Ausheben der Schächte zwei große Erdhaufen aufgeschaufelt. Es war eine müsame Arbeit, diese ganze Erde von Hand bis auf das Niveau der Schachtgründe abzutragen, und mit der Schubkarre wegzufahren. Anschließend wurde die Fläche mit Kies 16–32 aufgefüllt. So erhielt das Haus unter seiner ganzen Fläche eine drainierende Kiesschicht. Da der Boden unter dem Haus vornehmlich aus Sand bestand, hatte ich erst geplant, ihn nicht auszuheben. Später beschloss ich jedoch, ihn gegen eine Kiesschicht auszutauschen.

Drainieren der Grundsohle

Die Grundsohle wird teils durch eine 10 cm dicke Kiesschicht, auf welcher sie aufliegt, teils durch einen Drainageschlauch, der außen um die Sohle herum liegt, drainiert.

1. Der Drainageschlauch wird auf gleiche Höhe mit der Unterkante der Betonsohle gelegt. Kies 16–32 wird aufgefüllt, Fibertuch an der Schachtkante entlang gelegt.

2. An der unteren südlichen Ecke der Hausgründung grabe ich eine tiefe Grube für die Drainage. Sollte diese Grube nicht ausreichen, kann ich den Drainageschlauch bis hinunter zum Graben, der das Gelände durchschneidet, weiterführen.

3. Der Drainageschlauch wird in die Grube geleitet, die daraufhin mit kleinen Steinen und Kies aufgefüllt wird. Auf dem Bild sieht man die verschiedenen Bodenschichten. Zuoberst finden sich 25 cm Mutterboden, darunter 30 cm Sand, und weiter unten gröberes Schottermaterial. Es ließ sich leicht in diesem Boden graben, da er nur wenige gröbere Steine enthielt.

4. Die Drainagegrube ist bis zur Erdoberfläche mit Steinen und Kies gefüllt. Vor dem Auffüllen wurde sie mit Fibertuch ausgekleidet. Man kann den Mutterboden wieder auffüllen, wenn man die Drainagegrube unter Rasen verbergen möchte. Ich warte damit, da der Boden zur Grundmauer hin aufgefüllt werden soll, sodass er später von der Grundmauer nach außen gleichmäßig abfällt.

Mauern der Grundmauer

Für die Grundmauer werden Blähton-Blöcke angewendet. Ich erhalte Hilfe von einem Berufsmaurer. Die Steine werden mit der Ausfasung nach oben gelegt. In alle Fugen kommen Armierungseisen, die mit Mörtel fixiert werden.

Oben: Das Mauern der Grundmauer wurde begonnen. Die gesamte Grundfläche ist mit drainierendem Kies gefüllt. Die Basisplatte unter der Feuerstelle und eines der Fundamente zur Auflage eines Tragbalkens sind mitten in der Wohnküche (in der vorderen Abteilung) zu sehen. Das Bild zeigt auch die Aussicht auf den See.

Unten: Nun muss nur noch die Grundmauer des Vorbaues gemauert werden. 10 Ventile, 20 x 20 cm, wurden in die dritte Lage der Grundmauer des Haupthauses eingepasst. In der Grundmauer des Vorbaues werden es drei Ventile, 15 x 15 cm. Die großen Öffnungen in der Grundmauer für die Mittelwand ermöglichen, dass die Luft im Kriechgrund unter dem Fußboden nicht in irgendeiner Ecke still steht.

Die Ventile werden in die Nähe der Ecken gesetzt, um stillstehende Lufttaschen, und damit verbundene Schimmelprobleme, zu vermeiden. Ein Kriechgrund kann Probleme verursachen. Im Sommer gilt es, ihn so rasch wie möglich aufzuwärmen. Auf die Kiesschicht wird eine Feuchtigkeitssperre aus Baufolie gelegt, und auf diese eine Schicht Bodenisolierplatten, damit die Bodenkühle den Raum unter dem Haus nicht auskühlt. Bei feuchtem, warmem Sommerwetter kondensiert die Außenluft an kalten Oberflächen im Kriechgrund, wenn dieser zu kalt ist. Ein Gründung aus Sockelblöcken wäre die beste Lösung unter diesen Gesichtspunkten, doch ich wollte des Aussehens wegen eine Grundmauer haben. Im Hinblick auf den Feuchtigkeitsausgleich im Hausgrund bringt diese allerdings mehr Arbeit mit sich.

Oben: Die Grundmauer ist fertig und von außen verputzt. Ein Fundament für die Feuerstelle, sowie eine Auflage für den Tragbalken in der Wohnküche, wurde aufgemauert. Der Abstand zwischen den Außenwänden ist zu groß, als dass die Fußbodenbalken über die ganze Breite frei tragend sein könnten. Das Fundament für die Feuerstelle ist einen Stein höher, als die Grundmauer, damit die Platte unter der Feuerstelle auf Fußbodenniveau gelangt. Im hinteren Giebel befindet sich eine Öffnung für eine von außen zugängliche Luke. Man könnte auch im Haus eine Luke im Fußboden haben, doch ziehe ich eine Luke von außen vor. Sie macht den Kriechgrund bei Inspektionen, Rohrarbeiten für Wasser und Abfluss, sowie beim Auslegen der Bodenisolierung leichter zugänglich.

Alle Kiesflächen werden sorgfältig mit Plastikfolie abgedeckt, damit der Kies nicht mit den beim Bauen unvermeidlichen Sägespänen vermischt wird. Der Kies muss gänzlich frei von Holzresten sein, wenn man später die Feuchtigkeitssperre aus Baufolie auslegt. Sonst beginnt es unter dem Plastik zu schimmeln, wobei schlechte Gerüche ins Haus hinauf dringen können. Im schlimmsten Fall bildet sich Echter Hausschwamm (Serpula lacrymans), der für die Gebäudesicherheit gefährlichste holzzerstörende Pilz, unter dem Plastik. Jedes Material, das Pilze anziehen kann, sollte vom Hausgrund und dem Boden um das Haus herum, entfernt werden. Zu diesem Zweck wird sogar der Kies außerhalb des Hauses mit Plastikfolie überdeckt.

Aufstellen des Ständer-Rahmenwerkes

Für das Aufstellen des Ständer-Rahmenwerkes habe ich Hilfe von meinem Sohn Erik und meinem Cousin Nils-Olov. Letzterer stellte seinen Radlader zur Verfügung.

Auf der Grundmauer wird Mauerpappe ausgelegt und darauf der Schwellenrahmen platziert. Bevor wir die Schwellenbalken an ihren Platz legen, sägen wir mit der Handkreissäge etwa 20 mm von der Unterkante eine Spur ein. Diese eignet sich für ein Schwellenblech, durch welches der Übergang vom Balken zur Mauer geschützt wird. Früher nahm man oft Birkenrinde, um die Schwellenbalken gegen die Grundmauer zu isolieren, und die Rinde durfte sich über der Mauerkante „rollen“. Dieser Teil des Ständer-Rahmenwerkes ist empfindlich, und wenn man die Spur im Nachinein sägt, ist das Ergebnis selten zufriedenstellend.

Im nächsten Schritt muss das Rahmenholz für die Zwischenbodenlage zugeschnitten werden. Rähm und Giebelmutter sind bereits seit 1997 vorhanden, als die Rahmenteile hergestellt wurden. Die Balken werden exakt über den Schwellenrahmen gelegt und angestückt. So wird alles zusammenpassen, wenn die Ständer später lotrecht ausgerichtet werden. Die Rähme des Vorbaues (siehe Bild) mussten ausgetauscht werden, da sie zu kurz waren. Der Dachüberstand des Vorbaus soll von den Rähmen getragen werden. Die Grundmauer ist nach einem Tag mit Regen durchnässt, und die Fugen zwischen den Mauersteinen treten als feuchte Felder im Putz hervor.

Die Balkenlage des Fußbodens wird vorbereitet, damit wir eine Plattform haben, von der aus wir arbeiten können. Das Aufstellen der Ständer findet mithilfe eines hydraulischen, ausfahrbaren Verlängerungsarmes am Radlader statt. Wir beginnen das Aufstellen der Wände mit den Eckständern, und danach den Zwischenständern. Hier befestigen wir einen Ständer neben dem Fenster des zukünftigen Badezimmers. Die Ständer werden mit einstweiligen Streben gesichert, die so genagelt werden, dass sie leicht wieder zu entfernen sind. Dank der fertigen Fußbodenbalkenlage können wir die Streben für die Zwischenständer an dieser befestigen.

Mitte: Außer an der rückwärtigen Wand stehen bereits alle Ständer. Die Rahmenhölzer für die Zwischenbalkenlage liegen bereit. Sobald alle Ständer aufgestellt sind, können sie auf die Ständer hinaufgehoben werden.

Unten: Alle Ständer des unteren Geschosses stehen an ihrem Platz. Die Enden der Ständer bekommen ein Holzstück als Regenschutz.

Als eines der ersten Dinge bauen wir eine stabile Treppe. Es ist wichtig, dass man im Haus während der Bauzeit auf sichere Weise ein und aus gehen kann. Warten Sie mit der Treppe nicht bis zuletzt! Die Ständer des Vorbaues werden feiner ausgearbeitet, als die übrigen. Beachten Sie auch die hervorstehenden Rähme des Vorbaues. Sie sollen den Dachüberstand dieses Giebels tragen.

Das Wetter war in den drei Wochen, während welcher wir das Ständer-Rahmenwerk aufstellten, nicht das beste. Sobald das Dach liegt, kann der Wind die Konstruktion jedoch innerhalb kurzer Zeit trocknen, da das Haus offen und hoch zu einem großen See hin liegt.

Die Ständer der Zwischenwand und der obere Rahmen sind eingebaut. Außerdem Kreuzstreben in drei Fächern. Die Zwischenwand hat eine wichtige, stabilisierende Funktion für die ganze Konstruktion, weshalb die Kreuzstreben wichtig sind. Die Zwischenbalkenlage für die Galerie über dem Schlafzimmer wird vorbereitet. Die Fußbodenbalken, 150 x 200 mm, ruhen auf den oberen Rahmenhölzern der Zwischenwand, sowie auf Auflagen in der Giebelwand. Letztere befestigen wir gerade. Im unteren Bildbereich sieht man die Platte für die Feuerstelle, die sich auf demselben Niveau wie die Fußbodenbalken befindet.

Das untere Geschoss ist fertig. Alle Fächer, für die kein Fenster vorgesehen ist, haben Schrägstreben bekommen. Die Balken für die Galerie des Obergeschosses sind eingesetzt worden. Die Fußbodenbalken wurden gehobelt, bevor wir sie einbauten, da sie von unten als Deckenbalken von Schlafzimmer, Flur und Bad sichtbar sein werden.

Mein Bruder Bo hilft uns, vier Balken von 150 x 200 mm über den Bereich der späteren Wohnküche zu legen. Sie sollen dort eine Arbeitsplattform bilden, von der aus wir die Ständer für den oberen Teil des Hauses aufstellen und die Dachkonstruktion bauen können. Ursprünglich war angedacht, die ganze Wohnküche bis zum Innendach hinauf offen zu haben. Als die Arbeitsplattform ausgelegt war, erkannten wir die Möglichkeit, in der Wohnküche oben entlang der Wände eine Galerie zu schaffen. Dazu musste ich die besagten Balken zu einem späteren Zeitpunkt des Baugeschehens an Ort und Stelle absenken und hobeln.

Alle Ständer wurden mit kurzen Ständern verlängert, die wir im Zuge der fortschreitenden Arbeit zuschnitten. Im Hintergrund sieht man die Arbeitsplattform, mit Geländer entlang der Öffnung in der Mitte. In der rechten unteren Ecke ist die zum Obergeschoss führende Treppe zu erahnen, die wir an einem regnerischen Vormittag gebaut haben.

Alle Ständer sind nun aufgestellt, und auch die Rähme sind eingebaut worden. Mit gewisser Unruhe fragten wir uns, wie wir die acht Pfetten von 220 x 220 mm und 6 m Länge hinaufheben sollten. Die Lösung wurde eine „Treppe", wie auf dem Bild zu sehen, auf der wir die Pfetten „zwischenlagern" konnten, nachdem wir sie mit dem Kran auf Höhe des Rähms hinauf gehoben hatten. Letztendlich zeigte es sich, dass wir nur eine Pfette eine Treppenstufe von Hand zu heben brauchten. Aber das war schon mehr als genug. Die Pfetten sind mit den Dimensonen, die sie haben, sehr schwer.

Alle Pfetten wurden gehobelt, da sie im Haus sichtbar sein sollten. Beachten Sie die Persenninge links im Bild auf dem Boden. Es ist ein unaufhörliches Überdecken, solange man Bauholz draußen lagert. Es war eine Erleichterung, als das Ständer-Rahmenwerk aufgerichtet war und alles übrige Bauholz unter Dach geschafft werden konnte.

Die Pfetten bekamen auf ihrer späteren Unterseite einen Kantenschutz aus im Winkel genagelten Brettern, der am abgemessenen Mittelpunkt festgespannt wurde. So konnte der Greifer keine Schäden auf den später sichtbaren Flächen verursachen. Die Oberseite der Pfetten wurde nach unten gewendet, sodass die Greifmarken auf Flächen landeten, die im Dach nicht sichtbar sein würden.

Es empfiehlt sich, den Mittelpunkt der Pfetten auszumessen, damit der Greifer genau am Gleichgewichtspunkt ansetzen kann.

Die meisten Pfetten konnte der Kran direkt an ihren Platz heben. Da der Greifarm maximal ausgefahren war, lag das Gewicht der Pfetten jedoch im Grenzbereich dessen, was der Kran leisten konnte. Beachten Sie die Treppe hinauf zum Obergeschoss.

Die Pfetten liegen an ihren Plätzen. Wir haben begonnen, kurze Riegel von 30 x 110 mm anzubringen, welche die Pfetten an den Ständern fixieren sollen, auf denen sie aufliegen.

Die Pfetten werden genau über den Ständern der Zwischenwand gestoßen, und mit zwei Holzdübeln ineinander verankert. Seitlich werden kurze Riegel als Seitensperre aufgenagelt. Wir wollten die Pfetten nicht durch einen Zapfen im Ständer schwächen, und sie aufgrund ihres Gewichtes wahrlich nicht mehr als notwendig anheben. Sie lagen so gut wie waagerecht, und nur eine Pfette musste wenige Zentimeter aufgekeilt werden.

Die Sparren werden anhand einer Schablone angefertigt, damit sie gleich ausfallen. Sie werden mit kräftigen Winkelbeschlägen an den Pfetten festgenagelt. Es ist wichtig, dass alle Sparren ihre Aussparungen an derselben Stelle haben, damit sie auf dem Dach in einer Ebene liegen. Sofern die Pfetten waagerecht und seitlich nicht verschoben liegen, gibt es normalerweise keine Probleme mit Unebenheiten in der Dachfläche. Die eine oder andere kleine Justierung muss man vielleicht vornehmen, und keilt dazu die Sparren beim Fluchten des Daches auf, bevor sie mit Winkelbeschlägen befestigt werden. Für das Fluchten spannten wir eine Schnur von den äußersten Sparren jeder Giebelseite.

Alle Sparren, bis auf die ganz außen an den Giebeln, sind angebracht. Wir überlegen, wie die Arbeit des kommenden Tages eingeteilt werden soll. Die Sparren der beiden Dachseiten überschneiden sich ganz oben, wodurch sie sich stabil fixieren lassen. Sie werden nach dem Zusammennageln sauber geschnitten.

Nach einem langen Arbeitstag ist die Dachkonstruktion für das Unterdach aus Rauspund fertig vorbereitet. Das Bild wurde Ende Juni um 21.15 Uhr aufgenommen, und zeigt, wie das Haus im Verhältnis zur sommerlichen Abendsonne ausgerichtet ist. Das Innendach wird in der Mitte, zwischen den obersten Seitenpfetten, einen waagerechten Teil bekommen. Das ergibt die Möglichkeit für einen kleinen, unisolierten Dachboden, und schafft bessere Voraußetzungen für eine zufriedenstellende Isolierung des Daches. Eine Firstpfette ist bei diesem Dach nicht notwendig, da das Gewicht von den Sparren und je zwei Seitenpfetten pro Fläche, sowie von den Rähmen, aufgenommen wird.

Der Rauspund wird, so weit möglich, von innen aus angenagelt. Die Unterlegpappe wird ausgerollt und ebenfalls von innen aus befestigt. Sobald das nicht mehr geht, nageln wir Stützleisten auf die Pappe auf und setzen das Decken des Daches von außen fort. Da wir ohne Gerüst arbeiten, ist bei dieser Dacharbeit große Vorsicht geboten. Ein Gerüst hätte die Dacharbeit und alle Arbeiten an den Außenwänden selbstverständlich erleichtert. So habe ich gänzlich von einer Leiter aus gearbeitet, was eine Geduldsprobe und risikoreich ist.

Das Dach aus Rauspund und Unterlegpappe ist angebracht. Der Vorbau ist mit einer Persenning vor Niederschlägen geschützt. Drei Wochen mit harter Arbeit, in denen das Ständer-Rahmenwerk errichtet wurde, sind vergangen, und es wird eine notwendige Arbeitspause zur Erholung gemacht. Man befindet sich in einer riskanten Bauperiode, da das Dach eine große Angriffsfläche für den Wind darstellt. Eine harte Sturmböe kann das ganze Gebäude zum Einknicken bringen, da die Wände aufgrund der fehlenden Außenschicht noch keine Stabilität haben. Die kurzen Ständer des Obergeschosses werden auf der Rückseite mit einer kräftigen Planke, die zum Zwischenständer darunter führt, gesichert. An die Eckständer kann man Schrägstreben setzen, die eine stabile Fixierung ergeben.

Als die Arbeit wieder aufgenommen wird, ist die erste Maßnahme, Dachrinnen an der Traufe anzubringen. So brauche ich nicht unter einem tropfenden Dach arbeiten, und es spritzt keine Erde an der verputzten Grundmauer empor. Die Dachkonstruktion des Vorbaues ist fertig. Bevor sie gebaut werden konnte, musste ich im Obergeschoss in dem Fach hinter dem Vorbau die Windabdichtung aus 12 mm Sperrholz anbringen. Das Dach des Haupthauses ist so hoch, dass der First des Vorbaues ohne weiteres darunter passt. Das erleichtert das Dachdecken auf beiden Dächern. Die Sparren auf dem überstehenden Teil des Vorbaudaches werden von den hervorstehenden Rähmen getragen. Letztere haben eine eingeschnittene „Tropfnase“ auf ihrer Unterseite.

Das Vorbaudach inklusive der Dachrinnen ist fertig. Die winddichte Schicht aus Sperrholz wird Fach für Fach angebracht. Ständer und Rahmen behandle ich im Verlaufe der Arbeit mit einer Mischung aus $^1/_3$ Leinöl, $^1/_3$ Balsamterpentin und $^1/_3$ Alcros Hälsingeteer. Die Sperrholzplatten werden mit Spanplattenschrauben auf Leisten geschraubt, die an den Rahmenhölzern, Ständern und Schrägstreben befestigt wurden. So werden die Sperrholzplatten in jedem Fach als Versteifung der Konstruktion ausgenutzt. Das ganze Haus wird eine stabile, steife Schachtel, vorausgesetzt, dass die Platten mit ausreichend vielen Schrauben befestigt werden. Wenn man bitumierte Weichfaserplatten als Winddichtung anwendet, wird die Steifheit der Fächer nur wenig erhöht.

Auf dem Bild ist das Schwellenblech zu erkennen, welches den Zwischenraum zwischen Rahmen und Grundmauer überdeckt. Das Tropfbrett, hinter dem zwei Nagelleisten senkrecht übereinander sitzen, befindet sich auf der Oberseite des Schwellenrahmens. Ich behandle sowohl die schräg angefaste Oberfläche des Schwellenbalkens als auch die Unterseite des Tropfbrettes, bevor dieses festgenagelt wird.
An den Ständern fehlen noch die Nagelleisten. Die Spur für das Schwellenblech sollte in den Schwellenrahmen eingeschnitten werden, bevor es auf die Grundmauer aufgelegt wird.

In den meisten Fächern des unteren Geschosses sind die winddichten Platten nun angebracht. Die Dachrinnen stehen an den Giebeln über, es gibt keine Fallrohre.

Am nordöstlichen Giebel ist das Befestigen aller winddichten Sperrholzplatten beendet. Die Fensteröffnungen werden provisorisch mit Bauplastikfolie geschlossen Die Fenster sollen eingesetzt werden, wenn das Außenpaneel montiert wird. Nicht alle Pfetten reichten bis zu den Sparren ganz außen hinaus. Sie mussten mit einer Planke auf der Oberseite verlängert werden, sodass die Sparren daran befestigt werden konnten. Man sollte die Ständer und das Rahmenwerk behandeln, bevor das Paneel montiert wird, wenn dieses eine andere Oberflächenbehandlung als die Ständerkonstruktion bekommen soll. Das Anstreichen mit obengenannter Teermischung ist eine stark kleckernde Arbeit, und man sollte die Grundmauer gut abdecken, damit sie nicht lauter Teerflecken bekommt.

Die Eingangstür wird montiert, sodass man das Haus schließen kann, wenn es während der weiteren Bauzeit leer dasteht. Eine offene Tür kann für Unbefugte einladend wirken, sich auf dem Bau umzusehen. Das kann sowohl im Hinblick auf Diebstähle als auch im Hinblick auf die Unfallgefahr unangebracht sein.

Die Giebelbretter werden angenagelt. Konter- und Dachlatten werden aufgenagelt, und die Dachbleche festgeschraubt. Auf dem Dach wird eine versetzbare Leiter aus Rauspund zusammengeschraubt, um die Arbeit mit den Blechen sicherer zu machen.

Montieren der Außenverschalung. Es wird mit Falu Rotfarbe gestrichen, wobei die Farbe für den Grundanstrich mit etwa 10 % Wasser verdünnt wird. Die Bretter werden vor dem Anbringen gestrichen. An der Giebelwand zur Linken stehen fertige Bretter zum Trocknen. Ich beginne mit allen Feldern, die keine Fenster haben.

Was die Fassade betrifft, so nähert sich der Bau seinem Ende. Hier wird eines der Doppelfenster in der Wohnküche eingesetzt.

Doppelfenster in der Wohnküche.
Der Abstand zwischen den Ständern ist 100 mm breiter, als das Fenster. Dadurch kann man zwischen Fenster und Ständer eine wasserdichte Konstruktion anbringen. Der Übergang zwischen Ständer und Fenster ist eine empfindliche Stelle bei peitschendem Regen, weshalb man ihn sorgfältig mit Fugenmasse abdichten muss. Über und unter dem Fenster werden mit Blechnägeln die üblichen Bleche angebracht.

Die Fenster wurden im Frühjahr gestrichen, bevor mit dem Bau begonnen wurde.

Da das Grundstück leicht abfällt, muss ich an der oberen Seite des Hauses einen offenen Graben ausheben, damit der Boden auch hier fort vom Haus zur Grabensohle hin abfällt. Direkt an der Grundmauer fülle ich mit Kies auf.

Die Außentreppe wird beiseite gezogen und der gesamte Mutterboden darunter entfernt. Er wird als Deckschicht in die Ecke neben dem Vorbau gelegt. Unter der Treppe fülle ich in Ermangelung von Kies mit Brechsand (Körnung 0/8) wieder auf. Der Kiesvorrat wurde entlang der Grundmauer verbraucht. Der Steinhaufen in der Mitte des Bildes soll die Spritzer dämpfen, die beim Auftreffen des Traufwassers entstehen.

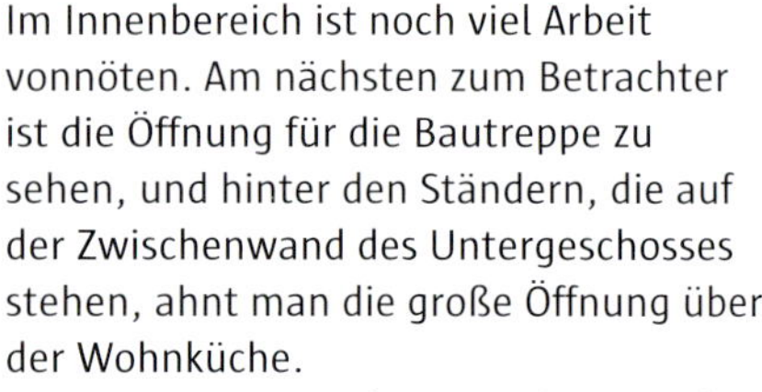

Im Innenbereich ist noch viel Arbeit vonnöten. Am nächsten zum Betrachter ist die Öffnung für die Bautreppe zu sehen, und hinter den Ständern, die auf der Zwischenwand des Untergeschosses stehen, ahnt man die große Öffnung über der Wohnküche.
Die Eingänge zur Galerie werden zwischen den Ständern auf beiden Seiten sein, sodass man rundherum gehen kann.
Um die Öffnungen herum braucht man kräftige Geländer, um das Unfallrisiko zu mindern.

Wohnküche mit der Balkenlage für die Galerie. Diese Balken mussten an Ort und Stelle gehobelt werden, da uns die Idee zu einer Galerie erst kam, nachdem die Balken schon als Traggerüst für die Arbeitsplattform hinauf gehoben worden waren. Damit sie nicht durchhängen, befestige ich zwei Riegel, 45 x 95 mm, zwischen den inneren Pfetten und dem im Bild nahesten Querbalken. Die Pfetten, welche die Dimension 220 x 220 mm haben, sind überstark. Es sollte also funktionieren, mit dieser Konstruktion einen Teil von der Belastung der Zwischenlagenbalken auf sie zu überführen. Die stehenden Riegel werden in das rund um die Öffnung laufende Geländer eingefügt.

Die nach Südosten weisende Vorderseite. Das Haus ist von außen fertig. Es fehlt noch ein Metallschornstein, der zeitgleich wie die Feuerstelle montiert werden wird.

Die Tür wird später mit einer faluroten Farbnuance umgestrichen, damit sie weniger hervorsticht.

Giebelfassade nach Südwesten, sowie Rückseite nach Nordwesten. Der Herbst ist schon weit fortgeschritten und bald werden die Blätter fallen. Es wird Zeit, den Bau für dieses Jahr zu schließen. Mit Beginn der Frühlingswärme kann die Arbeit wieder aufgenommen werden. Da ich bereits eine Wohnstatt auf meinem Freizeitgelände habe, kann der Bau des neuen Freizeithauses zu einer geeigneten Jahreszeit geschehen.

Oben: Das neue Haus fügt sich auf schöne Weise in das Hofbild ein. Als Vorbereitung für das Schneepflügen des kommenden Winters sind Schneestangen aufgestellt worden.

Rechts: Raureif malt die Fassade grau, doch der Specksteinkamin ist installiert und verbreitet an kalten Januartagen eine angenehme Wärme, während die Einrichtungsarbeiten fortschreiten.

Selbst an kalten Tagen schmilzt der Raureif an den Wänden, wo sie von der Sonne beschienen werden.

Das Haus ist fertig und ich bin eingezogen. An kalten Tagen muss ich den ganzen Tag im Kamin nachlegen, um es am Abend ausbrennen zu lassen und dann die Drosselklappe zu schließen. Danach hält der Kamin die Wärme bis zum nächsten Morgen, mit nur einem leichten Temperaturabfall. Unter den Fenstern habe ich als Ergänzung ölgefüllte, elektrische Heizkörper angebracht, um Kaltluftabfall von den großen Doppelfenstern zu vermeiden.

Bild von der Galerie im Obergeschoss hinunter in die Wohnküche.

Lese-Ecke in der Bibliotheksgalerie über der Wohnküche. Die Wände sind mit Rauspund verkleidet, den ich auf der normalerweise abgewandten Seite gehobelt habe. Das Dach ist nach alter Art, von der Kirchenstadt in Vilhelmina inspiriert, mit einem dünneren Bodenbrett zwischen den Deckelbrettern. Es ist mit heller Lasur gestrichen worden.

Anhängerschuppen mit Bauholzlager

Mein PKW-Anhänger stand im Weg, wenn er nicht benutzt wurde, was besonders zu Zeiten des Schneeräumens auffiel. Außerdem musste ich nach jedem Schneefall den Schnee von der Persenning seines Aufbaus abbürsten, damit diese nicht durch die Schneelast beschädigt wurde. Ein anderer Wunsch war ein richtiges Holzlager, worin Riegel und Bretter, nach Dimensionen sortiert, verwahrt werden konnten.

Um diese beiden Wünsche zu erfüllen, plante ich drei Sommerwochen für den Bau eines Anhängerschuppens mit Bauholzlager ein. Anhand der untenstehenden Zeichnungen beantragte ich eine Baugenehmigung.

Der Schuppen hat die Außenmaße von 4,0 x 6,0 m. Die Breite hätte gerne 4,5 m betragen können, denn die Toröffnung für den Anhänger ist fast zu knapp bemessen. Die Breite ergab sich jedoch aufgrund der Maße der Rahmenhölzer, die ich zur Verfügung hatte.

Die eine Giebelseite hat sechs Türen. Die Doppeltür ist für den Anhänger vorgesehen, die Türen rechts und links davon erleichtern das Hantieren des Bauholzes. In die Giebelspitze habe ich drei Luken für die enstprechenden drei Fächer in den Dachstühlen eingebaut. Dort kann ich Bretter von etwas schlechterer Qualität verwahren, die gleichzeitig als Kondensschutz für das wertvollere Bauholz auf den

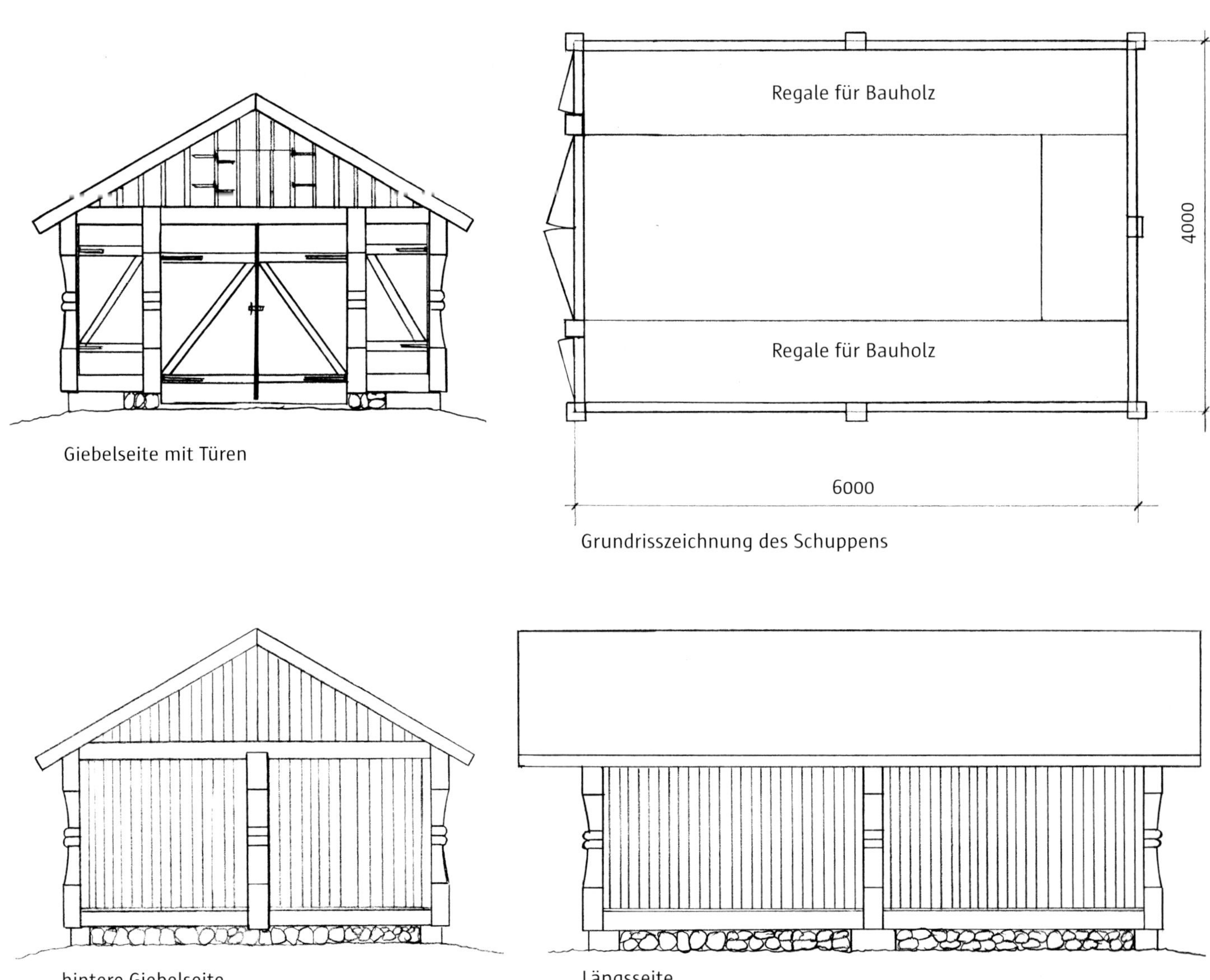

Giebelseite mit Türen

Grundrisszeichnung des Schuppens

hintere Giebelseite

Längsseite

Regalen darunter dienen können. Unter den Dachblechen habe ich keinen Kondensschutz, hatte aber auch in anderen Außenhäusern bisher keine Probleme, wenn ein solcher fehlte. Sollte in speziellen Wettersituationen dennoch Kondenswasser auftreten, müssen es die obengenannten Restbretter in den Dachstuhlfächern auffangen. Die andere Giebelseite habe ich aus Gründen des Aussehens durch einen Mittelständer komplettiert.

Die Längsseiten sind auf beiden Seiten gleich. Über der Tür befindet sich ein größerer Dachüberstand. Zwischen den Sockelblöcken aus Beton füllte ich mit losen Steinen auf, da der Fußboden aus Naturschotter besteht, und ohne die Steinfüllung viel Treibschnee in den Schuppen eindringen würde.

Gründung

Da der Schuppen auf altem Ackerboden gebaut werden soll, biete ich meinem Cousin Nils-Olov an, den Mutterboden aufzubrechen und auf seinem Grundstück zu verwenden, und mir die Fläche im Gegenzug mit Naturschotter aufzufüllen. Dieser ergibt eine stabile Basis für Fundamentblöcke aus Beton und dient als Fußboden im Schuppen.

Ich hatte die Formen für die Betonsockel vom Anbau der kleinen Hütte aufbewahrt, und sie kamen nun gut beim Gießen der neuen Fundamentsockel zur Anwendung. Ich mischte den Beton relativ flüssig an, sodass ich beim Gießen eine Menge größerer Steine aus der Bodenfüllung in die Formen drücken konnte. Als Befestigung für den späteren Schwellenrahmen wurden Nagelbleche, in denen unten zwei grobe Nägel quer saßen, in die Betonsockel mit eingegossen. Die Gefahr, dass der Schuppen bei starkem Wind weggeblasen wird, ist vielleicht nicht so groß, da die Konstruktion mit all ihren starken Holzteilen recht schwer wird, doch schadet es nicht, sich abzusichern.

Damit der Beton aushärtet, schaufele ich Sand auf die Sockel. Danach wird der Sand einige Tage bewässert. So lange der Beton feucht gehalten wird, läuft der Härtungsprozess weiter und der Beton wird stärker und stärker.

Steine, die aus der neuen Schotterfläche herausgeharkt wurden, sammle ich unter dem späteren Schwellenrahmen. Die Ständer habe ich schon vorher aus dafür vorgesehenen Kanthölzern zurechtgeschnitten, und sie auch schon mit der $^{1}/_{3}$-Mischung aus Holzteer, Leinöl und Balsamterpentin behandelt. Im Zusammanhang mit dem Anstreichen der Schalung werden sie später ein weiteres Mal behandelt.

Wenn man Mutterboden abgraben will, beginnt man mit dem Pflügen der Grasschicht. Anschließend muss man einen Landwirt mit einer kräftigen Traktor-Fräse anheuern, der die Schollen mehrere Male fräst. Unbehandelter Mutterboden, der mit großen Grassoden aufgebrochen wird, ist kaum zu etwas zu gebrauchen.
Entweder muss man den Erdhaufen einige Jahre ruhen lassen, sodass die Grassoden verrotten, oder man muss den Mutterboden aus jeder Sode herausklopfen, was sehr beschwerlich ist.

An einem nebligen Morgen kam Nils-Olov mit seinem Radlader und lud den frisch gefrästen Mutterboden auf.

Die Füllung aus Naturschotter, der Steine von bis zu 15 cm enthält, ergibt einen stabilen Boden, nachdem sie mit der Schaufel des Radladers verdichtet worden ist. Die Schotterfüllung ist so hoch, dass sie auf allen Seiten zur Umgebung hin abfällt. Dadurch kann kein Wasser in die Gründung hineinrinnen.

Errichten des Rahmenwerkes

Nach einem Tag Arbeit, und mithilfe eines Radladers mit ausfahrbarem Hebearm, war das Rahmenwerk errichtet. Ich konnte bereits mit den endgültigen Schrägstreben an der hinteren Giebelseite beginnen. Die an den Rähmen befindlichen Nagelleisten für die Schalung nagelte ich auf, als die Rähme zugeschnitten wurden und noch auf dem Boden lagen. So musste ich die Nagelleisten nicht nach Errichten des Rahmenwerkes über Kopf annageln.

Die Rahmenkonstruktion mit allen Schrägstreben und waagerechten Zwischenriegeln, auf die die Schalung aufgenagelt werden soll, ist fertig. Alle Rahmenteile werden mit der $^1/_3$-Mischung (siehe vorherige Seite) behandelt, bis die Oberfläche gesättigt ist. Die Formbretter der Betonsockel lasse ich solange wie möglich sitzen, um den Beton feucht zu halten. Der Bau wird mit Planken, und über den Ständern mit Brettabschnitten, vor dem Wetter geschützt.

Aus diesem Bild ist die Konstruktion der Türseite ersichtlich. Die Schrägstreben sind vonnöten, um diese Giebelseite zu stabilisieren. Es gibt für den Schwellenrahmen keinen Querriegel, sondern die Ecksockel aus Beton, die hier tiefer in den Boden reichen, müssen ein seitliches Abwandern abfangen.

Die kurzen Stücke des Schwellenrahmens beidseitig der großen Öffnung müssen in ihrer Lage gehalten werden. Dazu bringe ich eine kräftige, schräggehende Bohle an, die auf den Ecksockeln ruht.

Dachbinder werden genagelt. Der erste dient als Schablone.

Das Dach wird mit Blechen gedeckt. Der Dachüberstand auf der Türseite wird mit einer Schrägstrebe vom Rähm aus gestützt. Normalweise lässt man das Rähm als Stütze für den Dachüberstand hervorstehen, doch fehlten mir die dafür erforderlichen Balkenlängen. Es wurde ein später Abend, bis alle Bleche festgeschraubt waren.

Das Dach ist gedeckt. Ich habe die Schalbretter geholt und sie auf Böcke in den Schuppen gelegt.

Der Schuppen ist fertig, mit losen Steinen zwischen den Sockelblöcken aus Beton und einer Kiesfüllung auf Baufolie rundherum. Die Schotterfüllung unter dem Schuppen war so hoch, dass sich ein gutes Gefälle zur Umgebung hin ergab. Die Deckelbretter wurden mit der Waldkante nach außen angebracht. Sie bestehen zum überwiegenden Teil aus Seitenware, die beim Zuschneiden der Ständer und Rahmenhölzer angefallen war. Im Verlaufe des Trocknens wird sich somit ein kleiner Spalt zu den Bodenbrettern hin bilden, doch spielt das für einen solchen Schuppen keine Rolle.

Einige Waldkanten hatten im Bast, der nach dem Entrinden vor dem Sägen noch übrig war, eine leichte Missfärbung aufgrund eines schwärzlichen Schimmelpilzes bekommen. Sie wurden mit dem Ziehmesser sauber abgezogen. Die Bretter hatten etwas variierende Abmessungen und war deshalb schwierig an anderer Stelle zu verwenden.

Die Bodenbretter bestehen aus zurechtgeschnittenen Schwartenbrettern, die ich vorher als Überdeckung für Bauholzstapel angewendet hatte. Sie wurden mit der wettergrauen Seite nach außen angebracht, wodurch sie beim Behandeln der Oberfläche dunkel werden. Dies gleicht sich mit der Zeit aus.

Der Schuppen bildet einen schönen Anschluss an die kleine Hütte, die im Hintergrund zu sehen ist.

Ganz innen hinter dem Anhänger ergab sich Platz für quer verlaufende Regale, in denen ich kurze Holzstücke, die ich nicht verfeuern möchte, aufbewahren kann. An den Seiten sieht man die Regale für Bauholz. Die senkrechten Ständer hängen in den starken Dachbalken, sodass jegliche Belastung auf die Sockelblöcke übertragen wird. Wenn man die Ständer auf den Boden stellt, könnten Probleme auftreten, wenn dieser sich beim eventuellen Frieren und Wiederauftauen bewegt. An der Tür zur Linken sieht man die Rückseiten einiger entrindeter Schwartenbretter.

Eine Doppeltür, zwei einfache Türen und drei Dachbodenluken ergeben viele Möglichkeiten, Bauholz in den Schuppen hinein zu schieben. Die Beschläge für die im Bild linke Tür konnten nicht auf den Türriegeln befestigt werden, da der Eckständer auf deren Höhe eine Waldkante hat, und die Haken weiter oben bzw. unten angebracht werden mussten.
Die dunkleren Bretter sind wettergraue, wiederverwendete Schwartenbretter.

Die Oberfläche des Schuppens ist mit einer etwas dunkleren Mischung behandelt worden, als der Anbau der kleinen Hütte. Für den Anbau, der zweimal gestrichen wurde, habe ich Alcros Hälsingeteer angewendet, der 20 % Kiefernöl enthält. Dadurch entstand eine etwas hellere Mischung.

Für den Schuppen habe ich mit reinem Holzteer gemischt, wodurch die Oberfläche dunkler wurde.

Vorbau in Västansjö

Meine Tochter Lena und ihr Mann Jerker hatten ein Gullringshaus aus den 60er-Jahren in Västansjö, Tärnabyfjällen. Die Eingangstür befand sich mitten in der Fassade und war durch ein kleines, vorstehendes Dach, wie auf dem Bild unten zu sehen, geschützt. Sie wünschten sich einen Vorbau, der die lange Fassade brechen und einen geschützten Platz mit Abendsonne bieten sollte. Ich versprach, Ihnen mit einem Vorbau in Ständerbauweise zu helfen. Sie wollten keine profilgeschnittenen Ständer haben, da solche sich zu sehr vom übrigen Aussehen des Hauses abheben würden.

1. Villa aus den 60er-Jahren.
Der Vorbau wurde auf meinem Freizeitgelände gebaut, auf welchem ich alles erforderliche Bauholz zur Hand hatte. Die Ständer haben 220 x 220 mm, die Rahmenhölzer 150 x 200 mm. Die Türöffnung wurde den Maßen einer Doppeltür angepasst, die Lena auf einem Scheunendachboden bei meinem Bruder Bo entdeckte. Fenster mit den Maßen 100 x 120 cm in beiden Seitenwänden machen den Vorbau hell. Letzterer hat eine Fläche von 3,0 x 2,0 m, und damit genug Platz für eine Sitzgruppe rechts von der Tür.

2. Der Vorbau wird an zwei Tagen gebaut, durchnummeriert, und mit einem PKW-Anhänger nach Västansjö transportiert.

3. Drei Dachbinder werden zusammengenagelt.

4. Der Schwellenrahmen wird auf Sockelblöcke aus Beton aufgelegt. Auf dem Schachtgrund für die Sockelblöcke liegt Kies, und auf diesem liegen Bodenplatten. Die gegossenen Betonsockel werden fertig gekauft.

5. Fertiggegossener Betonsockel in seiner Grube, mit Bodenplatte und Kiesfüllung.

6. Das Ständer-Rahmenwerk ist fertig aufgestellt, das Decken des Daches wurde begonnen. Die Rähme stehen nicht vor. Für den Dachüberstand müssen wir extra Riegel in die Dachkonstruktion einbauen.

7. Nach drei Arbeitstagen fahre ich wieder ab. Der Bau steht mit Doppeltür (schwedisch „pardörr"), Frontfenster und Blechdach an seinem vorgesehenen Platz. Lena und Jerker vervollständigen alles, bevor der Winter kommt.
Die Verschalung wird mit Falu-Rotfarbe gestrichen.

2

5

3

6

4

7

Rechts: am Morgen des Heiligabend 2010 in strengem Frost, minus 36°

Weihnachten 2008 – unten – da waren die Dachrinnen und Fallrohre noch nicht montiert. Foto: Jerker Theander

Grill- und Bootshaus

Die Dorfgemeinschaft wollte einen Grillplatz auf dem gemeinschaftlichen Bootshausgelände am See schaffen. Die Dorfbewohner sollten sich dort an schönen Sommerabenden, wenn die Sonne sich über dem blanken Wasser senkt, treffen können.

Da das Gemeinschaftsgelände nur wenige Meter von meinem Freizeitgelände entfernt liegt, nahm ich den Auftrag an, etwas zu bauen. Nach kurzer Überlegung schlug ich ein kombiniertes Grill- und Bootshaus vor. Der Grillplatz selbst wird vor dem Haus eingerichtet, und besteht aus einem Betonring mit einer Fläche aus grobem Kies. Innen im Haus steht ein einfacher Tisch mit dazugehörenden Bänken. Zur Winterzeit wird das Haus als Bootshaus für eines der Boote des Fischereivereins genutzt. Eine Zeichnung wurde angefertigt und um Baugenehmigung angesucht. Wir motivierten unser Ansuchen damit, dass das Haus der Allgemeinheit zur Verfügung stehen, und seine Ausformung an die vorhandenen Bootshäuser angepasst werden sollte.

1. Das Grill- und Bootshaus liegt ganz links im Bild. Zur Winterzeit werden ein Boot und die Holzplattform für einen Pontonsteg in dem Haus verwahrt.

2. Die groben Eckständer aus Rundhölzern wurden in Ermangelung von zugeschnittenen Kanthölzern gewählt. Das gesamte Projekt war durch Bauholzknappheit gezeichnet, was auf verschiedene Weise gelöst werden musste.

3. Die Giebelspitzen sind offen, um das Sonnenlicht hereinzulassen.

1

2

3

Grundrisszeichnung für das Grill- und Bootshaus mit den Außenmaßen von 3,5 x 5,0 m. Die vordere Giebelseite ist ganz offen, die hintere hat eine Türöffnung.

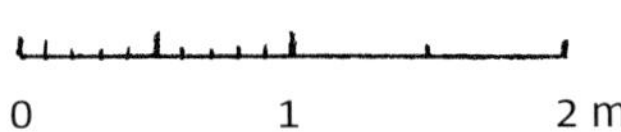

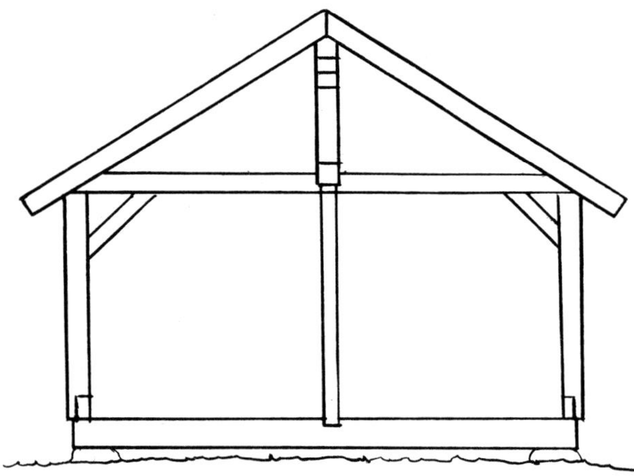

Die vordere Giebelseite ist ganz offen. Der Schwellenbalken besteht aus einem Rundholz, das unter den Schwellen der Längsseiten liegt. Dadurch ist es nicht so hoch, wenn man in das Haus hinein- und heraussteigt. Um die Ecksteine werden Bandeisen geschlagen und am Schwellenrahmen festgenagelt, damit das Haus bei kräftigem Sturmwind nicht weggeblasen wird.

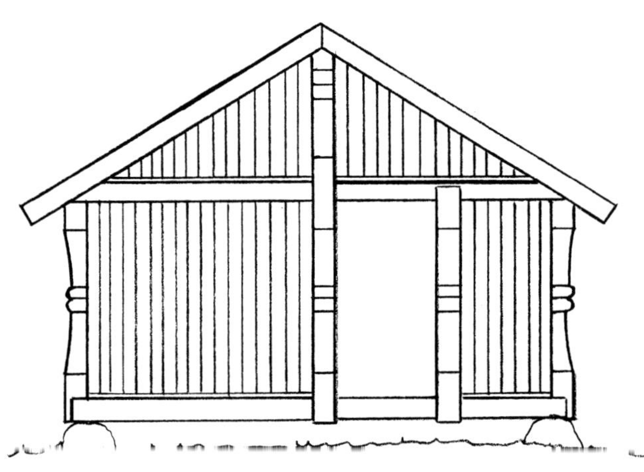

Hintere Giebelseite mit Türöffnung. Die Eckständer werden hier zweiseitig profilgeschnitten gezeigt, doch sind sie in Wirklichkeit nur auf der Längsseite des Hauses mit Profil versehen. Ich nahm für dieses Gebäude beträchtlich schmalere Ständer, 150 x 150 mm, und Rahmenhölzer, 125 x 125 mm, als ich für eine solche Konstruktion normalerweise verwenden würde. Das Haus macht trotzdem einen annehmbaren Eindruck.

Längsseite mit eingezeichnetem Grillplatz

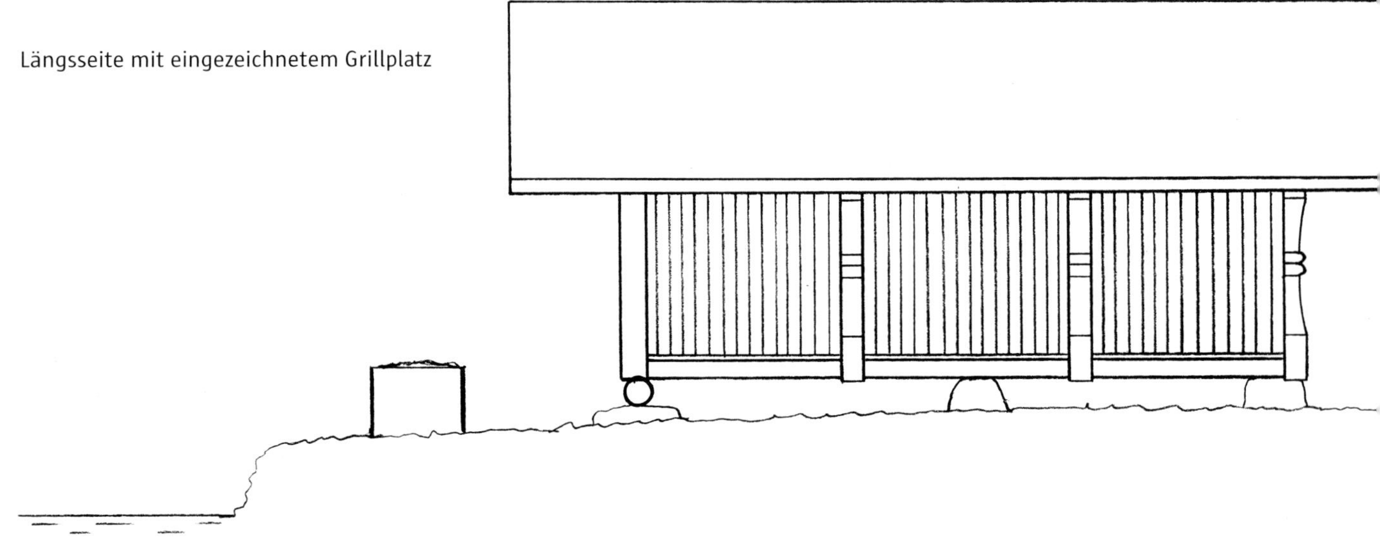

1. Das Grill- und Bootshaus wurde auf meinem Gelände gebaut, wo ich Zugang zu Werkzeug und anderer Bauausrüstung habe. Das Bauholz war eher kurz, weshalb die Firstpfette und die Rähme mit Bohlenstücken verlängert werden mussten, um an den Giebeln ausreichende Dachüberstände zu schaffen. Das Dach wurde mit einer Firstpfette konstruiert, die im Vordergiebel auf einem kurzen, und im Rückgiebel auf einem durchgehenden Ständer ruht. Zur Stabilisierung des Daches befestigte ich vier Schrägstreben, wie auf dem Bild zu sehen. Der vordere Schwellenbalken liegt niedrig, sodass man im Haus bequem ein und aus gehen kann.

2. Die Verschalung ist angebracht, und die Sparren wurden zugeschnitten und sollen an Firstpfette und Rähmen befestigt werden.

3. Das Grillhaus ist im Großen und Ganzen fertig und wird mit einer Persenning geschützt, die ordentlich gestreckt und verankert wird.
Es fehlen noch die Schrägstreben in den oberen Ecken des vorderen Giebels. Sie sind für die Aussteifung der offenen Giebelseite wichtig. Das Haus soll schließlich nicht einknicken, wenn es durch Winddruck oder Schnee nur auf einer Dachseite belastet wird. Der gesamte Rahmen und auch alle Schalbretter sind nur so genagelt worden, dass man die Nägel leicht wieder herausziehen kann, wenn man das Haus vor dem Transport wieder auseinander nimmt. Wenn man es nur gut vor Wind und Wetter schützt, kann das Gebäude unabhängig von der Witterung eine Weile so stehen bleiben.

4. Nach dem Auseinandernehmen wird das Haus zum Strand transportiert, wo der vordere Schwellenbalken auf eingegrabene Ecksteine gelegt wird.

5. Die unteren Bretter der Boden-Deckelschalung werden mit Falu-Rotfarbe gemalt, bevor die oberen Bretter festgenagelt werden. An den Längsseiten haben die mittleren Fächer Kreuzstreben.

6. Die Lage am Strand, mit einem großen See im Westnordwesten, bringt schöne Sommerabende mit sich, an denen man bis lang in die Nacht hinein den Sonnenschein genießen kann.

7. Die Oberbretter der Schalung wurden aufgenagelt und das Dach wird mit Blechen gedeckt. Als Ecksteine kamen uns alte, behauene Steine in die Hände. Auf dem Bild sind sogar die galvanisierten Eisenbänder der Verankerung zu erkennen, die um die Ecksteine herumgeschlagen und an der Ständer-Konstruktion festgenagelt wurden.

8. Frühlingstag. Das Paneel wird rot getrichen, Rahmenwerk und Ständer geteert.

Sennhütte in Västra fäbodan

Mein Cousin Nils-Olov Salomonsson hat ein Almgrundstück in Västra fäbodan (Westliche Alm), wo das einzige noch vorhandene Gebäude ein verfallener, gezimmerter Heuschober war. Er wollte eine neue Sennhütte auf seinem Grundstück bauen. Dieses grenzt im Südosten an einen langen See.

Die Hütte hat die Außenmaße 4,3 x 6,3 m, und eine inwendige Fläche von 24 m². Damit ist sie verhältnismäßig groß und bietet Raum für zwei Etagenbetten mit vier Schlafplätzen. Da der Kamin in der Mitte der Stube steht, kann man an allen Wänden entlang möblieren, vorausgesetzt, die Fenster beginnen mindestens 80 cm über dem Fußboden.

Das Ständer-Rahmenwerk wurde zu Hause auf dem Hof vollständig, bis hin zu den Schrägstreben, Wasserbrettern und Nagelleisten für das Paneel, gebaut. Letztere wurden an Ständern und Rahmenwerk angebracht. Nach drei Tagen war alles fertig. Die Rahmenhölzer der Längsseiten mussten angesetzt werden. In den hervorstehenden Teil des Rähms wurde eine „Tropfnase“ eingeschnitten. Das Fenster auf der Rückseite ist breiter als die übrigen Fenster und weicht damit von der Zeichnung ab, auf der alle Fenster dieselbe Breite haben.

Die Konstruktion wurde nach einem Monat auseinander genommen, und unter Dach gelagert, bis es Zeit war, sie im Spätwinter mit dem Schneescooter an ihren Bestimmungsort zu fahren. Die Gründung war in der schneefreien Zeit vorbereitet worden, damit die Hütte im Winter aufgestellt werden konnte. Zur Winterzeit lässt sich Baumaterial und -ausrüstung gut durch unwegsames Gelände verfrachten, da man mit dem Schneescooter fast überall hinkommt.

Die Längsseite mit zwei Fenstern weist nach Osten, der Seeaussicht und Morgensonne zuliebe. Fünf Fenster in einem Raum lassen viel Tageslicht in diesen herein, und der Kontakt mit der Natur rundherum ist großartig.

An der Wand gegenüber der Tür wurde auf jeder Seite des Fensters ein Etagenbett gebaut, sodass man vier Schlafplätze erhielt. Die Küchenecke wurde links neben der Tür eingerichtet, sodass man dort Licht von Süden bekommt. Der Esstisch steht vor dem Fenster nach Norden.

Mittwinter, minus 25°. Die Sennhütte ist von außen fertig. Innen muss noch der Fußboden gelegt und die Dach- und Wandvertäfelung angebracht werden. Die Ständer und Rahmenhölzer wurden geteert, die Verschalung hat einen Anstrich mit Falu-Rotfarbe erhalten.

Nach Südosten gerichtete Giebelseite.
Der Dachwinkel beträgt 30°.

nach Nordosten gerichtete Längsseite

nach Nordwesten gerichtete Giebelseite

nach Südwesten gerichtete Längsseite

Der Abstand zwischen den Haken in den Ständern des Rahmens beträgt 2,4 m. Dies ergibt volle Raumhöhe, mit einem planen Innendach, das nicht extra erhöht werden muss.
Das Dach wird aus Dachbindern aufgebaut. Das Isolieren des Innendaches wird einfach, da das Isoliermaterial von der Oberseite der Dachbalkenlage aufgelegt werden kann. Die Dachneigung von 30° macht das Dach so hoch, dass man durch eine Luke an der einen Giebelseite ohne größeres Problem in den Kaltdachboden herein kommt. Nils-Olov hat die Ständer umgehend geteert, um das Austrocknen der gesägten Flächen zu mindern und sie gegen Regen zu schützen.

Die Ständer an den Ecken der Hütte messen 200 x 200 mm und die neben den Fenstern 150 x 200mm. Das Profil ist an der 200 mm breiten Seite eingeschnitten. Das ermöglicht, die Schrägstreben direkt an der Rückseite der Fensterständer anzubringen, wie aus dem Bild ersichtlich. Das Profil ist 60 mm tief, und die Nagelleisten liegen auf 25 + 25 + 10 + 12 = 72 mm + 8 mm = 80 mm Abstand von der Außenkante der Rahmenhölzer. Die Deckenschalung soll auf einer Ebene mit den Rahmenhölzern liegen.

Die Schrägstrebe soll sich auf derselben Ebene wie die Nagelleisten befinden, sodass man die Platte, die als Windsperre dienen soll, auch an dieser Strebe annageln kann.

Transport und Aufstellen auf der Alm

Anfang März wird die Ständer-Konstruktion mit dem Schneescooter auf die Alm gefahren. Die Teile des Ständer-Rahmenwerkes machen fünf Scooter-Lasten aus. Die Dachbinder hat Nils-Olov bei sich zu Hause gebaut, und auch sie werden mit dem Schneescooter hinaus transportiert.

An einem kalten Morgen, nach einer Nacht mit minus 29°, werden die Teile des Ständer-Rahmenwerkes zur Alm hinaus gefahren. Dort liegt 80 cm tiefer Schnee. Die Bänke auf der Last ganz hinten im Bild sind für den Lagerplatz gedacht, den wir als allererstes einrichten.

Der Lagerplatz wird einige Meter neben der Baustelle an der sonnigsten Stelle eingerichtet. Drei Bänke bieten bequeme Sitzplätze. Die Feuerstelle kommt direkt auf den Boden, wo wir den Schnee entfernt haben.

Nachdem wir zur Vormittagsrast ein Feuer entzündet haben, wird dieses den ganzen Tag unterhalten. Solange es ein Feuer gibt, an dem man sich wärmen kann, hält man auch sehr schlechtes Wetter aus. Während wir die Hütte aufstellen, haben wir einige Tage mit nassem Schnee – das denkbar schlechteste Bauwetter.

Die Fundamentblöcke wurden bereits im Herbst vorbereitet. Sie wurden genau ausgewogen und exakt eingemessen. Wir können also umgehend mit dem Aufstellen beginnen. An einem der vorausgegangenen Tage waren die Fundamentblöcke aus dem Schnee heraus gegraben worden. Der Schnee wurde mit dem Schneescooter fest gefahren, sodass wir eine harte Fläche als Arbeitsuntergrund hatten.

Wir beginnen das Errichten der Wände mit den Eckständern. Alle Schrägstreben, Nagelleisten und Tropfbretter sitzen bereits, weshalb wir sehr rasch voran kommen. Nach nur ein paar Stunden haben wir das gesamte Ständer-Rahmenwerk errichtet.

Hier steht das Ständer-Rahmenwerk, und die erste Fuhre Dachbinder ist angekommen. Insgesamt werden es drei Fuhren mit jeweils drei Dachbindern.

Das zur Alm gefahrene Bauholz wird aufrecht hingestellt, damit es nicht unter eventuellem Neuschnee begraben wird.

Die Dachbinder wurden gleich am selben Tag montiert, an dem sie hinaus gefahren worden waren. Am Tag darauf konnten wir mit dem Dachdecken beginnen.

Wir deckten eine Dachhälfte pro Tag. Dabei hatten wir an beiden Tagen das Glück, dass das nasse Schneetreiben gerade ein paar Stunden aufhörte, als wir arbeiteten. Der Rauspund unter der Dachpappe soll möglichst nicht nass werden.

Nasses Wetter macht keinen Arbeiter glücklich, aber nahrungsreiche Pausen an einem lodernden Feuer bewirken Wunder, was die Arbeitsmoral betrifft. Der Bauherr Nils-Olov röstet hier ein belegtes Brot (schwedisch „smörgås“) in einem „Smörgås-Eisen“.

Das Ständer-Rahmenwerk hat ein Dach, und alles lose Bauholz kann herein geholt werden. Den übrigen Rauspund und Bretter legen wir in die Dachstühle. Die Nagelleisten sind so angebracht worden, dass die Sperrholzplatten so wenig wie möglich gekürzt werden müssen. Sie liegen auf dem Schlitten im Vordergrund. Die Elektrowerkzeuge bekommen ihren Strom von einem Generator, der ein Stück abseits aufgestellt wurde. Er wird durch einen Benzinmotor angetrieben.

Ich empfehle allen, die an Stellen bauen, wo es keinen Strom gibt, sich ein kleines, benzingetriebenes Stromaggregat zuzulegen. Man erreicht ein ganz anderes Arbeitstempo, wenn man Elektrowerkzeuge anwenden kann.

Nach sechs Tagen Arbeit, an denen wir oft wegen des nassen Wetters abbrechen mussten, hat die Hütte ein Dach und die Wände sind mit Sperrholz verkleidet. Die Giebelspitzen sollen auch mit Sperrholz geschlossen werden. Danach kann die Schalung auf eine 15 mm starke Leiste genagelt werden, sodass zwischen Unterbrettern und Sperrholz Luft ist. Das Blechdach wird angebracht, sobald die Dachflächen getrocknet sind. Fenster- und Türöffnungen können mit fester Plastikfolie geschlossen werden, sodass die Konstruktion ganz wettergeschützt ist, falls man Fenster und Türen nicht direkt einsetzen kann. So kann die Hütte bis zum kommenden Winter stehen, um dann fertig eingerichtet zu werden.

Berghütte

Mein Nachbar auf der Bergweide, Allan Höglund, hat diese Berghütte gebaut, in welcher der Kamin mitten in der Stube steht. Ein mit Brettern verkleideter Windfang dient bei Sturm und Frost als Schleuse zwischen außen und innen. Er bietet ausreichend Platz für einen Schrank für essbare Vorräte und einen Kleiderschrank.

Anhand der Grundrisszeichnung wird erkennbar, wie effektiv die Wohnfläche der Hütte, die sich auf 5,4 x 4,4 m = 24 m² beläuft, ausgenutzt wird. Im Untergeschoss der Wohnstube befinden sich zwei Etagenbetten mit vier Schlafplätzen, auf dem Schlafboden können weitere vier Personen übernachten. Mit anderen Worten: Hier kann eine große Familie oder Wandergruppe unterkommen, ohne sich drängen zu müssen. Mit einem Kamin oder Ofen in der Stubenmitte sind alle Wände frei möblierbar.

Bis hinauf zu Rähm und Schlafbodenbalken wurden die Blockwände innerhalb von zehn Tagen von zwei Leuten gezimmert. Die Wände aus starken Blockbalken sind zwölf Balkenlagen hoch. Durch die Dachneigung von 30° ergab sich Raum für einen Schlafboden.

Die Berghütte wurde auf einer harten, trockenen Schotterfläche hinter der Maschinenhalle des Naturbruks-Gymnasiums von Västsura gezimmert. Dort gab es einige Meter vom Zimmerplatz entfernt einen Stromanschluss.

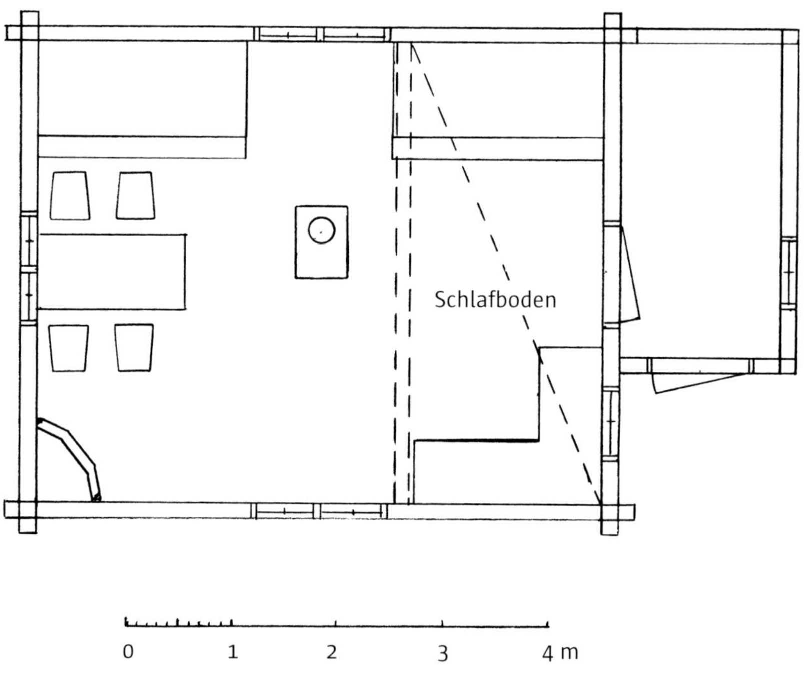

Grundrisszeichnung

Zum Setzen der Fundamentsteine wurden die Umrisse der Berghütte mit 35 x 35 mm Leisten ausgelegt. Letztere gingen später, zu Dübeln gesägt, in das Blockhaus mit ein. Die Wände bekamen einen Stein zur Abstützung in der Mitte, da sie so lang waren.

Jeder Balken wird mit dem Behaubeil/Beschlagbeil behauen, entweder vor dem Einzimmern in die Wand, oder, wie hier, wenn er schon in der Wand liegt. Wenn man nur die Außenseite bearbeiten möchte, ist es am leichtesten, die Balken paarweise zu behauen, bevor sie eingezimmert werden. Da ein Balken immer nach oben gekrümmt sein soll, kann es leicht geschehen, dass man Balken verwechselt, wenn man zuviele im Voraus behaut. Mit einem scharfen Behaubeil/Beschlagbeil haut man von oben nach unten, und mit ein bisschen Übung gelingt einem das charakteristische, wellenförmige Muster – eine handbehauene Oberfläche darf gerne ein wenig unregelmäßig sein. Wenn die Schläge zu gleich aussehen, könnte man glauben, der Balken sei mit der Maschine behauen.
Man kann den Balken mit seiner Unterseite nach oben – verglichen damit, wie er später in der Wand liegen wird – behauen. Damit vermeidet man, dass sich in den Taschen, die sich durch das Behauen bilden, später Regenwasser sammeln kann, da der Balken zum Einzimmern wieder umgedreht wird.

Drei Tage Arbeit sind beendet. Eine Balkenlage pro Tag sollten zwei erfahrene Zimmerleute schaffen. Der Rohbau wird wie eine „Schachtel“ gezimmert. Dabei werden die Löcher für die Nuten der Tür- und Fensterrahmenbohlen beim Einzimmern jeder Lage gebohrt. Nach dem Aufstellen schneidet man die Öffnungen entlang von Markierungslinien auf. Diese werden, während die Wände in die Höhe wachsen, fortlaufend an den Balkenlagen angezeichnet.
Das Zimmern der Wände begann mit Giebelschwellen aus halben Balken.

Das Rähm und die Balken für den Schlafboden werden eingezimmert. Allan entschloss sich dazu, die vorspringenden Teile der Rähmbalken rund zu belassen. Da wir nach der Dala-Methode mit waldfrischem, schwerem Holz zimmerten, war uns der Kran des Forsttraktors beim Aufhieven der Balken eine große Hilfe. Beachten Sie, dass das Baugerüst zweimal erhöht wurde. Oft reicht einmaliges Erhöhen.

Lassen Sie nie außer acht, dass ordentliche Baugerüste und stabile Leitern vorhanden sein müssen. Sie sind persönlich haftbar für Unfälle, die beim Bau Ihres Hauses geschehen.

Das Aufsetzen der Blockwände auf dem Grundstück im Fjäll. Der erste Balkenkranz liegt an seinem Platz.
Die Grundsteine liegen auf eingegrabenen Bodenplatten. Das Gelände ist schwach geneigt und etwas feucht. Die Fundamentsteine an der Oberseite sind etwa 30 cm, an der Unterseite etwa 70 cm hoch. Damit ist eine gute Belüftung des Raumes unter dem Haus sichergestellt, und die Bodenfeuchtigkeit kann nicht in das Haus eindringen. Als Dichtungsmaterial diente Rotstengelmoos (Pleurozium schreberi), das in der Nähe des Bauplatzes gesammelt werden konnte.

Oben an der Fjällkante gibt es keine maschinellen Hilfsmittel für das Anheben der 8 m langen, schweren Rähmbalken und Pfetten. Wir behalfen uns deshalb mit einem „Balkenheber", der Vorrichtung, die Sie auf dem Bild sehen. Die Balken können leicht nach oben gehebelt werden, wenn die beiden Planken nah genug beieinander stehen.

Eine der Seitenpfetten ist auf dem Weg nach oben. Die andere liegt frisch gehobelt auf der Erde. Für das letzte Stück werden kräftige Seile angewendet, um die Pfetten dort hinauf zu rollen, wohin man sie nicht mehr hebeln kann. Da die Pfetten sichtbar sein sollen, ist es besser, sie erst kurz vor dem Einbau zu hobeln. Wenn man sie vor dem Transport, im Zusammenhang mit dem Zimmern der Wände, hobelt, kann man nicht vermeiden, dass sie Druckstellen durch den Lastgreifer bekommen. Die Wandbalken hingegen nehmen kaum schaden. Besonders dann nicht, wenn man eine „Schachtel" zimmert, und die Tür- und Fensteröffnungen symmetrisch in den Wänden angeordnet sind. Der Kran greift den Balken in der Mitte, und eventuelle Beschädigungen verschwinden oft, wenn man später die Öffnungen aussägt.

Die Wände stehen und die Fächer für die Dachisolierung, oberhalb der inneren Dachvertäfelung, werden soeben fertiggestellt. Am First, neben der Firstpfette, sieht man den Schacht für den in der Mitte der Hütte stehenden Schornstein. Die Türöffnung wurde herausgeschnitten, die beidseitigen Nuten für die Rahmenbohlen wurden vorbereitet. Wenn man eine Nut an ihrem Grund vorgebohrt hat, kann sie leicht ausgeschnitten werden. Die Balkenköpfe an den Vorstößen müssen noch nachgeschnitten werden.

Die Berghütte ist unter Dach. Sie ist umgeben von Trockenklo, Holzschuppen in Ständerbauweise und gezimmerter Gästehütte.

Ständerbau mit Rahmenwerk

In den vergangenen Jahren habe ich eine Anzahl Häuser in „Ständerbauweise mit Rahmenwerk“ gebaut. Dieser Bauweise liegen die Traditionen des Fachwerkhauses und des Ständer-Bohlenhaus zugrunde. Der Unterschied zwischen diesen beiden Haustypen besteht darin, dass im Fachwerkhaus der Rahmen mit Lehm-Flechtwerk oder Ziegeln ausgefüllt wird, während man im Schichtwerkhaus liegende Balken oder Planken verwendet.

Zu der Konstruktion, die hier gezeigt wird, bin ich in Norwegen angeregt worden. Dort nennt man diese Technik „Bindningsverk“, und verwendet sie häufig für den Neubau von Ferienhäusern. Früher war es eine holzsparende Bauweise in waldarmen Bergtälern. Mit ihren kräftigen, profilgeschnittenen Ständern und den breiten Paneelbrettern gibt diese Bauweise den Häusern einen ausgeprägten Holzcharakter. Wenn man das Haus mit Holzteer anstreicht, bekommt es für mein Empfinden ein ansprechendes Aussehen mit altertümlicher Anmutung. Die Struktur der Wände ähnelt der des Blockhauses, mit groben Balkenstärken in sichtbaren Konstruktionen.

Zum Füllen des Rahmenwerkes werden oft unbesäumte Paneelbretter verwendet, worauf in zahlreichen Beispielen in diesem Buch hingewiesen wird. Sie unterstreichen den rustikalen Eindruck. Halbhölzer oder grobe Schwartenbretter kann man ebenfalls anwenden. Bei der Verwendung unbesäumter Bretter für die Verschalung soll das Bodenbrett mit der Kernseite nach außen angebracht werden.

Beim Deckelbrett kommt die Splintseite nach außen, da die Waldkante sichtbar sein soll. Das führt dazu, dass die Kanten der Deckelbretter sich beim Schwinden des Holzes von den Bodenbrettern wegwölben. Benutzen Sie deswegen für die De-

Ein Beispiel für die Verwendung grober Schwartenbretter für das Rahmenwerk. Die Schwarten sind mit den flachen Seiten gegeneinander gewendet. Die Rahmen und Ständer sind frisch geteert. Die Schwarten sind entrindet, aber unbehandelt.

ckelbretter, die aus der Stammmitte geschnitten wurden. Die Bretter haben dann mehr stehende Jahresringe – die also quer zur Fläche der Bretter stehen –, und werfen sich weniger beim Austrocknen. Je weiter von der Stammmitte die Bretter geschnitten wurden, desto mehr werfen sie sich. Wenn die Schalbretter aus der Stammmitte stammen, enthalten sie mehr Kernholz, die Äste sind frischer und „liegen“ im Brett.

Bretter aus dem Splintholz des Stammes haben wenig Kernholz, und die Äste „stehen“, gehen also durch das Brett hindurch. Wenn es Schwarzäste sind, können sie später locker werden. Wenn die Bretter scharfkantig besäumt sind, wird auch das Deckelbrett mit der Kernseite nach außen gelegt. Deckel- und Bodenbretter liegen dann fest aufeinander und auf der Unterlage, auf die sie aufgenagelt werden. Bei nassem Wetter wird sich die Schalung nicht öffnen, was hingegen der Fall ist, wenn die Bodenbretter mit der Kernseite nach innen, die Deckelbretter aber mit der Kernseite nach außen genagelt werden.

Der untere Rahmen, der Schwellenrahmen, und der obere Rahmen, Rähm und Giebelmutter, können mit der traditionellen Blockbautechnik mit vorstehenden Balkenköpfen verzimmert werden. In diesem Fall ist es vorteilhaft, sehr kräftige Eckständer zu verwenden, die den Eckverband überkragen.

Diese Technik ist hervorragend für die Erweiterung eines vorhandenen Blockhauses geeignet. Eine frisch gezimmerte Wand sinkt einige Zentimeter, wieviele genau, ist kaum zu berechnen. Deshalb kann es schwierig sein, eine neue Blockwand an eine alte anschließen zu lassen. Mit Ständern und Rahmenwerk bekommt man dagegen eine „stumme“ Konstruktion, die sich nicht mehr setzt.

Die Kanthölzer für die Ständer säge ich auf 200 x 200 mm oder 220 x 220 mm. Für die Ecken braucht man Vierkanthölzer, weil man diese Ständer von zwei Seiten sieht. Die Eckständer können entweder nur auf einer, oder auf zwei Seiten mit Profil versehen werden. Wird nur eine Seite profiliert, bevorzuge ich die zur Längsseite des Hauses weisende Seite. In den Wänden kann man die Ständer in gleichmäßigen Abständen verteilen, oder aber als kräftiges, profiliertes Futter neben die Tür- bzw Fensteröffnungen setzen. Diese Ständer kann man aus weniger starken, 150 x 200 mm Hölzern sägen, falls die vierkantigen Ständer knapp werden. Es wird dann die flache Seite profiliert und nach außen gewandt.

In kleineren Häuschen habe ich vorgesägte Blockbalken von 140 mm verwendet und das Profil in eine Seite mit Waldkante eingeschnitten.

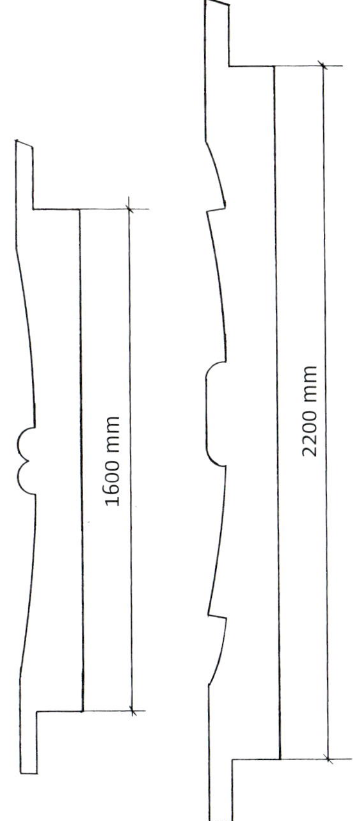

Das Foto zeigt einige Profile, die ich über die Jahre angewendet habe. Die Zeichnung zeigt zwei maßstabsgerechte Schablonen. Das Profilbrett wird auf die Ständer gelegt und auf beiden Seiten aufgezeichnet. Wenn man mit schiebender Sägekette schneidet, kann man die Linien gut einhalten, da die Sägespäne nach unten wegspritzen. Sehen Sie auch die oberste Abbildung auf Seite 365.

Die Wand ist fertig vorbereitet für die Verschalung.
Die Ständer sind bereits beim vorübergehenden Aufbau zuhause geteert worden. Dadurch soll das Austrocknen verlangsamt und damit die Rissbildung in den gesägten Flächen verringert werden. Die Schalung braucht einen mindestens 10 mm breiten Luftspalt zum Tropfbrett hin, damit das Hirnholz der Bretter dort kein Wasser saugt.

In der Beschreibung der Almhütte auf der Bergweide wird auf Seite 365 gezeigt, wie unterer und oberer Rahmen gebaut werden. Der erste Rahmen, der Schwellenrahmen, dient als Schablone für den oberen Rahmen, bevor die Ständer an ihren Platz gestellt und die Teile des oberen Rahmens Balken für Balken hinauf gehoben werden. Wenn man die Ständer aufstellt, sollten sie mit kräftigen, 45 x 120 mm Schrägstreben stabilisiert werden. Ohne diese Streben ist die Konstruktion ungefähr so stabil wie ein Kartenhaus, das beim ersten Windstoß umgeblasen wird. Ich bevorzuge Schrägstreben, die von Rähm oder Giebelmutter des ersten Ständers hinab zum Schwellenbalken des nächsten Ständers verlaufen. In den waagerechten Nagelleisten mitten in den Fächern muss man einen Ausschnitt für die Schrägstreben aussparen.

Die Zeichnung im Kasten zeigt, wie die Wand eines Hauses mit Ständer-Rahmenwerk aufgebaut ist.

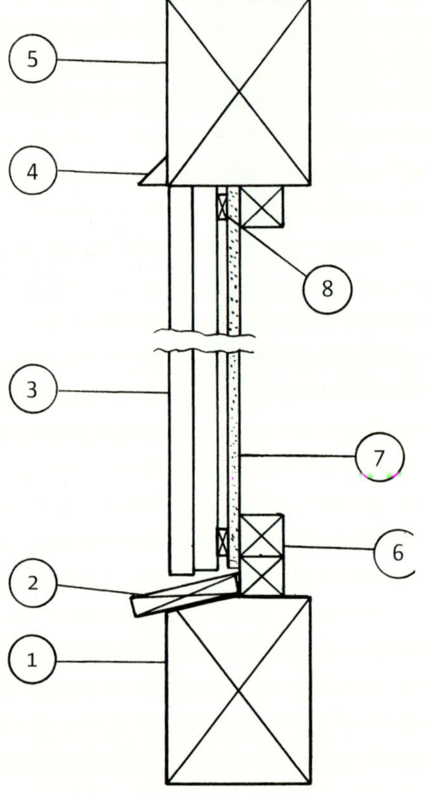

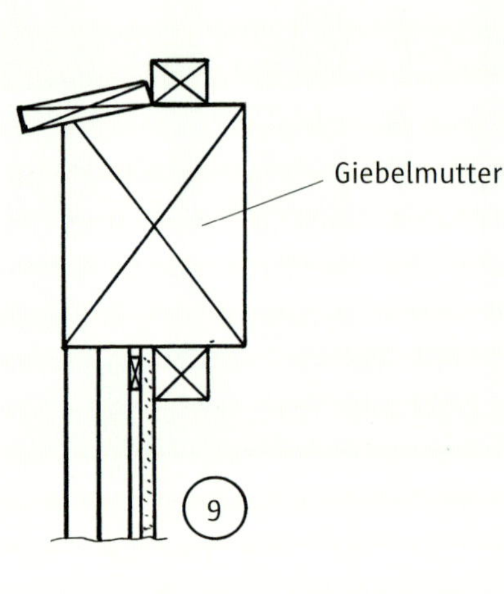

1. Schwelle, 150 x 200 mm.

2. Tropfbrett, welches 3–4 cm über den Schwellenbalken hinausragt. Trennen Sie gerne jegliches Splintholz ab. Das Tropfbrett ist sehr viel dauerhafter, wenn es nur aus Kernholz besteht. Das Schräghauen der Schwelle geht am besten, bevor die Nagelleisten befestigt werden. Teeren Sie die Abschrägung, bevor das Tropfbrett angenagelt wird.

3. Boden- und Deckelschalung, mindestens 25 mm stark. Für bessere Wasserabweisung kann es schräg gekappt werden. Vergessen Sie den Luftspalt zum Tropfbrett hin nicht.

4. „Tropfnase" aus einer Dreikantliste an der Giebelmutter. An den Rähmen ist sie nicht erforderlich, da diese durch den seitlichen Dachüberstand geschützt werden.

5. Rähm, 150 x 200 mm. Es muss durch Ständer mit höchstens 2 m Abstand gestützt werden.

6. Zwei Nagelleisten, jeweils 45 x 45 mm.

7. Winddichtung aus bitumierter Weichfaserplatte oder Windpappe, wenn das Haus isoliert werden soll. Wird Sperrholz verwendet, dienen die Sperrholzplatten der Versteifung der Konstruktion.

8. Leiste, 15 mm stark, für die Belüftung zwischen Winddichtung und Unterpaneel.

9. Wasserableitung am Giebelrähm, wenn das Paneel dort ebenso genagelt wird, wie im Rahmenwerk der Seitenwände.

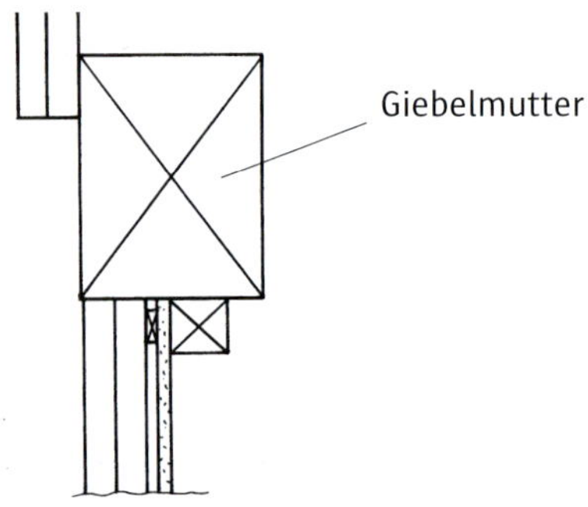

Diese Alternative, die Schalung an der Giebelmutter anzunageln, eignet sich bei Dachbindern. Der Dachbinder wird dann kantengleich mit der Giebelmutter gesetzt, oder eventuell ein paar Zentimeter weiter nach draußen, sodass das Wasser frei von den unteren Schalbrettern abtropfen kann.

Holzschuppen, Vorratsraum und Trockenklo

Ein kleiner Holzschuppen, ein Vorratsraum und ein Trockenklo werden bei jeder Hütte gebraucht.

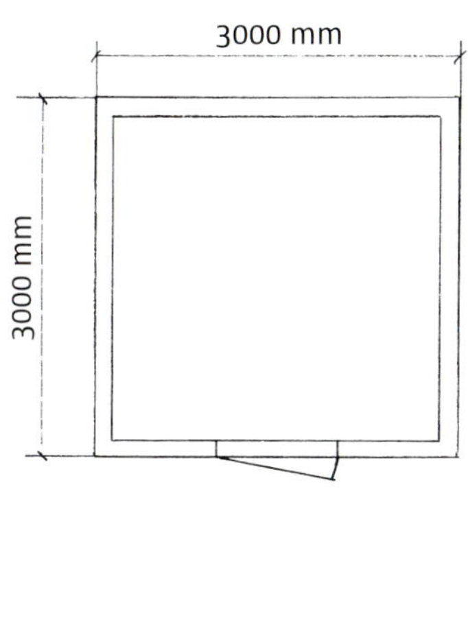

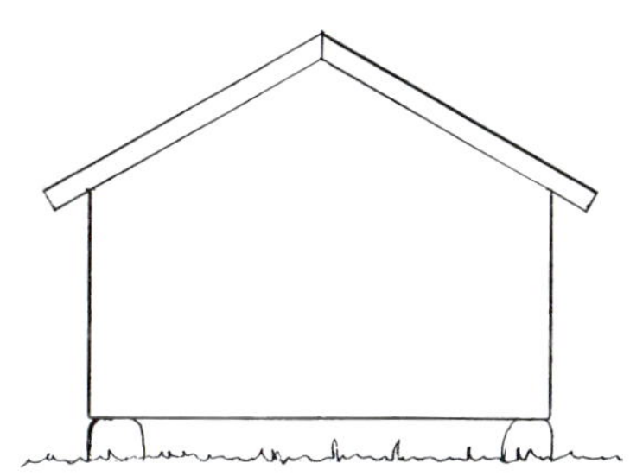

Dieser kleine Schuppen von 3 x 3 m entspricht genau dem Bedarf.

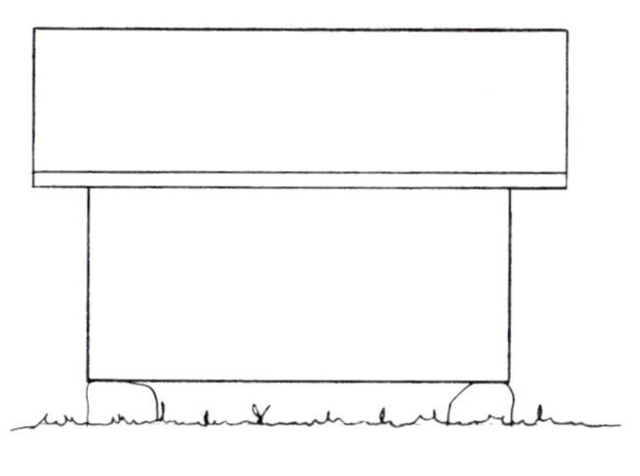

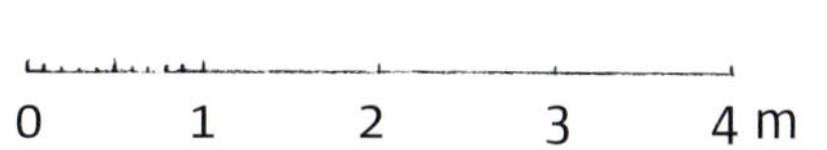

Ein einfacher Sägebock aus langsam gewachsener Bergfichte. Wenn ein stabiler Sägebock fehlt, gehört das Brennholzschneiden mit der Motorsäge zu den gefährlichsten Arbeiten, die es gibt.

Die Ecksteine werden in Gruben gelegt, aus denen der Torf entfernt wurde. Anschließend wird der Rahmen aufgelegt. Im Hintergrund steht die Solo-Sägebank, die zum Aufarbeiten der auf dem Grundstück gefällten Stämme angewandt wurde. Das Ständer-Rahmenwerk wurde zuhause vorbereitet und die letzten 100 m auf den Schultern herbeigetragen. Auf dem Hügel, der im Hintergrund hinter den Fichten zu erkennen ist, soll die Hütte stehen.

Die Ständer-Rahmen-Konstruktion ist fertig, das Dach bereit für die Dachbleche.

Das Bauholz von den gefällten Bäumen reichte für die Dachbinder, die Dachlatten und die Schalung von drei Seiten. Die Schalung liegt auf dem Rahmenwerk auf, wodurch die profilgeschnitten Ständer teilweise in der Wand verschwinden. Die Schrägstrebe der Türfläche liegt normalerweise in der anderen Richtung, von der unteren Türangel schräg hinauf zum oberen Riegel.

Das Trockenklo steht etwas versetzt hinter dem Schuppen. Es wurde zuhause in vier Wandsegmenten vorgebaut und dann am ihm zugedachten Platz montiert. Als Schalung hat es entrindete Schwartenbretter.

Holzschuppen mit Firstpfette

Mein Nachbar Allan Höglund baute einen Holzschuppen in Ständerbauweise wie ihn das Bild zeigt. Er misst 3 x 4 m und hat Ständer von 200 x 200 mm. Der Schuppen wurde auf gefrorenem Boden gebaut, und später im Sommer ausgerichtet. Die Firstpfette wird vom Mittelständer der hinteren Giebelwand getragen.

Am vorderen Giebel wird die Firstpfette von einem kurzen Ständer gestützt. Die Konstruktion mit Firstpfette macht den Schuppen sehr geräumig.

Allan hängt die Tür ein.
Die Wände haben eine Verschalung aus breiten, entrindeten Schwartenbrettern bekommen, die mit den Flachseiten zueinander angenagelt worden sind. Die Windbretter am Giebel werden noch auf gleiche Länge gebracht. Diese Konstruktion ist sehr preiswert und hat ein rustikales, charaktervolles Aussehen, verglichen mit einer Schalung aus scharfkantig gesägten Brettern. Sehen Sie sich auch das Foto auf Seite 350 an.

Heuschober als Holzschuppen

Den obigen alten Heuschober hat mein Bruder Bo als Holzschuppen bei seiner Waldhütte aufgesetzt. Unter dem großen Dachvorsprung der vorderen, nach Südwesten gerichteten Giebelseite, kann das Brennholz gut trocknen.

Trockenklo

Ein Trockenklo bei derselben Hütte. Wenn man die Schwartenbretter so anwendet, wie auf diesem Bild, dauert es keine lange Zeit, bis das Häuschen grau wird und sich in die Umgebung einfügt. Die Grube unter dem Klo ist nach hinten verlängert, sodass man sie gegebenenfalls entleeren kann, ohne das Häuschen bewegen zu müssen.

Scheune mit Garagenanbau

Im Abschnitt über die Entwicklung eines Freizeitgeländes finden Sie auf dem Lageplan auf Seite 281 eine Scheune mit Garagenanbau. Ich habe sie in den Jahren 1994-1996, entsprechend der nachstehenden Beschreibung, gebaut.

Die Scheune ist so hoch, dass ein Zwischenboden, der sich als Lager eignet, eingebaut werden kann. Auf diese Weise ist der gesamte Fußboden frei für Ausrüstung, die regelmäßig zur Anwendung kommt. Mit einer Innenbreite von 5,2 m ist die Scheune zu klein für ein größeres Auto. Deswegen wird die Garage in dieser Richtung um 40 cm verlängert, wie auf der Grundrisszeichnung zu sehen.

Die Fenster passen genau zwischen die Ständer, die als profilierte Fensterfutter dienen dürfen. Drei Pfetten, die von drei Ständern getragen werden, tragen die Dachsparren. Die Seitenpfetten ruhen auf Ständern, die auf den Schwellen stehen. Sie haben die Abmessungen 150 x 200 mm und sind mit der flachen Seite nach außen gewandt. Die übrigen Ständer messen 200 x 200 mm und haben einen vorgeschnittenen Markriss.

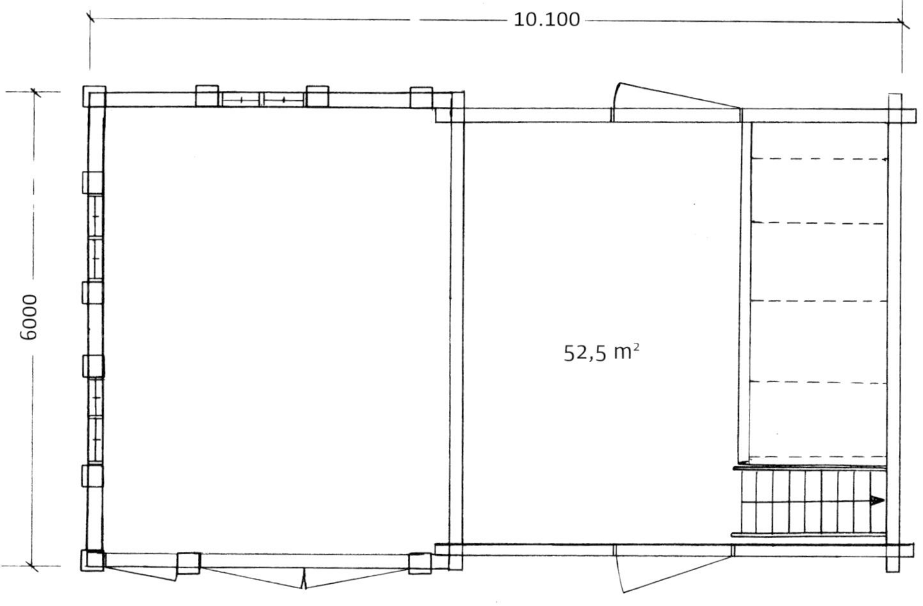

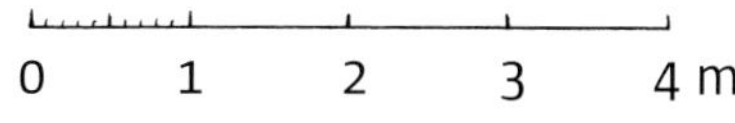

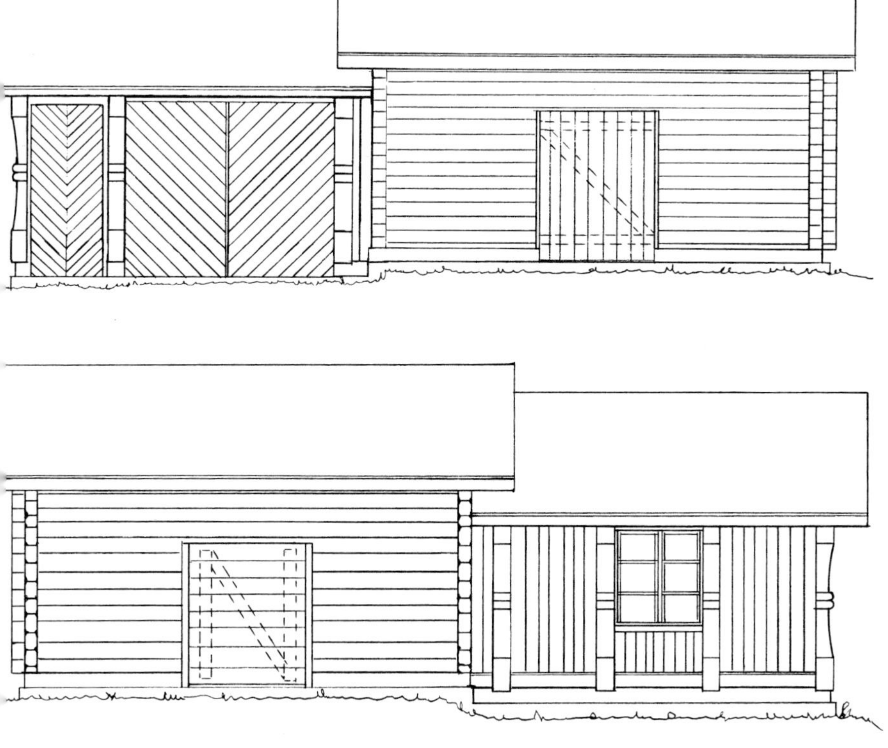

Für die zwei Hauskörper sollten zwei Betonplatten, mit einem Niveauunterschied von 15 cm, gegossen werden. Der Mutterboden wurde abgegraben und eine 40 cm dicke, drainierende Schicht Schotter aufgefüllt. Diese Gründung durfte sich einen Winter über setzen. Wenn man direkt gießen möchte, muss ein solcher Schotteruntergrund kräftig gewäßert und mit entsprechenden Maschinen verdichtet werden.

Beide Platten sind gegossen und härten unter Plastikplanen nach. Der Beton sollte mindestens eine Woche durchfeuchtet gehalten werden, um die beste Härte zu erhalten. Das Plastik verhindert die Verdunstung in der starken Sommersonne.

Die erste Balkenlage wird auf eine Reihe Betonsteine gelegt. Asphaltpappe und Birkenrinde werden zum Isolieren der Schwelle genutzt. Die Blockwände sind, wie so häufig, im Schwellenrahmen und noch ein Stück hinauf, beschädigt. In der Nähe meines Grundstückes war eine alte Braustube abgerissen worden. Von dort bekam ich alte Blockbalken für die ersten Balkenlagen. Alle Balken werden Wand für Wand in ihrer Nummernfolge ausgelegt.

Der Aufbau der Scheune ist abgeschlossen. Das Gebäude hat einen neuen Schwellenkranz, sowie eine weitere neue Balkenlage auf der uns zugewandten Längsseite bekommen. Im Vergleich zum vorigen Standort hat die Scheune nun etwa 50 cm mehr Abstand zum Boden. Man sieht dies an den Türpfostenbohlen, die rotfaul wurden, als sie am alten Standort Bodenkontakt hatten. Die Längsseite ist kräftig durch Sonneneinstrahlung verwittert, und ich erwäge, die ganze Seite mit Brettern zu verkleiden. Die Blechplatten des Dachvorsprunges, der 60 cm hervor steht, werden von groben, 45 x 100 mm starken Latten getragen.

Hier wird die Ständer-Konstruktion für den Anbau aufgestellt. Auf der Rückseite der Ständer sieht man den Einschnitt für den gezielten Markriss. Dieser Einschnitt ist 7–10 cm tief und wurde mit der Motorsäge ausgeführt. Holzkeile werden vorsichtig so tief hinein geschlagen, bis man hört, dass der Balken bis zum Mark einreißt. Ohne einen solchen Markriss würden große Risse auf der mit Profil versehenen Seite entstehen, da diese dem Mark am nahesten kommt, und schneller trocknet, als die anderen Seiten. Die Eckständer, die auf zwei Seiten profilgeschnitten sind, bekommen in der Regel trotz des gezielten Markrisses auf einer der geschnittenen Seiten Risse.

Abgesehen von den Fenstern ist die Garage fertig.
Das unterbrochene Dach dämpft den Eindruck eines langen Nebengebäudes. Vor der Giebelwand liegt ein Rundholz zum Trocknen. Sowohl Schwellenbalken als auch Giebelrähm haben Tropfbretter.

Der Bau wurde bei ungünstigem, regnerischem Herbstwetter aufgeführt. Die Schalbretter werden leicht blaufaul, besonders an den Waldkanten, wo der Zuckergehalt der Rindenreste als Nährboden für Pilze fungiert. Die relative Luftfeuchtigkeit ist im Herbst so hoch, dass das Holz nur wenig austrocknet.

Die Garage ist ausreichend groß. Ich kann ohne Problem um das Auto herumgehen. Links, an der Giebelwand, findet eine lange Arbeitsbank Platz, die durch die Giebelfenster Licht erhält. Als Winddichtung sind 13 mm starke bitumierte Weichfaserplatten eingebaut worden. Bei 25 mm starken Schalbrettern müssen die Nagelleisten für die Weichfaserplatten 13 + 15 + 25 + 25 = 78 mm von der Außenkante der Schwelle zurückversetzt angebracht werden. Selbiges Maß gilt für die Nagelleisten an Rähm und Giebelrähm. Auf die bitumierten Weichfaserplatten wird eine 15 mm Leiste genagelt, damit das Unterpaneel gut hinterlüftet wird. Sogar die Türen sind mit Resten von Weichfaserplatten winddicht gemacht. Der Einfachheit halber sind die Riegel auf den Platten angebracht worden.

Rechts oben: Die Garage ist bis hin zur Dachrinne auf der Vorderseite fertig. Die Fenster mit den Maßen 110 x 120 cm werden durch eine Dreikantliste am Giebelrähm vor Regen geschützt.

Das Paneel ist aufgrund heftiger Herbstregen und anschließendem, schlechtem Trockenwetter ein wenig verfärbt. Zum Frühling hin soll der Anbau mit Teer gestrichen werden.

Im Vordergrund liegt Bauholz unter einer Persenning – eine Notlösung über den Winter. Bauholz sollte nie mit dichten Persenningen überdeckt werden. Es wird darunter zu schlecht belüftet. Stapeln Sie Bauholz schmal und hoch, und überdecken Sie es zum Beispiel mit beim Sägen angefallenen Schwartenbrettern. So ein Dach sollte mindestens 20° Neigung haben. Die Schwartenbretter werden im Wechsel mit den flachen Seiten gegeneinander gelegt.

Mitte: Die Fenster sind mit Alkydölfarbe „falurot“ gestrichen worden. Die profilgeschnitten Ständer ersetzen die Fensterfutter, und geben den Fenstern eine kraftvolle Einrahmung. Dichten Sie mit Fugenmasse für den Außenbereich zwischen Fenster und Ständer ab, und überdecken Sie den Spalt mit einer Dreikantleiste, damit kein Schlagregen eindringen kann.

Unten: Das Bild zeigt das Anwesen im Frühjahr 2011 in seiner endgültigen Form, 15 Jahre, nachdem die Scheune mit ihrem Garagenanbau aufgeführt wurde. Das neue, große Wohnhaus wurde in den Jahren 2008–2010 gebaut, siehe Seiten 301–325.

Die Almhütte

Wir wollen dem Bau einer Hütte auf einer Bergweide in Särna folgen. Die Hütte wurde 1994 daheim auf dem Grundstück in Arkhyttan gebaut, demontiert, auf das Fjäll transportiert und während zehn intensiv genutzer Wochenenden im Herbst 1995 wieder aufgebaut.

Die Hütte ist in einer Mischung aus Blockbauweise und Ständerbauweise errichtet worden. Wie aus mehreren Stellen im Buch hervorgeht, habe ich eine Vorliebe für das stufig abgesetzte Dach, das zwei Baukörper klar voneinander unterscheidet. Für zwei separate Gebäudeteile eignet sich die Kombination von stehendem und liegendem Holz ausgezeichnet. Ich wählte die Ständerbauweise zum großen Teil deswegen, weil man damit schnell Bauvolumen schaffen und unter Dach kommen kann. Danach kann ich die Wände fertigstellen, ohne den Launen des Wetters ausgesetzt zu sein.

Wenn man einen isolierten Ständerbau errichtet, ist der Arbeitseinsatz der gleiche, wie bei einem Blockhaus. Die inwendige Isolierung und die Innenverschalung erfordern geraume Zeit. Begnügt man sich beim Blockbau mit innen unverkleideten Blockwänden, so ist der Bau im Großen und Ganzen fertig, sobald Fußboden und Dach, Fenster und Türen an ihrem Platz sind. Dagegen ist das Zimmern an sich eine Geduldsprobe, die notwendigerweise Zeit erfordert. Die Ständerbauweise ermöglicht einen schnelleren Baufortschritt, ohne dabei weniger rustikal auszusehen. Soll ein nichtisoliertes Gebäude errichtet werden, ist zweifellos die Ständerbauweise die schnellere und holzsparendere Konstruktion.

Der Grundriss (auf der folgenden Seite ganz oben) zeigt eine große Stube in Blockbauweise, sowie eine Zwischenlaube und eine Kammer, die in Ständerbauweise errichtet wurden. Die Ständer von 200 x 200 mm sind nur sparsam profiliert worden; die Eckständer nur an einer Seite. Als das Haus gebaut wurde, war angedacht, die Mittellaube nicht zu isolieren, wie es der Bautradition der Gegend entsprach. Deshalb war ein separater Kamin in der Kammer vorgesehen. Nun ist ein Bau ein längerwährendes Geschehen, in dessen Verlauf die Ausführung oftmals verändert wird und neue Blüten treibt. Der Grundriss mit angedeuteter Einrichtung zuunterst auf Seite 362 enthält die eher endgültige Ausformung. Die Mittellaube ist isoliert und soll als Küche fungieren. Ein Schränkchen steht in der Ecke links zwischen den Türen, ein Wäsche-/Kleiderregal und die Garderobe mit Regalen sind rechts von der Eingangstür. Der Platz für den Küchenherd ist vorbereitet, der Schacht für den Schornstein kann jederzeit aufgesägt werden.

Es hat sich gezeigt, dass der Ofen (ein Jötulofen Nr. 602) in der großen Stube die Hütte problemlos wärmen kann, auch mitten im Winter. Die Wärme breitet sich am ersten Tag etwas langsam bis in die Kammer aus, aber nach einiger Zeit hat man dieselbe gleichmäßige Wärme im ganzen Haus.

Zwei hochplatzierte Lüftungsöffnungen in beiden Giebeln, sowie zwei niedrig platzierte Lüftungsöffnungen am Kamin bzw. an der Küchenarbeitsplatte sorgen für gute Durchlüftung.

Der Vorbau hat eine einfache Bohlentür, die dem Wetterdruck standhält. Dadurch wird er zu einer hochgeschätzen Schleuse zwischen innen und außen. Bei gutem Wetter wird die Tür in offener Stellung festgehakt. Die einfache Dachneigung über dem Vorbau gibt dem ganzen Haus ein strafferes Aussehen. Nach Norden gibt es keine Fenster.

„Das schönste an einer Hütte ist nicht, dort zu sein, sondern von ihr zu träumen."

Helge Abrahamsen, Hytteliv 1997/5.

Als Eckverband wurde der schräg geschnittene „Dalaknut" angewandt. Er eignet sich gut für frisches Holz, das nur einige Monate Zeit zum Trocknen hatte.

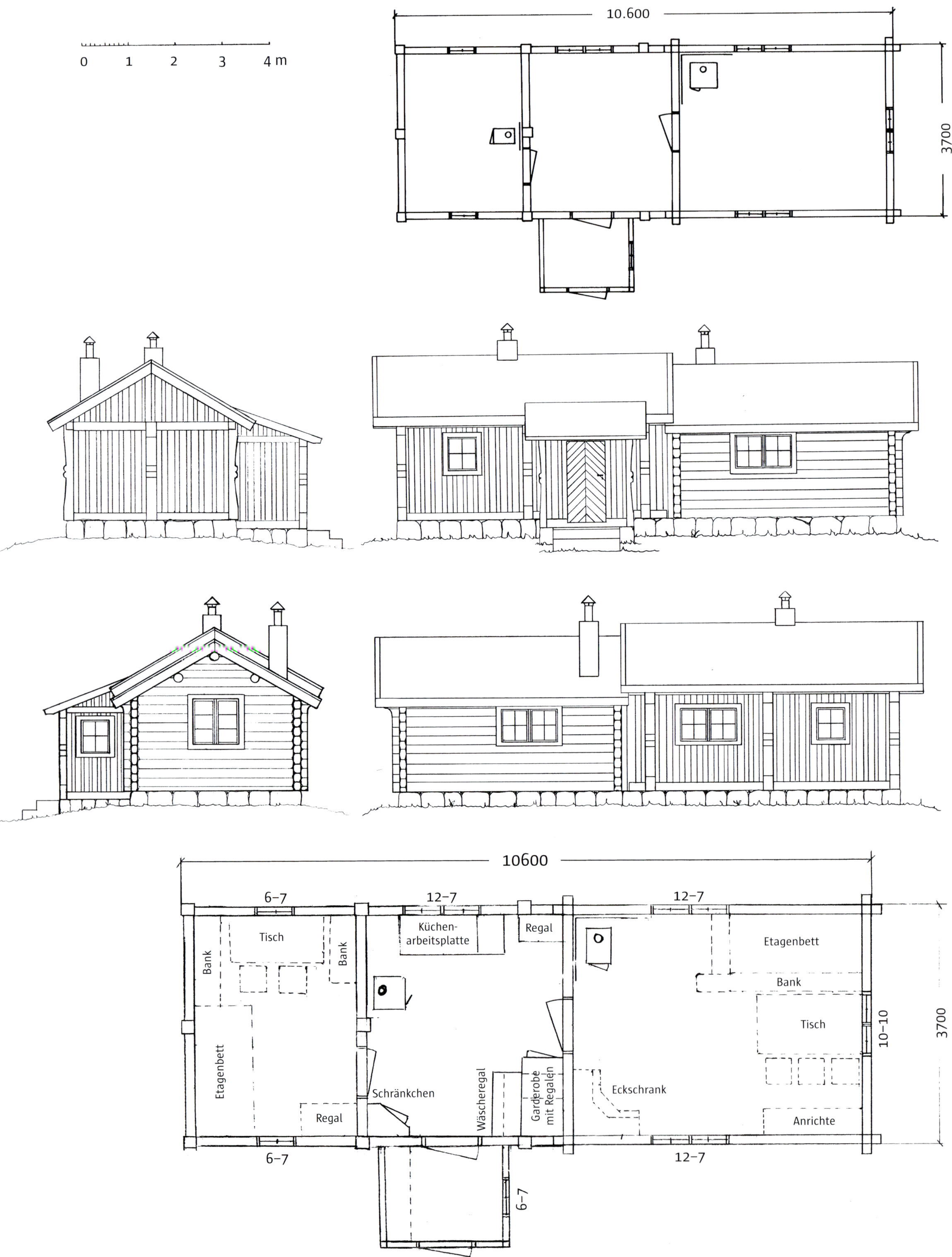
0
1
2
3
4 m
10.600
3700
10600
6-7
12-7
12-7
Tisch
Bank
Bank
Küchen-
arbeitsplatte
Regal
Etagenbett
Bank
Tisch
10-10
3700
Etagenbett
Schränkchen
Regal
Wäscheregal
Garderobe
mit Regalen
Eckschrank
Anrichte
6-7
12-7
6-7

Eine Partie Kiefern-Stammholz wurde von einem Arbeitskollegen gekauft, der einen Wegeaufhieb gemacht hatte. Das Holz wurde mithilfe einer Solo-Sägebank zweiseitig zu Blöcken gesägt. Die Seitenbretter reichten als Paneel für zwei Seiten des Ständerbaues. Die Balken reichten für die Blockwände und für das Ständergerüst. Die krummen Stämme wurden in der Mitte gekappt und als Ständer verwertet.

Ein passender Bauplatz, auf dem das Haus währen der Bauzeit stehen kann, wurde ausgeschachtet und mit Schotter aufgefüllt. Hier ist der Grundriss des Hauses mit Pflöcken markiert und ein einfaches Fundament aus Betonplatten ausgelegt. Das Bauholz liegt luftig unter Schwartenbrettern. Beachten Sie, wie gut belüftet der Stapel ist.

Der Schwellenrahmen mit Halbstämmen an den Giebelseiten. Stabile Holzböcke halten die Stämme bei der Bearbeitung in günstiger Höhe und fixieren sie in seitlicher Richtung. Die Schwartenbretter wurden sorgfältig entrindet, um sie später als Schalung an einfacheren Bauten, wie Trockenklo usw., verwenden zu können.

Die Blockwände sind während des Sommers rasch gewachsen. Die Fensteröffnungen an den Längsseiten werden bald verbunden. Das stabile Baugerüst aus Bohlen von 45 x 195 mm erleichtert ein sicheres Arbeiten. Diese Bohlen werden später als Sparren im Dach verwendet. Ihre Kanten wurden mit dem Elektrohobel gebrochen, sodass man nicht über die scharfen Kanten stolpert. Bauholzknappheit zwingt mich, auch drehwüchsige Stämme zu verwenden. Sie werden an den Seiten der verschiedenen Öffnungen eingezimmert. Bei den vielen Öffnungen dieser Blockhütte wird es etwas problematisch, alle diese kurzen Balkenstücke einzupassen. Um sie festsetzen zu können, wurden die Bohlen für die Tür- und Fensterzargen schon in die Nut im Hirnholz eingschlagen. Nach dem Dübeln sitzen auch die kurzen Balken fest in der Wand. Wenn man reichlich Holz zur Verfügung hat, geht es wesentlich schneller, eine „Schachtel“ ohne Öffnungen zu zimmern. Letztere werden später ausgeschnitten, und die Nuten für die Zargen werden gegen vorgebohrte Löcher im Hirnholz ausgeschnitten. Markieren Sie bei dieser Vorgehensweise allerdings genau, wo die Öffnungen ausgesägt werden sollen.

Das Rähm an den Längswänden und die Giebelmutter sind eingezimmert. Die Balken unter dem Rähm werden herausgezogen, sodass man den Vorstoß der Balkenköpfe in einem Bogen hinauf zum Rähm ausschneiden kann. Der Holzmangel hatte jedoch zur Folge, dass ich dies an der uns zugewandten Längswand nicht ausführen konnte. Das Holz war nicht speziell für den Blockhausbau eingeschlagen, aber zum größten Teil auf 550 cm abgelängt worden. Damit das Holz der Blockhauswände hell bleibt, ist es wichtig, so schnell wie möglich ein behelfsmäßiges Dach über den Rohbau zu legen.

Der Ständerbau

Oben: Ich beginne mit dem Profilieren der Ständer. Mithilfe einer Schablone, die am linken Rand des Fotos auf dem oberen Balken liegt, zeichne ich das Profil auf beide Seiten des Ständers. Beginnen Sie damit, die beiden Rundungen in der Mitte mit ziehender Sägekette auszuschneiden. Danach wird der Ständer gewendet, sodass man entlang der Linie mit schiebender Sägekette nach unten schneiden kann. Dabei spritzen die Sägespäne nach unten, und mit geringem Vorschubdruck trägt die schiebende Kette das Gewicht der Säge. Da sich keine Sägespäne auf das Holz legen, kann man den aufgezeichneten Linien leicht folgen. Wenden Sie den Ständer mit dem Profil nach oben, und prüfen Sie auf der anderen Seite, ob der Sägeschnitt der aufgezeichneten Linie folgt. In der Regel nimmt man an der abgewandten Seite etwas zu wenig weg. Auch dieses Nachschneiden erledige ich mit schiebender Sägekette, aber das erfordert mehr Kraft und Genauigkeit beim Schneiden. Auf dem Bild fehlen noch die Ausschnitte für das Einpassen in die Schwelle und in das Rähm. Der Markriss der Ständer wurde durch einen Sägeschnitt, der auf dem Bild zu sehen ist, vorbestimmt. Massive Ständer dieser Stärke reißen immer ein. Die Frage ist nur, wo die Risse entstehen sollen. Der Riss bleibt unsichtbar, wenn er an der Rückseite liegt.

Mitte: Mein Mithelfer Allan Höglund hat den Schwellenrahmen auf den Ecksteinen ausgelegt und damit begonnen, diese Balken zu verzimmern. Wie aus dem Bild ersichtlich, müssen die Balken an beiden Längswänden gestoßen werden, was man nach Möglichkeit vermeidet. Bei einem durchgehenden Fundament, z. B. einem Streifenfundament, spielt es keine größere Rolle, aber da dieser Ständerbau auf Punktfundamenten stehen soll, wäre es ein Vorteil, die volle Balkenlänge zu haben, zumindest für die Schwellen. Aus Mangel an spezial angepassten Balkenlängen mussten diese Balken jedoch gestoßen werden.

Unten: Der Schwellenrahmen ist fertig und zusammengenagelt. Schlagen Sie die Nägel nicht ganz ein. Die Nagelköpfe sollen soweit vorstehen, dass man beim Abbauen vor dem Transport mit dem Kuhfuß darunter fassen kann. Für den Bau des oberen Rahmens dient der untere als genaue Schablone. Das Vorziehen des Rähmbalkens für den Giebelvorsprung darf dabei nicht vergessen werden.

Anschließend folgt das Aufstellen der Ständer, die so lange provisorisch mit Schrägstreben gehalten werden, bis die endgültigen Verstrebungen angebracht werden. Eine lange Wasserwaage benötigt man für das Ausrichten der Ständer ebenso, wie für das Einmessen des Schwellenrahmens.

Alle Ständer sind aufgestellt und der obere Balkenkranz kann aufgelegt werden. Hier werden zweiseitig zum Block gesägte Balken verwendet. Normalerweise verwende ich gesägte Balken mit den Maßen 150 x 200 mm. Man bekommt dann ebene Flächen nach oben und unten, auf denen man gut weiterarbeiten kann. Die gerundeten Flächen im vorliegenden Fall erfordern mehr Feinarbeit, um die Nagelleisten und Tropfbretter einzupassen. Das Hinaufheben der oberen Rahmenbalken geht leichter, wenn man zu zweit ist. Ein Frontlader mit Palettengabel wäre noch nützlicher. In den Rähmbalken wurden die Ausschnitte für die querliegenden Balken gemacht. Man sieht das an dem Balken, der vor der Wand liegt. Ich schneide gewöhnlich 6 cm aus, um das Rähm am Ausstich für den Dachvorsprung nicht zu sehr zu schwächen.

Die Dachbinder aus 45x195-mm-Hölzern werden mit Nagelplatten so zusammengefügt, dass inwendig ein dreigeteiltes Dach entsteht. Dadurch ergibt sich in der Mittellaube und in der Kammer eine gute Innenhöhe. Das Dach wird umgehend aufgelegt, und der Rauspund wird auf Leisten von 45 x 45 mm genagelt, die provisorisch an den Sparren befestigt werden. Sie werden beim Annageln des Rauspunds in regelmäßigen Abständen durchgesägt. Auf diese Weise kann das Dach später in Form langer Platten angehoben werden, wenn die Leisten vom Dachstuhl gelöst werden. Die Dachpappe wird angeheftet und hinaufgerollt, und nach dem Umsetzen wieder verwendet. Die Schalung wird aus unbesäumten Brettern genagelt, wobei die Kernseite der Bodenbretter nach außen weist. Zum Tropfbrett hin wird ein Spalt von 10 mm gelassen. Vergessen Sie beim endgültigen Aufsetzen die Windisolierung nicht.

Alle Ständer, auch die an den Ecken, haben ein markantes, einfaches Profil auf einer Seite.

Oben: Unter dem Schutz des Daches kann die Arbeit fast ganz unabhängig von Regen und Wind weitergehen. Einen Stromanschluss gibt es ein paar Meter neben dem Bauplatz.

Mitte: Die Wände haben in Erwartung des Umsetzens ein Jahr gestanden. Die Fensteröffnungen nach Süden habe ich mit Plastik abgedeckt, da der härteste Schlagregen aus dieser Wetterecke kommt. Ich habe ringsum Regenrinnen angebracht, um das Bespritzen der Wände und das anschließende Vergrauen zu vermeiden. Die Regenrinnen werden selbstverständlich beim Umsetzen mitgenommen. Der Vorbau wurde an ruhigen Frühlingstagen angebaut und erhielt für meinen Geschmack eine ansprechende, einfache Form.

Umsetzen des Rohbaues

Unten links: Ein interessierter Langholzfahrer wurde für den 270 km langen Transport angesprochen. Die Dachplatten waren ausgezeichnet als Seitenwände geeignet, um alle kleineren Teile des Rohbaues auf dem Holzlaster zusammen zu halten.

Unten rechts: Der Transport über die letzten 3 km wurde von einem Forsttraktor bewältigt. In zwei Lasten kam das gesamte Bauholz an seinen Bestimmungsort. Der nächste Tag bescherte uns schweißtreibende Arbeit, bis alle tausend Teilchen sortiert und vor Regen geschützt waren.

Aufbau der Hütte

An einem frühen Sonnabendmorgen Ende September begann das Aufsetzen der Blockwände. Der Greifer des Kranes hatte erstaunlich wenige Balken beschädigt, obwohl sie viermal auf- bzw. abgeladen worden waren. Die wenigen Schäden wurden beim Aufsetzen ausgebessert. Losgebrochene Stücke waren sorgfältig aufgehoben worden und konnten geleimt und festgenagelt werden. Ein schlimmeres Problem war, dass der dritte Balken an der hinteren Längswand sich als stark drehwüchsig erwies, und dass die Spannung im Holz sich beim Abbauen löste. Holz ist ein Naturmaterial, und beim Zimmern stößt man immer wieder auf Probleme. Die Lösung war in diesem Fall, den Balken in der Mitte zu kappen, sodass die Eckverbände an beiden Balkenenden einigermaßen passten. An der Schnittstelle wurden die Enden im Ober- und Unterbalken festgedübelt. Die beiden Balkenteile waren an der Schnittstelle etwa 6 cm gegeneinander verdreht. Mit dem Behaubeil/Beschlagbeil wurden die Oberflächen so bearbeitet, dass die Balken nicht aus der Flucht der Wand hervorstanden. Auch die Längsnut wurde nachgearbeitet. Dies ist das Risiko, wenn man mit zu frischem Holz zimmert: Die inneren Spannungen eines Stammes sind nicht so deutlich zu sehen. Diesen Balken hätten wir selbstverständlich kappen und die Stücke an den Fenster- oder Türöffnungen einzimmern sollen.

Oft werden die Qualitätsprobleme beim Kauf von Blockhäusern dadurch verursacht, dass für den Bau drehwüchsige Stämme verwendet wurden, die beim Wiederaufsetzen nicht mehr passen.

Im Frühherbst wurde der Bauplatz mithilfe des „Eisenpferdes“ (eines kleinen norwegischen Raupentraktors) und starker Arme vorbereitet. Das „Eisenpferd“ wurde gebraucht, um geeignete Fundamentsteine heranzuschleifen. Hier steht Allan und begutachtet das Ergebnis der Arbeit eines Wochenendes.

Wir haben mit dem Aufsetzen des Blockhauses begonnen. Hier liegt bereits der Schwellenkranz. Als Dichtungsmaterial in der Längsnut wurde Wandmoos/Rotstengelmoos (Pleurozium schreberi) angewendet, das in der Umgebung gesammelt werden konnte.

Zwei Wochenenden später setzten wir die Arbeit mit dem Ständerbau fort. Es war eine feuchte, glitschige Arbeit in regnerischem Wetter. Wählen Sie das Frühjahr oder den Frühsommer für das Aufstellen einer Hütte. Näße von eventuellem Regen trocknet dann rasch ab. Im Herbst kann die Feuchtigkeit eines Schlagregens bis zum kommenden Frühjahr im Holz bleiben.

Das Wetter wird besser, und als es Zeit für das Dach wurde, ging die Arbeit mit den fertigen Dachplatten schnell voran. Die endgültigen Verstrebungen und Riegel sind angebracht. Die Fenster sind hier nicht von Ständern eingerahmt, so wie es bei anderen Häusern in Ständerbautechnik in diesem Buch gezeigt wurde.

Das Ständergerüst ist fertig, und die wiederverwendete Dachpappe wird vor den kommenden Winterstürmen sorgfältig mit Leisten angenagelt. Die Schäden durch Nagellöcher werden mit Asphaltmasse zugeklebt.

Die Bretter für die Fußböden in Stube und Küche habe ich während des Winters hergestellt. Ich verwendete ca. 35 mm starke Bohlen, die am Fuß- und Zopfende so unterschiedlich breit waren, wie es der Abholzigkeit des Stammes entsprach. Die Nut-und-Feder-Verbindung besteht aus einer mit der Handkreißäge gesägten und mit dem Stemmeisen sauber ausgestemmten Nut in der Seite der Bohle, und einer losen Feder. Diese Lösung funktioniert ausgezeichnet. Eine Handfräse hätte das Schneiden der Nut natürlich erleichtert.

Fußboden und Innendach der Hütte wurden in den nächsten Ostertagen fertiggestellt. Der Fußboden wurde mit einem Handhobel geglättet und mit Leinöl bearbeitet. Tür und Kamin vervollständigen die Hütte, die nun bewohnbar ist, wenn auch freilich nur mit einfacher Einrichtung.

Bitumen-Dachschindeln wurden aufgelegt, die ein mattes Dach ergeben, auf dem der Schnee liegen bleibt. Auf dem Bild sieht man, dass der dritte Balken der hinteren Längswand gekappt ist, wie vorher berichtet. Die Hütte steht hoch auf ihren Fundamentsteinen, und es wird ein zukünftiges Projekt sein, ihr Fundament, beispielsweise mit Holztafeln, abzudecken (siehe nächste Seite). An tieferen Partien kann das mit einer Trockenmauer geschehen.

Am Nordende des Hügels war der Boden feinkörniger und hielt daher die Feuchtigkeit besser. Schon im ersten Winter machte sich der Bodenfrost dort bemerkbar. Ich habe unter vier Fundamentsteinen Bodenplatten eingegraben, wie es die drei Fotos zeigen, um das Hochfrieren dieser Seite zu verhindern. Mit Hilfe des Wagenhebers und kräftiger Unterlegklötze habe ich die Hütte soweit angehoben, dass die Fundamentsteine reihum weggeräumt werden konnten, um die Bodenplatten eingraben zu können.

Die Hütte elf Jahre später mit geteerten Wänden. Der luftige Zwischenraum unter der Hütte ist mit einer Schalung abgedeckt, die so zugeschnitten wurde, dass sie sich an die unregelmäßig geformten Steinpfeiler anpasst, auf denen die Schwellen liegen. Die Schalung wurde gegen zwei waagerechte Riegel genagelt und bildet Tafeln, die mithilfe von galvanisierten Nägeln aufgehängt wurden. Am Boden werden sie innen und außen mit Steinen gehalten. Die Schalung soll nicht bis auf den Boden reichen. Denken Sie daran, dass der Schwellenkranz der Hütte an der tiefsten Stelle mindestens 30 cm von der Bodenoberfläche entfernt sein muss. Daraus folgt notwendigerweise, dass der Abstand zum Boden dort größer wird, wo das Gelände abfällt. Eine luftige Gründung auf Pfeilern ist die beste technische Lösung. Vom Aussehen her hat der eine oder andere vielleicht Einwände dagegen. Will man zwischen den tragenden Pfeilern nicht mit losen Steinen auffüllen, kann ein Bretterfutter wie auf dem Foto eine Alternative sein.

Gewerblicher Blockhausbau weltweit

Eine lokale Veredelung von Stämmen zu Rundhölzern oder Balken für den Blockhausbau findet man an vielen Orten in Schweden. Die Produktion erfolgt jedoch meist in kleinen Stückzahlen, dürfte aber wesentlich zu erhöhen sein, wenn man bedenkt, welch eine lange Tradition das Bauen von Holzhäusern in Schweden hat. Blockhäuser waren bis zu Beginn des 20. Jahrhunderts die gebräuchlichste Konstruktionsweise für Gebäude. Ich habe einige Erfahrungen aus anderen Ländern zusammengestellt, und desweiteren versucht, aufzulisten, was Blockhäuser in Schweden noch attraktiver machen könnte.

Die Blockhaus-„Industrie" in Nordamerika

In den USA und Kanada ist die Blockhausindustrie sehr umfangreich. Sie kann in zwei Hauptgruppen eingeteilt werden. Die größere Gruppe von etwa 90 % läßt die Blockhäuser in Fertigungsanlagen herstellen. Die kleinere Gruppe von 10 % führt die Arbeiten durch Zimmerleute aus. Die in Fabriken gebauten Häuser haben gefräste Balken mit unterschiedlichen Profilen, je nach Bausystem, das man entwickelt hat. Es gibt Ähnlichkeiten mit den maschinengefertigten Blockhäusern in Nordeuropa, doch auch gewisse spezielle Eigenheiten, die man im Internet z. B. unter www.loghomeliving.com ansehen kann. Der Großteil dieser Häuser wird als Bausatz von einem starken Netzwerk von Händlern verkauft. Sie spielen eine wichtige Rolle im Kontakt zwischen Hersteller und Kunde.

Die Firmen, die handwerksmäßig zimmern, sind, wie in Schweden, oft kleinere Betriebe. Der Unterschied, den ich sehe, besteht in den abweichenden Zimmerei-Methoden. In Nordamerika zimmert man mit mehr als zwei Dutzend verschiedenen Holzarten mit oft großen Dimensionen. In Schweden werden nur Kiefer und Fichte für Blockhäuser verwendet. Das erscheint als ein hoher Grad der Standardisierung. Hinter uns liegen viele Jahrhunderte, während derer sich eine gleichartige Sichtweise, wie ein Blockhausbau auszuführen ist, entwickelt hat. Ich konnte dies beim Umsetzen eines über 300 Jahre alten Blockhauses beobachten: Die Eckverbände im Zwischenboden aus dem Baujahr 1700 hätten von einem heutigen Zimmermann stammen können.

Viele Hersteller, besonders jene mit fabrikmäßiger Herstellung, arbeiten mit einem eigens entwickeltem Bausystem, das von zertifizierenden Stellen geprüft und abgesegnet wird. Hier sei ‚Swedish cope' als eine der Methoden genannt.

Es wird viel Arbeit darauf verwendet, die Blockhäuser den Wünschen der Kunden anzupassen. 80 % der Blockhäuser fallen in diese Kategorie. Es ist mein Eindruck, dass man eine spezielle Ausformung von Blockhäusern entwickelt hat, die den meisten Besitzern zusagt.

Ein paar Stichwörter
- An Fabrikherstellung angepasste Konstruktion.
- Rustikaler Stil.
- Alter Stil in moderne Konstruktionen umgewandelt.
- Starke Balken in sichtbaren Konstruktionen.
- Holzgefühl – Blockwände auf der Innenseite sichtbar.
- Steile Dächer – große Dachflächen, welche die Häuser oft dominieren.
- Große Fenster an den Giebelseiten, gerne nach Süden, um die Sonnenwärme zu nutzen.
- Energieeffektive Häuser entsprechend der Studien des National Bureau of Standards.
- Einteilung des Bauholzes für Blockhäuser entsprechend ASTM D3957 zur Sicherheit der Kunden.
- Log Home Living Bookstore mit etwa 150 Titeln über das Zimmern von Blockhäusern, Einrichtung, und Katalogen der Hersteller.

Man hat in den vergangenen 40 Jahren eine ganze Industrie für die Blockhausherstellung entwickelt. In Schweden gibt es nur eine Andeutung davon.

Norwegische Blockhaushersteller

Die Branchenvereinigung Norsk Laft (www.norsklaft.no) besteht aus etwa 20 der führenden Blockhaushersteller Norwegens. Die Vereinigung will die Qualität der norwegischen Blockhausherstellung entwickeln, dokumentieren und sichtbarmachen. Man hat in Zusammenarbeit mit dem Norwegischen Holztechnischen Institut (Norsk Treteknisk Institutt, www.treteknisk.no) eine Branchennorm ausgearbeitet. Sie ist eine Zusammenfassung der Kenntnisse und Erfahrungen, die die Mitglieder von Norsk Laft und andere auf diesem Gebiet kundige Personen besitzen. Die Norm wird als Unterlage für die Verträge mit Kunden und für die Produktionskontrolle angewandt. Sie ist ein lebendiges Dokument, dass überarbeitet und verbessert wird, sobald neue Kenntnisse hinzukommen. Das Holztechnische Insititut ist ein Kontrollorgan dafür, dass gezimmerte Häuser ein zufriedenstellendes Qualitätsniveau halten. Alle Firmen, die Mitglieder von Norsk Laft sind, sind dieser Kontrolle unterstellt.

Die Rohware für norwegische Blockhäuser kommt zu einem gewissen Teil aus Schweden, da man auch in Norwegen grobe Dimensionen und langsam gewachsenes Holz sucht. Beispielsweise verkauft Indian Wood AB in Ekshärad (Schweden) Kanthölzer für Ständer und Balken für den Blockhausbau an norwegische Blockhaushersteller.

Es gibt Ausstellungsflächen, auf denen verschiedene Blockhaushersteller ihre Produkte vorstellen.

Das Zimmern ist qualitätsbetont und auf Kunden ausgerichtet, die sich vorstellen können, für eine gute Arbeit zu bezahlen. Die Haustypen sind oft traditionell, mit niedrigen, für Grasdächer geeigneten Dachneigungen. Es werden Balken von 125 bis 225 mm angewandt. Kanthölzer mit Stärken von unter 100 mm haben nichts in gezimmerten Wänden verloren.

Zitat aus: Ref. Hytteliv nr 1 1997
„Ein Blockhaus ist teurer als ein ‚gewöhnliches' Haus mit isoliertem Rahmenwerk (wie z. B. Fachwerk). Rechnet man jedoch Faktoren wie minimalen Unterhalt und extrem lange Lebensdauer mit ein, nähern sich die Preise an. Wir hegen deshalb keinen Zweifel, dass ein Blockhaus eine gute Wahl ist, auch wirtschaftlich. Die Tatsache, dass mehr und mehr ein Blockhaus wählen, wenn sie sich ein neues Haus bauen wollen, hängt wohl am meisten mit der Qualität eines gezimmerten Hauses, der Tradition, und damit zusammen, dass ein Blockhaus auf natürliche Weise ‚überall' hinpasst ... Holz atmet, es läßt verbrauchte Innenluft nach außen durch. Gleichzeitig wirkt eine Blockwand als Feuchtigkeitsregulator, indem Feuchtigkeit aufgesogen wird, wenn die Luft ‚übersättigt' ist, und in den Raum abgegeben wird, wenn es trockener wird. Resultat: Ein gesundes und natürliches Innenklima, weitaus besser, als es eine künstliche Ventilationsanlage leisten kann."

Finnische Blockhaushersteller

Seit ein paar Jahren finden sich finnische Blockhaushersteller auf dem Markt. Sie bauen Blockhäuser aus Rundhölzern, sowie aus profilgehobelten Balken in einem besonderen, finnischen Stil. Die Herstellung geht in industrieller Skala vonstatten, die Häuser werden maschinell gezimmert.

Eine Ausnahme von der Blockhausindustrie ist das Zimmern mit stammtrockenen Kiefern, wie man es in Nordfinnland antrifft. Dabei nutzt man eine exklusive Rohware in einer eigenwilligen, grob behauenen Architektur.

Die finnische Blockhausindustrie hat drei Dokumente erstellt, die für den Käufer eines in Finnland hergstellten Blockhauses von Interesse sein können. Es handelt sich um Planungsgrundlagen für Blockhäuser, Qualitätsbestimmungen für Blockhäuser und allgemeine Vertragsbedingungen für Konsumentkäufe und Montieren von Hauspaketen und -elementen. Sie können diese Dokumente beispielsweise unter www.finskatimmerhus.se einsehen. Die finnischen Qualitätsnormen weichen etwas von den norwegischen und schwedischen ab, da sie auf industriell hergestellte Blockhäuser ausgerichtet sind.

Von den drei nordischen Ländern stellt die finnische Blockhausindustrie mit Abstand die meisten Blockhäuser her. Das beruht stark darauf, dass Finnland seit den 50er Jahren darauf gesetzt hat, seine holzveredelnde Industrie langfristig zu entwickeln. Über 70 % aller Blockhäuser in Finnland sind industriell hergestellt, und von diesen besteht der Großteil aus Leimholzbalken. Diese Balken stellen eine stabile Rohware dar, bei welcher weniger innere Drehung und Rissbildung auftreten, als bei Naturbalken.

Blockhausherstellung in Schweden

Ende der 90er Jahre haben die schwedischen Blockhaushersteller sich in einer Branchenvereinigung organisiert (www.svenskatimmerhus.com). Seitdem hat die Vereinigung eine Anzahl Projekte vorangetrieben, die u. a. durch EU-Mittel und Gelder der Regionen, Gemeinden, Nutek (frühere staatliche Verwaltungsbehörde zur Stärkung der Wirtschaft und Förderung eines langsichtigen regionalen Zuwachses) und des ‚tillväxtverket' (Nationale Behörde für die Erhöhung regionaler Konkurrenzkraft und Beschäftigung) unterstützt wurden. Das Interesse, die Entwicklung einer modernen Blockhausherstellung in Schweden zu unterstützen, war groß. In den Jahren, in denen die Vereinigung nun aktiv war, sind als Resultat der Projekte eine Anzahl Forschungsberichte veröffentlicht worden. Im Kapitel „Der Kauf eines neuen Blockhauses" werden die schwedischen Qualitätsnormen für Blockhäuser übersichtlich dargestellt.

Schätzungsweise werden in Schweden pro Jahr etwa 700–800 Blockhäuser von mindestens 100 mm Wandstärke und mindestens 40 m² Wohnfläche gebaut. Von diesen sind $^2/_3$ Freizeit-/Sommerhäuser. Es gibt nahezu 100 Hersteller – von denen, die einige wenige Häuschen pro Jahr neben anderer Zimmermannsarbeit herstellen, bis zu einigen großen Firmen, bei denen es 20–30 Häuser pro Jahr sein können. Es ist also eine sehr fragmentierte Branche mit vielen kleinen Firmen, von denen die meisten keine Mitglieder in der Branchenvereinigung sind.

In den letzten Jahren haben die verschärften Energieverordnungen für Wohnhäuser dazu geführt, dass höhere Ansprüche an die Ausführung eines gezimmerten Hauses gestellt werden. Besonders, da viele Kunden die Balken gerne von innen und außen sichtbar haben wollen.

Die Lösung war, die Wandstärke auf 200 mm starke Balken zu vergrößern, die Isolierung in der Fußboden- und Dachbalkenlage zu erhöhen, sowie die Wände zu isolieren, die in Küche und Badezeimmer ohnehin verkleidet werden. Um die Qualität dieser 200-mm-Blockwände zu verbessern, sollte man sie in einer Halle, aus gut vorgetrockneten Balken, zimmern. Das schafft weniger Probleme mit dem Setzen der Wände, drehwüchsige Balken können vermieden werden, Eckverbände und Längsnuten werden dicht, und die Arbeitsumgebung ist sicherer, nicht zuletzt beim Heben schwerer Balken.

Beim traditionellen Zimmern unter freiem Himmel und mit frischem Holz ist es schwierig, die Anforderungen, die wir an ein modernes Blockhaus stellen, zu erfüllen: Drehwüchsige Balken sind kaum zu vermeiden, das Holz wird leicht blaufaul – was nicht akzeptiert wird, wenn die Balken innen sichtbar sein sollen –, und das Arbeitsmilieu für den Zimmernden ist schlechter.

Weshalb nicht mehr Blockhäuser?

Wenn man ein Blockhaus kaufen möchte, so sind folgende Aspekte wichtig:

- Ausreichend starke, mindestens 140 mm starke Balken. Holzqualität, die für eine lange Lebensdauer bürgt.

- Zopfende-Fußende-Variation wird behalten.

- Wahlfreie Oberflächenbehandlung nach Wünschen des Kunden. Norwegische und finnische Blockhäuser haben oft eine gehobelte Balkenoberfläche, und eine mit der Kettensäge gesägte Oberfläche kann in vielen Fällen akzeptabel sein, wenn man die Wände rot anstreicht. Eine handbehauene Oberfläche bedeutet mehr Arbeitsstunden, und eine maschinenbehauene macht nach meiner Auffassung keinen höheren Wert aus.

- Gerne eine profilgefräste Längsnut, solange sie dicht wird.

- Einfluss auf die Gestaltung, gerne mit Anknüpfung an lokale Bautraditionen.

- Eine stabile Firma, die auch nach ein paar Jahren noch anzutreffen ist, als Garantie für den Fall, dass etwas Unvorhergesehenes mit dem Haus geschieht.

- Zertifizierung der Bautechnik durch ein unabhängiges Organ.

- Qualitätssicherung der Blockwände! Was passiert, wenn sich Balkenfehler erst nach ein paar Jahren zeigen? Welche Garantien gibt es dafür, dass das Sinkmaß ausreichend beachtet wurde?

- Ein angemessener Preis im Hinblick auf die eingebaute Qualität. Dimensionen, Struktur, Gefühl, Design sind wichtige Faktoren, die unterschiedliche Preise motivieren. Die Totalkosten muss man mit der Wahl der geeigneten Hausgröße abstecken. Vielleicht kann das Haus in meheren Etappen gebaut werden, je nach zur Verfügung stehendem Budget?

- Verweise auf frühere Hauskäufer. Information über die Produktion des Herstellers, seine Ausbildung im aktuellen Bausystem. Besuch des Zimmereiplatzes. Informationsmaterial.

- Allgemeine Kenntnisse über Blockhäuser, Literatur, Tradition, Forschung im Hinblick auf moderne Blockhausherstellung.

- Möglichkeit zu eigenen Arbeitseinsätzen, um die totalen Baukosten zu senken, sollte als Alternative gegeben sein. Die Zimmermannsfirma muss einen Blockhaus-Rohbau liefern können, der für den Käufer attraktiv ist. Die Fertigstellung von Dach, Fußboden und Einrichtung sollte wahlfrei sein, um verschiedenen Käufergruppen die Möglichkeit zu geben, ein Blockhaus erwerben zu können.

- Waldbesitzer, die ihren eigenen Holzbestand veredeln wollen, sollten Dimensionen bereitstellen können, die für gewisse Kundenkreise interessant sind. Hier kommt das Auswählen von blockhausgeeigneten Stämmen bei einem normalen Holzeinschlag als ein wichtiger Faktor ins Spiel.

Zusammenfassung

Das Verarbeiten lokaler Forst-Rohware zu Blockhäusern für den nationalen und internationalen Markt sollte von den ländlichen Gebieten Schwedens priorisiert werden. Erwiesenermaßen hat dieser Veredelungsprozess in unseren Nachbarländern und vor allem in den USA seinen Durchbruch gefunden.

Man könnte meinen, dass man Stämme nicht zur Genüge ausnutzt, wenn man sie als Rundhölzer in Wände einzimmert. Ein Blockhaus bekommt dadurch jedoch Qualitäten, die offenbar in anderen Ländern wertgeschätzt werden. Für ein Freizeithaus ist der K-Wert einer Wand nicht ausschlaggebend für die Energieeffektivität. Wichtiger ist es, auf die Winddichte einer Wand zu setzen, auf gute Fenster, sowie auf gute Isolierung in Fußboden- und Dachbalkenlage. Möchte man einen höheren K-Wert in der Wand und eine holzsparende Konstruktion haben, kann eine Ständer-Konstruktion mit grobem, breitem Paneel eine Alternative für lokal hergestellte Häuser mit rustikalem Holzprofil sein. Sehen Sie auch das Kapitel „Der Wärmehaushalt des Blockhauses“ auf Seite 377.

Ausbildung und Forschung auf diesem Gebiet sind nicht besonders gut entwickelt. Dazu sollte man zusammen mit der Waldwirtschaft eine Initiative ergreifen, da letztere sich an der Quelle der Rohwaren-Kette befindet. Die Lebensbedingungen des wachsenden Baumes sind ausschlaggebend für dessen Eignung als Rohware für Blockhäuser. Eine selektive Auswahl während des normalen Holzeinschlages sollte geeignete Stämme für den Bau von Blockhäusern ergeben können. Für Schwedens waldreiche Gemeinden müsste eine lokale Weiterverarbeitung von Stämmen zu Blockhausbalken von Interesse sein.

Ausbildung zum Blockhausbauer

In Schweden kann man vielerorts kürzere Ausbildungen im Handwerk des Blockhausbaues finden. Die Erwachsenenbildung bietet Kurse an, und auch Werkzeughersteller wie Logosol, Bamsesågen und Gränsfors Bruk geben regelmäßig Kurse.

Weitere Kurzkurse werden von Gymnasien, Waldtechnischen Instituten und Volkshochschulen angeboten.

Eine längere, zweijährige Ausbildung findet an der Volkshochschule in Sjövik statt.

Auch in Deutschland gibt es ein Angebot an mehrtägigen bis mehrwöchigen Blockhausbau-Kursen, siehe Anhang.

Oben: Blockhausbauer-Ausbildung an der Volkshochschule in Sjövik. Jeder Schüler arbeitet an einer eigenen Blockhütte

Rechts: Ein Schüler in Sjövik zieht die Längsnut an einem Balken neben der Türöffnung. Gezimmert wird hier unter freiem Himmel.
In der modernen Blockhaus-Herstellung geht man dazu über, die Blockhäuser in großen Hallen zu zimmern, wo man vor der Witterung geschützt ist und Hebehilfen zur Verfügung hat. Die Balken sind dabei gefräst und gut vorgetrocknet.

Einer der Sjöviker Schüler sägt einen oberen „Knut“-Haken. Ein sehr regnerischer Winter hat Holzbläue an den Balken verursacht.

Der Wärmehaushalt des Blockhauses

Der Wärmehaushalt des Blockhauses hat Vorteile, die man in den modernen Baunormen nicht beachtet hat. Engelbrekt Isfält vom Institut für Gebäude und Installationen, KTH, Stockholm, hat die thermische Dynamik von Gebäuden in einer Anzahl von Veröffentlichungen beschrieben und weist darauf hin, dass schwere Baukonstruktionen klare Vorteile bezüglich des Wärmehaushaltes haben.

Die Wände speichern große Energiemengen und geben sie bereits bei geringen Temperaturänderungen wieder ab. Die Sonnenwärme des Tages wird gespeichert, und in der kalten Jahreszeit während der kühleren Nacht wieder abgegeben. Das Gegenteil geschieht im Sommer, wo die Nachtkühle gespeichert wird und das Haus während des heißen Tages kühlt.

Die Tagesaktivitäten in einem Haus, die Sonneneinstrahlung in einem schweren Baukörper, sowie die Akzeptanz des Anwachsens der Temperaturschwankung im Tagesverlauf von 20–22 °C zu 18–25 °C vermindern den Wärmebedarf weit mehr, als was mit zusätzlicher Isolierung zu erreichen ist. Das setzt natürlich voraus, dass die Blockwände sorgfältig abgedichtet sind. Sie müssen absolut winddicht sein.

Eine andere Voraussetzung ist ebenfalls, dass die schweren Blockwände aktiv am Wärmeaustausch mit der Raumluft teilhaben können. Wenn an die Innenseite der Blockwände eine Isolierung gelegt wird, geht diese Möglichkeit verloren.

Engelbrekt Isfält und Gunnar Bröms teilen in Meddelande 22, 1992, Installationsteknik KTH mit, dass man bei Temperaturveränderungen im Tagesverlauf die Innenseite der Wände bis zu einer Tiefe von 10 cm (bei doppelseitiger Einwirkung 20 cm) in die zugängliche Wärmekapazität einrechnen kann. Dasselbe gilt für schwere Baukonstruktionen, wie Balkenlagen oder Fußböden. Schwere Möbel haben ebenfalls Bedeutung für die Wärmespeicherung, umso mehr, je leichter der Bau ist.

Betrachtet man ein Blockhaus unter diesen Gesichtspunkten, wird deutlich, dass allzu dünnes Holz für die Wände schlecht zur Wärmespeicherung beiträgt. 140-150 mm (6“) Wandstärke, die zum Innenraum frei exponiert ist, sind ein Minimum für die erforderliche Wärmespeicherung. Wenn man für die Wände Balken von 200 mm (8“) anwendet, die außerdem eine breitere Längsnut mit besserer Isolierung zwischen den Balken ermöglichen, wird die Wärmespeicherung deutlich besser.

Die Preise für das Bauholz hängen unmittelbar von der Holzstärke ab. Die Holzstärke ist ein Qualitätsmerkmal, das Sie, als Käufer, nicht unterschätzen dürfen. Neben den rein optischen Aspekten, wobei das starke Holz einen kraftvollen Eindruck vermittelt, hat man das Vermögen der dicken Wände, Wärme zu speichern und abzugeben. Das Holz fungiert auch als Feuchtigkeitsregulator mit all seinen Hohlräumen, die Feuchtigkeit in die Raumluft abgeben und sie aufnehmen, je nachdem, wie sich die Luftfeuchtigkeit verändert.

Es gibt auf verschiedenen Webseiten eine Anzahl Forschungsberichte zu Blockhäusern und deren Energiehaushalt zu lesen.

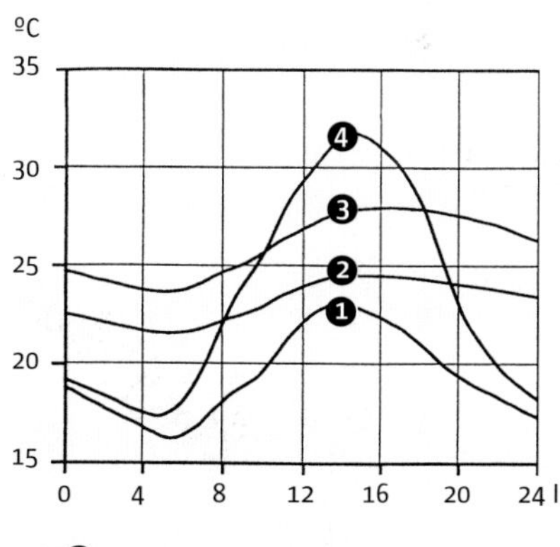

Die Außentemperatur und die Temperatur der Raumluft am Ende einer einwöchigen Hitzewelle im Juli in drei Hütten, die während einer längeren Zeit leer gestanden haben. Sie haben alle einen Raum von 25 m² und eine Küche mit einer Bodenfläche von 15 m². Dieselbe Hütte in drei verschiedenen Ausführungen. Bei der Blockhütte sind die Außenwände und die Zwischenwand aus 6-zölligen Balken. Die Fenster haben nur eine Scheibe. Das den Normen entsprechend isolierte Haus hat eine Außenwand aus Holzverschalung, 20 cm Isolierung und innenseitige Gipsplatten, sowie Dreifach-Wärmedämmglas. Das dritte Haus hat nur 1-zöllige Bretterwände wie ein Schuppen, keine Isolierung in Fußboden oder Dach, sowie Fenster mit einfacher Scheibe. Die Temperaturschwankung im Blockhaus ist stark gedämpft und liegt zwischen 22° und 24°C. Die Blockhauswände haben eine sehr hohe Wärmespeicherkapazität von ca. 2300J/kg,K und wiegen ca. 500 kg/m³. (Die entsprechenden Werte für Beton sind 880 J/kg,K bzw. 2300 kg/m³).

Engelbrekt Isfält, Bygg & Teknik, 3/97.

Ein Nebengebäude mit Platz für Schneescooter, Tischlerwerkstatt und Garage in Hemavan

Meine Tochter Lena und ihr Mann Jerker haben sich in Hemavan ein Haus gebaut. Sie brauchten Unterstellplatz für zwei Pkw's und einen Anhänger, und da sie in den Fjälls wohnen, auch für einen Schneescooter.

Ich habe den folgenden Vorschlag für eine Nebengebäude gezeichnet, das an der Giebelseite des Neubaues errichtet werden kann.

Das Nebengebäude ist als Ständerbau geplant, eine Technik, die ausgezeichnet für unisolierte Gebäude wie dieses geeignet ist.

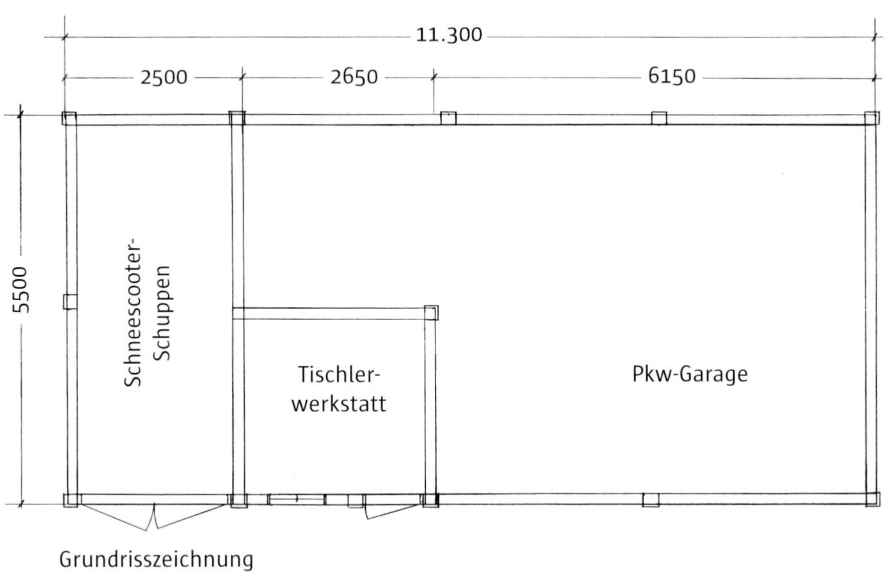

Grundrisszeichnung

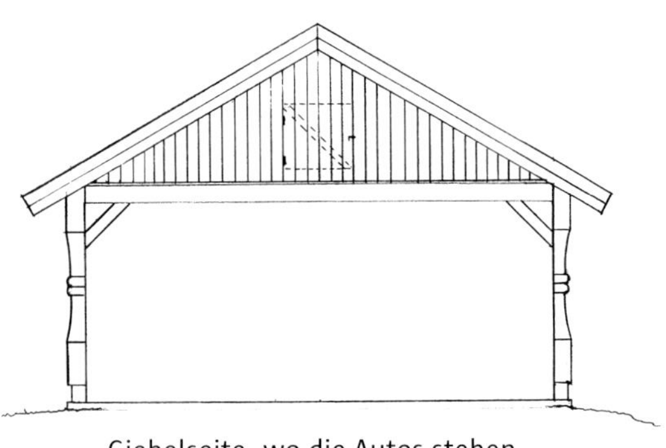

Giebelseite, wo die Autos stehen

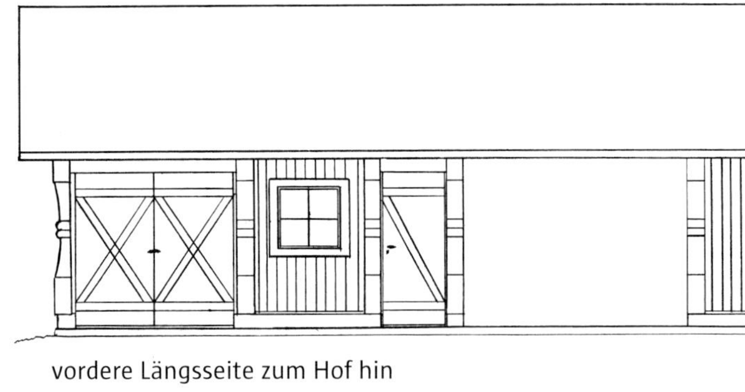

vordere Längsseite zum Hof hin

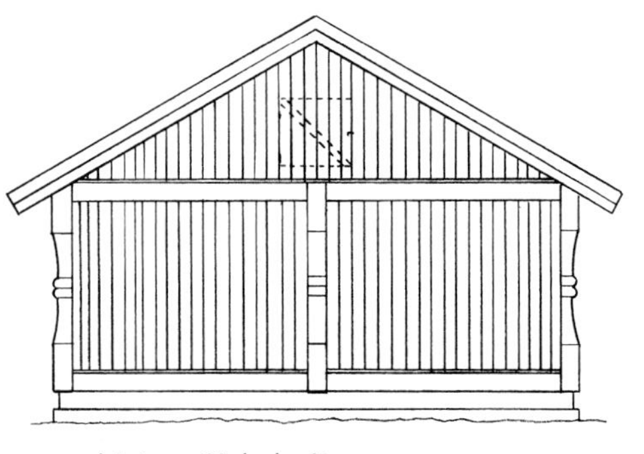

hintere Giebelseite

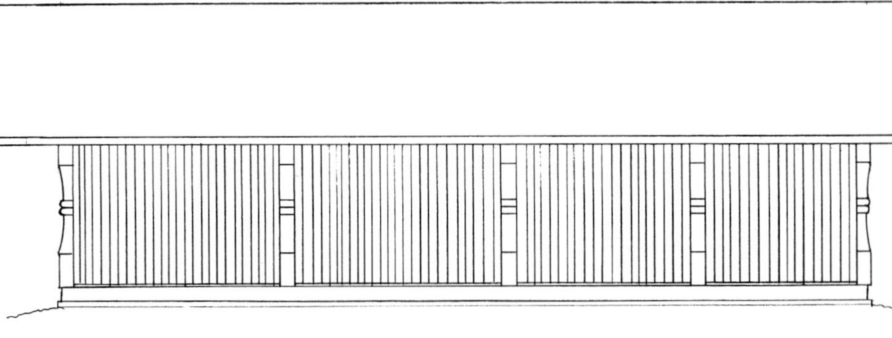

Hintere Längsseite zur Grundstücksgrenze hin

Der Garagenteil hat keine Türen und ist mit einer Remise vergleichbar. Der Anhänger wird in dem Freiraum hinter der Werkstatt abgestellt.

In der Fassadenzeichnung ist das eine Fach auf der hofseitigen Längsseite offen. In Wirklichkeit wurde es mit einem Stück Wand und einer Tür geschlossen.

Die Luke in der Giebelspitze kann man gut gebrauchen, um langes Bauholz u.a.m. zur Verwahrung auf die Dachstühle zu legen.

1. Im Sommer 2010 wurden Stämme für den Ständerbau auf einer Solo-Sägebank aufgearbeitet. Aus einigen starken Stämmen lassen sich je zwei Rahmen-Kanthölzer, wie auf dem Bild, gewinnen.

2. Die Kanthölzer für den Rahmen werden luftig gestapelt und dürfen ein Jahr trocknen. Die Seitenware wird aufbewahrt und reicht später für einen Teil des Wandpaneels.

3. Die Bauholz-Stapel werden mit zwei Lagen Schwartenbretter überdeckt. Zwischen diesen liegt eine Plastikfolie, um das Dach regendicht zu machen. Der geschotterte Untergrund mindert das Risiko, dass sich das Bauholz durch Bodenfeuchtigkeit blau verfärbt. Die Ständer sind bereits gesägt und profilgeschnitten, da sie ursprünglich für mein Handwerkshaus gedacht waren, das auf den Seiten 294–295 beschrieben wird.

4. Das Ständer-Gerüst wird zuhause auf meinem Grundstück zugeschnitten. Das Bauholz reicht auch noch für zwei Schirmhütten, von denen die eine mit nach Hemavan soll, um dort als Grillhütte auf dem Grundstück aufgestellt zu werden.

5. In Hemavan wurde eine Grobfüllung aus Schotter auf Fibertuch vorbereitet. Darauf gießen wir Sockelblöcke aus Beton in Formen, die aus Restholz vom Hausbau zusammen genagelt wurden.

6. Der untere Rahmen – der Schwellenrahmen – wird an seinen Platz gelegt.

7. Der erste Ständer wird aufgestellt. Die Eckständer haben nur ein einseitiges Profil.

8. Die Ständer werden provisorisch mit Schrägstreben stabilisiert. Um die Rähm-Kanthölzer und das Giebelrähm auflegen zu können, nageln wir zwei kräftige Bohlen an die Ständer, über die wir die Kanthölzer hinaufschieben können (siehe Bild). Wir sichern jedes Ende mit einem Seil, sobald es wieder ein Stück weiter nach oben geschoben wurde. Wenn man eine Maschine mit Hebegabeln zur Verfügung hat, arbeitet man natürlich mit deren Hilfe. Hier war es allerdings zu eng für einen Maschinen-Einsatz.

9. Alle endgültigen Schrägstreben sind angebracht, sowie auch die unteren, doppelten Nagelleisten. Fasen Sie die Oberfläche des Schwellenbalkens an, worauf das Tropfbrett aufgelegt wird, schräg an, bevor diese Nagelleisten und die Schrägstreben angebracht werden.

7

5

8

6

9

10. Nun sind auch die Dachbinder aufgebaut. Sie haben in der Mitte einen offenen Zwischenraum, sodass man den Zwischenboden als Lager nutzen kann. Die Fächer der Wände werden mit Bausperrholzplatten geschlossen, da die Verbretterung Kante an Kante, und nicht als Boden-Deckel-Schalung, gesetzt wird. Die Spalten, zwischen den Brettern auftreten, werden somit durch die Bausperrholzplatten abgedichtet. Während des Anbringens werden die Kanten der Schalbretter rot gestrichen. Eine traditionelle Lösung für die Verschalung an Nebengebäuden.

11. Das Dach wird auf der einen Schräge mit Trittschutzfolie (Kondensschutz) gedeckt, und auf der anderen mit Fußbodenspanplatten – beides übrig gebliebenes Material vom Hausbau. Die Dachbleche ruhen auf Latten von 45 x 95 mm. Die Schalung wird auf Leisten genagelt, damit es zum Sperrholz hin gut belüftet wird.

Rahmenwerk und Ständer werden zweimal mit einer Mischung aus Teer, Leinöl und Terpentin behandelt. Man macht dies am besten vor Anbringen der Verschalung.

12. Nach zwei Wochen harter Arbeit für zwei Männer steht das Nebengebäude und ist von außen fertig. Die Schalung bekommt einen Grundanstrich mit verdünnter Rotfarbe, bevor es aufgesetzt wird. Beim zweiten und damit letzten Anstrich wird mit unverdünntem Faluner Rot gearbeitet.

Der Lager-/Schneescooter-Schuppen erhält eine asymmetrische Doppel-Tür, bei der beide Hälften geöffnet werden, wenn der Schneescooter hinein oder heraus soll. Über die Tür zur Pkw-Garage kommt ein Oberfenster aus altem, handgeformtem Glas, das ein Bekannter von Lena und Jerker bei sich liegen hatte.

13. Die Seitenbretter, die beim Sägen anfielen, reichten für die Boden-Deckel-Schalung der vorderen Giebelspitze.

10

12

11

13

14. Während einiger Herbsttage stellen wird das Nebengebäude mit Fußboden und Innenwänden in Scooterschuppen und Werkstatt fertig. Letztere ist in Fußboden, Decke und Wänden sogar isoliert.

15. Der Schneescooter-Schuppen hat einen einfachen Fußboden aus Rauspund, 21 x 120 mm, den wir mit weißpigmentiertem Fußbodenöl geölt haben. Die Treppe führt zum Zwischenboden hinauf. Die Wände sollen noch hellgrau gemalt werden und auf der rechten Seite Regale bekommen. Unter der Treppe an der Wand zur Linken wird der Schneescooter platziert, wenn er für den Sommer im Schuppen abgestellt wird.

16. Mit dieser Art von Dachbindern erhält man viel Stauraum, mit Stehhöhe unter dem First. Der Mittelteil erhält einen Fußboden aus Rauspund. Zur Rechten sieht man die Deckenisolierung der Tischlerwerkstatt.

17. Der Nebengewinn aus dem restlichen Bauholz – eine schöne Schirmhütte zwischen den Fjällbirken.

14

16

15

17

Doppelgarage mit Anhängerschuppen

Diese Doppelgarage mit Anhängerschuppen hat die Außenmaße von 6,3 x 9,3 m. Der Garagenteil ist 6 m lang, sodass auch die längsten Pkw's unterkommen, und eine schmale Arbeitsbank an der Kurzseite Platz findet. Das Licht fällt von einem Fenster an der Längsseite auf die Bank. Gegenüber diesem Fenster befindet sich in der anderen Längsseite eine Tür. Im Anhängerschuppen ist genug Platz für einen Anhänger und Verwahrungsraum entlang der Wände.

Die Höhe von der Betonplatte bis zum Innendach beträgt 2,2 m. Die Haken in den Ständern, in denen Schwellenrahmen und Oberrahmen liegen sollen, haben 1,8 m Abstand. Der Schwellenrahmen steht auf einer Lage Betonsteine, die auf die Betonplatte aufgemauert sind. Die Tore sind 2,5 m breit. Das Dach ist aus Dachbindern aufgebaut und hat eine Neigung von 3°. Ziehen Sie die Schalung an der Giebelspitze nicht so weit herunter, dass es den oberen Rahmen überdeckt. Die kräftige Rahmen-Konstruktion soll von außen sichtbar sein, um den Eindruck eines schweren, stabilen Holzgebäudes zu vermitteln.

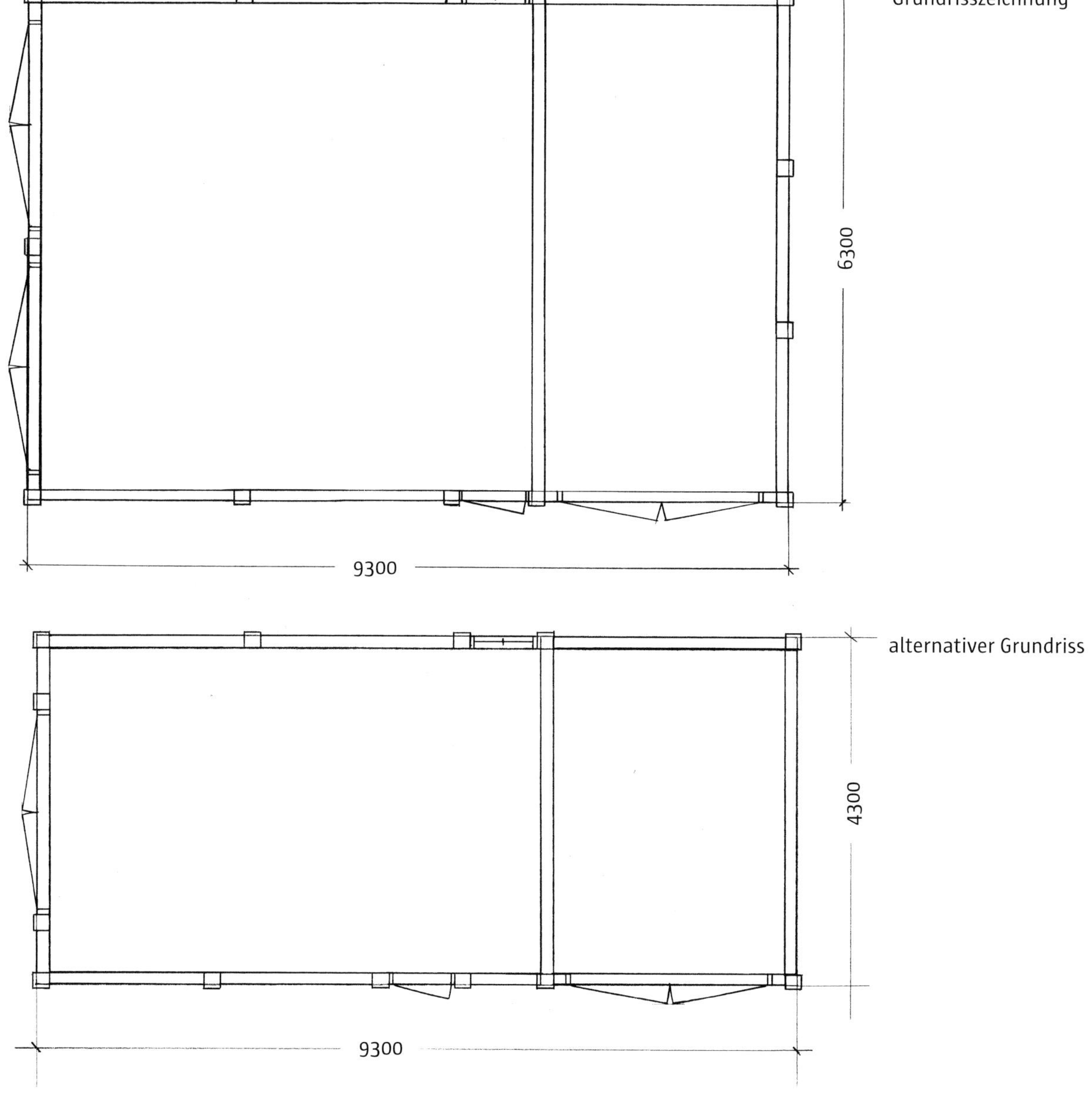

Grundrisszeichnung

alternativer Grundriss

Da es sich bei dem Raum an der rückwärtigen Giebelseite um einen Lagerraum handelt, gibt es dort kein Fenster. Um die Ständer-Konstruktion hervorzuheben und mehr symmetrische Wandflächen zu schaffen, wurden zwei Zwischenständer in die Giebelfassade eingebaut. Auf der Giebelseite mit den Garagentoren ist das Dach vorgezogen.

Wenn man nur Platz für ein Auto braucht, einen Anhängerschuppen aber nicht missen möchte, kann man die Garage schmaler gestalten, wie die alternative Grundrisszeichnung zeigt. Ich habe die Länge von 9,3 m beibehalten, die Breite hingegen auf 4,3 m reduziert. Die großzügige Breite bringt viel Bewegungsraum um das Auto mit sich, und man hat die Möglichkeit, sowohl im Garagenteil, als auch im Anhängerschuppen, Regale an den Wänden entlang aufzustellen. Die Personentür wurde versetzt, sodass die Arbeitsbank sich von Wand zu Wand ziehen kann. Dadurch wird ein Extraständer an dieser Längsseite erforderlich.

Längsseite mit Tor des Anhängerschuppens und Personentür der Garage

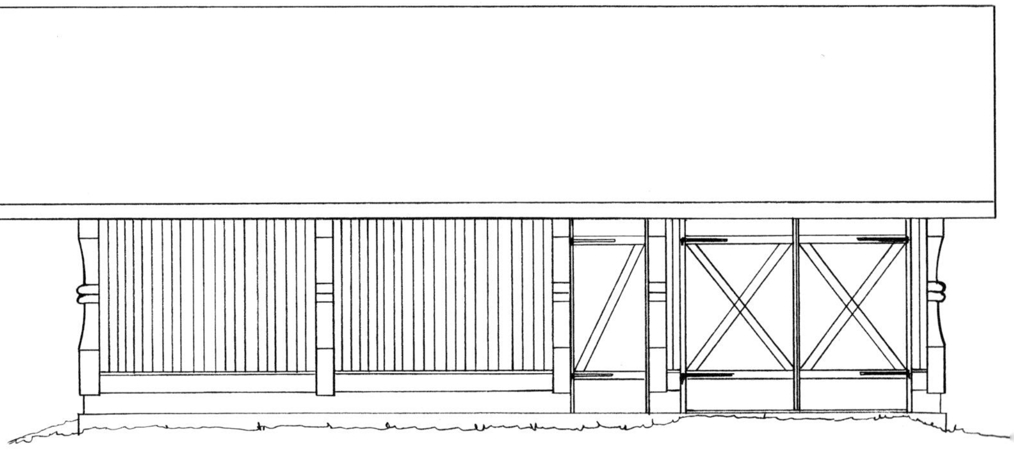

Längsseite mit Fenster

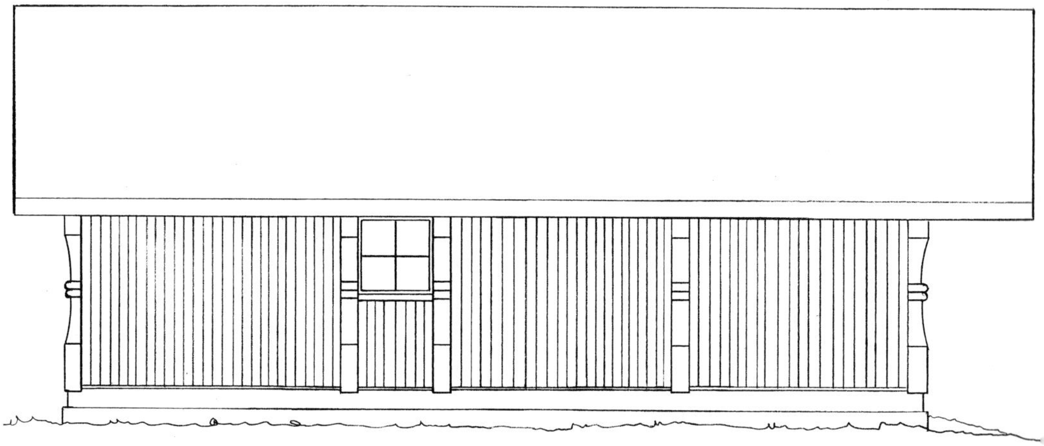

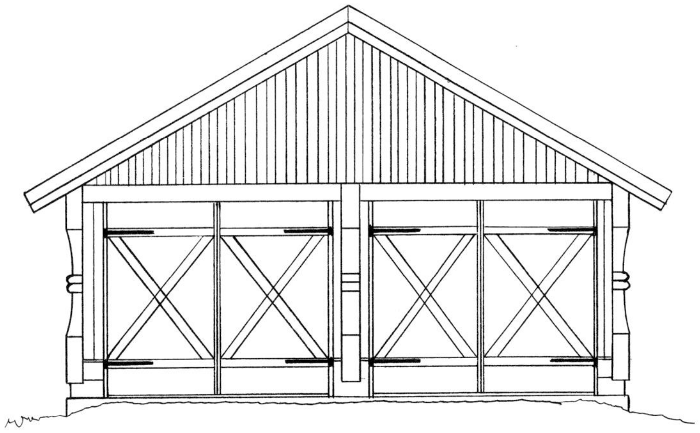

Giebelseite mit Garagentoren

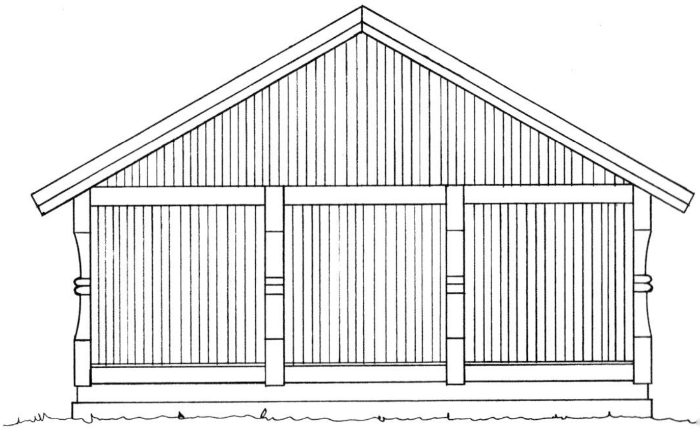

hintere Giebelseite

Bezugsquellen

Werkzeuge und Maschinen

Der auf S. 60 erwähnte Schmied **Jon Dahlmo** ist unter folgender Anschrift zu erreichen:
Verktøysmia, Drevja, 8664 Mosjøen, Norwegen,
http://www.dahlmo.no
Telefon: 0047 - 75 18 76 64

- **Fa. JM:s Plåt & Mek AB/Conpro** (vgl. S. 61)
  Flocktjärn 22, 931 97 Skellefteå, Schweden
  Telefon:0046 – 910 880 19

- **Logosol** (mobile Sägewerke u.a.)
  www.logosol.de
  Mackstr. 12, 88348 Bad Saulgau
  Telefon: 07581-48039-0

- **Dictum** (vormals: Dick)
  www.mehr-als-werkzeug.de
  Donaustraße 51, 94526 Metten
  Telefon: 0991-9109-100

- **Grube**
  www.grube.de
  Hützeler Damm 38, 29646 Bispingen
  Telefon: 05194 – 900-0

Holzteer, Schwedenfarben:

- **Farbmanufaktur Werder**
  www.farbmanufaktur-werder.de/
  0173 – 144 09 47

- **Schwedischer Farbenhandel,** Hamburg
  www.schwedischer-farbenhandel.de
  Doerriesweg 5, 22525 Hamburg
  Telefon: 040 54 80 12 20

- **Claessons Trätjära,** Göteborg
  http://www.claessons.com/deutschland/index.asp

- **Dictum** (siehe links)

Deutsche Bezugsquellen für Blockhausbalken (vgl. S. 46) finden Sie, indem Sie das Stichwort ‚Blockhausbalken' o.ä. in eine Suchmaschine eingeben. Evtl. auch in den angegebenen Internetforen, siehe unten. Oder Sie fragen bei einem Sägewerk in Ihrer Nähe nach.

Informationen für deutsche Leser

Weiterführende Literatur

Jan Ove Janson, Blockhausbau.
Traditionelle Techniken aus Schweden.
HolzWerken/Vincentz Network, ISBN: 978-3-87870-863-6

Jan Ove Janson, Blockverbindungen. Die traditionellen Eckverbindungen im schwedischen Blockhausbau.
HolzWerken/Vincentz Network, ISBN: 978-3-86630-955-5

Ralph Pfersich, Blockhausbau,
Verlag: Pfersich, ISBN: 978-3-00-007405-9

B. Allan Mackie, Building with Logs.
Firefly Books, Canada. 8. Auflage 1997,
ISBN: 978-1-552091029

B. Allan Mackie, The Owner-Built Log House:
Living in Harmony With Your Environment. Firefly Books, Canada, erweiterte Ausgabe 2011, ISBN: 978-1-554077908

Die im Text auf S. 73 erwähnte Bauanleitung findet sich (in schwedischer Sprache!) auf der Website www.svenskatimmerhus.com unter dem Menüpunkt „Dokumente" und dann unter „Bygguiden" als PDF-Datei, die frei heruntergeladen werden kann.

Weitere Informationsquellen im Internet

- Etwas Vergleichbares wie den auf S. 74 genannten schwedischen Verband gibt im deutschen Sprachraum unseres Wissens nicht. Der Blockhausbau spielt hier im gewerblichen Bereich auch eine wesentlich kleinere Rolle. Was man schon daran sieht, dass sehr viele der Blockhausanbieter skandinavische Firmen sind. Zu nennen ist der Verband „Holzbau Deutschland – Bund Deutscher Zimmermeister", der sich allerdings mit Holzbau im Allgemeinen beschäftigt: http://www.holzbau-deutschland.de/
- Eine empfehlenswerte Internetseite ist www.fachwerk.de . Hier geht es zwar, wie der Name andeutet, nicht speziell um Blockhäuser, aber es gibt Informationen zu allen Fragen um das Bauens mit Holz, nicht nur fachwerk-spezifisch. Insbesondere existiert auf der Seite ein aktives und umfangreiches Forum, wo man in der Regel qualifizierte Antworten bekommt.

Informationsquellen über Hausfäulepilze

- http://www.parisek-saniert.de/holzschutz/holzschaedlinge/pflanzlich/index.html/
- http://www.joachimwiessner.de/pilze
- unter http://www.fachwerk.de nach „Pilzen" bzw. „Hausschwamm" suchen

Kursanbieter

Im Buch weist Sven-Gunnar Håkansson darauf hin, dass man Blockhausbau nicht nur durch Lesen lernen könne. Folgende Kursanbieter seien daher beispielhaft genannt:

Blockhausbaukurse in Schweden

- **Markus und Katrin Wehr**
  http://www.blockhausbau-kurs.se
  Kurssprache: deutsch
  E-mail: loghome.wehr@gmail.com
  Tel.: 0046-700437279

- **bei Gränsfors Bruk**
  (der legendären Schmiede ...)
  http://www.gransforsbruk.com/de/kurse/
  Kurssprache: Englisch und Schwedisch
  E-Mail: courses@gransfors.com
  Tel.: 0046 652 – 24454

Blockhausbaukurse in Deutschland

- **Logosol**
  http://www.logosol.de/kundenservice/kurstermine/
  Tel.: 07581-48039-0

- **Dictum**
  http://www.mehr-als-werkzeug.de/category/Zimmerei-6102_6120.htm
  Tel.: 0991-9109-100

- **Ralf Pfersich**
  http://www.dieblockhausbauer.de/nc/kurse.html
  Tel.: 0172 / 74 27 232

Register

A

B

E

F

G

H

I

J

K

L

M

N

O

P

Q

R

S

T

U

V

W

Z

Glossar

Alkydölfarbe – schnelltrocknende Ölfarben; Bezugsquellen im Anhang

Anschalmen – die Seiten eines Balkens bearbeiten (durch Behauen ebnen), sodass sie in die Eckverbindung passen

Ausgleichsbalken – halber Balken unter der Türschwelle, falls man rundherum eine Grundmauer haben möchte; alle Blockwände beginnen dadurch auf derselben Höhe

Auskragung – eine Art umgekehrte Stufe in der Wandfläche, wodurch die darüberliegende Wand weiter hervorsteht als die darunter; oft zwischen Erd- und Obergeschoss

Balkenkopf – der aus einer Eckverbindung hervorstehende Teil eines Balkens

Balkenlage – Fußboden-, Zwischen-, Dachbodenbalkenlage
Früher bestanden Balkenlagen meistens aus groben Balken mit rundem oder quadratischem Querschnitt, die in ... ziemlich großen Abständen angebracht wurden. Auf diese Balken wurden kräftige ... Fußbodenbohlen aufgenagelt. Der Holzverbrauch für die früheren Balkenlagen war hoch und ihr Wärmeisolierungsvermögen gering. Moderne Balkenlagen aus Holz bestehen aus relativ schmalen und hohen Balken, mit Fußbodenbrettern oder -platten auf der Oberseite und Isolierungsmaterial in den Zwischenräumen. Die (Schütt-) Isolierung ruht auf einem zu diesem Zweck eingefügten Boden oder auf Paneelbrettern oder Platten, die von unten an die Balken genagelt wurden.

Bebeilen/Behauen – ein Rundholz seitlich mit Axt oder Beil bearbeiten, sodass gerade Flächen entstehen; bei vorgesägten Balken hat das Bebeilen den Effekt, dass die gesägten Flächen das charakteristische Wellenmuster erhalten

Dachbodenschuppen – ein gezimmertes Gebäude mit zwei Etagen. Dachbodenschuppen können in drei Hauptformen eingeteilt werden: die mit in der Vertikalen ungebrochener Vorderwand, die mit vorspringender oberen Etagenwand und die mit einem „Kaltflur" (geschlossen) oder einer Galerie (offen) im Obergeschoss. Gemeinsam ist ihnen allen, dass die Räume auf beiden Etagen wie Zellen, ohne Türen in den Zwischenwänden, angeordnet sind. Die älteren „Kaltflur-Schuppen" haben zum Erreichen des Kaltflures eine Außenstiege. Die beiden anderen Gruppen haben Innenstiegen oder -treppen.

Dalaknut – Die Form der Eckverbindung (Knut, siehe dort), die an den Blockhäusern rund um den Siljansee (in der schwedischen Provinz Dalarna) vorherrscht.

Dichtungskerbe – eine eigens zu diesem Zweck gearbeitete Spur, in welche man Dichtungsmaterial (wie z. B. Flachs oder Moos) legen oder einpressen kann

Dübeln – zwei Holzstücke mit einem quergehenden, länglichen Holzstück miteinander verankern; dieser Dübel misst oftmals 25–35 mm.

Flachs, geteerter – Dichtungsmaterial. Im Schwedischen gibt es für das Einpressen von Dichtungsmaterial (z. B. von Flachs oder Moos) zwischen die Balken der Wände oder um die Fenster herum ein eigenes Verb: „att dreva" (so wie das deutsche „kalfatern" für das Abdichten eines hölzernen Schiffsrumpfes).

fluchten – mithilfe eines geraden Brettes oder durch Augenmaß z. B. eine Dachfläche so einmessen, dass sie einer geraden Linie folgt/eine Ebene bildet

Gerade Verschränkung/gerader Knut – Knut mit geraden Haken im Ober- und Unterstamm

Giebellaubenhaus *(siehe auch Laube)* – Haus mit Eingang auf einer Giebelseite; das Dach bildet auf derselben Seite einen Überstand, sodass ein offener Vorraum, eine Art Laube, entsteht; auch die Seitenwände können manchmal vorgezogen sein, sodass sie die Laube seitlich einfassen

Giebelmutter – erster Balken des Spitzgiebels, und gleichzeitig letzter mit den Seitenwänden verzimmerter Balken an der Schmalseite eines Blockhauses

Giebelnock – letztes Blockbalkenstück in der Giebelspitze; auf der Giebelnock liegt die Firstpfette auf

Giebelschwelle – unterster Blockbalken der Giebelwand
Bei einer umlaufenden Grundmauer und wenn der Bau mit den Schwellenbalken der Längswände begonnen wurde, ergibt sich zwischen Grundmauer und Giebelschwelle ein Zwischenraum. Dieser kann mit einem Ausgleichsbalken aufgefüllt werden.

Halbspälter – die Stammhälften eines der Länge nach gespaltenen Stammes; dünnere Halbspälter werden oft als Unterlage für den Dachbelag verwendet

Handbohrer – ein Spiralbohrer für Holz, der statt eines Schaftes einen Ring hat; in diesem kann man einen Holzstab als Handgriff befestigen, mit dem man den Bohrer dreht; wird zum Bohren von Dübellöchern in Blockbalken verwendet

Henne – unterster Balken der Giebelspitze, der nicht mit den Balken der Längswände verzimmert ist

Kaltflur – schmaler Gang, von welchem aus Türen in zellartige Räume führen; der Gang kann innerhalb (Normalfall) oder vor der Wandfläche liegen

Kernholz – zum innersten Bereich eines Stammes hin nimmt der Flüssigkeitstransport allmählich ab, und es bildet sich ein Kern, der sich sukzessiv vergrössert – sogenanntes Kernholz. Das Holz außerhalb des Kernholzes nennt sich Splintholz. In das Kernholz werden Harze und andere Stoffe eingelagert. Kernholz zu imprägnieren ist schwierig oder unmöglich.

Knöpfdach – die Dachhölzer beider Seiten sind am First miteinander verhakt wie gefaltete Hände. Sie werden entweder verkämmt, oder durch ein schweres Rundholz gehalten, das man in das Kreuz zwischen den Enden der Dachhölzer legt.

Knut – (wörtlich übersetzt: Knoten), schwedische Bezeichnung für eine rechtwinklige Holzverbindung von Blockbalken; auf deutsch „Eckverbindung" oder „Verschränkung" genannt; diese Konstruktion ist stark und winddicht

Knut-Steine – Ecksteine, die unter den Eckverbindungen platziert werden

Längsnut – Nut (Rinne) in der Unterseite eines Oberstammes/-balkens. Die scharfen Kanten der Längsnut überführen den vertikalen Druck in der Wand von Balken zu Balken. Die Nut wird mit Dichtungsmaterial gefüllt, um eine höhere (Wind-)Dichtigkeit zwischen den Balken zu gewinnen.

Laube – schwedisch „svale" genannt, ist ein offener Vorraum vor der Giebel- oder Längswand eines Hauses, der durch den vorgezogenen Dachüberstand gebildet wird

Laxknut – Schwalbenschwanz, Verblattung ohne Vorstoß, d. h. ein Knut ohne hervorstehende Balkenköpfe; gewöhnlich bei in jüngerer Vergangenheit gezimmerten Blockhäusern, die mit einem Bretterpaneel verkleidet werden sollten

Ljör – lokale Bezeichnung für die Dachöffnung des Rauchabzugs in einem Feuerhaus

Oberhaken – in einer Eckverbindung/einem Knut/ein Haken auf der Oberseite des Unterstammes/-balkens

Pfostenbohle – ein im Querschnitt T-förmiges, stehendes Holz, das die Balkenenden an den Tür- und Fensteröffnungen fixiert

„planktimmer" – schwed. Bezeichnung für Blockbalken mit einer Stärke von weniger als 100 mm

„Rännknut" – Knut für Rundhölzer, bei dem nur entweder ein Ober- oder Unterhaken gearbeitet wird. Dieser Knut hat geneigte Seitenschalme. Arbeitet man nur einen Unterhaken, wird der Knut widerstandskräftiger gegen Feuchtigkeit und verrottet dadurch nicht so leicht: Im Unterhaken kann sich kein stehendes Wasser ansammeln.

Rähm – oberster Balken der Längswand

Rahmenkranz – der untere wird von Schwellenbalken und Ausgleichsbalken gebildet, der obere besteht aus Giebelmüttern und Rähmen

Rundholz/Rundhölzer – runde, nur entrindete Stämme, die ihre natürlichen Unebenheiten haben; rundgefrästen Balken hingegen begegnet man vor allem bei neugefertigten Blockhäusern aus Finnland

Schalm – ein Abhieb an den Seiten eines Balkens oder Stammes, um eine Eckverbindung zu schaffen

Schnurschlag – mit einer gekreideten Schnur durch Spannen und Loslassen eine schnurgerade Linie anbringen

Schwartenbretter – äußere, berindete Teile eines Rundholzes, die beim Sägen von Blockbalken anfallen.

Schwelle – erste, dem Fundament naheste, Balkenlage; bei Häusern mit aufgeriegelten Wänden ist mit „Schwelle" der Teil der Holzkunstruktion gemeint, der dem Fundament am nahesten liegt

Schwellenbalken – der unterste/erste Balken auf der Giebel- oder Längsseite; die Schwellenbalken bilden zusammen mit den Ausgleichsbalken den unteren Rahmenkranz (Schwellenkranz) der Wand, auf dem das Bauwerk aufliegt

Sinkmaß – Spielraum über stehenden Hölzern in Blockhäusern; wenn man diesen Spielraum nicht einbaut, entstehen mit der Zeit Spalten zwischen den Blockbalken der Wände

Sparren – Dachbalken/-sparren zwischen Rähm und Firstpfette; sie tragen die längsverlaufenden Bretter der Dachhaut

Sparrenlänge – Länge der Dachsparren von Rähm zu Firstpfette

Splintholz – das Holz, das den Kern eines Baumstammes – das Kernholz – umgibt; der größte Teil des Flüssigkeitstransportes in einem Baum geschieht im Splintholz

„stammtrocken" – Bäume, die abgestorben und stehend getrocknet sind

Torhaus – Durchfahrt-Öffnung im Untergeschoss eines Nebengebäudes, durch welche man den umschlossenen Hofraum erreichen kann; oft in Kombination mit einem Dachbodenschuppen

Trockenmauer – lose gestapelte Steine zwischen den Ecksteinen; sie können mit Kalkmörtel zusammengefügt werden

Unterhaken – in einer Eckverbindung/einem Knut ein Haken auf der Unterseite des Oberstammes/-balkens.

Vorstoß – die hervorstehenden Balkenköpfe an den Ecken eines Blockhauses bilden die Vorstoßreihen

Waldkante – (auch: ‚Baumkante' oder ‚Waldsaum') ist der Rest der Rinde (genauer: Borke und Bast) an Nutzholz; das Abtrennen der Waldkante heißt „Besäumen"

Wegeaufhieb – Baumfällung entlang eines Weges um diesen langfristig freizuhalten

Zange – stehender Blockbalken oder Kantholz, das zur Wandversteifung von langen und hohen Wänden angebracht wird

Zapfen – Erhöhung im Oberhaken einer Eckverbindung, über die der Unterhaken des quer darauf liegenden Balkens greift; ein Zapfen macht einen „Knut" dichter gegen Zugluft, und erhöht seine Verwindungssteifigkeit

Ziehmesser – Messer mit zwei Handgriffen; die Schneide wird nur einseitig geschliffen, sodass man geschnitzte Oberflächen fein abziehen oder Borke und Bast entfernen kann

Zimmermannsklammer – eine Eisenstange, die so geschmiedet wird, dass ihre spitzen Enden rechtwinklig abstehen. Wird angwendet, um einen Stamm/Balken in seiner Lage zu fixieren, während man ihn bearbeitet

Zugmaß – Dieses Werkzeug zieht man zwischen Ober- und Unterbalken entlang, sodass entlang der Unterseite des Oberbalkens eine Markierungslinie entsteht; diese zeigt die Kontur des Unterbalkens; wenn man die Unterseite des Oberbalkens auf diese Weise von beiden Seiten angezeichnet hat, kann man zwischen diesen beiden Linien die Längsnut aussägen/aushauen